编　委　会

当代科学技术基础理论与前沿问题研究丛书

中国科学技术大学
校友文库

笔式用户界面

Pen-based User Interface

第2版

戴国忠
田　丰　著

中国科学技术大学出版社

内容简介

本书从理论、方法、技术和实现等方面系统地阐述了笔式用户界面的概念、模型、数字笔迹计算、开发方法和开发环境、关键应用系统。全书共分10章：用户界面发展历史、笔式用户界面概述、笔式用户界面模型、数字笔迹技术、笔式交互技术、笔式用户界面描述语言、笔式界面开发方法与开发框架、草图用户界面、笔式用户界面的关键应用、笔式用户界面可用性研究。

本书可作为信息科学技术领域高年级本科生和研究生的教材，也可以供从事人机交互方向科研和技术开发人员参考。

图书在版编目(CIP)数据

笔式用户界面/戴国忠，田丰著.—2版.—合肥：中国科学技术大学出版社，2014.10

(当代科学技术基础理论与前沿问题研究丛书：中国科学技术大学校友文库)

"十二五"国家重点图书出版规划项目

ISBN 978-7-312-03587-6

Ⅰ.笔… Ⅱ.①戴… ②田… Ⅲ.人机界面—程序设计—研究 Ⅳ.TP311.1

中国版本图书馆CIP数据核字(2014)第221554号

出版 中国科学技术大学出版社
安徽省合肥市金寨路96号，230026
http://press.ustc.edu.cn

印刷 合肥市宏基印刷有限公司

发行 中国科学技术大学出版社

经销 全国新华书店

开本 710 mm×1000 mm 1/16

印张 36

字数 740千

版次 2009年3月第1版 2014年10月第2版

印次 2014年10月第2次印刷

印数 2001—3500册

定价 99.00元

总　　序

大学最重要的功能是向社会输送人才，培养高质量人才是高等教育发展的核心任务。大学对于一个国家、民族乃至世界的重要性和贡献度，很大程度上是通过毕业生在社会各领域所取得的成就来体现的。

中国科学技术大学建校只有短短的五十余年，之所以迅速成为享有较高国际声誉的著名大学，主要就是因为她培养出了一大批德才兼备的优秀毕业生。他们志向高远、基础扎实、综合素质高、创新能力强，在国内外科技、经济、教育等领域做出了杰出的贡献，为中国科大赢得了“科技英才的摇篮”的美誉。

2008 年 9 月，胡锦涛总书记为中国科大建校五十周年发来贺信，对我校办学成绩赞誉有加，明确指出：半个世纪以来，中国科学技术大学依托中国科学院，按照全院办校、所系结合的方针，弘扬红专并进、理实交融的校风，努力推进教学和科研工作的改革创新，为党和国家培养了一大批科技人才，取得了一系列具有世界先进水平的原创性科技成果，为推动我国科教事业发展和社会主义现代化建设做出了重要贡献。

为反映中国科大五十年来的人才培养成果，展示我校毕业生在科技前沿的研究中所取得的最新进展，学校在建校五十周年之际，决定编辑出版《中国科学技术大学校友文库》50 种。选题及书稿经过多轮严格的评审和论证，入选书稿学术水平高，被列入“十一五”国家重点图书出版规划。

入选作者中，有北京初创时期的第一代学生，也有意气风发的少年班毕业生；有“两院”院士，也有中组部“千人计划”引进人才；有海内外科研院所、大专院校的教授，也有金融、IT 行业的英才；有默默奉献、矢志报国的科技将军，也有在国际前沿奋力拼搏的科研将才；有“文革”后留美学者中第一位担任美国大学系主任的青年教授，也有首批获得新中国博士学位的中年学者……在母校五十周年华诞之际，他们通过著书立说的独特方式，向母校献礼，其深情厚谊，令人感佩！

《文库》于2008年9月纪念建校五十周年之际陆续出版，现已出书53部，在学术界产生了很好的反响。其中，《北京谱仪Ⅱ：正负电子物理》获得中国出版政府奖；中国物理学会每年面向海内外遴选10部“值得推荐的物理学新书”，2009年和2010年，《文库》先后有3部专著入选；新闻出版总署总结“‘十一五’国家重点图书出版规划”科技类出版成果时，重点表彰了《文库》的2部著作；新华书店总店《新华书目报》也以一本书一个整版的篇幅，多期访谈《文库》作者。此外，尚有十数种图书分别获得中国大学出版社协会、安徽省人民政府、华东地区大学出版社研究会等政府和行业协会的奖励。

这套发端于五十周年校庆之际的文库，能在两年的时间内形成现在的规模，并取得这样的成绩，凝聚了广大校友的智慧和对母校的感情。学校决定，将《中国科学技术大学校友文库》作为广大校友集中发表创新成果的平台，长期出版。此外，国家新闻出版总署已将该选题继续列为“十二五”国家重点图书出版规划，希望出版社认真做好编辑出版工作，打造我国高水平科技著作的品牌。

成绩属于过去，辉煌仍待新创。中国科大的创办与发展，首要目标就是围绕国家战略需求，培养造就世界一流科学家和科技领军人才。五十年来，我们一直遵循这一目标定位，积极探索科教紧密结合、培养创新拔尖人才的成功之路，取得了令人瞩目的成就，也受到社会各界的肯定。在未来的发展中，我们依然要牢牢把握“育人是大学第一要务”的宗旨，在坚守优良传统的基础上，不断改革创新，进一步提高教育教学质量，努力践行严济慈老校长提出的“创寰宇学府，育天下英才”的使命。

是为序。

侯建国

中国科学技术大学校长
中国科学院院士
第三世界科学院院士
2010年12月

第 2 版序

本书已经出版了五年，得到了学术界同行的肯定，他们建议对此书进一步完善再版。我们团队从事笔式用户界面的研究开发已经有 20 多年，第 1 版主要包含了前 10 多年的工作，因而有必要将最近几年的工作整理总结，并充实到该书中。

界面范式是用户界面的核心，再版中对笔式用户界面进行了完善，介绍了笔式界面范式 PIGS，它能够应用于指控和笔控两大类触控交互；针对应用个性化和提高开发效率的需求，增加了笔式界面描述语言；遵从支持提高生产力同时能支持创造力的需求，作者认为草图将成为人机重要的媒介，故扩充了草图用户界面，全面介绍了草图用户界面的理论、方法和应用；在应用方面增加了电子表单和儿童教学的应用，以说明笔式用户界面的应用前景。

在本书再版过程中，杨海燕博士、吕菲博士和杜一博士参加了具体写作工作，在此表示感谢①。杨海燕博士编写了第 8 章，吕菲博士对第 9 章的内容进行了扩充，杜一博士对第 6 章和第 7 章进行了完善。

近几年与本书相关的最大变化有：第一，平板电脑迅速兴起，计算机进入“后 PC 时代”，根据 IDC 的预测，平板电脑的出货量将于 2015 年超越 PC，但与此相应的问题是缺少主流的应用软件；第二，人机交互受到了学术界和产业界的高度重视，但与此相应的问题是缺少全面系统的参考书，希望本书的再版能对上述两个问题的解决有所作用。

作　者

2014 年 8 月

① 本书受到国家自然科学基金(61232013；61422212)资助。

序

自1982年ACM成立人机交互专门兴趣小组SIGCHI(Special Interest Group on Computer-Human Interaction)以来,人机交互(Computer-Human Interaction①,CHI)已有26年历史了。2007年学术界在庆祝人机交互诞生25年时,讨论了人机交互已经走了多远以及还能走多远。在计算机诞生50周年之际,人机交互界研究了人机交互发展历史,认为人机交互的发展促进了计算机的迅速发展。由于有了键盘和鼠标,才有字符用户界面和图形用户界面(Graphical User Interface, GUI),才有了计算机的主机时代和个人计算机时代。人机交互几乎和个人计算机同时出现,人机交互造就了PC时代的辉煌;由于笔式交互、触摸、语音以及基于视频等自然交互设备的出现,新的计算模式才得以被提出,我们才进入了普适计算时代。自然交互是普适计算时代研究的重要主题,笔式交互是一种主要的自然交互方式。人机交互是研究人类所使用的交互式计算系统的设计、实施、评估及相关主要现象的学科,用户界面(User Interface,UI)是人与计算机之间传递、交换信息的媒介和对话接口,是计算机系统的重要组成部分,用户界面是人机交互技术的物质表现形式。

20世纪80年代初,我从《计算机图形学原理及实践》(James D. Foley, Andries van Dam)一书中了解了人机交互。1982年在美国马里兰大学计算机系进修时开始学习人机交互和用户界面,并开始相关的研究工作。回国以后建立中国科学院软件研究所人机交互技术与智能信息处理实验室,先后得到了国家自然科学基金、国家863计划、国家973计划以及中国科学院软件

① 人类工效学领域的学者多使用"Human-Computer Interaction"。

研究所知识创新工程等项目的支持。从2001年负责国家自然科学重点基金项目“自然、高效的面向主流应用的人机交互技术”开始成立了笔式用户界面小组，研究笔式交互和笔式用户界面。

一个好的用户界面必须要有一个好的隐喻。进入PC时代后，计算机的主要社会角色是以文字信息形式为主的信息交流者，而草图便是人们交流最通用的方式。手写作为文明人的第一技能，体现了手眼协调能力，所以纸笔隐喻是主体隐喻而非第三人称隐喻，更接近汉字文化内在品质诠释的诉求。由于传感技术的发展，近年来出现一批性能良好、价格适中的手写设备，包括手写板、手写屏、平板电脑、电子白板等，笔式用户界面所需的硬件条件也趋于成熟。

笔式设备不仅具有鼠标的定位功能，还具有笔迹输入(as ink)、手势输入(as gestures)、管理各类对象草图 (as sketching)、写作(as writing)以及笔迹输入的时间索引等功能。因此它可以用作设计工具、书写工具、白板应用、注解工具、表单工具、即时通信工具和智能笔记工具。它既有和文字、表格、图形相关的主流应用，也可以在办公室、会议室、教室以及移动环境中应用。从计算机的社会角色、使用的隐喻、输入工具、功能以及主流应用多方面看，纸/笔将是未来使用计算机的主要工具，笔式交互是文字信息交流中最可取的自然交互方式，笔式用户界面将成为主流的用户界面范式。

人机交互是一个相对年轻的计算机学科分支。由于历史原因，我国从事人机交互学科研究的人很少，从事笔式交互的人更少，但是影响计算机走向大众的主要阻碍便是人机交互。笔式交互是人机交互发展的方向，是占世界人口五分之一的汉语人群方便使用计算机的最佳选择。回归自然、回归大众、回归汉字文明是我国计算机发展的方向。

以人为中心的计算(简称人本计算)是新的计算模式，这种模式将改变以计算机为中心的取向，变成以用户为中心的取向，它将孕育新的计算机革命。为了推动我国人机交互的发展，推动笔式用户界面的发展，现将我和我的学生们从事笔式用户界面的研究结果加以总结，整理出版，试图从理论、方法、系统和应用方面对该领域进行总结，供同行们参考。

虽然本书主要针对笔式交互，但其中的思想、方法和算法也适用于针对语音、基于视觉等自然交互的用户界面。本书的读者可能包括以下三类人员：从事笔式用户界面的科技人员(以第5章和第6章为重点)，从事笔迹计算的科技人员(以第4章为重点)以及从事笔式应用的开发人员(以第7章和第8章为重点)。本书的第2章和第3章是基础知识部分。

本书由戴国忠、田丰主持撰写,戴国忠提出了eGOMS模型、PIBG界面范式和笔式界面开发方法。王宏安博士、张高博士和关志伟博士共同参与确定了本书的提纲和主要内容。共有3位副研究员、9位博士和2位硕士参加了具体的写作工作。王常青博士、栗阳博士主要参加第3章;李俊峰博士和敖翔博士主要参加第4章;张凤军副研究员、冯海波硕士主要参加第5章;秦严严博士、李杰博士、王晓春博士主要参加第6章;马翠霞博士、付勇刚博士主要参加第7章;王丹力副研究员和吴刚硕士主要参加第8章;戴国忠和田丰负责完成其他章节的撰写工作。还有一些笔式用户界面组工作的同事和同学也对本书的编写做出了一定的贡献,他们是李茂贞、滕东兴、王晖、张习文、梁华、程铁刚、姜映映等,在此表示感谢①。最后感谢中国科学技术大学出版社给予我们出版本书的机会,值母校成立50周年之际,愿本书能为母校的建设添砖加瓦。

“宁心梦屋戏笔屏,忘路福村思创新。先觉未萌自有情,唤回自然续文明。”这是我在工作多年的红平房期间写的一首草诗《笔梦》,表达了我对笔式交互的努力和梦想,如今努力已付出了,梦想还未完全成真,但愿此书能帮助具有同样梦想的年轻人圆梦。

感谢北京大学董士海教授、微软亚洲研究院王坚副院长、科技日报胡永生主任记者,他们是我在人机交互漫漫长路上前进中的师长和知音。感谢北京师范大学舒华教授、中国科学院心理研究所傅小兰教授,他们给予了我认知心理学方面的帮助。

尽管我们对本书有着很大的期望并作了最大努力,但由于研究工作和写作水平的局限,书中错误在所难免,欢迎读者批评指正。

戴国忠

中国科学院软件研究所

2008年1月

① 本书受到国家“973”重点基础研究发展规划项目(2009CB320804)、国家自然科学基金(U0735004)和国家“863”高技术研究发展计划项目基金(2007AA1Z158)资助。

目　　次

第 1 章　用户界面发展历史

1.1　人 机 交 互

计算机的诞生使人们的工作和生活产生了巨大的变化，伴随着互联网的普及，这一变化更加深刻。几十年来，尽管计算机的处理能力已经有了很大的发展，但是人们使用计算机的方式并没有发生本质的改变。已故前 Xerox PARC 首席科学家 Mark Weiser 发表在《科学美国人》(*Scientific American*)上的《21 世纪的计算机》(*The Computer for the 21st Century*)一文指出：我们都很熟悉计算机，但它在使用方式上存在一个最大的弊端——计算机本身吸引了太多注意力，而好的工具应该是不会吸引我们的注意力的。比如几千年来我们习惯于用笔和纸作为帮助我们思考问题的工具，但我们在使用它们的时候却从来不会注意笔和纸本身。因此，他提出了"无所不在的计算(ubiquitous computing)"的思想，强调把计算机嵌入到环境或日常工具中去，让计算机本身从人们的视线中消失，让人们注意的中心回归到要完成的任务本身。目前 CPU 的处理能力已不是制约计算机应用和发展的障碍，最关键的制约因素是人机交互。

人机交互学是一门关于设计和评估以计算机为基础的系统而使这些系统能够最容易地为人类所使用的学科[董建明 2002]。人们是通过人机界面向计算机提供指令并获得反馈的，人与计算机通信的过程通常被称为人机交互。人机交互技术和计算机的发展是相辅相成的，一方面计算机速度的提高使人机交互技术的实现变得可能，另一方面人机交互对计算机的发展起着引领作用。正是人机交互技术造就了辉煌的个人计算机时代(20 世纪八九十年代)，鼠标、图形界面对 PC 的发展起到了巨大的促进作用。21 世纪我们已进入以人为中心的计算时代，人机交互是未来 IT 的核心技术。随着中国逐渐成为世界的 IT 中心，中国也将成为人机交互技术的发展中心；而人机交互正是中国软件腾飞的机会。发展平民可用技术、实现以人为本的计算是21世纪计算机发展的目标。

1.1.1 人机交互的定义

人机交互是一个涉及计算机、人类工效学、认知科学、心理学等多学科的领域,20世纪90年代初人机交互技术日趋成熟,对人机交互有了学术的定义与解释。美国ACM组织下的人机交互特别兴趣小组ACM SIGCHI给出的定义为:人机交互是一个关于人类对交互式计算系统的设计、评估与实现以及相关领域研究的学科[Hewett 1992]。Dix在《Human-Computer Interaction》一书中认为,人机交互研究人们的学习、计算技术以及它们之间的相互作用与影响的方式,其最终目的是使计算技术更方便地被人们使用[Dix 1993]。Preece在《Human-Computer Interaction》一书中提出:人机交互是关于设计计算系统的学科,支持用户的使用并使之成功,从而有保障地完成他们的任务[Preece 1994]。

计算机作为人类的一种高级工具,是人们探索世界、进行生活和生产的延伸。人机交互的广泛研究,提供了人们对人的交互意图和相应的生理限制、计算机性能和限制以及相关知识的描述,以帮助人们完成以前无法做到的任务。人机交互的另一个主要目的是提高用户与计算机之间的交互质量,使用户更加容易掌握和使用这种技术。

人机交互研究的范畴包括:人机交互模型、计算机使用的上下文、人的属性、交互设备和交互技术、计算机系统和交互架构、开发过程和方法、可行性设计和评估等。

1.1.2 人机交互的发展历史

人机交互研究和开发工作的主要动力是计算机的普及和应用计算技术的不断发展。在新的技术(例如Internet)快速发展后,研究人员立即进入这些领域并且研究如何利用新技术,使之最有效地被人所使用。另一方面,如果人机交互学的研究能够拉动技术的发展,那么这种研究将更有意义。计算机应用的历史也就是人机交互发展的历史。

了解人机交互的发展历史,可以学习成功经验,帮助我们展望未来;理解人机交互的发展历史,可以避免重犯过去的错误。对一个领域中知识的掌握蕴含着对该领域历史的理解和认同。人机交互的主要技术见表1.1。

表 1.1 人机交互技术发展回顾

年 代		人机交互技术的特点
1970 年以前	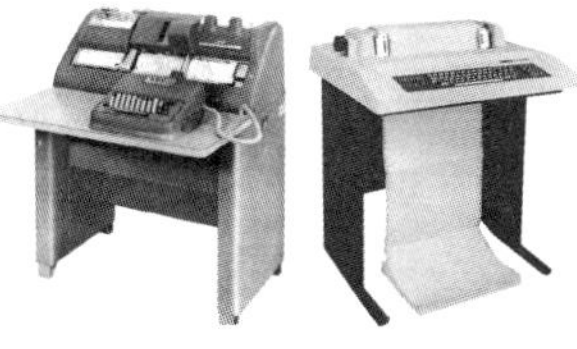	● 打孔纸带输入 ● 纸张输出 ● 无交互
20 世纪 70 年代初中期		● I/O：计算机终端 ● 分时（time-sharing） ● 命令交互
20 世纪 70 年代后期至 80 年代初期		● 键盘输入、TTY 输出 ● 对话框 + 菜单
20 世纪 80 年代后期		● 输入设备包括键盘、鼠标、笔、游戏杆 ● 输出：图形化界面 ● 窗口系统（Windows，Motif，Mac）
20 世纪 90 年代		● 输入设备包括键盘、鼠标、笔、游戏杆 ● 输出：多媒体 ● 视窗系统、互联网

在 20 世纪 80 年代以前，计算机主要的应用通过大型机来提供，许多人共用一台计算机。人们要用计算机，需要到公用机房，这种方式给计算机的使用带来很多不便，计算机主要还是应用在实验室或者科研部门。从 80 年代开始，计算模式从大型机向 PC 机转换，进入了桌面计算时代；计算机能够处理的对象也从数字符号、文字增强到多媒体信息，计算机逐渐进入到办公室、家庭中。目前正在进入普适计算时代。普适计算是 21 世纪的计算模式，普适计算模式就是要颠覆“人使用计算机”的传统方式，将人与计算机的关系改变为“计算机为人服务”，

从某种意义上说，是让人与计算环境更好地融合在一起[Weiser 1996]。

从早期计算机到大型机的进化过程中，计算机内部结构（硬件和软件体系）的发展起到了主要推动作用，如1904年John Ambrose Fleming发明真空管和二极管，1947年Bardeen，Brattain和Shockley发明晶体管，1958年Jack Kilby发明集成电路，1946年von Neuman提出微处理器体系结构等。同时，一些基于大型机的应用也起到了推动作用，如1943年为美国海军计算弹道火力表的Mark Ⅰ，1946年主要用于计算弹道和氢弹的研制的ENIAC。在这个阶段，计算机的主要目的是进行计算，完成一个自动化的计算过程，人机交互技术尚未产生。

20世纪80年代个人计算机诞生，人机交互技术和计算机技术在它们的发展过程中起着相互促进的作用，交互范式的变迁促进了新技术的革命，新技术的革命导致交互范式的变迁。交互范式的变迁是发生新的应用革命的根本原因，正是桌面计算范式的产生才促使个人电脑的普及。在计算机从大型机到PC机的进化过程中，一方面人机交互技术自身不断发展、成熟，另一方面对PC机的进化过程起到了第一推动力的作用。

1.1.3 人机交互造就了PC机辉煌时代

现在个人计算机已进入家庭，人们对它的很多特点已习以为常。它具有直接操作和“所见即所得”的用户界面，可以辅助用户完成绘画、写作等任务；它还可以联网来提供发送/接收电子邮件、连接数据库、打印等服务。实际上，早在30多年前施乐PARC就提出了计算机的这些特点。当今所流行的个人计算机的核心思想和技术是在20世纪六七十年代提出和发展的[Myers 1998]。三种力量在PC机的发展过程中起到了巨大的推动作用：一是人机交互的思想；二是交互设备和原型；三是应用系统。

- 图形对象的直接操作。1963年MIT的Sutherland在其博士论文中开发了一个称为Sketchpad的系统，包含了人机交互的光辉思想。Sketchpad可以通过使用手持物体（如光笔）直接在显示屏幕上创建图形图像，并对图形进行抓取、移动、改变大小等操作；可视的图形随即被存入计算机内存，它们可以被重新调用，并同其他数据一样可以进行后期处理。虽然今天我们把这些看成是想当然的，但Sketchpad是第一个可以在显示屏幕上直接构造图形图像的系统。1982年马里兰大学的Ben Shneiderman创造“直接操作”一词并建立了直接操作的心理学基础。第一批广泛应用直接操作的商业化系统有Xerox Star（1981），Apple Lisa（1982）和Macintosh（1984）。
- 鼠标。鼠标是1965年由斯坦福研究院Doug Engelbart发明的，当时的主要目的是取代昂贵的光笔。1968年Doug Engelbart应邀参加在旧金山举行的一次电脑会议,他拿出了许多令人吃惊的绝活:视窗、超媒体、群件,还有鼠标。这也是鼠标第一次作为“点击工具”公开亮相。作为商业化应用,鼠标首次出现在 Xerox Star (1981)、三河计算机公司的 PERQ (1981)、Apple Lisa (1982)和 Apple Macintosh (1984)中。

- 视窗。1968 年 Doug Engelbart 公开演示了平铺多视窗的系统,斯坦福大学和 MIT 在 1974 年就开展了早期的平铺视窗研究工作。1969 年 Alan Kay 在他的博士论文中提出了覆盖视窗的思想,并于 1974 年在他的 Smalltalk 系统中实现。最早将视窗应用到商业化系统中的是从 MIT 人工智能实验室孵化出的 LMI 和 SLM 公司(1979)。施乐 PARC 的 Cedar(1981)是第一个主流的平铺视窗管理器,不久 CMU 的信息技术中心开发了 Andrew 视窗管理器。广泛使用视窗的商业化系统的是 Xerox Star (1981), Apple Lisa (1982)和 Apple Macintosh (1984)。早期的 Star 和微软视窗系统都是采用平铺视窗系统,后来都采用了像 Lisa 和 Macintosh 一样的覆盖视窗系统。目前已是国际标准的 X 视窗系统是 1984 年在 MIT 研究开发的。
- 超文本。超文本的思想是由 Vannevar Bush 于 1945 年在他构想著名的 MEMEX 设备时提出来的。1965 年 Ted Nelson 创造了超文本一词。1965 年斯坦福研究院的 Engelbart 在开发 NLS 系统时广泛使用了链接。1970 年的 NLS 期刊是最早的在线期刊之一,而且包含全文链接。由 Andy van Dam 和 Ted Nelson 等人开发的超文本编辑系统在当时也广泛流传。1976 佛蒙特大学的 PROMIS 系统是第一个用户广泛使用的超文本应用系统,用来联结病人和医疗中心的病人信息。CMU 也在 1977 年开发了一个早期的超文本系统 ZOG。Ben Shneiderman 在 1983 年首次设计了选中条目点击转到另一页的方法。1990 年 Tim Berners-Lee 利用超文本的思想开创了万维网。

基于 PC 机的应用也对 PC 机的发展起到了带动作用。这些具有杀伤力的应用(killer applications)包括:绘画程序、文本编辑、电子表格、计算机辅助设计和视频游戏等。

纵观 PC 机的发展进化过程,人机交互发挥了极大的作用。如果单靠 CPU 处理速度的不断提高,计算机仍然只是一个计算工具,不会进化成走进千家万户的 PC 机。因此,正是人机交互造就了 PC 机的辉煌时代。

1.1.4 人机交互的发展趋势

目前,计算机的处理速度和性能仍然在迅猛地提升,然而用户使用计算机交互的能力并没有得到相应的提高。一个重要原因就是缺少一个与之相适应的高效、自然的人-计算机界面。目前,世界各国都将人-计算机界面作为需要着重研究的关键技术,从以下事例不难看出这一点:

- 1999年美国总统信息技术顾问委员会(PITAC)的《21世纪的信息技术报告》将"人机交互和信息处理"列为四项重大信息技术研究焦点之一，并指出："能听、能说并且能理解人类语言的计算机：现在美国40%以上的家庭拥有计算机，然而，对于大多数美国人来说，计算机仍然难以使用。调查表明，由于不理解计算机正在做什么，计算机用户浪费了12%以上的上机时间。更好的人机界面将使计算机更易于使用，用起来也更愉快，因而可提高生产率。考虑到现在经常使用计算机的人数，研制这种计算机的回报将非常巨大。最理想的是，人们可以和计算机交谈，而不像现在这样仅限于窗口、图标、鼠标和指针(WIMP)界面。"

- 1994年图灵奖获得者 Raj Reddy 指出："计算技术的飞速发展，也许不会很快改变我们的社会制度、我们吃的食物、我们穿的衣服和流行的时尚，这些方面发生变化的速度非常慢。但是，我们的学习、工作、与他人交流的方式以及医疗保障的质量和提供的方式，都会发生非常深刻的变化。"

- 1992年图灵奖获得者 Butler Lampson 指出："计算机的主要用途，一是模拟，比如你要做的工资单；二是帮助人们进行通信，因为它有很好的存储性能，这种想法在互联网、Web、电子邮件上取得了巨大的成功；第三个方面刚刚开始，我们用'互动'这个词来表示，就是与现实世界的交流。"

- 1999年中国工程院信息与电子工程学部给国务院的《对计算机软件技术的展望和对发展我们软件产业的建议》咨询报告中，将先进的人机交互与虚拟现实技术列为今后几年中特别关注的软件技术。

作为工具使用者的人类，用于控制计算机的方式却一直滞后于其他领域的发展。虽然计算机硬件的性能正在按照"摩尔定律"不断提高，但计算机从出现到现在并不能自然高效地服务于大众，其主要原因是人机界面不能满足人们的需求。人机交互作为一个研究领域已吸引了众多学科研究人员的关注。全世界有6万多名专业人员从事这方面的工作。同时，每年有50多个这方面的学术会议在世界各地召开，100余部图书和400余篇专业杂志上的文章出版，3 000多个相关学术研究成果在会议中宣读[董建明 2002]。经过多年的发展，人机交互学已经成为一个重要的理论学科和工程学科。

人们的更多需求以及计算机技术的进步共同促进了人机交互的发展。从目前来看，人机交互设计的发展会朝着以下几个方向进行。

- 自然交互

早期的人机界面往往简单追求功能，相对比较简陋，人机对话基本属于"机器可以理解的语言"。随着软硬件技术的发展，图形用户界面GUI、直接控制DM、所见即所得等交互原理和方法相继产生并得到了广泛应用，取代了旧有"键入命令"式的操作方式，推动人机界面向自然化方向迈进了一大步。

然而，人们不仅仅满足于通过屏幕显示或打印输出信息，还进一步要求能够通过视觉、听觉、嗅觉、触觉以及形体、手势或口令等行为，更自然地进入到计算环境中去，形成所谓的人机“直接对话”，从而取得更好的参与沉浸效果。

从硬件的角度，Engelbart 对人与图形界面交互的特征进行了分析，设计出操作更方便的鼠标，并迅速普及到所有计算机应用领域，因此他也获得了计算机领域最高奖项——图灵奖。人体工程学键盘是另一个很好的例子，例如 Apple 公司设计的可调式键盘，键盘的高度以及双手间距均可由用户自由调整设置，更适合手的自然性操作。此项设计荣获了 1993 年度“美国工业设计优秀奖”银奖。

从软件的角度，新近涌现出很多更符合人类日常生活习惯的交互技术，例如笔式交互与语音交互。笔式交互基于纸笔隐喻，符合人们平时交流思想与创作的习惯。而语音界面使用了人们最常使用的交流手段，在许多特殊环境（如移动环境、黑暗环境）中得到了很好的应用。这两种界面形态都成为了人机交互研究的热点。

- 普适计算

计算机的计算能力时刻都在产生变革。计算机越来越趋向平面化、小型化；输入方式由单一向多通道发展；多种自然交互方式竞相涌现，蓝牙等技术的出现改变了接口方式；多媒体、虚拟现实以及视觉工作站提供了更真实、刺激灵感的用户界面。可以说在人机交互系统中，各种类别的计算能力都显示出其极大的潜力。

伴随着硬件计算设备以及网络技术的发展，高计算能力的人机交互也将逐渐步入人们的日常生活。智能办公、智能交通、智能住宅以及智能家电等为人机交互开辟了新的发展空间。

无处不在的计算环境被预言将成为下一代的主流计算环境[Weiser 1996]。以高质量的网络互联技术为基础，在新一代设备、算法与软件的支持下，高计算能力的交互式系统将会更快走进世界的每个角落。

- 人性化

现代的交互设计已经从功能主义走向了多元化和人性化。以计算机为中心的设计已不再适应计算机多元应用的要求，以用户为中心的设计思想逐渐成为交互设计的主流。一方面，交互系统必须功能齐全、高效，适合用户操作使用，另一方面又要满足人们的喜好与认知的精神需要。

建立自然化、人性化的人机界面已成为当今信息社会研究的主课题。当前主流的 WIMP 界面已经凸显出人性化方面的不足。在人机交互界面中，计算机可以使用多种媒体而用户只能同时使用有限数量的交互通道，从计算机到用户的带宽与用户到计算机的带宽呈现出极大的不对称性，这是一种不平衡的人机交互。目前，人机交互正朝着从精确向模糊、从单通道到多通道以及从二维交互向三维交互的方向转变，致力于发展用户与计算机之间快捷、低耗的多通道界面。

近几年,人机交互已经逐渐成为学术界和工业界关注的特点。全球著名的管理咨询公司麦肯锡于 2013 年 5 月发布了一份题为《颠覆性技术:技术进步改变生活、商业和全球经济》的报告,就到 2025 年影响人类生活和全球经济的颠覆技术进行了预测,其中最具影响力的前五项颠覆性技术中的移动互联网、知识工作自动化、物联网和先进机器人四项,均以人机交互作为重要支撑。国家对于下一代人机交互理论和方法对经济社会发展的推动作用有着十分清楚的认识,在《国家中长期科学和技术发展规划纲要(2006～2020 年)》中把人机交互理论作为支撑信息技术发展的科学基础,并列入面向国家重大战略需求的基础研究;"十二五"科技发展规划把人机交互列入强化前沿技术研究领域,强调要突破"海量数据处理、智能感知与交互等重点技术,攻克普适服务、人机物交互等核心关键技术"。人机交互解决的是人类如何与计算机相互作用,以及如何设计出与计算机互动的工具,这不仅是人们日常使用计算机和诸多高端应用领域面临的重大课题,也是人类如何设计和使用科技这一重大主题的核心内容。

1.2 界面隐喻和界面范式

界面隐喻和界面范式是人机交互领域中两个重要的概念,它们是设计和评估一个好的用户界面的基础,也是促进计算机技术进步的动力。

1.2.1 界面隐喻

隐喻作为一种极普通和重要的情感表达方式,在文学、艺术设计等领域有着广泛的应用。隐喻本属于语言学的范畴,是语言学修辞的一种手法。从词源上看,"隐喻"的意思是"意义的转换",即赋予一个词本来不具有的含义;或者是用一个词表达本来表达不了的意义。隐喻是在彼类事物的暗示下感知、体验、想象、理解、谈论此类事物的心理行为、语言行为和文化行为。和谐的人机交互涉及人机范畴的情感、文化和艺术因素,在一个人机交互系统所能表达的人机系统之外的含义,称之为界面隐喻。界面隐喻的最好的例子是桌面隐喻。

隐喻是由三个因素构成的:"彼类事物"、"此类事物"和两者之间的联系。由此而产生一个派生物——由两类事物的联系而创造出来的新意义。在人机交互中,隐喻的使用是无所不在的;从应用程序环境到交互的任务层和物理层都存在隐喻的使用,例如桌面隐喻、窗口隐喻、菜单隐喻、按钮隐喻、房间隐喻[Henderson 1986]和书的隐喻[Moll-Carrillo 1995]。在用户界面设计中,隐喻已经成为创建高效、高质量、易学、易用接口的一个重要方面。我们认为纸笔是人们最熟悉的一种工作方式，它应用在所有纸面工作的场合，以纸笔隐喻来发展新的计算机技术，将是实现人机和谐的很好的技术路径。

1.2.2 界面范式

界面隐喻的技术描述是界面范式。界面范式是界面设计的指南，指的是我们在进行交互设计时的主导思想或思考方式。界面范式的目的是指导设计人员构思用户是如何来使用计算机的。理解人机交互的历史很大程度上在于理解一系列范式的变迁过程。多年来，交互设计领域的主要范式是用于开发桌面应用，这些应用供面对监视器、键盘和鼠标的单用户使用。这个方法的主导部分就是设计能够运行于图形用户界面(GUI 或 WIMP 界面)的应用软件。

最近，交互范式开始拓宽，使之"超越桌面、实现协同"。目前新的范式有：笔式交互界面范式、无处不在计算技术(嵌入环境平台中的技术)、渗透性计算技术(各种技术的无缝集成)、可穿戴的计算技术(可穿戴)和可触摸用户界面等。

- Post-WIMP 和 Non-WIMP 界面范式

WIMP 界面是最普遍的界面范式，它是桌面隐喻的一种技术描述。它通过 Windows 向用户呈现信息，通过 Icons 和 Buttons 实现命令发送，通过指点(point)设备实现操作，简称 WIMP 界面。随着计算机的普及，这种界面的不足越来越被人们认识。20 世纪 90 年代初，人机交互领域将新一代界面范式的研究作为挑战性的研究方向，称之为 Post-WIPM 和 Non-WIMP 界面范式。以 Mark Green 和 Robert Jacob 为首的数位学者在 1990 年首先提出了 Non-WIMP 的思想。Non-WIMP 界面就是指没有使用 Desktop Metaphor 的界面[Green 1991]。Andries van Dam 提出了 Post-WIMP 用户界面[van Dam 1997]，他指出 Post-WIMP 界面是一个在界面中至少包含了一项不基于传统的 2D 交互组件的交互技术。Mark Green，Robert Jacob 和 Andries van Dan 虽然对 Non-WIM/Post-WIMP 界面的风格和特征做了较为全面的描述和展望，但并没有对这些风格和特征作深入的研究。Jakob Nielsen 提出的 Non-Command User Interfaces[Nielsen 1993]从用户输入的角度对 Post-WIMP 的交互特征进行深入的研究。他指出以前所有的用户界面风格，包括批处理方式、命令行方式和图形界面方式都可以统称为基于命令的界面；在这些界面中，计算机通过接收来自用户的精确命令来执行相应的操作。而下一代的用户界面可以被认为是非命令的界面，用户同计算机的交互并不通过精确的命令。计算机可以根据用户的交互动作，分析用户的交互意图，以执行相应的任务。这样用户的注意力就可以从操作的控制转移到任务本身。

- 笔式交互界面范式

目前有一些针对纸笔环境下交互范式的研究成果[Moran 1995,Ehnes 2001],但主要集中在笔式交互特征的研究上。针对具体界面构造方面的并不多见,不过在此值得一提的是 Translucent Patch 的思想[Kramer 1994,Kramer 1996]。Kramer 根据我们通常在白板或墙壁上粘贴一些小黄纸片的行为,提出了这种思想。这些黄纸片可以用作一些部分信息的容器,从而对整体信息产生补充和修正。同时在界面设计中,这种思想具有交互组件的半透明性和不规则性的特征。这两种特征大大提高了信息表现的灵活性,非常适合纸笔式交互环境。

- 无处不在计算(ubiquitous computing)

Mark Weiser 是一位有影响的幻想家,他提出了"无处不在计算技术"这个交互范式。他的设想是让计算机完全消失在环境中,使它们不再可见,这样我们就在没有意识到它们存在的情况下使用它们。这个"不可见性"应该是对现有世界的扩充,而不是创建一个人工的世界。目前的计算技术,如多媒体系统和虚拟现实,还无法实现这一点。因此,我们仍需要把注意力集中于屏幕上的多媒体表示,或者漫游在虚拟环境中,操纵虚拟对象。

Weiser 所说的"无处不在"并不是把计算机设计成可携带的设备,而是指把技术无缝地集成到物理世界中,从而扩充人们的能力。它提出了"tabs,pads and board(便条、信签和布告板)"原型,其中包含数百台计算机设备,这些设备的大小与便条、信签或布告板相同,可以嵌入在办公室中。另外,这些设备提供了更强的计算能力,这同电子表格相似。Weiser 的一个想法是,把便条大小的交互式设备相互连接,让它们肩负多种用途,包括日记、日历和身份证,并且能够与 PC 相结合使用。

无处不在计算技术并未引入全新的事物,但它能够使事务处理更快、更容易、更轻松、更节约脑力;因此,它将带来更深远的影响[Weiser 1991]。

- 渗透性计算

渗透性计算技术是紧随"无处不在计算技术"而出现的概念。其思想是:人们应能够使用无缝集成技术,随时随地访问信息或交互信息。这些技术通常是指可以执行某个特定活动的智能化设备或信息设备,如移动电话或手持式设备(如 Palm Piolt)等一些商业产品。在家庭应用领域,人们也提出了一些产品原型,包括:智能冰箱能够提醒用户剩余的食品已经不多;交互式微波炉允许用户在烹调时通过互联网访问信息等。

- 可穿戴计算

由于受到"无处不在计算技术"的许多构思的启发,研究人员开始开发属于环境一部分的技术。在这方面,MIT 的媒体实验室提出了几项创新技术,其一是"可穿戴计算技术"[Mann 1996],也就是把多媒体和无线通信技术相结合并嵌入到人们的衣着中。他们试验了珠宝、帽子、眼镜、鞋子、夹克等,目的是使用户能够在行进中与数字信息进行交互。已经开发的应用系统包括：自动日记，可及时向用户报告最新信息，并提醒用户需要做什么；旅游指南，当游客在参观展览或游览其他场所时，向用户讲解各种相关信息[Rhodes 1999]。

● 可触摸用户界面、扩充现实、物理/虚拟集成

“可触摸用户界面”是由“无处不在计算技术”演变而来的另一项技术[Ishii 1997]。这个范式的焦点是“在物理环境中集成计算技术”。换句话说，就是把数字信息同物理对象相结合，以支持人们的日常活动。例如，嵌入了数字信息的书本打开时能播放数字音乐的贺年卡；与某个虚拟对象相连的物理把手，当抓住它时，在虚拟对象上会产生相同的效果。

这个范式的另一部分是“增强现实”，就是在物理设备或对象上叠加虚拟表示。“数字化桌面(digital desk)”是这个研究领域的领头项目[Wellner 1993]，它使用投影机和摄像机，把办公室的工具，如书本、文档和纸张都集成到虚拟表示中，从而实现虚拟和真实文档的无缝结合。

● 服务环境和透明计算技术

这个交互范式指的是计算机通过预测用户想要做什么来满足用户的需要。这个方式与用户控制不同，用户不再决定想做什么或想去哪里，这些任务已由计算机承担。因此这个交互模式就更为含蓄，计算机界面需要对用户的表情和手势作出响应。计算机借助于各种传感器可以检测到用户的当前状态和需要。例如，摄像机能检测到人们的视线在屏幕上何处，因而计算机就能相应地决定显示什么。系统应能够判断用户什么时候需要打电话，想要浏览什么网站等。IBM 的蓝眼(Blue Eyes)项目正在开发各种能够跟踪和识别用户行为的计算设备，这些设备都使用了传感技术，如摄像机和麦克风。系统分析传感器捕捉到的信息，推断用户正在看什么、做什么，用户的姿势、面目表情又是什么等。接着，系统把这些信息编码成用户的物理、情感或信息状态，然后再决定用户需要什么信息。例如，当用户走进房间时，带有“蓝眼”的计算机及时作出反应，如提示收到新的电子邮件，如果用户摇摇头，计算机就认为用户不希望阅读邮件，转而列出当天的日程安排等。

1.3 用户界面

一般而言，人机交互和用户界面可以分别定义为用户与计算机系统的通信及相互通信的介质。这样，交互是人与机之间信息的双向交流，而界面则是支持交互的软件和硬件系统[Hartson 1989]。用户界面是人机交互系统的重要组成部分。

1.3.1 用户界面与人机交互系统

有许多人机交互模型可以帮助我们理解用户界面和人机交互系统的关系。在这些模型中，最为典型的要属 Norman 的执行-评估环模型（Norman's execution-evaluation cycle）[Norman 1988]。执行-评估环模型将人机交互过程描述为一个循环，在每一次循环中，用户根据任务的目标，制定一系列动作的计划，再通过用户界面来执行这些动作。在执行这些动作的过程中，用户可以通过观察用户界面来评估动作执行的结果，进而决定下一步的动作计划。这些交互的循环过程可以分为两个主要阶段：执行和评估。Norman 用该模型来解释用户界面和用户的关系，认为计算机和用户之间存在着执行和评估的鸿沟。计算机和用户用不同的术语来描述问题的领域和任务的目标；计算机使用的语言叫做核心语言，用户使用的语言叫做任务语言。执行鸿沟是指用户为完成任务而组织的动作和计算机所能执行的动作之间的区别，用户界面应该尽量减少这种鸿沟。评估鸿沟是指计算机对系统状态的表达和用户期望之间的区别，如果用户能很容易地理解计算机显示的系统状态，那么评估鸿沟就很小，反之则很大。

Norman 的执行-评估环模型非常清楚和直接，能帮助我们比较好地理解交互。为了更加清楚地描述人机交互过程，Abowd 扩充了 Norman 的模型，提出了人机交互的框架模型[Abowd 1991]。框架模型更加清楚地描述了交互过程中的系统行为，它将人机交互系统分成四个部分：系统、用户、输入、输出，如图 1.1 所示。其中每个部分都有自己的语言，用户使用的是任务语言，系统使用的是核心语言，输入和输出部分都有自己的语言，输入和输出部分共同组成了用户界面。

用户界面位于用户和系统之间，一个交互周期可以分成四个步骤，每一个步骤将一种语言翻译成另外一种语言，如图 1.2 所示。用户在开始交互之前首先要组织交互的目标和要完成的任务，这些任务必须通过表现过程（articulation）翻译成输入语言，输入语言再通过执行过程（performance）翻译成系统可以执行的核心语言，系统的执行状态通过表达过程（presentation）翻译成输出语言，用户通过观察（observation）系统的输出来对系统执行的结果进行评估。

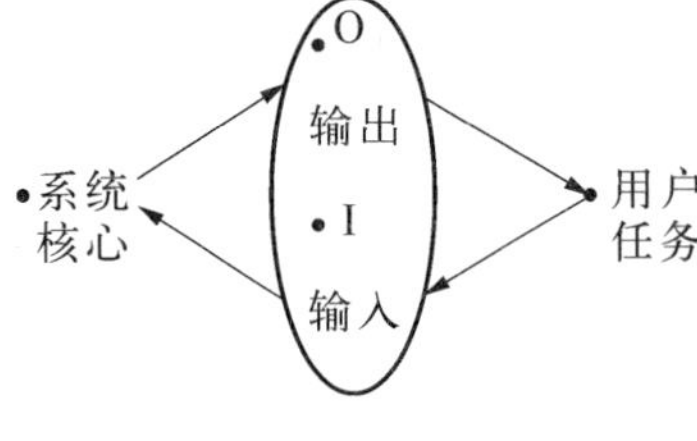

图 1.1 人机交互框架模型 [Abowd 1991]

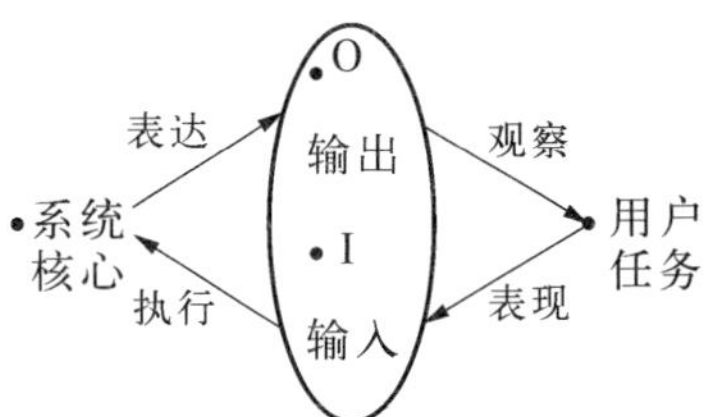

图 1.2 框架模型中不同语言的转换

1.3.2 用户界面的发展

用户界面的发展到现在经历了三个主要时代。批处理界面、命令行界面和图形用户界面分别代表了三个时代中主流的用户界面。在所对应的时代中，这三种用户界面能够最大限度地拓展人机交流的带宽，方便用户同计算资源的交流，提高用户的生产力。基于鼠标和图形用户界面的交互计算对计算机科学的影响是深刻的。以鼠标为基础的图形用户界面包含了三个重要的思想：一是桌面隐喻（desktop metaphor），即在用户界面中用人们熟悉的桌面上的物品来清楚地表现计算机可处理的能力；二是 WIMP（Windows，Icons，Menu and Pointer），是组成图形用户界面的基本单元；三是直接操作以及所见即所得的界面。到目前为止，图形用户界面仍然是占统治地位的一类界面。这种基于桌面隐喻，使用 WIMP 范式的界面之所以能够成为近 20 年中占统治地位的界面，是因为与之前的界面相比，具有对象可视化、语法极小化和快速语义反馈等非常明显的优点。但随着计算机硬件设备的进步和软件技术的发展，WIMP 界面的缺点逐渐地显现出来。目前，研究者们将研究的焦点聚集到下一代的用户界面的研究上，自然用户界面成为一种重要的界面形式，它综合采用视线、语音、手势等新的交互通道、设备和交互技术，使用户利用多个通道以自然、并行、协作的方式进行人机对话；通过整合来自多个通道的精确的和不精确的输入来捕捉用户的交互意图，提高人机交互的自然性和高效性。

1.3.3 自然用户界面

从人机交互模型中可以看出，用户界面是交互式系统的重要组成部分，用户界面的发展和交互式系统的发展有着密切的关系。在交互式系统中，对于“把人放在什么地位”这一问题曾有着截然不同的看法[朱祖祥 1994]。一种观点认为在交互式系统中计算机是中心，用户应服从于计算机的要求。在这种观点主导下，设计系统时片面强调计算机的性能要求而不考虑或很少考虑用户的要求和特点。另一种相反的观点认为，在交互式系统中，用户是主体，计算机只是用户用来实现其目的的工具，计算机服务于人。因此计算机系统的设计应首先考虑用户的要求，因而可称之为“以人为中心”的观点。随着人类生产和社会实践的发展，人的价值越来越受到重视，当前彻底持计算机中心论观点的比较少见，但彻底的“以人为中心”的观点也是不切实际的。交互式系统设计会受到技术、经济条件以及特殊场合的限制。较为合理的认识是，在强调“以人为中心”的前提下，着力研究人机匹配，使人机系统发挥人与计算机各自所长，克服各自所短，达到最佳配合。这种起源于人类工效学的关于“以人为中心”的观点，目前不仅在交互式系统设计中起着广泛的指导作用，也成为用户界面设计的核心思想[Sheiderman 1983，IBM 1989，Microsoft 1992]。

Norman的人机交互模型充分体现了这种“以人为中心”的思想，建立“以用户为中心”、充分发挥用户和计算机的长处、尽量减小了用户和计算机之间的执行鸿沟和评估鸿沟，是建立人机“自然交互环境”的必然途径。自然用户界面很大程度上减小了用户和计算机之间的执行鸿沟和评估鸿沟。在信息的表达和信息的输入两个方面充分体现了交互式系统“以用户为中心”的设计原则，符合用户界面发展的方向。

人类的进化和社会的发展需要在人和技术之间建立一种自然、和谐的工作和生活环境。Michal L. Dertouzos指出计算机的发展革命还未完成，目前的计算机还存在使人迷惑的困难，如过度学习、人类奴役、超负荷、死机、非集成化、伪聪明、棘轮等；同时提出了“是人类为计算机服务，还是让计算机为人类服务”的核心问题。下一代用户界面为了逐步做到“计算机适应人”，应从追求“容易实现”到追求“容易学习和容易使用”，使用多个通道的方式进行人机交互，支持多个用户，支持高带宽的连续输入(如视线跟踪、手势识别、语音识别)。今天以技术为中心的人机交互理论和实践在某种程度上干扰或影响了这种正常关系，下一代交互技术应当以用户为中心，致力于提高人们的工作与生活质量。自然用户界面具有可学习性、易用性，并且因其自然性在支持一些例如创作或者绘制任务时而不必去改变整个任务的原本交互结构，所以效率更高。这种界面也适合一些对使用传统的鼠标或者键盘存在障碍的特殊人群。自然人机交互抛弃了遵循同一种界面范式的原则，倾向于根据各种任务的需求和应用领域来确定交互风格。它是一种不可见的人机交互，人们的注意焦点是任务本身，而不是工具。

自然用户界面采用以用户为中心的观点，研究人在环境中的认知关系。它以各种新型交互技术及信息基础设施为基础，对人们在自然界中的行为方式提供信息支持和服务，使计算设备普适于使用上下文(用户、任务及环境)。其目标是利用人们的生活经验及环境知识处理与计算设备的关系，营造一个自然、高效的计算环境。

目前语音识别技术和具有触觉反馈的笔输入技术日趋成熟，视觉是人们接收信息的主要通道，语音和笔式交互手势是人们进行交互的主要手段，基于具有触觉反馈的笔输入和语音识别的结合将是未来的自然用户界面的主要手段。

近几年，自然用户界面已逐渐成为下一代用户界面研究的热点问题。ACM SIGCHI年会从2009年到2011年连续三年举办了自然用户界面相关的研讨会。2009年和2010年的研讨会更多地把自然用户界面限定为触摸和手势的交互方式。2011年的研讨会有所突破，更强调自然用户界面是一种多通道的人机交互方式和无缝(物理空间和计算空间)的用户体验。

人机交互领域的知名学者Daniel Widgor和Dennis Wilcox在2011年出版

了一部关于自然用户界面的著作《Brave NUI World: Designing Natural User Interfaces for Touch and Gesture》。该书从界面设计和开发者的角度对 NUI 进行了阐述。该书中关于自然用户界面有一句经典的评介:“自然用户界面并不是指界面的自然,而是让用户的行为和感受自然”。2011 年 11 月,由中国科学院软件所和 Google 研究院共同组织的《计算机学会通讯》“人机交互”专题中,也有相关学者给出了一个自然用户界面的定义:“自然用户界面即是与目标用户群体在预定使用情境下已有的经验或思维模型相符的用户界面”。这个思路同前边 Widgor 和 Wilcox 所著一书中的观点很接近,都强调用户经验的重要性。

虽然目前自然用户界面已经成为学术界和工业界研究的热点,但是,从一个界面时代的发展及至成熟而言,目前的研究仍然处在刚刚起步的阶段,在理论和模型研究方面的成果非常有限。针对目前主流的界面形态——图形用户界面(GUI)而言,有 MHP,GOMS,Fitts,Law,WIMP 范式,Direct Manipulation 等模型和理论的支持,可以有效地帮助图形用户界面的设计和评估。然而针对自然用户界面等新的界面形态,上述基于键盘或鼠标交互、存在了 20 多年的理论和模型基础逐渐失去了它们原有的价值。

针对这个问题,最近人机交互领域的一些专家学者给出了他们的观点。人机交互领域著名的研究者、微软研究院的 Bill Buxton 是自然用户界面的开拓者之一,在倡导自然用户界面的同时,他也指出:“不论是什么东西,都对某些事情最好,而对另一些事情最糟”。人机交互领域的另一位著名学者 Donald A. Norman 的言辞则更加犀利,他同可用性工程的创始人 Jacob Nelson 在 2010 年的《ACM Interactions》上连续发表了两篇文章:《Natural User Interfaces Are Not Natural》和《Gestural Interfaces: A Step Backward in Usability》。从这两篇文章的题目我们就可看出他们对目前的自然用户界面旗帜鲜明的批判:现在所谓的自然用户界面并不自然,甚至是一种倒退。究其原因,主要是目前自然用户界面在基础研究层面鲜有好的成果,脱离了理论和模型支撑的自然用户界面必然会带来多方面的问题。

自然用户界面对用户界面理论和模型的研究提出了新的要求和挑战。在交互通道方面,自然用户界面充分发挥了人类感知和运动的各个通道的能力,通道使用和融合明显增多;在交互原语方面,自然用户界面使用户的交互行为不再局限于离散的指点操作,交互信息往往都是连续产生,或连续与离散相结合;在交互环境方面,自然用户界面不再局限于传统基于桌面隐喻的 WIMP 界面,从桌面扩展到无处不在的日常生活环境中。针对这些新的特征,简单地修改 MHP 和 GOMS 模型已经很难指导自然人机交互设计,迫切需要构建新的用户界面理论和模型与之相适应。事实上,目前流行的人机交互设备(如 iPhone,Kinect,Surface, Wii 等)之上的界面和交互技术都已无法有效地使用 MHP 和 GOMS 等传统理论和模型进行设计和评估。

1.3.4 笔式用户界面

从社会科学、认知科学的角度来看，以笔为交互设备符合人的认知习惯，承应了社会文化的氛围，是一种自然高效的交互方式；从技术的角度来看，硬件技术已经成熟，各种各样的笔式交互设备不断出现；软件技术的发展也促进了各研究领域的交融，带动了相关学科的发展。此外，人们对纸笔还有特别的偏好，这是因为其便携性、使用的手眼协调性（视觉与手动的整合）和直觉性（草图的使用、思维连续性）。因此面向主流应用的、自然、高效的笔式用户界面是一类重要的自然用户界面，是未来用户界面的一种主要发展趋势。

计算机文化诞生于西方，而并不完全适合东方庞大的汉语人群，东方文化尤其是汉字文化的冲击将给未来的信息技术带来巨大的挑战。文明源于文化，文化源于文字。汉字记载着中国数千年来的文化，中国的文明集中体现在汉字文化上。正如国学大师饶宗颐所说："汉字是中华民族的肌理骨干"，"造成中华文化核心的是汉字，而且成为中国精神文明的旗帜"。计算机诞生于西方，近几十年的计算机应用大多是基于西方文化的，特别是 Office 软件和 ERP 软件这一类主流应用都是基于西方文化的，这就导致占全世界人口五分之一的汉语人群在使用计算机方面存在很大的鸿沟。

现在计算机主要是以键盘输入为主，长期使用，会导致文学修养、书写技能下降和对汉字文化的淡漠。这种只是在桌面前工作的方式也远离了自然，长时间地使用打印机的方式也远离了大众。人们偏好纸笔，因为它体现了人们手眼协调的工作技能，便于携带，同时思维连续性也能得到很好体现[戴国忠 2005a，戴国忠 2005b]。

中国的应用软件发展要回归自然、回归汉字文明、回归大众[科技日报 2001，科技日报 2002]。自从计算机出现，人们就梦想能以自然的方式来使用计算机，由于历史的局限人们不得不使用键盘和鼠标。回归自然有几层含义。首先是生理上的回归自然。人类用笔的历史悠久，从生理角度看，用笔远比键盘鼠标要自然而且有益健康，不会引发诸如颈椎病一类的疾患。而计算机进入家庭以后，由于少年儿童大量使用计算机，颈椎病出现低龄化趋势，这就是所谓重复性运动综合征。同时汉字与笔的联系相对西方文化而言更为紧密。现在的汉字输入都是基于西方的键盘，无论是按形输入还是按音输入都不自然，那是由于技术限制，没有办法之中的办法。习惯键盘输入的用户，正在经历着对汉字的冷漠、思维方式改变、思考习惯退化、不愿提笔、产生失写病、习惯于电子文档中拼凑、使脑力工作成为文档制作等后果，最后会导致汉字文明的嬗变。所以，用笔输入是回归汉字文明的唯一选择[科技日报 2004，科技日报 2005，科技日报 2006]。

当前计算机的社会角色仍是辅助人与人之间进行信息交流，信息交流的主要形式仍是文字。纸笔方式因其丰富的表达能力以及便携的特性而成为文字交流中最普遍的方式。从人类的发展和人的成长过程来看，人与人之间的交流方式经历了从情感到语言，再到纸笔文字，然后到目前的电子信息交流方式等几个阶段。而人与计算设备之间的交流方式，恰好与上述方式的发展进程相反。因受自身技术的制约，人与计算设备之间逐步从电子信息交流方式，发展到纸笔方式，再到语言交流方式，最终可能到情感交流方式。而从目前和未来若干年来看，纸笔式交互方式无疑是普适计算的一个主要形态。

美国 MIT 的多通道界面 AGENTS 项目包含了研究智能笔技术的内容，该项目将智能笔技术和其他的多模式输入技术（如语音识别和表情识别等）结合起来，以提高用户界面的交互效率和自然性。卡内基梅隆大学（CMU）人机交互学院将笔式交互的支持嵌入到了工具箱系统 GARNET，同时设计实现了通过勾画设计图形用户界面原型的工具 SILK[Landay 1996]。加州大学伯克利分校（UC Berkeley）GUIR 实验室开展了大量的笔式用户界面研究，其中以基于笔的设计工具为主，如网站的设计 DENIM，同时也设计实现了支持笔式交互界面开发的工具系统 SATIN[Lin 2000]。在欧洲，MIAMI 是欧盟信息技术研究计划（ESPRIT）的一个基础研究项目，其研究领域包括语音识别、笔式输入和手写体等。这项研究对来自不同通道的信息进行综合处理，它将对未来的信息技术产品产生全面的影响。

1.4 本书的动机和主题

在计算机技术广泛普及的今天，拥有世界五分之一人口的汉语人群如何使用计算机仍然是一个亟待解决的难题。目前的软件大都基于 WIMP 范式，使用鼠标和键盘作为交互设备，人们在使用计算机时不得不放弃长期形成的纸笔工作习惯，带来很大的认知和交互负担，对于使用象形文字的东方人来说更是如此。笔较其他交互设备而言，一个最鲜明的特性是易于控制，可以进行自然、高效的勾画。基于纸笔的工作方式是人们数千年来进行信息捕捉和思想表达的一个有效途径。无论是文字和图形都可以自然地在纸上勾画，而纸笔所具有的各种独一无二的特性以及在长时间使用中所形成的使用习惯和社会影响，更使得笔式用户界面的研究非常有意义。纸笔方式将会成为人类在数字时代一种非常重要的交互方式。在数字时代采用纸笔式交互方式看似是一种简单的回归，实际上这种回归恰恰是创新的源泉。这种回归是回归到自然的交流方式，回归到汉字文明，回归到平民大众。

本书从理论、方法、技术和实现等方面系统地阐述了笔式用户界面的概念、模型、数字笔迹计算、开发方法和开发环境、关键应用系统。全书共分10章：

第1章：用户界面发展历史。介绍人机交互、用户界面、界面隐喻、界面范式等基本概念。从用户界面在人机系统中的重要性出发，从自然用户界面等未来的发展趋势出发，引出笔式用户界面，阐明本书的主题和写作动机。

第2章：笔式用户界面概述。分析了笔式用户界面的发展历史和相关研究的重要性，介绍了国内外研究现状以及发展趋势。对笔式界面隐喻、笔式界面范式、笔式交互设备、笔式交互功能和笔式应用等各个重要内容进行阐述。

第3章：笔式用户界面模型。分别从用户和系统的角度出发，对笔式用户界面的本质进行分析。阐述基于分布式认知的扩展资源模型、基于混合自动机的笔式交互模型、笔式交互原语模型、以用户为中心的交互信息模型等笔式用户界面的理论模型。

第4章：数字笔迹技术。数字笔迹技术是实现笔式交互的主要使用技术。本部分涵盖了数字笔迹全生命周期中的关键计算技术，包括数字笔迹的书写绘制、压缩、结构理解、存储、检索以及笔式交互技术等。

第5章：笔式交互技术。分别对笔手势交互、Tilt Cursor、多通道错误修正、笔式用户界面中的Icon/Button设计、笔式三维交互技术、草图界面等笔式用户界面中的关键交互技术进行阐述。

第6章：笔式用户界面描述语言。笔式界面描述语言包括模型驱动的开发方法、用户界面描述语言、移动环境下的用户模型，并介绍一种新的用户界面描述语言E-UIDL。

第7章：笔式界面软件开发方法与开发框架。本章包括笔式交互系统开发方法的分析、笔式用户界面开发工具、基于E-UIDL的笔式用户界面生成框架及自适应界面生成框架，以及笔式交互系统开发工具四个部分。

第8章：草图用户界面。草图用户界面作为笔式用户界面的一种主要类型，在本部分主要介绍了草图界面及信息表征，以及草图用户界面领域的关键应用。

第9章：笔式用户界面的关键应用。本部分将介绍面向不同领域、不同人群使用的笔式应用。包括笔式电子教学系统、笔式科学训练管理系统、笔式供应链电子表单系统、儿童益智软件、笔式工艺图板等多个有重要社会影响和市场价值的软件系统。

第10章：笔式用户界面可用性研究。分别对用户界面可用性研究的心理学基础、用户界面可用性设计、用户界面可用性的评估及其方法、界面评估数据获取方式、笔式用户界面与键盘鼠标界面的区别、笔式用户界面可用性设计、评估方法选择和实验设计、可用性测试过程、结果分析等进行阐述。

参 考 文 献

[戴国忠 2005a] 戴国忠，田丰. 笔式用户界面[J]. 中国计算机学会通讯，2005，3.

[戴国忠 2005b] 戴国忠，王晖，董士海. 人机交互技术的研究与发展趋势[R]//中国计算机学会学术工作委员会. 中国计算机科学技术发展报告 2005. 北京：清华大学出版社，2006.

[科技日报 2001] 胡永生. 中国软件业技术瓶颈与发展机遇[N].科技日报，2001－11－26.

[科技日报 2002] 胡永生. 信息技术：回归自然、汉字文明和大众[N].科技日报，2002－11－15.

[科技日报 2004] 胡永生.中国科学院软件所总工戴国忠：创造未来主流应用[N].科技日报，2004－9－6..

[科技日报 2005] 胡永生. 笔式交互技术和软件产业机遇:访中国科学院软件所研究员戴国忠[N].科技日报，2005－12－3.

[科技日报 2006] 胡永生. 笔式操作平台与新计算技术:四访中国科学院软件所研究员戴国忠[N].科技日报，2006－12－30.

[董建明 2002] 董建明，傅利民，SALVENDY G. 人机交互：以用户为中心的设计和评估[M].北京：清华大学出版社，2002.

[朱祖祥 1994] 朱祖祥.人类工效学[M]. 杭州：浙江教育出版社，1994.

[Abowd 1991] ABOWD G，BEALE R. Users，Systems and Interfaces：A unifying framework for interaction[C]//Proceedings of HCI'91：People and Computers VI，1991：73－87.

[Dam 1997] VAN DAM A. Post-WIMP user interfaces[J]. Communications of the ACM，1997，4(2)：63－67.

[Dix 1993] DIX A，FINLAY J，ABOWD G，et al. Human-Computer Interaction[M]. Prentice-Hall，1993.

[Ehnes 2001] EHNES J，KNÖPFLE C，UNBESCHEIDEN M. The Pen and Paper Paradigm-Supporting Multiple Users on the Virtual Table[C]//Proceedings of Virtual Reality 2001 Conference. Washington：IEEE，2001：157－164.

[Green 1991] GREEN M，JACOB R. Software architectures and metaphors for non-WIMP user interfaces[J]. Computer Graphics，1991，25(3)：229－235.

[Hartson 1989] HARTSON R H. Human-computer interface development：Concepts and system for its management[J]. ACM Computing Surveys，1989，21(1)：5－60.

[Henderson 1986] HENDERSON D A，CARD S. Rooms：The use of multiple virtual workspaces to reduce space contention in a window-based graphical user interface[J]. ACM Transactions on Graphics，1986，5(3)：211－243.

[Hewett 1992] Hewett T T. ACM SIGCHI Curricula for Human-Computer Interaction[M]. New York：ACM Press，1992.

[Horn 2002] HORN D，FEINBERG R，SALVENDY G. Determinant elements of customer relationship management in e-business[J]. Behaviour and Information Technology，2005，(24)：101－109.

[IBM 1989] IBM Corporation. Common User Access: Advanced Interface Design Guide [R]. 1989.

[Ishii 1997] ISHII H, ULLMER B. Tangible bits: towards seamless interfaces between people, bits and atoms[C]//Proceedings of HCI'97, 1997: 234 - 241.

[Kramer 1994] KRAMER A. Translucent Patches-Dissolving Windows[C]//ACM Symposium on User Interface Software and Technology. New York: ACM, 1994: 121 - 130.

[Kramer 1996] KRAMER A. Dynamic interpretations in translucent patches: Representation-based applications[C]//AVI. New York: ACM, 1996: 141 - 147.

[Landay 1996] LANDAY J A. SILK: Sketching Interfaces Like Crazy[C]//TAUBER M J, BELLOTTI V, JEFFERIES R, et al. Proceedings of Conference on Human Factors in Computing Systems: CHI'96. New York: ACM, 1996: 398 - 399.

[Lin 2000] LIN J, NEWMAN M W, HONG J I, et al. DENIM: Finding a tighter fit between tools and practice for web site design[C]//Proceedings of Conference on Human Factors in Computing Systems: CHI'2000, New York: ACM, 2000, 2(1): 510 - 517.

[Mann 1996] MANN S. Smart clothing: Wearable multimedia computing and personal imaging to restore the technological balance between people and their environment[C]//Proceedings of ACM Multimedia. New York: ACM, 1996: 163 - 174.

[Microsoft 1992] Microsoft. The Windows Interface: An Application Design Guide [R]. Microsoft Press, 1992.

[Moll-Carrillo 1995] MOLL-CARRILLO H J, SALOMON G, MARCH M, et al. Articulating a metaphor through user-centred design [C]//KATZ I R, MACK R, MARKS L, et al. Proceedings of Conference on Human Factors in Computing Systems: CHI'95. New York: ACM, 1995: 566 - 572.

[Moran 1995] MORAN T P, CHIU P, VAN MELLE W, et al. Implicit structure for pen-based systems within a freeform interaction paradigm[C]//Proceedings of SIGCHI Conference on Human Factors in Computing Systems. New York: ACM, 1995: 487 - 494.

[Myers 1998] MYERS B A. A brief history of human computer interaction technology[J]. ACM Interactions, 1998, 5(2): 44 - 54.

[Nielsen 1993] NIELSEN J. Noncommand user interfaces[J]. Communications of the ACM, 1993, 36(4): 82 - 99.

[Norman 1988] NORMAN D A. The Psychology of Everyday Things[M]. New York: Basic Books, 1988.

[Oviatt 2000] OVIATT S. Taming recognition errors with a multimodal interface [J]. Communication of the ACM, 2000, 43(9): 45 - 51.

[Preece 1994] PREECE J, ROGERS Y, SHARP H, et al. Human-Computer Interaction[M]. Wokingham: Addison-Wesley, 1994.

[Rhodes 1999] RHODES B, MINAR N, WEAVER J. Wearable computing meets ubiquitous computing: Reaping the best of both worlds [C]//Proceedings of the Third International Symposium on Wearable Computers: ISWC'99. San Francisco, 1999: 141 - 149.

[Sheiderman 1983] SHEIDERMAN B. Direct manipulation: A step beyond programming languages[J]. IEEE Computer, 1983, 16(8).

[Weiser 1991] WERISER M. The Computer for the 21st Century[J]. Scientific American, 1991, 265(3): 94-104.

[Weiser 1996] WEISER M. Ubiquitous Computing[EB/OL]. Ubiquitous Computing Web site.

[Wellner 1993] WELLNER P. Interacting with paper on the digital desk[J]. Communication of the ACM, 1993, 36(7): 86-96.

第2章　笔式用户界面概述

本章将介绍笔式用户界面的背景、界面隐喻、界面范式、交互设备、功能以及应用。

2.1　背　　景

随着计算机日益渗透到人类生活的方方面面，自然的、以人为中心的用户界面研究成为当今人机交互研究的主流。人机交互的研究力求建立和谐的人机环境，而笔式用户界面的研究内容也日益丰富起来。人们对于笔式交互的认识更加深入了，对于笔式用户界面的认识不再是过去那样，局限于把笔作为一个鼠标的替代物或把笔式交互等价于模式识别。笔较其他交互设备一个最为鲜明的特性是它易于控制，可以进行高效自然的勾画。基于纸笔的工作方式是人们数千年来进行信息捕捉和表达的一个有效途径，无论是文字和图形都可以自然地勾画在纸上，而纸笔所具有的独一无二的物理特性以及长时间使用所形成的习惯和社会影响更使得笔式用户界面的研究非常有意义。

笔式用户界面作为用户界面研究中的一个重要领域已经越来越得到重视和发展。笔式用户界面最早出现在1963年，Sutherland的Sketchpad是第一个笔式用户界面系统，该系统使用光笔在阴极射线管（CRT）显示器上指点和标记图形。随后Rand公司开展了相应的工作，他们较多地关注手写体和图形的识别。但在此之后，随着20世纪70年代中期光栅显示器的流行和鼠标被广泛接受，笔式用户界面逐渐被人们所遗忘，此后便是图形用户界面的统治时期。到了80年代末，计算机网络的兴起使得分布式计算成为可能，同时移动计算也成为一个重要的发展方向。目前，随着计算模式的变化以及移动计算设备的发展，以笔式交互为特征的笔式计算环境和个人数字助理迅速发展，笔式交互的便携性和易接受性使得它成为这一领域的主流交互方式。各种基于 Tablet 的交互设备也为传统的 PC 带来了新的特色，于是笔式用户界面的研究又重新获得了人们的重视。在此期间的研究工作多为手写识别的研究，用户界面的范式本质上仍为 WIMP。

笔式用户界面研究的发展也带动了在商业领域的其他应用。在 20 世纪 90 年代初期，GO 公司的 PenPoint 是一个典型的代表，它试图为基于 Tablet 的计算机提供一个标准的操作系统。它是一个以面向对象方法构造的操作系统，支持应用软件的嵌入。它的主要运行平台是 EO 的 Personal Communicator。在此之后，微软公司试图修改其标准的 Windows 操作系统来支持笔式交互，即所谓的 Windows for Pen Computing。Compaq 公司为其制造了专门的计算设备来运行这个操作系统，但这个产品并未获得成功。在 Windows 95 出现后，微软将笔相关的开发权转让给其 OEM 制造商，使得制造商可以为他们所制造的笔式交互硬件设备开发 Windows 95 上的驱动软件。苹果公司为其个人数字处理(PDA)产品开发了那个时代最为成功的笔式用户界面系统 Newton OS。当时人们还习惯于传统 GUI 的模式，希望手写的信息能够被马上识别，转化为格式化的文字，所以识别引擎是该系统最为关注的问题。同时，过分地强调识别也使得苹果公司在技术和市场上遭受了很大的损失。

作为笔式用户界面研究的一个重要标志，Xerox PARC 研制了一个白板大小的、通过专用笔进行直接交互的笔式交互设备(LiveBoard)，它可以用于会议室和教室。同时，Xerox PARC 开发了基于该交互设备的软件，提出了许多现代笔式用户界面研究的基本思想和概念。该公司的 Mark Weiser 1991 年末提出了“无处不在计算”的思想，笔式用户界面是该计算环境的一个主要的人机界面形态，从而将笔式用户界面的研究推向了高潮。

在美国，MIT 的多模式界面 AGENTS 项目包含了研究智能笔技术的内容，该项目将智能笔技术和其他的多模式输入技术如语音识别和表情识别等结合起来，以提高用户界面的交互效率和自然性。MIT 的 AI 实验室对于以勾画(sketch)为特征的笔式用户界面进行了大量的研究，在机械设计和物理仿真等应用领域设计实现了笔式交互系统，如 ASSIST。CMU 大学人机交互学院将笔式交互的支持嵌入了工具箱系统 GARNET，同时设计实现了通过勾画设计图形用户界面原型的工具 SILK。Berkeley 大学 GUIR 实验室开展了大量的笔式用户界面研究，其中以基于笔的设计工具为主，如网站的设计 DENIM，同时也设计实现了支持笔式交互界面开发的工具系统 SATIN。Georgia Tech 的未来计算环境实验室和无处不在计算实验室在以无处不在计算为背景，结合使用了大量的上下文信息的基础上，进行了笔式用户界面研究，如 FlatLand、Classroom 2000 等。在 Brown 大学也开展了相应的研究，如基于笔的乐曲制作系统 Music Notepad。SRI(Stanford Research Institute)多媒体界面小组建造一系列的基于地图的原型系统，这些应用程序以协同的方式接受书写、语音和手势的请求。用户可以通过手势、手写、语音和直接操纵与系统交互。华盛顿大学成立了专门的笔式计算实验室，研究内容包括笔式输入装置的结构和分类、笔式输入操作的评估，以及笔式用户界面。约翰霍普金斯的应用研究实验室正在开发一个基于智能笔的病历管理系统，该系统目标是让医生和护士都能通过一个笔式输入的掌上电脑输入和查询病人的病理情况，以适应医生的移动办公的需要。

加拿大多伦多大学的"Haptic Research Group"把笔式输入作为重要研究方向之一。从理论到实践取得多项成果，如他们开发了新型CAD绘图系统。这种系统采用两手操作：左手拿十字光标器操作并在显示器上表示的透明且可移动的菜单，右手拿笔选择菜单或绘图。他们的研究一改传统的单手握笔或鼠标的输入模式，且暗示笔在两手操作中更加体现了其自然性。在欧洲，MIAMI 是欧共体支持的 ESPRIT(欧洲高技术研究计划)的一个基础研究项目，其研究领域包括语音识别、笔式输入、手写体。这个研究围绕通过不同的通道获得信息，而进行综合处理的问题，对将来的信息技术产品将产生全面的影响。在日本，许多公司，如 Wacom，Toshiba，Hitachi，NEC，SONY 等纷纷投资研究开发笔式输入技术。"笔式输入技术研究会"由日本东京电机大学发起，于 1993 年 7 月成立，会员包括来自几所大学及十几所大公司的专门从事笔输入的专家，他们定期专门探讨笔输入技术，对产学结合起到了重要的作用。东京电机大学人机交互实验室近年一直注重 PDA 用户界面设计的研究，受到国际同行们的关注。

一些重要国际学术会议如美国 ACM SIGCHI 组织的人机交互年会(Conference on Human Factors in Computing Systems)、SIGCHI 和 SIGGRAPH 联合组织的 UIST 会议(Symposium on User Interface Software Technology)、SIGCHI 和 SIGART 联合组织的 IUI 会议(Conference on Intelligent User Interfaces)、国际信息处理协会(IFIP)主办的国际会议 INTERACT 等，以及 ACM 的 UBICOMP 以及美国人工智能协会 AAAI (American Association of Artificial Intelligence)等都把笔式用户界面作为一个重要的议题。笔式用户界面的研究也是国际许多重要学术刊物，如《ACM Transactions on Computer-Human Interaction(TOCHI)》,《Human-Computer Interaction》,《IEEE Transactions on Computer Graphics and Applications》等的主要方向之一。从 1991 年开始，Volksware 出版社创办了笔式计算机的专门杂志《Pen-Based Computing》，以支持 9 笔式计算机的研究和开发。

国内的诸多研究机构也从笔式交互的模型和体系结构、识别算法等不同角度对笔式用户界面进行了研究。中国科学院软件研究所的人机交互与智能信息处理实验室在笔的字处理、概念设计和交互平台等方面进行了研究；北京大学在笔的多通道应用方面进行了探索；北师大心理系和中国科学院心理所在笔式交互的认知机理和实验评估方面开展了工作；中国科学院自动化所和清华大学等单位在识别算法和笔的无处不在计算等方面进行了许多深入的研究;微软亚洲研究院在基于 Tablet 的计算设备上进行了大量的笔式用户界面研究,为微软公司在其 Tablet PC 计算平台上设计开发基于笔的用户界面软件,同时进行了笔式交互硬件的研究;Motorola 中国研究院在 PDA 和手机环境下研究了笔式交互的问题。

2.2 笔式界面隐喻

针对笔式交互环境,研究者在交互隐喻和界面的设计思想方面做了一些研究。纸笔环境是数千年以来人们所熟悉的工作环境,因此在笔式交互的研究中,大都采用 Pen/Paper 作为界面的隐喻。在这种隐喻下,笔是用户的主要交互设备。用户的交互动作不再是单纯的点击,而是以笔的勾画为主,辅助以点击等多种交互动作。纸作为一种计算设备,它可以接收用户输入的交互信息,进行处理。

纸笔隐喻同桌面隐喻相比较,纸笔隐喻更接近人类自然经验,同时更接近汉字文化内在品质诠释的诉求。从纸笔隐喻的文化特征来看,更有利于汉字文化及其完整传承。纸笔隐喻的使用中可以做到手眼一致,用恰当设置的综合输入工具(如 Tablet PC,Anoto 智能笔等不同的笔输入工具)可以更高效、实时地传递信息,更符合普适计算的要求。可以说,纸笔隐喻更适合中华文化的传承和发展,作为一种后微软时代的技术,促成了超越桌面隐喻的契机。

纸笔隐喻是一种新的生长机会,但不见得是颠覆性的,更多是超越性的,是在桌面之上的有机补充,是人机交互技术趋于完善的必然。可以确定的是:纸笔隐喻具有特定的生存空间,这个空间大小需要给出准确的判断,在此基础上才能实施有效、稳妥、安全的推进,使我们达到理想中的满意境界。

2.3 笔式界面范式

2.3.1 PBIG 界面范式

针对笔式交互环境,研究者在交互隐喻和界面的设计思想方面做了一些研究。纸笔环境是数千年以来人们所熟悉的工作环境。笔是用户的主要交互设备,以笔的勾画为主。纸作为一种计算设备,可以接收用户输入的交互信息,进行处理。Igarashi针对纸笔式交互环境提出了Freeform UI的思想[Igarashi 1999a]。这种交互思想力图建立纸笔环境的界面设计框架。它可分为三个基本的部分:笔画的输入、笔画的处理、结果信息表示。这种思想力图在纸笔式交互环境中建立起Non-Command交互的方式,但并没有涉及纸笔环境下的交互范式等相关的研究。目前也有一些针对纸笔环境下交互范式的研究成果[Moran 1995,Ehnes 2001],但针对具体界面构造方面的并不多见,不过在此值得一提的是Translucent Patch的思想[Kramer 1994,Kramer 1996]。Kramer根据我们通常在白板或墙壁上粘贴一些小黄纸片的行为,提出了这种思想。这些小黄纸片可以用作一些部分信息的容器,从而对整体信息产生补充和修正。同时在界面设计中,这种思想具有交互组件的半透明性和不规则性的特征。这两种特征大大提高了信息表现的灵活性,非常适合纸笔式交互环境。在我们的研究工作中,也借用了Translucent Patch的思想来设计框(frame)。

笔式用户界面与传统的用户界面有着很大的不同。首先,人同计算机之间的交互方式不再模拟桌面环境,而是模拟人在纸笔环境下进行交互。也就是说,与WIMP交互方式相比,界面的隐喻(metaphor)由桌面环境(desktop)变为纸笔环境(pen/paper)。在Pen/Paper隐喻下,WIMP交互范式已变得不再适用。其次,由于笔式交互同基于鼠标和键盘的交互相比具有信息连续性、信息多维性等新的特征,如何在新的交互范式中利用这些新的交互特征也是需要研究的问题。同时,笔式用户界面具有交互隐含性的特征。在笔式用户界面中,人们所追求的是一种自然的、隐式的交互方式。在这种方式下,用户在同计算机进行交互时所关注的是交互任务本身,而不是如何执行交互任务。这种方式能极大地提高人机交互的效率,但对于界面的开发者来讲却是一项非常困难的工作。因此,新的交互范式中必须能有效地体现这一点,来帮助开发者快速地构造笔式交互界面。

针对这三个主要的方面,我们提出了PIBG交互范式[Dai 2003,Dai 2004,田丰 2004,戴国忠 2005],P,I,B,G分别与WIMP范式的W,I,M,P相对应。在PIBG范式中,承载应用信息的交互组件由窗口(window)变为物理对象(physical object),P是这一类交互组件的统称,主要包括Paper和Frame两类交互组件。I和B表示此范式中与具体语义无关的直接操纵组件,I是Icon,B是Button。在此范式中摒弃了Menu类的交互组件,尽量多地使用Icon和Button,这样可以大大增加直接操纵在整个交互方式中的比例,提高系统的操作效率。G表示Gesture,是指此范式中所采用的主要的交互方式。与WIMP交互方式比较,用户的交互动作由鼠标的点击(pointing)变为笔的Gesture。PIBG范式并没有在各个方面完全替代WIMP范式,它保留了Icon,Button等直接操纵组件，如图 2.1 所示。

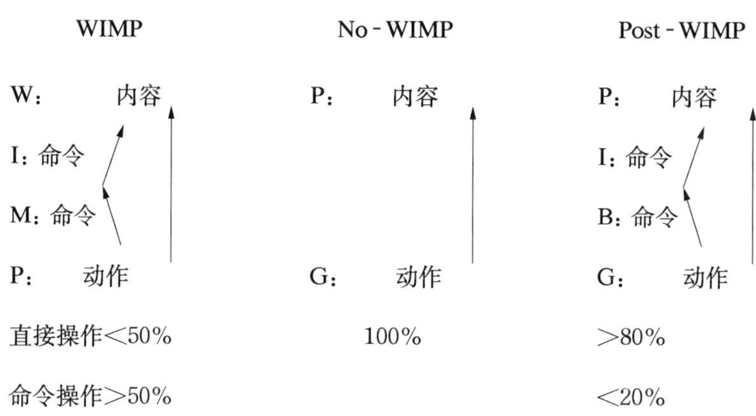

图 2.1 PIBG 范式同 WIMP 范式的比较

PIBG 范式采用 Pen/Paper 隐喻，模拟人们数千年来形成并熟悉的纸笔式交互环境来构造界面的呈现方式。首先我们从交互特征上来分析笔和鼠标的区别。鼠标是一种视觉与动作分离的设备，用户必须注视屏幕上的光标运动同时判断处于视线范围之外的鼠标运动情况。这种视觉和动作的分离造成用户需要更多的注意力去协调两者的关系。而在笔式交互方式下，用户视觉和动作统一，大大地减轻了用户的认知负担。另外，从运动形式上来说，操作鼠标主要运用小臂和腕部肌肉，运动幅度较大，而且鼠标重量大，稳定性好，因此做直线运动快速准确，适合 Menu 的选择和点击。笔的操作主要靠手指和手腕运动，运动幅度一般较小，并且由于笔非常轻巧，适合小范围的曲线运动，因此用笔可以轻易地进行勾画，从而完成各种 Gesture 的动作。对于鼠标来说，这些勾画动作都是不可想象的。PIBG 范式正是利用了笔的这种优势，设计出一种不同于菜单模式的交互方式。

PIBG 交互范式在信息呈现和交互方式两个最为主要的方面有了根本性的改变，这两个方面的改变从认知心理学的角度来看有着非常大的优点。以下就这两个方面的优点做详细的阐述。

从认知心理学的角度来看，人的认知处理能力主要受制于两个主要的因素：在处理过程中可得到的资源，以及可得到的数据的质量[Norman 1975]。在针对某一个任务的认知处理过程中，充足的资源只是提高人的认知处理能力的必要条件，而不是充分条件。在可得到资源有限的情况下，资源数量的提高可以促进认知处理能力的提高；而当资源充足后，人的认知处理能力就只受制于可得到的数据的质量。

因此，在界面的设计中需要在资源和数据的质量之间寻找一个平衡点。大量资源的引入会给用户带来大的认知负担,从而增加用户的学习时间,增加用户的疲惫和压力感,增加交互过程中的出错概率。因此界面设计中的一个首要的设计准则就是通过提高数据的质量来减少资源的消耗[Norman 1975]。但数据质量的提高又依赖于用户对系统的训练和熟悉,这无疑要让用户花费大量的时间。如何在界面设计中解决这一两难选择是一个非常重要的问题。从信息呈现的角度来看,PIBG范式恰恰提供了一种非常合理的解决方式。纸和框的信息呈现方式模拟人们在日常纸笔环境下的信息呈现方式,利用用户原有的(自然的)知识,以此来提高用户交互过程中的数据质量,从而减轻用户的认知负担。同时将这些用户掌握多年的知识和技能应用到交互中,无需或只需要很少的训练时间就可以帮助用户熟练地认知和掌握界面信息和交互方式。

从交互方式方面来看PIBG范式,Gesture是PIBG范式下用户同界面交互的主要方式,用户通过Gesture来对纸、框或其他组件以及框中的特定内容进行处理。我们可以从两个方面来对Gesture的优点进行阐述。

首先,基于Gesture的交互方式同样模仿了人们千百年来在纸上用笔进行交互的方式,可以减轻用户对交互方式的认知负担,减少用户的训练时间,提高操作效率。比如对文字的编辑,我们采用了以下的Gesture进行编辑操作,如图2.2所示。这些Gesture完全模仿人们在纸上进行文字编辑的操作方式。对于那些熟悉纸上文字编辑的人来说,使用这些Gesture不需要任何的熟悉过程。另外,与真正的纸笔式交互环境不同,这些手势的操作将会使文档的内容发生人们所希望的变化,而并不像纸笔环境,仅仅通过纸上的这些Gesture来提示人们文章内容结构的变化。

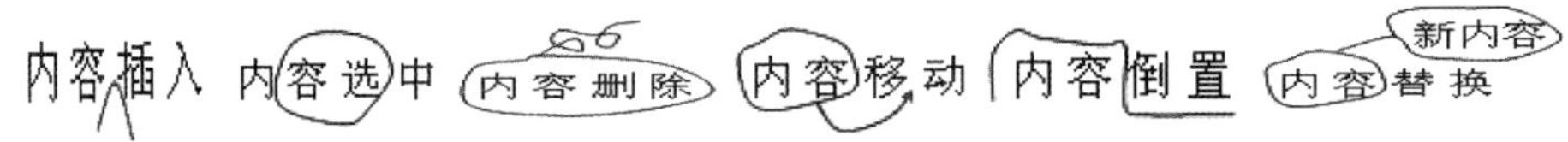

图2.2 基于Gesture的文字编辑方式

其次,基于Gesture的交互方式通过笔在特定的信息上进行直接操作。这种方式与WIMP范式下利用菜单、按钮等交互组件的方式不同。在WIMP范式下,执行对内容的操作时,用户所关注的焦点将会由内容转向交互组件,当操作完成后,焦点再转回内容。用户关注焦点的转移使得用户在执行一个交互任务时,过多地关注交互的执行过程,而并没有完全关注任务本身。关注焦点的来回切换会给用户的认知加工过程带来难度,从而影响交互的效率。图2.3描述了在Office中进行文字剪切时的操作过程。而基于Gesture的交互方式是一种直接面向内容的交互方式,在这种交互方式下,用户所关注的是当前执行的任务和内容本身。用户的Gesture直接作用在内容上,操作过程与内容并不分离。系统会自动地将用户的交互动作转变为任务执行的命令。这种方式不需要用户关注任务的执行过程,避免了所关注的焦点发生变化,从而能减轻用户的认知负担,提高操作效率。

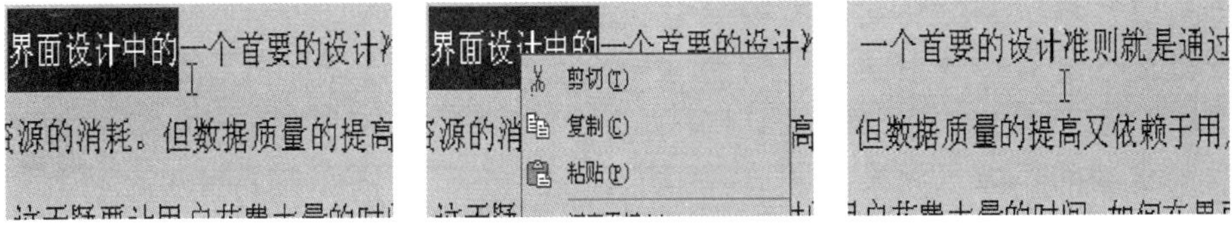

图 2.3 WIMP 范式下的文字剪切过程

PIBG 范式中,Paper,Frame 以及 Frame 中的数据构成了界面的三个基本层次,如图 2.4 所示。Paper 模拟现实世界中纸的概念,它用来组织和管理 Paper 中的各种交互组件,包括各类的框、Icon、Button 等;同时它负责接收和向所管理的组件分发用户输入的笔式交互信息。Frame 是用来组织和管理各种类型数据的框,框中的数据是与具体语义相关的各种数据。由于笔式交互信息具有连续性和信息多维性的特征,用户同界面之间的交互可以看成是对连续、多维的笔信息流的接收、解释、执行过程。笔式交互信息可以在用户的交互控制下,分别流向不同的元素。在此范式下,Paper,Frame 以及 Frame 中的数据成了接收笔式交互信息的三个基本元素。

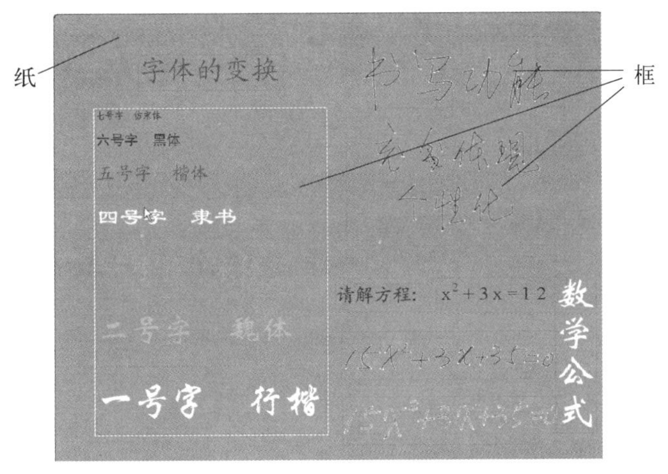

图 2.4 PIBG 范式下基本交互组件纸和框的关系

下面我们来介绍一下 PIBG 范式中的基本组件:Paper 和 Frame。Paper 的结构如图 2.5 所示,它由四个主要模块组成。框管理模块负责管理 Paper 中的各种框,包括框的生成、删除、框之间的叠放关系和激活关系管理(在纸中,各种框不仅有在 Paper 平面坐标系中的位置,还有相应的 Z 值,Z 值越大的框位置越靠上,用户所交互的框是当前笔信息所在点 Z 值最大的框)、一组框的操作等。信息分发装置用来接收用户所产生的笔式交互信息,根据当前所管理的组件的激活状态,如果被激活的组件(或一组组件),就将交互信息发给相应的组件

(或一组组件),由相应的组件来处理该交互信息;若当前没有被激活的组件,则由纸自己处理交互信息。首先将交互信息发送给自身的原语产生装置,此装置负责产生四种类型的笔式交互原语,并在此过程中进行相应的词法反馈。在原语产生装置产生交互原语后,原语处理装置负责分析得到的交互原语,执行语法层和语义层的处理。如果发现本组件并不处理此交互原语,则将此原语发送给其他相关的组件(如框发送给纸等)。因此在此通信模式下,当前活动的组件负责接收消息,进行消息处理。组件之间的通信一般都通过发送高层的原语来进行。同时,在原语处理装置中包含了手势识别模块,这是一个在整个平台中通用的模块。不同的组件都可以使用此模块进行手势的识别。原语解释装置负责解释这些原语,并执行相应的操作。在原语解释装置中包含一个手势识别模块。此模块可以对用户输入的交互原语进行识别,它通过基于统计的模式识别方法,与一个公用的手势集进行匹配,得出相应的手势。同时,原语解释装置根据当前的交互上下文,可以发送交互原语到其他的交互组件,也可以从其他交互组件那里接收交互原语。

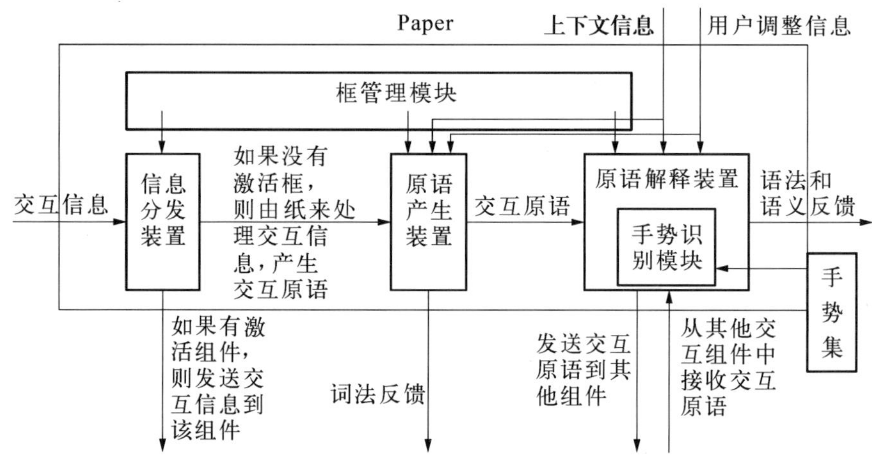

图 2.5 Paper 的基本结构

Paper 可以看成是管理各种组件的一个容器,而 Frame 则是用来管理数据的组件。目前的 Frame 主要有文本框、文表框、自由勾画框、公式框、几何框、图片框等,如图 2.6 所示。每一种框都与一种类型的数据相对应。Frame 的主要结构和 Paper 是一致的,减少了原语分发装置和框管理模块,增加了框属性管理模块和框内特定内容管理模块。框接收到交互信息后,由原语产生装置进行分析,此装置与 Paper 的是一致的。生成交互原语后由原语解释装置进行相应的解释,原语解释装置的结构和功能同 Paper 中的一致。框属性管理模块用来管理框自身的属性,如大小、位置、背景和框颜色等。框内特定内容管理模块在不同类型的框中是不一样的,它用来管理各种类型的数据,如文本、Ink、数学公式、三角符号、图片等,框的结构如图 2.7 所示。

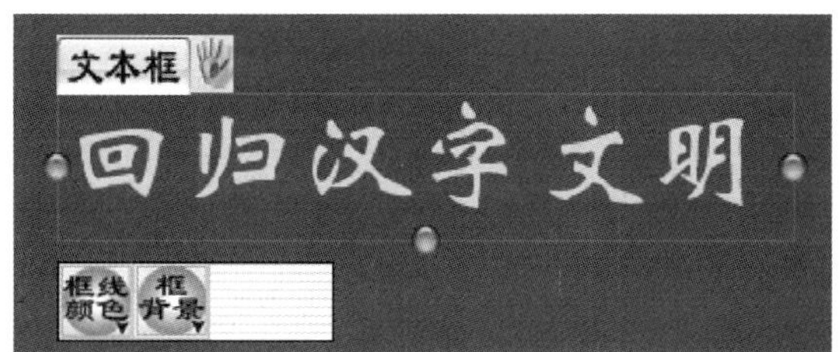

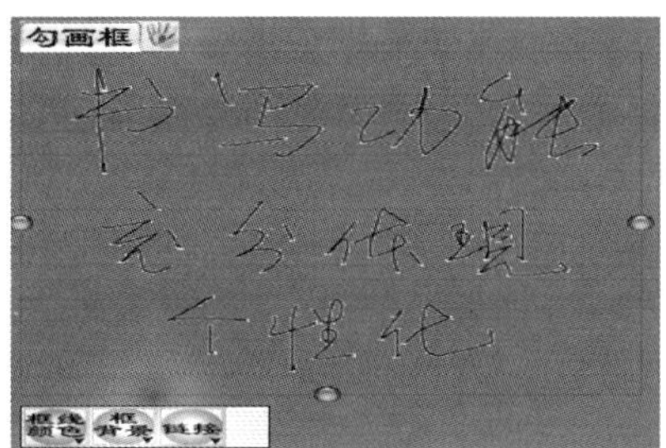

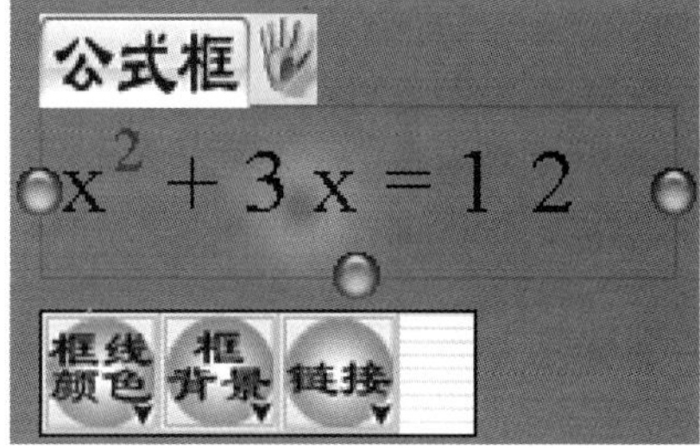

教案					
课题		课时数		日期	
当前课时	教学内容				
	重点				
	难点				
教育目的	思想教育				
	知识教育				
	能力教育				
教具准备					

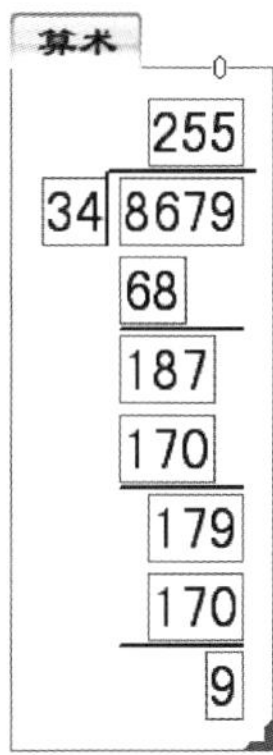

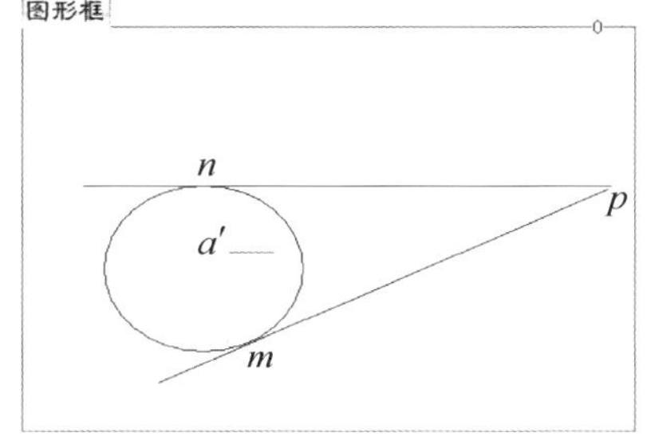

图 2.6 七种基本框

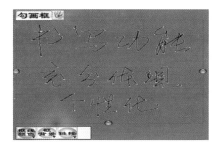

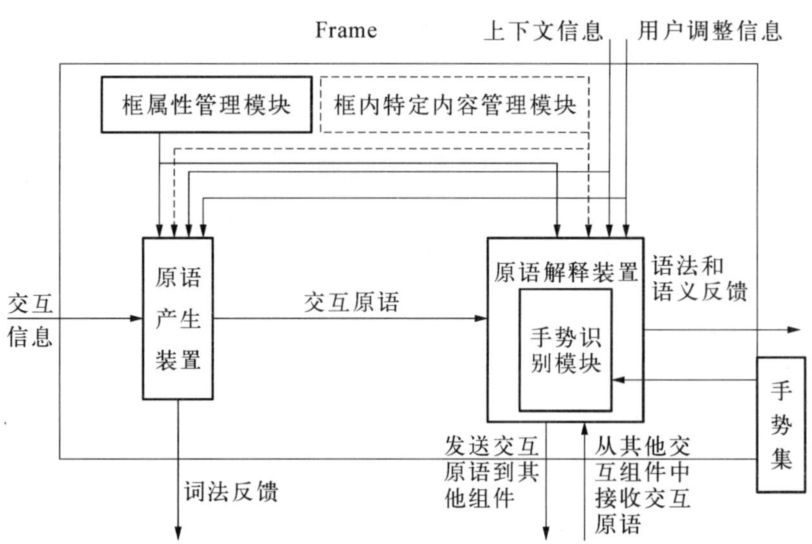

图 2.7 Frame 的基本结构

下面我们来介绍一下 PIBG 范式中的交互动作：Gesture。我们目前定义的 Gesture 主要有：Hold_Up，Tap，Drag，Line，Hold_Line，Zigzag，CrossLine，Circle，Region 等几大类。在 Gesture 的设计中，用户交互的自然性是我们主要考虑的依据。一个设计优良的 Gesture，用户在用笔使用它时就像在日常的纸上工作一样。在交互过程中，用户将会集中在任务的内容上，而很少来考虑执行交互任务的过程。下面，我们从 PIBG 范式的三个基本层次：纸、框、内容，来分别描述 Gesture 在其中的应用。

就纸而言，在上面的交互任务主要有：框的创建、选择。我们分别就这两种交互任务设计了相应的 Gesture。对于框的创建任务而言，其目的是用户在纸上创建一个区域，此区域用来管理特定的内容。针对这种交互任务，我们设计出一种主要的 Gesture：Region。这种 Gesture 模仿人用笔在纸上画区域的方式：用笔在纸上勾勒出一个区域。我们目前支持一个笔画的 Region 手势，用户可用笔在 Paper 上画一笔来勾勒出一个闭合区域（或近似闭合的区域），系统会自动创建一个框，这种交互方式类似于用 Sketch 方式来构造交互组件[Landay 2001]，对用户而言非常自然。同时，系统的手势识别模块可以根据当前的勾画结果进行识别，将其转变成长方形等规整图形。对于框的选择任务，我们使用两种类型的 Gesture 进行交互，一种是 Tap 类型，用户可以用笔直接点击相应的框或其他组件，进行选择；另一种是 Region 类型，用户可以用笔来勾画出一个区域，此区域中所包含的所有组件将被选中。

就框而言，在其上面的交互任务主要有：框的删除、移动、框交互状态更改、框属性更改（大小等）。对于框的删除任务，我们采用 Zigzag 类型的 Gesture。

用户选中一个或一些框后,可以用画多折线的方式来进行删除。对于框的移动任务,我们采用 Drag 类型的 Gesture,用户用笔点击某框后,并不抬笔,而是直接勾画出相应的移动路径,框的位置将会及时地随着笔迹的位置进行反馈。对于框交互状态更改任务,我们采用 Tap 和 Hold_Up 两种 Gesture 相结合。对于一个框有三种基本的状态:框属性编辑状态(默认状态)、框内容编辑状态、框复制状态。在框属性编辑状态(默认状态)下,用户可以通过分别使用 Tap 和 Hold_Up 类型的 Gesture 来进入不同的状态,再通过 Tap 回到默认状态。对于框大小更改任务,我们使用 Drag 类型的 Gesture。用户可以用笔直接拖动框的某段边界,进行放大和缩小。对于其他的属性更改任务,我们主要使用 Tap 类型的 Gesture 进行 Button 的选择。

就内容而言,对于不同类型的框,其中的内容类型是不一样的,但在其上进行的主要的交互任务是相同的。我们可以将针对不同内容的相同交互任务中所用到的手势统一起来。我们可以将针对不同内容的相同的交互任务总结如下:内容插入、内容选中、内容删除、内容移动、内容倒置、内容替换。针对线性内容(正文类、勾画类等)。我们设计这六种交互任务相应的笔式交互手势如图 2.2 所示。

2.3.2 PGIS 界面范式

在 PBIG 界面范式的基础上,我们提出了 PGIS 交互范式[Dai 2003,Dai 2004,田丰 2004,戴国忠 2005,石磊 2010]。PGIS 交互范式中,P 表示 Paper,与 PBIG 中 Paper 的描述相同。Gadget 包含功能多样的小工具,涉及文本列表、选择工具和面板等诸多功能。Gadget 的引入扩充了笔式用户界面的组件类型,使得笔式用户界面功能更加丰富。PGIS 界面中常用的 Gadget 工具有 Select 表、Text 列表、I 表、P-menu、Slider、Palette 以及树形控件等。Icon 图标是具有指代意义的具有标识性质的图形,它不仅是一种图形,更是一种标识;它具有高度浓缩并快捷传达信息、便于记忆的特性。我们通过图标看到的不仅仅是图标本身,而是它所代表的内在含义。Button 是带有文字名称的圆角(或无圆角)矩形控件。短击按钮将触发与按钮名称相对应的动作。按钮的触发是即时的,如"确定"或"取消"。按钮的宽度与文字对应。Sketch 是指常用的手势,如退格、回车、删除等。WIMP 范式执行对内容的操作时,用户所关注的焦点将会由内容转向交互组件,在操作完成后,焦点再转回内容。关注焦点的来回切换会给用户的认知加工过程带来难度,从而影响交互的效率。基于 Gesture 的交互方式通过笔在特定的信息上进行 Sketch 直接操纵,解决了这一问题。

笔式用户界面软件要求响应时间短、多媒体播放流畅,这就决定了应用程序必须有较高的运行速度。基于 PGIS 界面范式,我们设计出 PGIS 软件平台。

PGIS 软件平台包含两个 PSM 模块:与平台相关的 PGIS 底层核心库、与实现技术相关的 PGIS 交互引擎,以及一个与平台无关的 PIM 模块:自动生成代码的界面设计工具。PGIS 底层核心库相当于平台与应用程序之间的抽象层,对应用程序提供平台无关的应用程序编程接口(Application Programming Interface, API)。对基于 PGIS 的应用程序来说,首先调用界面设计工具与用户交流,分析需求:在设计工具中设计运行场景、场景之间的跳转关系、场景内的交互对象,以及在交互对象上发生的交互行为。设计结束后,设计工具调用 PGIS 交互引擎,将初期的设计转换成代码。图 2.8 为在 PGIS 软件平台下开发应用程序的时序图。

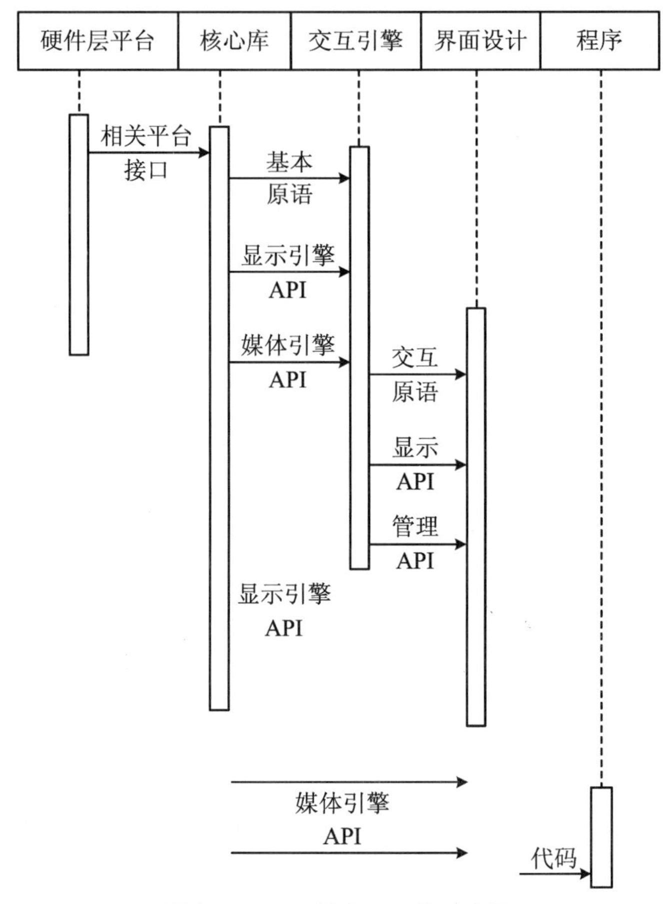

图 2.8 PGIS 平台下开发时序图

PGIS 底层核心模块相当于应用程序和平台之间的抽象层,分别对相关平台的消息响应机制、显示层 API、媒体层 API 做了封装,以动态链接库的形式向上提供与平台无关的 API,其中包含 Ink 引擎、显示引擎、多媒体引擎。Ink 引擎结合笔式交互的特点,将底层的消息根据笔的停留时间和操作方式抽象成五个基本原语:短击、长击、拉框、移动框及改变框的大小,以及划线五个基本原语。显示引擎类似于 Windows 下的图形设备接口(Graphics Device Interface, GDI),包括基本的 2D 绘制,文字、图片的渲染,以及事件的捕捉等。媒体引擎主要提供音频、视频、Flash 的播放及控制函数。

首先,我们对应用程序中的对象做了较为合理的分类:交互对象和应用对象。交互对象即为在应用程序运行前的设计阶段就确定的、数据不需要保存的对象,如按钮、图标、滑条、选择表等。而应用对象是程序运行过程中用户通过一定的交互行为动态产生的,在运行前无法确定,而且数据需要保存的对象,例如一个讲课系统中用户通过点击"新建"按钮新建的文本框、笔迹框等。PGIS 平台所提供的 PGIS 交互引擎将交互对象的描述、显示以及管理从应用程序中分离出来,不仅保证了统一的显示风格,而且简化了应用程序的设计,同时便于代码的自动生成。PGIS 交互引擎主要有四个模块。

第一:交互对象的描述。交互引擎抽取 PGIS 交互范式下常用的交互对象的特征,形成一棵描述的继承树。如图 2.9 所示,第一层为基对象,第二层为简单交互对象,第三层为组合交互对象。PGIS 下交互对象的继承关系如图 2.9 所示。

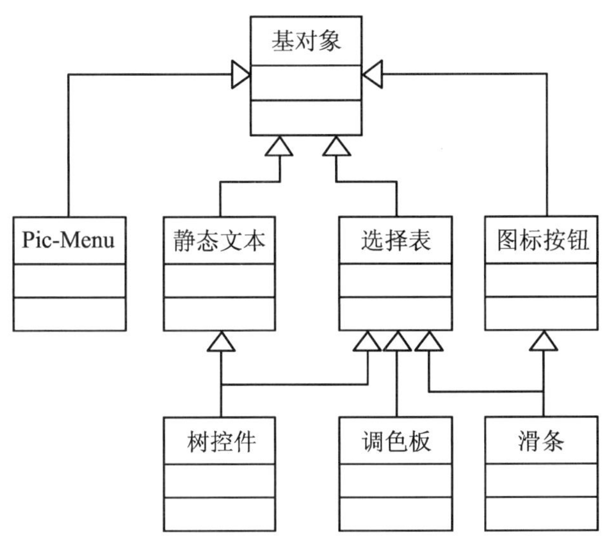

图 2.9 PGIS 交互引擎下的交互对象继承树

以 Icon 图标为例,交互引擎对其属性做了详细描述,包括其大小、形状、位置、背景、状态、文字、交互状态、显示状态等。

另外,交互引擎对常见的手势进行了管理和描述,其手势库模块可自由添加新的手势和删除已有的手势。目前,交互引擎包含 20 多种手势,涵盖了笔式交互应用程序中常见的操作,如删除、回车、退格、上下翻页等。图 2.10 为手势管理库的界面。

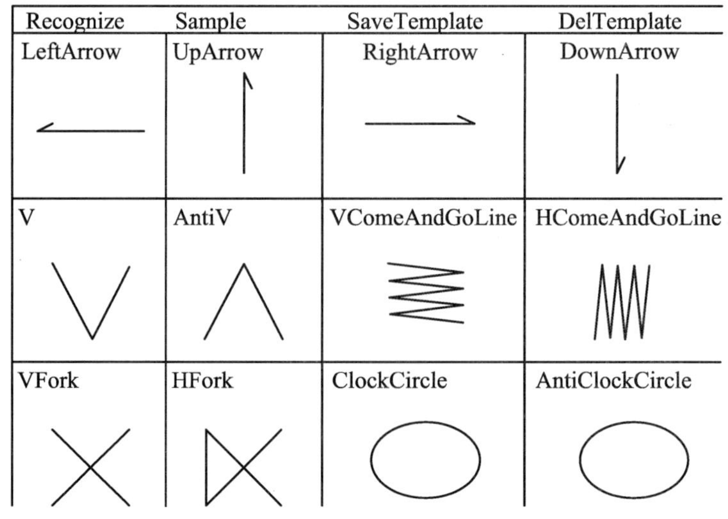

图 2.10 手势管理子程序的界面

第二:交互对象的管理。从整体来看,交互对象由一个统一的抽象工厂来管理,抽象工厂对外提供统一的接口,包括交互对象的创建、释放、显示等函数。用户不需要关心是对哪种特定交互对象的操作,而是调用统一的 API。而在引擎内部,每一类交互对象作为一个具现的工厂,对统一的抽象接口有自己的实现。各类工厂之间是松耦合的,新建或移除一个工厂不会对其他模块产生任何影响。具体结构如图 2.11 所示。

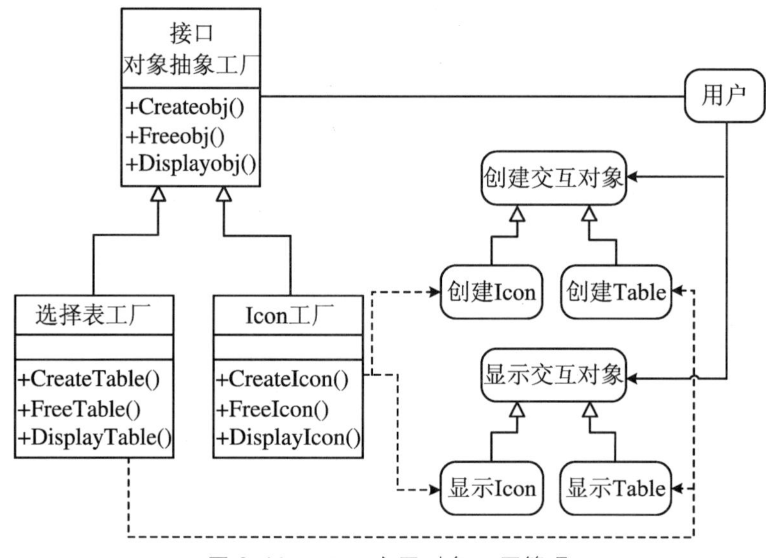

图 2.11 PGIS 交互对象工厂管理

从个体来看，交互引擎对交互对象提供链表式的基本操作，如添加、插入、删除、设置、获取等。

第三：交互对象的显示。交互对象的显示模块是作为一个可插拔的组件来实现的。也就是说，当用户对显示有特殊的要求，可以隐藏现有的显示组件，向引擎中插入用户自己定制的显示组件。默认组件提供绘制和贴图两种显示模式，根据用户不同的输入参数，提供多态的显示效果。以 Icon 图标为例，其贴图和绘制的显示效果如图 2.12 所示。

图 2.12　PGIS 交互对象显示示例

第四：交互对象的消息响应模块。它也是 PGIS 交互引擎的核心模块。首先，我们用一个有限状态机维护轻量级的内核，内核从 PGIS 底层核心库得到基本原语消息：短击、长击、拉框、移动框及改变框的大小以及划线五个基本原语，再将基本原语分发到各类交互对象工厂维护的消息响应机制中，对象工厂将基本原语转化成与交互对象相关的交互原语，返回给应用程序。不同种类的交互对象有不同的消息响应机制。例如，图标 Icon 响应短击、长击；而滑条响应短击、划线；树控件响应短击、长击、划线。

2.4　笔式交互设备

用户界面由交互设备和用于交互计算的软件组成。硬件技术的发展使得实时采样数字笔迹数据成为可能，而且各种硬件设备为数字笔迹技术提供了多种多样的应用环境，从手持的 PDA 设备、连接在桌面 PC 上的 Tablet 到白板或整个墙壁。它们在无处不在计算环境中通过计算机网络相连，进行信息的交流与计算资源的分配。交互环境的多样性，说明了数字笔迹技术有广泛的应用前景。

2.4.1　笔式交互设备硬件基础

笔输入设备的基本功能是将笔尖的位置转化为 X，Y 坐标，同时为输入和视觉反馈提供一定的时间（实时性或采样频率）和空间分辨率，其本质是将一些交互信息数字化并传入计算机。有些笔式交互设备可以将笔尖的压力和笔的倾斜度等信息输入计算机。以下主要介绍四种基本的技术并比较它们的特性[Subrahmonia 2000]。

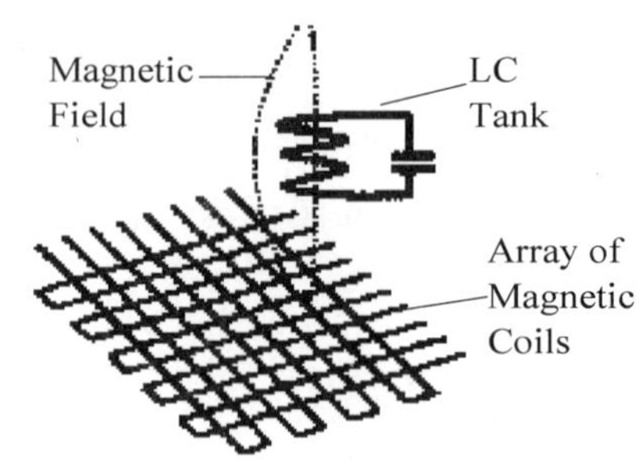

图 2.13 磁跟踪技术

磁跟踪技术：加了电压的线圈在交互区域内形成磁场，笔对相邻线圈磁场产生干扰，通过计算它们间的相对磁力可以确定笔的位置。磁场也可以由交互笔来产生，这样需要笔中带有电池。见图 2.13。

电跟踪技术：该技术利用了手和普通笔的导电性质来实现跟踪。手写板中的发射电极产生一个很小的电流，通过人的手和笔形成闭合回路，电流返回手写板中的一个接受电极阵列。笔的位置是通过接受信号强度的中心来计算的。见图 2.14。

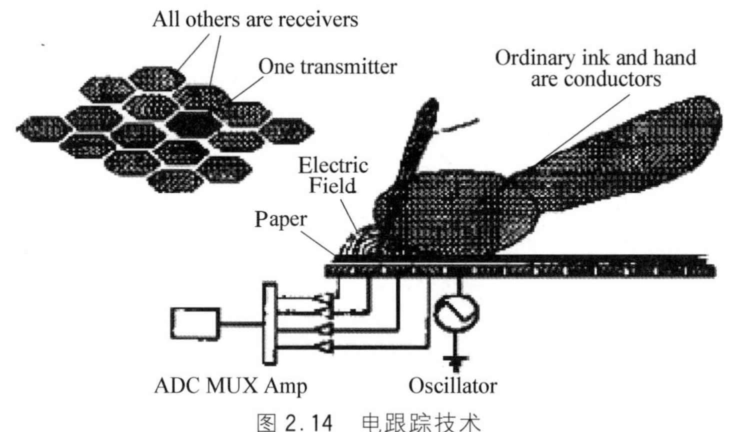

图 2.14 电跟踪技术

超声波跟踪技术：交互笔是一个超声波发生器，在交互区域的两个端点安置超声波接收器，通过计算超声波抵达两个接收装置所用的时间差来计算笔的位置。超声波的传输通常是通过红外信号来和输入板同步的。见图 2.15。

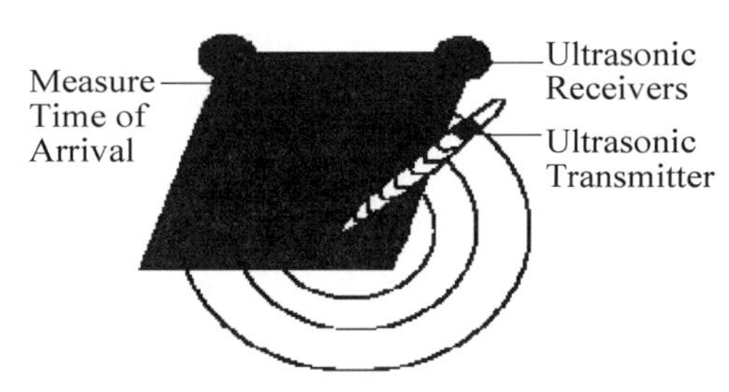

图 2.15 超声波跟踪技术

光跟踪技术：可以提供相对或绝对两种模式。在交互笔中有一个激光发生器，通过将激光射向书写纸并反射回笔中的接收器来分析当前笔的位置处的坐标标识。见图 2.16。

相比之下，磁跟踪技术具有较高的时空分辨率、可靠性和较低的价格，使得它获得了广泛的使用。但磁跟踪需要电，从而导致输入板比较重，而电跟踪技术的缺点是不可靠。超声波技术的交互设备较轻,但它具有较低的空间分辨率。光跟踪技术具有很高的时空分辨率,它的交互笔是一个自包含的交互装置,即可以记忆交互信息。但目前,由于其制作工艺的复杂性,它还未获得广泛的应用。

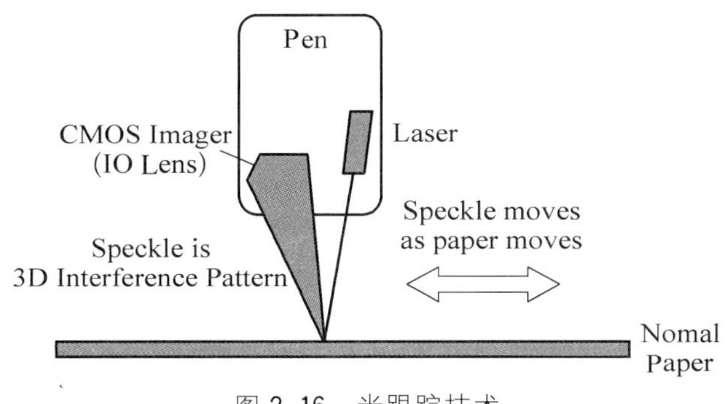

图 2.16 光跟踪技术

基于桌面的笔式交互环境:基于桌面的 PC 是目前主流的计算设备,如图 2.17 所示,研究人员和硬件制造商针对 PC 设计了增强的笔式交互环境。早期是通过光笔来直接和显示器进行交互的,但目前主要采用的是通过一个和 PC 相连的 Tablet 设备实现笔式交互功能。这种设备本身不具有计算能力,需要与 PC 配合使用。这种 Tablet 设备主要有两种类型:通过 Tablet 和显示器配合的交互环境、基于 LCD 的笔式交互环境。前者由于输入和反馈的分离,需要一定的手眼协调的适应过程,而后者将 Tablet 和液晶反馈装置结合,具有较好的自然性。这些交互设备可以产生位置、压感、倾斜角等多维信息。工效学和先进的硬件技术已使得在这些设备上的书写越来越接近在物理纸张上书写的感觉。目前,较多的笔式交互设备使用者都使用此种交互设备。但此种设备的缺陷是不能自由移动,只适合计算机开发人员、专业设计人员和家庭的使用。

(a) (b)

图 2.17 与桌面 PC 相连的 Tablet 交互设备[Wacom]

(a) Wacom Intuos; (b) Wacom Cintiq

2.4.2 手持计算设备和电子白板

笔作为一种便携的交互设备,是移动计算环境中的主要交互设备。在目前的手持 PDA 和某些手机设备中都配有笔式交互装置，人们可以通过笔在 PDA 的小屏幕上进行文字的书写并完成其他的交互任务。手持 PDA 具有一定计算能力的独立计算设备，它往往作为信息消费者的前端，需要联网得到后台计算资源的支持。

目前较为主流的手持笔式交互设备有 Palm 公司的 PDA 产品[Palm a] 和惠普公司的 Pocket PC[HP]（如图 2.18 所示），它们提供了触摸屏交互，能够适应移动计算的需求。只有那些轻量级的应用任务才适合在此环境中进行。

(a)

(b)

图 2.18 手持移动计算设备

(a) Palm PDA; (b) HP Pocket PC

图 2.19 SMART 公司的 SmartBoard

白板是一种在许多场合使用的信息捕捉和交流的工具，它经常在教师、会议室、办公室以及一些公共场合使用。早期最为著名的白板设备是 Xerox PARC 的 LiveBoard[Elrod 1992]。还有一些系统使用了图像跟踪和分析的技术。电子白板中的笔式交互提供给人们一种自由的、轻量级的大视角交互，同时创造了一种多人协作的信息环境，方便了人与人之间的交流，如 SMART 公司的 SmartBoard(如图 2.19 所示)。

2.4.3 平板电脑

通过克服传统 PC、手持移动设备和笔记本电脑的缺点，并结合它们的优点，新一代具有较大交互区和较强处理能力，而且可以移动的计算设备 Tablet PC 被推出，如图 2.20 所示。Tablet PC 的外形相当于一本书籍的大小，功能类似电子笔记本，具有体积轻巧、经济省电等特性。Tablet PC 让使用者可以在高分辨率的液晶屏幕上进行书写而不受纸张数量限制，并可以通过无线网络随处上网。

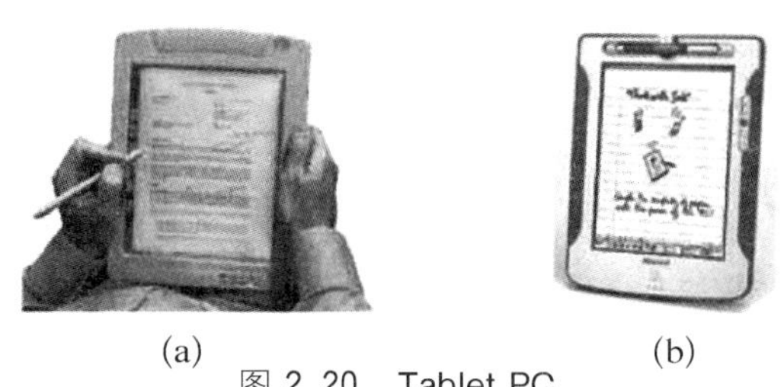

(a) (b)

图 2.20 Tablet PC

(a) 富士公司的 Tablet PC；(b) 微软 Tablet PC 的设计原型

2.4.4 智能笔 Anoto

智能笔 Anoto[Anoto]（如图 2.21 所示）看似普通的笔，可以在普通的纸张等书写介质上书写，而它的书写信息（笔的轨迹、压力和方向信息）被自动捕捉并存储。同时，这些信息可以通过短程的无线通信方式自动传入处理能力较强的计算机。

(a) (b)

图 2.21 Anoto 纸笔

(a) Anoto 笔；(b) 由 Anoto 纸装订的笔记本

Anoto 纸是一种印刷有特殊的细微灰色墨点的纸张，这些细小墨点的位置被精确地编码，近似均匀地布满整张纸。当 Anoto 笔在这种纸上书写时，笔头上附带的微型摄像机不断拍摄纸面上笔尖附近的小点，分析这些点的排列结构，获得笔尖的坐标位置，进而获得笔画轨迹。此外，Anoto 笔还能记录用户书写时力度的变化等不可见的特征。获得的数字笔迹信息被存储在 Anoto 笔里。Anoto 笔通过 USB 接口或蓝牙接口，把笔迹数据传送到计算机里做后续处理。

2.5 笔式交互的功能

笔式用户界面具有非常广泛的应用领域，它可以辅助人们进行文字、表格、图形等类型的工作，并可进行文档的写作、编辑、批注、签阅等，适用于办公室、会议室、移动环境等多种场景。从总体而言，笔式交互包含以下六种主要的功能：

笔迹输入(as ink)、手势输入(as gestures)、管理各类对象、草图(as sketching)、写作(as writing)、笔迹输入的时间索引。这些功能对于笔式交互信息的处理不追求及时的识别,而更多地保留笔迹信息,尤其注重对于 Ink 的底层支持;同时这些功能力求摆脱传统 WIMP 界面的束缚,充分发挥笔式交互的特色。

笔式交互固有的自由和较强的信息表达能力,使得它有利于思想的快速原型和自然的交流。目前以勾画(sketch)为特征的自然用户界面作为笔式用户界面的一个重要分支日益活跃起来。Xerox PARC 的 Tivoli 是一个重要的标志,该系统是基于 PARC 自行设计的电子白板系统 LiveBoard 设计实现的。它的交互场景是会议室,人们可以通过它来书写笔记、图表等信息。该工具集成了传统的交互对象(如按钮菜单)和笔式交互界面中特有的笔手势编辑、手写输入等。Tivoli 允许用户将一定的结构模型应用于一组笔画来动态解释笔画的语义,如列表、文字、表格和提纲等。在 Tivoli 之后出现了一大批著名的以勾画为特征的笔式用户界面原型系统,如 Mark Gross 的 Cocktail Napkin、James Landay 的 Silk 和 Tom Stahovich 的 SketchIT。这些工具都以为创造性活动、设计工作和抽象思维活动提供帮助为目的。这些研究均从人的认知习惯出发。对于笔式交互信息的处理不追求及时的识别,而更多地保留了笔迹信息,这也使得对于笔迹(ink)的研究日益受到人们的关注,希望它能同其他数据类型一样成为计算机世界的"一等公民(first-class data type)"。笔式用户界面研究中的协作(collaboration)、共享(sharing)和交流(communication)也是研究的热点。笔式交互的自然、非正式的交互风格正好迎合了需要修改(modification invited)、交流和不断完善的协作性活动。作为用户界面构造基础的界面范式一直是人们关注的问题,笔式用户界面的研究力求摆脱传统 WIMP 界面的束缚,充分发挥笔式交互的特色,建立适合笔式交互的范式。一个真正笔式用户界面系统的组成往往比一个手写输入界面复杂得多,需要良好的设计隐喻和软件体系结构才能完成。为了使得笔式交互的非精确信息被计算机理解、执行,人机交互中的智能处理一直是一个有效的途径。人工智能及模式识别领域的许多成果都可以在笔式交互的一些环节中得到创造性的应用。

2.6 笔式界面的应用

笔式用户界面研究从应用的角度主要可分为:支持创造性工作(如机械设计)、支持信息交流和捕捉(如电子白板)、支持思想捕捉(如电子笔记本)和基于 GUI 的笔式交互增强(如对遗产软件的笔式交互增强)。这些分类之间没有严格的界限,因为一个原型系统往往具有几个分类的特征。这里特别提出基于GUI的笔式交互增强,它的应用性质主要是依附于被增强的应用系统。以下主要通过对相关系统的介绍进行论述[栗阳 2002]。

2.6.1 创造性工作

笔式交互的非精确性、易于表达图形文字的特性以及自然的交互方式,使得它适于早期的、概念阶段的创造性工作。因为创造性工作中,人们大多进行抽象的、连续的思维,对于问题有一个模糊的认识,但不需要关心问题的细节。笔式用户界面对于这些活动有着良好的映射,它集中了笔式用户界面研究中的一大批著名的系统,以下进行概要的介绍。

SketchIT[Stahovich 1996a,Stahovich 1996b]是由 Carnegie Mellon 大学机械工程系的 Tom Stahovich 设计开发的支持机械概念设计的工具。机械设计师在设计之前通常会在纸上进行概念设计,人们通过在纸上画一个特殊的例子可以帮助进行抽象思维。该工具可以将机械设计的草图转化为精确的几何描述,同时向设计者提供多个基于此草图的设计方案。到目前为止,CAD 软件最多只是个起草工具,或用于绘制精细的图形,因为它并不能像设计者那样真正理解设计的含义,也不能接收设计工程师们经常使用的、非正式的设计草图。该研究创建了一个能够理解、支持草图设计的工具。

SketchIT 能够通过分析一个特殊的机械设备草图,推广引申出多个新的设计方案。工程草图的本质是对设备的非精确的描述。严格地讲,一个草图设计也许实际上并不能产生设计者希望的行为。然而,一个熟练的工程师通过观察草图中图形的几何约束关系,能够从中看出这个草图中所描述设备的运作机理。因此,为了解释一个草图的几何机理,该工具首先辨别各部件所应提供的行为,然后确定这些设备的几何约束关系以确保这些行为的有效性。为了确定设备中单个部件行为,该工具将草图变换为一种叫做 QC-Space(Qualitative Configuration Space)[Stahovich 1997]的表示方式,用于表示几个机械部件之间的相互作用。通过抽象特殊的、用于表示特定行为的几何特征,QC-Space 捕捉初始设计的行为。如果被分析的草图不能产生任何希望的行为,工具将自动调整 QC-Space 直到获得一个希望的行为。该工具使用了一个几何关系库将每一个特定的行为变换为新的几何表示,同时通过约束关系来确保行为的有效性。由于在这个库中,针对一个特定的行为可以包含多个实现,因此,当该工具将 QC-Space 变换回几何表示时,它将产生多个基于初始草图的设计方案。该工具通过一个 BEP-Model 来表示每个新的设计方案。SketchIT 只关心草图机械设计中的功能部分,如弹簧、连接点等,它在分析中提取这些信息。同时为了能够验证设计的正确性,系统必须知道每个部件的作用关系,设计者可以通过制作状态转移图来描述部件的行为。

三维建模是一个研究和应用的热点。尽管目前在三维建模方面已取得了很大的进步，但构造任意外形的三维实体仍然是一项困难、繁琐的工作。过去的研究主要关注于精确的三维建模，试图解决CAD等领域的设计问题，但这对于三维实体的早期设计并不是一种有效的方式[Zeleznik 1996，Sugishita 1995]。

东京大学的Tokeo Igarashi等人设计实现了非精确的三维设计工具Teddy[Igarashi 1999b，Igarashi 1998，Pausch 1995]。它通过一个基于笔勾画的界面来创建自由的三维对象，其本质思想是将自由笔画用作一种表现设计思想的工具，使得用户能够快速地设计任意的三维模型，如填充的动物玩具及浑圆的对象。其基本方法是用户通过交互式地画一些二维的自由笔画，系统根据这些两维笔画的轮廓自动地构造合理的三维多边形表面。Teddy提供了多种建模方法，首先用户可以创建新的对象，系统可以选择显示三维网格的对象表示和填充的对象表示。用户可以通过一些直观的手势进行变换、切割等操作，系统对创建和编辑的结果进行平滑处理。用户在使用过程中不需要操作图形的控制点或使用复杂的编辑操作。它需要极少的认知努力，即使是第一次使用该工具的用户也可以在几分钟内创建简单而富有表现力的三维实体。除此之外，该工具生成的三维对象具有如雕刻一样的特殊感觉，这是通常的建模软件很难做到的。Teddy主要用于快速设计近似的几何模型，而不是用于精确设计。Teddy的一个显而易见的应用是三维动物角色的设计，这个工具在用2D勾画设计三维对象的领域是一个代表性的原型系统，它为三维建模开辟了一个崭新的领域。

加州大学Berkeley分校的James A. Landay在CMU大学期间设计实现的SILK[Landay 2001，Hearst 1998]是一个支持勾画设计图形用户界面。约束关系定义了一组能够产生特定行为的几何表示。BEP-Model是一个约束增强的参数化模型，这些约束确保相应的几何构形可以产生希望的行为（该系统最初基于Carnegie Mellon University的Garnet系统），这项研究基于对该领域进行的调查。专业的图形界面设计者在最初的设计阶段通常将想法表达在纸上，这种方法帮助他们快速地尝试各种可能的界面布局和结构，而不必关心设计的细节。通过将各个界面场景通过箭头联系起来，设计交互中控制的转移和场景的切换，这种方法也称为Storyboard[Landay 1996b]。在后边的几个系统中也使用了类似的技术，它的描述能力等价于状态转移图，但它具有直观、自然的特点。

该工具希望使得用户可以自由地绘制粗略的设计思想，还可以对设计思想进行简单的测试，在最初的粗略设计之后可以加入细节的信息，如颜色和字体等。相比之下，商用的界面设计软件提供给设计者一种正式的设计风格，使得设计者不得不考虑许多细节问题。而SILK提供给用户一种基于纸和笔的交互方式，使得设计者有一种自然的感觉，同时该工具还可以把用户的界面草图设计自动地转化为可运行的界面实现。SILK为设计者提供了一个自由勾画的界面，使得设计者可以快速地将设计思想呈现在眼前。

该工具的交互环境主要是PC和与之相连的Tablet,它可以进行界面元素和交互手势的识别。这些界面元素需要在一笔内完成,通过它们的有效组合形成复杂的界面交互对象。例如,一个按钮是由一个矩形和它所包含的笔画(代表文字)组成的。除此之外,如直线、圆等一些基本图元也可被识别。与在普通纸上的勾画相比,SILK使得设计者在计算机中勾画的设计易于修改、复制、交流和重用。SILK采用实时的识别方式,使得一个设计思想不必在完全完成之后才可测试,设计者可以在设计中的任一时刻进行测试并做进一步改进。SILK能够识别按钮、滚动条、菜单、窗口等图形用户界面的基本元素。当识别结果具有二义性时,SILK将保持多套备选的解释,在界面功能的测试中,用户可以从这些备选中选择自己所希望的界面对象。

SILK中的识别主要分为三个阶段:单个笔画的对象识别、图元的空间关系识别和基于GUI知识的规则推理。除此之外,它也允许用户在设计中对设计方案进行批注。该系统通过交互笔侧面所配备的按钮进行准模式(quasi-mode)切换。SILK较多地使用了手势交互,因为手势可以在一个笔画中高效、自然地提交操作命令和操作对象。SILK作为界面设计工具,只是搭起了一个界面的框架(交互的语法和词法层),具体的语义处理仍然是由界面开发者通过添加回调函数来实现。用户界面的设计往往是一个不断反复和精化的过程,设计者经常在草图设计和原型测试中反复切换,同时根据最终用户的意见进行修改。SILK提供了一个自然流畅的工作模式,使得从设计思想最初的产生到用户界面的最终生成都有计算机的支持。

因特网的日益流行使得大量的网页制作成了一个必不可少活动,而一个网站的结构往往是十分复杂的。大量的用户调查显示,专业的网站设计师通常在设计前将网站的结构和一些网页的格局勾画在纸上,进行修改和评估,在设计思想成熟之后,才转而借助计算机工具(如FrontPage和DreamWeaver)进行设计。总的来讲,网站的设计是一个螺旋式前进的过程,由于目前网站的前期设计阶段还没有相应的软件支持,人们仍停留在传统的纸张上,所以在以纸和笔为工具的前期设计与以计算机为工具的后期设计之间存在着一个鸿沟。

加州大学Berkeley分校的GUIR实验室设计实现了基于勾画的网站设计软件DENIM[Lin 2000],它使得专业的网站设计者可以在不考虑具体细节的情况下对网站设计中重要的问题进行思考,如网站的结构。该工具使用了Storyboard技术来描述网页之间的导航和内容的超链接关系,同时它使用了可伸缩用户界面ZUI(Zoomable User Interfaces)[Bederson 1994, Bederson 2000]的思想,通过提供多个不同的视图,使得在缩放的不同层次为设计者提供不同详细程度的信息。在每个层次,它允许设计者进行相应的交互动作,这也被称为交互的语义缩放(semantics zooming)。DENIM中使用了手势交互,同时它也使用了适合笔式交互的饼形菜单(pie menu)。设计的结果可以输出为

HTML 格式的文件进行测试。DENIM 进行了系统的评估实验,对它的交互技术、功能的可用性以及系统的性能都进行了评估。

DENIM 大量使用了勾画技术,该技术在设计的初期允许高效的思想交流和大量的尝试,同 SILK 相比,两者都使用了 Storyboard 技术来描述动态的行为。在 DENIM 中,将勾画技术和 ZUI 进行了很好的结合,在自由勾画信息和结构化的网站信息之间做到了较好的协调。

2.6.2 信息交流和共享

用纸笔的方式捕捉和交流信息是一个非常自然的活动,是人们早已熟悉的方式。基于白板的记录和交流是纸笔工作方式的一个延伸,它允许在同一时间有更多的人参与到思想交流的活动中来,自然、高效地实现了信息的共享。以下介绍以白板为主要交互环境的原型系统。

Tivoli[Pedersen 1993,Moran 1998]是由 Xerox PARC 研究中心开发的用于非正式会议的电子白板系统,它运行在 Xerox 的电子白板 Liveboard 上。该系统是 20 世纪 90 年代初期笔式用户界面研究的第一个代表性原型系统,其中提出了笔式交互的一些基本概念,如笔画(stroke)和手势(gesture)。

白板是会议中经常使用的工具,它为人们提供了一个合适的讨论场所。而电子白板试图将白板的工作方式和计算机的处理能力结合起来,使得人们更有效地进行思想交流、讨论和共享,同时对会议内容进行有效的管理。在早期的研究中,尽管将电子白板引入了会议,但使用的交互设备是键盘和鼠标。然而,用笔进行交互是人们使用白板的自然方式,Tivoli 就是一个以笔和电子白板为交互环境,以支持非正式会议为目的的笔式交互系统。该研究主要是从笔式交互技术和非正式会议所需要的功能入手。作为一个基于白板的应用系统,Tivoli 首先提供给用户的是一个能够完成基本勾画任务的白板,它并没有对文字进行识别,而是保留了手写信息的原有外观。

在一个基于 Tivoli 的小组会议(working meetings 或 presentations,这样的会议往往限于 8 个人)中,小组成员紧密地协作,在会议中对一些问题或想法进行讨论,这种基于白板的自由勾画界面有助于人们思想的产生、交流并澄清一些问题。Tivoli 的目标是在保持白板基本功能不变的情况下通过计算机增加新的功能。研究中通过分析总结大量的会议场景,并加上对一些未来会议场景的设想进行分类,进而提取出必需的功能集合,Tivoli 就是基于这个功能集合设计实现的。

Tivoli 是一个划时代的笔式交互系统,它的出现为后来的笔式用户界面研究提供了新的思路,它也真正确立了笔式用户界面作为与 GUI 完全不同的一种界面范式而出现。

由 Georgia 理工、东京大学和 Xerox PARC 联合研制的 Flatland[Mynatt

1999,Igarashi 2000a]是继 Tivoli 之后又一著名的电子白板系统,但它的目的并不完全是面向会议用途,而是针对个人办公室。它也是一种增强型的白板界面,为人们提供一种连续的、长期的工作方式。该系统的特征主要表现在三个方面:对白板内自由勾画对象的空间管理;可以对各种应用语义对象灵活地配置交互行为;对白板使用历史纪录的维护。

该研究总结出了白板在个人工作环境中的四个主要特征:

- 白板可以作为个人思考的工具,通过白板可以实现对重要事件的记录、捕捉;
- 白板中的内容根据创建时的用途不同有着不同的特性;
- 白板中的内容通常以一簇一簇的方式分布;
- 个人办公室中的白板不只局限于个人的使用,它也有着半公共的用途,如给参观者讲解或小型会议的召开等。

基于上述特征,研究人员设计了 Flatland,该工具可以对用户的自由手写内容进行分组,并针对每个分组可以进行一些基本的操作,如分割、合并、删除和拖动等;也可以给每个对象动态地施加不同的行为,如地图、计算器和列表。

Flatland 维护着白板工作的历史纪录,使得白板中每个对象的产生和编辑都有相应的记录,进而用户可以通过如时间、位置等信息进行基于上下文的信息检索。因为 Flatland 也是个人使用的一个工具,所以可以认为它是属于思想捕捉类型的工具。

2.6.3 思想捕捉

用纸笔方式进行思想的捕捉是一个非常自然的活动,是人们早已熟悉的方式。通过纸笔,人们可以以文字、图形等多种信息表现方式捕捉重要的事件、想法,或者进行计划和安排。

Xerox PARC 的研究人员设计实现了支持手写和语音的电子笔记本系统 Dynomite[Wilcox 1997],该系统结合了笔记本范型的易用性和计算机的计算能力。研究表明做笔记是学生、管理者、科学家等知识分子所广泛具有的一项活动。学生在课堂上做笔记并在考试前复习这些笔记;科学家在实验室中通过记笔记来记录实验结果;管理者在会议中通过记笔记来计划和记录事项。

尽管计算机具有很强的数据处理能力,但基于普通纸笔做笔记的方式仍然要比基于 PDA 或其他便携计算设备做笔记更受欢迎,因为这些设备中的界面失去了传统纸笔方式的自然性。对用户的调查研究,帮助研究人员获得了人们是如何进行笔记记录的,该研究不是为了定义一种新的做笔记的方法,而是对传统的笔记记录活动进行增强。

Dynomite 的界面和普通的笔记本类似,用户所看到的是一个传统笔记本的外观,用户的输入被记录为电子墨水(ink)。Dynomite 也采取了在记笔记过程中不识别手写信息的方法以降低用户的认知负荷。同时,为了克服手写信息难以检索的缺点,Dynomite 允许用户给一组 Ink 设置一定的属性,除此之外,Dynomite 允许用户为这些 Ink 对象设置关键字。Dynomite 关注 Ink 的组织形式[Chiu 1998]。一般来讲,在一个笔记本中,用户总是根据时间顺序安排主题,经常有几个主题线索贯穿笔记本。Dynomite 允许用户通过设定时间、属性和关键字来获得一个笔记本的子视图。除了支持手写的笔记信息,Dynomite 还支持声音的笔记信息。

Colorado 大学 Mark D. Gross 的研究小组开展了名为 Electronic Cocktail Napkin 的项目[Gross 1996a,Gross 1996b,Gross 1996c],其目的是开发自由绘制系统,使得设计者可以进行各种类型的设计、建模和仿真,对设计思想进行捕捉和验证。Electronic Cocktail Napkin 既是一个思想捕捉的工具,同时它也是一个设计工具。

通过调查研究,发现许多建筑师即使对计算机辅助设计软件很熟悉,在他们最初构思的时候仍然习惯使用纸和笔,直到概念设计工作完成之后他们才借助相应的计算机工具将设计结果输入计算机。从纸笔工作方式过渡到基于计算机的工作方式的不连续性造成了很大的时间浪费,而且当某些设计不合理时,回过头再进行草图设计或将设计修改结果输入计算机都是十分困难的。所以,计算机辅助设计软件对于设计者早期的工作并不能产生积极的帮助,只有当最为关键的早期思维过程结束后,这些辅助工具才能发挥作用。

Electronic Cocktail Napkin 支持在多种交互环境下的笔式交互,该工具提供普通绘图软件所提供的基本功能,除此之外,它还提供可训练的符号识别器,能够分析复杂符号的空间关系以及进行相似图形的匹配[Gross 1994]。该工具可以识别简单的文字,通过笔画之间的时间间隔(抬笔时间)来进行字符的分割,因此一个字符可以不局限于单个笔画。它识别字符通过笔的路径、笔画数、转角数和纵横比并到模板库中进行匹配。每个用户有自己的模板库,所以允许个性化的交互,用户通过画一些例子可以动态地添加新字符到模板库中。对于图表,Napkin 支持几种特殊的空间关系,如左右、上下、包含和连接。它也可识别用户定义的一些空间约束关系,用户可以通过勾画相应的例子将约束关系加入系统。通过对字符和约束关系的识别,Napkin 系统支持用户动态地、交互地来定义可视交互语言的语法,同时也可以比较图形之间的相似性。

同样的一个图形在不同的应用领域里有着不同的含义,经研究发现,尽管人们从事着不同类别的工作,但大多数使用笔进行绘画的场合都使用着一组类似的符号和空间关系。正如自然语言理解一样,上下文(context)对正确理解图形的含义也起着非常重要的作用。例如,一个波浪符号在模拟电路中表示一个电感应系数,但在机械设计中却表示一个弹簧,而在一个小孩的绘画中,它表示一个人的头发。从相反的角度来看,在某些情况中,当系统从图中识别了某个领域所独有的字符,则上下文就被自动确定,以后的识别将基于此上下文进行。

以 Electronic Cocktail Napkin 为平台,该研究小组也构造出一些笔式交互界面原型。通过运用匹配技术,Visual Bookmarks 使得用户在浏览电子图书馆的时候可以设置手绘图形的书签，之后，用户通过绘制相似的图形来检索该内容，通过与后台仿真工具配合（如 ProNet）进行勾画设计仿真。该小组也开发了通过勾画来设计网站的工具 WebStyler[Hearst 1998]。

Berkeley 的 GUIR 实验室开发的 Notepals[Davis 1999]是一个支持会议和课堂中思想捕捉的工具，它支持笔记的共享和检索。与其他工具相比，Notepals 采取了对 Ink 基本上不做处理的方式，它更注重笔记的上下文相关性，进而提供有效的信息共享。

2.6.4 基于 GUI 的笔式交互增强

笔式用户界面在上述几类活动中发挥了重要的作用，它还有一类应用是对目前的主流界面 GUI 进行增强，如现在许多手写输入和图形编辑的软件，它们也属于笔式用户界面。它们还有主要是为了配合现有的 GUI 中的交互方式以及对一些遗产软件进行笔式交互的增强，如 Palm 公司在其 PDA 产品 Palm Pilot 上的操作系统 PalmOS[Palm a, Palm b]、微软公司的 Pen Computing [Microsoft 1992, Meyer 1995]，它们基本上都在一个 GUI 的环境中嵌入笔式交互；而笔式交互则主要采用正式的（formal）用户界面风格，即在交互过程中将笔式交互事件实时地转化为格式化的信息，它们关注文字识别和基于表格的交互环境。这一类笔式交互应用的研究并没有完全摆脱 GUI 的束缚，笔式用户界面的早期研究多为此类，而且它也是目前笔式用户界面在产业界投入市场的主要形式。

2.7 笔式用户界面展望

我们已经进入以人为中心的计算（简称人本计算（human-centered computing））时代。2007 年美国 NSF 在信息与智能系统（IIS）中列出的三个核心技术领域之一就是人本计算，其研究内容有：多媒体和多通道界面、智能界面和用户建模、信息可视化、高效的以计算机为媒介的人人交互模型等。实现人本计算的核心技术是自然交互技术，在人类文明历史中，纸笔是人们最普遍和熟悉的工作方式，交互桌面、交互墙面显示以及笔式界面是人机交互未来的发展方向，笔式交互是当代实现自然交互的最好选择。本书是中国科学院软件研究所笔式界面研究小组对笔式用户界面十多年研究和开发工作的总结。内容包括笔式用户界面的理论基础（隐喻、范式和模型）、笔式用户界面的有关算法和方法（笔迹计算、交互技术、系统开发方法）以及笔式用户界面的典型应用（办公、教育、儿童益智），希望能对笔式用户界面有一个全面的介绍。

由于新的传感技术的发展，笔式交互设备日趋成熟，包括和物理纸张无缝融合的数码纸、手持手写设备手写板/手写屏等手写输入设备、Talet-PC 电子白板等手写计算机。随着计算机的普及，主流应用对手写技术的需求日益迫切。但是缺少主流的用户界面，它涉及基于认知的界面模型、笔式隐语的多种交互技术、草图的理解和草图界面。人本计算的特点是人性化，为了实现人性化必须研究和开发个人信息管理系统、提出和开发面向最终用户的方法和平台。应用是技术发展的动力，大力开发笔式应用软件是发展笔式用户界面唯一正确的途径，移动办公、教育、协同工作是未来的主流应用。

笔式交互是普适计算的一个主要界面形态，对于使用汉字的十几亿中国人更是如此。拥有数千年纸笔文明方式的中华民族需要一种不同于西方打字机/键盘、更加自然和符合习惯的人机交流方式。在中国，一个新的笔式界面的软件产业正在逐步形成，纸笔方式将会逐步取代传统的人机交流方式，成为未来主要的交互手段。笔式用户界面将会成为未来主要的界面范式，笔式界面软件将会成为未来主流的应用软件。它将使人机交流的方式回归自然、回归汉字文明、回归大众，真正实现以人为本的计算。

参 考 文 献

[Dai 2003] DAI G, TIAN F, LI J, et al. Researches on Pen-based User Interfaces[C]//CONSTANTINE S. Proceedings of the HCI International 2003. Greek: Lawrence Erlbaum Associates, 2003: 54 - 60.

[Dai 2004] DAI G. Pen-based User Interface[C]//SHEN W, LI T, LIN Z, et al. Proceedings of the Eighth International Conference on CSCW in Design. Beijing: International Academic Publishers, 2004: 32 - 36.

[戴国忠 2005] 戴国忠，田丰. 笔式用户界面[J]. 中国计算机学会通讯, 2005, 3.

[栗阳 2002] 栗阳. 笔式用户界面研究:理论、方法和实现[D]. 北京: 中国科学院软件研究所, 2002.

[田丰 2004] 田丰，牟书，戴国忠，等. Post-WIMP 环境下笔式交互范式的研究[J]. 计算机学报, 2004, 27(7): 977 - 984.

[Anoto] http://www.anoto.com/.

[Bederson 1994] BEDERSON B B, HOLLAN J D. Pad + + : A Zooming Graphical Interface for Exploring Alternate Interface Physics[C]//Proceedings of the ACM Symposium on User Interface Software and Technology: UIST'94. New York: ACM, 1994: 17 - 26.

[Bederson 2000] BEDERSON B B, MEYER J, GOOD L. Jazz: An Extensible Zoomable User Interface Graphics Toolkit in Java [C]//Proceedings of the ACM Symposium on User Interface Software and Technology: UIST'00. New York: ACM, 2000: 171 - 180.

[Chiu 1998] CHIU P, WILCOX L. A Dynamic Grouping Technique for Ink and Audio Notes [C]//Proceedings of the ACM Symposium on User Interface Software and Technology:

UIST'98. New York: ACM, 1998: 195-202.

[Davis 1999] DAVIS R C, LANDAY J A, CHEN V, et al. NotePals: Lightweight Note Sharing by the Group, for the Group[C]//Proceedings of the ACM Conference on Human Factors in Computer Systems: CHI'99. New York: ACM, 1999: 338-345.

[Ehnes 2001] EHNES J, KNÖPFLE C, UNBESCHEIDEN M. The Pen and Paper Paradigm-Supporting Multiple Users on the Virtual Table[C]//Proceedings of Virtual Reality 2001 Conference. Washington: IEEE, 2001: 157-164.

[Elrod 1992] ELROD S, BRUCE R, GOLD R, et al. Liveboard: A large interactive display supporting group meetings, presentations, and remote collaboration[C]//Proceedings of the ACM Conference on Human Factors in Computing Systems: CHI'92. New York: ACM, 1992: 599-607.

[Gross 1994] GROSS M D. Recognizing and Interpreting Diagrams in Design[C]//Proceedings of AVI'94. New York: ACM, 1994: 89-94.

[Gross 1996a] GROSS M D. The Electronic Cocktail Napkin: A computational environment for working with design diagrams[J]. Design Studies, 1996, 17(1): 53-69.

[Gross 1996b] GROSS M D, DO E. Demonstrating the electronic cocktail napkin: A paper-like interface for early design[C]//Companion Proceedings of CHI'96. New York: ACM, 1996: 5-6.

[Gross 1996c] GROSS M D, DO E. Ambiguous intentions: A paper-like interface for creative design[C]//Proceedings of UIST'96. New York: ACM, 1996: 183-192.

[HP] http://www.hp.com/.

[Hearst 1998] HEARST M A, GROSS M D. LANDAY J A. Sketching Intelligent Systems[J]. IEEE Intelligent Systems, 1998, 13(3): 10-19.

[Igarashi 1998] IGARASHI T, MATSUOKA S, KAWACHIYA S. Pegasus: A Drawing System for Rapid Geometric Design[C]//Proceedings of CHI'98. New York: ACM, 1998.

[Igarashi 1999b] IGARASHI T. Freeform User Interfaces for Graphical Computing[D]. Tokyo: The University of Tokyo, Graduate School of Information Engineering, 1999.

[Igarashi 2000a] IGARASHI T, et al. An Architecture for Pen-based Interaction on Electronic Whiteboards[C]//Proceedings of Advanced Visual Interfaces, 2000: 141-147.

[Kramer 1994] KRAMER A. Translucent Patches: Dissolving Windows[C]//Proceedings of UIST'94: ACM SIGGRAPH Symposium on User Interface Software and Technology. New York: ACM, 1994: 121-130.

[Kramer1996] KRAMER A. Dynamic interpretations in translucent patches: Representation-based applications[C]//AVI. New York: ACM, 1996: 141-147.

[Landay 1996a] Landay J A. SILK: Sketching Interfaces Like Crazy [C]//Proceedings of Human Factors in Computing Systems (Conference Companion), ACM CHI '96, Vancouver, Canada, April 13-18, 1996: 398-399.

[Landay 1996b] LANDAY J A, MYERS B A. Sketching storyboards to illustrate interface behaviors[C]//Proceedings of Conference on Human Factors in Computing Systems: CHI'96. New York: ACM, 1996.

[Landay 2001] LANDAY J A. MYERS B A. Sketching interfaces: Toward more human interface design[J]. IEEE Computer, 2001, 34(3): 56-64.

[Lin 2000] LIN J, NEWMAN M W, HONG J I, et al. DENIM: Finding a Tighter Fit Between Tools and Practice for Web Site Design[C]//Proceedings of Conference on Human Factors in

Computing Systems: CHI'2000, New York: ACM, 2000, 2(1): 510 - 517.

[Meyer 1995] MEYER A. Pen computing: A technology overview and a vision[J]. ACM SIGCHI, 1995, 27(3): 46 - 90.

[Moran 1995] MORAN T P, CHIU P, VAN MELLE W, et al. Implicit structure for pen-based systems within a free form interaction paradigm[C]//Proceedings of SIGCHI Conference on Human Factors in Computing Systems. New York: ACM, 1995: 487 - 494.

[Microsoft 1992] Microsoft Corporation. Microsoft Windows for Pen Computing-Programmer's Reference Version 1[R]. Microsoft Press, 1992.

[Moran 1998] MORAN T P, MELLE W V, CHIU P. Spatial Interpretation of Domain Objects Integrated into a Freeform Electronic Whiteboard[C]//Proceedings of the ACM Symposium on User Interface Software and Technology: UIST'98. New York: ACM, 1998: 175 - 184.

[Mynatt 1999] MYNATT E D, IGARASHI T, EDWARDS W K. Flatland: New dimensions in office whiteboards[C]//Proceedings of Conference on Human Factors in Computing Systems: CHI'99. New York: ACM, 1999: 346 - 353.

[Norman 1975] NORMAN D, BOBROW D. On data-limited and resource-limited processes[J]. Cognitive Psychology, 1975, 7: 44 - 64.

[Palm a] Palm Computing. Developing Palm OS 2.0 Applications.

[Palm b] http://www.palm.com.

[Pausch 1995] PAUSCH R, et al. Alice: A Rapid Prototyping System for 3D Graphics[J]. IEEE Computer Graphics and Applications, 1995, 15(3): 8 - 11.

[Pedersen 1993] PEDERSEN E R, MCCALL K, MORAN T P, et al. Tivoli: An Electronic Whiteboard for Informal Workgroup Meetings[C]//Proceedings of Conference on Human in Computing Systems. Amsterdam: IOS Press, 1993: 391 - 398.

[Stahovich 1996a] STAHOVICH T. SketchIT: A Sketch Interpretation Tool for Conceptual Mechanical Design[R]. MIT AI Lab, 1996.

[石磊 2010] 石磊,邓昌智,戴国忠.一种 Post-WIMP 界面:PGIS 的实现[J].中国图形图像学报,2010,15(7):985 - 992

[Stahovich 1996b] STAHOVICH T F, DAVIS R, SHROBE H. Generating Multiple New Designs from a Sketch[C]//Proceedings AAAI-96, 1996: 1022 - 1029.

[Stahovich 1997] STAHOVICH T F, DAVIS R, SHROBE H. Qualitative Rigid Body Mechanics[C]//Proceedings AAAI-97, 1997: 138 - 144.

[Subrahmonia 2000] SUBRAHMONIA J, ZIMMERMAN T. Pen Computing: Challenges and Applications[C]//Proceedings of ICPR'2000, 2000: 60 - 66.

[Sugishita 1995] SUGISHITA S, KONDO K, SATO H, et al. Interactive Freehand Sketch Interpreter for Geometric Modeling[C]//Symbiosis of Human and Artifact: Proceedings of HCI'95, 1995, 1: 543 - 548.

[Wacom] http://www.wacom.com.cn/product/intuos3/xinpin.html.

[Wilcox 1997] WILCOX L D, SCHILIT B N, SAWHNEY N N. Dynomite: A Dynamically Organized Ink and Audio Notebook[C]//Proceedings of the ACM Conference on Human Factors in Computer Systems: CHI'97. New York: ACM, 1997: 186 - 193.

[Zeleznik 1996] ZELEZNIK R C, HERNDON K P, HUGHES J F. SKETCH: An interface for sketching 3Dscenes[C]//Proceedings of the SIGGRAPH 96 Conference, 1996.

第3章　笔式用户界面模型

本章将分别从用户和系统的角度出发，对笔式用户界面的本质进行分析。并阐述 eGOMS 模型、基于分布式认知的扩展资源模型、基于混合自动机的笔式交互模型、笔式交互原语模型、以用户为中心的交互信息模型等笔式用户界面的理论模型。

3.1　eGOMS 模型

用户界面的发展到现在经历了三个主要的时代，即批处理界面时代、命令行界面时代和图形用户界面时代，它们分别代表了三个时代中的主流用户界面。到目前为止，图形用户界面仍然是占统治地位的一类界面。这种基于桌面隐喻、使用 WIMP 范式的界面之所以能够成为近 20 年中占统治地位的界面，是因为它与之前的界面相比，具有对象可视化、语法极小化和快速语义反馈等非常明显的优点。但随着计算机硬件设备的进步和软件技术的发展，WIMP 界面的缺点逐渐显现出来。目前，研究者们将研究的焦点聚集到下一代的用户界面的研究上，提出了 Post-WIMP（或 Non-WIMP）的界面形式[Dai 2004]。

我们对人机交互中人的认知过程，包括人类视知觉特征和心理加工机制进行了细致的探讨；从认知心理学的角度研究单通道和多通道信息加工的机制，包括人对单通道和多通道感知信息的加工、注意选择与分配的机制与特点；以及对多通道信息整合过程进行了细致的研究，并在此基础上对 GOMS 模型进行了扩展，形成了 eGOMS 模型，并对 PIBG 交互范式进行了评估。

3.1.1 人机交互和认知加工过程

从信息传递的角度来看,人与计算机的交互主要可分为两种信息传递通路:一方面,计算机向用户提供信息,这是计算机的信息输出、人的信息输入;另一方面是用户向计算机提供信息,这是计算机的信息输入、人的信息输出,如图3.1所示。要建立更自然、高效的Post-WIMP界面,需要充分利用不同认知层次和多个通道的信息,以改善信息的输入和输出效率。

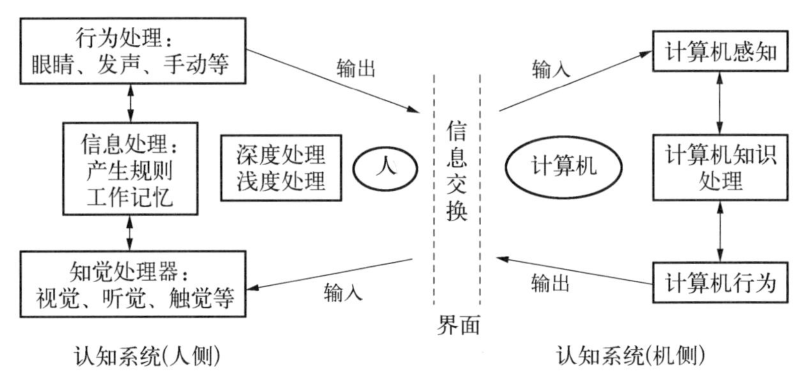

图3.1 人机交互界面和认知加工过程

从计算机输出,也就是人的信息输入来看,可分为两个层次:一是低级的感知觉加工过程,例如对颜色的感知、对声音的感知。多个通道的信息输入进来以后如何进行整合的感知觉加工,以及如何控制注意。二是高级的认知过程,主要涉及词汇信息、语义和语法知识的加工。这两种心理过程从低到高逐步进行,并且高级过程可以反过来影响低级加工过程。

计算机提供的信息首先要经过感觉系统的加工,然后知觉过程对感觉信息进行组织和解释,才能获得感觉信息的意义。在这个过程中,计算机提供信息的方式会对用户的感知觉过程产生很大的影响,因此了解计算机的信息呈现方式与用户认知过程之间的关系对改善界面信息呈现方式,提高用户对计算机信息快速有效的感知觉有着很重要的影响。感知觉层次的加工机制研究的一个重要目的就是减少用户的认知负荷。

认知负荷可以区分为外在认知负荷和有效认知负荷等。外在认知负荷会干扰用户与界面的交互。有效认知负荷与外在认知负荷正好相反,可以促进用户与界面的交互,实现图式获得和自动化。用户与界面交互时所需的所有认知负荷不能超越用户的认知资源。出现认知过载的一个原因是人类大脑的工作记忆容量有限。心理学家Baddeley在2003年提出了一个工作记忆模型,该模型中视觉信息和语义信息的存储是彼此独立,而且其存储容量非常有限的。其中视觉工作记忆只能记忆 3～4 个单元(特征或物体),语义材料记忆也仅 7 个单元左右[Baddeley 2003]。另一个影响认知负荷的关键因素是注意。根据认知心理学理论,外界的感觉信息是无限的,但其中只有有限的信息能进入中枢系统得到进一步加工,而没被注意的信息就会被过滤掉或者逐渐衰减。因此,注意在人的感知和认知加工中起着重要的作用。认知心理学研究表明,对人的认知加工来说,在无限的感觉信息输入和无限的长时记忆容量之间存在的瓶颈是工作记忆容量和注意资源的有限性。对认知心理过程的研究,为建立人机交互模型奠定了基础。

3.1.2 人机交互的 eGOMS 模型

Stuart Card,Tom Moran 和 Allen Newell 在 1983 年出版的《人机交互心理学》(*Psychology of Human-Computer Interaction*)是人机交互领域内的一个开创性工作[Card 1983]。该书提出了两个重要模型,即人类处理机模型(Model Human Processor)和 GOMS 模型。其中,GOMS 模型主要用于指导第一代(命令行)和第二代(WIMP)人机交互界面的设计和评价。GOMS 模型是关于用户在与系统交互时使用的知识和认知过程的模型,GOMS 是一个缩略语,代表目标(goals)、操作(operations)、方法(methods)和选择规则(selection rules):

- “目标”指的是用户要达到什么目的,如查找某个网站。
- “操作”指的是为了达到目标而使用的认知过程和物理行为(如先启动搜索引擎,再思考关键字,然后在搜索引擎中输入关键字)。“目标”和“操作”不同,我们为“达到”某个目标,而要“执行”某个操作。
- “方法”是指为了达到目标而采用的具体步骤(如使用鼠标单击输入域,输入关键字,再单击“查找”按钮)。
- “选择规则”用于选择具体方法,适用于任务的某个阶段存在多种方法选择的情形。

GOMS 模型使用上述四个组件描述了完成常规任务所需要的技巧。GOMS 的潜在应用还是相当广泛的。本质上,GOMS 对一个任务的分析描述了人为了成功完成任务所必需的结构化知识。在此基础上,知道了操作的顺序后,就可能对特定任务的执行时间做出定量的预测。其他分析,如错误的预测、功能性覆盖、学习时间等也可能由 GOMS 完成。在 Card 提出原始的 GOMS 形式后,出现了许多不同形式的 GOMS 分析方法,每一个都有些小的改动[Carrol 2003]。

GOMS 模型是迄今为止最成功的人-计算机交互模型。但是,如果把 GOMS 模型用于 Post-WIMP 界面,那么该模型有以下不足之处:

- GOMS 模型中,用户的操作必须是精确的。而 Post-WIMP 界面中用户的操作大多是非精确的。人类在日常生活中习惯使用大量非精确的信息交流,人类语言本身就具有高度模糊性。允许使用模糊的表达手段可以避免不必要的认知负荷，有利于提高交互活动的自然性和高效性。

- GOMS 模型对交互界面可用性评价的主要指标是时间。但 Post-WIMP 界面中，交互的速度显然不是唯一的指标。我们认为交互有效性应该是评价 Post-WIMP 界面更好的一个指标。
- GOMS 模型中，其交互界面和实际应用是相分离的。而 Post-WIMP 界面则和实际应用紧密相连，任何一个 Post-WIMP 界面就是一个具体的实际应用。

因此，我们扩展了 GOMS 模型，模拟用户在 Post-WIMP 界面中整合多通道信息，通过系列操作完成期望目标的过程。扩展后的模型的缩写为 eGOMS，但我们对其进行了重新诠释和定义，其中，G 代表 Goals，表示用户期望达到的目标以及对目标的认知，对目标的认知决定了用户将要采取的操作；O 代表 Operations，表示用户为达到目标所完成的操作；M 代表 Modals，表示交互过程中涉及的多通道信息；S 代表 Synthesization，指特定情景下对多通道信息的整合。由于 Post-WIMP 界面下用户操作、动作的不精确性，计算机必须依靠特定情景的约束才能理解用户意图。图 3.2 是扩展 GOMS 模型的一个例子。用户目标是绘制直线和圆相切，用户通过手势绘制分离的直线和圆，而通过语音发出“相切”命令，系统整合手势和声音通道实现直线和圆相切的目标。

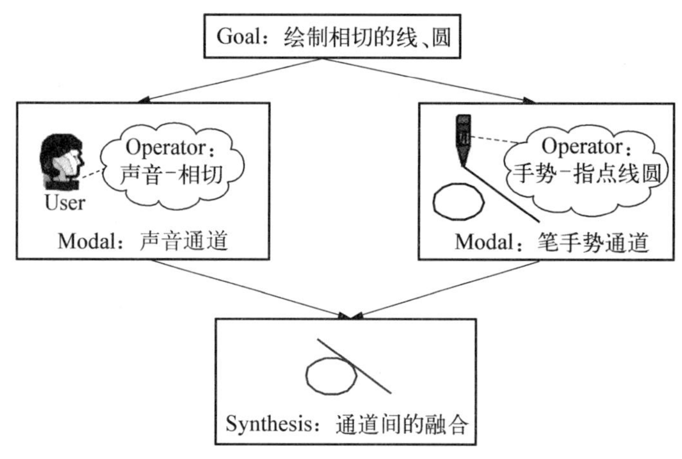

图 3.2 一个扩展 GOMS 的例子

对界面可用性的评价，可用评估函数 $f(A,C,E)$来表示，其中，A 表示注意(attention)，交互所需注意资源越少越好；C 表示认知负荷(cognitive load)，交互的认知负荷越低越好；E 表示交互有效性(effectiveness of interaction)，交互有效性越高越好，而交互是否有效主要体现在交互的自然性、直接性和操作速度上。交互越自然、越直接、速度越快，交互有效性就越高。

3.1.3 基于 eGOMS 模型的笔式用户界面范式评估

笔式输入由于符合人们千百年来形成的自然习惯而成为多通道用户界面研究中的热点。从社会科学、认知科学的角度来看,以笔为交互设备符合人的认知习惯,承应了社会文化的氛围,是一种自然、高效的交互方式;从技术的角度来看,硬件技术已经成熟,各种各样的笔式交互设备不断出现;软件技术的发展也促进了各研究领域的交融,带动了相关学科的发展。此外,人们对纸笔还有特别的偏好,这是因为其便携性、使用的手眼协调性(视觉与手动的整合)和直觉性(草图的使用、思维连续性)。

PIBG 是一种 Post-WIMP 交互范式[Dai 2004,石磊 2010]。P 代表 Physical objects,包括 Paper 和 Frame 等。它的作用与 Windows 相当,提供一个人机交互的基础;但它更接近于人们的现实生活场景。IB 代表 Icons 和 Buttons,其作用相当于 Icons 有部分 Menus 的功能。虽然它们不可能像 Menus 那样提供大量的交互命令,却可以给用户提供很好的 Affordance 支持,从而降低人机交互过程中用户的注意力和认知负荷。G 代表 Gestures,一方面它取代了 Pointers 的功能,另一方面它还完成了 Menus 部分的功能。用户在发出命令时,不必花费精力从菜单中寻找命令。PIBG 的心理学基础主要体现在以下四个方面:

- PIBG 交互范式占用较少的工作记忆。认知负荷是指在执行某种任务的过程中,因任务特性所需要的认知能量或认知资源。工作记忆是人类认知活动的重要资源。工作记忆容量有限,其中视觉工作记忆只能记忆 3~4 个特征或 3~4 个物体。PIBG 界面范式符合人类"工作记忆"的特点。
- PIBG 交互范式占用用户较少的注意资源。从注意的心理机制上看,人可以灵活地分配注意资源去完成各种任务,甚至同时做多件事情,但前提是所要求的资源和容量不超过所能提供的资源和容量。在 PIBG 交互范式的人机交互中,用户的兴趣可以主要集中在其任务上,PIBG 交互范式占用很少的注意资源,动作更易于形成自动化加工。传统 WIMP 界面要求人迎合计算机的人机交互要求来转换、组织自己的思想,将数据事先进行结构化处理,这违背了人处理和表达脑内信息的自然习惯。因此,人们在从事知识创造方面的工作,特别是在捕捉、组织和提炼信息时,仍然习惯于使用纸笔。
- PIBG 交互范式易于用户建立心理模型。用户是根据从长时记忆(概念模型)中提取出来的知识以及当前环境信息,在工作记忆中构建物理系统的心理模型。用户凭借心理模型与系统进行交互,当界面不直接提供完成任务所必需的信息时更是如此,因此设计者的概念模型和用户的心理模型应该匹配才能避免用户的错误和误操作。笔式输入由于符合人们千百年来形成的自然习惯而使用户容易建立关于交互系统的心理模型。

- PIBG交互范式提供给用户更多的Affordance(提供量)支持。Gibson认为动作和感知是通过Affordance来联结的,Affordance是现实世界的物体为动物或人类提供的动作可能性[Gibson 1979]。在人类的进化过程中,感知器官能够直接从环境中获取Affordance而不需要进一步的认知过程。PIBG交互范式提供给用户更多的Affordance支持,从而使得人机交互变得更加自然、和谐。

从认知心理学的角度来看,PIBG交互范式(包括纸和框等交互组件)更加自然,可以减轻用户的认知负担。从用户笔输入的交互来看,基于手势的交互方式更加自然和高效。PGIS交互范式是从PIBG交互范式演化而来的,它继承了PIBG在笔式用户界面中的指导性优势,并从软件平台、Goaget库等方面进行了扩展,因此PGIS交互范式在PIBG自然交互的基础上,更加高效、实用。笔式输入与传统的键盘鼠标界面相比有自己的特点,自由交互是笔式界面的一大优势,笔式界面的自由互动形式非常适合人们进行一些捕获、组织和提炼信息方面的工作。传统主流界面要求人迎合计算机的人机交互要求来转换、组织自己的思想,将数据事先进行结构化处理,这违背了人处理和表达大脑信息的自然习惯;因此,人们在从事知识创造方面的工作,特别是在捕捉、组织和提炼信息时,仍然习惯于使用纸笔,尽管使用计算机识别、计算处理会带来许多好处,但很多人仍然喜欢在纸上捕获并提炼他们的思想。

3.2 基于分布式认知的扩展资源模型

在人机交互研究中,认知理论一直扮演着指导者的角色。认知心理学通过研究人类信息处理的过程指导人机交互的设计、评估等活动。在交互中认知模型已经成功应用在三个领域[John 1998]中:使用认知模型预测任务的执行时间,以检查不同设计的有效性;在程序中使用认知模型提供的嵌入式助手,辅助用户的操作;模仿人类的行为,作为用户的代理。然而,传统的认知理论认为认知过程仅仅和人脑活动有关,将认知过程和计算机的活动相割裂,从而导致开发出来的界面系统难以充分符合人的认知特点,引入分布式认知理论对人机交互活动进行分析是解决上述问题的有效途径之一。

3.2.1 人机交互中的分布式认知的研究

Wright[Wright 2000,Wright 1996]等提出的资源模型,使用“资源”来描述交互活动、评估人机界面,成为领域内最有影响的描述模型之一。然而在某些应用中,资源模型也存在描述不清晰、不能支持复杂交互等问题。我们在资源模型的基础上提出一个扩展模型,能够减轻用户使用过程中的认知负担,也为此后的界面评估工作奠定了基础。

在传统的个体认知指导下,人机交互研究把重点放在了单个计算机的桌面隐喻上,人为地在认知主体的内部和外部之间设置了鸿沟[Hollan 2000],然后设法跨越这种鸿沟。这种设计的直接后果就是导致在交互过程中,计算机和界面处于认知活动的外部,只能通过转换来进入认知过程[Card 1983]。这种设计指导的认知系统无疑阻碍了自然、高效的人机信息交流,用户在使用界面的过程中,需要把许多精力放在对界面对象的操作上,而不是完全放在实现任务上。

20 世纪 80 年代中期,Hutchins[Hutchins 1988]等人明确提出了分布式认知的概念,强调认知活动不仅仅依赖于人的大脑活动,也涉及环境、媒介、文化、社会和时间等,这为认知心理学提供了一个全新的视角。分布式认知的观点认为,认知过程是分布在内部表征和外部表征之间的,既包括人的思维活动,也包括外界为这种活动提供的工具、社会环境、工作场所等一切与认知活动相关的东西。作为人机交互建模方法,分布式认知方法有些明显的优点:它可以用来理解为何屏幕上的物体能够作为认知活动的外部表征,为何外部表征可以减少人的认知努力,以及为了执行某些任务人们需要些什么信息,应该把这些信息放在什么位置,这些信息应当作为界面对象还是作为用户内部表征。

但是,分布式认知作为一种人机交互的分析方法也存在某些缺陷,如人机交互模型需要考虑一系列交互动作。例如,在 GOMS 模型中,动作是和动作的目的相连接的,而在非形式化的方法中,如 Norman 的 execution-evaluation 循环中,建立了人内心对计划的表征和现实世界中动作的效果之间的联系。这一点,目前在分布式认知的研究中还比较缺乏。

- 相关信息显示

Zhang[Zhang 1997]的研究证明:① 合适的外部表征能够通过支持基于认知的记忆或者感觉判断,从而降低完成任务的难度;② 特定的外部表征能够导致不合适的问题解决方法或者推论。1997 年,Zhang 提出了相关信息显示(Relational Information Displays, RIDs),包括数字、图形和表格,作为一种通用的显示框架。Zhang 把信息分成了四个维度:nominal,interval,ordinal 和 ratio,每一类形成了一个等级结构。

RIDs 框架在一定程度上把任务看作是由表征支持的。Zhang 和 Norman 对汉诺塔问题的研究中,从表征到动作的联系是通过计划(planning),或者计划建立过程(plan construct)来完成的。在汉诺塔问题中,他们分析了规则如何限制动作的选择,以及如何把规则外部化到环境中。但是,他们并没有涉及将计划外部化的方法。Hutchins 的飞行座舱的例子重点放在了对现实世界状态的表征以及如何达到目标上,而缺少如何使用这些状态表征影响飞行员动作的明确表述。

Zhang还研究了不同信息结构如何支持通用的信息处理任务，提出了三个通用任务：信息获取（例如，确定一个文件的大小）、比较（例如，判定文件A是否比文件B大）、综合（例如，整合特定区域的宽度和高度的信息）。Zhang认为，尽管没有一种任务独立的方法确定最佳的显示，却能够从RIDs框架中推导出一种通用的方法，即“从RIDs得到的信息将和一个任务所需要的信息精确匹配”；如果显示不遵循这个“匹配原理”，除非用户有其他的内在信息表征，否则任务无法完成。

- 图形作为外部表征

除了Zhang的RIDs以外，还有几个明确使用分布式认知来解释人机交互现象的努力，Scaife和Rogers在1996年分析了图形作为一种外部表征形式时，它的属性如何影响人的思考和推理。但是他们没有对动作或者交互进行解释。

20世纪80年代后期，人机交互研究者中出现了质疑传统中使用图形用户界面分析交互方法的声音，尽管本质上没有关注分布式认知，这些文章却深入研究了为了控制交互需要多少知识以及显示中需要多少知识等问题。Mayes，Draper，McGregor和Otaley在1988年完成了一系列试验，研究用户对Macintosh系统中菜单知识的掌握。研究发现，即使是专家级的用户也不能记起菜单的名称，但在日常使用中，这却没有引起任何困难。这个发现使得Mayes等人推断，也许人们并不把这一类信息提交给大脑存储，而是在显示中随时提示自己，是否触发了正确的菜单项。1990年Young，Howes和Whittington指出，这个推断挑战了著名的GOMS系列交互模型。这些模型中的控制很大程度上是使用用户内部的知识结构完成的，显示不作为一种控制信息的来源。然而Mayes等人的研究表明，显示可能在控制图形用户界面交互的过程中占据更加重要的地位。

- 专家行为

Kitajima和Polson在1995年使用基于网络的绘画系统研究了专家行为。他们关注基于显示的建模行为，同时特别研究了两类相关现象的解释：首先，专家经常在菜单操作中犯错误；其次，专家必须处理大量显示信息，而其中很多信息与当前的任务没有关系。在一系列的仿真试验中，Kitajima和Polson发现，由于动作和用户可能的错误选择之间没有强关联，用户经常发生诸如不适当地选择对象或恢复对象状态一类的错误。然而，他们没有将建模理论和实际的数据相比较。

Howes，Payne和Kitajima，Polson着重研究了专家行为。Young，Howes和Whittington等人试图总结出基于显示的模型在新手、中级用户和专家用户之间使用上的不同。他们描述完成一个任务（如打开Macintosh系统中的一个文件）所需要的不同知识，在此基础上展开分析。通过确定不同类别的内部知识和显示信息的相对贡献，他们解释了为何会因为熟练程度不同而产生行为的差别。

Young,Howes 和 Payne 认为,关于菜单名称,专家用户并没有拥有特别的词汇知识,而是使用任务的语法知识进行转化和分解;而新手没有这些专家知识,必须首先阅读菜单条目的词汇,与任务目标相比较,然后通过一个解释过程找出最为接近的菜单项。用户的选择是通过将菜单名称与自己日常经验中的词语(如文件和编辑)进行比对而完成的。中级用户拥有专家的转换知识却不具备子目标的分解知识。

以上描述的三个方向的研究代表了不同成熟程度的模型,但是它们都试图表现外部信息和用户带到交互中的内部知识表征之间的关系。在这个意义上,他们可以被看作是反映分布式认知方法的模型。

综上所述,近年来使用分布式认知指导人机交互的研究主要集中在两个方面:其一是从交互任务分析入手,研究认知理论如何与人机交互研究相结合。如:Zhang[Zhang 1997],Wright[Wright 1996]等人的研究证明合适的外部表征能够支持基于认知的记忆或者感觉判断,从而降低完成任务的难度。此外,文献[Shah 2003, Kitajima 1995, Howes 1990]讨论了专家行为,从不同角度讨论了不同熟练程度的用户使用内部知识和外部信息与系统进行交互时表现出来的交互特点。上述研究集中于建立自上而下的理论框架,试图表现不同类型中外部信息与用户在交互中使用的内部信息之间的联系。其二是从人机交互的动作分析出发:Hutchins[Hutchins 1988]研究了飞行座舱的例子,研究如何表示现实世界状态以及如何达到目标,但是他的工作中缺少把外部世界的状态和人的动作联系起来的部分。Ritter[Ritter 2000]等人使用认知模型作为用户的替身测试界面动作效率,在五个不同实例中使用认知模型模拟用户的行为。Wright 和 Smith[Wright 2000,Shah 1999]等人使用分布式认知的资源模型分析菜单设计和飞行仪表显示等简单交互。这种模型明确描述了交互动作,分析系统界面和人在交互中的具体角色,对界面做出评估。这种模型曾经成功地描述和分析了 step-by-step 的界面安排、8-puzzle 等简单交互问题,是一种影响广泛的模型。

3.2.2 资源模型

认知科学的研究中,相当多的努力都放在了认知过程的内部和外部表征之间的关系上,而对交互中动作和表征之间的关系说明较少,而这恰恰是人机交互关注的重点。Peter Wright[Wright 2000,Wright 1996]等研究了使用分布式认知理论分析人机交互行为的方法,提出描述人机交互行为的资源模型。这种模型使用计划、目标等六个元素描述交互动作,以及它们的分布式特性[Walenstein 2002],明确建立了表征(representation)和动作(action)之间的联系,是一种影响广泛的描述方法。

- 信息结构

资源模型确定了六个信息结构，在抽象层次上，与 Zhang[Zhang 1997]定义的 RIDs 以及 Zhang 和 Norman[Zhang 1994]定义的汉诺塔信息结构相类似。抽象的信息结构包括：

- 计划；
- 目标；
- 提供量；
- 历史；
- 动作-效果关系；
- 状态。

这些类型是从人机交互和 CSCW 著作中抽取得出的。这六种结构对于较简单的人机交互分析而言已经足够，可以为人机交互建模提供一个连贯的核心。当然，在更复杂的应用中，还需要更多的结构。

计划：在资源模型中，计划是一系列动作、事件或者状态，它们能够被执行。计划可以包括条件的分支和循环及依赖于系统的状态。看到一个动作时，很重要的是了解其在计划中的位置，这可以将计划和历史结合来完成。

目标：和计划一样，传统上被看作是纯内心的结构，但是在资源模型中，可以被看作是抽象的信息结构。在这个抽象的层次上，目标是系统需要的一种状态。

提供量：这个词是 Gibson 在 1977 年首先引入心理学的，并随后被用于人机交互著作中。对于很多人来说，这个词是指用推断的方式使用某些工具。1999 年 Norman 提出，提供量是“世界和动作者之间动作的属性”。我们采用了相似的方式定义：提供量作为资源模型中的一种抽象层次，指对于目前系统的状态而言，一个用户可能采取的动作的集合。

历史：一个交互的历史，类似于计划，是一系列的动作、事件或者状态。然而不像计划，这个包含动作、事件和状态的序列是已经完成的，因此没有任何分支和循环。如同 Monk 在 1999 年所指出的：“历史在某些交互中扮演了重要的角色。”

动作-效果关系：一个动作-效果关系是一个动作或者事件和一个状态之间的关系，这个状态代表了在交互中执行这个动作或者事件将要引发的效果。对于确定的状态而言，这一组工作-效果关系是作为一个模型来引用的。

状态：是表征交互中一个特定的点上，对象的相关值的集合。

- 抽象信息结构的表示

交互中信息作为动作的资源在使用之前必须被表示出来。一个特定的信息结构可能在界面上显式地表现，也可能在用户的头脑中呈现，更加常见的是分布在两者之间。

计划可以被内部表示成完成某些任务的内心过程，也可以被外部表示成标准的操作过程，或者 step-by-step 的指导。如果某人执行了一项计划，很重要的一点是，明确地知道这个计划在哪里，动作序列表示的计划可以用写下来的流程方式外部化，也可以使用标记位置(position marker)[Hutchins 1995a]的方式内部化表示。

目标也能分布于用户和工具之间。例如，飞行控制界面经常包括某些"飞行指示"，这说明了飞行员必须选择的路线。这不是一个计划，因为它不表示在正确的道路上前进所需要的动作。这种飞行指示确定了外部世界中需要完成的一个状态，因此是认知活动的目标。

一个常见的提供量的例子是菜单(计算机或者餐馆里的)，它代表了能够被选择的可能的事物。在这种情况下，工具(artifact)或者情境(situation)提供了一组可能的动作。对一个可能动作的表示方法，将决定它是否足够直观。菜单在某些情况下，不仅提供了可能的动作，而且对某些暂时不能执行的动作也提供了描述。

UNIX 的命令行界面可以作为历史的一个例子。这个界面提供了用户曾经使用过的命令。在字处理软件中的 Undo 和 Web 浏览器中的前进和后退功能也依赖于历史结构。但是历史并不总是外部化的，很多情况下，历史的影响仅仅在人的头脑中发生。

对动作-效果关系的内部表征能够从系统中用户的概念模型得到。这种内部表征可以在用户手册中明确地指出，或者可以作为用户界面的帮助系统的一部分而外部化。这个信息的原型形式是一个产生式系统或者是条件-动作规则对："如果满足当前条件，那么下列动作将会发生"。

资源模型采用执行计划、构建计划等策略完成界面分析、虚拟环境设计、飞行座舱设计等多种应用，能够分析和比较交互任务中类似于："某项任务需要些什么基本信息"、"如何表现这些信息"等基本问题。但是在较复杂的界面应用中，资源模型出现了不足：

- 缺乏对模型中元素位置(内部或者外部)的明确定义，模型中的信息结构没有被明确指出在模型中所处的位置，以及由于位置不同而对认知结果的影响；
- 缺少对认知系统中用户能力的探讨，用户的参与被计划、目标和动作-效果关系所限定，缺少对用户推理、归纳等任务的支持；
- 资源模型提供的交互策略比较简单，如计划建立、目标匹配等。对于比较复杂的系统，尤其是对于 3D 环境下计算机辅助证明等需要一定智能的界面的要求难以满足。

由于上述问题，我们对资源模型进行了改进，提出了扩展资源模型 ERM (Extended Resources Model)[王常青 2005]。ERM 并不试图解释人机交互领域中的一切交互活动。我们使用模型完成三维环境中知识的表达、获取以及推理等人机交互活动，希望在 ERM 的管理下，人机通过协作解决问题。就适用范围而言,资源模型比较适合描述交互活动中的动作,但是对比较复杂的认知活动,如逻辑推理、证明等支持不足,而 ERM 可以提供对推理的支持。

ERM 包括静态的模型结构和动态的交互策略两部分。

3.2.3 扩展资源模型结构

- 资源(resource)

在进一步论述之前,有必要把"资源"的含义加以说明。在心理学中,资源是提供给处理过程的一定数量的信息。而在本书中,把资源定义为能够在交互的步骤中指导动作的信息集合,在交互环境下,这个信息集合是能够清晰定义的。

对于 ERM 中的资源,由于这是可定义和访问的一组信息,而且 ERM 的主要服务对象是界面软件,因此可以把外部化的资源定义为:

可以编程实现的一组认知模型。

这就为使用 ERM 构造界面软件铺平了道路。对于界面软件系统而言,用户拥有内部化的资源,而用户界面用认知模型的方式外部化了一系列资源,两者之间可以发生交互。资源的这种定义符合王甦关于认知心理学的定义[王甦 1992]和 F. Ritter 等人关于认知模型的定义[Ritter 2000, Ritter 2001]。

模型结构描述了 ERM 的组成元素以及它们之间的相互关系,包括六种资源:上下文、约束、历史、目标、提供量、偏爱。模型结构如图 3.3 所示:

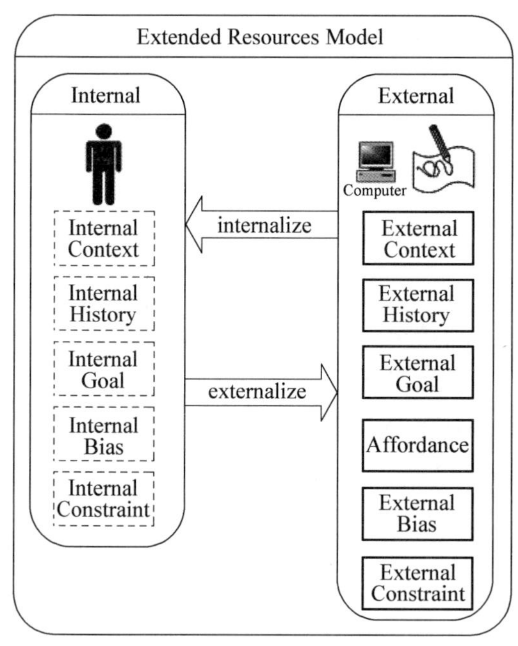

图 3.3 扩展资源模型的抽象结构

定义 3.1 形式上,$ERM = (Con, RC, His, Goal, Aff, Bias)$。

- 上下文(context)

本书中,我们借用上下文的概念来描述交互过程某一时刻认知系统的状态,这个系统状态包括交互系统中辅助工具(artefact)的状态、用户内部表征(internal representation)的状态以及两者之间的关系。

定义 3.2 一个上下文是一个四元组:$Con = (R, KB, G, t)$。其中:

- R 是系统资源集合,描述了 ERM 中的资源及相互关系;
- KB 是与上下文相关的一组知识,描述系统以前解决类似问题的经验；

■ G 表示交互手段，是系统能够提供的交互能力；

■ t 表示时间戳。

我们定义两个上下文之间的关系 re：Con_1 re Con_2，当且仅当 (R_1 re R_2)∩(G_1 re G_2)，其中，re 为等价(≡)、充分(←)、必要(→)。

● 约束(constraint)

我们定义约束为问题解决过程中的规则，如在汉诺塔问题中，问题规则是：小的碟子可以放在大的之上，而反之不可以。对于每一个可能的动作，都可以将这些规则定义成为一组条件。例如，若 Act_x 是把第 i 个盘子移动到第 j 根柱子上，那么 $PreC_x(Act_x)$ = (柱子 j 上最上面一个盘子不能小于盘子 i)。

定义 3.3 形式上，约束是一系列四元组：$RC = \{(Act_0, PreC_0, PostC_0, FuncC_0), (Act_i, PreC_i, PostC_i, FuncC_i), \cdots,\}$，其中：

■ Act_i 表示一个动作；

■ $PreC_i$ 是一组前置条件：$PreC_i = (PreC_0, PreC_1, \cdots, PreC_n)$，表示满足 $PreC_i$ 后 Act_i 可以执行；

■ $PostC_i$ 是一组后置条件：$PostC_i = (PostC_0, PostC_1, \cdots, PostC_n)$，表示 Act_i 执行后可能的结果；

■ $FuncC_i$ 是一组上下文与不变量的映射：$FuncC_i = (FuncC_0, FuncC_1, \cdots, FuncC_n)$，表示 Act_i 执行中，需要遵循的不变量。

● 历史(history)

定义 3.4 历史是一系列上下文和动作的二元组：$His = \{(Con_0, Act_0), (Con_1, Act_1), \cdots, (Con_n, Act_n)\}$。其中：

■ Con 表示与动作相关的上下文；

■ Act 描述了发生的动作，实现不同上下文之间的映射，$Act_i(Con_i) \equiv Con_{i+1}$，其中 $Con_i \rightarrow Con_{i+1}$。历史可以使用 Con 提供的资源集合和 Act 进行索引。

历史是“用户-界面”对上已发生的动作序列，是一个确切的顺序列表。实现中，历史可以内部化也可以外部化，历史的内部化存在于用户的记忆中，依赖用户对以往相似场景的回忆指导认知活动；外部化的历史记录用户的操作过程和当时的上下文，用运行时助手的方式呈现给用户。

● 目标(goal)

定义 3.5 一个目标是：$Goal = \{(Con_{\text{start}}, Con_1, \cdots, Con_n, \cdots, Con_{\text{end}}), Comp\}$。

■ Con 是表示任务状态的上下文；

■ $Comp$ 是对任务当前上下文与目标进行比较的方法。

定义 3.6 $Comp(Con, Goal_n)$ = {null，等价，充分，必要}，其中，Con 表示

当前上下文，$Goal_n$ 表示第 n 个子目标，null 表示不能比较。等价、充分、必要的定义和两个上下文之间的关系相同。

目标是整个认知过程的最终状态。传统的认知理论中，任务的目标被认知系统中的人内部化，配合上下文、历史等指导动作的决策。分布式认知允许目标的外部化，由系统使用一个抽象结构实现。在认知过程中，目标可能被解析成一系列子目标。

- 正提供量与负提供量(positive affordance and negative affordance)

提供量(affordance)一词最先由 Gibson[Gibson 1977]引入，指人和环境的交互中环境所做的贡献，而在这种交互中人的贡献就是人具备交互的能力。提供量的概念有三层含义：提供量存在于环境之中，不是知觉的产物；知觉系统能获取的信息指出了提供量；有机体能觉察这些信息从而得到提供量[Michaels 1988]。自从提供量的概念被提出后，它已被大量用于对情景的描述。这里我们定义提供量的概念为系统当前上下文中提供给用户的动作选择。这个定义规定了提供量是完全外部化的，而不是内部、外部混合的，同时这个定义比上述定义范围更为狭窄，与系统上下文形成严格一对多的映射关系。

定义 3.7 一个提供量是一个动作集合：$Aff=\{Act \mid Act(Con)\equiv Con_i$，且 $Con \rightarrow Con_i\}$，其中，Con 为当前上下文，Con_i 为一个可能上下文。

提供量外部化要求系统显式地提供与当前上下文相关的提供量，这个提供量的确定应当与用户的思维习惯符合，系统中提供的提供量来源于理想中的自然交互，而具体实现形式与应用相关。几何画板实例中，使用纸-笔隐喻构造系统，提供量就是系统所提供的，在纸笔环境下人们早已习惯的操作(如用一个平行四边形代表3D环境下的平面)；此外，提供量还包括对几何证明中推理过程提供的辅助，如推理过程中从当前已知条件能够直接得到的中间条件。

这里我们对提供量的概念进行了扩展，提供量不仅仅指当前上下文中用户可能的下一步动作，也指能够直接得到目标的动作集合。为了区别起见，我们将这种提供量称为负提供量(Negative Affordance，NA)，而前面所定义的提供量(定义3.7)称为正提供量(Positive Affordance，PA)。通过负提供量的概念，我们能够得到虚拟状态的可能的前提，适合于目标明确的逆向推理过程。

定义 3.8 负提供量：$NA=\{Act \mid Act(Con_j)\equiv Goal_i$，且 $Con_j \rightarrow Goal_i\}$，其中，$Con$ 为当前上下文，Con_i 为一个可能的上下文。

那么，$Aff=PA \cup NA$。

- 偏爱(bias)

偏爱是人们根据环境、知识和感知、认知的结果而对动作做出的有倾向性的选择[Zhang 1997]。例如，在餐馆就餐的例子中，用户通过了解外部状态，包括餐馆环境、一起就餐的人等的判断，结合自己就餐历史的回忆，可以形成动作的偏爱，根据这个偏爱，用户可以对餐馆提供的正提供量——菜单上提供的选择进行决策;另一方面,用户也可以观察餐馆中正在就餐的其他人点菜的情况,直接向环境要求一个负提供量,点出相应的菜肴,完成决策活动。

定义 3.9 形式上,偏爱是对当前提供量的选择: $Bias = \{Act_i \mid Act_i \in PA \cup NA\}$。

这里对传统中偏爱的定义加以改变,偏爱不仅仅是人们感知的结果,也可以扩充到外部环境中,成为对当前上下文中提供量的判断。偏爱决定系统对提供量的选择,ERM 中的外部偏爱不仅仅是系统对用户选择动作的辅助,也是对以前用户知识的积累。传统中偏爱是完全内部化的概念,在 ERM 中,偏爱可以内部化也可以外部化,具体形式取决于实际系统。

文献[Wright 2000, Wright 1996]中历史对提供量的影响与本书提出的偏爱的区别在于,历史对提供量的影响局限在正提供量的范围内,包括根据历史做出的选择或者根据历史做出的剔除,而偏爱不仅仅支持这种选择或剔除活动,同时也包含对负提供量中选择动作的支持。

内部偏爱的产生来自从内部和外部表征得到的信息,外部偏爱由软件系统实现。

3.2.4 扩展资源模型交互策略

ERM 的交互策略包括目标匹配、偏爱建立与评估、计划建立与实施三种。三种策略分别描述了交互任务中不同阶段用户可能的动作以及界面系统提供的操作,在用户使用界面系统的过程中可以单独出现也可以同时(作为问题解决的不同阶段)出现,或者组合使用。

- 目标匹配(goal matching)

目标匹配策略最早出现在资源模型中,在任务执行过程的每一个阶段中都可能使用。这里我们引入了约束、上下文和正负提供量等结构元素描述交互动作,如图 3.4 所示,目标匹配策略关注系统目标(或者子目标)、上下文和采取的动作之间的联系。人们使用目标匹配策略解决问题的时候,仅仅依靠上下文、提

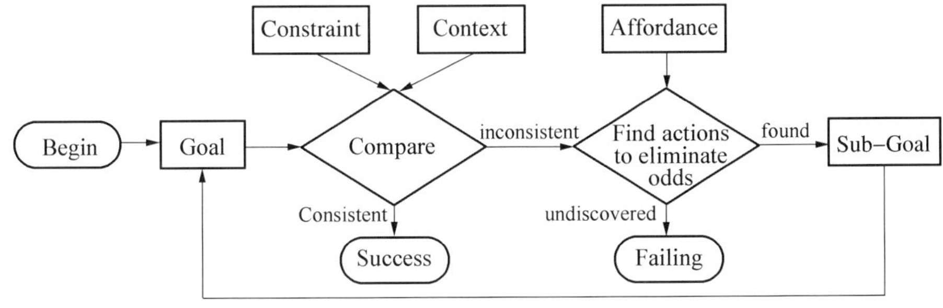

图 3.4 目标匹配策略

供量、约束和任务的目标完成动作。当提供量完全外部化时，这种策略便成为基于显示的交互[Wright 1996]。

目标匹配是一个动态的过程，这个过程中，上下文可能发生变化。一个支持目标匹配的系统，需要提供某种人工智能的策略，协助用户从当前提供量中得到子目标以完成目标匹配的过程。

- 偏爱建立与评估(biases construction and assessment)

如图3.5所示，人在判断、推理等认知过程中，经常需要基于确定的当前上下文得到下一步的可能动作，或者根据动作的目标得到可能的动作，这两种基本思维方式决定了两种偏爱建立的方式：采用正提供量的偏爱和采用负提供量的偏爱，这两类偏爱都输出子目标。实验证明，偏爱直接决定了问题解决的方便程度[Zhang 1997]，如果偏爱和问题的结构一致，将方便问题的解决，反之，将阻碍问题的解决；而偏爱与问题结构没有关系时，对问题解决也没有影响。

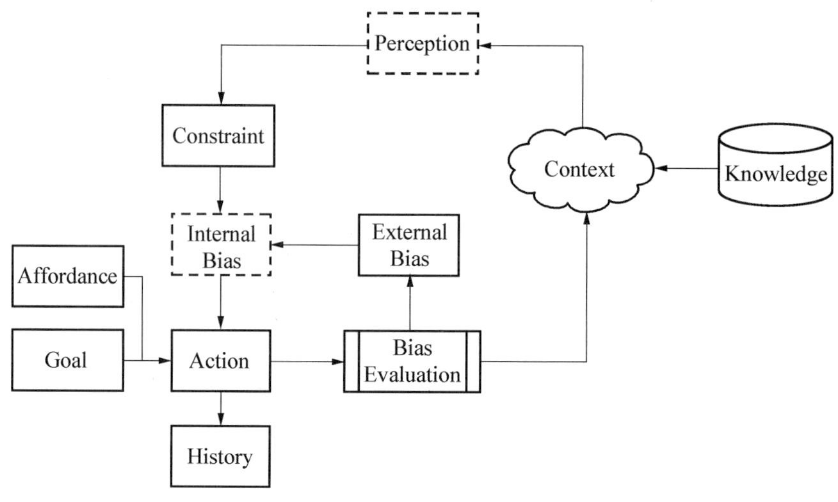

图3.5 偏爱建立与评估策略

这个策略包括用户的内部认知活动和外部辅助工具(artefact)的活动。策略过程可以描述为：

(1) 问题抽象化：使用上下文、约束和目标来描述问题，得到ERM表示的与表征无关的问题结构；

(2) 加载知识：搜索上下文，寻找解决类似问题的知识；

(3) 得到外部偏爱：初始化当前解决方式为外部偏爱；

(4) 得到偏爱执行结果，和外部偏爱相比较，进行可用性评估；

(5) 根据评估结果修改外部偏爱。

偏爱建立与评估策略和目标匹配策略的区别在于，后者具有明确的目标，活动都是围绕实现事先确定的目标展开；而前者没有明确目标，或者虽然有但不依赖于目标。偏爱是认知系统在问题解决方法和当前系统状态基础上做出的判断,有效性依赖于偏爱评估完成。

偏爱评估对偏爱所产生的子目标进行估计,考虑该子目标实现的可能性。

- 计划建立与实施(plan construction and implementation)

使用计划的交互策略在前人的工作中已经得到了详细讨论[Wright 2000, Wright 1996, Frank 2000, Shah 1999]。作为一个交互策略,计划建立与实施的最简单的形式,是依次确定提供量中的下一个步骤直至目标完成为止;也有可能建立计划时没有一个特定的目标,目标伴随着计划的执行而逐步明确。

计划建立和实施过程中,允许计划外部化,外部化的计划允许被系统保存,与历史一起构成计划中动作和已完成动作的列表,也允许使用上下文、约束和目标来比较计划中下一步动作的可行性。

3.2.5 设计方法与设计准则

在前面的几节中我们重点讨论了一个基于分布式认知的用户界面模型ERM,提出了模型的组成结构、交互策略,分析比较了各自适合的应用场合。但是对于一个交互式应用或者用户界面系统来说,仅仅给设计者提供一个用户界面模型是不够的,更重要的是提供设计方法上的支持。由于人机交互的复杂性,设计一个具有高可用性(usability)的用户界面十分困难。在这里,我们仅提出一些系统性的设计方法。

作为长期发展和实践检验的一项成熟技术,人机交互中的一些传统的设计准则和理论对 ERM 模型指导的交互设计有很好的借鉴作用(虽然不能完全适用)。一个成功的用户界面设计包括三个主要的方面:指导原则、界面软件工具和可用性测试[SHN 1998]。用户界面设计中一个广泛使用的指导原则来自于 Macintosh 公司,该原则详细制定了界面布局、按钮、菜单等可视属性。基于该原则,设计界面不需要从底层做起,用户可以使用已经封装好的按钮、对话框、窗口等界面组件。这些组件中已经定义好各自的交互行为并留有方便用户调用的接口,可视化的界面设计环境更是大大降低了对设计者的要求,真正实现了界面从"开发"到"设计"的转变。可用性测试用于用户性能评估,往往用于修正布局和操作方式等影响用户认知负担的变量。从前面的技术分析中,我们可以把基于 ERM 的用户界面设计过程划分为图 3.6 所示的四个部分:交互技术的设计、基于 ERM 的人类行为分析、设计应用场景、试验评估,一个设计良好的用户界面应包括这四个方面。重用合适的交互技术,或采用新的交互技术,使用 ERM 完成人类行为的分析并设计出典型的应用,最后综合利用现有的研究成果同时对新设计的方案进行评估。

人机交互技术是非常复杂的,由于不同应用需求的差别和交互任务的差别,往往需要同时给用户提供多种交互技术。经过上面的分析，根据扩展资源模型ERM，我们在这里给出几个界面粗略的设计准则。

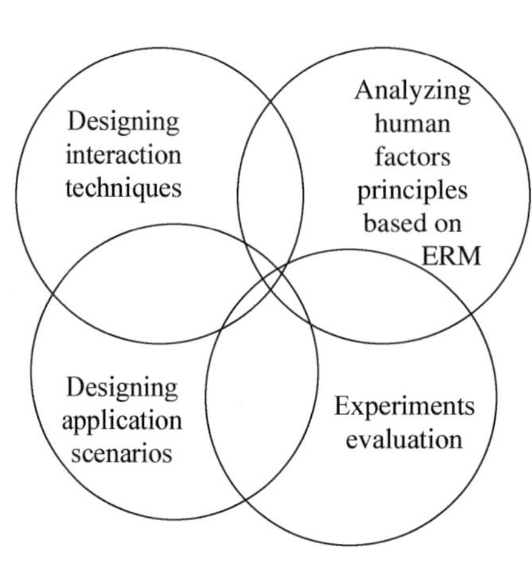

图3.6 基于ERM的设计方法组成部分

第一，系统上下文的直观和可视性。在适当的时候，界面系统应该能够提供适当的反馈，便于用户直观地掌握系统当前状态。这条设计准则的第二个含义是，界面系统应对用户的操作目标有所了解，通过猜测或者提供给用户备选方案的形式，得到当前用户的意图，以便于控制系统内部状态。第二，依靠历史，而非用户记忆。界面系统对用户的操作历史具有管理能力，用户可以根据自己的经验和系统的提供量找到历史操作，不需过多记忆。例如，用户意识到昨天绘制了一个类似台体的几何体，就可以根据此特征搜索软件系统，得到当时的三维形状。第三，用户的控制权和自主权。软件系统的提供量、建议、历史等都不应该影响用户对软件系统的控制。用户可以根据自己的喜好决定是采用这些功能，还是依赖自己的记忆和判断。用户可以在紧急情况下迅速找到退出系统的方法。第四，软件系统应尽量符合真实世界。采用直观有效的隐喻方式构造软件系统。第五，约束的隐含性。界面系统应避免用户直接指定约束的繁琐操作，采用推理和用户确认结合的方式，可以在不影响用户控制权的前提下，非显性地得到界面状态的约束。第六，一致性和自然性。界面系统所提供的交互方式应当具有一致性，避免用户使用过程中遇到不同词汇表示相同含义，或者同一词汇具有不同含义的情况；交互方式应自然，易被用户接受。

3.2.6 设计实例

我们设计了一个支持立体几何证明的界面实例。选取这个例子是由于几何证明过程中需要大量人机交互动作，同时也是一个简单易懂和常见的交互应用。这里我们选取立体几何中三垂线定理的证明过程作为典型场景进行讨论。如图3.7所示。

$ERM_{\text{start}} = \{Con_{\text{start}}, RC, \text{null}, Goal_{\text{start}}, Aff_{\text{start}}, Bias_{\text{start}}\}$，其中：

- $Con_{\text{start}} = \{R_{\text{start}}, \text{null}, G_{\text{start}}, t_0\}$ 为开始时刻系统上下文，其中：

$R_{\text{start}} = \{$面 α，线 PA，线 PO，线 AO，线 a，点 P，点 A，点 O，$P \in PA$，$A \in PA$，$A \in AO$，$O \in AO$，…，$PA \perp \alpha$，$PO \cap \alpha = A\}$；假设开始时刻没有类似问

题解决过程，知识为空；$G_{start} = \{G_{line}, G_{plane}, G_{vertical}, G_{parallel}, G_{round}, G_{move}, \cdots\}$，$G_{line}$ 表示直线手势，G_{plane} 表示平面手势，G_{round} 表示旋转手势……t_0 为开始时刻。

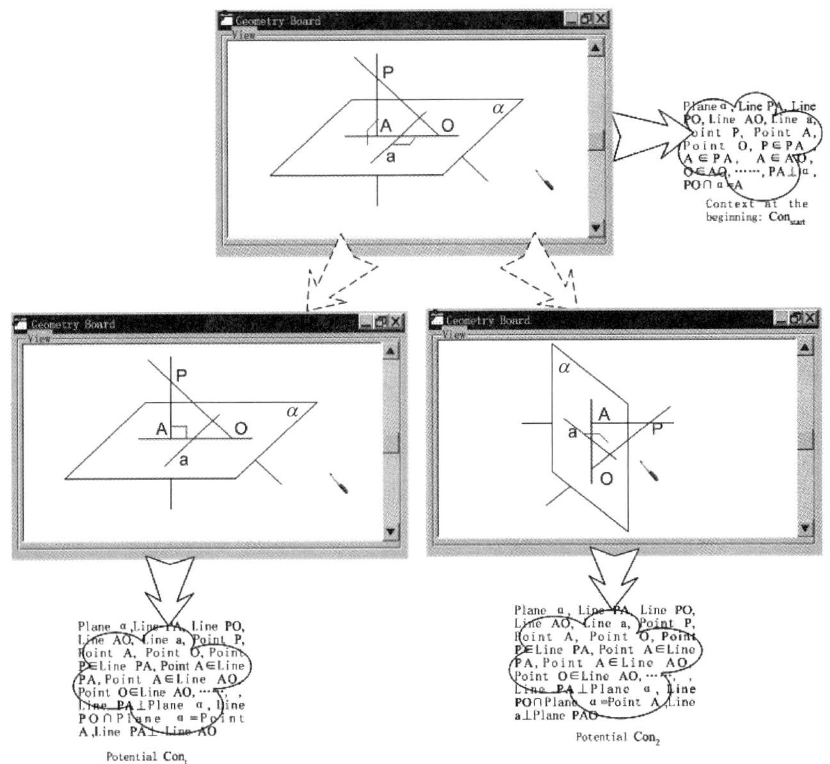

图 3.7　几何白板的问题证明

- $RC_{start} = \{(Act_0, PreC_0, PostC_0, FuncC_0), (Act_i, PreC_i, PostC_i, FuncC_i), \cdots\}$，其中：

act_0 由下述 $Goal$ 定义给出；$PreC_0 = Con_{start}$；$PostC_0 = \text{null}$；$FuncC_0 = \text{null}$。

- 开始时刻历史为空。
- $Goal = \{(Con_0, Con_1, Con_2, \cdots, Con_{end}), Comp\}$，其中：

Con_{end} 是问题结束时的系统上下文，$Con_{end}.R = \{$面 α，线 PA，线 PO，线 AO，线 a，点 P，点 A，点 O，点 $P \in$ 线 PA，点 $A \in$ 线 PA，点 $A \in$ 线 AO，点 $O \in$ 线 AO，…，线 $PA \perp$ 面 α，线 $PO \cap$ 面 $\alpha =$ 点 A，线 $a \perp$ 线 $PO\}$。

Con_0 是一个可能的中间上下文，$Con_0.R = \{$面 α，线 PA，线 PO，线 AO，线 a，点 P，点 A，点 O，点 $P \in$ 线 PA，点 $A \in$ 线 PA，点 $A \in$ 线 AO，点 $O \in$ 线 AO，…，线 $PA \perp$ 面 α，线 $PO \cap$ 面 $\alpha =$ 点 A，线 $PA \perp$ 线 $a\}$。

Con_1 是另一个可能的中间上下文，$Con_1.R = \{$面 α，线 PA，线 PO，线 AO，

线 a,点 P,点 A,点 O,点 $P \in$ 线 PA,点 $A \in$ 线 PA,点 $A \in$ 线 AO,点$O \in$ 线 AO,…,线 $PA \perp$ 面 α,线 $PO \cap$ 面 α = 点 A,线 $PA \perp$ 线 AO}。

Con_2 也是一个可能的中间上下文,$Con_2.R$ = {面 α,线 PA,线 PO,线 AO,线 a,点 P,点 A,点 O,点 $P \in$ 线 PA,点 $A \in$ 线 PA,点 $A \in$ 线 AO,点$O \in$ 线 AO,…,线 $PA \perp$ 面 α,线 $PO \cap$ 面 α = 点 A,线 $a \perp$ 面 PAO}。

…………

- 正提供量 $PA = \{Act_0, Act_1, \cdots\}$, 其中,$Act_0(Con_{\text{start}}) \equiv Con_0$, $Act_1(Con_{\text{start}}) \equiv Con_1$。

负提供量 $NA = \{Act_2, \cdots\}$,其中,$Act_2(Con_2) \equiv Con_{\text{end}}$。

- 由于缺少相关知识,随机建立外部偏爱。

图3.7中实线箭头表示当前系统上下文,而虚线箭头表示从当前出发并由模型提供的可能的中间上下文。用户结合外部偏爱、提供量决定下一步的动作,随后使用模型提供的交互策略执行任务。

通过上述工作,我们使用ERM描述了几何白板中的立体几何问题,并且建立了人机共同解决问题的环境。在这个环境中,系统提供了历史、约束、提供量以及偏爱等支持,用户使用过程中可以减少记忆负担,并能够用符合认知习惯的方式使用系统,因而证明问题过程中所需要的认知负担大大减少。

除了上述应用外,ERM还可以用于比较不同界面设计、作为界面评估的理论依据等方面。

3.3 基于混合自动机的交互模型

笔式用户界面是所谓的Post-WIMP[Green 1990,Jacob 1999,Dam 1997]界面的一个主要形式,它和WIMP界面有着很大的不同,通过使用笔迹技术、手势交互等,它能够提供更加自然、高效的交互方式。但它却难以被构造。为了有效地构造笔式用户界面,在构造之前不考虑实现细节,而在一个抽象的层次上描述它是一个较好的方法[Jacob 1986,Jacob 1999]。本节分析了笔式用户界面的交互本质,从形式化系统的角度分析笔式用户界面中的典型交互,通过将笔式界面抽象为混合系统能够更为准确和严格地分析它的交互特性。混合自动机是用于描述混合系统的形式化工具,本节给出了基于混合自动机理论的半形式化语言LEAFF作为笔式交互的建模工具。LEAFF通过结合文本和图形来描述笔式用户界面中的交互行为,能够准确地反映交互中的控制关系、时序关系。同时,本节也给出了一个笔式用户界面中手势交互的描述实例,最后对笔式用户界面中交互并行性的描述、交互实时性的验证和从描述到实际交互系统构造的转换进行了讨论。

3.3.1 笔式交互的抽象特性分析

用户界面研究的一个主要目标是减少用户意图和意图执行之间的认知距离。显而易见,用户只关注于任务本身而不是任务是怎样完成的[Dam 1997]。笔式用户界面的交互主要是基于用户已有的、在现实世界中已熟练使用的技能,如勾画。所以在如何对笔式用户界面的交互进行建模的研究中,我们更应当从用户的角度去分析,而不是从计算机的角度。下面对笔式交互的抽象属性进行分析。

● 混合交互

笔式用户界面一个显著的特点是交互的混合性。传统的用户界面,如图形用户界面,是以离散事件为输入输出流的,由鼠标和键盘产生的离散事件触发命令的执行,这样的交互风格和人的连续思维的工作方式不符合。而笔式用户界面却主要是在连续交互的方式下工作的,笔的勾画过程往往蕴含了丰富的用户意图。其实,把整个交互过程看作以离散方式进行是完全可以的,但并不合理[Jacob 1999]。从用户的角度去看,笔式用户界面的交互过程中既含有离散的交互,同时又有连续的交互。如笔的抬起和按下就是离散事件,而笔的勾画过程则可看作连续过程。而过去把整个交互过程描述为由一个个单词(token)组成的方式是不合理的。

● 并行的对话线索

一般来讲,笔式用户界面的交互中通常可以有多个对话线索,它们相互协作来共同完成用户的任务,这些对话线索可以被挂起和恢复。这种结构可以对系统的资源进行良好的利用[Li 2000b,Jacob 1986]。

● 多通道的交互

在交互中,用户的意图通常表现在不同的通道(认知心理学)上,例如触觉和方位感等,这些心理学上的通道通过笔式用户界面的交互设备——笔传送给计算机。这些通道信息在交互计算中被整合,进而形成一个完整的意图。当用户的意图被执行后,结果通过输出的分流分解到不同的输出通道上,如视觉、听觉等。这样,笔式用户界面尽管在物理上只有一个输入设备,但其实它可以完成多通道的交互方式,它可以产生丰富的交互信息,如轨迹、压力和姿势。从而,用户在交互中可以获得极高的自然性和效率[Li 2000a]。

● 实时交互

交互的时间性是笔式用户界面的一个重要的特征,时间表达了一定的上下文信息,它也是多通道信息整合和意图提取的一个重要依据。例如笔式用户界面的多笔手势中，时间是表达笔画之间相关性的一个重要因素。

- 非精确交互

笔式用户界面的一个重要特征是非精确交互，用户往往通过随意的勾画来完成交互任务。从交互设备上来讲，WIMP界面使用的鼠标和键盘都是精确的交互设备，然而笔式用户界面中的交互往往具有二义性。所以笔式用户界面中用户意图的提取和表示通常不是一个离散量，而是一个范围，或一个带有概率值的变量[Green 1990，Dam 1997]。

通过上述分析，可将笔式用户界面中的交互过程抽象为一组连续的关系，这组关系中的某些关系为固定的，但有些是随着时序等因素的变化而变化的。这些关系主要是为连续交互(输入/输出)服务的，而触发这些关系的动作通常是离散事件。在Robert Jacob的工作中，他曾以结合约束和离散事件处理器的方式来描述Post-WIMP界面，这个方法为研究这类用户界面提供了有益的启发[Jacob 1999]。基于这些分析结果，同时使用混合自动机的方法来对笔式用户界面中的交互进行描述。从形式化技术的角度来分析，一个笔式用户界面就如一个混合系统。通过使用混合自动机的框架，希望能对笔式用户界面中的交互行为建模并加以验证。

3.3.2 笔式用户界面和混合系统

正如大多数现代用户界面一样，笔式用户界面也遵循Multi-Agent结构模型，每一个Agent即为一个对话线索。然而，传统的用户界面具有单一的输入输出流，笔式用户界面本质上是一个多通道的交互方式。

这里先对交互建模方法进行讨论。传统的人机对话形式化描述，本质上是一种基于编译结构(compiler-based)的描述方法[Li 2000b，Hua 1997，华庆一 1997，Wasserman 1985，Green 1983，Jacob 1985]，适于WIMP界面的描述。如BNF(Backus-Naur Form)[Lewis 1999]和ATN(Augmented Transition Network)[Jacob 1986]，它们适于描述基于串行、离散交互事件的用户界面。例如，早期的命令行式界面的一个典型应用——UNIX中广泛使用的字处理器VI(Visual edit)，它基于的交互设备主要是通用终端键盘和视频终端，用户可以用一些简单的命令对正文进行输入编辑。它的交互过程可以用一个有限自动机(DFA，Definite Finite Automation)描述[Li 2000a]，交互过程见图3.8。VI有三个工作状态：命令状态(command_state，初始状态)、编辑状态(edit_state)和命令行状态(command_line_state)。每个键盘按键在一定的交互模式下有唯一的含义，一个处理任务由一个键盘输入的序列组成。在VI中编辑和输入的完成必须由用户显示切换交互状态(如从编辑状态到命令状态必须通过ESC键，而从命令状态到编辑状态需要用“i”等按键)。这样，一个处理往往需要被分割为多个交互命令来完成。

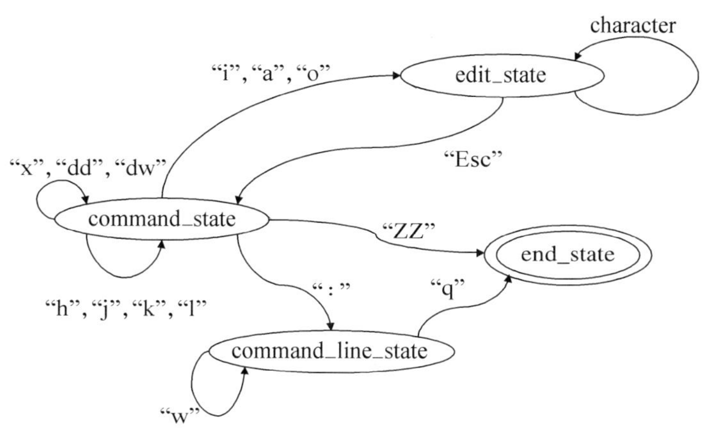

图 3.8 基于有限自动机的描述

后来的主流界面 WIMP 界面虽然有了很大的进步，但仍然是一种基于命令的工作方式，这两个交互范型基于离散事件(token-based)，它们都可以通过如状态转移图之类的描述工具建模，交互中有意义的操作动作一般是鼠标的按钮(具有位置信息)和键盘的按键信息。通过该描述可以发现，用户界面使得人们通过低级的事件序列进行交互。笔式用户界面具有完全不同的交互特性，对于笔式用户界面的交互建模，这些技术已不能准确、自然地描述了。

从形式化的角度分析，笔式用户界面本质上是一种混合系统(既有离散事件又有连续变化)，我们通过将笔式用户界面抽象为混合系统，借助混合系统的描述方法——混合自动机来对笔式交互进行建模。

首先，我们对混合系统和混合自动机理论进行一个简单的介绍。一个混合系统可以通过混合自动机来建模。通俗地讲，混合自动机就是一组有限自动机，并且每个自动机有一组相关的、连续或离散的变量。自动机中的每个节点被称为 control location，每个 location 都有一组 evolution law，并且在每个 location 内，变量的值依据这些 evolution law 进行连续的变化。这些 location 之间的转移通过一组条件和赋值来保证。当转移条件为真时，则可进行转移，而转移执行的同时也将通过这组赋值来修改变量的值。

这里我们引用[Alur 1995]中给出的混合自动机的一个形式化定义，一个混合自动机可以描述为一个六元组 $H=(Loc, Var, Lab, Edg, Act, Inv)$[Li 2001]：

- A finite set *Loc* of vertices called *locations*.
- A finite set *Var* of real-valued variables. A valuation v for the variables is a

function that assigns a real-time $v(x) \in R$ to each variable $x \in Var$. We write V for the set of valuations.

- A finite set *Lab* of synchronization labels that contains the *stutter label* $\tau \in Lab$.
- A finite set *Edg* of edges called transitions. Each transition $e = (l, a, \mu, l')$ consists of a source location $l \in Loc$, a target location $l' \in Loc$, a synchronization label $a \in Lab$, and a transition relation $\mu \subseteq V^2$. The transition is enabled in a state (l, v) if for some valuation $v' \in V, (v, v') \in \mu$. The state (l', v'), then, is a transition successor of the state (l, v).
- A labeling function *Act* that assigns to each location $l \in Loc$ a set of *activities*. Each activity is a function from the nonnegative reals $R \geqslant 0$ to V.
- A labeling function *Inv* that assigns to each location $l \in Loc$ an invariant $Inv(l) \subseteq V$.

这里给出混合自动机的一个例子，见图3.9，一个混合自动机的骨架是由一个有限自动机构成的，其中的那些转移为离散事件的描述，每个location中的evolution law，例如函数f和g，刻画了变量的连续变化。因为混合自动机中的每个变量都可以是时间相关的，所以笔式用户界面的实时特性可以被方便地表达。

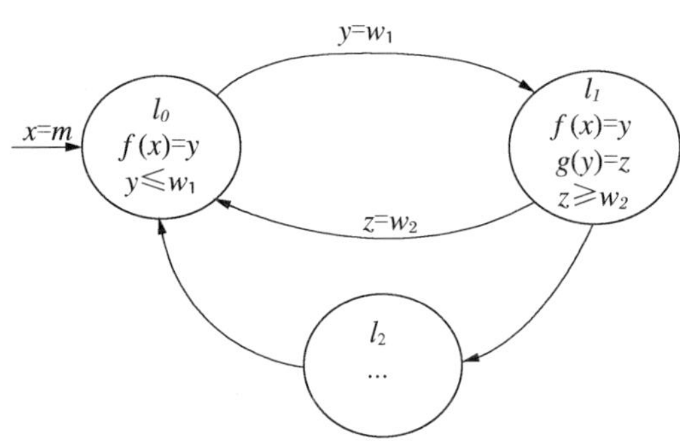

图3.9 一个混合自动机的图例

尽管上面的形式化描述给出了混合自动机的严格定义，但一个笔式用户界面中的交互往往太复杂而不能直接用混合自动机建模[Markopoulos 1998, Duke 1994]。我们必须针对笔式用户界面的特点，对混合自动机的描述方法进行一定的变通。此外，我们将不采用纯的形式化方法，而是使用了形式化描述的框架和部分内容，因为完全通过形式化方法建模一个笔式用户界面的交互行为是非常困难的。这里将使用准形式化结合面向对象的方法来构造描述语言，在建模的过程中，我们关注的是交互行为的连续特性，而不是内部表示的连续性。这里将经常使用如数组、布尔和字符串等类型的变量，尽量不限制变量的类型。

一个笔式用户界面可以被建模为一组混合自动机，它们通过location中的外部变量和转移中的条件进行同步和通信。整个笔式用户界面的状态可以抽象为一个状态矢量。界面中的连续交互行为可以通过location中的连续变化描述，而离散事件则通过location之间的转移来实现。

3.3.3 笔式交互的时序模型

这里我们也从时序的角度对笔式用户界面中的交互进行分析，如图 3.10 中的三个变量，它们相互之间通过 evolution law 发生联系，同时它们都可以是时间相关的。在每个 location（或 step）内，这些变量的变化是并行的，而在转移的瞬间，变量的变化曲线是不连续的，而是一个很明显的变化，这通常是由于和转移相连的赋值所导致的。图 3.10 给出了一个简单的、非形式化的交互时序模型，图中的实心圆表示离散事件，它们在每一个 step 内是连续的。其中每个 location 可以出现在多个 step 中，这将意味着在不同的 step 中将会出现一些类似的变化曲线。混合自动机反映了笔式用户界面的交互计算特性。笔式用户界面的交互过程可以通过混合自动机进行准确的建模。

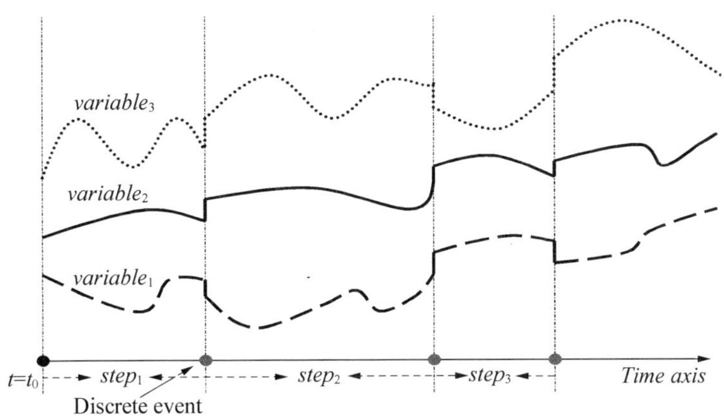

图 3.10 笔式交互的时序模型示例

图 3.10 中，整个界面的状态可以通过矢量（$variable_1$，$variable_2$，$variable_3$）进行量化。实际上，在笔式用户界面中，这个矢量中的元素通常用来刻画输入输出通道的信息、控制信息和语义信息等。每个 location 内部的连续变化对应于连续的交互行为，一旦这些连续交互行为的执行使得转移的条件为真，一个离散事件将会产生，进而导致 location 的跃迁。

3.3.4 描述语言 LEAFF

根据对笔式用户界面交互特性的分析，并利用混合自动机的形式化理论，我们设计了一个描述笔式用户界面交互行为的描述语言 LEAFF（Variable，Event，Action，Flow，Function），该描述的模板如图 3.11 所示。

```
Interactor interactor_name
{
    InputVariable variable11[data type], variable12[data type] ,...
    FeedbackVariable variable21[data type], variable22[data type], ...
    ControlVariable variable31[data type], variable32[data type] ,...
    SemanticVariable variable41[data type], variable42[data type], ...
Event
    {
        event1{    ...    }
        event2{    ...    }
    }
Action
    {          ...          }
Flow
    {
        flow1{    ...    }
        flow2{    ...    }
    }
    Function
    {          ...          }
}
```

图 3.11 LEAFF 的描述模板

该描述语言基于混合自动机的框架，同时使用了面向对象的思想。界面中每个交互 Agent 都可以用一个“Interactor”模块刻画，模块的名称为“interactor_name”。这实际上是描述的文本方式，一个模块由变量、事件、动作和连续的流的定义构成。一个交互 Agent 的状态可以通过一组变量进行描述，这里主要有四种变量：“InputVariable”型变量指和输入通道直接相关的变量，如压力值；“FeedbackVariable”指输出通道的反馈信息，如颜色值；“ControlVariable”指交互控制中所用到的一些变量，如模式控制标识；“SemanticVariable”为应用语义的表示；每个变量都有自己的数据类型。而离散动作（或事件）的描述则是通过“Event”一节进行描述，如“*event_name* {*premise*→*conclusion*}”。“Flow”主要用于连续交互的描述，每个流（flow）为一个 location 内所包含的连续函数的集合，这些函数的描述在“Function”中完成，而“Action”是用来描述语义动作的。对于这些函数和动作的描述，目前可以用自然语言的方式进行。这样，LEAFF 的文本描述把 event，action，flow 和 function 四个环节都进行了显式的描述。这些 Interactor 之间的通信是非常重要的，在描述中，一个 Interactor 与其他 Interactor 的通信可以通过访问其他 Interactor 的变量实现，访问方式为“$interactorName_i.variableName_j$”，为了使得交互的描述一目了然，LEAFF 也提供了图形的描述方式，它更具有直观性（交互的图形描述在下节实例中给出），两者配合可对笔式交互进行准确的刻画。

3.3.5 描述实例：笔式用户界面中的手势交互

以手势体现人的意图是一个非常自然的方式，人们在数千年发展中已形成了大量的通用的手势，一个简单的手势往往包含着复杂的信息。正是这样，人与人可通过手势传送大量的信息，实现高速的通信。除了人们日常生活中的一些通用手势，针对特定应用领域有一批相关手势，它们含有一些领域相关的信息。将手势应用于计算机能够较好地改善人机交互的效率。

现实生活中的笔手势交互是通过笔书写一些广泛使用的符号或标识，来完成一定的意图表达。目前作为计算机外设的笔输入设备已有很大的发展，有基于输入板和直接写屏的输入笔，它们提供高精度的分辨率，可表达压力、方向、旋转和位置等交互信息。针对输入笔的特性，可以对现实世界的笔手势进行扩充，人机交互中不仅使用手势的几何信息（如位置、形状），同时使用触觉相关的压力信息以及方向、旋转等信息，它们共同构成了一个多维信息矢量，并行协作地传递人的交互意图。从认知心理学的角度出发，手势交互中的压力、位置和视觉都属于交互通道的范畴，所以多通道是手势交互的一个重要特点。手势是笔式用户界面中最为重要的一种交互方式，从计算机系统的角度看，手势可以在一个或多个连续动作中自然地提交交互任务的命令和参数[Long 1998]。

基于笔手势的交互具有非精确性，一个手势往往不需要有严格的几何外形或压力阈值，交互意图的获取是通过一种基于特征或模糊提取的方法；手势交互不是一种基于离散事件的交互，几何形状、位置及压力的变换往往是连续的，交互任务之间没有显式的间隔；时间是交互中的一个非常重要的因素，交互手势的输入和识别都是时间相关的，在不同的时间上下文中，对手势往往有不同的解释，所以基于手势的交互具有实时性。

笔手势是笔式用户界面中的一种有效的交互方式，它提供压力、方位以及按钮信息，从用户的角度来看，压力和方位的变化是一种连续的变化；但按钮则是一种离散的变化，因为用户只关心按钮的按下和抬起。这里我们讨论笔式交互中的两个典型变量压力和位置。

这里主要讨论小组开发的一个基于手势的字处理工具 EasyEditor（见图 3.12）进行的，这个原型系统的交互设备是 WACOM Intuos Pen，它是一种磁感应的带有按钮的交互笔[Li 2000a，Meyer 1995]。EasyEditor 使用笔手势作为一种主要的交互手段，用户可以使用笔手势来进行删除、插入、选择等。

当笔进入输入板的一个邻域内时，输入板就可以感应到笔的运动。当笔没有接触输入板时，笔的光标跟着笔的运动而移动；如果笔接触到了输入板，则产生压力，同时界面上会有输入轨迹的显示。一个笔画的产生是通过用户“按下笔"这个离散动作，然后进行连续的勾画，最后抬起笔这三部分完成的。在这个例子中，一个手势可以包含多个笔画，笔画之间以0.5秒为最大时间间隔，即如果间隔时间大于0.5秒则表示它们不属于同一个手势。图3.12中的手势表示删除圈定的文字，它是一个多笔手势。本节实例描述的是一个与时间相关的交互，它体现了笔式用户界面的实时交互特性。

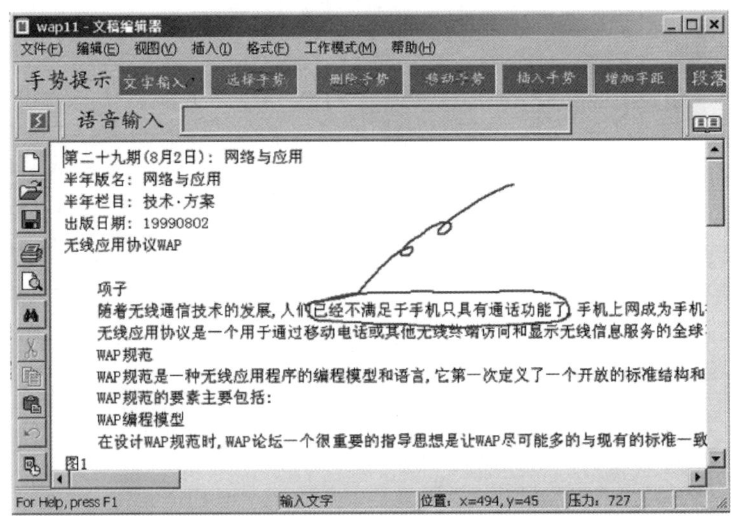

图3.12　基于笔手势交互的字处理工具EasyEditor

笔手势交互的LEAFF建模如图3.13所示，它给出了文本描述，在图3.14中给

Interactor *paper*

{

InputVariable *pen_pos*[*POS*], *pen_pres*[*REAL*]

FeedbackVariable *cursor_pos*[*POS*], *track*[*ARRAY*]

ControlVariable *t*[*REAL*]

Event

{

GestureStart $\{pen\_pres = 0 \rightarrow pen\_pres > 0\}$

GestureEnd $\{pen\_pres = 0 \wedge t < 0.5 \rightarrow t \geqslant 0.5\}$

StrokeEnd $\{pen\_pres > 0 \rightarrow pen\_pres = 0 \wedge t < 0.5\}$

StrokeStart $\{pen\_pres = 0 \wedge t < 0.5 \rightarrow pen\_pres > 0\}$

}

Action

{

recognize & execute: recognize the gesture and execute actions

}

Flow

{

idle $\{l_0: pen\_pres = 0 \rightarrow f\}$

stroke $\{l_0 \mid pen\_pres > 0 \rightarrow f \wedge g\}$

图3.13　笔手势交互的LEAFF建模

出了它的图形描述。这个例子中使用了五个变量：*pen_pos* 表示笔在输入板上的位置，*cursor_pos* 表示笔光标在屏幕上的位置，*pen_pres* 表示笔在 Tablet 上产生的压力，*track* 表示一个保留笔迹的 buffer，*t* 表示笔画之间的间隔时间。*pen_pos* 和 *cursor_pos* 为 POS 类型的变量，格式为(x, y)；*pen_pres* 和 *t* 为实数型变量，其中，*t* 是一个时间变量。

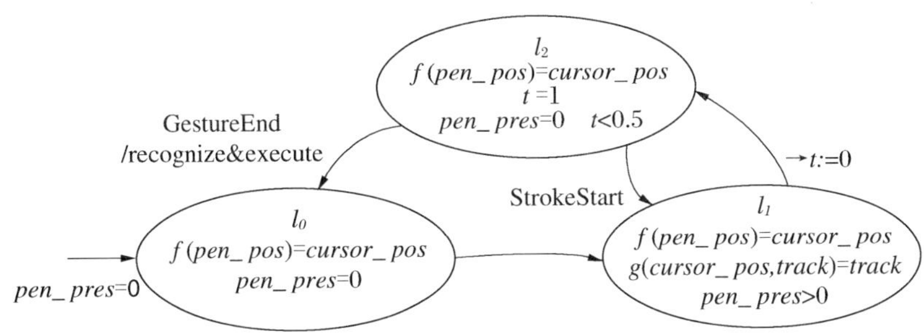

图 3.14 笔手势交互的 LEAFF 图形描述

3.3.6 讨论

通过 LEAFF 对笔手势交互的描述，笔式用户界面设计者可以在构造之前分析交互过程中的各种性质，这里就相关问题进行讨论。

- 从描述到笔式用户界面的构造

描述用户界面的目标是使得它更容易被构造。依据 LEAFF 的描述，设计者可以一步一步地构造用户界面，其中，LEAFF 中的函数和动作可以实现为编程语言中的函数，变量可以映射为编程语言中的变量。目前，从 LEAFF 描述到实际笔式交互系统的构造是人工完成的，希望能在未来的工作中实现从描述到交互系统框架的自动转换，从而部分实现笔式用户界面的自动构造。基于 LEAFF 的描述是一种面向交互行为的描述，与实现细节无关。

LEAFF 中的一个描述以对象的形式存在，它被封装为"Interactor"。所以基于 LEAFF 的交互描述本身具有极大的可重用性，通常对于一个交互行为的建模可以被多次使用，从而使得笔式用户界面中交互方式的研究经验和知识可以以 LEAFF 的描述积累。在未来的工作中，将会加入更多的面向对象特性，如继承和聚合等，从而进一步提高笔式用户界面的开发效率。

- 笔式用户界面中的并行描述

在笔式用户界面中，有两种并行(并发)的情况。一种情况是在对话线索之间，一个交互任务通常是由多个对话线索协作完成的；而每个对话线索则是通过一个"Iteractor"建模的，它等价于一个混合自动机。这种并行可以表示为一组并行的混合自动机，这些自动机之间的交互是十分复杂的。这些自动机间的同步是并行中的一个主要问题，其实在形式化方法的研究中，已有大量对于同步的研究，这里不做讨论。在混合自动机中，一个实现同步的简单方法是那些具有相同标识的转移应当同时被执行。因此，一个对话线索中的转移将会影响另一个对话线索中的转移。另一个方法则是通过访问其他对话线索中的变量来实现并行中的通信。

这里的另一个并行问题是多通道交互，通道的状态可以通过一组变量来描述（即一个状态矢量），一个 location 中变量的变化是并行发生的，所以它可以刻画笔式交互中的多通道特性。其中，location 中的一些变化函数（evolution law）可以用作多通道整合，而相关的变量则可以表示整合的结果。这些结果变量可以是分层抽象的，因而可以映射分层的多通道整合[Guan 1999，董士海 1999]。在 LEAFF 的未来工作中，对笔式用户界面中多通道整合的建模是一个主要内容。

- 性质验证

使用基于混合自动机的描述方法为笔式交互建模，一个主要的目的是希望通过以这些形式化方法的思想或框架来刻画笔式交互过程，进而能够借助已有的经典形式化理论和方法来对笔式交互中的一些性质进行验证。尽管目前大量笔式交互性质验证仍然是一个非常困难的问题，但 LEAFF 为笔式交互的性质验证的研究提供了基础和思路。

笔式用户界面中的一些交互性质可以在混合自动机中做到一定程度的验证，然而，必须将问题缩小到一个良定义的范围内。例如对于交互实时性的验证，传统的离散自动机很难刻画时间连续变化的本质，混合自动机固有的对连续变化的支持，以及对时间相关性易于表达的能力为交互的实时性验证创造了条件。如果可以使用线性混合自动机（一个混合自动机的特例）来描述交互过程，其实时性可通过解决可达性问题来验证。

3.4 笔式交互原语模型

笔式交互在交互过程中具有交互信息的连续性和多维性的特征。只有将这两个笔式交互的特征研究透彻，我们才能在此基础之上设计和研究出合理、有效的笔式交互范式。而对这两个交互特征的研究又必须建立在笔式交互底层结构研究的基础之上。因此，我们首先需要对笔式交互的底层结构，包括笔式交互设备、笔式交互信息、笔式交互原语以及原语的形成过程进行研究和分析。

从传统意义上来看,笔就是用来在纸或其他物体上进行书写产生笔画的一种设备。它的基本功能就是将笔尖在物体上的运动轨迹呈现给用户。在计算设备中,笔式交互设备同样具有这个最基本的功能。笔可以通过磁跟踪、电跟踪、超声波跟踪、光跟踪等技术来将笔尖的位置转换为平面坐标系 X, Y 坐标值,传给计算机。这些坐标的取值依赖于传送过程的采样频率和图形显示的分辨率[Subrahmonia 2000]。同时在此基础之上,许多新的笔式交互设备都能向计算机发送更多的交互信息,如压力、空间倾斜度等[Wacom]。我们根据目前出现的主要的笔式交互设备来定义一个较为通用的笔式交互信息的表示形式,它是一个四元组:$PI = \langle\langle X, Y\rangle, Pressure, Orientation, Temp\rangle$[田丰 2003]。这个交互信息用来表示笔在某一特定的时间点上发送给计算机的信息。四元组中的第一项$\langle X, Y\rangle$为此时笔尖在接收笔尖信息平面的坐标位置;*Pressure* 为此时笔尖对接收笔尖信息平面所产生的压力;*Orientation* 表示此时笔在空间中的倾斜状态,可以用三元组来表示:$\langle orAzimuth, orAltitude, orTwist\rangle$,其中,*orAzimuth* 表示此时笔与接收笔尖信息平面的法向量之间的夹角,*orAltitude* 表示此时笔与接收笔尖信息平面的夹角,*orTwist* 表示此时笔与默认笔的空间位置的旋转角度[Poyner 1996];*Temp* 用来表示当前的时间。

笔式交互信息是组成笔式交互原语的基本元素。在定义了笔式交互信息之后,我们来定义笔式交互原语。交互原语与交互任务相对应,它代表了用户通过交互设备到计算机的一个独立的、最小的、不可分割的操作。笔式交互中基本的交互原语是 Stroke,它代表了用户在完成交互任务过程中输入的具有独立、最小和不可分割特性的一段笔式交互信息的集合。在国际图形标准 GKS-3D[GKS-3D]和 PHIGS[PHIGS 1995]中都将 Stroke 作为一个基本的逻辑输入值,而这些逻辑输入值相当于 Foley 所描述的基本交互任务所产生的交互原语[Foley 1990]。可以将交互原语定义为一个四元组:$IP = \langle TASK, PARA, TEMP, DEVICE\rangle$。*TASK* 用来表示 *IP* 所对应的基本交互任务,*PARA* 用来表示原语的参数,*TEMP* 为原语的产生时间,*DEVICE* 是对用于产生原语的设备的描述。由此,笔式交互原语可定义为:$\langle Stroke, \langle PI1, PI2, \cdots, PIn\rangle, \langle StartTime, EndTime\rangle, \langle M, In, S, R, Out, W\rangle\rangle$[田丰 2002]。

然而,仅仅用一种交互原语来表示所有笔式交互环境下的交互任务是远远不够的。我们根据 Stroke 时间和空间的特征,将 Stroke 细分为四类交互原语:Normal-Stroke,Hold-Stroke,Tap,Hold-Up。为了能有效地区分和描述这四种原语,我们将原有的 Stroke 原语的定义进行了扩充,在元组中增加了两个元素:*TimerUp* 和 *Distance*,扩充后的 Stroke 原语为:$\langle Stroke, \langle PenI1, PenI2, \cdots, PenIn\rangle, \langle StartTime, EndTime\rangle, TimerUp, Distance, \langle M, In, S, R, Out, W\rangle\rangle$。其中,*TimerUp* 是一个布尔值,它用来表示用户在开始画 Stroke 时,从记录第一

个点开始计时起，经过一段固定的时间后 Stroke 的输入状态。*TimerUp* 为真时表示用户在输入过程中有顿笔。*Distance* 表示 Stroke 包围盒的对角线的长度。Hold-Up 原语表示用户输入的 Stroke 的包围盒很小，并且在画的开始过程中顿笔。Tap 原语表示用户输入的 Stroke 包围盒很小，并且输入时间很短，没有顿笔。Hold-Stroke 原语表示用户输入的 Stroke 包围盒不是很小，但在开始输入时顿笔。Normal-Stroke 原语表示用户输入的 Stroke 包围盒较大，且开始时无顿笔。我们可以根据具体的情况来设定固定的时间段和 Set_Value（一个用来判断 Stroke 包围盒是否很小的值）。由此，我们可以将这四种原语描述如下：

Tap：TimerUp = false，Distance< = Set_Value
Hold-Up：TimerUp = true，Distance< = Set_Value
Stroke：TimerUp = false，Distance>Set_Value
Hold-Stroke ：TimerUp = true，Distance>Set_Value

四种原语的生成过程如图 3.15 所示。很明显，Stroke 并不是一个离散的信息，它是在一定时间之内的连续信息。我们将笔式交互信息的流向分成三个层次：界面层次、组件层次和内容层次。在界面层次中，笔式交互的信息由界面的管理者 Paper 接收，它接收这些信息后主要负责对所包含组件的控制和管理，包括框的建立和删除，一组框的选择，框之间激活状态的切换等。在组件层次中，笔式交互的信息由组件（Frame，Button，Icon，Slide 等）接收。组件接收这些信息后，负责对自身组件大小、位置及其他状态和属性进行操作。在内容层次中，由特定的组件的内容管理模块负责接收笔式交互信息。在这一层次上，笔式交互信息被用在与具体组件内容相关的操作上。不同的组件在接收笔式交互信息后，执行各自相应的操作，如文本框执行汉字的输入和编辑，公式框执行手写公式的输入和编辑，自由勾画框执行无模式 Ink 的输入和编辑等。

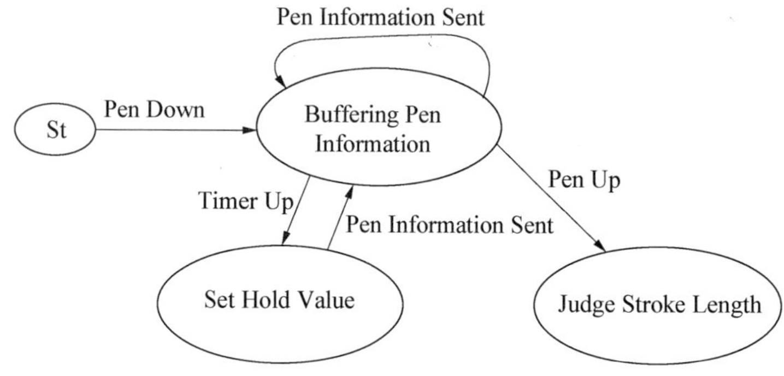

图 3.15 四种交互原语的生成过程描述

由于笔式交互的连续性特征，用传统的状态图的方式无法对其进行合理的描述。我们这里借用基于限制的数据流图和状态图相结合的方法[Jacob 1996]来描述笔式交互信息流。图 3.16 中的上半部分是基于限制的数据流图，它描述了笔式交互数据的产生、数据形式的转换过程以及最终信息的流向。上半部分图中用来控制笔式交互信息流向的是一些限制节点，当一个节点值为真时，笔式交互信息可以从此节点流过。这些限制节点的值的变化是由图中的下半部分来控制的。图中的下半部分用状态图来描述限制状态的变化。

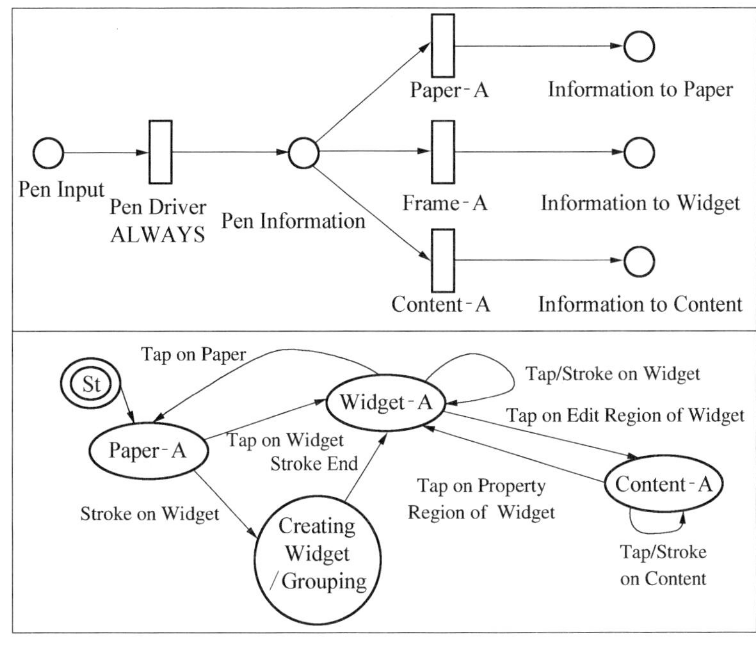

图 3.16 笔式交互信息流描述

3.5 以用户为中心的交互信息模型

界面模型是对用户界面所涉及事物的一个抽象描述或建模，这些事物可能是交互方式、交互通道或者交互信息[栗阳 2002]，建模的方式很多，出发的角度也各不相同。笔式用户界面是 Post-WIMP[Green 1990，Dam 1997]界面的主要形式，基于 PIBG 的笔式用户界面具备自己固有的特性，这些特性导致它很难构造。为了有效地构造笔式用户界面，可以在构造之前不考虑实现细节，而在一个抽象的层次上描述它[Jacob 1986,Jacob 1999]。

3.5.1 研究背景

可用性是笔式用户界面设计的首要目标,这要求设计人员不仅要关注系统所提供的功能,而且要考虑用户特征与用户体验,笔式用户界面应以用户为中心进行设计开发。迭代式开发(iterative development)已经成为界面系统设计的主流方法。迭代式开发的主体思想是,为了增强对系统的理解,设计者必须在设计的过程中发现问题。设计的最终目的是解决问题,然而有时为了发现问题,也需要从事专门的设计[Carroll 1997]。如此反复,形成了一个迭代上升的设计轨迹。很显然,迭代开发必须要求将用户纳入到设计之中,使用户成为设计团队中的一员。但是普遍存在着两个悬而未决的问题,首先是如何区分设计团队中的两类参与者:“用户设计者”与“人机交互设计者”。这里所谓“用户设计者”即是以用户的角色参与系统设计的设计人员。这两种角色通常会以不同的眼光审视整个交互过程的模型结构。前者强调将使用意图贯彻到界面设计的始终,甚至忽略系统实现;而后者兼顾系统架构与实现,侧重考虑每个模块和每个流程所要达到的目标。其次是如何对交互信息进行管理。在设计笔式用户界面系统时,交互信息的管理是核心的环节。可以认为人机交互的过程即是引导交互信息流向、改造交互信息的过程。从信息本质来说,交互信息管理包括信息表示和信息控制两个方面,它们分别表明了界面系统中交互信息的存在及应用。在构造一个笔式界面的过程中,实现交互信息的管理以及交互信息与交互控制之间的连接是成功的关键因素。这两个问题为描述笔式用户界面提供了两个正交的维度:设计参与者维度和交互信息管理维度。

本节在研究了笔式交互过程中用户信息处理模型之后,基于对用户信息的理解,建立了笔式用户界面的交互信息模型 OICM(Orthogonal interaction Information architecture Coordinate Model for pen-based user interface)[李杰 2005]。OICM 依照两个不同的维度,根据参与者角色划分以及交互信息特征建立,力图为笔式用户界面的开发提供交互信息模型基础。

3.5.2 用户信息处理模型

本小节将从认知的角度讨论笔式交互过程中的用户信息处理模型,该模型从用户的角度揭示了笔式用户界面的交互本质。

人机交互的主体包括计算机系统和用户,双方各有其固有优势,人的优势是可以针对交互任务完成过程中出现的各种情况进行灵活的决策,并支配系统的各项行为。但是人在重复某些行为方面的质量却不能与系统相比,例如对笔迹的记忆、勾画信息回顾。用户在使用界面执行交互任务时,让人和系统各自发挥其优势可以获得最高的效率。设计人员的目标即是设计能够使系统达到最高效率和用户满意度的笔式用户界面。

图 3.17 以一种典型的方式概括地描述了笔式交互的信息流程与信息处理模型。在这里,我们着重考虑用户对信息的处理。界面对信息的处理不是考虑的重点,可以将其理解为一个“黑盒子”,而对于用户来说,交互系统即等同于用户界面。系统的输出设备,包括显示器、扬声器等将系统的信息以人能感知的方式提供给用户,同时系统的输入设备——笔可以接收用户的各种操作指令(包括勾画、手势等)并传送到系统内部。交互的另外一侧,用户同样要接受和处理来自系统的信息,然后转化为反应动作,指导计算机的下一步操作。信息学的研究在这一层次上为该过程提供了不同的理论和模型。如图 3.17 所示,信息处理模型按照系统的观点将用户划分为三个子系统,分别是感知系统(perception system)、认知系统(cognition system)和反应系统(response system),人在接受刺激信息后通过三个子系统协作进行信息处理并做出反应行为(activity)。

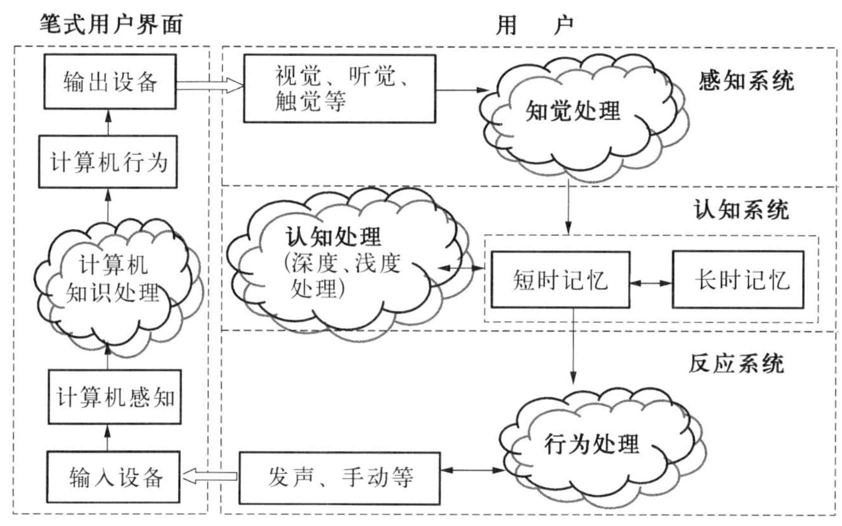

图 3.17 笔式交互的信息处理模型

笔式用户界面的输出信息是多通道的,通常以笔迹显示为主,同时辅之以多种表现形式。多个通道的输出信息以视觉和听觉等方式被眼睛、耳朵等感知系统接受后,传输到感知处理器。这些刺激信号被短暂地存储起来并且被初步地理解。如果没有进一步的处理,这些存储信息(例如笔画的书写过程)会在转瞬间消失。在感知处理器中进行信息处理的层次是相当表面化的。

用户认知过程是由思维处理器与短时记忆器和长时记忆器的协调完成的。短时记忆器是人们日常思考时暂时存储信息的空间,短时记忆器与认知处理器协调工作进行各种复杂的认知操作。这些操作包括各种笔式交互信息的内在含义、推理及逻辑关系等，其操作水平远远高于在感知处理器中进行的过程。短时记忆器中的部分信息会被有选择地传送到长时记忆器中。长时记忆器的特点是容量大、储存时间长，并且主要以结构化联系的方式存储内容，长时记忆器的内容和提取能力即是所谓的"记忆力"，长时记忆器中的内容与人所感知的信息吻合得越完全，这些内容也就越容易被发现和提取出来。认知处理器经常需要将长时记忆器中的内容提取到短时记忆器中，与感知处理器提供的内容一同进行处理。

用户短时记忆器和长时记忆器的特点为笔式用户界面设计提供了一些设计准则。例如，为了不超过短时记忆器的能力范围，在设计中应当尽量将大批的信息按照其相互关系分类组织起来，这样短时记忆器在任何时刻只需要处理总体信息的一个小的部分，这种"分块"(chunking)的方法也同样适用于没有明显关系的独立信息的记忆。例如，任务的执行使用几个连贯的手势记忆就比同时记忆一连串的直接操作命令(例如级联菜单或多按钮)容易得多。同时，界面的设计应当简单明了，避免在用户面前显示与任务无关的信息以分散注意力。较复杂的界面功能可以考虑拆分为不同的部分或步骤来实现。为了提高长时记忆器里信息的存储和提取的效率，界面设计也应当从长时记忆器的特点考虑。例如，在设计中应当尽可能使信息的结构清晰易懂，为各个信息单元提供丰富的联系信息。明显的设计个性也能够显著增强用户对于设计细节的印象，便于记忆和信息提取。

笔式用户界面的设计还应当尽可能减少人的反应处理器和反应系统的负荷。如何将用户认知领域内的交互信息与界面系统内处理的交互信息进行有效的映射与连接，是笔式用户界面设计中要解决的一个重要问题。这要求我们在表示交互信息时既要满足系统需要，又要与用户的意图表象保持一致。例如在界面布局中，达到同类意图的执行按钮应归于同一面板之中，减少不必要的注意力转移。同时，为每个交互任务制定相应的规则有利于用户掌握，可以减轻反应系统的负担。

3.5.3 OICM 模型结构

笔式用户界面的交互信息模型 OICM 结构类似一个正交坐标系 XOY，两个坐标轴 X，Y 分别对应上述两个维度。X，Y 轴将 OICM 划分为四个象限，以逆时针排序分别为"知识域"、"任务模型"、"规则集合"和"上下文关联"。模型结构如图 3.18 所示。

第一象限以问题域为单位定义了笔式用户界面中的知识域信息，即原数据信息。第二象限中，任务模型描述了笔式交互任务信息。第三象限的规则集合定义了一系列交互规则，可以将其理解为对知识域和任务模型的支持。交互任务的完成依赖于对知识域信息的使用，而交互任务信息通常由交互规则和系统上下文结合起来确定。

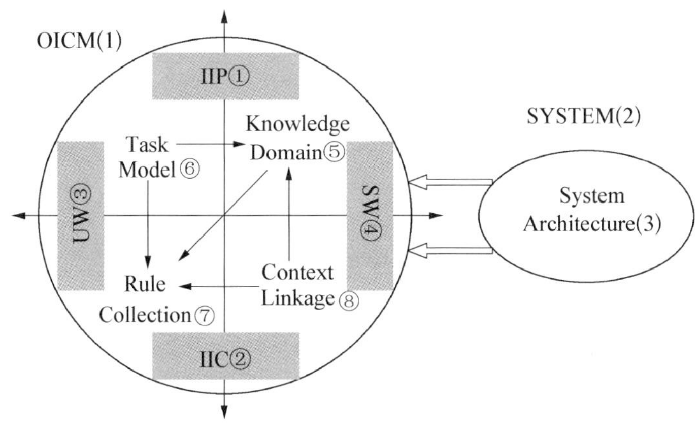

图 3.18 OICM 框架结构

① 交互信息表示；② 交互信息控制；③ 使用世界；④ 主体世界；
⑤ 知识域；⑥ 任务模型；⑦ 规则集合；⑧ 上下文关联

前三个象限构成了 OICM 的主体框架，知识域是交互信息的基础来源，任务模型与规则集合是交互信息的目标体现。类似地，人机交互设计者着重刻画交互信息的构造组合，而用户设计者关注如何获得信息反馈并对其进行控制。与人机交互设计者相比，用户设计者的意图具有不同于系统目标的非线性特征。而第四象限的上下文关联正是通过建立两者的映射关系，提供一种对上下文开发的支持。

从交互信息管理的维度，X 轴将整个交互信息的描述分成交互信息表示 IIP(Interaction Information Presentation)以及交互信息控制 IIC(Interaction Information Control)两个部分。IIP 包括第一、二象限，给出了知识域及交互任务信息的表示方法，IIC 包括第三、四象限，给出了利用交互信息的方式。

从设计参与者维度，Y 轴同样将 OICM 划分为两个世界。Rolland [Rolland 2000]将需求划分为两类：来自用户定义的(user-defined)需求以及来自系统环境的问题域(domain-imposed)需求。类似地，可以将界面系统划分为两个世界：使用世界 UW (Usage World)与主体世界 SW(Subject World)[Hua 2002]。使用世界对应第二、三象限，包括使用的目标以及意图。主体世界对应第一、四象限，包括界面中各个问题域以及与使用相关的上下文关联。

如同其名称所体现的，OICM 显示出了正交的特点。从认知的角度出发，人机交互设计者关注信息所在的问题域以及交互信息使用的上下文关联，而用户设计者则更重视自身的交互意图及在靠近交互意图的过程中遵循的交互逻辑。

从交互计算的角度出发，两个角色的设计者也同时面对交互信息的表现与控制。这两个维度不能割裂划分，每个象限都同时在不同维度内扮演各自的角色，形成了一种四象限的正交模式。

图中的箭头代表了依赖关系，箭头起始方依赖于箭头终止方。也就是说，当被依赖方的某部分甚至全部发生改变时，依赖方也必须随之做出相应的调整。模型右部的系统体系结构则以 OICM 为基础构造，并以开发者所熟悉的方式进行描述。下面将分别详细描述模型的四个象限。

- 知识域

知识域定义了界面系统维护的原信息。笔式用户界面可以应用于各种不同的领域，这些信息按照所属问题域进行划分，包含为界面系统使用的一系列对象。同时，从交互信息的表示来看，知识域描述了交互信息的静态部分。在笔式界面中，知识域包括文字、图形、图像、自由勾画以及手势等几大类对象。

知识域模型定义为一个五元组：〈*class*，*area*，*behavior*，*style*，*ink*〉。

class 表示根据所属问题域确定的对象类型；*area* 类似纸中的“片”，表示界面上的可视区域，确定了域内元素的坐标系；*behavior* 对域进行了行为描述，实现了特定动作在交互上下文中的解释；*style* 描述了域外观风格；*ink* 则是域中笔式交互信息的元数据描述，实现了域内交互信息的数据管理。以纸上某笔画 stroke 为例：*class* 表示 stroke 的类型为自由勾画的笔画；*area* 表示 stroke 的包围盒范围；stroke 在 *area* 内建立自己的坐标系；*behavior* 表示针对 stroke 的操作行为定义；*style* 描述了 stroke 的颜色、透明度、粗细、拟合程度等信息；*ink* 则记录了所有数据，包括组成 stroke 的点以及时间戳与空间位置。

图 3.19 表示知识域的组成结构，知识域按照所属问题域（problem domain）的不同，可以将其划分为若干子域，子域允许嵌套与递归。这样形成了一个可扩展、层次化的信息体系结构（information architecture），实现基于树状结构的数据管理。对所有交互信息，既可分而治之，又可提炼共性，也有助于同类领域知识的共享。

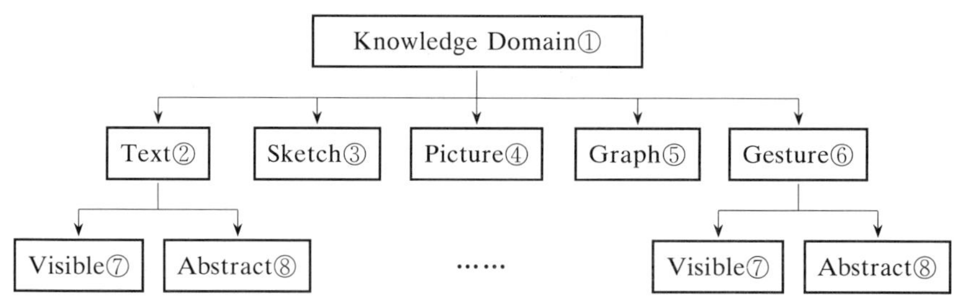

图 3.19 知识域的组成

① 知识域；② 文字域；③ 勾画域；④ 图像域；
⑤ 图形域；⑥ 手势域；⑦ 可视域；⑧ 抽象域

● 任务模型

在人机交互中,任务(task)通常是为达到某个目标而执行的一个动作。OICM用任务模型来刻画笔式用户界面中被执行的任务信息。任务模型中包含了用户设计者所关注的任务意图或目标,同时也是交互信息表示中动态部分的体现。

参照笔式界面系统所基于的纸笔隐喻[Nelson 1999],任务模型可以用一个五元组来描述:〈*interface*,*action*,*object*,*feedback*,*intention*〉。

interface 是交互界面,相当于纸笔隐喻中的纸面或者纸面中的一个区域。不同于 WIMP 界面,*interface* 未必是明显的、具有规则外观和规则形状(如对话框)的交互区域;*action* 表示交互动作,如书写或手势等;*object* 指交互对象,即界面中的交互内容(content)或交互部件(widget),具体定义与笔式界面特征相关;*feedback* 表示任务反馈,*feedback* 并非是对 *object* 的操作,却是交互过程中用户最关心的内容;*intention* 表示用户的交互意图。从交互的状态和时序来看,*intention* 可以理解为一系列交互完成后所达到的最终状态。一般通过连续的勾画(ink 或 gesture)表现出来。

任务模型中的任务通常通过输入若干笔画或者手势完成。在理解用户输入的前提下,系统需对用户输入符号的含义进行判断,并做相应的处理。这里采用等级交互信息模型 HIIM(Hierarchical Interaction Information Model)描述用户的输入信息。HIIM 是一个有向无环图(DAG),包含了界面截取的交互原信息(如点击、顿笔、移动等)以及经系统解释后的信息。

图 3.20 描述了笔式交互中一个典型的 HIIM 实例。图中的结点表示交互信息,箭头表明信息的来源与衍生,由源信息指向由此衍生的信息,交互信息根据被使用以及衍生的次序形成等级。本实例中,用户用笔输入一个供识别的汉字后,识别引擎使处理知识域中 ink 序列。当产生不确定的信息时,模糊信息被

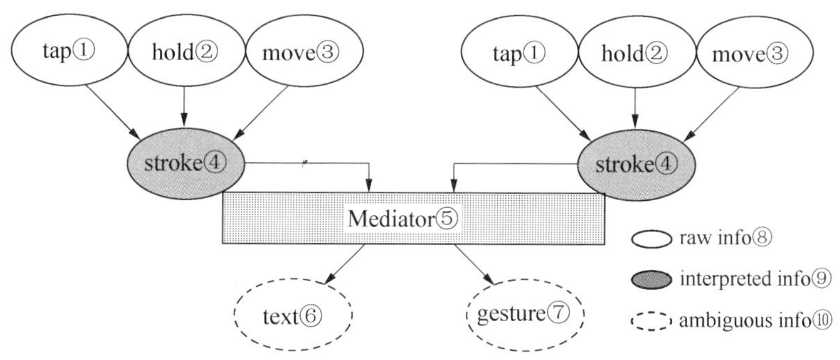

图 3.20 分等级的交互信息模型

① 点击;② 顿笔;③ 移动;④ 笔画;⑤ 仲裁;⑥ 文字;
⑦ 手势;⑧ 原信息;⑨ 已解释信息;⑩ 模糊信息

分发。系统结合当前上下文以及交互规则做出最后的信息确定。当系统无法做出最终唯一的判断时,则通过 N-best list 请求用户给出仲裁。这样完成了一个无间断、准确的交互。

借助这样一个信息模型可以准确、详细地描述交互任务信息,显式地确定原信息(如 ink)、中间信息(如 stroke)、衍生信息(如 text 或 gesture)以及仲裁结果(mediated result)四者之间的关系。这为准确地确定用户交互意图提供支持。

- 规则集合

交互规则体现了界面系统对所有交互信息的控制,是对知识域和任务模型的支持。从使用的角度,用户设计者利用任务模型和规则集合共同刻画笔式界面系统的使用部分。

在任务模型中已经提到,交互对象可以是纸上的组件,也可以是内容实体。在界面特征抽象的基础上,本小节基于纸笔隐喻与笔式用户界面范式[Dai 2003]将笔式交互信息作用的对象划分为三类:纸(paper),通常指整个交互界面;区域(region),可以是规则或非规则的操作区域;实体(entity),指区域中的内容。三类对象在空间上是包含关系。图 3.21 描述了笔式交互信息从截取到加工的一个过程。笔式用户界面中的交互信息处理过程,实际上也就是这样一个信息分发及处理过程。

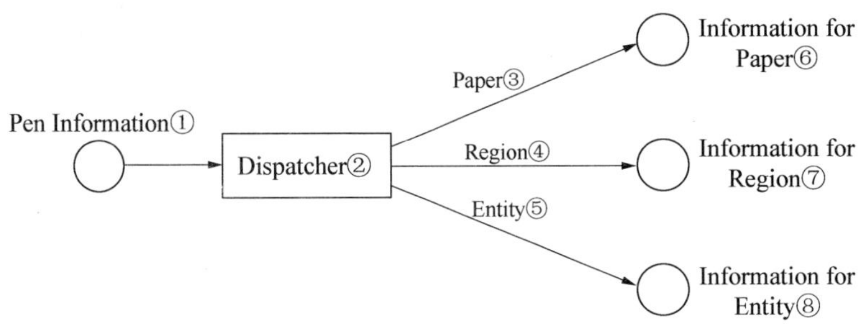

图 3.21 交互信息分发过程

① 笔式交互信息;② 分发器;③ 纸;④ 区域;⑤ 实体;
⑥ 纸信息;⑦ 区域信息;⑧ 实体信息

笔式用户界面具有连续性与模糊性等特点。连续性体现在交互信息方式上,模糊性体现在交互信息的理解方面。一个笔式界面在理解交互信息的具体含义时,遵循从"普通白纸"到"完全理解"的规律,即理解是从模糊到精确、不确定。基于这样两个特征,本小节用如下一个有限的状态转换图来描述规则集合。交互信息的分发由系统运行时参与交互的对象类型来决定。图 3.22 给出了笔式用户界面的几个基本状态。状态转换是有限且确定的,后续状态随着交互信息输入的改变而变化,在该状态图中,各种状态转换可以自由增减,建模时可以视具体应用类型而定。

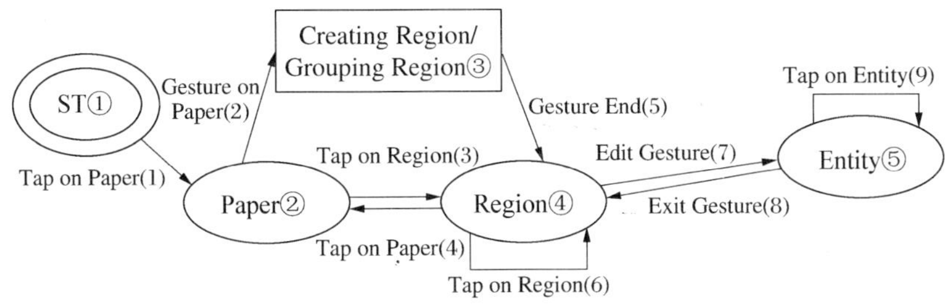

图 3.22 笔式界面的交互信息描述

① 起始;② 纸;③ 创建一个区域/群组;④ 操作区域;⑤ 实体。
(1) 点击纸;(2) 纸上手势;(3) 点击区域;(4) 纸上点击;(5) 手势结束;
(6) 点击区域;(7) 编辑手势;(8) 退出手势;(9) 点击实体

- 上下文关联

知识域、任务模型及规则集合形成了 OICM 的主体框架。用户设计者关心界面的内容和最终交互目的,其意图体现在交互任务及交互规则上;人机交互设计者则依据问题域的对象知识设计交互语义,其意图体现在知识的领域特征及其相关操作上。两类设计者固有的不同导致 UW 与 SW 之间的转化并非线性的,因此很难将用户头脑中存在的概念或对象直接映射到对应的实在问题域的知识域中去。如何实现这种映射正是笔式用户界面设计要解决的主要问题。

类似地,针对交互信息的管理,表示与控制之间应该具备一条联系的纽带,为交互信息从表示到使用提供必要的语义支持,用户通过它学习基于过程的交互任务及规则。只有在这两者之间建立起连接,才能够使 OICM 具备支持一个笔式用户界面系统的能力。

上下文关联通过扮演两个角色来完成这样的映射与连接:记录并跟踪与交互任务、交互规则相关的知识域实体;鉴别知识域实体上的交互操作。这两个角色本身是相互作用的。在模型中,采用叙述性的(declarative)方式说明上下文关联。将 OICM 视为两个空间[Hua 2002],每个空间具有三个维度,在模型之间一一对应,图 3.23 描述了这样的转换与映射。上下文关联把面向使用的交互

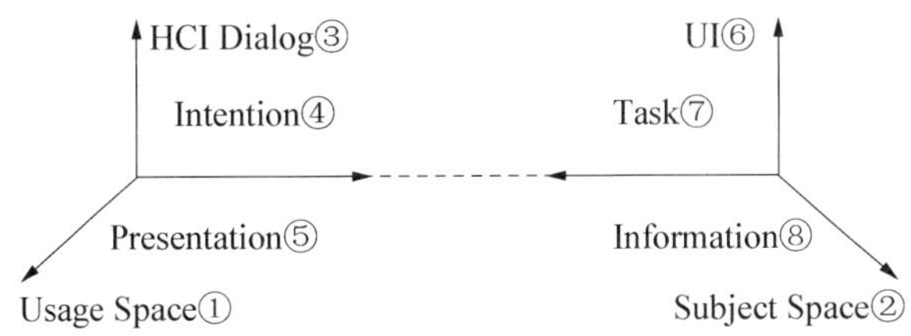

图 3.23 上下文关联描述

① 使用空间;② 主体空间;③ 人机对话;④ 意图;
⑤ 表示;⑥ 用户界面;⑦ 任务;⑧ 信息

任务与规则映射为面向主体的语义操作集合。利用上下文关联，将使用与主体特征及操作非线性地联系起来，使得交互界面形态与人机对话达到和谐统一。这解决了UW中交互任务、交互规则与SW中知识域信息互相转化与映射的问题，为交互信息的表示与控制提供一种应用语义的支持。

3.5.4 模型表示

OICM的表示方法可以是多样的，本小节介绍一种基于XML的表示方法。XML是一种能够思考、交换和表示数据且独立于平台的强大技术。基于其数据描述能力，我们选择XML文档表示OICM模型。模型的表示最终体现为设计基于XML的描述文档。为了更清楚地确定所表示的数据的含义，我们将文档设计过程分为两个阶段：文档建模与文档设计。如图3.24所示，从OICM到XML文档的映射与文档的具体设计技术是分开独立的。文档建模侧重于OICM本身，主要任务是确定文档中信息的含义；文档设计侧重于设计技术，目的是确立整个文档的模式(schema)。下面分别讨论这两个阶段的工作。

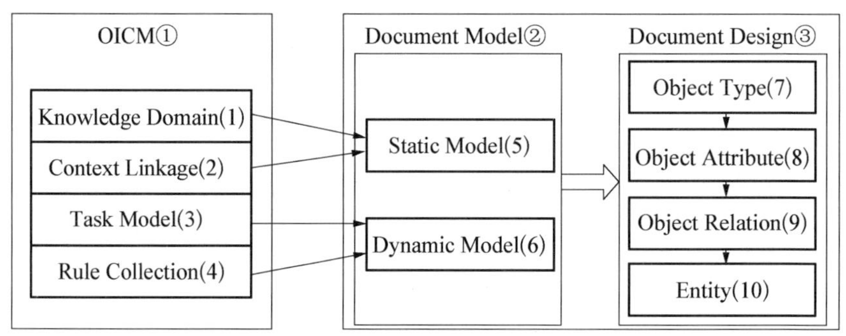

图3.24 OICM的表示过程

① OICM模型；② 文档模型；③ 文档设计。
(1) 知识域；(2) 上下文关联；(3) 任务模型；(4) 规则集合；(5) 静态模型；
(6) 动态模型；(7) 对象类型；(8) 对象属性；(9) 对象关系；(10) 实体引用

- 文档建模

为XML文档建模的目的是更好地理解XML文档的信息结构和含义。根据OICM的结构，可以将文档模型划分为静态模型与动态模型两个部分。图3.24的左半部分列出了OICM与文档模型的关系。

静态模型侧重于信息状态的表达，用于表示OICM中的知识域及上下文关联。知识域是根据信息所处的问题域而划分类别的，静态模型按照同样的方式为各类原信息定义充要的描述元素。首先是标识信息，对信息进行命名和定义。而后对信息进行分类，将各类事物组织为类对象并划分层次。最后通过添加特性，将与对象相关的值细化，特征值作为对象的属性。很显然，整个建模过程是按照面向对象的思想完成的，每个步骤均可以采用 UML 表示法进行辅助设计。

动态模型侧重于描述对信息的处理，用于表示 OICM 中的任务模型及规则集合。这里采用数据流模型(data flow model)与用例(use case)两种技术来表示任务模型和规则集合。数据流模型包含数据存储、处理器和数据流三个部分。其中数据存储规定了将信息永久性地保留在何处，处理器对数据进行操作，数据流则将数据在处理器或数据存储间传递。数据流模型强调界面中的应用模块在完成任务时扮演的角色，可以很方便地描述任务模型。用例分析了特定任务是如何完成的。最常见的方法是采用用户/系统对话框，通过描述对话框集中说明交互信息，从而分层次类别描述规则集合。需要强调的是，数据流模型与用例仅仅是对交互信息的说明，而并不解释对话框的显示特性。这使得在 XML 文档的实现中，相应的信息内容能够自然、独立地表示细节。在建模过程中，还可以选择利用对象交互图来描述交互会话中涉及的所有交互信息。

- 文档设计

OICM 表示的最终形态为 XML 文档。文档设计的主要作用是将文档模型转换为一组规则，确立文档模式，以便创建文档。文档设计共分四个步骤进行，包括对象类型表示、属性表示、关系表示和实体引用，逐步将文档模型的静态部分与动态部分转化为 XML 模式。

第一个步骤是将文档模型中的对象类型转换为 XML 中的元素类型，包括命名元素和对象分层两方面的内容。对象类型是类层次的一部分，通过确定类层次，可以确定从哪一层开始建立 XML 元素。在表示对象类型时，重点考虑的是信息表达与应用的无关性，同类型的对象应该可以适应多个应用。

接下来的步骤则是属性表示。将模型中的对象特征转换为 XML 中的属性是对类对象的详细描述。属性表示的内容包括属性命名与属性值编码。由于在笔式用户界面中存在一些普遍认可的交互信息约定，例如 ink format 的特性，因此在描述属性时应尽可能地遵循这些约定，以达到更好的一致性。

结合 XML 的具体实现技术，文档模型中各对象之间的关系大体划分为三类：嵌套、并列与链接。嵌套与并列分别对应常见的父子与兄弟关系，其他的复杂关系都可以归为利用链接关系描述。表示元素间链接关系的方法有两种，可以通过元素标识与标识引用来实现，也可以通过定义语义相关的主关键字和外部关键字来实现。对于后一种方式，XML 文档本身会将它们视为普通的数据，具体应用中只有结合语义才可识别这种表示关系。

前面三个步骤基本完成了模型中基础数据的表示。在将文档模型转化为 XML 文档的过程中，还有一个重要的工作，即实体引用。XML 实体不仅仅是物理文档的一部分，逻辑上也具备很大的用途，尤其是对于表示上下文引用有很好的作用。将文档体的部分内容放入外部实体最主要的好处在于它使得这部分能够独立于文档的其余内容而更新。这种控制能力比由共享公共内容而产生的空间节省更加重要。文档建模时已经考虑到了信息所有者与信息生存周期的问题。在将文档分割为物理实体并加以引用时，也是结合这些因素决定分割策略的。图3.25给出了一个XML文档片段，该片段用XML方式描述了一个手写单词“hello”的笔迹信息。笔迹描述格式在笔迹元素外部被定义，利用实体引用方式，笔式用户界面能够充分利用这些上下文信息。

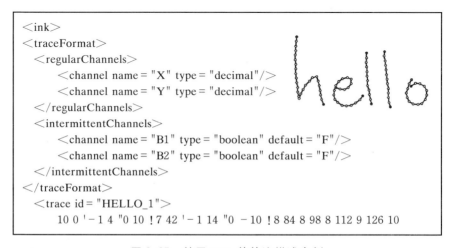

```
<ink>
<traceFormat>
  <regularChannels>
      <channel name="X" type="decimal"/>
      <channel name="Y" type="decimal"/>
  </regularChannels>
  <intermittentChannels>
      <channel name="B1" type="boolean" default="F"/>
      <channel name="B2" type="boolean" default="F"/>
  </intermittentChannels>
</traceFormat>
  <trace id="HELLO_1">
      10 0 '-1 4 "0 10 !7 42 '-1 14 "0 -10 !8 84 8 98 8 112 9 126 10
```

图3.25 基于XML的笔迹描述实例

3.5.5 模型分析

- OICM描述能力

OICM的四个象限中，知识域、任务模型与规则集合之间具备偏序依赖关系。这种面向不同对象分离且偏序依赖的建模方式为系统设计与实现提供了便利，并且有效防止了知识域内的交互信息泄露到UI界面中去[Hua 2002]。本节引入上下文关联以建立UW与SW之间的映射，提供IIC与IIP的联系。上下文关联依赖知识域与规则集合，提供了对任务模型的支持，增强了意图提取与界面智能化的能力。从总体评价，OICM对笔式用户界面的交互特征提供了必要的支持。

■ 模糊性

非精确交互是笔式界面最直观突出的特征。支持模糊交互也是建模的出发点之一。OICM采用面向用户与面向设计的方式划分模型结构，利用上下文关联建立使用世界UW与主体世界SW之间的联系，将来自使用意图的模糊交互转化为系统可以处理的精确状态变换，为开发者提供软件体系结构上的依据。

■ 混合性

知识域将问题域细化为各个子域。连续与离散的交互信息由分层次的信息问题域分别描述，避免了将交互过程描述为一个个 token 的传统组成方式[栗阳 2002]。系统可以很好地区分和处理两类交互信息，并为用户提供透明的反馈。另一方面，笔式用户界面对实时要求相对较高。OICM 利用任务模型定义交互动作以及相关的动态交互信息，多个交互任务可以在不同上下文中并行。等级交互信息模型(HIIM)将交互信息截取与系统识别和分发在处理上分离开来，既保证了交互的实时性，也保证了并行交互不会冲突。

■ 隐含性

OICM 从用户与人机交互设计人员两个不同的视角审视笔式用户界面，面向用户的使用意图与面向系统的设计方法通过上下文链接实现映射，这种映射有助于保持笔式用户界面的隐含性。用户在与界面交互时，面对的所有交互任务均能够与自己的意图本身保持一一对应，这种启发式的状态能够引导用户的交互动作，并有效减少用户的认知努力程度。

■ 多通道信息

在笔式交互中，多通道交互是经常使用的方式。OICM 对多通道信息的处理提供了足够支持。任务模型与规则集合分离，且任务模型依赖于规则集合，正是为了给用户输入提供更大可能的扩展性。上下文关联依赖规则集合，所有交互动作对规则是透明的。其中的等级交互信息模型并没有限制源事件的类型，为多通道的输入及输出提供了透明的接口。将交互信息表示与交互信息控制分开表示的方法为多个通道的交互信息整合与利用提供了支持。

在模型的表现方面，我们采用了 XML 技术表示整个信息模型。与注重数据表示方法的其他工具不同，XML 只关心数据本身，但同时又为其表示提供了规范与约束。XML 的数据描述机制使得它非常适合表示 OICM。

笔式用户界面中要求多个用户或者应用可以共享笔信息，甚至是分布式跨平台的。XML 能够在不同的平台与应用之间交换，适合开放式地描述笔式交互信息。而且 XML 能够自我描述，这使得将相对独立的 OICM 表示放置在单独的文档中成为可能。同时意味着在自由交换这些表示信息时，应用程序之间无需事先协调，并且能够很快辨别表示的类型。

● 应用状况

作为一个界面模型，OICM 为笔式用户界面开发提供了多方面的支持，对以用户为中心的设计、交互信息处理、交互控制、面向构件开发等各方面都起到了指导作用。基于 OICM，我们开发了面向组件的笔式用户界面平台 PenUI Platform[Dai 2003]。该平台能处理大量的笔式交互信息，既包括手写汉字、自由勾画、图形、数学公式以及表格线条等用以表示内容的笔迹信息，也包括手势

(gesture)、指点(point)、顿笔(hold)等表示任务执行的命令信息。图 3.26 显示了 PenUI Platform 包括的基本交互信息内容。在这个平台基础之上,人机交互设计者、用户设计者与开发者共同设计、评估及检测,利用迭代式的开发方式,可以比较方便快捷地创建笔式用户界面。

图 3.26　PenUI Platform 的交互信息

在应用实例的开发中,OICM 模型可以帮助设计者准确地定位用户需求,减少无谓返工。首先,OICM 以选择迭代式开发方法为建模背景,因此基于此模型的开发平台自然符合以用户为中心的设计原则。其次,模型中使用世界(UW)与主体世界(SW)分离,上下文关联将使用意图映射到对应实在问题域的知识域。用户设计者只需关注感兴趣的交互任务,而无需考虑知识域中交互信息对象的实现。这有助于用户设计者纯粹以使用为导向定位用户需求。即便用户需求发生改变,也只需更改 PenUI Platform 中对应任务模型的内容,并调整规则即可。

另一方面,OICM 模型帮助开发者省却大量从底层开发的编码工作。对应 OICM 模型结构的第一、二象限,PenUI Platform 将基础交互单元封装为基于交互信息表示(IIP)的组件(component)。组件的原信息依照知识域表示,与操作相关的任务信息依照任务模型表示。开发者按照面向组件的方式直接对其调用。如图 3.26 所示,开发者可以很快生成一个 PenUI Platform 提供的文本框,生成的文本框不仅具备外观显示等属性,同时也提供支持手写识别等交互任务的功能。OICM 的第三、四象限中,上下文环境相关的交互信息控制则由规则集合与上下文关联表示。PenUI Platform 中,经整合的语义级交互信息在不同上下文环境中可以应用到多个方面。以手势为例,在不同的位置、时间以及上下文场合表示的操作也不尽相同。图 3.27 中给出了一个例子,在编辑数学公式时,当用户意图给一个根号符号补笔时,如果形状、位置、时间以及上下文状态都适合,新的手势将会被正确理解,而不是简单地作为一个新的勾画笔迹处理。因此模型的这些特性避免了开发人员的重复劳动。

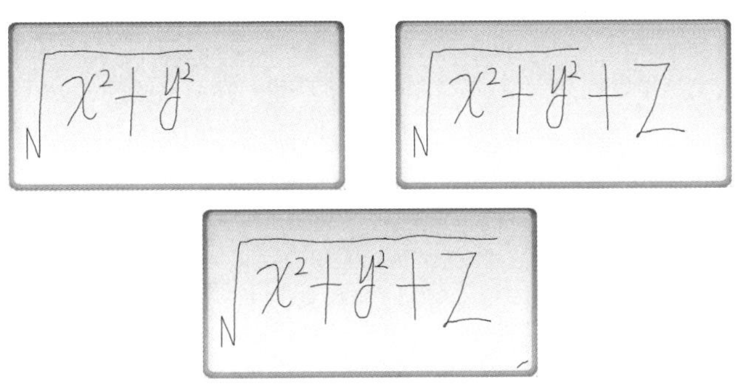

图 3.27 根号补笔过程

此外,基于 XML 的模型表示方法也有助于笔式用户界面的开发。基于模型表示的思路,整个界面系统的交互信息以 XML 表示。XML 表示的过程尽可能使用已有的约定表达方式,例如数学公式交互信息使用通用标准 MathML [MathML 1999]。而对于勾画笔迹,则借鉴 InkML[InkML 2003]的格式思想,遵循其中的规范。其次,保持 XML 文档与 OICM 结构的一致性,尽可能将内容信息、操作信息与上下文信息分离,利用实体引用的方式,保持物理文档最大可能的独立性与重用性。这样既促进了开发效率,减少了重复工作,又保证了组件实例描述的独立性,减少了耦合错误。

一些基于笔的交互应用在 OICM 基础之上完成。Pen Office[Dai 2003]是一个面向教学领域的基于笔的备课工具,利用 Pen Office,教师可以使用笔自由地制作包括文字、白板、图像、图形、表格在内的多种形式的教学素材,系统提供随堂演讲时的实时交互功能,方便师生之间更生动灵活地互动。OICM 也存在一些有待扩展和完善的工作,如对于上下文关联的描述需要增添叙述性的说明,提出更多指导具体设计实现的方法;此外,如何为多通道交互提供更强的支持以及实现途径也是需要思考的问题。

参 考 文 献

[Dai 2003] DAI G, TIAN F, LI J, et al. Researches on Pen-based User Interfaces[C]//

Stephanidis C. Proceedings of the HCI International 2003. Greek: Lawrence Erlbaum Associates, 2003: 54 - 60.

[Dai 2004] DAI G. Pen-based User Interface[C]//SHEN W, LI T, LIN Z, et al. Proceedings of the Eighth International Conference on CSCW in Design. Beijing: International Academic Publishers, 2004: 32 - 36.

[王常青 2005] 王常青,邓昌智,马翠霞,等. 一种基于分布式认知理论的扩展资源模型[J]. 软件学报, 2005, 16(10): 1717 - 1725.

[Li 2000a] LI Y, GUAN Z, CHEN Y, et al. Research on gesture-based human-computer interaction[J]. Journal of System Simulation, 2000, 12(5): 528 - 533.

[Li 2000b] LI Y, GUAN Z, WANG H, et al. Design and Implementation of a UIMS for Component-based GUI Development[C]//Proceedings of the 16th IFIP World Conference of Computer WCC'2000. Beijing, 2000.

[Li 2001] LI Y, GUAN Z, DAI G. Modeling post-WIMP user interfaces based on hybrid automata[J]. Journal of Software, 2001, 11(5): 34 - 40.

[栗阳 2002] 栗阳. 笔式用户界面研究:理论、方法和实现[D]. 北京: 中国科学院软件研究所, 2002.

[田丰 2002]田丰, 戴国忠, 陈由迪. 三维交互任务的描述和结构设计[J]. 软件学报, 2002, 13(11): 2099 - 2105.

[田丰 2003] 田丰. Post-WIMP 软件界面研究[D]. 北京: 中国科学院软件研究所, 2003.

[李杰 2005] 李杰,田丰,戴国忠. 笔式用户界面交互信息模型研究[J]. 软件学报, 2005, 16(1): 50 - 57.

[董世海 1999] 董世海,王坚,戴国忠. 人机交互和多通道用户界面[M]. 北京: 科学出版社, 1999.

[华庆一 1997] 华庆一. 用户界面模型与形式规格说明研究[J]. 西北大学学报:自然科学版, 1997, 27(5): 369 - 374.

[Alur 1995] ALUR R, COURCOUBETIS C, HALBWACHS N. The algorithmic analysis of hybrid systems[J]. Journal of Theoretical Computer Science, 1995, 13(8): 3 - 34.

[Baddeley 2003] BADDELEY A D. Working memory: Looking back and looking forward[J]. Nature Reviews Neuroscience, 2003, 4(10): 829 - 839.

[Card 1983] CARD S K, MORAN T P, NEWELL A. The Psychology of Human-computer Interaction[M]. Hillsdale, NJ: Lawrence Erlbaum Associates, 1983.

[Carroll 1997] CARROLL J M. Human-computer interaction: Psychology as a science of design [J]. Journal of Human-Computer Studies, 1997, 46: 501 - 522.

[Carrol 2003] CARROL J M. HCI Models, Theories, and Frameworks: Towards a Multidisciplinary Science[M]. San Francisco, CA: Morgan Kaufmann Publishers, 2003.

[Dam 1997] DAM A V. Post-WIMP user interfaces[J]. Communications of the ACM, 1997, 40(2): 63 - 67.

[Duke 1994] DUKE D J, HARRISON M D. From formal models to formal methods[C]//TAYLOR R N, COUTAZ J. Proceeding of ICSE'94 Workshop on Software Engineering and Human-Computer Interaction. Berlin: Springer, 1994: 159 - 173.

[Foley 1990] FOLEY J D, VAN DAM A, FEINER S K. Computer Graphics: Principles and

Practice[M]. Addison-wesley Reading, 1990.

[Frank 2000] RITTER F E, BAXTER G D, JONES G. Supporting cognitive models as users [J]. ACM Transaction on Human Computer Interaction, 2000, 7(2): 141 - 173.

[Gibson 1977] GIBSON J J. The Theory of Affordances in Perceiving Acting and Knowing[M]. Hillsdale, New Jersey: Erlbaum Associates, 1977.

[Gibson 1979] GIBSON J J. The Ecological Approach to Visual Perception [M]. Boston: Houghton Mifflin, 1979.

[GKS-3D 1988] Computer Graphics-Graphical Kernel System for Three Dimensions(GKS-3D) Functional Description [S]. ISO/IEC 8805, American National Standards Institute, New York, NY, 1988.

[Green 1984] GREEN M. Report on dialogue specification tools[J]. Computer Graph, 1984, 3: 305 - 313.

[Green 1990] GREEN M, JACOB R. Software architectures and metaphors for non-WIMP user interfaces[J]. ACM Transactions on Computer Graphics, 1990, 25(3): 229 - 235.

[Guan 1999] GUAN Z, WANG H, NIE Z, et al. Agent-Based Multimodal Scheduling and Integrating[C]//CAD/CG' 99, Shanghai, 1999.

[Hollan 2000] HOLLAN J, HUTCHINS E, KIRSH D. Distributed cognition: Toward a new foundation for human-computer interaction research [J]. ACM Transactions on Computer-Human Interaction, 2000, 72: 174 - 196.

[Howes 1990] HOWES A, PAYNE S J. Display-based competence: Toward user models for menu-driven interfaces[J]. International Journal of Man-Machine Studies, 1990, 33(6): 637 - 655.

[Hua 1997] HUA Q. An approach to user interface specifications with attribute grammars[J]. Journal of Computer Science and Technology, 1997, 12(1): 65 - 75.

[Hua 2002] HUA Q, WANG H, MUSCOGIURI C, et al. A UCD Method for Modeling Software Architecture [C]//DAI G, et al. Proceedings of the APCHI 2002, 2002, 2: 729 - 743.

[Hutchins 1988] HUTCHINS E, NORMAN D A. Distributed cognition in aviation: A concept paper for NASA[R]. University of California: Department of Cognitive Science, 1988.

[Hutchins 1995a] HUTCHINS E. Cognition in the Wild[M]. MIT Press, 1995.

[InkML 2003] Multimodal Interaction Working Group (MMIWG), W3C. Ink Markup Language (InkML™)[S]. W3C Working, 2003.

[Jacob 1985] JACOB R J K. An executable specification technique for describing human-computer interaction[J]. Advances in Human-Computer Interaction, 1985: 211 - 242.

[Jacob 1986] JACOB R J K. A Specification Language for Direct Manipulation Interfaces[J]. ACM Transactions on Graphics, 1986, 5(4): 283 - 317.

[Jacob 1996] JACOB R J K. A Visual Language for Non-WIMP User Interfaces[C]//CITRIN W, BURNETT M. Proceeding of IEEE Symposium on Visual Languages, Los Alamitos, CA: IEEE Computer Society Press, 1996: 231 - 238.

[Jacob 1999] JACOB R J K, DELIGIANNIDIS L, MORRISON S. A software model and specification language for non-WIMP user interfaces[J]. ACM Transactions on Computer-

Human Interaction, 1999, 6(1): 1-46.

[John 1998] JOHN B E. Cognitive Modeling for Human-Computer Interaction[C]//Proceedings of Graphics Interface'98, 1998: 161-167.

[Kitajima 1995] KITAJIMA M, POLSON P G. A comprehension-based model of correct performance and errors in skilled, displayed-based human-computer interaction [J]. International Journal of Human-Computer Studies, 1995, 43(1): 65-100.

[Lewis 1999] LEWIS H R, PAPADIMITRIOU C H. Elements of the Theory of Computation [M]. Beijing: Tsinghua University Publisher, 1999.

[Long 1998] LONG A C, Jr. Improving Gestures and Interaction Techniques for Pen-based User Interfaces[C]//Proceedings of Conference on Human Factors in Computing Systems: CHI'95. New York: ACM, 1998: 58-59.

[Markopoulos 1998] MARKOPOULOS P, JOHNSON P, ROWSON J. Formal architectural abstractions for interactive software[J]. International Journal of Human-Computer Studies, 1998, 49(5): 675-715.

[MathML 1999] Math Working Group (MWG), W3C. Mathematical Markup Language (MathML™) 1.01 Specification[S]. W3C Recommendation, 1999.

[Meyer 1995] MEYER A. PEN COMPUTING: A technology overview and a vision[J]. ACM SIGCHI Bulletin, 1995, 27(3): 46-90.

[Michaels 1988] MICHAELS C E. S-R compatibility between response position and destination of apparent motion: Evidence of the detection of affordances[J]. Journal of Experimental Psychology, 1998, 14(2): 231-240.

[Nelson 1999] NELSON L, ICHIMURA S, PEDERSEN EX, et al. Palette: A Paper Interface for Giving Presentations[C]//AITOM M, EHRLICH K, NEWMANEDS W. Proceedings of the ACM Conference on Human Factors in Computing Systems: CHI'99, 1999: 354-362.

[PHIGS 1995] Computer Graphics and image processing-Programmer's Hierarchical Interactive Graphics System(PHIGS)[S]. ISO/IEC 9592-1, Part 1: Functional description, American National Standards Institute, New York, NY, 1995.

[Poyner 1996] POYNER R. Wintab Interface Specification 1.1[R]. LCS/Telegraphics, 1996.

[Ritter 2000] RITTER F, BAXTER G, JOHNS G. User Interface Evaluation: How Cognitive Models Can Help [M]//Human-Computer Interaction in the New Millennium. Addison-Wesley, 2000: 125-147.

[Ritter 2001] RITTER F, YOUNG R. Embodied models as simulated users: Introduction to this special issue on cognitive models to improve interface design[J]. International Journal of Human-Computer Studies, 2001, 55(1): 1-14.

[Rolland 2000] ROLLAND C, PRAKASH N. From conceptual modeling to requirements engineering[J]. Annals of Software Engineering, 2000, 10: 151-176.

[Shah 1999] SMITH S, DUKE D, WRIGHT P. Using the Resources Model in virtual environment design[C]//SMITH S, HARRISON M, et al. Workshop on User Centered Design and Implementation of Virtual Environments. York: The University of York, 1999: 57-72.

[Shah 2003] SHAH K, RAJYAGURU S, AMANT R. Image processing for cognitive modeling in dynamic gaming environments[C]//Proceedings of the Fifth International Conference on Cognitive Modeling. 1999: 189 - 194.

[SHN 1998] SHNEIDERMAN, B. Designing the User Interface: Strategies for Effective Human-Computer Interaction[M]. 3rd ed. Addison-Wesley, 1998.

[石磊 2010]石磊,邓昌智,戴国忠.一种 Post-WIMP 界面:PGIS 的实现[J].中国图形图像报,2010,15(7):985 - 992.

[Subrahmonia 2000] SUBRAHMONIA J, ZIMMERMAN T. Pen Computing: Challenges and Applications[C]//Proceedings of ICPR'2000. IEEE Computer Society, 2000: 60 - 66.

[王甦 1992] 王甦,汪安圣.认知心理学[M].北京:北京大学出版社,1992.

[Wacom] http://www.wacom.com.cn/product/intuos3/xinpin.html.

[Wasserman 1985] WASSERMAN A I. Extending state transition diagrams for the specification of human-computer interaction[J]. IEEE Transaction on Software Engineering, 1985, 11(8): 699 - 713.

[Walenstein 2002] WALENSTEIN A. Cognitive Support in Software Engineering Tools: A Distributed Cognition Framework[D]. Burnaby, Canada: Simon Fraser University, School of Computing Science, 2002.

[Wright 1996] WRIGHT P, FIELDS R, HARRISON M. Modeling Human-Computer Interaction as Distributed Cognition[C]//Proceedings of the APCHI'96 Conference. 1996: 181 - 191.

[Wright 2000] WRIGHT P, FIELDS R, HARRISON M. Analysing human-computer interaction as distributed cognition: The resources model[J]. Human Computer Interaction Journal, 2000, 51(1): 1 - 41.

[Zhang 1994] ZHANG J, NORMAN D A. Representations in distributed cognitive tasks[J]. Cognitive Science, 1994, 18: 87 - 122.

[Zhang 1997] ZHANG J. The nature of external representations in problem solving[J]. Cognitive Science, 21(2), 1997: 179 - 217.

第4章　数字笔迹技术

笔式用户界面中，人机之间交互的媒介是数字笔迹，它表达了人的操作命令和输入信息。这些输入信息随应用场景可以分别代表文字、表单或图形。计算机对这些笔迹信息的管理、理解及应用称为笔迹计算。本章就数字笔迹及其计算技术展开讨论，具体包括笔迹绘制、笔迹压缩、笔迹的结构分析与识别等。

4.1　数字笔迹

数字笔迹(digital ink)，简称笔迹(ink)，是指由笔输入设备产生的带有空间、时间和压力等丰富属性的在线数据，通常指笔式用户界面中的笔画数据。

在早期的笔式用户界面中，笔迹一般被识别为手势(gesture)，成为交互命令；或者被在线识别为文本，作为键盘输入的替代；或者被在线识别为规范图形，本质仍旧是图元生成命令；或者更极端地，笔迹仅仅替代鼠标的指点。在这些系统中，笔迹并未真正地作为可存储、可操作、可绘制、可传播的数据存在。然而，我们是那么自然地使用物理纸笔书写笔迹、擦除笔迹、保存笔迹以及复印传播笔迹，此时的"笔迹"并非什么"命令"，而是我们真正关心的数据。在人们不断追求自然高效的人机交互途径的时候，以物理纸笔为隐喻的笔式用户界面被广泛关注。人们期望在这种用户界面下，可以尽可能地像使用物理纸笔一样，书写和绘画带有真实感的笔迹；同时还期望这些笔迹带有一定的智能，可以被计算机理解识别，从而获得物理纸笔所没有的便捷。正是在这样的背景下，数字笔迹和笔迹计算技术，从传统意义上的笔式用户界面技术研究中跳离出来，作为一个专门的领域，获得了广泛的关注与研究。

4.1.1 数字笔迹的定义和存储格式

数字笔迹的基本组成单位是笔画(stroke)。笔画，是指从书写笔落笔接触纸面到抬笔笔尖离开纸面这段过程中，笔尖在纸面上运动而产生的矢量数据。这些数据以一系列采样点(sampling point)的形式存在，每个采样点包括了坐标、采样时间、笔压力、笔身倾斜度、笔身扭曲度等信息。图 4.1 给出了数字笔迹的示例，它由五个笔画构成，每个笔画的采样点由小圆点表示。图 4.2 给出了数字笔迹的数据层次结构。

图 4.1 数字笔迹示例

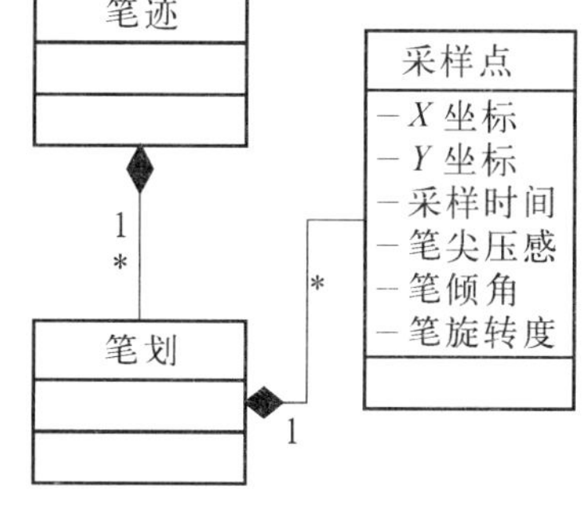

图 4.2 数字笔迹数据的层次结构

为了方便数字笔迹的传输、处理和绘制，笔迹的格式需要规范。早在 1993 年，数家软件厂商就推出了第一个笔迹存储和互交换格式——JOT[Slate 1993]。JOT 基于 C 语言规范，由一组庞大的 C 语言头文件构成，因此既可以作为笔迹运行时的数据结构，又可以作为存储格式规范。但是 JOT 有许多缺陷：它并没有基于面向对象的方法来定义笔迹，模块化较差；C 头文件式规范的扩展性差；与开发语言绑定，受语言局限，兼容性差。因此，JOT 规范并没有普及。2002 年，W3C 组织着手制定 InkML 标准[InkML 2004]，目的在于使笔迹可以在不同的应用之间实现互换。InkML 是一个基于 XML 的笔迹存储格式规范，除了基本的笔迹数据信息，还可记录输入设备的特性和其他细节特征。另外，它还支持对笔迹输入上下文和笔迹层次式结构的记录。当然，InkML 最大的优点在于它基于 XML 规范，可以方便地支持用户扩展。图 4.3 给出了图 4.1 中笔迹的 InkML 表示。

数字笔迹以笔迹的形式保存，不会丢失任何信息。用户不再需要利用其他的应用程序把手写的笔迹转换为别的格式来保存、发送和编辑。数字笔迹存储规范的出现，使得数字笔迹在不同应用软件之间的交换变得非常容易。

```
<ink>
  <trace>
    10 0 9 14 8 28 7 42 6 56 6 70 8 84 8 98 8 112 9 126 10 140
    13 154 14 168 17 182 18 188 23 174 30 160 38 147 49 135
    58 124 72 121 77 135 80 149 82 163 84 177 87 191 93 205
  </trace>
  <trace>
    130 155 144 159 158 160 170 154 179 143 179 129 166 125
    152 128 140 136 131 149 126 163 124 177 128 190 137 200
    150 208 163 210 178 208 192 201 205 192 214 180
  </trace>
  <trace>
    227 50 226 64 225 78 227 92 228 106 228 120 229 134
    230 148 234 162 235 176 238 190 241 204
  </trace>
  <trace>
    282 45 281 59 284 73 285 87 287 101 288 115 290 129
    291 143 294 157 294 171 294 185 296 199 300 213
  </trace>
  <trace>
    366 130 359 143 354 157 349 171 352 185 359 197
    371 204 385 205 398 202 408 191 413 177 413 163
    405 150 392 143 378 141 365 150
  </trace>
</ink>
```

图 4.3 图 4.1 中数字笔迹的 InkML 表示

4.1.2 数字笔迹的意义

一个完整的数字笔迹应用(ink-based application),应该在数字笔迹的输入、绘制、存储、检索、结构理解和识别等方面都给予支持。这类应用的一个突出特征就是数据处理格式的唯一性和自封闭性,即所有的数据都是数字笔迹,表现出极端的纸笔化的特点。在物理纸笔界面中,“纸”是交互环境,“笔”是交互主体,“笔迹”是交互客体,仅此三种界面元素。因而最大程度上保证了交互的自然和谐,同时,因为笔迹计算技术的支持,它还拥有高度的智能性。

数字笔迹技术结合了个人电脑强大的计算处理能力和纸的易用性,是一种以人为中心的技术,它希望找到一种比现有人机交互技术更加简单化和人性化的自然人机交互途径,实现“在任意时间、任意地点、通过任意设备与任何人沟通”,让计算机每时每刻帮助每一个普通用户。因此,“自然、智能”是数字笔迹技术的目标。它充分利用了书写的自然性和笔迹丰富的表达能力,其目的不仅是要去解决“写的是什么字”,而且要解决“用户到底在写什么,是字还是涂鸦”以及“是如何写的”。

更重要的是,数字笔迹“还墨水以本色”,人类不再需要扭曲自己最自然的写作方式,在机器所设置的“行”或“框”中按机器所要求的格式书写,而是随心所欲、随意勾画。可以预见,数字笔迹技术将成为许多崭新应用的底层支持,这些应用配合个人电脑的能力,将把人类传统的手写和手绘发挥得淋漓尽致。

4.1.3 数字笔迹技术的研究和应用

数字笔迹从出现开始，就受到人们的关注。商业软件方面，Microsoft 的 OneNote 系统[OneNote 2003]是典型的 Ink 处理软件，作为其 Office 系统的一部分，用户可以使用 OneNote 书写笔迹、编辑笔迹和修改笔迹，并能对笔迹进行文字识别。EverNote[EverNote 2004]是另一个具有代表性的 Ink 编辑软件，它的特点是不对笔迹进行分页管理，而是采用“时间卷轴”式管理；同时，EverNote 支持在线数字笔迹检索，用户可以很方便地从经年累月的 Ink 纪录中，找到想要的内容。许多机构均对 Ink 处理方面的技术进行了深入的研究。这些工作大致分为四类：支持创造性工作、支持信息交流和捕捉、支持思想捕捉和基于 GUI 的笔式交互增强。

4.2 笔 迹 计 算

4.2.1 笔迹计算技术

为了实现数字笔迹书写、绘制、智能处理、存储和传输等特性，有大量的计算技术需要研究。这类数字笔迹的支撑技术，被称为笔迹计算技术（ink computing technology，简称笔迹计算）。笔迹计算是多种技术的总称，我们可以从用户需求和系统设计两个层面来对这些技术分类。

4.2.2 笔迹计算技术的分类

我们先从用户的角度来对笔迹计算技术分类。首先，用户会关心怎么输入笔迹——是书写在普通的纸上，还是书写在特殊的书写设备上；是用普通的笔书写，还是要使用电子笔书写。其次，用户会关心笔迹的绘制效果是否真实美观，能不能达到使用物理纸笔书写的效果。接下去，用户会关心笔迹能不能被计算机识别，以达到“非规范输入、规范输出”的效果。最后，用户关心数字笔迹的编辑是否方便。相对于电子文档，物理纸张上的笔迹编辑并不方便，因此用户希望数字笔迹能像其他格式的电子文档一样，支持便捷的编辑操作。综上所述，从用户直接需求的角度，笔迹计算技术的分类如表 4.1 所示。

表 4.1 用户对笔迹计算技术的要求

问题分类	内容
笔迹的输入	便捷地书写笔迹
笔迹的绘制	真实而美观地显示用户笔输入的笔迹
笔迹的识别	理解用户书写的笔迹的结构，并能识别
笔迹的操纵	自然、高效地编辑笔迹

让我们从系统设计层面上进一步对笔迹计算技术进行分类。考虑一个支持数字笔迹的笔式交互系统，这个系统首先要能支持用户输入笔迹、绘制笔迹，然后还要能保存笔迹，并且要保证存储格式的兼容性、可扩展性。某些时候，我们还期望不但用户的输入是笔迹，而且系统的输出也是笔迹，因此系统要拥有笔迹可视化技术。

为了体现笔式用户界面的智能性，系统还需要能识别用户的笔迹。笔迹的识别由两类技术支持。一类技术是笔迹结构分析技术，研究如何理解和识别笔迹的结构，比如作为文本的段、行、字结构；作为流程图的结构；作为数学表达式的结构。此外，笔迹结构与领域知识相结合，可以提取出笔迹表达的与领域相关的用户意图。另一类技术是笔迹符号识别技术，研究如何将笔迹结构中的符号识别为规范符号，如规范文字、规范图形。为了便于笔迹的修改，系统还需要提供基于笔迹结构的笔迹结构化编辑功能。相对于基于单笔画的笔迹编辑，笔迹的结构化编辑更加自然、高效。最后，如果系统中笔迹的数据量很大，那么系统还应该支持笔迹的检索，否则用户查找笔迹会相当费时。综上所述，从技术层面上，笔迹计算技术的分类如表 4.2 所示[李俊峰 2006a]。

表 4.2 笔迹计算技术的分类

技术分类	内容
笔迹输入	研究制作各种笔迹输入设备
笔迹生成	研究如何将信息以笔迹的方式显示。某些时候，我们期望不但用户的输入是笔迹，而且系统的输出也是笔迹
笔迹存储规范	研究如何格式化存储笔迹，W3C 组织草拟的 InkML 存储格式是目前这一领域最重要的工作
笔迹存储压缩	研究笔迹的高效率存储。笔迹的信息量，相对于规范文本和图形来说大得多，所以必须压缩，否则无法完成高效率的存储和网络传输
笔迹绘制	研究笔迹绘制效果的真实感绘制（如模拟毛笔笔锋）或美化绘制（如用样条曲线光顺笔迹）

(续表)

技术分类	内　容
笔迹结构分析	识别手写笔迹的结构。比如作为文本的段、行、字结构;作为流程图的结构;作为数学表达式的结构。此外,笔迹结构与领域知识相结合,可以提取笔迹表达的与领域相关的用户意图
笔迹符号识别	研究将笔迹结构中的符号识别为规范数据
笔迹检索	研究在大量笔迹中快速检索笔迹
笔迹编辑	研究如何自然、高效地结构化地编辑笔迹

4.2.3 笔迹计算技术之间的关系

前一小节介绍了笔迹计算技术的分类。这些技术本身是可以被独立开发的,也是可以独立使用的。那么,这些技术之间的关系是什么?如何联合使用这些技术构建一个支持笔迹计算的应用呢?

我们可以将笔迹计算的应用进行分类。第一类是笔迹识别系统。这类系统的主要功能是将手写笔迹识别为规范的数据(文本、图形、公式等)。它与传统的OCR系统功能比较相似(只是OCR系统处理的数据一般为图像,而且多是规范文本的扫描图像)。这类系统中,笔迹计算技术可以按图4.4组织。图4.4包含了三个笔迹计算技术模块:

- 数字笔迹输入;
- 数字笔迹的结构切分(属于数字笔迹的结构分析范畴);
- 数字笔迹的识别(对结构切分后的数据进行识别,比如单行字符切分后的单字符识别)。

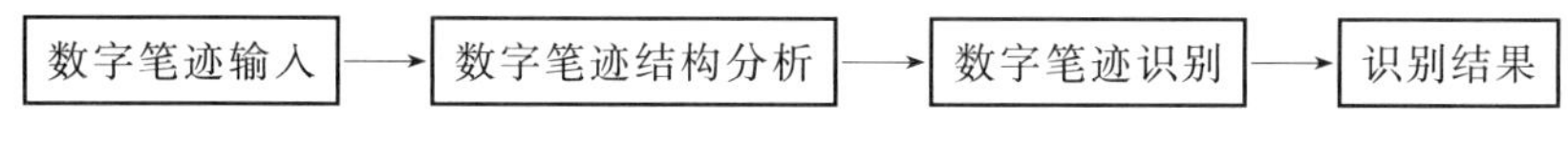

图4.4　笔迹识别系统中笔迹计算技术的关系

第一类笔迹计算应用——笔迹识别系统,本质上只是一个识别模块,并不是真正意义上完全支持数字笔迹的应用。在一个完整的数字笔迹应用中,从系统的输入、系统的中间处理过程,一直到系统的输出,所有的数据都应该是数字笔迹。在该类系统中,数字笔迹也完整地经历了整个生命周期,系统在数字笔迹生成、分析、理解、识别、存储、传输等各个方面,都给予了支持,最大程度上保证了交互的自然和谐;同时,因为笔迹计算技术的支持,它还拥有高度的智能性。图4.5给出了这类应用中笔迹计算技术的组织。

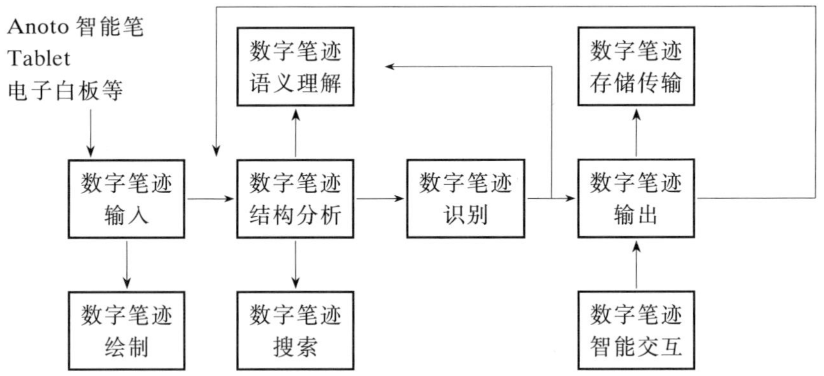

图 4.5 完全支持数字笔迹的应用中笔迹计算技术的关系

4.3 笔迹绘制

在日常生活中，人们在不同的环境下使用不同的笔。比如：在进行草图设计、思想交流的时候，人们经常使用铅笔；在需要正式签名的场合，人们一般使用钢笔或签字笔；在研究传统书画艺术、进行书画创作的时候，人们又会使用毛笔。数字笔迹作为真实笔迹的数字形式，理所当然应该对真实笔迹的一些特殊效果进行建模模拟，使得数字笔迹同样可以应用在不同的环境中。

在本节中，首先会对数字笔迹的钢笔效果模拟、毛笔效果模拟进行介绍；然后，在总结钢笔、毛笔特性的基础上，设计一种基于同步 B 样条拟合的笔锋效果模拟算法，并给出具体的模拟实例。

4.3.1 笔迹绘制综述

- 数字笔迹的钢笔效果绘制

钢笔具有体积小、携带方便、书写便捷、经久耐用等优点，而且由于笔尖富有弹性，所以写出的笔画有粗细、轻重的变化。这使得钢笔成为许多人的书写或绘画的工具。

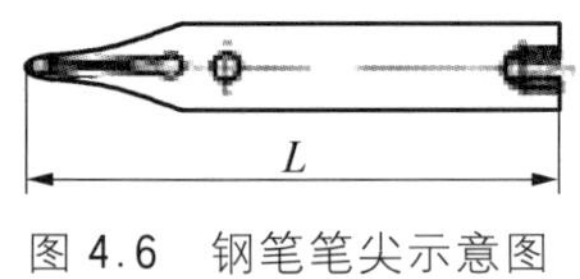

图 4.6 钢笔笔尖示意图

钢笔有三大部件：书写部件，即笔尖；吸水、贮水和供水部件，由笔胆、护胆管、笔舌、尖套等部件组成；笔杆和笔套。其中笔尖在书写过程中，对于笔迹的粗细、轻重起着至关重要的作用。图 4.6 为钢笔笔尖的示意图。

钢笔笔尖一般由两瓣组成，中间有一细缝或凹槽。用户在书写的过程中，通过运笔力量或角度的改变来影响细缝或凹槽张开的宽度，使得墨水的出水量发生变化，来达到满意的书写效果。钢笔书法的用笔虽然没有像毛笔那样讲究笔锋的藏、逆、回、收，但起笔和收笔也有提按轻重的变化，在转折处追求笔画的刚劲、挺健。图 4.7 为一名家的钢笔书法。

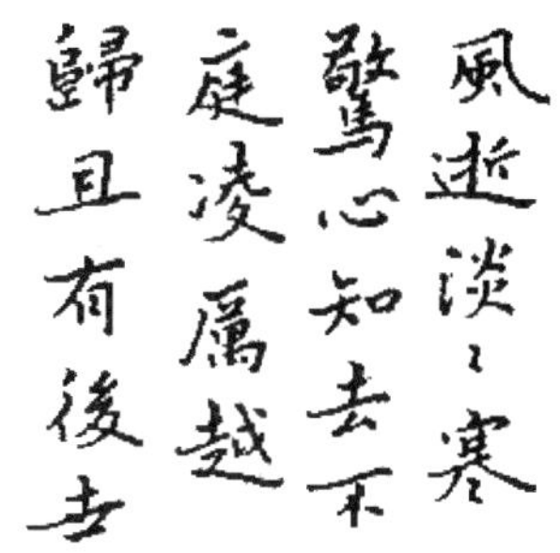

图 4.7 钢笔书法

为了用计算机模拟钢笔的效果，已经有很多的研究者进行了研究。根据处理的数据类型，模拟算法可以分为三类：

- 基于几何模型的模拟算法，这类算法将模型的几何、纹理参数和视角信息作为输入。Winkenbach[Winkenbach 1994]根据输入模型的几何参数以及映射到每个界面的笔画纹理参数，可以自动渲染生成钢笔画。同一般渲染过程不同的是，模型的纹理、色调、阴影等都通过笔画或者是笔画的组合表现出来。用户可以利用对话框界面来调整笔画的轨迹、波动、压力等参数，得到满意的渲染效果。而且，作者提出了钢笔画渲染所要遵循的原则及应用框架。但是，算法的复杂度非常高，渲染所需的时间一般都在 30 分钟左右，显然不能满足实时交互的需要。
- 基于图像的模拟算法，这类算法将图像作为输入。Salisbury[Salisbury 1997]通过分析灰度图像的特点，以交互的方式生成钢笔画。对于图像的每一个区域，用户定义钢笔画的笔画方向；然后，算法会根据用户定义的方向和图像的色调、纹理等参数，自动生成笔画簇。然而，用户并不适应系统所提供的交互方式，并且算法的复杂度很高。
- 基于笔画的模拟算法，这类算法直接利用用户的笔画输入信息。Mark[Mark 2002]从真实感的角度提出了钢笔画的渲染模型。该模型考虑了笔尖形状、墨水流动等因素对渲染效果的影响，而且着重对钢笔写字或作画时特有的涂抹效果、飞溅效果进行了建模。首先，渲染模型利用图形元素的概念产生初步的钢笔墨迹；其次，渲染模型根据情况对钢笔墨迹进行进一步的处理，比如：使墨迹变干，或沿一定的轨迹传播墨迹，或使墨迹产生四溅的效果；最后，将最后的钢笔画效果渲染出来。但是，算法的各个组成部分相对简单，尤其是墨迹飞溅模型和墨迹流动模型有很大的提高空间。

上述算法侧重于钢笔的绘画模拟，然而在实际生活中，钢笔更多地成为人们写字的工具。胡云飞[胡云飞 2003]设计了一种基于曲线拟合进行钢笔笔迹存储和绘制的方法。该方法综合了反算非均匀 B 样条控制点算法、等距加权采样算法以及折点识别算法等算法的优点，可以减少拟合后笔迹与原笔迹的误差，并且可以解决笔迹在缩放过程中产生的变形问题。但是，由于该方法不是同步模拟，用户只能在抬笔后才能看到模拟效果。在 Tablet PC [Microsoft Corporation-Tablet PC]中，通过 Bezier 曲线来拟合用户书写的笔迹，使得显示出来的笔画十分光顺。但是，由于 Bezier 曲线的整体性表示不具有局部特性[施法中 1994]，任意一段拟合曲线都依赖于全部的输入点；而且由于没有应用关键点查找算法，拟合笔画出现“过拟合”现象，尤其是在用户书写汉字的时候，对于汉字特有的形状特征——刚劲、挺健模拟得不是十分真实。

- 数字笔迹的毛笔效果绘制

中国书法绘画艺术是中国流传久远的传统艺术，其独特的笔触跟水墨浓淡的运用，与西方的水彩画或油画有很大的不同。但是学习中国书法与绘画并不容易，为了熟悉每一笔所能得到的效果，往往一个笔触就要练习好几百次，所需的纸、墨都非常可观。为了解决上述问题，人们致力于书法绘画艺术的计算机模拟。计算机作画采用直观的使用方式，能让不熟悉计算机者及真正的艺术家练习起来更加容易，而且使创作更有效率、更加方便。

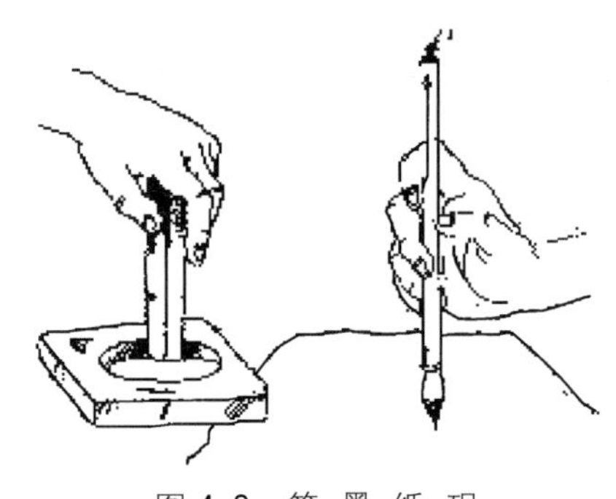
图 4.8 笔、墨、纸、砚

如图 4.8 所示，“笔墨纸砚”是中国书画所需的用具。其中，毛笔是整个艺术创作的灵魂，通过运笔力量、速度、角度的变化，可以画出许多不同形状、粗细的线条，有名的永字八法便是一个笔法运用很好的例子；墨和砚就像西方的颜料跟调色盘一样，借着两者的配合，决定毛笔所画颜色的浓淡及饱和度；中国书画所使用的纸也是一大特色，近代书画多半是使用宣纸。宣纸的吸水力很强，在沾有墨或颜料的水接触到纸时瞬间变化，令人难以捉摸。

对中国书画艺术效果进行模拟需要考虑以下两个方面：毛笔模型、水墨效果建模。

- 毛笔模型

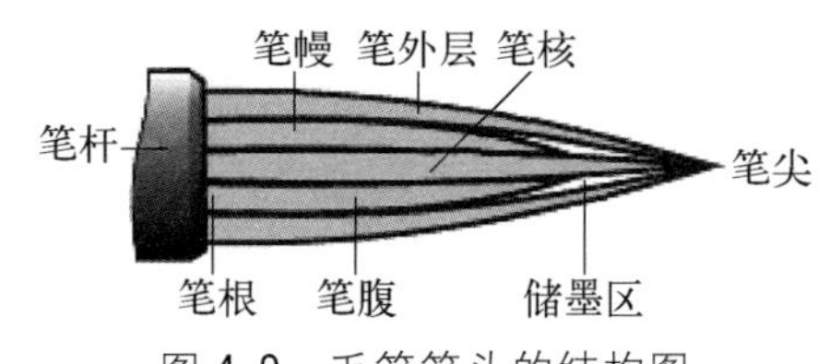

图 4.9 毛笔笔头的结构图

制作毛笔笔头的原料主要有羊毫、兔毫和狼毫等，它的结构如图 4.9 所示。

按照笔头所用的毫料，毛笔可分为硬毫笔、柔毫笔、兼毫笔三大类。其中，兼毫笔是选用两种以上软硬不同的毫料，按不同比例配合制成，一般以硬毫为核，软毫为被(包括笔幔、笔外层)。笔幔的长度会略短于笔核和笔外层，这样会在笔的前部形成储墨区。我国 SG374 - 84《毛笔》部规定了毛笔的“四德”标准。即：尖——锋颖尖锐，毛豪细长，无虚尖，无脱锋；齐——笔锋整齐，笔头平顺，盖毛均匀，拢抱不散；圆——圆直挺拔，浑圆饱满，笔头不膨胀，无弯毛；健——弹柔适中，刚健有力，收拢成锋，复原力强。毛笔模型的建立应该考虑到这些特性，使模拟结果接近于真实效果。

毛笔效果的模拟大体上分两种方式：物理模拟方式和经验模拟方式。

■ 物理模拟

物理模拟的方式是：首先，对毛笔进行物理建模；然后，在模型基础上，模拟毛笔动态的变化过程，使之满足一定的物理规律或规则。

Strassmann[Strassmann 1986]将毛笔当成笔毛的一维数组，随着笔所行走的轨迹，毛笔永远跟笔触的路径方向垂直，而以位置与压力为参数表达出笔触的曲线。但由于考虑因素比较少，所以模拟效果不是很好，而且互动性有些不足。

在[Lee 1999]中，作者认为毛笔由若干 bristle 组成，而每个 bristle 是一个符合胡克定律的具有完全弹性的木条。根据弹性力学知识，输入压力、角度参数，对 bristle 进行变形，交点形成的轨迹用 Spline 去拟合。东京工业大学的 Saito [SN 99] 以物理力学来计算笔头的形状，作者以笔头的位能跟动能配合上纸的摩擦力算出笔头的骨架，再用 Bezier Curve 来表示出笔头的位置与形状。

徐颂华[Xu 2002]等提出的基于实体模型的虚拟毛笔（如图 4.10 所示）。在这个模型中，作者认为毛笔由若干 writing primitive 组成，每个 writing primitive 是毛笔的基本工作单位，由若干笔毛组成。writing primitive 有四个参数：底部的控制圆 C、中部的控制椭圆 E、尖部的控制线 L、中间的控制轴线 A。其中，A 用三次 B 样条曲线表示，上面的控制点为 P，每个控制点都带着几何信息和 ink 相关计算信息。在书写过程中，毛笔经过三个状态：初始状态、蘸笔状态（使控制点带有 ink 信息）、工作状态（变形），笔画区域通过纸面和表示毛笔的实体模型之间的交面来表示，并通过一系列操作来完成轨迹的获取。该模型维护了较好的几何信息，但是这个模型需要复杂的曲面表示和求交运算，操作和计算都很复杂，效率相当低下。

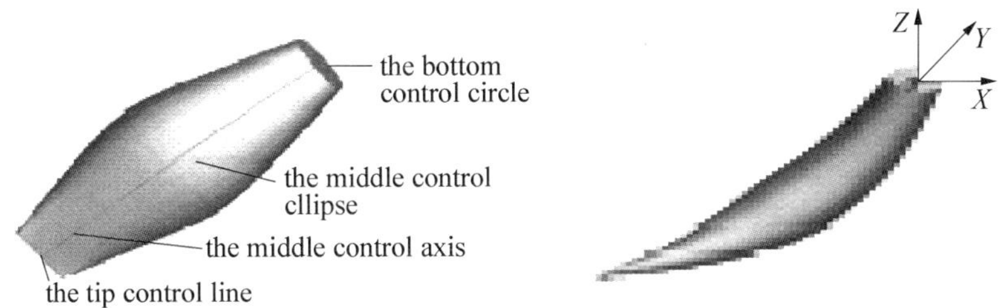

图 4.10 基于实体模型的虚拟毛笔

在[Baxter 2001]中，作者使用了力反馈的触觉设备（如图 4.11 所示）。首先，作者对毛笔建模，认为每根笔毛都有很多微粒，根据牛顿定律和亚里士多德定律计算形变。而且，在外部还有很多三角面片，控制点是与微粒有联系的。然后，对变形后的面片进行投影，就得到交面。作者又考虑了许多颜料的混合风干等因素,得到的效果接近于实际。

图 4.11　使用力反馈的触觉设备进行绘画

Nelson S. H. Chu 和 Chiew-lan Tai[CHU 2004] 将毛笔看成由若干毛簇组成,其中有主毛簇和辅助毛簇。毛簇几何形状的模拟包括两个层次:骨架和接触面形状(如图 4.12 所示)。骨架包括中轴线、中轴节点、侧轴线以及侧轴节点。当毛簇没有弯曲时,它的横截面也就是接触形状是个圆;当毛簇弯曲时,它的横截面是一个由两个半椭圆组成的图形。根据中轴节点和侧轴节点所处的位置,逼真地表现毛簇的接触轨迹。有时,毛簇的尖端是分叉的,因此在尖端可以加上一个分叉效果映射。笔尖的变形可由三种能量——笔簇的拉伸变形能量,内部作用能量即水墨和笔毛之间的作用,外部作用能量即笔簇和纸之间的作用来控制。这三种能量由弯曲角度和旋转角度来控制。多个毛簇同时模拟能够逼真地表现出毛笔的书法绘画效果。

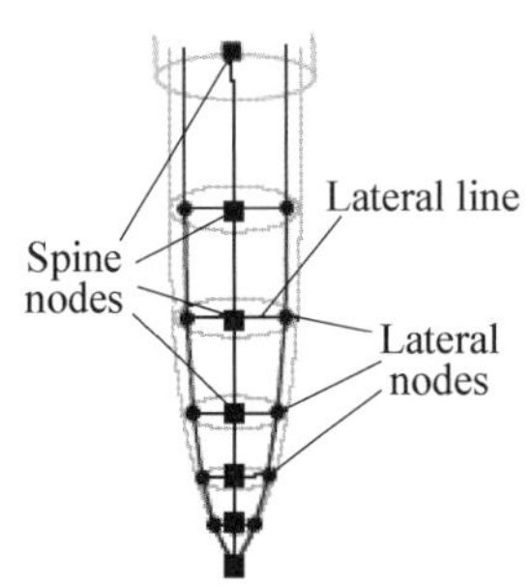

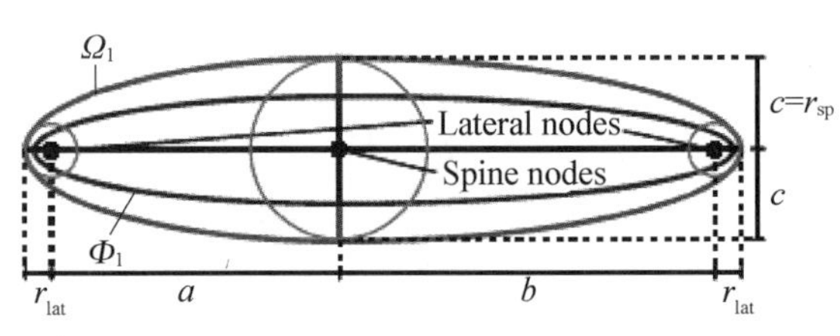

图 4.12　毛笔模型的骨架和接触面形状

基于物理模拟的方法,充分地考虑了毛笔和纸交互时的各方面因素,通过物理建模,总结出毛笔书写时应满足的规律,这使得模拟结果同真实结果有很好的相似性;但是模型一般需要复杂的计算过程,导致效率低下,有时不能满足实时交互的需求。

■　经验模拟

在基于经验模型的方法中,研究者摒弃了毛笔的真实物理模型,不试图从真实模型的基础上讨论毛笔的变化,只考虑毛笔和纸面接触部分的变化情况。

在[郭丽 2002]中,作者根据力学原理经过大量的试验及书法家的实感要求,提出了毛笔压感数学模型(如图 4.13 所示)。在交互中,以 Bezier 曲线作为接触模型。根据压力-笔宽模型,实时生成笔迹。在此基础上,综合利用图形学、图像处理的相关理论和技术,实现电子笔对真实毛笔的计算机模拟。

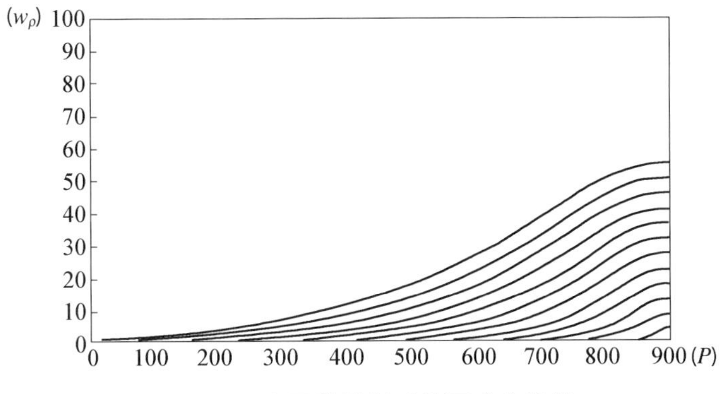

图 4.13 电子笔模拟毛笔压感曲线簇

在[宓晓峰 2003]中，作者在对实际毛笔与纸面的交互所进行大量细致的研究基础上，给出了一种经验模型。该模型只考察笔刷和纸面接触部分的变化情况，采用参数化的"雨滴"(droplet)来模拟接触区域(如图 4.14 所示)，而不试图从真实模型的基础上讨论笔刷的变化，因此省略了造型或者计算每一根笔毫的弯曲变化所难以避免的复杂情况，从而保留了灵活性。

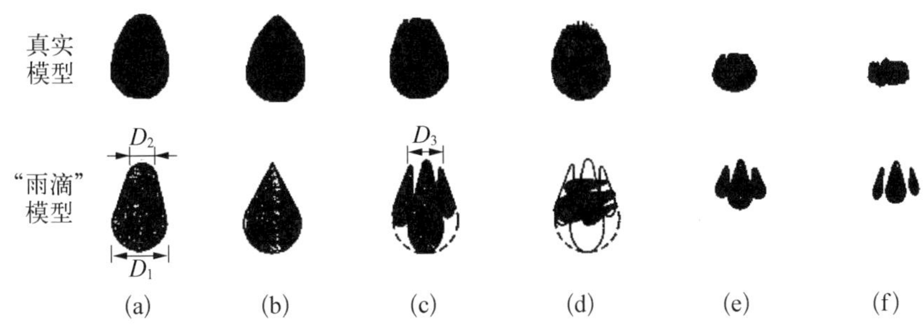

图 4.14 雨滴模型的各种状态

(a) 初始(湿笔)；(b) 初始(正常)；(c) 初始分裂模型；
(d) 分层笔刷模型；(e) 向分离过渡；(f) 分裂为多个雨滴

该模型中，每一"雨滴"的参数由用户交互得到，这个过程中得到的"雨滴"是一系列参数化的、分离的，而具有良好几何信息的接触区域。模型能够结合从用户交互所得的笔画参数，最终重构具有丰富表现力的毛笔笔画，包括飞白、渗透等毛笔特效。

在[Yin 2005]中，作者在模拟毛笔之前首先提出一个压感模型，它是通过实验来统计出适合一般用户的用力感觉的压感与笔线宽度的关系曲线。同时通过对笔纸之间接触轨迹的观察分析提出笔尖与纸之间相互作用的接触模型(如图 4.15 所示)，并且根据运笔的速度调整基本笔形之间的连线方式，以达到笔迹良好的填充效果。

基于经验模型的方法只考虑毛笔和纸面接触部分的变化情况，这使得计算方便，效率高，能够满足实时交互的要求；但是，由于经验模型忽略了毛笔模型的大部分因素，所以最后的模拟结果必然与真实结果有比较大的差异。

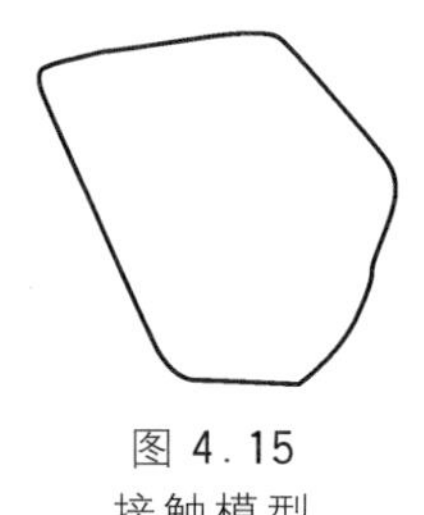

图4.15 接触模型

■ 水墨模型

中国书法绘画是一种沉淀艺术，用水墨、宣纸可以达到一些特殊的效果。笔毛的形状、强度和实用范围决定了纸面上线条和形体的状态和精确程度，但用笔的主要问题是如何表达用笔者的思想。墨的不可洗性造成多层透明效果。墨色因素不重要，实际上只有很少的变化。真正使墨变化出无限迹象的是水。水的一次性用量造成“干湿”，水与墨的调和比例造成“浓淡”，水的加入次序造成笔迹，水的冲洗力度造成墨痕[石永鑫 2003]。

在[Guo 1991]中，Guo 和 Kunii 提出了第一个适用于中国水墨扩散的模型。他们假设墨水由许多大小不同的颜料微粒组成，然后利用一维过滤过程来模拟墨水的传播。在[KUNII 2001]中，Kunii 等人用偏微分方程来描述水墨扩散现象。他们认为水在纸上的扩散、颜料在水中的扩散满足 Fick 扩散定律。但是，偏微分方程仅能模拟水墨模糊的效果。

在[石永鑫 2003]中，作者通过分析中国水墨画绘画材料及相互作用关系，提出一个基于粒子系统的仿真模拟体系，用以实现中国水墨画的典型艺术效果。该仿真模型借鉴粒子系统的基本概念，使用“伪布朗运动”作为水墨粒子流动的推动力；对给定的输入笔迹进行边缘提取和检出，并作为粒子初始化的依据；使用层对象混合运算实现基本的多笔次叠加效果。

在[Chu 2005]中，Nelson S. H. Chu 等人介绍了一个模拟水墨扩散的物理模型 MoXi。他们在 Lattice Boltzmann 方程的基础上，设计了新的流体流动模型。该模型将墨水瞬时的形状变化和流动整合到一个框架中，利用图像方式和隐式建模的方式输出最终的结果。MoXi 可以模拟水墨的多种效果，如图4.16所示。其中，(a)为羽化效果；(b)为边缘淡化效果；(c)为边缘分枝效果；(d)为边缘粗糙效果；(e)为边缘黯化效果。

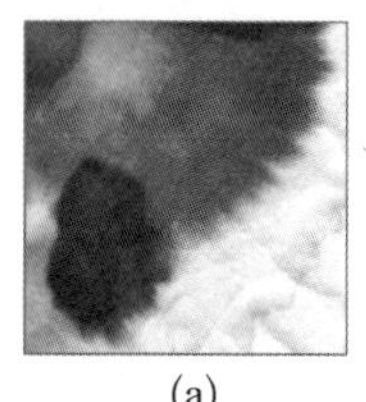

(a)

(b)

(c)

(d)

(e)

图4.16 MoXi 可以模拟的多种水墨效果

4.3.2 基于同步 B 样条的笔锋效果模拟

上一小节讨论了钢笔效果模拟算法和毛笔效果模拟算法。我们可以看到，两种算法是有很大差别的。但是，也有一些共同特性。比如：钢笔和毛笔模拟算法都希望达到笔锋效果，即在起笔和抬笔处能有明显的粗细变化；再有，虽然一些毛笔模拟算法有特殊的边缘效果，但是在日常使用中，人们往往追求边缘的光顺；最后，用户在书写汉字的时候，通常希望保留汉字特有的形状特征——挺健、转折明显。

基于以上需求，设计了基于同步 B 样条拟合的笔锋效果模拟算法。整个算法的计算是同用户的输入同步进行的，用户在书写的同时会看到光顺、保形的模拟效果。用户通过带压感的手写板或手写屏进行笔画输入，模拟算法会同步地利用公切线增强模型计算笔画的轮廓。为了使笔画轮廓更加光顺，算法基于 B 样条拟合同步计算轮廓的拟合曲线。同时，为了防止"过拟合"的情况，算法会计算笔画的关键点，并且只拟合关键点之间的轮廓曲线，以便保留原笔画特有的形状特征。算法主要有三个特点：

- 通过公切线增强模型计算笔迹的轮廓线。
- 设计关键点查找算法，计算笔迹的关键点，对应于汉字的转折点，使写出的笔画刚劲、挺健。
- 设计同步 B 样条拟合算法，计算笔迹轮廓的拟合曲线，使写出的笔画光顺，富有变化。

基于同步 B 样条拟合的笔锋效果模拟算法的流程如图 4.17 所示。

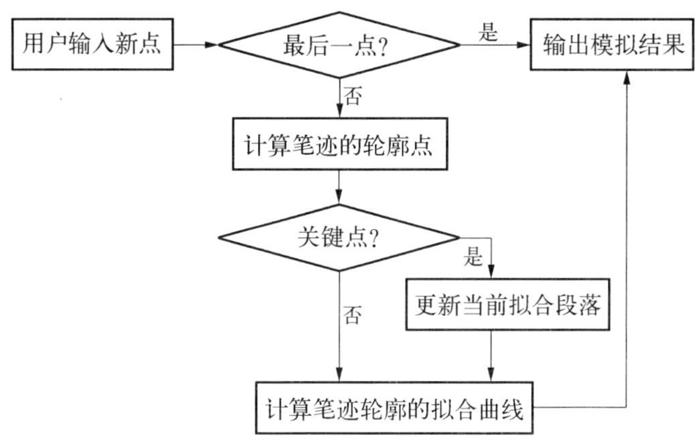

图 4.17 笔锋效果模拟算法的流程图

4.3.3 公切线增强模型

设用户当前输入采样点为 $S_i(x_i, y_i, p_i)$，其中，x_i 为采样点的 X 坐标，y_i 为采样点的 Y 坐标，p_i 为采样点的压力值。模拟算法利用公切线增强模型计算笔迹的轮廓。设圆 $C_i(x_i, y_i, r_i)$ 表示当前输入新点 S_i，其中，$r_i = f(p_i)$。计算步骤如下(符号说明见图 4.18)：

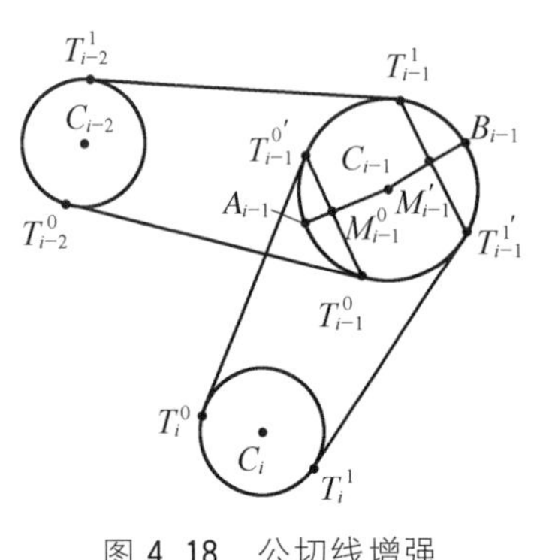

图 4.18 公切线增强模型计算

(1) 计算圆 C_{i-2} 和圆 C_{i-1} 的公切点 T_{i-2}^0，T_{i-2}^1，T_{i-1}^0，T_{i-1}^1，以及圆 C_{i-1} 和圆 C_i 的公切点 $T_{i-1}^{0'}$，$T_{i-1}^{1'}$，T_i^0，T_i^1。

(2) 设 M_{i-1}^0 为线段 $T_{i-1}^{0'}T_{i-1}^0$ 的中点，C_{i-1} 圆与 M_{i-1}^0 的连线交圆 C_{i-1} 于 A_{i-1}。同理，设 M_{i-1}^1 为线段 $T_{i-1}^{1'}T_{i-1}^1$ 的中点，C_{i-1} 与 M_{i-1}^1 的连线交圆 C_{i-1} 于 B_{i-1}。

(3) 设笔迹的两条轮廓线上的轮廓点分别为 D_i 和 E_i，则

$$D_i = \begin{cases} A_i, & i \in (0, n) \\ T_i^0, & i = 0, n \end{cases}, \quad E_i = \begin{cases} B_i, & i \in (0, n) \\ T_i^1, & i = 0, n \end{cases}$$

其中，n 为最后一个输入点的序号。

4.3.4 关键点查找算法

由于汉字讲究横平竖直，弯折处必须突出，所以利用关键点查找算法计算轮廓的关键点，即轮廓的转折点。

常见的关键点查找算法有多边形逼近法和角点检测法。

多边形逼近法通常按照一定原则向两个最初端点之间的曲线段中不断加入分割点以逼近原曲线，这些分割点就是特征点。在[吴昊 2000]中提出的递归过程，每一步考察曲线段中各点到当前两端点连成的弦的距离，选择距离最大且距离值大于阈值的点作为特征点，并将该点作为新的端点，直到没有新的点产生。

角点检测法通常计算轮廓上每一点的曲率并找出曲率的局部最大值点作为特征点。对于如何计算曲率，人们进行了很多研究。如利用某点的前后两点间连线长度与该点到该直线的距离比作为近似曲率[Teh 1989]；利用 B 样条曲线进行拟合获得曲率[肖轶军 2000]；利用某点前后几点的几何中心与该点所构成的向量计算曲率[张文景 1999]；以及利用轮廓内面积与轮廓外面积在以轮廓点为圆心的圆中所占百分比估计曲率[陈燕新 1998]等。

以上方法虽然能够比较准确地找出笔迹上的关键点，但算法的时间复杂度和空间复杂度高，不能满足实时的要求；而且，这些方法都要求在进行关键点查找时，所有点的信息都是已知的，显然不满足模拟算法的要求。

因此，提出了一种基于曲率的同步关键点查找算法。

设用户当前输入新点为 $S_i(x_i, y_i, p_i)$，计算步骤如下：

(1) 计算 $S_{i-2}S_{i-1}S_i$ 三点形成的角度 θ_{i-1}，若 $\theta_{\text{threshold}} \leqslant 180^\circ - \theta_{i-1}$，则 S_{i-1} 为关键点。

(2) 设当前关键点集合为 $Q = \{S_{i_0}, S_{i_1}, \cdots, S_{i_{N-1}}, S_{i_N}\}$，关键点的数目为 $N+1$，定义关键点段落为 $F_k = \{S_{i_k}, S_{i_k+1}, \cdots, S_{i_{k+1}-1}, S_{i_{k+1}}\}$，$k \in [0, N-1]$。如果 $N<4$，退出；否则，按照以下步骤进行关键点集合更新。

(3) 计算 F_0，F_1 的长度分别是 L_{F_0}，L_{F_1}，如 $L_{F_0} \leqslant L_{\text{threshold}}$ 且 $L_{F_0}/L_{F_1} \leqslant Rate_{\text{threshold}}$，或者 $L_{F_1} \leqslant L_{\text{threshold}}$ 且 $L_{F_1}/L_{F_0} \leqslant Rate_{\text{threshold}}$，则从关键点集合中去除 S_{i_1}，返回(2)。

(4) 计算 F_{N-2}，F_{N-1} 的长度分别是 $L_{F_{N-2}}$，$L_{F_{N-1}}$，如 $L_{F_{N-2}} \leqslant L_{\text{threshold}}$ 且 $L_{F_{N-2}}/L_{F_{N-1}} \leqslant Rate_{\text{threshold}}$，或者 $L_{F_{N-1}} \leqslant L_{\text{threshold}}$ 且 $L_{F_{N-1}}/L_{F_{N-2}} \leqslant Rate_{\text{threshold}}$，则从关键点集合中去除 $S_{i_{N-1}}$，返回(2)；否则，退出。

4.3.5 同步 B 样条拟合算法

由于两条轮廓线的拟合计算相同，所以仅以 $D = \{D_0, D_1, \cdots, D_i\}$ 为例介绍。设当前待拟合轮廓曲线为 G，由上一节的结果知，$G = \{D_{i_{N-1}}, D_{i_{N-1}+1}, \cdots, D_{i_N-1}, D_{i_N}\}$，设点的数目为 $n+1$。为了以下叙述方便，设 $G = \{p_0, p_1, \cdots, p_n\}$。

一般拟合所用的曲线有二次曲线[刘海香 2004]、Bezier 曲线、B 样条曲线等。但是，除 B 样条曲线以外，其他的曲线在描述弯折比较多的笔画时，必须采用分段拟合的方法计算，然后再进行曲线拼接。如果要保证拟合后的曲线具有二阶连续性，拼接计算的过程会比较复杂。所以，我们采用三阶非均匀 B 样条曲线作为拟合使用的曲线。

给定 $n+1$ 个数据点 $p_k (k = 0, 1, \cdots, n)$。通常的算法[施法中 1994]是将首末数据点 p_0 和 p_n 分别作为三次 B 样条曲线的首末端点，把内部数据点 p_1，$p_2, \cdots, p_{n-1}$ 依次作为三次 B 样条曲线的分段连接点，则曲线为 n 段。因此，所求的三次 B 样条曲线应有 $n+3$ 个控制顶点 $d_k (k = 0, 1, \cdots, n+2)$。节点矢量应为 $\boldsymbol{U} = (u_0, u_1, \cdots, u_{n+6})$，曲线定义域 $u \in [u_3, u_{n+3}]$。为了计算方便，设 $d_0 = d_1 = p_0$，$d_{n+1} = d_{n+2} = p_n$，根据下面方程求出 $d_2, d_3, \cdots, d_n$。

$$\begin{bmatrix} b_2 & c_2 & & & \\ a_3 & b_3 & c_3 & & \\ & \ddots & \ddots & \ddots & \\ & & a_{n-1} & b_{n-1} & c_{n-1} \\ & & & a_n & b_n \end{bmatrix} \begin{bmatrix} d_2 \\ d_3 \\ \vdots \\ d_{n-1} \\ d_n \end{bmatrix} = \begin{bmatrix} e_2 \\ e_3 \\ \vdots \\ e_{n-1} \\ e_n \end{bmatrix}$$

其中

$$a_i = \frac{\Delta_{i+2}^2}{\Delta_i + \Delta_{i+1} + \Delta_{i+2}}$$

$$b_i = \frac{\Delta_{i+2} \times (\Delta_i + \Delta_{i+1})}{\Delta_i + \Delta_{i+1} + \Delta_{i+2}} + \frac{\Delta_{i+1} \times (\Delta_{i+2} + \Delta_{i+3})}{\Delta_{i+1} + \Delta_{i+2} + \Delta_{i+3}}$$

$$c_i = \frac{\Delta_{i+1}^2}{\Delta_{i+1} + \Delta_{i+2} + \Delta_{i+3}}, \quad e_i = (\Delta_{i+1} + \Delta_{i+2}) \times p_{i-1}$$

$$\Delta_i = u_{i+1} - u_i, \quad i = 2,3,\cdots,n$$

在计算出控制顶点以后，根据德布尔算法，计算拟合曲线上的点。

如果每次加入新点，都重新计算所有的控制顶点，则显然无法满足实时性的要求。因此，本节设计了同步 B 样条拟合算法。设当前节点矢量为$(u_0, u_1, \cdots, u_{n+6})$；当前矩阵求解矢量分别为$(a_2, a_3, \cdots, a_n)$，$(b_2, b_3, \cdots, b_n)$，$(c_2, c_3, \cdots, c_n)$和$(e_2, e_3, \cdots, e_n)$；当前控制顶点矢量为$(d_2, d_3, \cdots, d_n)$。

加入新点 p_{n+1}后，计算节点矢量为$(u'_0, u'_1, \cdots, u'_{n+6}, u'_{n+7})$；矩阵求解矢量分别为$(a'_2, a'_3, \cdots, a'_n, a'_{n+1})$和$(b'_2, b'_3, \cdots, b'_n, b'_{n+1})$和$(c'_2, c'_3, \cdots, c'_n, c'_{n+1})$和$(e'_2, e'_3, \cdots, e'_n, e'_{n+1})$；控制顶点矢量为$(d'_2, d'_3, \cdots, d'_n, d'_{n+1})$。计算步骤如下：

(1) 同步计算节点矢量$\{u'_k\}$

$$u'_k = \begin{cases} u_k, & k \in [2, n+3] \\ u, & k \in [n+4, n+7] \end{cases}, \quad u \text{ 根据参数化方法确定}$$

(2) 同步计算矩阵求解矢量$\{a'_k\}$，$\{b'_k\}$，$\{c'_k\}$，$\{e'_k\}$

$$a'_k = \begin{cases} a_k, & k \in [2, n] \\ \dfrac{\Delta_{k+2}^2}{\Delta_k + \Delta_{k+1} + \Delta_{k+2}}, & k = n+1 \end{cases}$$

$$b'_k = \begin{cases} b_k, & k \in [2, n-1] \\ \dfrac{\Delta_{k+2} \times (\Delta_k + \Delta_{k+1})}{\Delta_k + \Delta_{k+1} + \Delta_{k+2}} + \dfrac{\Delta_{k+1} \times (\Delta_{k+2} + \Delta_{k+3})}{\Delta_{k+1} + \Delta_{k+2} + \Delta_{k+3}}, & k = n, n+1 \end{cases}$$

$$c'_k = \begin{cases} c_k, & k \in [2, n) \\ \dfrac{\Delta_{k+1}^2}{\Delta_{k+1} + \Delta_{k+2} + \Delta_{k+3}}, & k = n, n+1 \end{cases}$$

$$e'_k = \begin{cases} e_k, & k \in [2, n) \\ (\Delta_{k+1} + \Delta_{k+2}) \times p_{k-1}, & k = n, n+1 \end{cases}$$

(3) 同步计算控制顶点矢量$\{d'_k\}$

$$d'_k = \begin{cases} d_k, & k \in [2, m] \\ d_k^{\text{new}}, & k \in [m+1, n+1] \end{cases}$$

由于 B 样条曲线局部性的特征，p_{n+1} 的加入对 $d_k(2\leqslant k\leqslant m)$ 的影响可以忽略不计。其中，m 由实验确定，这里取 $m=n-10$。d_k^{new} 通过求解上述三对角方程[李庆扬 2000]来确定。

4.3.6 实现和实验评估

● 系统实现

在以上论述的基础上，我们开发了一个笔锋效果模拟系统。用户在使用本系统时，像生活中使用普通的钢笔一样，手持电子笔，在带压感的手写屏或手写板进行笔画输入。随着电子笔的移动，模拟效果同步出现。用户可以改变运笔的力度，使笔迹轮廓发生粗细的变化。由于系统利用了人们的生活经验，所以使用起来十分方便。用户也可以利用本系统，交互式地设置笔画的颜色、宽度等参数。图 4.19～图 4.22 是用本系统绘制的几幅钢笔书法以及毛笔书法。

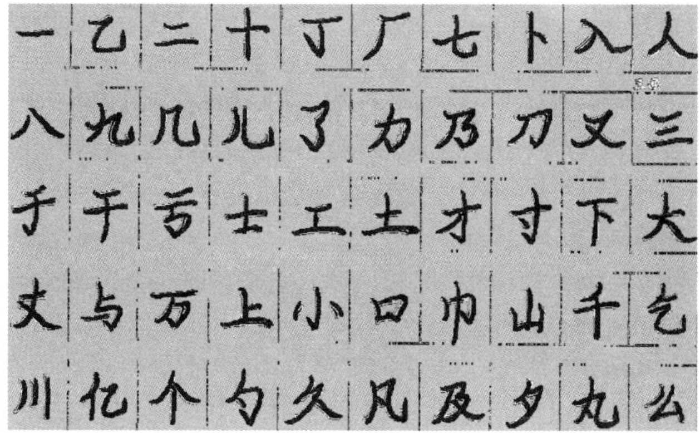

图 4.19 钢笔描红作品

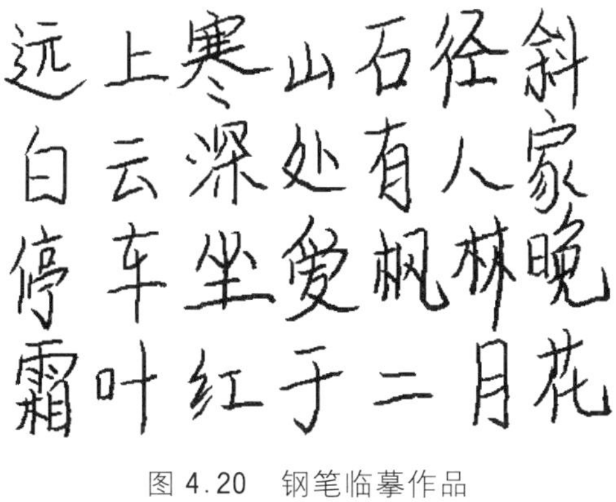

远上寒山石径斜
白云深处有人家
停车坐爱枫林晚
霜叶红于二月花

图 4.20 钢笔临摹作品

图 4.21　毛笔作品——沾霞

图 4.22　毛笔作品——龙腾

- 实验评估

本实验的目的在于评估关键点查找算法的有效性以及模拟算法的实时性。

实验分为两个阶段。在第一个阶段中，首先要求用户自由书写 50 个文字；然后利用评估辅助工具，通过手工指点的方式确定文字关键点的位置(包括转折点、端点等)；最后，将用户的笔迹信息(包括位置信息、压力信息)以及关键点的位置保存下来。在第二个阶段中，将存储的笔迹信息导入模拟系统中，进行钢笔效果模拟，记录模拟所需的时间 T；然后利用评估辅助工具，通过手工指点的方式确定模拟文字关键点的位置；最后，统计关键点查找算法的查准率 R_1 和查全率 R_2。

设原始文字的关键点有 M 个，模拟文字的关键点有 N 个，正确查找 N_1 个，错误查找 N_2 个，遗漏查找 N_3 个，则 $R_1 = N_1/N$，$R_2 = N_1/M$。

图 4.23 为系统评估时的部分截图。

图 4.23　关键点评估

评估结果如表 4.3 所示。

表 4.3　关键点查找算法查准率和查全率以及所需的时间

用户	M(个)	N(个)	N_1(个)	N_2(个)	N_3(个)	R_1	R_2	T(秒)	T/50(秒)
A	972	956	940	16	32	0.983	0.967	16	0.32
B	864	870	853	17	11	0.980	0.987	18	0.36

其中用户 A 和用户 B 是本实验工作人员，他们具有使用计算机的经验，但都是首次使用本系统。

从表 4.3 可以看到关键点查找算法查准率和查全率几乎都在 98% 以上，这使得模拟算法可以真实地模拟出钢笔书法刚劲、挺健的特点。同时，实验采用一次性导入的方式确定模拟时间。由于导入信息为笔迹的位置信息、压力信息，所以导入过程可以看作实际书写的回放过程。而且，所需时间完全是模拟算法计算的时间。从表 4.3 可以看到模拟算法所需的时间非常短，满足实时性的要求。

4.4 笔迹压缩

4.4.1 笔迹压缩综述

在对 UNIPEN 规范、Jot 规范、InkML 标准的描述中，我们可以看到数字笔迹的数据量是非常大的。而且随着硬件技术的不断发展，数字笔的数据获取能力(坐标精确度、采样率和属性数目等)有了更大的提高。比如 Wacom 公司的 Intuos 系列产品[Wacom]，采样率可以达到 200 Hz，可以获取 X 坐标、Y 坐标，精度达到 1 024 级的压力，在[－60，60]范围的倾角等属性。如果用整数表示各个属性，则需要 16 个字节描述一个采样点。用户如果连续书写一分钟，数字笔迹的存储空间就需要 3.2 kB。庞大的数据量对计算机容量和网络传输技术都提出了很高的要求，这成为笔式交互深入发展的瓶颈。

但是，UNIPEN 规范、Jot 规范、InkML 标准都没有对数字笔迹多维数据的压缩进行深入的讨论及研究。微软公司采用两种方式对数字笔迹进行压缩[Microsoft Corporation-Save]，一种是直接压缩，另一种是转换为图像格式(GIF)存储。但是这些压缩方法都属于有损压缩，而且仅仅适用于采样点属性只有 X 坐标值和 Y 坐标值的情况。

为了无损地压缩数字笔迹的多维数据，本节提出了一种编码算法，即基于整数小波变换的笔迹层次式压缩 IWPHSP(Integer Wavelet Packet based Hierarchical Set Partitioned)。由于数字笔迹数据在时间维度上具有强相关性，所以 IWPHSP 算法首先利用可逆整数小波包变换对数字笔迹数据进行处理，然后从变换系数自身特点出发，通过层次性集合分裂的编码方法，对变换系数进行嵌入式编码。同时，部分编码结果用快速自适应算术编码再次压缩。

4.4.2 基于整数小波变换的笔迹层次式压缩

1. 数字笔迹多维数据

数字笔迹多维数据 I 在数据角度上是由笔画组成，$I=\{S_i \mid i\in[1,n], n$ 为笔画数$\}$。笔画 S_i 由采样点 L_j^i 组成，$S_i=\{L_j^i(x_j^i, y_j^i, p_j^i, t_j^i) \mid j\in[1,k_i], k_i$ 为采样点数$\}$。由于数字笔的采样频率一般达到 100～133 Hz，所以数字笔迹多维数据在时间维度上具有强相关性。图 4.24 给出了数字笔迹截图及相应的多维数据。

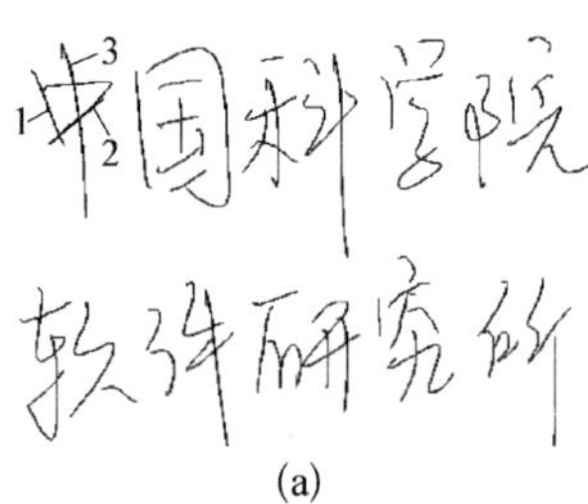

(a)

```
stroke1
x=235,239,240,242,243,244,245,246,248,249,
y=185,188,192,196,203,212,220,226,231,234,
p=138,312,310,362,378,386,392,386,336,218,
t=27934265,27934275,27934285,27934295,27934305,27934315,27934325,...
stroke2
x=248,252,256,261,267,273,278,281,283,283,280,276,270,264,258,...
y=200,197,196,195,194,194,194,195,197,199,202,207,213,219,224,...
p=130,138,182,206,246,272,286,276,306,336,336,314,298,314,344,...
t=27934484,27934494,27934504,27934514,27934524,27934534,27934544,...
stroke3
x=262,262,261,261,261,262,263,264,265,266,267,269,270,
y=172,166,165,168,174,184,199,218,241,265,285,302,315,
p=194,286,286,332,376,424,446,462,466,458,430,430,44,
t=27934859,27934869,27934879,27934899,27934909,27934919,27934929....
...
```

(b)

图 4.24 数字笔迹截图及相应的多维数据

(a) 数字笔迹截图；(b) 相应的多维数据

从图 4.24 可以看到，同一笔画内的属性具有相关性，而且不同笔画间的相同属性值也具有相关性，特别是时间值属性。为了最大限度地去处理数字笔迹属性值在时间维度上的相关性，编码算法将多个笔画 S_i 合为一个笔画 S，$S=\left\{L_j(x_j, y_j, p_j, t_j) \mid j\in[1,k], k=\sum_{i=1}^{n} k_i\right\}$。为了解码需要，将原笔画包含的点数进行记录，$K=\{k_i \mid i\in[1,n]\}$。由于采样点不同属性之间不存在相关性，所以编码算法会对 K, X, Y, P, T 分别进行压缩，其中，X, Y, P, T 分别是数字笔迹 x 坐标、y 坐标、压力 p、时间 t 属性值的集合。为了方便，仅对编码算法压缩 X 集合进行叙述，$X=\{x_j \mid j\in[1,k]\}$，其余集合的压缩类似于 X 集合的压缩。

IWPHSP 数字笔迹多维数据编码算法过程如图 4.25 所示[李俊峰 2006b]。

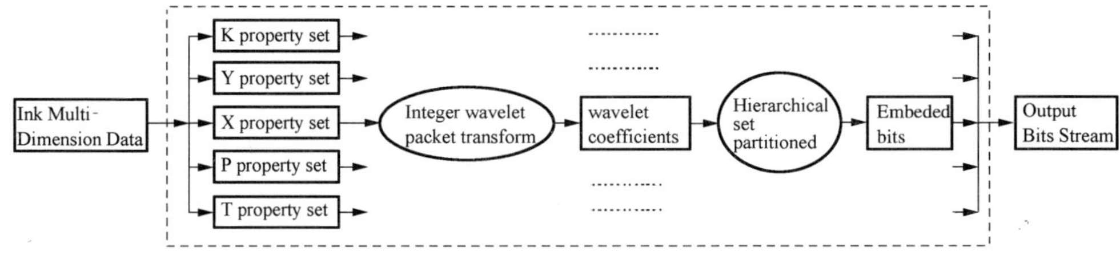

图 4.25 IWPHSP 数字笔迹多维数据编码算法流程图

由于整数小波包变换具有优异的时频局部能力以及良好的去相关能力，编码算法首先利用整数小波包变换得到变换系数。然后从变换系数自身特点出发，通过层次性集合分裂的编码方法，对变换系数进行嵌入式编码。同时，部分编码结果用快速自适应算术编码再次压缩。

2. 整数小波包变换

自 20 世纪 80 年代末期 S. Mallat[Mallat 1989]首次将快速小波变换引入数据处理以来，小波变换得到了广泛的应用，并取得了良好的效果。但在实际应用中，快速小波变换有其自身的弱点：需要作卷积运算，计算复杂；对数据的尺寸有要求。为此，Sweldens[Sweldens 1998]提出了基于提升模式的小波变换，它使人们用一种简单的方法来解释小波的基本理论，并且在提升模式下建立的整数小波变换具有变换可逆、运算简单、整数存储等优点，在图像压缩领域[张立保 2003]得到了深入的研究。

基于提升模式的整数小波变换分为分裂（split）、预测（predict）和更新（update）三个步骤。

- 分裂：将数据 X 分裂成两个互不相交的子集，通常是奇偶分裂，即 $E^0(n)=X(2n)$，$O^0(n)=X(2n+1)$。
- 预测：采用预测算子 P 作用于偶信号，得到奇信号的预测值 E_P^0，再将 O^0 同预测值相减得到预测误差 O^1，即 $O^1(n)=O^0(n)-\mathrm{int}(E_P^0(n))$。
- 更新：采用更新算子 U 作用于预测误差 O^1，得到偶信号的更新值 O_U^1，再将 E^0 同更新值相减得到 E^1，即 $E^1(n)=E^0(n)-\mathrm{int}(O_U^1(n))$。

其中，int(·)为取整函数。

经过上述三个步骤后，数据实际被分解为两个频率部分，偶信号对应低频，奇信号对应高频。然而，在小波变换中，分解层数是一个模糊的数量，由编码算法任意规定，更重要的是，进一步的分解只作用于低频部分，高频部分保持不动，这使得小波变换在处理高频部分复杂的数据时出现效果不理想等情况。

小波包变换[Colifman 1992]是小波变换的推广，同小波变换不同的是，数据的高频部分也和低频部分一样被递归分解，所以它能够提供更灵活的、更适合于数据时频域特性的分解方式。为了选择合适的小波包基，人们开展了大量的研究工作，大体上可分为全局搜索和局部搜索两种。其中全局搜索算法[Xiong 1998]须等小波包完全分解后才能进行搜索，这无疑会大大增加计算量，影响数据的编码速度；而在局部搜索算法[陈玉宇 1998]中，通过定义费用指标，一边分解，一边判别父节点费用同子节点费用和的关系，对不满足条件的节点将停止分解，这使得编码速度有了大幅度的提高。

本节给出一种新的整数小波包变换算法，LSS 为待分解集合列表，LDS 为已分解集合列表，定义费用指标为 $F(Z)=\sum_{x_j\in Z}|x_j|$，$Z$ 为 X 的子集。具体算法如下：

(1) 初始化 *LSS* 为 X 集合,*LDS* 为空集。

(2) 处理 *LSS* 中的每一个集合 Z,直到 *LSS* 为空集:

- 计算集合 Z 的费用 $C = F(Z) = \sum_{x_j \in Z} |x_j|$;
- 利用整数小波变换,将 Z 分解为两个子集合 Z_e, Z_o;
- 计算子集合费用和 $C' = F(Z_e) + F(Z_o)$;
- 如果 $C' \leqslant C$,将 Z_e 和 Z_o 加入到 *LSS* 中,从 *LSS* 中去除 Z;
- 否则,将 Z 从 *LSS* 移至 *LDS*。

显然,整数小波包变换在具备整数小波变换快捷、能够在当前位置上完成计算、能够对任意尺寸数据进行变换等优点的同时,由于采用了变换系数幅值和的费用指标,所以变换结果的幅值和大幅度降低,为随后的嵌入式编码打下了良好的基础。

3. 嵌入式编码

为了更好地对整数小波包变换后的变换系数进行编码,IWPHSP 借鉴了图像编码中嵌入式编码的思想。尤其是 Asad 和 Pearlman 提出的 SPECK[Islam 1999]算法具有完全嵌入性、渐进传输性、低计算复杂性、较高的信噪比和较好的图像复原质量等优点。小波图像中不仅存在各级子带间的自相似特性,而且不同区域间的能量分布也不相同。SPECK 编码算法充分利用了同一子带中不重要系数的相关性,采用四叉树分裂、八带分裂策略,通过初始化(initialization)、排序(sorting pass)、细化(refinement pass)、量化步长更新(quantization step)这四个子过程完成嵌入式编码。

对图像 X 进行小波变换,形成按分解级数定义的分级金字塔结构。$c(i,j)$ 表示位置在(i,j)的变换系数,*LIS* 表示不重要像素集合列表,*LSP* 表示重要像素集合列表。定义集合 T 的重要性判定函数 $S_n(T)$ 以及集合 T 的尺寸函数 $C(T)$ 分别为

$$S_n(T) = \begin{cases} 1, & 2^n \leqslant \max\limits_{(i,j)\in T}\{|c(i,j)|\} < 2^{n+1} \\ 0, & \text{其他} \end{cases}$$

$$C(T) = \text{size}(T) = \text{集合 } T \text{ 包含的变换系数的数目}$$

具体算法如下:

(1) 初始化

将变换图像 X 分裂为两个集合 R 和 I,其中 R 定义为最高层子带系数集合,I 定义为 X 去除 R 的剩余系数集合;

输出 $n = \left\lfloor \log_2\left(\max\limits_{\forall (i,j)\in X} |c(i,j)| \right) \right\rfloor$;

LIS 初始化为 R,*LSP* 初始化为空集;

(2) 排序

以集合尺寸递增的顺序处理 *LIS* 中的每一个集合 T,processS(T);

处理集合 I，processI（I）；

（3）细化

对于 LSP 中的所有节点 $c(i,j)$，除去那些在最后一次排序过程中出现的节点，输出 $|c(i,j)|$ 的第 n 个最重要位；

（4）量化步长更新

将 n 减 1，转移至(2)；

SPECK 算法中用到的方法有 processS(　)，codeS(　)，processI(　)，codeI(　)：

```
processS(T)
{
    输出 S_n(T)；
    如果 S_n(T)=1
        如果 C(T)=1，则将 T 加入到 LSP，输出 T 包含的变换系数符号；
        否则 codeS(T)；
        如果 T∈LIS，从 LIS 中去除 T；
    否则
        如果 T∉LIS，则将 T 加入到 LIS 中；
}
codeS(T)
{
    利用四叉树分裂方法，将集合 T 分裂为四个子集 O(T)；
    对于每一个子集 O(T)，processS(O(T))；
}
processI(I)
{
    输出 S_n(I)；
    如果 S_n(I)=1，codeI(I)；
}
codeI(I)
{
    利用通过八带分裂方法，将集合 I 分裂为四个子集、三个 T 和一个 O(I)；
    对于每一个 T，processS(T)；
    processI(O(I))；
}
```

4. 层次性集合分裂编码

理论分析和实验结果表明该算法也存在一些不足。具体表现为，当某一集合 Z 在当前量化步长下是非重要的，它会被留在 LIS 中，随着量化步长的更新，Z 会不断地被测试，直到在某一量化步长下成为重要集合而被进一步分解。在每一次测试中，由于 Z 是非重要集合，SPECK 编码器会输出"0"作为解码标志。由于 IWPHSP 将会对数字笔迹多维数据进行无损压缩，如果直接应用 SPECK

算法的基本步骤,那么上述情况会大量出现,必然会导致编码器的低效。而且在整数小波包变换后,*LDS* 中的集合分布于各级分解层,已经不适合采用八带分裂的方式。因此,本节给出层次性集合分裂编码方法 HSP,通过改变 SPECK 编码算法的基本步骤,使得编码方法适合于整数小波包变换的结果,同时改进了整体编码算法的性能。

HSP 编码算法的核心思想是:用"$0,1,2,4,\cdots,2^n$"取代"$1,2,4,\cdots,2^n$"作为编码过程中的量化阈值,n 是初始化过程中的最大位面。对应于每个量化阈值,编码算法建立待分解集合列表 *LSS*,集合的重要性测试、分裂等操作只对当前 *LSS* 进行,最大限度地适应小波系数的幅值特点,大大提高了编码性能。

集合 X 进行整数小波包变换后,已分解集合存在于 *LDS* 中,$LDS=\{Z_i \mid i=1,2,\cdots,l\}$。设 *LBP* 为待定位面集合列表,定义集合 Z 的重要性判定函数 $S_n(Z)$、位面计算函数 $P(Z)$、尺寸函数 $C(Z)$分别为

$$S_n(Z)=\begin{cases}1, & 2^n \leqslant \max\limits_{x_i \in Z}\{|x_i|\} < 2^{n+1}\\ 0, & \text{其他}\end{cases}$$

$$P(Z)=\begin{cases}\left[\log_2\left(\max\limits_{x_i \in Z}|x_i|\right)\right]+1, & \max\limits_{x_i \in Z}|x_i|>0\\ 0, & \max\limits_{x_i \in Z}|x_i|=0\end{cases}$$

$$C(Z)=size(Z)=\text{集合 } Z \text{ 包含的变换系数的数目}$$

具体算法步骤如下:

(1) 初始化
计算 *LDS* 中每一集合的位面 $n_i=P(Z_i)$,将 Z_i 加入到 *LBP* 中;
输出 $n=\max\limits_{1\leqslant i\leqslant l}(n_i)$;
对应于每个量化阈值,建立待分解集合列表 LSS_j,其中,$0\leqslant j\leqslant n$;
如果 $0<n$
执行 processLBP( );
清空 *LBP*;

(2) 排序与细化
以集合尺寸递增的顺序处理当前 *LSS* 中的每一个集合 Z:
如果 $C(Z)=1$,processOne(Z);
否则,processS(Z);
如果 $1<n$
执行 processLBP( );
清空 *LBP*;

(3) 量化步长更新
如果 $n=0$,退出;
否则,将 n 减 1,转移至(2);

HSP 算法中用到的方法有 processS( ),processOne( ),processLBP( ):

```
processS(Z)
{
        利用二叉树分裂方法,将集合 Z 分裂为两个子集 Z1,Z2;
        组合输出 Sn(Z1)Sn(Z2);
        处理子集 Zm(m=1,2):
            如果 Sn(Zm)=1
                如果 C(Zm)=1,processOne(Zm);
                否则,processS(Zm);
            否则
                如果 1<n,将 Zm 加入到 LBP 中;
}
processOne(Z)
{
        如果 Z 被首次处理,输出 Z 包含的变换系数 xi 的符号;
        输出|xi|的第 n 个最重要位;
        如果 1<n,将 Z 加入到 LBP 中;
}
processLBP( )
{
        处理 LBP 中的每一个集合 Z,计算 Z 的位面 P(Z);
        利用二进制自适应算术编码输出 LBP 中集合的位面;
        处理 LBP 中的每一个集合 Z,将 Z 加入到 LSS_P(Z) 中;
}
```

在 HSP 编码算法中:

- 重要位组合编码

将集合 Z 分裂为两个子集 $Z_m(m=1,2)$后,可以利用上下文组合输出 $S_n(Z_m)$。因为如果 Z 集合分裂,那么该 Z 集合必然是重要的。所以在新生成的两个子集 Z_m 中,必然有一个是重要的。换句话说,组合编码中不会出现“00”的情况。因此,如果第一个子集已经输出“0”,则最后一个“1”无需输出。

- 二进制自适应算术编码

处理 LBP 中的集合 Z,计算 Z 的位面 $P(Z)$,然后利用二进制自适应算术编码输出 LBP 中集合的位面。相对于直接输出 $P(Z)$,二进制自适应算术编码无疑是较慢的。但是通过分析可以知道,$0\leqslant P(Z)\leqslant n$。而数据经过整数小波包变换后,一般满足 $n\leqslant 20$。在这种情况下利用快速算术编码[Eric 2003],可以得到比较满意的编码效率。由于算法复杂度、编码效率等因素的考虑,算法没有对符号位、重要位等类型的输出位进行算术编码。

5. 实验结果与分析

在实验中,七种不同的提升模式[Michael 2000]被运用在整数小波包变换中，边缘采用镜面对称处理。具体的提升步骤在图 4.26 中给出。

$$5/3\begin{cases} d[n]=d_0[n]-\left\lfloor \frac{1}{2}(s_0[n+1]+s_0[n]) \right\rfloor \\ s[n]=s_0[n]+\left\lfloor \frac{1}{4}(d[n]+d[n-1])+\frac{1}{2} \right\rfloor \end{cases}$$

$$2/6\begin{cases} d_1[n]=d_0[n]-s_0[n] \\ s[n]=s_0[n]+\left\lfloor \frac{1}{2}d_1[n] \right\rfloor \\ d[n]=d_1[n]+\left\lfloor \frac{1}{4}(-s[n+1]+s[n-1])+\frac{1}{2} \right\rfloor \end{cases}$$

$$2/10\begin{cases} d_1[n]=d_0[n]-s_0[n] \\ s[n]=s_0[n]+\left\lfloor \frac{1}{2}d_1[n] \right\rfloor \\ d[n]=d_1[n]+\left\lfloor \frac{1}{64}(22(s[n-1]-s[n+1])+3(s[n+2]-s[n-2]))+\frac{1}{2} \right\rfloor \end{cases}$$

$$9/7-\mathrm{M}\begin{cases} d[n]=d_0[n]+\left\lfloor \frac{1}{16}((s_0[n+2]+s_0[n-1])-9(s_0[n+1]+s_0[n]))+\frac{1}{2} \right\rfloor \\ s[n]=s_0[n]+\left\lfloor \frac{1}{4}(d[n]+d[n-1])+\frac{1}{2} \right\rfloor \end{cases}$$

$$9/7-\mathrm{F}\begin{cases} d_1[n]=d_0[n]+\left\lfloor \frac{1}{128}(203(-s_0[n+1]-s_0[n]))+\frac{1}{2} \right\rfloor \\ s_1[n]=s_0[n]+\left\lfloor \frac{1}{4\,096}(217(-d_1[n]-d_1[n-1]))+\frac{1}{2} \right\rfloor \\ d[n]=d_1[n]+\left\lfloor \frac{1}{128}(113(s_1[n+1]+s_1[n]))+\frac{1}{2} \right\rfloor \\ s[n]=s_1[n]+\left\lfloor \frac{1}{4\,096}(1\,817(d_1[n]+d_1[n-1]))+\frac{1}{2} \right\rfloor \end{cases}$$

$$5/11-\mathrm{C}\begin{cases} d_1[n]=d_0[n]-\left\lfloor \frac{1}{2}(s_0[n+1]+s_0[n]) \right\rfloor \\ s[n]=s_0[n]+\left\lfloor \frac{1}{4}(d_1[n]+d_1[n-1])+\frac{1}{2} \right\rfloor \\ d[n]=d_1[n]+\left\lfloor \frac{1}{16}(s_1[n+2]-s_1[n+1]-s_1[n]+s_1[n-1])+\frac{1}{2} \right\rfloor \end{cases}$$

$$5/11-\mathrm{A}\begin{cases} d_1[n]=d_0[n]-\left\lfloor \frac{1}{2}(s_0[n+1]+s_0[n]) \right\rfloor \\ s[n]=s_0[n]+\left\lfloor \frac{1}{4}(d_1[n]+d_1[n-1])+\frac{1}{2} \right\rfloor \\ d[n]=d_1[n]+\left\lfloor \frac{1}{32}(s_1[n+2]-s_1[n+1]-s_1[n]+s_1[n-1])+\frac{1}{2} \right\rfloor \end{cases}$$

图 4.26　提升模式向前变换的具体步骤

实验数据包括中文字符、英文字符、几何图形、数学公式以及它们的组合，图 4.27 是实验数据的截图，它们各自的采样点数在表 4.4 中给出。

表 4.4　不同实验数据的采样点数

	中文字符	英文字符	几何图形	数学公式	组合数据 1	组合数据 2
采样点数	5 774	6 842	1 731	2 650	3 793	5 405

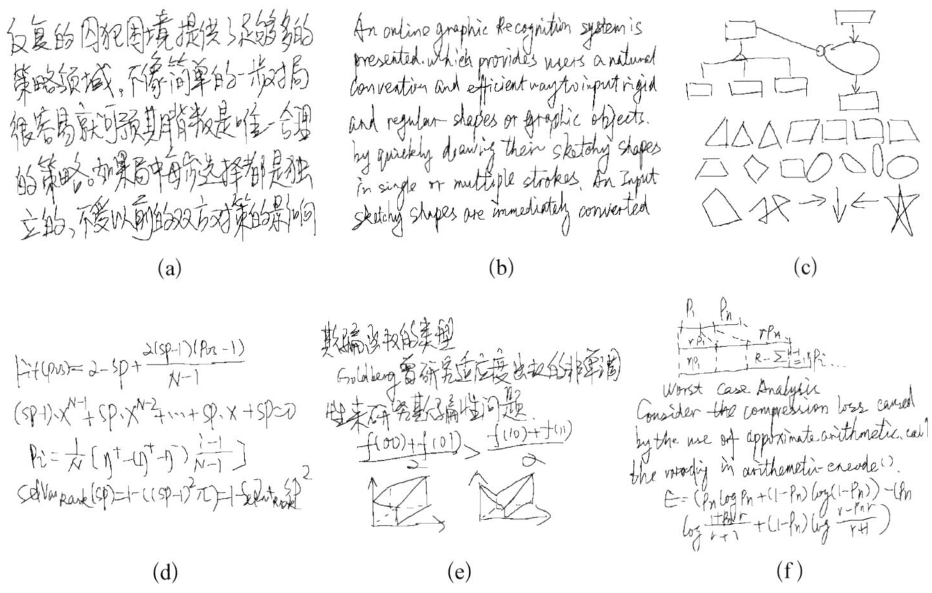

图 4.27 实验数据的截图

(a) 中文字符;(b) 英文字符;(c) 几何图形;(d) 数学公式;(e) 组合数据 1;(f) 组合数据 2

通过变换不同的提升方式,对不同的实验数据进行编码。表 4.5 给出 IWPSHP 算法对不同数字笔迹压缩的字节率,表 4.6 给出 IWPSHP 算法对不同数字笔迹压缩的编解码时间。

表 4.5 IWPSHP 算法对不同数字笔迹压缩的字节率

	中文字符	英文字符	几何图形	数学公式	组合数据 1	组合数据 2
5/3	2.446	1.997	**2.406**	**2.511**	2.462	2.173
2/6	2.504	2.029	2.493	2.594	2.514	2.228
2/10	2.507	2.013	2.553	2.610	2.528	2.235
9/7 - M	**2.436**	**1.936**	2.438	2.525	**2.445**	**2.151**
9/7 - F	2.621	2.211	2.667	2.724	2.610	2.395
5/11 - C	2.474	1.988	2.496	2.566	2.495	2.194
5/11 - A	2.444	1.994	2.451	2.532	2.472	2.184

表 4.6 IWPSHP 算法对不同数字笔迹压缩的编解码时间

	中文字符	英文字符	几何图形	数学公式	组合数据 1	组合数据 2
5/3	0.485/ 0.407	0.500/ 0.422	0.109/ 0.093	0.218/ 0.172	0.313/ 0.266	0.422/ 0.344

（续表）

	中文字符	英文字符	几何图形	数学公式	组合数据1	组合数据2
2/6	0.516/0.422	0.515/0.453	0.125/0.125	0.234/0.203	0.328/0.281	0.438/0.390
2/10	0.469/0.421	0.484/0.422	0.125/0.110	0.235/0.203	0.343/0.281	0.437/0.375
9/7-M	0.484/0.406	0.485/0.406	0.125/0.094	0.219/0.187	0.297/0.265	0.375/0.328
9/7-F	0.500/0.438	0.578/0.485	0.125/0.109	0.250/0.203	0.360/0.313	0.500/0.407
5/11-C	0.453/0.422	0.516/0.422	0.125/0.109	0.219/0.187	0.313/0.266	0.406/0.375
5/11-A	0.469/0.406	0.500/0.422	0.125/0.109	0.204/0.172	0.328/0.266	0.391/0.344

在表4.5中，对于每一类实验样本最好的字节率都被着重指出。很显然，没有一种提升模式适用于所有的实验样本，最后的结果同实验样本的结构有很大的关系。9/7-M提升模式对于结构比较密集的实验样本表现得比较好，而5/3提升模式对于结构比较松散的实验样本表现得比较好，9/7-F提升模式总是表现得比较差。

IWPSHP的编解码所需的时间很少，这使得IWPSHP适合在实时性系统中应用。如果数字笔迹含有更多的属性，如数字笔同书写平面所成的角度，IWPSHP同样可以进行高效的压缩。

表4.7给出了不同属性值在压缩流中所占的比例。实验结果表明，IWPSHP能够无损地、高效地压缩数字笔迹多维数据，其中对时间属性的压缩最为有效，对压力属性的压缩效果比较差。这是由于时间属性相比压力属性而言更为连续，这使得整数小波包变换对时间属性的相关性去除得更加有效。

表4.7 IWPSHP算法对采样点属性的压缩比例

原笔画包含的点数(K)	0.022 801	0.014 493	0.022 809	0.023 745	0.022 92	0.019 329
坐标值(XY)	0.421 612	0.406 602	0.414 646	0.403 216	0.423 905	0.409 741
压力(P)	0.378 842	0.406 968	0.350 06	0.372 858	0.373 353	0.383 43
时间(T)	0.176 746	0.171 937	0.212 485	0.200 18	0.179 822	0.187 5

6. 小结

本节提出一种数字笔迹多维数据编码算法IWPHSP，其优越性主要体现在以下方面：

- 全面引入整数小波包变换,通过定义新的费用指标局部搜索最佳基。编码算法在具备整数小波变换优点的同时,使得变换结果的幅值和大幅度降低,为随后的嵌入式编码打下了良好的基础。
- 充分分析小波系数幅值特点,采用层次性集合分裂方法,使得编码性能有了较大的提高。
- IWPHSP 利用组合编码和快速自适应算术编码,改进了比特分配策略。
- IWPHSP 在提高编码性能的同时,改进集合分裂、测试重要性程序,降低了算法复杂度。

IWPHSP 算法属于无损压缩算法,这使得 IWPHSP 算法不能应用于有损压缩的情况。可以对 IWPHSP 算法进行改进,使之能够满足有损、无损压缩等多种需求。

IWPHSP 算法充分结合了整数小波包变换与嵌入式集合分裂编码的优点,对未来数字笔迹多维数据编码算法的研究有积极的意义。

4.5 笔迹的结构分析与识别

4.5.1 笔迹的结构

数字笔迹是有结构的。当我们写完了一封信后,信中的笔迹呈现出"段"、"行"、"字"结构;信首的称谓和信尾的落款也都是书信的标准结构。当我们用铅笔勾勒出了人物的面部肖像,笔迹自然会表达出人物面部的五官结构;当我们勾画公司的组织结构图时,笔迹能呈现出公司的组织结构,该结构表达了公司各部门之间的关系。总之,只要不是肆意涂鸦的笔迹都具有结构,这些结构都表达了用户的意图。计算机如果能分析和识别这些笔迹结构,就能理解用户意图,给笔式用户界面带来智能。

数字笔迹的结构具有两个特性:层次性和特定性。前者表明了笔迹结构之间存在嵌套关系,后者说明某些笔迹结构只在特定的上下文中才表现出来。下面分别论述笔迹结构的这两个特性。

1. 数字笔迹结构的层次性

数字笔迹结构的层次性具有两层含义:

- 数字笔迹的结构具有嵌套关系;
- 笔迹在不同语义层上具有不同的含义。

图 4.28 给出的例子说明了层次性的第一层含义——结构具有嵌套关系。图左部的文字笔迹具有三个层次的结构——“段”、“行”、“字”，这些结构之间保持嵌套关系。事实上，很多笔迹结构都可以相互嵌套，例如数学表达式结构嵌入于文本段中，文本行嵌入于流程图中。

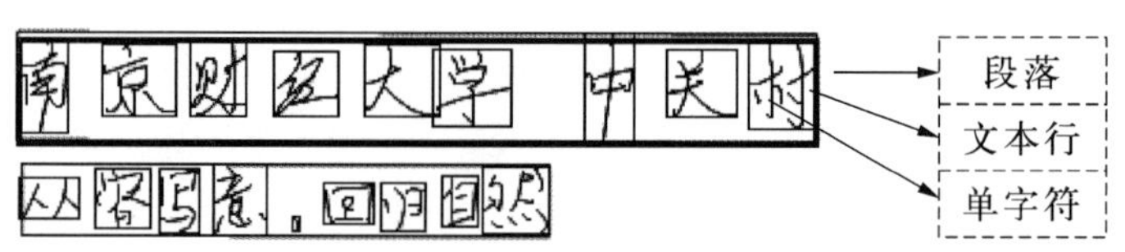

图 4.28 具有层次嵌套关系的数字笔迹结构

图 4.29 说明了笔迹结构层次性的第二层含义——笔迹在不同语义层上具有不同的含义。图 4.29 的左部是一个家族系谱图的片断，其中粗线表示的笔画分别具有“矩形(图形类别)”、“容器(构成流程图结构的元素)”、“男性成员(家族系谱图中的家族成员)”三种含义。其中某些含义只有在特定语义层上才能体现出来(比如“男性成员”这一层含义)。

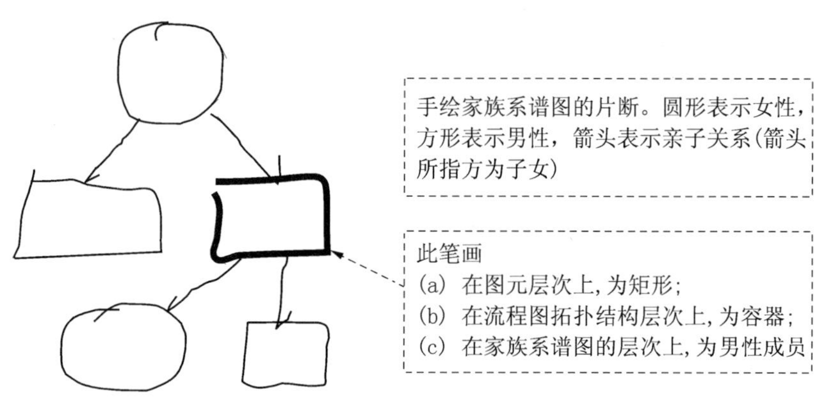

图 4.29 数字笔迹结构在不同语义层上具有不同的含义

2. 数字笔迹结构的特定性

数字笔迹的结构还具有特定性。某些笔迹结构几乎不需要特定的上下文就能清楚地表现出来。例如，图 4.28 中的笔迹无论在何种上下文环境中，其表示的文本行结构、字结构都不会改变；再如，图 4.29 中粗线笔画在图元层次上的矩形结构，无论在什么上下文环境中都很难否认。这类语义不随上下文的改变而改变的笔迹结构称作笔迹的“通用结构”。这类笔迹结构之所以“通用”，是因为它们对表意所需的上下文要求很低。这类笔迹结构往往是人们的共识，通常是较低层次上的结构。

另一方面，某些笔迹结构只有在特定上下文中才能体现出来，例如，图 4.29 中粗线笔画表示的“容器”结构，只有在流程图的上下文才存在；而其表示的“男性成员"结构，只有在家族系谱图的上下文中才存在。这类语义依赖特定上下文的笔迹结构称作笔迹的"特定结构"。"特定结构"往往对上下文的要求比较高，通常是较高层次上的结构。

根据笔迹的这两种特性，我们可以对其进行分类。图 4.30 给出了笔迹结构的一个不完全分类。

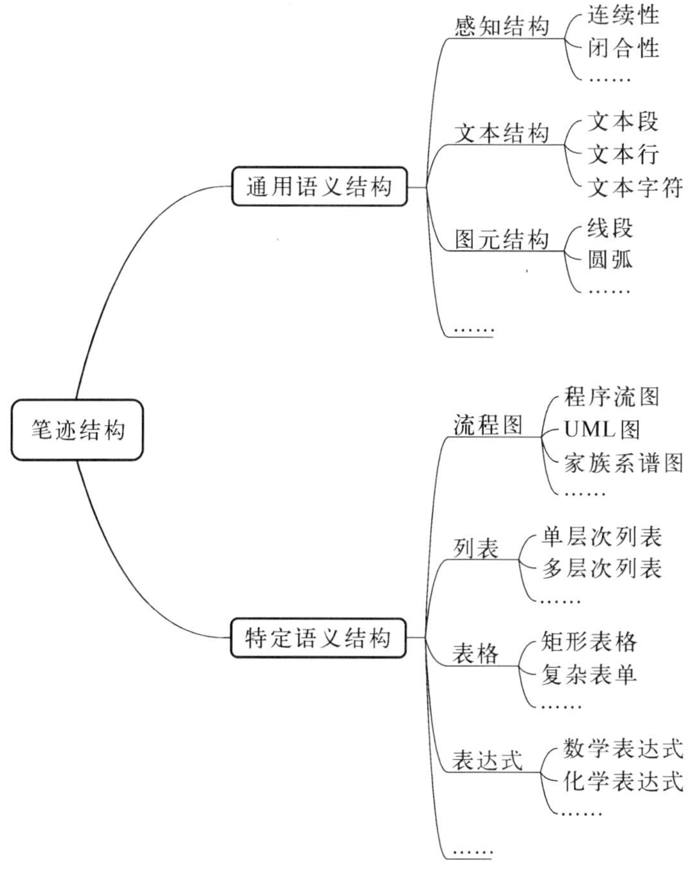

图 4.30 数字笔迹结构的分类

4.5.2 笔迹的结构分析与识别综述

在此小节中，将分类讨论各类笔迹结构分析与识别的研究进展。

1. 感知结构

在笔迹的通用结构中，感知结构是指由笔画线条构成的感知层上的基本结构，例如多个笔画构成闭合圈。感知结构是底层笔迹结构，通常是其他结构分析和识别的基础，能支持低层次的笔迹结构化编辑[Saund 2003b]。在这方面，

Saund提出了一个提取笔迹中闭环结构的方法[Saund 2003a]，这种方法基于格式塔视觉感知原理，对笔画间相接处的连续性建模，结合双向深度优先搜索，能将笔迹中所有的闭环结构找出来。

2. 图文分离

人们经常共同使用图形和文字来表达想法，因此其书写的笔迹中可能同时包含图形笔画和文字笔画。数字笔迹的图文分离，是指区分笔迹内的图形笔画与文字笔画。图文分离的重要性在于：文字笔画和图形笔画的识别方法往往很不相同，只有先将它们正确分类，才能对它们分别进行后续分析与识别。

在笔迹图文分离的研究方面，Jain[Jain 2001]和Keisuke[Keisuke 2004]等人都分别采用单个笔画的长度和曲率作为特征，对英文笔迹文稿中的笔画进行分类。这两种方法适合区分特征差异明显的文字笔画与图形笔画。Bishop等[Bishop 2004]提出的笔迹图文分离方法，不但利用了单笔画特征，而且还使用隐马尔可夫模型(HMM)对笔画的时间上下文建模，充分利用了时序相邻的笔画之间的相关性。Shilman等[Shilman 2003]提出的图文分离方法则考虑空间相邻的笔画之间的相关性，认为笔画的空间布局特征是区分文字笔画和图形笔画的关键。他们采用了简单的线性决策树作为分类器，分类效果良好。Seong等[Seong 2001]提出的图文分离方法更加完整地利用了笔画的空间相关性，认为文字笔画区域和图形笔画区域在纹理上是不同的，因此可以使用小波变换提取笔迹的纹理特征，完成图文分离。最后，利用识别也可以指导笔迹的图文分离。这类方法特别适合图形类别已知的笔迹。Keisuke等[Keisuke 2004]提出的区分文本笔迹中的数学表达式的方法，就利用了对数学表达式识别结果的评估。因为文本结构与数学表达式结构很不相同，因此通过判定识别结果的合理性，就可以区分文本和数学表达式。

3. 文本结构

文本结构，是指笔迹的段、行、字层次结构。这是一类非常重要的笔迹结构。

- 文本字符

数字笔迹的文本字符是最底层的文本笔迹结构，它对应规范文本字符。由于手写笔迹不规范、随意性强，而且每个人的书写习惯不同，因此文本字符切分一直是难题。对于西文单字的切分，可采用雨滴法[Jibu 1999]、BP神经网络[B. Verma 1998]以及连通性规则，将连笔输入的单词切分为单个的字母；或是采用整体切分策略，字符串作为整体进行识别而不采用单字识别[Casey 1996，Breuel 2001，Jibu 1999]。中文字符与英文字母、数字的切分不同。中文字符的笔画多、结构复杂，单字内可能包含多个连通元，而且中文字符可由多个部件构成。因此，西文中使用的切分方法不一定适合中文字符的切分。对于中文笔迹字符的切分，目前有如下几种方法。

- 基于候选单字间距的方法。C. Hong等[Hong 1997]采用若干字间距阈值进行连续手写中文分割，获得多个分割结果，然后根据字间距方差从中选取最佳两组结果，合并邻近的候选单字，分裂较宽的候选单字，最后利用识别结果提取单字。Lin 等[Lin 1998]采用了最小包围矩形计算字间距，根据汉字结构知识初步合并笔画，最后利用动态规划方法进一步合并候选单字。赵宇明等[赵宇明 2002]也采用了最小包围矩形计算字间距，根据汉字笔画结构合并笔画，从而提取单个汉字。该方法也可以部分解决粘连汉字的单字提取问题。后两种方法设置了较多经验阈值(例如字宽度阈值、两个最小包围矩形重叠部分与较小包围矩形面积之比的阈值)，适应性较差。张习文等[张习文 2003]提出的方法，基于候选单字最小包围矩形的水平间距，构建一行文字笔迹的多层次树表示，然后对最满意层中的每个候选单字进行多层次分析和自适应处理。

■ 基于候选单字时间间隔和空间距离融合信息的方法。Patrick 等[Patrick 1998]为构建多行笔画的多层次树的表示提出了笔画距离，它融合了笔画的时间间隔和空间距离。该方法逐步合并距离最近的候选单字，形成树的不同层次来提取单字。Subrahmonia 等[Subrahmonia 2000]基于时间和空间阈值从英文笔迹文稿中提取单词，但并没有给出确定阈值的方法。韩勇等[韩勇 2006]根据笔画的最小生成树来提取单字，综合利用了汉字部件的结构位置关系和笔画的空间位置关系。

■ 基于识别结果的方法。C. Hong 等[Hong 1997] 先根据候选单字间距提取单字，然后再加上候选单字识别结果构建候选单字网格，最后根据候选单字识别得分、语言模型得分从候选单字网格中搜索最佳路径，获取单字提取结果。

● 文本行

笔迹文本行是由多个笔迹字符线性排列而构成的笔迹结构。笔迹的文本行结构很重要，通常只有在正确提取文本行结构之后，才能进行单字提取；创建段落或是列表结构，也多以文本行结构为基础。

文本行结构的提取难度，随笔迹不规范程度的上升而递增。目前已有许多工作致力于不规范笔迹文本行的提取，如倾斜文本行提取[Zhixin 2003，O'Gorman 1993，Pu 1998]、重叠文本行提取[Markus 2001，Elisabetta 1999]，以及潦草笔迹中的文本行提取[Elisabetta 1999]。

在各种不规则文本行结构中，多方向文本行的提取是研究重点。文献[Pal 2003] 提出的笔迹多方向文本行提取方法，利用了单行文字底线对齐的信息，能顺利提取英文笔迹的多方向文本行，但无法胜任中文笔迹的多方向文本行提取。文献[Goto 1999]提出的弯曲文本行提取方法基于“弯曲文本行在局部上仍保持线形”的思想。先进行低精度单字提取，然后从局部自底向上地把提取出的单字聚合形成文本行。

笔迹的在线信息也可以辅助文本行的提取。文献[Ratzlaff 2000] 提出的行提取方法利用笔迹的时间信息和对行间距离的估值，自底向上地将笔画聚类为多行文字。文献[Michael 2003]提出的行提取方法,谨慎地利用笔迹的空间信息和时间信息,迭代式地将笔画聚类为文本行。

- 文本段

在数字笔迹文档中,组合若干文本行可以形成文本段,现有文本段提取方法可以分为三种。基于用户输入笔手势的方法:栗阳等[Li 2002a]根据结构型手势符号、笔画组的空间距离和密度,从英文笔迹文稿中提取文本列表段,但是需要根据上下文区分形状相似的手势符号和文档符号。基于概率的方法:Blanchard 等[Blanchard 2004]基于概率,从英文笔迹文稿中提取文字段。自下而上的方法:Shilman 等[Shilman 2003]自下而上地组合英文笔迹文稿中的文字行,来提取出笔迹文本段。

4. 图元结构

在手绘图形笔画中,一个笔画常常会表示多个图元。从笔画中分割出图元的子笔画是图形识别的前提,这是因为对图形的识别往往需要先提取出图元结构;此外,对笔迹绘制效果的美化也可能基于笔画的图元结构。图元提取一般有三个步骤:提取分割点;对邻近分割点之间的子笔画进行分类;拟合分类的子笔画。目前提取分割点方法可以分为以下三种:

- 基于笔画点的速度和曲率的方法。Calhoun 等[Calhoun 2002]利用笔画点的速度变化来提取分割点,该方法处理含有较少噪声的笔画时能够取得较好的效果。当笔画含有较多噪声点时,Davis[Davis 2002]先用均值滤波来减少错误的分割点,然后再利用笔画点的速度和曲率来提取分割点[Sezgin 2001a]。虽然滤波器能部分消除噪声点,但很难选择合适的滤波器使对所有笔画都能取得很好的效果[Sezgin 2001b]。笔画不够光顺会产生奇异分割点,而过分光顺则会丢失分割点。

- 基于笔画点的速度、加速度、方向和角度的模糊逻辑方法。Qin 等[Qin 2000,Qin 2001]将一个笔画的钝角点、锐角点和偏离点用作分割点。钝角点是根据笔画点的方向差分来确定的。锐角点是利用一个自适应的阈值和模糊知识来确定的,与笔画点的速度、加速度和线性度有关。偏离点是根据笔画点凸度来确定的。

- 基于尺度空间的方法。为了保持对大噪声的鲁棒性,Sezgin 等[Sezgin 2001b]提出了基于尺度空间的方法。不同的尺度空间有不同个数的分割点,需要选择一个合适的尺度来过滤噪声点。该方法通过拟合两条线来构建特征数图:一条线拟合快速下降的区域,在该区域分割点会因为噪声点而消失;另一条线拟合平缓的区域,在该区域真正的分割点会消失。选取对应这两条线相交的尺度,就可找出分割点。

在得到笔画分割点后,要将子笔画分类且拟合为线段、圆弧或其他图元。根据分类的依据,现有的子笔画分类拟合方法可以分为以下三种:

● 基于最小乘方拟合误差的方法。Calhoun 等[Calhoun 2002]对每个子笔画计算拟合直线和圆的 LSFEs。子笔画分类为具有较小误差的图元。Shpitalni 等[Shpitalni 1997]利用二次曲线方程的线性最小乘方拟合结果，子笔画分类为线段、椭圆弧和由具有圆角的两条线组成的角。

● 基于弧长和线长之比的方法。对于一个子笔画，Davis[Davis 2002]计算其弧长和线段长度之比。如果该比值接近 1，则该子笔画是直线段，否则为曲线段。该方法采用 Bezier 曲线来逼近曲线段，其余的子笔画则用直线段来逼近。

● 基于形状的方法。Qin 等[Qin 2000]根据直线度、凸度和复杂度将子笔画分类为线段、二次曲线和自由曲线。二次曲线进一步分类为圆、圆弧、椭圆或椭圆弧。该方法采用加权最小平方拟合，采用代数距离进行规范化，采用 B-spline曲线来拟合自由曲线。

5. 流程图结构

在众多的笔迹结构中，流程图结构因其具有丰富的空间信息，而显得特别有用。在流程图中，概念符号化为节点(容器)，概念间的关系表示成节点间的连线(连接符)[Huotari 2004]。它的非线性空间布局让思维更加直接与直观，目前已在概念设计和系统分析方面获得了广泛的研究[Hahn 1999]。数字笔迹流程图结构的分析方法可分为四类：

● 基于用户特殊输入的方法。早期很多方法要求用户在一个符号结束或开始时进行特殊输入[Kara 2004，Szummer 2004]，或者要求在两个符号之间暂停或显式指明[Gennari 2005]，或者限定每个笔画只表示一个对象[Apte 1993，Gross 1994]。这些限制常常干扰用户的自然输入[Landay 2001]。

● 基于特殊符号的方法。Kara 等[Kara 2004a，Kara 2004b]基于箭头分割仿真流程图。因为箭头具有特别的形状，容易提取。其余的笔画聚合成组，每组笔画对应一个容器符。该方法特别适合“容器-连接符”结构简单明显的流程图。Gennari 等[Gennari 2005]基于符号来分割电路图，先根据笔速将每个笔画分割成若干线段和圆弧[Stahovich 2004]。如果一组子笔画具有较高密度或者点特性发生较大变化，那就被组合成一个电路符号。Lank 等[Lank 2001]分两步来分割 UML 图，时序上邻近的笔画先基于邻近相交关系聚合成组，然后笔画组根据大小分类为 UML 组件和字符，识别为线段、箭头、椭圆和矩形等形状，最后进行语义层上的理解，识别出类、界面、使用案例、角色等 UML 元素。

● 基于语言解释技术的方法。为了适应流程图结构的多变性，很多可视语法被用来提供上下文信息[Gross 1996a，Gross 1996b，Gross 1996c，Helm 1991，Landay 1996，Shizuki 2003]。然而，早期的工作虽然使用了语法，但仅仅用来规范可视化结构，使用并不灵活[Costagliola 2004]。人们希望识别器能加载某一语法就识别该语法描述的流程图。Alvarado 等[Alvarado 2004]提出的多领域笔迹流程图识别器，采用动态贝叶斯网络作为算法框架，通过加载用户定义的语法，识别容器和连接符。Shilman 等[Shilman 2002]的工作与 Alvarado 的类似，也是基于语法的多领域识别器。但他们的识别器中参数的设置不是手工设置的，而是通过机器学习的方法训练而得。Costagliola 等[Costagliola 2000]采用扩展位置语法(XPGs)来解释流程图。该方法首先聚合相关笔画成组，每组笔画可能表示一种语言符号。XPGs 用于表示领域相关的符号。该方法使用了增量式的可视语言解释器。

- 基于机器学习的方法。Szummer 等[Szummer 2004]基于条件随机场(CRF)从流程图的图形笔画中提取容器和连接器。CRF[Lafferty 2001]不但能够建模输入数据和标签之间的依赖性，也能够建模标签之间的依赖性，因而能够引入上下文线索来辅助流程图界构分析。Qi 等[Qi 2005]采用贝叶斯 ian CRF (BCRF)来处理同样的问题。因为每个组件的分类影响其近邻的分类，BCRF 为了引入上下文线索而联合分析所有的图形笔画。BCRFs 允许弹性的相关特征，并考虑了空间和时间的信息，还能避免训练的过拟合问题。Szummer 等[Szummer 2005]用条件隐随机场(HRF)来处理同样的问题。HRF[Kakade 2002]是 CRF 和隐马尔可夫随机场[Zhang 2001]的扩展。该方法通过引入隐藏变量来扩展 CRF，这些变量在训练中不被观察。这些隐藏变量减少了用户的标记工作，用户而只要求标记复杂组件，并不需要预先标定这些组件的组成。

6. 表格结构

表格是紧凑而有效的数据表达方式，常用来描述数据的统计和关系信息[Wang 2004]。用户使用表格可以快速地搜索、比较和理解数据[Lewandowksy 1989]。由于笔迹文稿经常包含不同类型的表格，因此笔迹表格结构的分析识别是笔迹结构分析识别中的重要问题之一。

Jain 等[Jain 2001]认为：在笔迹表格中，长笔画组成单元格，短笔画形成单元格文字。他们提出了一种多层次的方法来提取英文文稿中的表格。先根据长度和曲率将笔画分为文字和图形两种。图形笔画形成最小生成树，笔画为树的节点，笔画间距是边的权值，然后采用 Hough 变换提取表示表格水平和垂直线段的笔画，对表头与表项进行了关联。根据坐标关系可以获取表项对应的表头。但是，该方法不能提取具有不完整或没有包围线的规则表格，也不能精确提取具有嵌套表头的不规则表格。而且，也不能从没有分割线的规则表格和具有嵌套表头的不规则表格中提取单元格。

Jain 等[Jain 2001]仿照决策树提出了从中、英文笔迹文稿中提取多种类型的表格及其表项的方法。该方法先从图形笔画中提取表格的包围线和分割线，然后基于表格框架结构提取单元格。

7. 数学表达式结构

数学表达式经常出现在各类计算文稿中，有时用户也希望通过手写自然地输入数学表达式，而不是使用操作繁杂的键盘输入。关于笔迹数学表达式结构分析和识别的工作可以分为以下三类：

- 基于语法的方法。Chan 等[Chan 2000]使用有限子句语法定义数学公式结构，通过 Prolog 来推理。采用左向因式分解来消除右边出现相同的前缀；采用符号绑定来控制关键符号，如根号、连加等；采用多层次分解，先处理子表达式，如括号内、积分内部的表达式，然后由子表达式得到整个表达式。Tapia[Tapia 2004]在分割数学公式时采用了易于实现的同等语法（coordinate grammar），能减轻识别中的模糊性和复杂性。
- 基于空间关系的方法。Matsakis[Matsakis 1999]根据笔画之间的距离生成最小生成树，然后提取识别符号。他先选择一个最宽的符号作为关键符号，然后所有其他符号根据与关键符号的关系分组。如果符号在关键符号上面、下面或者里面，则根据与观察到的关系兼容的规则对它们赋值。赋值利用了符号与字符之间的映射和分类器提供的概率值。如果关键符号含有参数，则参数被递归解析。最后，所有关键符号左侧和右侧的符号都被递归解析，所有子表达式被连接形成最终的数学表达式的语法树结构。LaViola[LaViola 2005]基于最小生成树和符号优先级（symbol dominance）分隔数学公式。
- 基于图和树的方法。Grbavec 等[Grbavec 1995]针对数学公式的分割和识别提出了图重写（graph rewriting）方法，采用了操作符优先级、操作符作用范围等技术。Zanibbi 等[Zanibbi 2002]提出了树变换（tree transformation）方法，递归使用了搜索函数和图像分割技术，识别表达式中关键的基线信息。Zanibbi 等[Zanibbi 2001]还采用图语法表达数学公式，通过图重写得到表达式结构，通过使用上下文来消除歧义。

4.5.3 笔迹的图元识别

用纸笔进行机械制图和概念设计时，经常需要绘制图元，但是，目前的设计工具大多要求用户在众多的菜单和按钮中选择系统预定义的绘图功能。这种方法存在许多缺陷，比如：输入不方便、不自然、不适合小屏幕设备[孙建勇 2003]。为了将传统的纸笔设计方式同计算机辅助设计的优点结合起来，人们转而研究基于手绘的设计界面。计算机通过在线的图元识别算法将用户的不精确输入转化为精确的矢量图形表示。

在线图元识别可分为两种：异步识别和同步识别。同步在线识别草图具有输入方便、交互自然等特点，但已有算法或者只能处理简单的图形，或者计算复杂度高，无法满足实时需要。针对于算法效率和应用范围问题，我们提出了一种基于增量式意图提取的草图识别算法。实验证明，算法能够满足实时交互的需要，而且适用于多种复杂图形，比如线线相连、线弧相切、弧弧相连、弧弧相切等类型。

1. 数字笔迹的图元在线识别

在线草图识别的输入是笔画，笔画以采样点序列的形式存在，每个采样点又包括了点坐标、采样时间、笔压力、笔身倾斜度、笔身扭曲度等信息。不过在在线图元识别中，我们通常只使用采样点的坐标信息和时间信息。

根据识别的实时性，在线图元识别可以分为两种：异步识别和同步识别。

- 异步识别

在异步识别的方式中，只有在用户抬笔后，识别的过程才会开始。

单笔画识别中，较为经典的是Rubine[Rubine 1991]方法。它使用初始角的正余弦值、闭包盒对角线的长度及倾斜度、起点与终点的距离等几何特征和笔画的最大速度值、起点到终点的时间值等2个动态特征组成的13维向量表示笔画。通过训练获取各分量的权重（如图4.31所示），而后，根据一个线性评估函数来区分不同的手写符号。

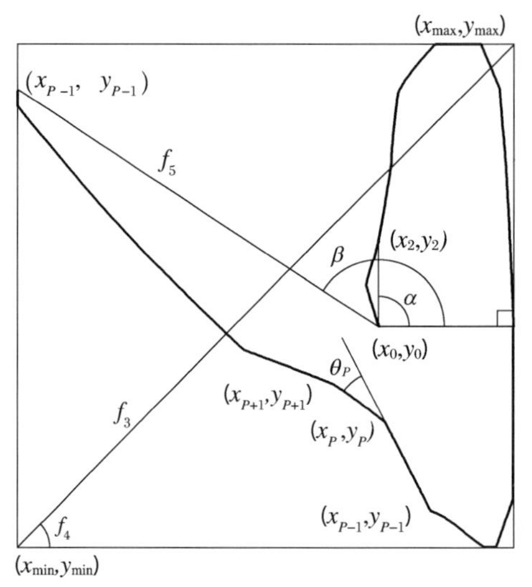

图4.31 Rubine方法中所用的13个特征

由于Rubine采用统计方法对gesture进行分类，只需要很少的训练样本，识别效果也较理想。因此，Rubine方法被成功地应用到一些系统中，如gesture设计工具Quill[Christian 1999]，SILK[Landay 1996]。但是，Rubine算法的局限在于只能用于单笔画识别，虽然SILK对它进行了改进，引入笔画间的空间位置，以识别由多笔画构成的图形。但它要求用户必须以固定模式的笔画来勾勒图形，而且图形构成比较简单。

在多笔画识别中，一种是基于规则方式。Sezgin[Sezgin 2001]通过计算点的曲率和速度特征，来识别分段点，然后对每一段进行图形拟合。但是识别错误率比较高；Phoenix[Schneider 1988]勾画系统侧重于曲线的识别，在预处理阶段，利用Gauss滤波对输入数据进行平滑。这导致许多顶点被当作噪声过滤掉。这种方法计算简单，适合于识别结构简单且数量不多的图形。

另外一种是训练模板的方式，系统事先定义好若干种属性的图形表现，而后从用户提交的样本中自动生成识别。这种方式适合于结构相对复杂、模板数量较多的图形的识别。Helose[Helose 2004]使用了基于模板匹配的解决方案，提出了两种匹配算法，一个要求模板基的种类和顺序已知，另一个要求模板基的数量已知。这种匹配算法虽然达到了较高的识别率，但它要求用户的输入只能限于指定的符号集；Calhoun[Calhoun 2002]定义了图元之间的位置关系：相交、交点相对位置、相交直线间的夹角、平行等，以及图形元素的属性类型(线或弧)、长度、相对比例、斜率(线)和半径(弧)，而后为使用语义网络组织图形模板。进行图形识别时，计算输入与图形模板的相似度。由于用户绘制的草图可以自动拆分成图元及其关系，图形模板的训练不需要用户干预，模板库容易扩展，适应性强。但不可避免地使训练模板以及测试图形所有已定义的属性增加了系统开销。

还有其他一些方法，刘伟等[刘伟 2003]提出了手绘草图的神经网络识别方法，以正规化重径为特征，应用 Rprop 算法训练 BP 神经网。虽然达到了比较理想的效果，但效率不高；陈东帆等[陈东帆 1993]把手绘草图作为整体进行识别，需要进行平滑处理、提取圆弧段、识别结点、分解出直线段。再根据相邻三点的矢量建立角度相似函数，采用夹角角度值作为圆弧和直线段的提取特征，并给出角度的实验阈值，然后进行分类。

异步识别方法虽然取得了一定的效果，但是用户在识别的过程中仍然处于被动地位，这表现在两个方面：首先，识别结果只有在抬笔后才能看到，用户在勾画的同时无法了解意图是否被计算机正确认识；其次，如果识别结果同用户的意图不相符，上面的方法都没有提供交互式的修改方式，用户只能从头再来。这造成了用户对识别结果的不信任和劳动量的增加。

- 同步识别

在同步识别的方式中，识别过程和用户的书写过程是同时开始、同时结束的，用户可以看见实时的、连续的识别反馈。同步识别有着异步识别无法比拟的优点：首先，识别结果在书写过程中就可以看见，用户可以及时地了解意图是否被计算机正确认识；其次，如果计算机对用户意图的提取同用户本来的意图不相符，用户可以及时通知计算机，使计算机有机会修改自己的猜测。

在[Agar 2003]中，通过调查用户勾画多边形的习惯，作者发现，当用户勾画多边形的拐角时的所用的时间要长于平均所用的时间(如图 4.32 所示)。基于这种结论，Agar 以相邻点的时间差作为指标，进行识别。但是这种方法，仅考虑了时间差这一个指标，使得识别经常出现错误。而且，作者仅对多折线图形进行处理，没有推广到弧这种常见的图形。

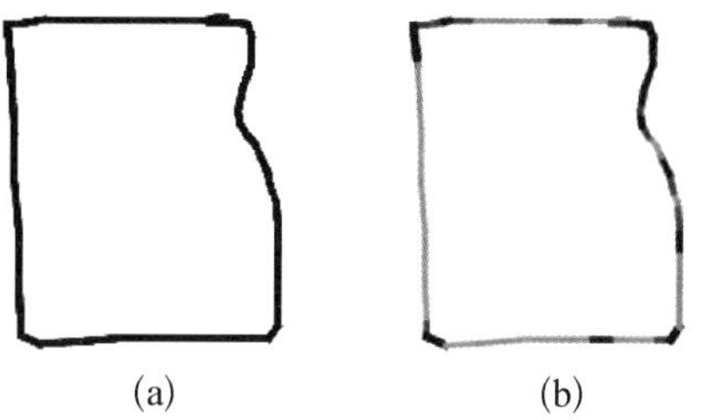

图 4.32 用户勾画多边形示意

(a) 用户自由勾画的多边形；(b) 通过不同的灰度表示不同的速度，可见在多边形的拐角处，速度降了下来

Tandler[Tandler 2001]在识别手势的算法中，定义了一些特征，比如关键点的个数、包围盒的大小等等，随着新点的加入，特征也会更新。同时，算法会找出

与当前特征最匹配的几何体(如图 4.33 所示)。不过,在他的文章中,只提到了直线、拐角线、正方形等匹配几何体,使得该算法的适用范围比较窄。

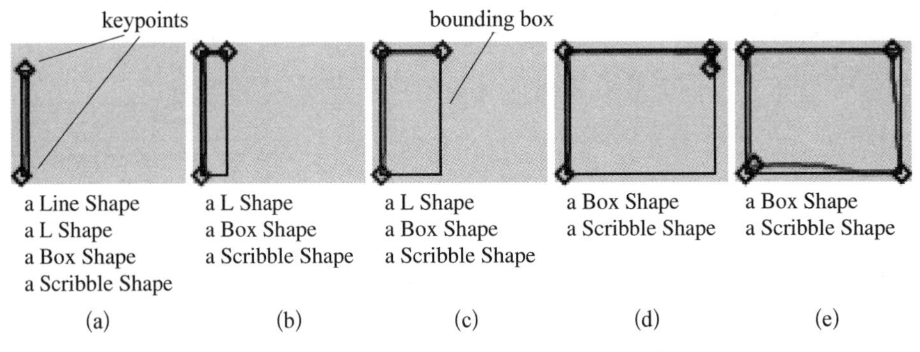

图 4.33 找出与当前特征最匹配的几何体

随着新点的加入,特征会随之更新,同当前特征最匹配的几何体也不断地变化

Arvo[Arvo 2000]利用微分方程,将用户画的轨迹拟合成简单的几何体。并且随着用户增加更多的点,几何体也会变形,形成新的条件下更好的拟合图形(如图 4.34 所示)。但是这种方法复杂度很高,并且只能识别非常简单的图形。

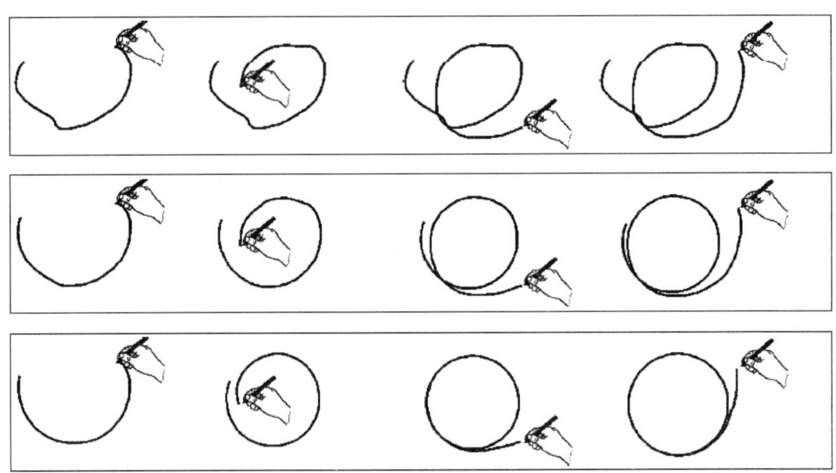

图 4.34 James 的几何体识别方法

不同情况下,对自由勾画的同步识别。由于第一行中的勾画无法识别成椭圆,系统将它识别成交互手势;第二行中的勾画与椭圆相近,系统会不断地得到当前最小二乘意义下的椭圆;第三行中的勾画更加接近于椭圆,系统会更早地得到拟合椭圆

同步在线识别草图具有输入方便、交互自然等特点,但已有算法或者只能处理简单的图形,或者计算复杂度高,无法满足实时需要。针对上述算法效率和应用范围问题,本节提出了基于增量式意图提取的草图识别算法,实时地理解用户意图、修正识别结果,使得识别结果和用户的勾画意图始终保持一致。另一方

面，用户在获知计算机识别结果的基础上，可以引导识别算法的识别，进而得到自己满意的结果。实验证明，该算法能够满足实时交互的需要，而且适用于多种复杂图形，比如线线相连、线弧相切、弧弧相连、弧弧相切等类型。

2. 基于增量式意图提取的实时交互识别算法

● 增量式意图提取

人对于一个事物的认识通常是一个渐进和反复的过程。类似地，计算机理解用户意图也应当是一个渐进的过程。因为笔式交互不同于传统的交互方式，WIMP 中的交互往往表现为瞬时性的、上下文无关的。而对于笔式交互中的草图识别，用户所提交的信息在很多情况下是不完善的、片段性的。所以对于这些信息的分析不能像过去那样单进单出，而应该是可回溯的、非线性的。对于用户信息的分析不应当是在一个时间点或空间点上，而应当是在一个时间区域内或空间区域内。

增量式意图提取不追求人与计算机在某一个问题上的认识做到完全的同步，因为即使人与人之间的理解和交流也是有一定的滞后或超前。增量式意图提取在某些情形下，需要收集更多的用户输入信息，它的分析可能滞后于用户。但在另一些情况下，它可以给出对于用户所要采取动作的预测，则是超前于用户的[栗阳 2002]。如图 4.35 所示。

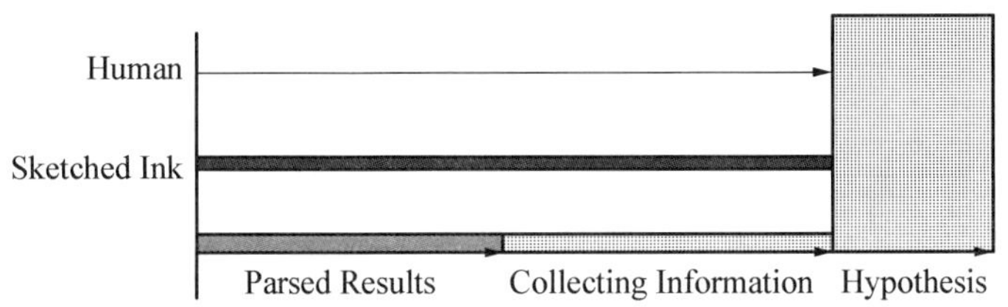

图 4.35 增量式意图提取的时序关系示意图

从分析的维度上讲，增量式意图提取较传统的意图分析方法具有更好的全局性，从而，有效地实现了局部容错的能力；同时，能够较好地理解用户的意图。增量式意图提取非常强调用户的参与。在分析的过程中，用户具有绝对的主导作用。

增量式意图提取是上下文相关的。意图提取的过程与用户交互过程是并行的。随着用户提供越来越多的信息，系统不断完善分析的结果，新的结果进而又为下一步的分析创造出新的上下文。增量式意图提取的一个显著的优点是它对交互中的非精确性或二义性具有极大的容错性，并且在交互过程中对用户产生尽可能少的干扰[Nakagawa 1993]。

总之，增量式意图提取是一个迭代式的问题逐步求解的过程。算法通过不断地收集用户输入的信息，依据意图分析的历史记录，调整确定当前分析的上下文，然后对现有信息进行分析，并给出适当的分析反馈，如图 4.36 所示。增量式意图提取具有很好的全局性。而且，增量式意图提取非常强调用户的参与，在分析的过程中，用户可以主导分析结果。所以，增量式意图提取能够较好地理解用户的意图[Li 2002a]。

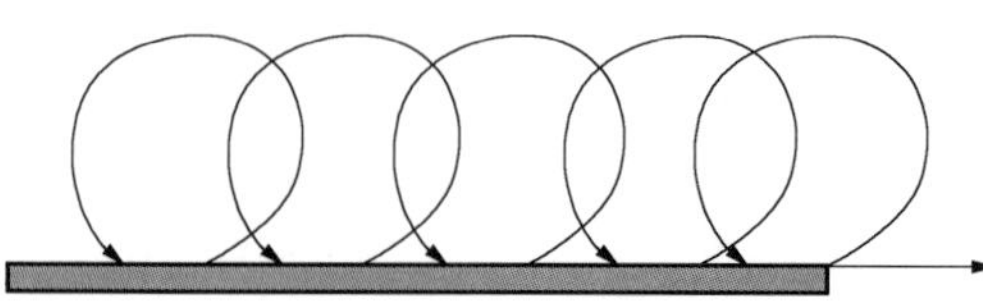

图 4.36 增量式意图提取的螺旋式前进

整个算法的设计，采取了增量式意图提取的形式。这里的意图是指用户的勾画意图，也就是用户想画什么图形。以下简称为意图。

工程中用到的规则几何体，都是由多折线和椭圆弧分段组成的。所以算法解决的重点集中在多折线和椭圆弧上，并且区分顺时针方向椭圆弧和逆时针方向椭圆弧。为了方便起见，用 0 表示顺时针椭圆弧意图，用 1 表示多折线意图，用 2 表示逆时针椭圆弧意图。如图 4.37 所示。

图 4.37 多折线和椭圆弧示意图

- 实时交互识别算法

识别算法通过手写板或手写屏采集用户的输入，利用采样点的位置信息进行计算。

由于勾画意图并不是由某个采样点来体现，而是蕴藏在多个采样点的集合中。所以，识别算法定义大小为 w 的滞后窗口，当采样点的数目与窗口的大小相同时，才开始提取意图，并生成相应的多折线意图段落或者椭圆弧意图段落。随着更多采样点的输入，以前提取的意图可能已经不适合当前最新的信息，识别算法可以根据意图段落的类型对其进行更新调整，使得识别结果和用户的勾画意图保持一致。

识别算法的流程如图 4.38 所示[Li 2005b，李俊峰 2005]。

■ 计算特征阶段

在这个阶段，需要计算点 $P_i(x_i, y_i)$ 的以下特征：

局部空间距离 $D_i = \sqrt{(x_i - x_{i-1})^2 + (y_i - y_{i-1})^2}$

角度 A_i 为 $P_{i-1}P_i$ 同 X 轴正向的夹角，逆时针方向增加，且 $A_i \in [0, 2\pi)$

曲率 $C_i = A_{i+1} - A_i$

曲率点 $CP_i = (\cos C_i, \sin C_i)$

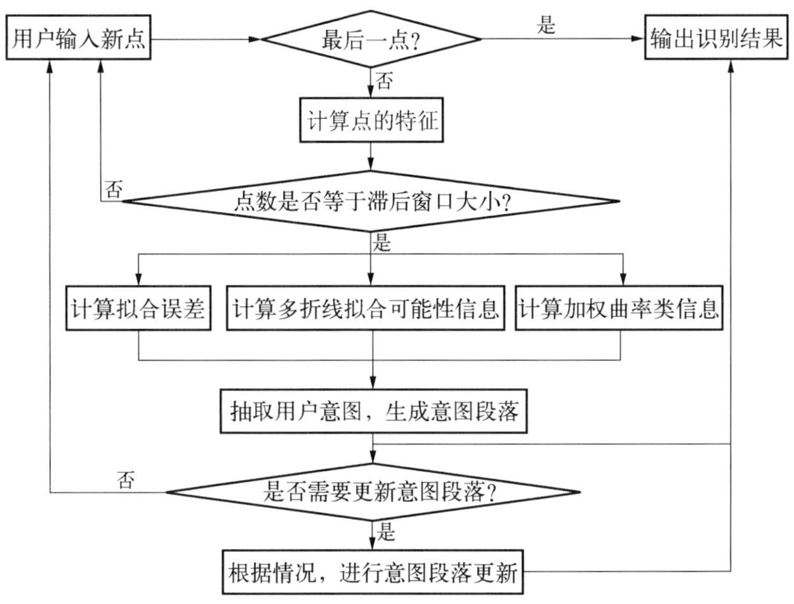

图 4.38 识别算法的流程图

曲率类 $CC_i = \{k \mid D(M_k, CP_i) \leqslant D(M_j, CP_i), j, k \in \{0,1,2\}, j \neq k\}$

其中，$M_0 = (\cos(-\alpha), \sin(-\alpha))$，$M_1 = (1,0)$，$M_2 = (\cos\alpha, \sin\alpha)$，$\alpha$ 为参数。在上述曲率点的定义下，顺时针椭圆弧曲率点分布在 M_0 附近，多折线曲率点分布在 M_1 附近，逆时针椭圆弧曲率点分布在 M_2 附近。$D(M_j, CP_i)$ 为欧氏距离。

■ 意图提取阶段

纸笔模式下的输入是不精确的。为了从中提取出用户真实的意图，算法定义大小为 w 的滞后窗口，只有当点的数目与窗口的大小相同时，才开始意图提取。其中，$w = w_0 \times \mathrm{e}^{-\mathrm{argtan}\, v}$，$v$ 是当前输入点的速度，w_0 为参数。用户的输入速度快，较少的点就能确定用户的输入意图；如果用户的输入速度慢，较多的点才能确定用户的输入意图。

意图提取阶段的任务是：已知 w 个点 $T_1, \cdots, T_w$，求解点列的意图 I，$I \in \{0,1,2\}$，利用拟合算法，生成相应的意图段落。其中，多折线拟合采用最大误差分割算法[郑南宁 1998]，生成多个线段意图段落；弧拟合采用基于最小方差的任意方向椭圆拟合算法[Fitzgibbon 1999]，生成椭圆弧意图段落。

意图提取算法：

(1) 计算 $P(0)$，$P(1)$，$P(2)$，$P(i)$是点列成为第 i 种几何体的概率(意图概率计算见下)。

(2) 如果 $P(k)$满足 $d < P(k) - P(i)$，$k \neq i$，$k, i \in \{0,1,2\}$，d 为参数，则 $i = k$；否则，计算点列的弧拟合误差 $Error_a$，多折线拟合误差 $Error_s$，以及拟合弧的方向 l，$l \in \{0,2\}$。

(3) 如果 $Error_a \leqslant Error_s$，则 $i = l$；否则，$i = 1$。

意图概率的计算：第一部分计算点的加权曲率类力量信息，第二部分计算点列成为多折线的可能性信息，最后的结果是将两部分信息融合在一起。

计算加权曲率类力量信息主要考虑了点的局部距离特征和曲率类特征。

对于每一个曲率类 $i,i\in\{0,1,2\}$，

(1) 将连续具有该种曲率类特征的点聚合在一起，形成 l_i 个点块 $B_1^i,B_2^i,\cdots,B_{l_i}^i$。

(2) 计算每个点块的力量 $power(B_j^i)=\sum D_k, j\in\{1,2,\cdots,l_i\}$，其中，$D_k$ 为 T_k 的局部距离特征，且 $T_k\in B_j^i$。

(3) 计算 m 个点块的力量

$$pos(i,m)=\begin{cases} power(B_1^i), & m=1 \\ \dfrac{pos(i,m-1)\times power(B_m^i)}{D(B_{m-1}^i,B_m^i)}, & m>1 \end{cases}$$

其中，$D(B_{m-1}^i,B_m^i)$ 为 B_{m-1}^i 和 B_m^i 的距离。之所以这样计算，是因为 m 个点块的力量同每个点块的力量成正比，同点块之间的距离成反比。$D(B_{m-1}^i,B_m^i)$ 的计算形式可以根据情况自由选择，这里，$D(B_{m-1}^i,B_m^i)$ 是 B_{m-1}^i 和 B_m^i 之间具有第 n 种曲率类点的数目，$n\in\{0,1,2\},n\neq i$。

(4) 该曲率类的力量为 $pos(i,l_i)$。

多折线拟合可能性信息计算主要是运用最大误差分割方法[郑南宁 1998]。设拟合后多折线的边数为 S，则点列形成多折线的可能性 $prob=\cos((S/W)^b\times\pi/2)$，$b$ 为调节参数。之所以这样计算，是因为，拟合多折线的边数越接近于点列的边数，形成多折线的可能性就越小；而且，可能性减小的速度也越快。

将加权曲率类信息和多折线拟合可能性信息融合在一起。

$$\begin{cases} p(0)=pos(0,l_0)\times(1-prob) \\ p(1)=pos(1,l_1)\times prob \\ p(2)=pos(2,l_2)\times(1-prob) \end{cases}$$

点列成为第 i 种几何体的概率

$$p(i)=p(i)/(p(0)+p(1)+p(2)),\quad i\in\{0,1,2\}$$

■ 意图更新阶段

通过上面的意图提取阶段，可以生成符合当前点列意图的段落。但是，随着更多点的加入，更多意图段落的生成，已有的意图段落可能不再适合新加入的信息，应该根据情况进行修改。

意图更新算法：

(1) 得到当前意图段落集合 Q 中，意图段落的数目为 N。如果 $N<2$，则退出。

(2) 设 Q 的最后两个意图段落为 $Section_{N-1}$ 和 $Section_{N-2}$，根据意图种类分别处理，决定是否合并。如果不可以合并，就退出；否则，就删除 $Section_{N-1}$ 和 $Section_{N-2}$，增加合并后的意图段落 $Section'$，返回(1)。

以下为分情况处理的算法：

(1) 如果 $Section_{N-1}$ 和 $Section_{N-2}$ 都是线段意图段落，则考察 $Section'$ 的线性度 $Linear$，如果 $threshold_1\leqslant Linear$，就合并；否则，不合并。

(2) 如果 $Section_{N-1}$ 和 $Section_{N-2}$，一为线段意图段落，一为弧意图段落，则根据段落的长度决定主要段落。如果主要段落为线段意图段落，则根据(1)处理；如果主要段落为弧意图段落，则计算弧意图段落同线段意图段落相连点的切线角度 $Tangent$，如果线段意图段落的角度 $Line$ 满足 $|Tangent - Line| \leqslant threshold_2$，就合并；否则，不合并。

(3) 如果 $Section_{N-1}$ 和 $Section_{N-2}$ 都是弧意图段落，则计算 $Section_{N-1}$ 和 $Section_{N-2}$ 相连点的切线角度 $Tangent_{N-1}$ 和 $Tangent_{N-2}$，如果 $|Tangent_{N-1} - Tangent_{N-2}| \leqslant threshold_3$，就合并；否则，不合并。

3. 实验评估

● 实验 1

本实验的目的在于验证意图提取和意图更新阶段算法的有效性。

下面的序列反映了识别算法在各个阶段对采样点的处理。虚线为用户的输入，实线为识别结果。如图 4.39 所示。

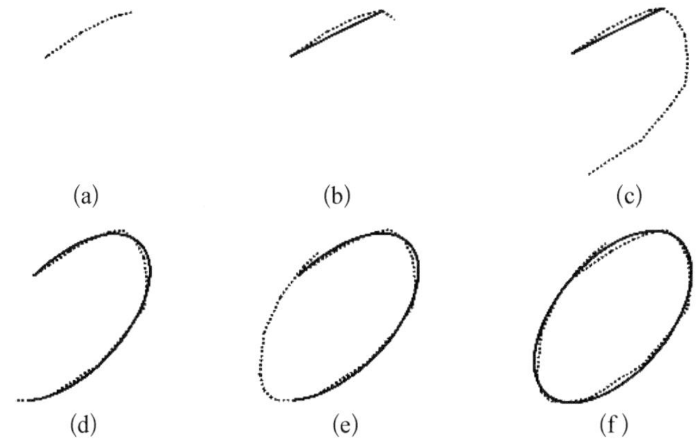

图 4.39 识别算法在各个阶段的处理

(a) 输入阶段；(b) 意图抽取阶段；(c) 输入阶段；(d) 意图抽取、更新阶段；(e) 输入阶段；(f) 意图抽取阶段

(a) 在勾画的开始阶段，由于点数小于滞后窗口的大小，算法没有进行意图提取；(b) 当点数等于滞后窗口时，算法开始进行意图提取，也相应地生成多折线意图段落；(c) 随后输入的点，由于数目小于滞后窗口的大小，算法没有进行意图提取；(d) 当点数等于滞后窗口时，算法开始进行意图提取，也相应地生成顺时针椭圆弧段落，并且，识别算法对意图段落进行更新，将两个意图段落合并成一个顺时针椭圆弧段落；(e) 随后输入的点，由于数目小于滞后窗口的大小，算法没有进行意图提取；(f) 最终，用户的笔迹被正确地识别成椭圆。

可以看到，无论在意图提取阶段，还是在意图更新阶段，识别算法的识别结果都是对用户勾画意图的正确、有效的提取。

● 实验 2

本实验通过对常用图形的分类识别,用图表的形式统计算法的识别率和效率。

将常用图形分成六类:单线段图形、单弧图形、单椭圆图形、多线段组成的图形、多弧组成的图形、线段和弧组成的图形。每一类选取不定数量的图形作为实验图形,A 用户用电子笔随意输入实验图形,系统对采样点进行同步处理,并同时将识别结果显示出来。B 用户记录下 A 用户完成该类图形所需的时间和正确数目。然后,A 用户与 B 用户的任务互换,以测试系统对不同用户的适应能力。

表 4.8 和表 4.9 是测试结果。

表 4.8 测试结果——A 用户勾画,B 用户记录

	单线段	单弧	单椭圆	多线段	多弧	线段和弧	总计
选取图形数目	12	12	15	20	15	20	94
识别率	100%	100%	95%	95%	88%	86%	93%
总时间(秒)	9	10	13	19	19	22	92
平均时间(秒)	0.75	0.83	0.87	0.95	1.27	1.1	0.98

表 4.9 测试结果——B 用户勾画,A 用户记录

	单线段	单弧	单椭圆	多线段	多弧	线段和弧	总计
选取图形数目	16	18	15	20	20	25	114
识别率	100%	100%	87%	95%	82%	76%	89%
总时间(秒)	14	16	15	18	27	29	119
平均时间(秒)	0.88	0.89	1	0.9	1.35	1.16	1.04

从识别率来看,系统对于单线段、单弧、单椭圆、多线段类型图形的识别是不错的;对于多弧、线段和弧类型图形,则出现了比较多的识别错误。但是总体来看,达到了 90.9%的识别率;从完成时间来看,识别和用户的勾画是同时开始、同时结束的,所花费的时间主要是勾画时间,识别所需要的时间微乎其微,几乎感觉不到停顿,能够达到实时识别、实时反馈的要求。

而且,用户对同步识别、实时反馈这种形式非常满意。在整个识别过程中,用户都可以看到计算机的识别结果,并且能够引导识别过程。这种主动控制、全程交流的体验,让用户觉得容易学习、容易使用本系统,同传统的 WIMP 范式下的 AutoCAD 系统、异步识别系统相比,用户更加喜欢使用本系统。

图 4.40、图 4.41 为用户输入和算法识别结果的部分截图。

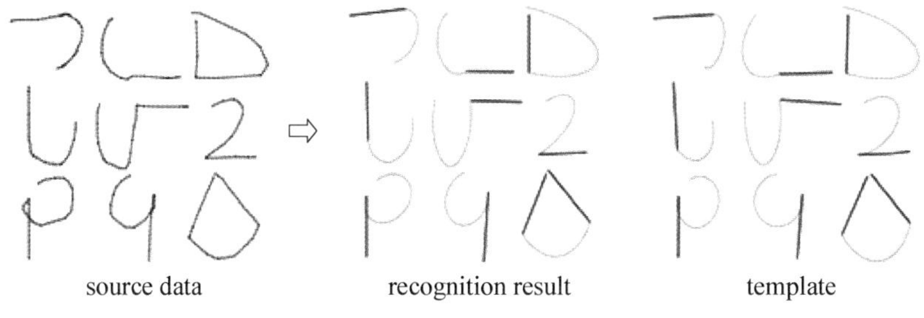

图 4.40 图形输入和识别结果——线弧图形

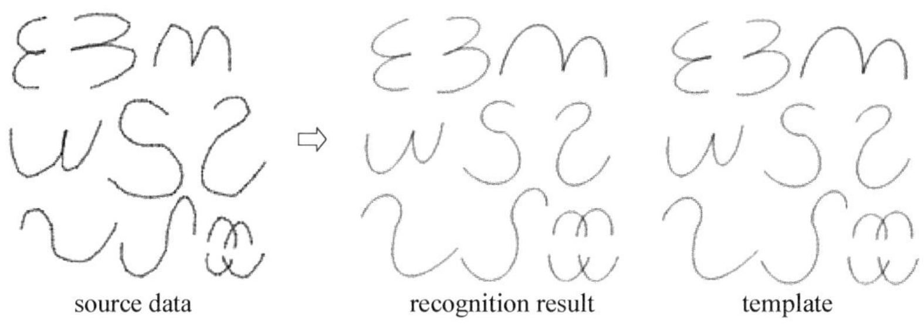

图 4.41 图形输入和识别结果——多弧图形

4. 结论

在总结同步识别算法存在的缺点的基础上，本节提出了基于增量式意图提取的图元实时交互识别算法，能够提供同步的、即时的反馈。识别算法利用采样点的位置信息，提取用户的勾画意图，并且可以根据最新的信息，修正以前提取的意图，使得识别结果和用户的勾画意图保持一致。识别算法将当前的识别结果显示给用户，使计算机同用户始终处于交流的状态，用户在获知计算机识别结果的基础上，可以引导识别算法的识别，进而得到自己满意的结果。

通过实验可以看到，对于多弧相连、线弧相连等复杂图形，识别算法依然能够输出比较好的识别结果；而且，由于识别算法采用同步识别、实时反馈这种形式，所以用户喜欢使用该种方式进行图形输入。

在未来的研究中，将对识别结果进行规整化处理，以便能输出标准的图形；而且，对于线弧相连图形，将进一步提高识别率。

4.5.4 文本行结构提取

文本笔迹结构的理解是数字笔迹结构理解中的重要课题。在对文本笔迹的结构分析与识别中，文本行结构能否正确提取至关重要。通常只有获得文本行结构之后，才能进行单行笔迹内的字符提取，继而才能识别字符；创建段落或是列表[Li 2002b]等笔迹结构，也多以文本行结构为基础；笔迹的图文分离中有可能使用文本行提取的结果作为计算基础[Keisuke 2004]；在编辑笔迹时，文本行是被频繁操作的对象[Ao 2006]。总的来说，文本行结构在多种笔迹结构的分析与识别中起到了承上启下的作用，而且也是笔迹结构化编辑的基础，因而特别重要。

在本节中将讨论手写笔迹中的文本行提取问题。特别地，分析一类复杂的文本行结构的提取问题——多方向文本行结构的提取。本节将给出多方向文本行的提取算法，并给出评估结果和处理样例。

1. 平行与非平行手写文本行

在线手写笔迹从本质上是非规范数据(informal data)[Dong 1999]，用户书写的文字不可能像印刷体文字那么工整、规范[Han 2006]，这给其结构分析带来困难。然而，采用手写输入的交互式系统往往强调自然的用户体验，尽可能地保证用户输入的随意性，不对输入方式和格式做过多限制，因此，这些系统必须要能理解复杂的非规范笔迹的结构。多方向文本行正是复杂的笔迹结构之一，它是指文本笔迹文档中文本行之间存在不平行的情况。图 4.42(a)和(b)分别表示平行的手写文本行和非平行的手写文本行。

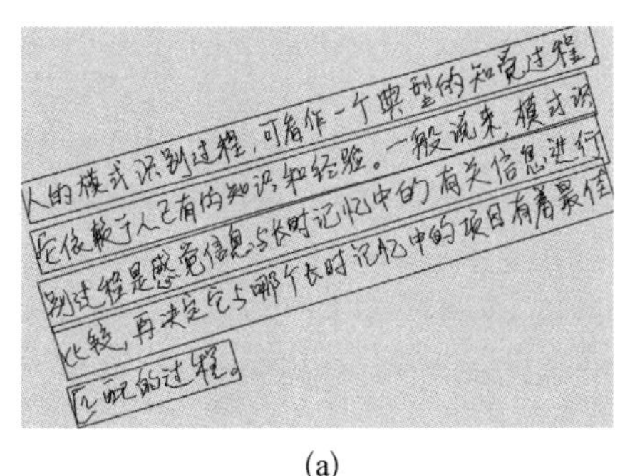

(a)

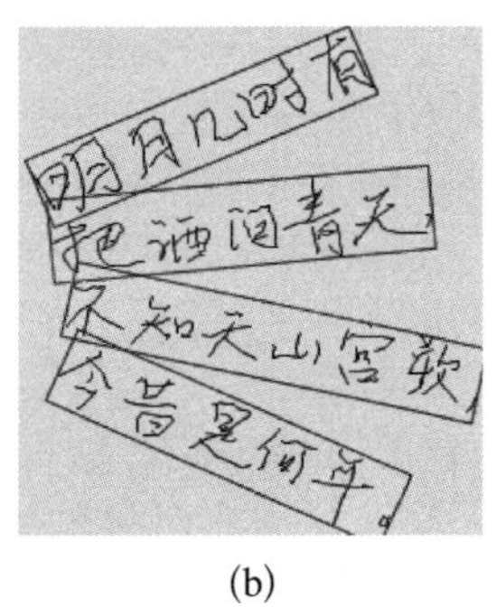

(b)

图 4.42 平行的文本行和多方向(非平行)的文本行

(a) 倾斜但平行的文本行；(b) 多方向文本行

数字笔迹中文本行提取的难度由笔迹的书写是否规范而定。特别地，文本行是否平行，对文本行是否能顺利提取影响很大。如果已知文本行之间是平行排列的，则文本行比较好提取。这是因为“行间平行”是一个规范的全局特征，只要利用最优直方图投影的方法[Seong 2001]，就可以提取出平行的笔迹文本行，具体方法如图 4.43 所示。然而，由于多方向文本行缺乏“行间平行”这个全局特征，它的提取方法不能采用最优直方图的方法。

对此问题，本节提出了一种多方向在线手写笔迹文本行提取方法。该方法以格式塔心理学的感知理论为计算理论基础，采用自底向上的策略，先将笔迹聚合成多个类似字符的笔画块(block)，然后在这些字符块上建立称为“链接模型”的网状结构，以评估所有潜在可能的文本行排列，最后对链接模型采用分支限界的全局优化搜索策略，获得最优行排列结果。实验结果表明，该方法能有效提取手写笔迹的多方向文本行，而且还能应用到弯曲的手写文本行的提取上。

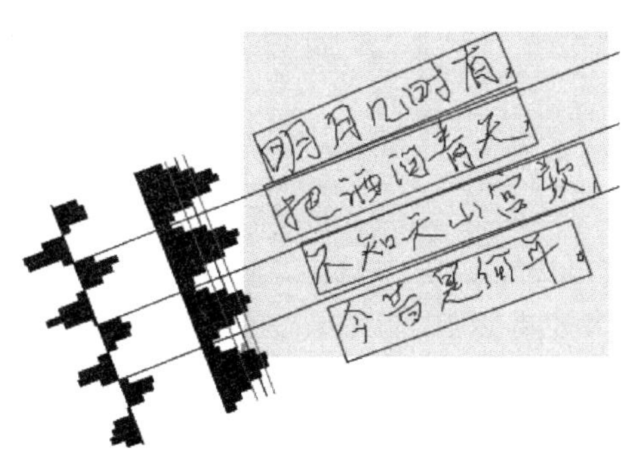

最优直方图算法步骤：

(1) 把笔迹向 0～179 度每隔一度旋转、投影，得到 180 个直方图，平滑这些直方图。

(2) 评价这 180 个直方图，挑选出最优的。最优直方图匹配正确行切分结果，它应该出现最明显的“峰谷交错”现象，而其他直方图都相对平坦无规律。

(3) 计算最优直方图的一阶导数直方图，间隔的零点指示切分位置。

图 4.43 平行的文本行能够通过一个评估最优直方图的方法得到

2. 相关研究

许多工作都致力于解决笔迹文本行结构的提取问题。比如倾斜的文本行提取[Zhixin 2003, O'Gorman 1993, Pu 1998]、重叠的文本行的分离[Markus 2001, Elisabetta 1999]、手写潦草的文本行提取[Elisabetta 1999]。但是，这些算法处理的都是离线数据(一般来说都是扫描的图片)，这些数据并没有数字笔迹所拥有的时间信息。而在数字笔迹中笔画间的空间位置关系(空间信息)，与笔画间的时序关系(时间信息)并不总是对应的，空间间隔较远的笔画并非在时间上间隔也较远。所以从信息利用不完整的角度来看，将这些算法应用到数字笔迹的行提取中，并不会达到最佳的效果。

以上提及的各种文本行提取算法虽然可以处理整体倾斜的文字，但不能处理具有多方向行结构的文字(即文字行之间不平行)。多方向文字行的情况在印刷体文字中出现的机会不多，但在数字笔迹中却经常出现，这是因为数字笔迹本身具有随意、自由的特点，因此，“能处理多方向的文本行”在文本笔迹的分析中，显得尤为重要。

文献[Pal 2003] 提出了一个处理离线文本的多方向行提取问题的方法，但是这种方法依赖单行文字底线(baseline)的对齐信息，虽然适合处理拉丁语系的文字(如英文、法文)，但并不能很好地处理东方文字(如中文、日文)，更不能正确处理底线很难对齐的数字笔迹文本。所以不依赖文字语系而且可以提取多方向行排列结构的笔迹文本行提取算法值得研究。文献[Goto 1999]提出了一种从文档图像中提取弯曲文本行的方法。该方法认为，弯曲的文本行在整体上虽然具有（不太强烈的）弯曲度，但是从局部的相邻几个单字上来看，仍然是保持线形的。因此，该方法先从文档中提取出 Primitive Rectangle（PR），每个 PR 模拟一个单字（实际上可能为单字的一部分，也可能是两到三个黏合在一起的单字）。然后，该方法将整个文档划分为多个窗口区，并分别在每个窗口内进行行倾斜预测。最后在满足一定约束的情况下，将同向倾斜的 PR 连接在一起，从而得到行提取结果。该方法的优点是：能处理弯曲的行结构，因而适合非常复杂的文档的分析；语言无关，并非只处理某特定语言类的文档。但是该方法在处理具有歧义的行排列方面并未给出解决方法（但给出了多种可能选项）。此外，过多的参数设定使得该方法显得经验性过强。

虽然大部分工作都集中在离线数据的处理上，但还是有部分研究者致力于解决在线笔迹的文本行提取问题。文献[Ratzlaff 2000] 提出一个行提取方法，该方法利用笔迹的时间信息和对行间距离的估值，自底向上地将在线笔迹聚类为多行文字。然而该方法的缺陷是仅能够处理倾斜度较小的文字，对整体呈现较大倾斜和行间不平行的情况就无能为力了；此外，该方法过度依赖笔迹的时间信息（例如，认为写完一行文字后才写下一行），使得当用户感知到的笔迹的空间关系与笔迹内部的时间关系不一致的情况时，行提取错误率会急剧上升。文献[Michael 2003] 也提出了一个自底向上地把笔迹聚类为多行文字的方法。该方法非常谨慎地利用笔迹的空间信息和内部的时间关系（因此可以避免对时间信息的过度依赖），迭代式地将笔迹聚类为文本行。但是此方法在聚类中的最优化函数选择时，采用了较为简单的贪心策略。虽然该方法的计算效率（performance）很高，但容易丢掉全局最优解，从而得不到最佳的行排列结构。

本节的工作与知觉组织（或称感知组织，perceptual organization）的研究是相关的。格式塔定律[Koffka 1922]在这类研究中起到了重要作用，尽管只有其中一部分成果——例如“近邻性（proximity）”、“共线性（collinearity）”和“相似性（similarity）”——被利用到知觉聚类的计算中[Feldman 2003]。在数字笔迹的理解中，知觉聚类是一类重要的技巧[Saund 2002]。例如，“Scanscribe”笔迹编辑系统能寻找出笔迹图像中所有的闭合路径（closed path）[Saund 2003a，Saund 2003b]；微软公司 OneNote 笔迹编辑系统[Microsoft 2003]，提供了基于感知结构的笔迹聚类功能，并支持基于聚类结果的知觉编辑（perceptual editing）。本节的多方向文本行提取算法也基于格式塔理论，通过将格式塔定律中描述的近邻性、共线性和相似性可计算化，将多方向文本行结构提取转变成可以定量计算的最优化问题，从而简化了问题。

本节的多方向笔迹文本行提取算法是受 Igarashi 早期的一项工作[Igarashi 1995]所启发的。他通过一个网络模型将计算机屏幕上的卡片组织成水平行、垂直列或者无序堆的结构。然而,笔迹行结构与卡片结构很不一样,还可能存在多方向的排列的情况。因此本节中提出的"链接模型"与文献[Igarashi 1995]差异很大,且解决的问题也完全不同。

3. 基于感知的文本行定义

格式塔心理学(Gestalt psychology)认为:"近邻(proximity)"、"相似(similarity)"和"连续(continuation)"是人类视觉感知"一组"事物的基本准则[Koffka 1922]。事实上,文本行是由多个字符构成的,因此对文本行的感知也符合格式塔定律(Gestalt laws)。把笔迹中的文本行提取看成感知聚类(perceptual grouping)过程,下面给出文本行定义。一行文字是一组满足如下条件的字符的集合:

- 字符紧密线性排列(对应"近邻");
- 字符线性排列(对应"连续");
- 字符大小一致(对应"相似")。

符合以上规则的文本行称为"合法的"(legal)文本行。所有文本行都"合法"的文本行排列即称为合法排列。图 4.44(a)表示了合法文本行,图 4.44(b)~(d)均分别违反了上述文本行定义,从而不是合法文本行。

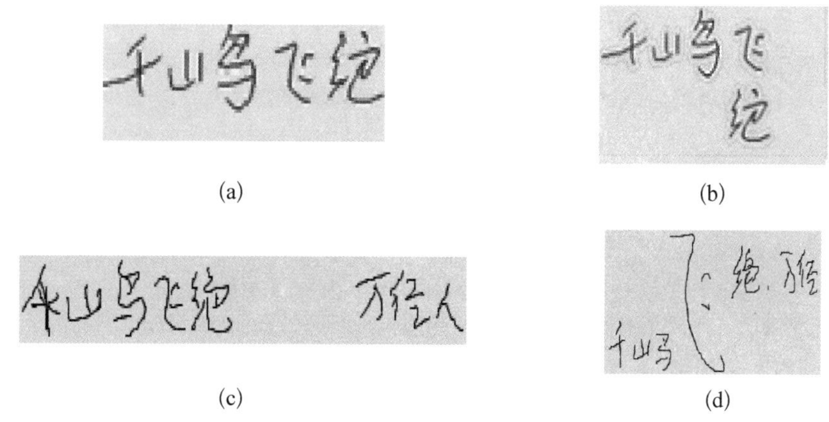

图 4.44 基于感知的文本行定义示例

(a) 合法的文本;(b) 非线形排列;(c) 非紧密排列;(d) 字高差异太大

图 4.45 给出了一段笔迹的两种不同行排列布局。这两种布局都满足上述文本行的定义,都为合法排列,但是只有行排列图 4.45(b)符合感知习惯,称为"感知排列"(perceptual layout);而行排列图 4.45(a)虽然合法,但并不符合感知习惯,称为"偶然排列"(accidental layout)。同一段笔迹存在多种合法的行排列,其中只有一种符合感知习惯。行提取的目标就从众多合法排列中选出感知排列,这需要从全局入手。如图 4.45(a)中的排列,由"明把不今"四个字组成的竖直文本行本身非常规整,但根据其上下文并不成立。

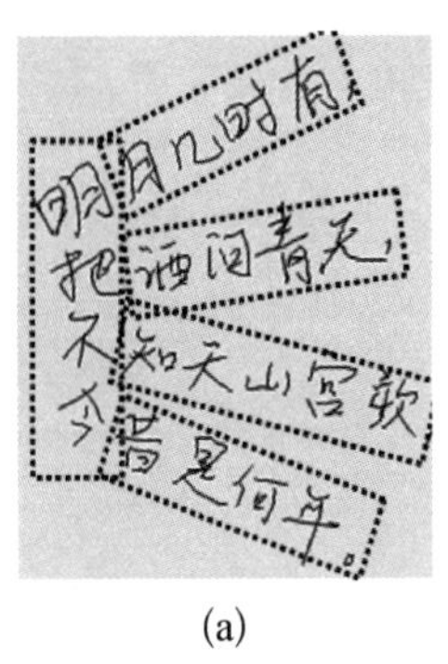

(a)

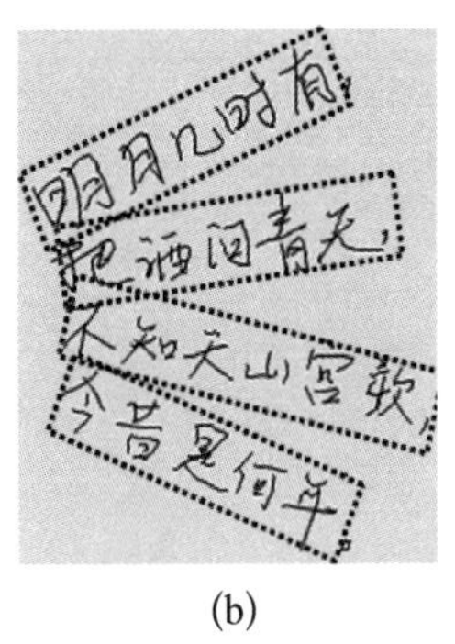

(b)

图 4.45 同一段笔迹的两种不同合理行排列

排列(b)符合我们的感知习惯,而排列(a)虽合法,但只是"偶然排列"。注意排列(a)中由"明把不今"几个字组成的竖直文本行本身非常规整

4. 算法流程

本节提出的多方向笔迹行提取算法如下:

(1) 将邻近的笔画聚为笔画块,每个笔画块类比一个字。文本行是字的集合,先能获得单字再自底向上地构造行结构会相对容易。虽然在行结构还未获得的情况下很难准确地提取单字,但是行的形成并不需要精确的单字提取结果(只要不把分属两行的笔画聚在一起)。

(2) 将笔画块组成一个网状结构,其中笔画块为顶点,空间上相邻的笔画块之间存在带权值的无向边,该结构称为"链接模型"(link model),笔画块作为顶点,笔画块之间的无向边称为"链接"(link)。

(3) 计算链接强度。链接强度即每条边的权值,它反映相邻两笔画块在同一行中的可能性。链接强度的计算基于本节中文本行的定义。链接强度较大,表示其连接的两个笔画块同属该链接指向的文本行的可能性也较大。

(4) 在链接模型中搜索最优合法行排列,它对应最大链接强度和。此处,"一行内笔画块线性排列"是优化限制条件。考虑到链接模型具有很强的结构性,适合基于图的各种优化算法,采用分支限界搜索作为最优搜索算法。

图 4.46 表示了上述算法流程。

5. 形成笔画块

笔画块由一个或多个笔画构成。算法开始时,每个笔画都被看作是一个单笔画的笔画块。对于笔画块 b,$W(b)$和 $H(b)$分布表示 b 的包围盒的宽度和高度;对于笔画块 b_1 和 b_2,b_1+b_2 表示两个笔画块合并而得的笔画块。笔画块 b_1 和 b_2 能聚合成 b_1+b_2,仅当满足聚合条件

$$\begin{cases} W(b_1+b_2) < \max(h,(h+W(b_1)+W(b_2))/2) \\ H(b_1+b_2) < \max(h,(h+H(b_1)+H(b_2))/2) \end{cases} \tag{4.1}$$

其中,参数 h 是对笔迹中字高的估计。经验地,$h=\frac{1}{N}\sum_{i=1}^{n}(W(b_i)+H(b_i))$,

b_i 均为初始单笔画的笔画块。式(4.1)表明，如果两笔画块在空间上足够靠近则聚在一起，而且小的笔画块更容易聚合。

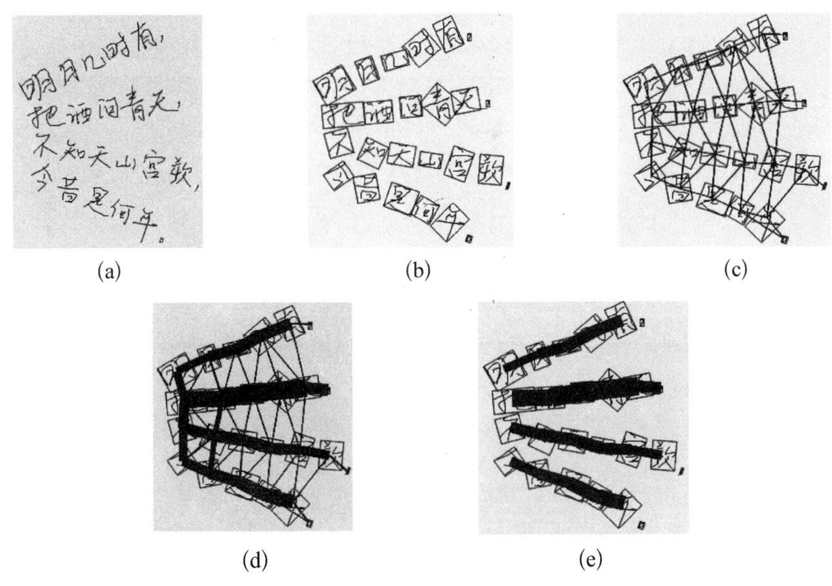

图 4.46 算法流程示例

(a) 原始笔迹；(b) 形成笔画块；(c) 建立链接模型；
(d) 计算链接强度；(e) 搜索最优行排列

笔画块聚合的顺序很重要。考虑到在多数情况下，一个字是连续写完的，因此可以假设单个字内的笔画在时序上连续。因此，笔画块的形成采用两阶段策略：第一阶段聚类称为“时序聚类”，指仅将时序上连续的且满足条件式(4.1)的笔画块聚在一起。第二阶段聚类不限时序，任意两笔画块只要满足聚合条件均进行聚合，这样做是考虑到用户在少数情况下会“补笔”，时序聚类无法聚合补笔的笔画(因为在时序上不连续)。

值得注意的是，两阶段聚类的顺序不能颠倒。首先，时序聚类的效率很高，假设初始有 N 个笔画，则时序聚类至多发生 $N-1$ 次；而不限时序的聚类会对条件式(4.1)作 $(N-1)^2/2$ 次判别。如果先将这 N 个笔画时序聚类为 C 个笔画块，则第二阶段的聚类只需要对条件式(4.1)作 $(C-1)^2/2$ 次判别。其次，时序聚类具有分开空间上交叠但时序上不连续的笔画的能力，先执行时序聚类可以解决大多数行间笔迹交叠的问题。之后的第二阶段的聚类虽然有可能将不同行的笔画聚在一起，但是由于经过时序聚类得到的笔迹块已经较大，由式(4.1)可知较大的笔画块难以聚在一起，因而较难发生错误聚合。

对笔画块形成结果的评估主要看两点：聚合错误和聚合质量。聚合错误是指是否存在将本该属于两个不同文本行的笔画聚合到同一个笔画块；聚合质量是指在尽量不犯聚合错误的情况下,在同一个笔画块里是否能聚合较多的笔画(形成比较大的笔画块)。一般来说,聚合错误和聚合质量之间需要权衡,很难同时满足聚合错误少且聚合质量高。聚合条件式(4.1)就是权衡的结果。由式(4.1)可知,当笔画块比较大时,除非它们靠得很近,否则不聚合,以免发生聚合错误;而当两个笔画块比较小时,聚合条件松一些,这样能保证聚合质量(否则可能形成细碎的笔画块)。利用笔迹内笔画的时序信息,可以进一步减少聚合错误、提高聚合质量,这一点在前两段的讨论里已经说明了。然而,这也是一种权衡,因为如果笔画间的时序近邻关系与空间近邻关系不一致时,利用时序信息,反而可能导致聚合错误的增加。

6. 链接模型

链接模型将笔画块组织成为网状结构,其中,笔画块为顶点,两笔画块之间的边称为链接,链接的权值——称为"强度"——反映了这两个笔画块在同一行中的可能性。链接模型为最优行排列的搜索提供了搜索空间。下面介绍如何建立链接以及如何计算链接强度。

- 建立链接

在链接模型中,链接表示笔画块之间的邻近关系。对于平面点,Delaunay 三角化(Delaunay triangulation)[Eric 1999] 能很好地建立它们的邻近关系。因此把笔画块看成平面点,对这些点进行 Delaunay 三角化,得到笔画块之间的边,然后去掉长度过长而不合理的边,即得未赋权值的链接模型。

- 计算链接强度

链接强度反映两个相邻笔画块属于同一文本行的可能性,它受三个因素影响。

第一个影响链接强度的因素是链接长度。链接未被笔画块覆盖的部分的长度定义为链接长度(如图 4.47 所示)。设链接长度 *length* 对链接强度的影响系数为 F_L,则

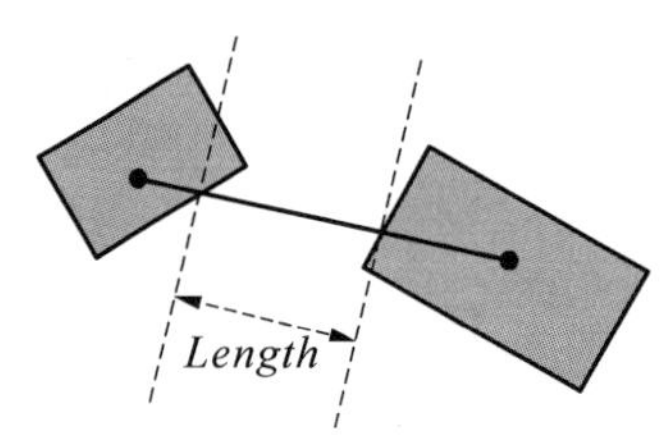

图 4.47 影响链接强度的因素:链接长度

$$F_L = \exp\left(-\left(\frac{length}{\overline{length}}\right)^2\right) \tag{4.2}$$

其中,$\overline{length}$为链接长度的平均值。F_L 对应文本行定义的条件 1:字符紧密排列,因此距离较近的笔画块总是比距离较远的更可能处于同一行。值得注意的是,式(4.2)给出的 F_L 的计算方式是经验的,事实上只要能反映出"链接强度随链接长度增加而减弱",其他计算方式也是合理的。

第二个影响链接强度的因素是笔画块倾斜方向与链接指向之间的夹角(简称"夹角"),如图 4.48(a)中 a_1 和 a_2 所示。笔画块的倾斜方向是指其最小面积包围盒长边的倾斜方向,链接指向是指链接的倾斜方向。一般来说,链接指向与所在行的倾斜方向一致,因此夹角反映了由某一链接指向的文本行在

局部的连续性。如果夹角大,即笔画块的倾斜方向与链接指向不一致,因此链接强度应该减弱。这个因素对应了文本行定义的条件2：字符线性排列。值得注意的是,该因素仅在笔画块具有明显方向性时才应起作用,如果笔画块的最小包围盒接近正方形,则其倾斜方向应对链接强度没有影响,图4.48(b),(c)表示了笔画块的长宽比对角度与链接强度的关系的影响,图4.48(b)中的笔画块因其最小包围盒的长宽比较大,呈现明显的倾斜,方向性较强,因此它对从不同角度连接到它的链接的强度的影响各不相同,对顺着倾斜方向的链接应具有增强效应,对垂直于倾斜方向的链接则应无影响或者应削弱其强度;但图4.48(c)中的笔画块的最小包围盒的长宽比为1,是一个正方形,因此其倾斜度应对各个方向的链接强度没有影响。综上所述,设 F_A 为夹角对链接强度的影响系数,有

$$F_A = \max\left(\prod_{i=1}^{2} \frac{w_i \times \cos^2 a_i + h_i \times \sin^2 a_i}{w_i + h_i}, \beta_a\right) \tag{4.3}$$

其中,a_1,a_2 分别是两个夹角;w_1,w_2 和 h_1,h_2 分别为两个笔画块最小面积包围盒的长和宽;阈值 β_a 限制夹角对链接强度的影响。

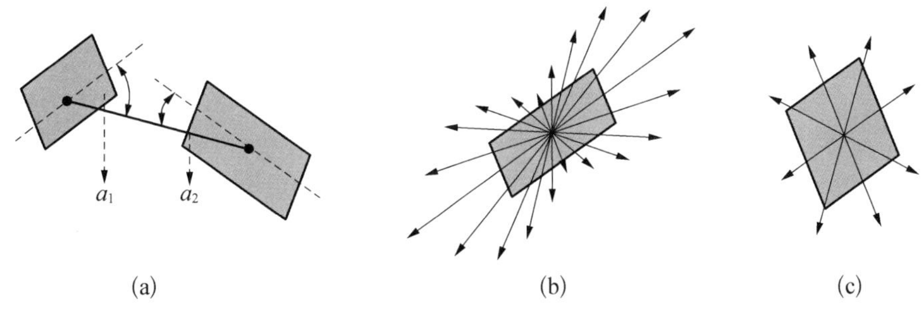

图4.48 夹角因素影响链接强度示意图

(a) 夹角的示例;(b),(c) 讨论夹角如何影响链接强度

第三个影响链接强度的因素是笔画块的大小差异。一行文字的大小应该是相似的,因此如果链接两端的笔画块的大小差异很大,则链接强度会被减弱。图4.49表示了笔画块大小对链接强度的影响。这个因素对应了文本行定义中的“字符大小一致”。设 F_S 表示笔画块大小差异对链接强度的影响系数,有

$$F_S = \max\left(1 - \frac{|w_1 - w_2| + |h_1 - h_2|}{\max(w_1, w_2) + \max(h_1, h_2)}, \beta_s\right) \tag{4.4}$$

其中,w_1,w_2 和 h_1,h_2 分别为两个笔画块最小面积包围盒的长和宽;阈值 β_s 限制笔画块大小对链接强度的影响。

综合式(4.2)~式(4.4),链接强度 s 可计算为

$$s = \gamma F_L F_A F_S \tag{4.5}$$

其中，γ 为预设常数。式(4.5)表明，链接强度同时受链接长度、笔画块倾斜方向与链接指向之间的夹角以及笔画块的大小差异这三个因素的影响。

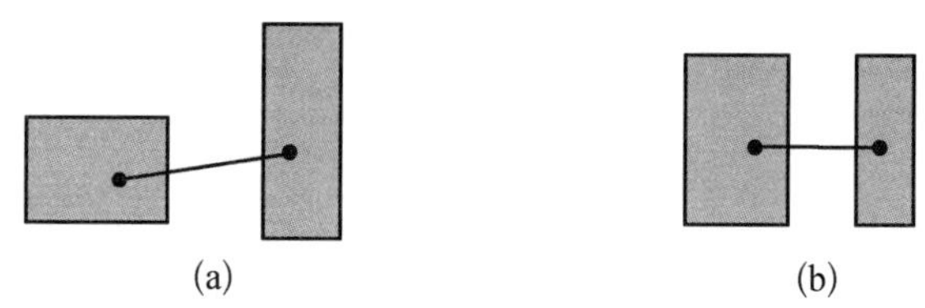

图 4.49 影响链接强度的因素：笔画块的大小差异

■ 链接间增强。单个链接只能反映局部的信息，我们更关心一行文字作为整体的连续性、邻近性和相似性。例如，图 4.50中表示了两行文字，即便假设所有的链接的强度都一致(即局部信息相同)，第二行仍比第一行更有代表性。因此，笔者采用称为“链接间增强”(reinforcement between links)的计算过程，来反映文本行的整体形状对链接强度的影响，使得在整体上一致的文本行在链接模型中更突出。

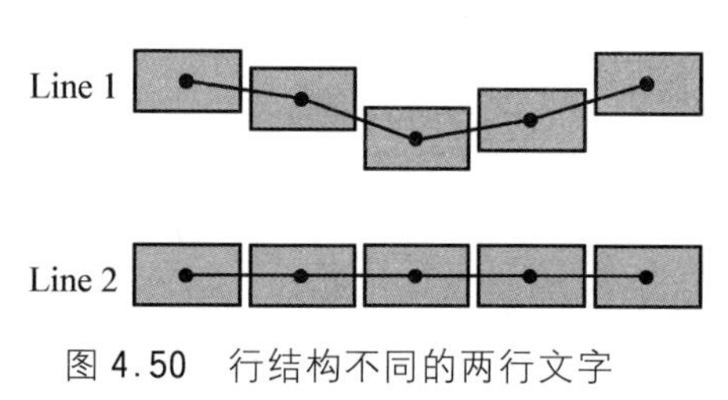

图 4.50 行结构不同的两行文字

“Line 2”比“Line 1”更具有代表性

图 4.51(a)示例了相邻链接相互增强，如果相邻的两个链接近似共线(collinear)，则它们相互增强。此处“相邻链接”是指同一笔画块的两个链接，“共线”是指这两个链接的夹角 $\alpha \geqslant \alpha_{\text{threshold}}$，如果 $\alpha = \pi$，则表示完全共线。设链接 L_a 与链接 L_b 相邻，$S(L)$表示链接 L 的强度，$\Delta S_{a\to b}$表示 L_b 因 L_a 对其的增强而在其强度上获得的增量，$\Delta S_{a\to b}$的计算如下：

$$\Delta S_{a\to b} = \frac{(S(L_a) + S(L_a))^{0.5}}{2} \times \max\left(\frac{\alpha_{ab} - \alpha_{\text{threshold}}}{\pi - \alpha_{\text{threshold}}}, 0\right) \tag{4.6}$$

式(4.6)表明，链接增强量与两链接夹角直接相关，并且与两链接在增强前的强度也相关。

增强过程还通过相邻的共线链接传递，间接发生在不相邻的链接之间，图 4.51(b)表示了间接的增强过程。与 F_L，F_A 和 F_S 的计算类似，此处的增强公式也是经验的，只要能表达文本行在整体上规范性的计算式，都可以作为链接间增强的公式。图 4.51(b)中较粗的边代表强度大的链接。直观地，行排列结构已经明显地由这些链接指示出来。

7. *最优行排列搜索*

对最优行排列的搜索，可以看成是从链接模型中，选择出一组指示最优行排列的链接。为此，首先定义“冲突链接”的概念。“冲突链接”是指属于同一个笔

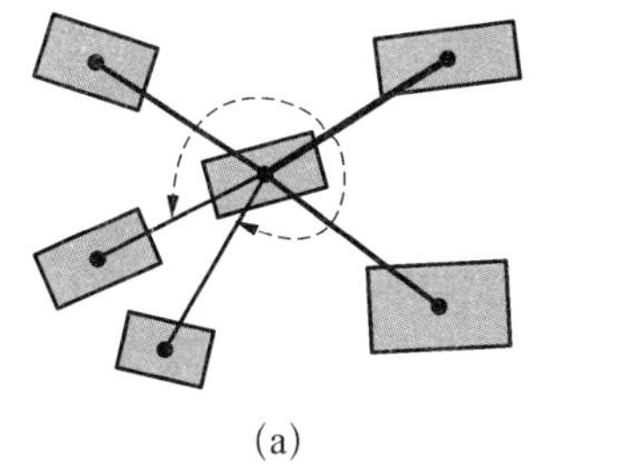

(a)

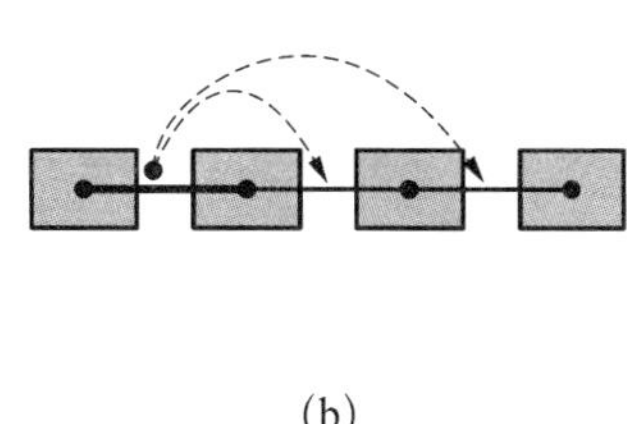

(b)

图 4.51 链接间增强示意图

(a) 链接间增强的示例。粗线标志的链接对与其共线的相邻链接有增强作用;(b) 链接间增强沿共线链接传递

画块的两个不共线的链接。图 4.52 表示冲突链接和非冲突链接;一个链接的集合是非冲突的,仅当其中不存在冲突链接时。易见,合法的文本行不存在冲突链接,链接模型的一个非冲突链接子集对应一个合法行排列。因而最优行排列的优化目标是:从链接模型中,选择具有最大链接强度的非冲突链接子集。

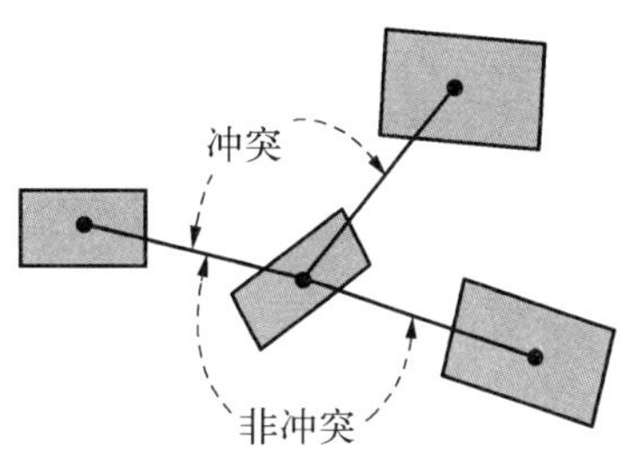

图 4.52 冲突链接与非冲突链接

设链接模型中的链接构成集合 L_{all},其幂集为 $2^{L_{all}}$。设 $A_{non} \subseteq 2^{L_{all}}$ 表示所有非冲突的 L_{all} 的子集。定义 A_{non} 的极大非冲突链接子集的集合 A_{fea} 为

$$A_{fea} = \{L_{fea} \mid (L_{fea} \in A_{non}) \wedge (\forall l \notin L_{fea}, (L_{fea} \cap \{l\}) \notin A_{non})\} \tag{4.7}$$

其中,L_{fea}称为极大非冲突链接子集,它对应一个合法行排列。因此,A_{fea}构成问题搜索空间,最优行排列对应的链接子集 L_{opt}为

$$L_{opt} = \arg\max_{L}\left(\sum_{l_k \in L} s(l_k), \forall L \in A_{fea}\right) \tag{4.8}$$

这里,$s(l)$表示链接 l 的强度。式(4.8)表明,L_{opt}为具有最大链接强度和的 A_{fea} 中的元素。

先讨论如何构造一个 L_{fea}。由于往 L_{fea}加入任意 $l \notin L_{fea}$都会导致出现冲突链接,因此可采用称为"链接互斥"(link exclusion)的技巧来构造 L_{fea}。"链接互斥"是指从链接集 L 先选择一个链接 l,然后把 L 中与 l 冲突的链接都去除(排斥)掉。图 4.53 表示了如何利用"链接互斥"构造一个合法行排列(最开始任选一个链接执行"链接互斥",直到所有链接都被选择或被排斥。所有被选出的链接构成一个 L_{fea})。

对最优行排列链接子集 L_{opt}的搜索,采用分支限界策略。在分支限界搜索

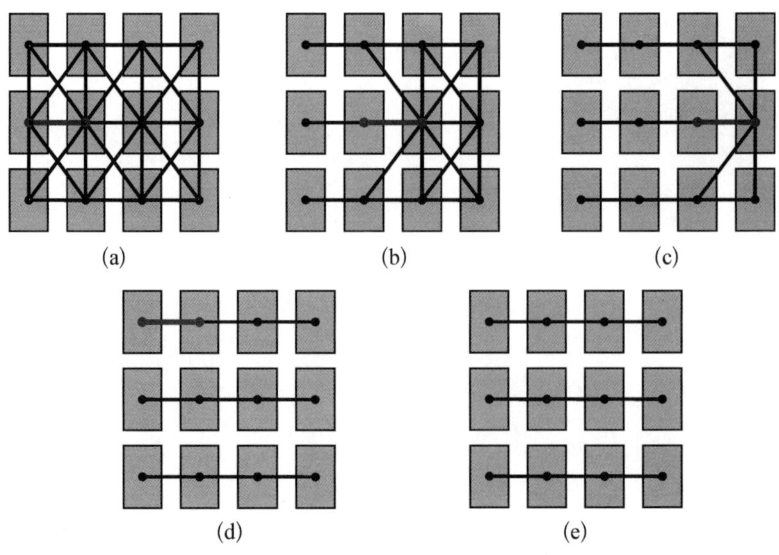

图 4.53 利用“链接互斥”获得合法行排列

(a) 任意选择一个链接开始执行“链接互斥”;(b)、(c)、(d)不断地选择链接执行“链接互斥”;(e) 所有被选择出的链接为一个 L_{fea}

中,对最优解的上界和下界的估计至关重要。一组定义良好的上下界可以极大地提高算法效率。设 L_{part}表示通过“链接互斥”已选择出的链接(可看作搜索过程中的部分解),L_{ex}表示被 L_{part}中的链接排斥掉的链接。$L_{left} = L_{all} - L_{part} - L_{ex}$为剩余的链接。再设链接模型中有 N 个笔画块,$|L_{part}| = m$, $S(L)$表示链接集 L 中链接的强度和,则可定义基于 L_{part} 的最优解上界 $S_{upp}(L_{part})$和下界 $S_{low}(L_{part})$分别为

$$\begin{cases} S_{upp}(L_{part}) = S(L_{part}) + Greedy(L_{left}) \\ S_{low}(L_{part}) = S(L_{part}) + Greedy\_with\_Link\_Exclusion(L_{left}) \end{cases} \tag{4.9}$$

其中,$Greedy(L_{left})$表示 L_{left}中前 $N-m-1$ 个大强度链接的强度和,这是因为 L_{opt}中至多存在 $N-1$ 个链接。因为 $Greedy(L_{left})$的计算没有考虑选出的这 $N-m-1$个链接是否可能冲突,因此 $S_{upp}(L_{part}) \geqslant S(L_{opt})$。类似地,$Greedy_with_Link_Exclusion(L_{left})$用朴素的贪婪法从 L_{left}中至多选取 $N-m-1$ 个大强度链接,然后求其链接和,不过会在选择链接的过程中考虑“链接互斥”,被排斥掉的链接不会被选择。因此$S_{low}(L_{part}) \leqslant S(L_{opt})$。所以 $S_{upp}(L_{part})$和 $S_{low}(L_{part})$构成一对基于 L_{part}的最优解的上下界。实验表明,该上下界效果良好。

图 4.53(e)是使用分支限界法获得的最优解。在算法实现中,为了进一步提高效率,在算法执行之前先将强度值过低的链接删除掉。这些弱强度链接不大可能属于最优解对应的链接子集,去掉它们可以大幅度提高搜索效率,同时丢失最优解的可能性很小。

8. 评估与讨论

为验证本章算法的有效性，该算法被应用到一组在线手写文本的行结构提取上。该组测试数据包含 50 个带有复杂行结构的手写文本笔迹段落，全部通过支持手写输入的液晶屏采集。在评估中，参数 $\beta_a = 0.25$，$\beta_s = 0.5$，$\alpha_{\text{threshold}} = 0.83\pi$，$\gamma = 10$。实验结果表明算法能有效地提取复杂的文本行结构，召回率 $r_{\text{recall}} = 93\%$。图 4.54(a)～(c)和(d)～(f)示意了算法对两段复杂的文本行结构提取过程。从中可见链接模型对文本行结构具有很强的表达能力。

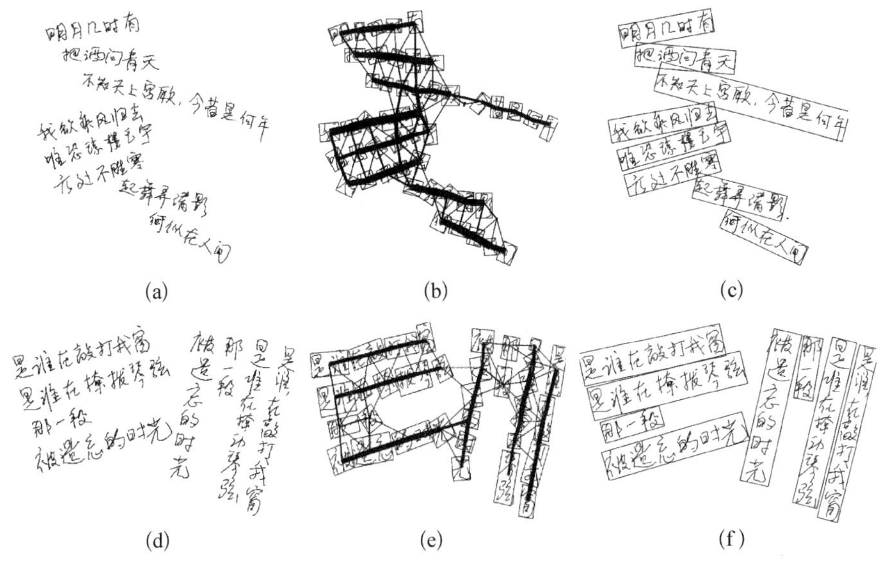

图 4.54 两段手写笔迹的多方向文本行提取示例

(a),(d)为原始笔迹；(b),(e)为链接模型；(c),(f)为基于链接模型所搜索出的行排列结构

图 4.55(a)～(c)展示了链接模型对文本行布局细微变化的敏感性。图 4.55(b)是图 4.55(a)中笔迹的链接模型，图 4.55(d)～(f)展示了算法对拉丁文字的符号行排列的提取过程；图 4.55(g)～(i)展示了算法对非字符符号的行排列的提取过程。从这两个例子可知，本节数字笔迹的多方向行提取算法是与语言无关的，具有对任意符号集的行结构的提取能力。

图 4.56 展示了算法对弯曲文本行的提取。由于表示链接共线的参数 $\alpha_{\text{threshold}}$ 反映的是局部的线形约束，并非行结构整体上的线形约束，而弯曲的文本行在局部仍然是线形的(在曲率不是特别大的情况下)。因此链接模型以及基于它的分支限界优化，都具有处理弯曲文本行的能力。这也从另一个方面说明了

链接模型的描述能力很强。

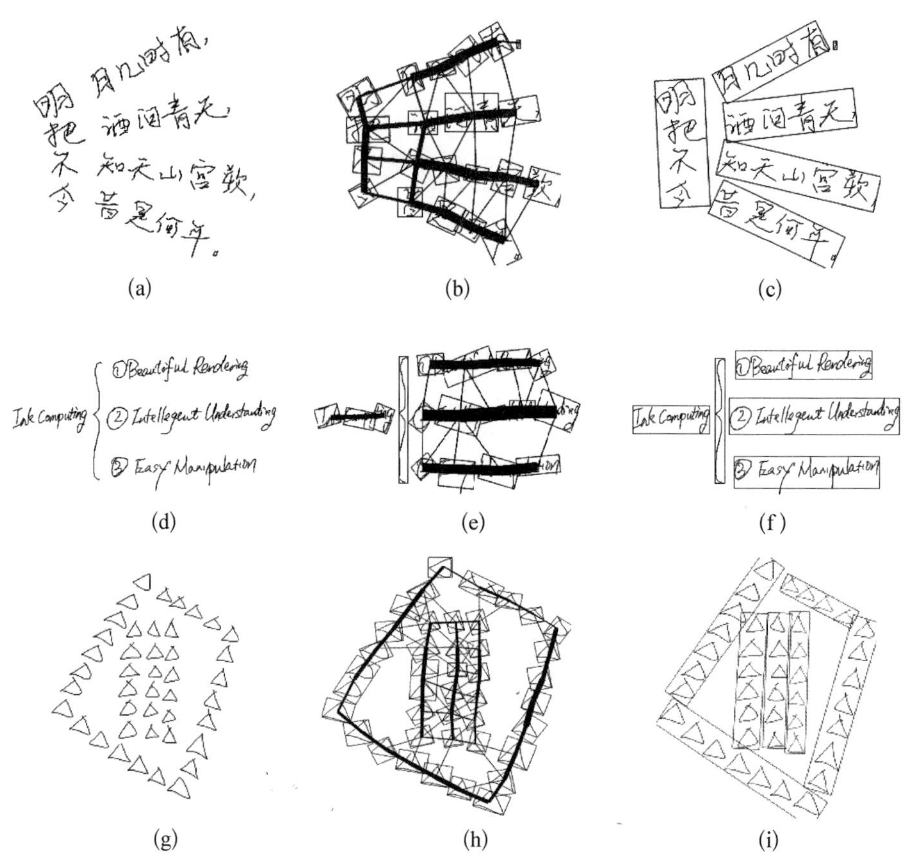

图 4.55 链接模型的文本提取结果

由于本节数字笔迹多方向行提取算法基于格式塔心理学中的感知理论，是从感知层面上分析笔迹结构的，因此如果当一行笔迹在其形状感知上不符合行结构的定义，就无法正确提取，例如图 4.57 所示的文本行，其字符高低参差不齐，整体上作为行结构在感知上很不典型。另外，如果笔迹同时存在两种都非常合理的行排列结构时，本节算法也较容易出错，例如图 4.58 中所示的笔迹，具有四行或者五列两种在感知上都合理的行排列(虽然我们可以很容易知道正确的行排列应该是四行，但这是通过识别文字内容知道这是一首古诗后才能确定的)。在今后工作中，在算法中加入偏向性选择参数后(即指定优先考虑某一形态的行排列)，就能很好地解决这个问题。

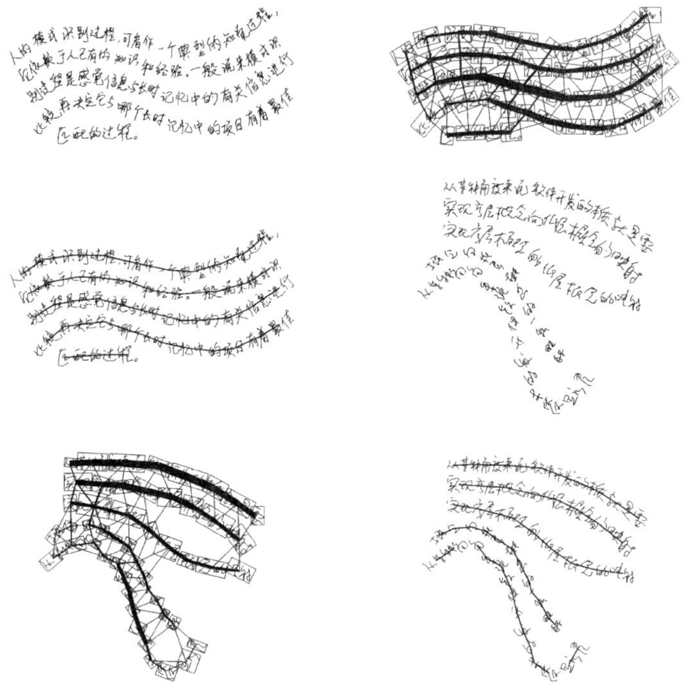

图 4.56 对弯曲手写文本行的提取示例

图 4.57 行结构不明显的笔迹文本行

算法对其提取较容易出错

千山鸟飞绝
万径人踪灭
孤舟蓑笠翁
独钓寒江雪

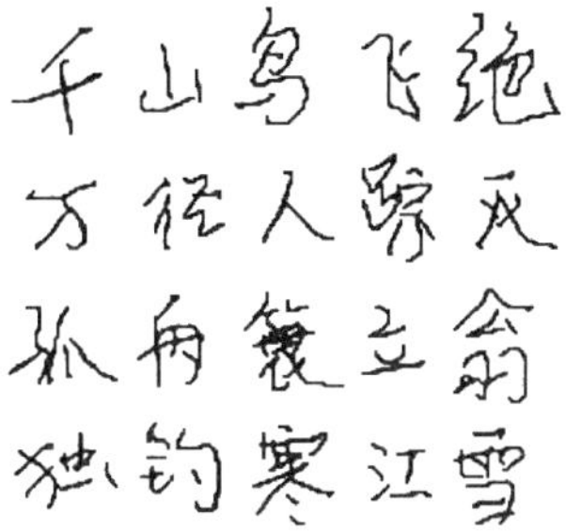

图 4.58 笔迹有两种合理的行排列结构

算法对其提取较容易出错

9. 结论

本节提出了一种多方向在线手写笔迹文本行提取方法。该方法以格式塔心理学视觉感知理论为计算基础,采用自底向上的策略,先将笔迹聚合成多个类比字符的笔画块,然后建立这些笔画块的“链接模型”以评估所有可能的文本行排列,最后采用分支限界搜索,从“链接模型”中获得符合感知习惯的行排列结果。实验结果表明该方法对多方向手写文本行的提取非常有效,并且还可以应用到复杂的弯曲文本行的提取。

4.5.5 图文分离

人们经常共同使用文字和图形来解释想法、表达意见，因此其书写的笔迹中可能既包含文字也包含图形，如图 4.59 所示。在本节中，表达文字的笔画称为文字笔画，表达图形的笔画称为图形笔画。数字笔迹的图文分离(或称图文分类)，是指将笔迹内的笔画分类为图形笔画与文字笔画。图文分离对于数字笔迹的结构分析来说很重要，这是因为在结构分析和识别的方法上，文字笔画和图形笔画通常是很不一样的，只有先将文字和图形正确地分类，才能分别对它们进行分析和识别。

图 4.59 数字笔迹中图形笔画与文字笔画经常混合在一起

要进行数字笔迹的图文分离，首先需要解决的问题是：图形笔画与文字笔画的差异到底在哪里。从单个笔画的角度来看，图形笔画与文字笔画有时会具有明显差异，比如图形笔画比较长而文字笔画较短；然而，有很多情况从单笔画的角度无法区分图文，因此我们需要在更大的粒度上分析，从笔迹的结构上分析。

笔迹中的图形结构各式各样，表格、流程图甚至随手涂鸦，都经常出现在人们的手稿中，它们的结构迥异，难以统一描述。因此，我们不能从特定的图形结构上去把握图形笔画和文字笔画的差异。但是，笔迹中的文字结构是相对规范稳定的，通常都由“段、行、字”构成。因此在本节中，笔者从笔迹的文本结构特征出发，认为：一组笔画是文字笔画，是指它们存在合理的文本排列结构；一组笔画是图形笔画，是指它们不存在合理的文本结构。基于此定义，笔者从笔迹文本特征入手，提取相应特征，给出了基于支持向量机(Support Vector Machine，SVM)作为分类器的数字笔迹图文分离算法。与其他几种方法的对比实验表明，本节方法具有较高的图文分离正确率，能处理较为复杂的图文混合结构。

1. 相关研究

现有数字笔迹图文分离的方法可以分为三类：基于笔画特征的方法、基于笔迹整体特征的方法和基于识别的方法。

- 基于笔画特征的方法

如果图形与文字在单笔画特征上普遍存在明显差异，那么基于单笔画特征的分类就已能取得较好效果。Jain 等[Jain 2001]采用单个笔画的长度和曲率作为特征,对英文笔迹文稿中的笔画进行分类。该方法先用所有笔画的这两个特征来构建一个二维空间,然后基于该空间的线性分界线将笔画分为文字和图形两种。Keisuke 等[Keisuke 2004]提出的图文分类方法中,也部分采取了类似的笔画特征,用来区分文字笔画与图形笔画。

在很多情况下,图形笔画和文字笔画从其本身特征来看,并无明显差异,此时如果考虑笔画的上下文(例如时序上邻近的笔画的特征),则可能取得较好的分类效果。Bishop 等[Bishop 2004]提出了一种从数字笔迹中分离出文本和图形的方法。该方法最大的特点是不但利用了笔画的几何特征,而且还利用了数字笔迹的在线信息,特别是笔画间的时序关系。该方法首先抽取了单个笔画的长度、弯曲度、主方向倾角等 11 个特征,然后送入多层感知机(MLP)进行训练,得到图/文的单笔画模型(independent stroke model)——单个笔画为"图"或"文"的概率 $p(t_n|x_n)$(x_n 为笔画 n 的特征向量,t_n 为笔画 n 的类别,1 为文字,0 为图形)。他们注意到时序上相邻的笔画之间的相关性很高,即上一笔是文字笔画,那下一笔也很可能是文字笔画(对于图形笔画也有类似的相关性)。因此,该方法的对整个笔画序列建立隐马尔可夫模型,再结合由多层感知机训练而得的单笔画模型,完成基于单笔画的笔迹图文分类。实验证实此方法对数字笔迹的图文分离具有较好的效果。该方法充分利用数字笔迹的时序信息,但当笔迹时序信息紊乱时,该方法容易出错。

- 基于笔迹整体特征的方法

基于笔迹整体特征的图文分类方法,并不从单个笔画(或多个单笔画)的特征入手,而是整体分析笔迹的排列布局(layout)特征。这类方法的优点是能较好地处理局部图文分类的歧义,而这是基于笔画特征的方法难以解决的。

Shilman 等[Shilman 2003]提出的图文分离方法基于笔迹整体特征。他们认为,用户即使看不清楚笔迹的内容,也可以通过笔迹布局来区分文本和图形,因为这两种结构在空间感知层面上差异很大。他们利用了笔画组的整体特征,以及邻近笔画、单词、文字行和文字块等的全局和局部特征,采用了一个简单的线性决策树作为分类器。实验证实了该方法的有效性。

基于笔迹整体特征的图文分离,还可以借鉴脱机文档分析的方法。这是因为基于笔迹整体特征的方法并没有考虑笔迹的在线信息,此时的数字笔迹等同于脱机手写笔迹。Seong-Whan Lee 等[Seong 2001]提出了一个参数无关的文档分析方法,很好地解决了印刷体规范文档中的图文分离问题。该方法采用多层次自顶向下分析的方法,先提取出文档图像中的连通域;因为在二值化后的图像上,文本域呈现明显的从上至下黑白区域交替的周期性现象(periodicity),所以该方法直接对每个连通域进行文本行切分(使用的是很简单的直方图评估的方法)。如果该区域是纯文本,那可以得到很好的行切分结果;但如果文本中嵌有图形，那就可能会得到行高很大的文本行(假设图形区域比单个字符的尺寸大很多)，这显然是不合理的结果。于是该方法在行切分之后，利用基于 Harr 小波基的小波变换，评估每个文本行。小波变换后，图形区域与文字区域在图像的高频分量和低频分量的系数上有明显差异，于是可以区分文字域和图形域，如图 4.60 所示。

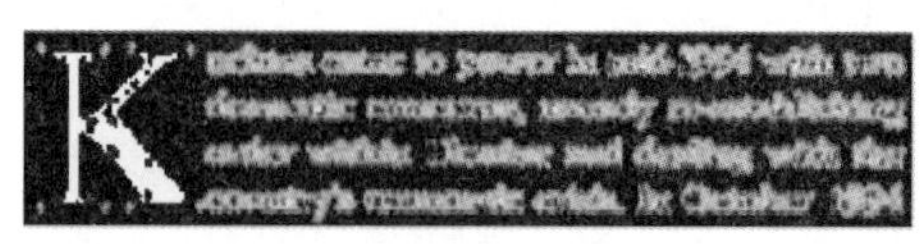

图 4.60 文献[Seong 2001]中提出的文档图像图文分离算法效果示意

- 基于识别的方法

基于识别的数字笔迹图文分离方法，适用于图形类别已知的图文分离任务。Keisuke 等[Keisuke 2004]提出了一个将数字笔迹分离为文字、图形和数学表达式的方法。该方法首先采用基于笔画特征的方法，将图形笔迹与文字笔迹和数学表达式笔迹分离开；然后，因为表达式和文本都存在"行"的结构，所以该方法对图形笔迹之外的笔迹做一个简单的行提取(只考虑水平方向文本行)；之后，对得到的每一行文字既进行单行内的文字切分识别，又进行数学表达式识别，并对两种识别结果进行合理性评估。显然，如果一行文字是普通文本，文字切分识别结果的评估值会相当高，而作为数学表达式的评估值就很低；同理，如果一行文字是数学表达式，那做普通文字识别切分后结果评估值就应该很低，而作为数学表达式的评估值就会很高。这就是所谓"通过识别进行切分"的思路。遗憾的是，该方法目前所能处理的数学表达式还很简单(比如主结构是分式结构的表达式就无法正确分类)，而且在文本处理方面，也要求是日文字符(这是识别器所带来的限制)。

2. 基于单笔画与单笔画块的图文分离

在某些情况下，单个图形笔画与单个文字笔画在多个特征上存在明显的区别，例如笔画的长度、笔画包围盒的长宽比和对角线长度、笔画首尾点的距离、笔画弯曲的程度、笔画书写所耗费的时间。基于单笔画特征可以进行图文分离。设特征集用 $Feature = \{T_i\}$ 表示，则所选特征如表 4.10 所示。

表 4.10 基于单笔画的图文分离的特征提取

特征	描述
T1	笔画的长度
T2～T4	笔画包围盒的宽度、高度、对角线长度
T5	笔画首尾点的距离
T6	笔画的弯曲度
T7	笔画书写耗费的时间

有时候,图形笔画与文字笔画从单笔画特征的角度来并无明显差异,图 4.61(b)给出了这种情况的示例。在图 4.61(b)中,图形区域的笔画在长度等特征上与文字笔画没什么差异,然而当把这些笔画聚合成笔画块时,差异就明显了:文字笔画块的笔画密度要明显大于图形笔画块的笔画密度。事实上,这两类笔画块也可能在其他多个方面存在差异,或者联合起来存在显著差异。因此,很直观的想法是:单笔画的粒度太小,基于笔画块特征的分类更可能取得较好的效果。为此,首先要将笔画聚类成笔画块,该聚类算法可采用上节"数字笔迹的多方向文本行提取"中所采用的形成笔画块的方法。然后,基于单个笔画块提取特征,如表 4.11 所示。

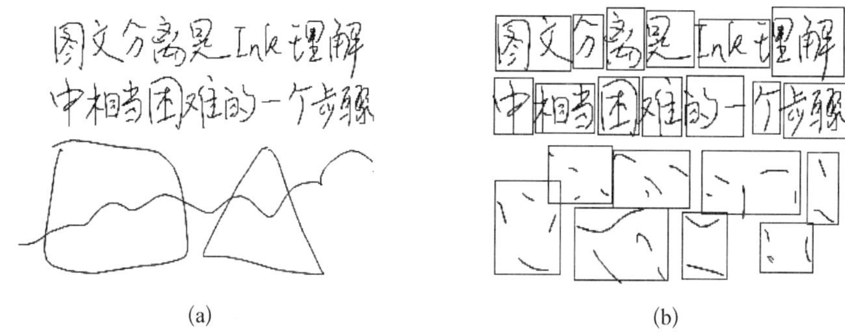

图 4.61 从单笔画或单笔迹块的特征上区分图形和文字的两种情况示例

(a) 图形笔迹与文字笔迹在单笔画长度上有明显差异;(b) 图形笔迹与文字笔迹在笔迹块(block)层次上稀疏度有明显差异

表 4.11 基于单笔画块的图文分离的特征提取

特 征	描 述
T1～T2	笔画块的宽度、高度
T3	笔画块的密度(笔画块中笔画的长度和 / 笔画块对角线长度)
T4	笔画块中笔画的数目
T5～T7	笔画块中笔画的平均长度、平均弯曲度、平均首尾点距离
T8	笔画块中笔画的平均书写耗费时间

在表 4.11 中,特征 T1～T3 刻画的是笔画块作为图形结构的一些属性,特征 T4～T8 描述的是笔画块内笔画的平均几何特征。这两类特征结合,能够比较好地为图文的分类提供基础。

3. 基于文本结构的图文分离

- 文本结构上的图文差异

基于单笔画与单笔画块的图文分离方法,其前提是认为图文笔迹在单笔画和单笔画块上存在差异。然而,情况并非总是这样。考虑图 4.62 中的笔迹结构,我们可以明显看出图形区域和文字区域,但是图文差异并非全表现在单笔画和单笔画块上,在某些局部,文字和图形在这两点并无明显差异。

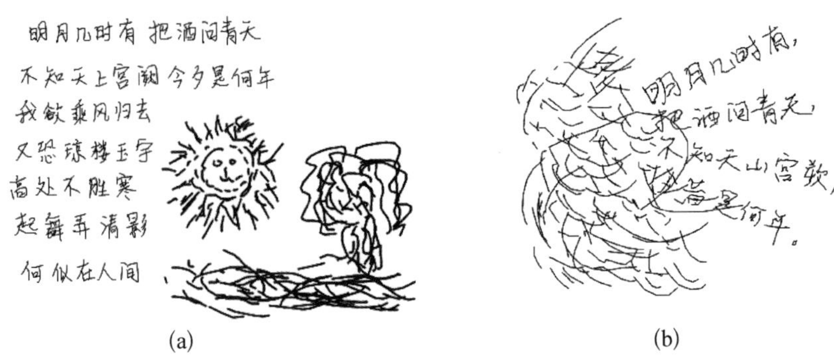

图 4.62 复杂的图文结构

要解决这种复杂的情况,首先需要更深入地认识图形与文字的区别。考虑到“图形”这个概念是相对于“文字”而言的,因此可以定义图形和文字如下:图形笔迹是指不存在合理的文本排列结构的笔迹;文字笔迹是指存在合理的文本排列结构的笔迹。这个定义从文字域的文本排列结构入手,符合人们的感知习惯。当我们观察一组笔迹,发现从中找不出合理的文字排列结构的时候,自然就会把它归类为图形。当然,如果不刻意留意,我们是意识不到这个观察思考的过程的,这些思维过程都发生在感知层上,对于已对文本结构长期熟悉的人来说,属下意识行为。上述图文定义还体现了整体的思想。因为对于复杂的图文混排结构,可能从局部上根本就无法分别。但既然存在图文的区别,特别考虑到“图文混排”本身就是个整体意义上的概念,因此从整体结构上区分图文笔迹会比较可靠。需要注意的是,此处的“整体”并非一定指全部笔迹,事实上,考虑“整体”是指在笔画(或笔画块)分类过程中要结合上下文,综合考虑后,再决定此分类对象的类别,所以分类完全可以从局部入手,结合该局部笔迹的上下文进行,因此避免了复杂的全局计算。

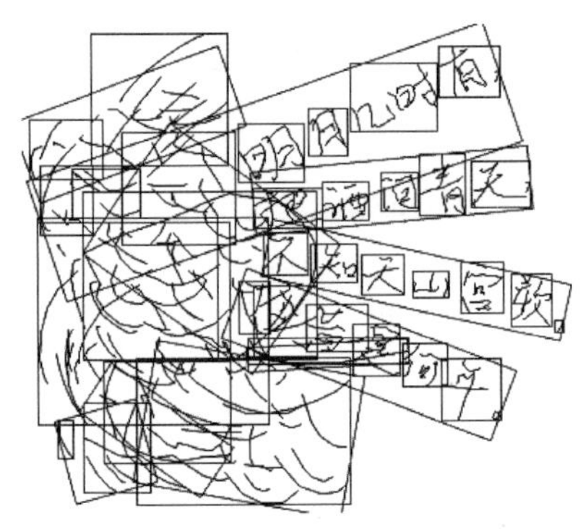

图 4.63 图文混合的 Ink 文本行提取和字提取结果

图文混合的 Ink 在进行文本行提取和字切分后,图形部分呈现凌乱的文本布局,而文字部分保持相对规整的文本布局

- 基于文本结构的图文分离算法

由文字笔迹和图形笔迹的定义,可以得到如下图文分离方法:先对笔迹进行多方向文本行提取,然后对每一行笔迹进行字提取(也可以采用笔画块)。图 4.63 展示了图 4.62(b)的文本行提取和字提取结果,从

中我们可以看出，文字部分的笔迹的文本结构提取结果（行提取、字提取）具有相对比较规整的文本结构，而图形部分的笔迹的文本结构提取结果，则是非常凌乱的，应该说不存在合理的文本排列结构。因此，可以首先对笔迹的每一个局部进行该局部（结合其上下文的）文本排列评估，然后根据评估结果将该局部笔迹分类为文本或者图形。

该图文分离方法以单个笔画块（即图 4.63 中的每个笔迹字符）为分类单位。提取其特征如表 4.12 所示。

表 4.12 基于文本结构的图文分离的特征提取

特征	描述
T1～T4	笔画块的宽度、高度、密度、笔画数
T5～T9	笔画所在文本行的宽度、高度、笔画块数、笔画数
T10～T17	相邻的笔画块的宽度、高度、密度、笔画数的均值和标准差
T18～T25	相邻的文本行的宽度、高度、笔画块数、笔画数的均值和标准差
T26～T27	相邻的文本行的倾斜方向的均值和标准差

特征 T1～T4 反映的是每个笔画块自身的几何特征。特征 T5～T9 反映的是笔画块所在文本行的特征。T10～T27 反映的均是笔画块其上下文的特征，这些特征刻画了笔画块所在局部的文本布局结构，图形笔迹和文本笔迹不但在其自身的特征上有可能有差异，而且在这些文本布局特征上也很有可能有差异。

将这些特征规整化（normalized）后，笔者用一个基于径向核函数的 SVM 来进行训练手工标注的样本（文字的类别为 +1，图形的类别为 -1），于是得到笔迹的图文分类模型。此模型就可以指导笔迹的图文分类了。图 4.64 给出了图 4.63 中笔迹的图文分离结果。

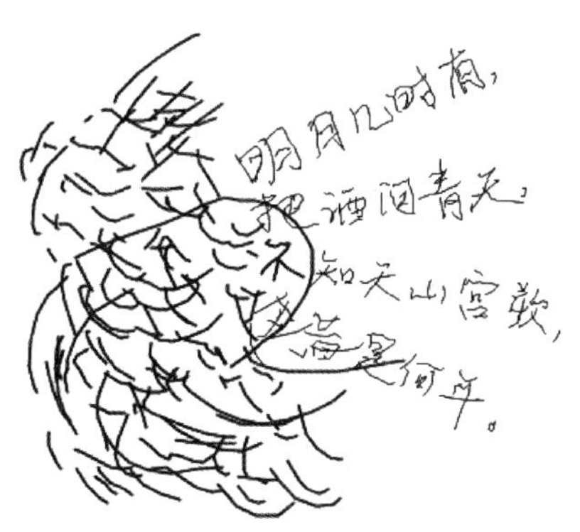

图 4.64 图 4.63 中笔迹图文分离结果

粗笔画表示图形；细笔画表示文字

4. 评估与讨论

本部分对几种数字笔迹图文分离方法进行评估，并讨论评估结果，特别分析了分离错误的情况。最后给出使用基于文本结构图文分离方法的笔迹结果示例。

- 实验评估

几种被评估的方法包括本节前面介绍的基于单笔画的图文分离方法（“单笔

画 SVM”方法)、基于单笔画块的图文分离方法(“单笔画块 SVM”方法)、基于文本结构的图文分离方法(“文本结构 SVM”方法)这三种基于 SVM 的方法,以及文献[Bishop 2004]中提出的基于单笔画特征和 HMM 的数字笔迹图文分离方法(“单笔画 HMM”方法)。训练数据为105页数字笔迹,每页上面都至少有一个图形笔迹区域和一个文字笔迹区域;测试数据为60页数字笔迹,每页也都既包含图形笔迹也包含文字笔迹。这些数据通过 Wacom 液晶手写屏、Anoto 数码笔等笔输入设备采集。这些数据都被手工地进行了图文标记,标记单位为单笔画。

在评估中,笔者考虑四种评估指标:“总分类正确率”——综合所有页的分类正确的笔画数与总笔画数的比值;“页平均正确率”——平均每页内的分类正确的笔画数与该页内的笔画数的比值;“页正确率标准差”——基于“页平均正确率”的单页正确率标准差;“最低20%平均正确率”——页正确率最低的20%的平局分类正确率。表4.13给出了各算法的测试对比结果。从表4.13可以看出:“单笔画 SVM”方法和“单笔画块 SVM”方法的分类效果相对较差,并且由于拥有较大的页正确率标准差,说明这两种方法对于不同笔迹的图文分离正确率波动较大;“文本结构 SVM”方法和“单笔画 HMM”方法则拥有较高的分类正确率,且较低的页正确率标准差说明这两种方法的正确波动率较低。其中本节提出“文本结构 SVM”方法在各项指标上,均优于“单笔画 HMM”方法,这说明了从文本结构进行图文分离的有效性。

表4.13 各数字笔迹图文分离性能测试结果

	总分类正确率	页平均正确率	页正确率标准差	最低20%的平均正确率
“单笔画 SVM”方法	80.2%	80.8%	13.2%	62.0%
“单笔画块 SVM”方法	86.2%	86.4%	11.5%	68.5%
“文本结构 SVM”方法	92.4%	92.3%	5.1%	78.3%
“单笔画 HMM”方法	90.5%	89.8%	8.7%	70.7%

- 分类错误分析

笔者特别关注各种方法分类效果较差的笔迹(即页正确率在最低20%的那些笔迹)。对这些笔迹结构的分析,可以了解各方法的容易出错的原因。对这些笔迹的分析表明:

“单笔画 SVM”方法容易犯错的地方,是那些图形与文字在单笔画上的长度和弯曲度这两个特征上差异不大的笔画,这说明这两个特征在分类中非常重要而其他特征对分类的贡献并不大,因此该方法的改进需要从新特征的提取入手。不过更重要的原因是,该方法完全没有利用笔画上下文特征。

“单笔画块 SVM”方法也容易在单笔画差异不大的笔迹上出现分类错误,但由于形成了笔画块,可以利用笔画块的密度、大小等特征,因此分类效果比"单笔画块 SVM"方法要好。但由于仍然没有利用上下文特征,因此无法处理单个笔画块层次上的分类歧义。

"文本结构 SVM"方法容易出错的情况是:图形区域在单笔画和单笔画块的特征上文字笔画区别不明显,其图形区域有偶然的(accidental)合理的文本排列,例如,用户画了几个三角形,它们与文字在大小等方面差异不是很大,而且碰巧排成了一行,该方法就容易把这些图形笔画错分类为文字笔画。"文本结构 SVM"方法容易出错的情况还包括排列明显不规范的文本笔迹区域。当文本排列的规范性不够——例如文字大小差异明显、视觉上无明显的行排列结构——该方法也容易错误地把文字笔画分类为图形笔画。但在实际应用中,上述两种情况出现的机会并不大,因此该方法能取得较好的分类结果。

"单笔画 HMM"方法容易出错的情况,可以从单笔画特征和笔画时序上下文两个方面分析。某些单笔画本身在特征上难以区分成图文。该方法使用了 HMM 分析其时序上下文,来改善这类模棱两可的笔画的分类。但在实际应用中,这些笔画的分类正确率仍然相对较低(但高于"单笔画 SVM"方法,因为这种方法完全没使用上下文信息)。还有,因为该方法依赖于 HMM 所训练的笔画时序模型,所以当笔迹中的笔画间时序关系紊乱或丢失时,或当用户的笔迹书写顺序的习惯与训练模型的数据中的习惯不一致时,该方法很容易出错。由于时序信息不可见,这些错误的原因较难发现。

- 图文分离示例

图 4.65 给出利用本节方法进行笔迹图文分离结果的示例。

5. 结论

本节介绍和分析了数字笔迹的图文分离技术。在问题引入后,笔者首先对相关研究进行了介绍,然后提出了三种图文分离方法:基于单笔画的图文分离方法、基于单笔画块的图文分离方法和基于文本结构的图文分离方法。这三种方法均采用 SVM 作为分类器。评估了这三种方法以及文献[Bishop 2004]中的笔迹图文分离方法,结果表明:基于文本结构的图文分离方法效果较好。

4.5.6 流程图结构分析

纸笔是辅助思维的好工具。使用笔在纸上书写勾画,可外化我们的思想,记录稍瞬即逝的想法,分享思维的成果[Tversky 2002]。同时,笔迹的不规范性使得我们可以关注思维重点,忽略次要问题(例如书写格式)。因此,我们常觉得在使用纸笔勾画的时候,思维效率特别高。相对于文字而言,笔迹具有更加丰富的空间视觉信息。笔迹的流程图结构,正是这样一种具有丰富空间信息的结构。

在众多的笔迹结构中,流程图结构在辅助思维方面特别有用。使用流程图,能将概念符号化为节点，将概念间的关系表示成节点间的连线。它非线性的空间布局有助于我们敞开思路，让思维更加直接与直观。作为一种非常有效的信息呈现方式，手绘的流程图在概念设计和系统分析方面的应用已经获得了广泛的研究[Hahn 1999]。

图 4.65　图文分离结果示例(采用基于文本结构的分类方法)

流程图具有特定的结构。在文献[Huotari 2004]中，Huotari 指出：绝大多数流程图都表现为“节点-连接”(node-connection)结构。通常，一个“节点”表示一个概念，节点间的“连接”表示概念间的关系。这些“节点”和它们之间的“连接”构成一个网络。在流程图中，这些结构都由笔画构成。在本节中，笔者把“节点”称为“容器”，把“连接”称为“连接符”。

在本小节里将介绍一个数字笔迹的流程图结构理解方法，图 4.66 给出了示例。该方法并不进行符号识别，因此它并不需要像文献[Alvarado 2004，Gennari 2005，Hammond 2002，Lank 2000]中提出的笔迹流程图识别方法那样，需要假定流程图属于特别的领域。同时，它又比其他与领域知识无关的流程图结构提取方法(如文献[Szummer 2004a,Szummer 2004b])在多个方面的能力上更强(例如允许容器包含文字)。

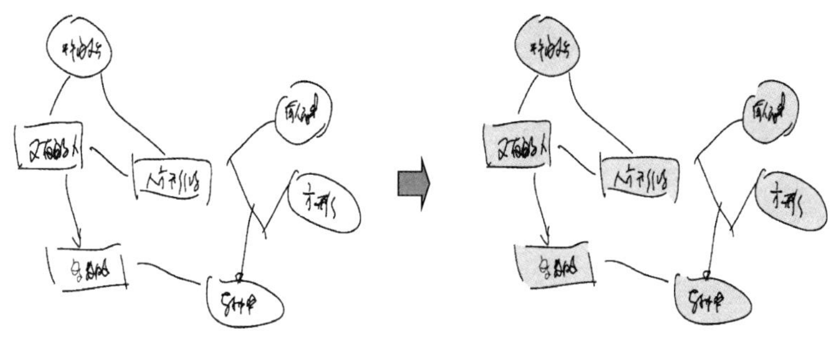

图 4.66 笔迹流程图结构理解示例

在本小节里还将介绍笔迹流程图的结构化编辑方法。这些结构化编辑基于流程图结构理解的结果,用户编辑的对象是大粒度的容器和连接符,而非单个笔画。同时,结构化编辑始终保持容器和连接符之间的约束,这是非结构化编辑无法做到的。

实验评估表明,本小节所提出的笔迹流程图结构理解方法是有效的;本小节所提出的基于流程图结构的结构化编辑方法,不但具有较高的编辑效率,而且还能让用户自然直观地操纵流程图,交互自然性高。

1. 相关工作

在人机交互领域,关于使用以"纸笔"为隐喻的笔式交互的方式进行思维捕捉和原型构造的研究,已经进行了数年。人们已对如何利用手写笔迹完成用户界面设计[Landay 2001]、三维物体创建[Marsy 2005]、电路图原型设计[Hong 2000,Narayanaswamy 1996]、网站构架设计[Lin 2000]、UML图设计[Hammond 2002]以及协同式建模[Christian 2000]等任务,进行了深入的研究。虽然其中个别研究只是主要利用了单个笔画的信息[Marsy 2005,Lin 2000,Christian 2000],然而,大多数研究侧重于如何理解和分析手写笔迹的整体结构,这往往需要分析多个笔画(常常是全部笔画),而不是单独一个笔画。

到目前为止,人们已对多种笔迹结构的理解进行了研究。栗阳等[Li 2002b]和 Ye 等[Ye 2004]研究了数字笔迹的文字列表结构提取问题。[Ao 2006]研究了如何提取手写笔迹的层次结构(包括区域、行、字,以及图形结构)。Matsakis 等[Matsakis 1999]提出了一个手写数学表达式结构的提取方法。张习文等[Zhang 2006]提出了一个提取出手写笔迹中的表格结构的方法。

关于笔迹的流程图理解和提取的研究,根据提取算法的能力与侧重点,可以分为三类:通用领域流程图结构提取、多领域流程图识别和特定领域流程图识别,下面分类介绍。

通用领域流程图结构提取,一般是指基本的“节点-连线”结构的提取。Szummer 等[Szummer 2004a, Szummer 2004b]提出了基于条件随机场(conditional random fields)的提取流程图中的“框”(节点)与“框间连线”(连线)的方法。Saund[Saund 2003a]提出了一个提取笔迹中闭合形状的方法,由于流程图的节点一般表现为闭合形(如多边形),因此该方法适用于“节点-连线”结构的提取。然而,以上提到的这些方法,都没有解决流程图中经常出现的文字、箭头等结构的分离与提取。

多领域流程图识别,一般指在不修改识别器的前提下,可以识别多种流程图。其实现方法通常是设计一种特别的识别器,它支持用户定义外部语法来描述流程图。识别器加载某一语法就识别该语法描述的流程图。Alvarado 等[Alvarado 2004]提出的多领域笔迹流程图识别器,采用动态贝叶斯网络作为算法框架,通过加载用户定义的语法,不但能分析该语法描述的流程图的结构,还能识别容器和连接符。Shilman 等[Shilman 2002]的工作与 Alvarado 的类似,也是一个利用语法的多领域识别器。与 Alvarado 的工作不同的是,他们的识别器中参数的设置不是手工设置的,而是通过机器学习的方法训练而得。这两种方法虽然可以识别多种流程图,但共同的缺点是需要语法,而这些语法往往都要手工制定,繁琐且容易出错。还有一类多领域流程图识别器,先采用类似通用领域流程图的识别方法进行结构分析,然后在容器和连接符的识别上,采用了可扩充模板的方式,因此可以达到识别多种流程图的能力。Kara 等[Kara 2004a, Kara 2004b, Gennari 2005]提出的流程图识别器就属于这一类型。这种方法虽然在容器和连接符的识别上灵活度很高,但相对于 Alvarado 和 Shilman 的方法来说,缺点是对流程图结构的可变性容忍度较低(因为没有语法描述结构)。例如,Kara 的识别器是通过首先找出所有的连接符来确定流程图结构的。显然,这种方法只适用于“节点-连线”结构非常清晰的流程图。

特定领域流程图识别,是指针对特别领域流程图的识别方法,其特点是充分利用该特定领域的领域知识以及上下文知识消除识别中的歧义,降低识别困难。Kara 等[Kara 2004a, Kara 2004b]提出了一个手绘信号处理图识别方法。该方法利用领域知识辅助结构识别和符号识别,主要体现在减少识别候选集,例如:如果节点被识别为信号发生器,则不可能有箭头连线指向它,而与信号发生器相连的节点也只能是信号处理器,而不可能是另一个信号发生器。Hammond 等[Hammond 2002]提出一个叫做“Tahuit”的手绘 UML 图的识别器,该识别器也充分利用了 UML 特有的几何约束和语义上的限制。Lank 等[Lank 2000]提出手绘 UML 图识别器,利用了大量领域相关的启发式信息来辅助识别。

本节提出的流程图结构理解方法不同于以上介绍的方法,本算法强调分析流程图的“容器-连接符”(“节点-连线”)结构。它除了假设要处理的流程图是网状流程图之外,并不假设该流程图所属的应用领域。流程图中的容器的形状只要闭合,可以为任意多边形;连接符也不要求是特定的形状(如直线、圆弧);流程图的容器中还可以有文字说明,连接符可以是箭头,这两点是前面介绍的通用流程图结构提取算法无法完成的。

除了识别流程图之外,高效、自然的编辑流程图结构也值得研究。通常认为,基于笔迹结构的结构化编辑的效率比较高,操作比较自然。Mynatt 等[Mynatt 1999]提出的“Flatland”白板系统支持一种称为“patch”的笔迹结构,它表示一组感知上成组的笔画。Flatland 系统允许用户对 patch 完成移动、挤压、放缩等功能。Saund 等[Saund 2003b]提出了一个离线笔迹(图像笔迹)编辑器,该编辑器能自动分析出离线笔迹中的闭合圈,允许用户编辑图中的圈结构。栗阳等[Li 2002b]提出的“SketchPoint”笔迹编辑系统,支持用户基于笔迹列表结构,完成列表的展开、收缩、结构化选择和语义缩放等操作。在他的另一项工作“Monet”系统中[Li 2005a],一组笔迹可以以样例学习(learning by demonstration)的方式来定义其活动行为(平移、旋转、放缩,或它们的组合)。[Ao 2006]针对以文为主、图文结合的笔迹文档,提出了一组笔迹高效选择的方案,用户可以方便地选择笔迹文档中的段、行、字结构和图形结构,这些选择方法也是基于笔迹的结构的。受上面介绍的研究启发,本小节将提出基于流程图结构的流程图结构化编辑方法,它是基于本小节流程图结构分析算法的。采用这些编辑方法,用户可以高效、自然地编辑流程图。

2. 问题定义

在设计流程图结构识别器之前,首先需要详细了解流程图“容器-连接符”的细节,这需要用户调查。通过和几名用户(均为实验室成员)的访谈,了解他们绘制流程图的情况。特别地,让这些用户使用一个简单的笔迹勾画工具在手写屏上完成一幅流程图,该工具仅有简单的基于笔画的编辑功能,如绘制、擦除、选择笔画、平移和放缩笔画。笔者观察他们的书写过程,并通过与用户对话交流,了解用户的反馈,从中了解识别器的具体需求,以及用户希望有哪些流程图的结构化编辑功能。

图 4.67 给出了几个用户画的流程图的例子。首先容易注意到的是,这些流程图具有“容器-连接符”结构。容器由边界笔画(简称“边界”)和内容笔画(简称“内容”)构成,边界表现为闭合的多变形,内容表现为闭合边界里面的文字笔画。这意味着需要一个图文分类算法,能将内容笔画与其他笔画(连接符笔画和容器边界笔画)区分开。需要注意的是,容器也可能没有内容笔画,容器的内容是可选的(optional)。另外,容器边界的形状是任意的,用户可能会绘制各种不同的闭合多边形来表达特定的含义,这意味着不能通过预设边界形状模板,通过识别的方法来提取容器边界(也就是提取出容器)。考虑到流程图的结构类似于网状

结构，而且容器的边界具有闭合性的特点，我们可以使用图搜索的方式来提取出容器。

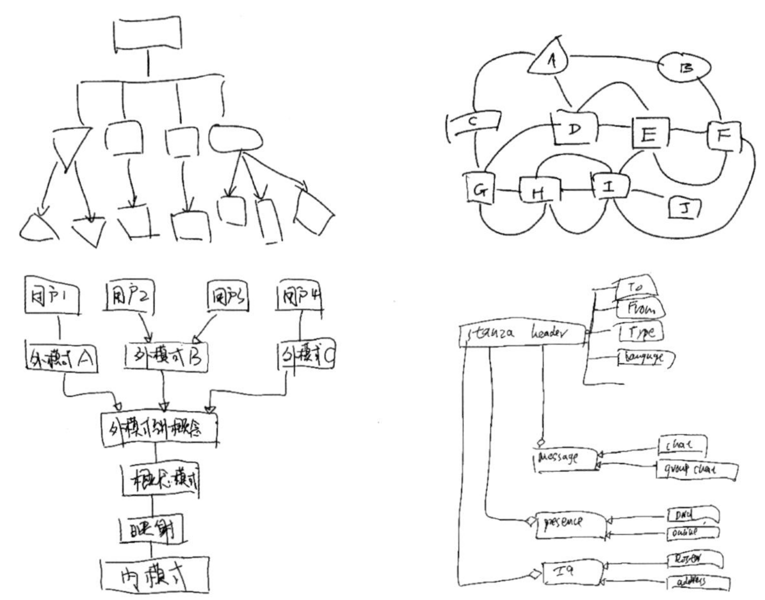

图 4.67 用户绘制的流程图

从图 4.67 中还可以注意到，容器之间的连接符的形状也是任意的，无固定形状，这是笔迹流程图的特点。特别地，这些连接符可能表现为箭头，由一个箭杆和一个箭尖构成。在书写上，一个箭头可能由一笔构成，也可能其箭杆与箭尖由不同的笔画构成。箭尖的形状也是任意的，只要是能表达指向形状，用户都可能采用，因此要识别这些箭头很困难。然而，将箭杆与箭尖分离相对比较容易，分离箭杆与箭尖有利于流程图的结构化操作。

从用户的反馈中可以了解流程图结构化编辑的需求。几乎所有的用户都认为基于笔画的编辑器太难使用。虽然勾画本身很自然，可是由于缺少结构化操作，许多看起来很基本的编辑都无法顺利完成。比如，用户选择了一个容器(通过选择属于该容器的所有笔画)，然后把它移动到另外一个位置，发现与该容器相连的连接符并没有跟随移动，而这种跟随移动在用户看来应该是理所当然的，因为容器和连接符之间在语义上存在关联。另外一个例子是，用户先选择一个容器，然后放缩这个容器，目的是想扩大它的边界使得容器内部有更多空白空间可以书写文字，但用户发现容器的边界虽然放大了，可里面已存在的文字内容也放大了，最终导致容器内部并没获得额外的空白空间，这个问题也是由于该放缩操作非结构化导致的。用户觉得非结构化的操作效率很低，挫折感强，他们希望流程图绘制的系统能智能一些，能分析出流程图的结构，以支持自然、直观、高效的流程图编辑。

3. 流程图结构理解算法

● 算法框架

在本节中给出笔迹的流程图结构理解算法。首先给出的是该算法的框架，如图 4.68 所示。

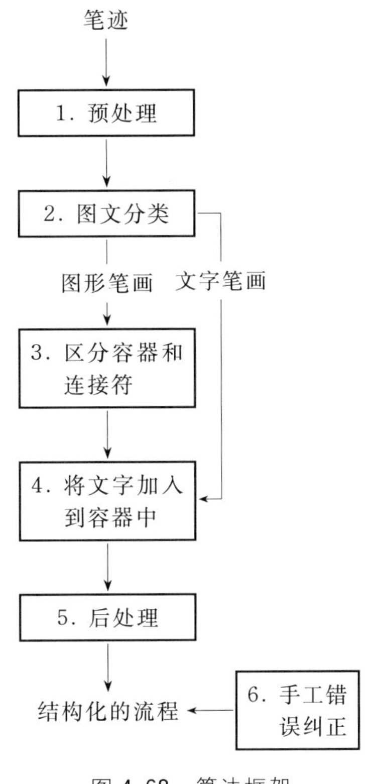

图 4.68 算法框架

算法的第一个步骤是预处理，主要是要让输入的笔画比较规范。有些笔画的长度过大，就需要按照其关键点（笔画上曲率变化大的位置）分割为多个片断；有些笔画存在“过勾画”（over-sketching）的现象，即用户在同一个位置反复多次地勾画，使得多个笔画重叠在一起。这些笔画会给后续处理带来很大的麻烦，因此需要把这些“过勾画”的笔画合为一个笔画表示。

算法的第二个步骤是图文分类。文字笔画是指流程图中位于容器内部的文字说明笔画；图形笔画是指其他笔画，包括容器的边界和容器间的连接符。由于图形笔画决定了流程图的拓扑结构，因此在提取“容器-连接符”结构前，一定要先把构成这个结构的笔画——图形笔画——与文字笔画分离出来，这个步骤很重要，后文将介绍流程图结构分析中的图文分类算法。

算法的第三个步骤是从图形笔画中提取出容器和连接符，进而提取出流程图的“容器-连接符”结构。一般来说，如果限制用户的输入——例如用户只能单笔画完一个容器的边界，或者容器的边界只能是某些特定形状——算法第三步会变得很容易，因为这些输入限制都可以帮助流程图结构的提取。但实际情况并非如此，用户的输入是比较随意的，因此我们需要另外的方法。笔者将介绍一个基于“容器边界闭合”这个最基本的假设的“容器-连接符”结构提取算法。当容器被提取出来后，算法的第四个步骤——将文字笔画加入到对应的容器里——就非常简单了，只需要判断哪些文字笔画在哪些容器内就可以了。算法的后处理步骤（第 5 步），主要是处理连接符中的箭头。

● 图文分类

在笔迹流程图中，图形笔画是指构成容器边界的笔画和连接符的笔画，文字笔画是指构成容器内部文字说明的笔画，图文分类就是判别一个笔画是图形笔画还是文字笔画。通常，从单个笔画来看，图形笔画和文字笔画在许多方面都存在差异，如不同的长度、不同的弯曲度。然而，如果要获得准确的图文分类结果，不但需要考察单个笔画的特征，还要考虑这个笔画的时间上下文和空间上下文。时间上下文，是指该笔画在时序上的前一个笔画和后一个笔画；空间上下文，是指该笔画四周的笔画。关于利用上下文进行数字笔迹的图文分类，Bishop 等[Bishop 2004]提出了一个基于隐马尔科夫模型(HMM)的方法，不过这个方法只利用了时间上下文；Ao[Ao 2006]提出了一个采用支持向量机作为分类器的方法，不过这个方法主要利用的还是空间上下文。而且，这两个方法解决的都是非特定笔迹结构中的图文分类问题，并不适合流程图这种特定的笔迹结构中的图文分类。

利用笔画本身的特征、时间上下文特征和空间上下文特征这三者共同来进行一个笔画的图文分类，图 4.69 表示了笔画的时间上下文和空间上下文。S0 表示将要被分类的笔画；S0 在书写顺序上的前一笔 S1 和后一笔 S4，构成了它的时间上下文；落在 S0 的正方形包围盒里的笔画组 SG1、与 S0 的两端近邻的笔画 S1、S2 和 S3，共同构成了 S0 的空间上下文。此外，由于在预处理里，长笔画会按照其关键点分裂为几个短笔画(该长笔画称为其产生的短笔画的父笔画)，S0 所来自的那个笔画的特征也被考虑到 S0 的分类中(如果 S0 并非来自于长笔画分裂，那 S0 的父笔画为它自己)。

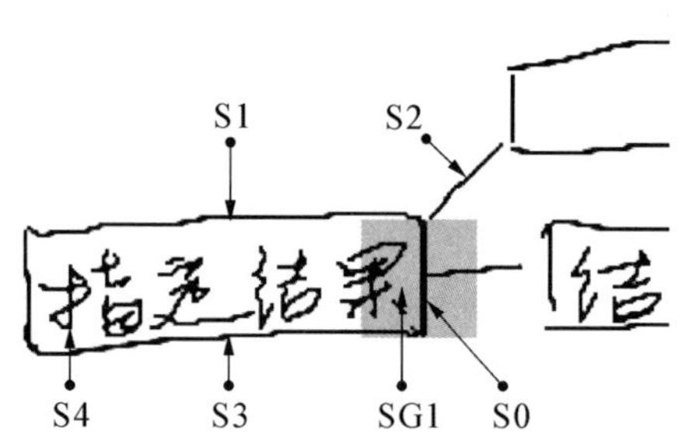

图 4.69 图文分类中上下文的示例

笔画 S0 是将被分类的笔画。笔画 S1～S4 以及笔画组 SG1 构成了笔画的上下文，它们的特征将被使用到对 S0 的分类中

本小节图文分类所采用的特征如表 4.14 所示。在表 4.14 中，特征 1～6 是待分类笔画自身的特征，这些特征包括笔画的长度(笔画的曲线长度)、包围盒(覆盖笔画的最小矩形)的宽度和高度、包围盒的笔画密度(笔画长度与包围盒对角线长度的比值)、笔画的弯曲度(笔画转过的角度)以及该笔画书写所花费的时间(落笔到抬笔之间的时间间隔)；特征 7～12 是笔画的父笔画的特征，内容与特征 1～6 相同；特征 13～21 是待分类笔画的空间上下文笔画的特征；特征 22～27 是待分类笔画的时间上下文的笔画的特征。本小节图文分类算法所使用的分类器为支持向量机(SVM)，核函数采用的是径向基函数。算法实现采用 Chang 等人的方法[Chang 2001]。

表 4.14 图文分离中采用的特征

特征编号	描　述
1～6	待分类笔画的长度、包围盒宽度、包围盒高度、包围盒密度、笔画的弯曲度以及笔画书写的持续时间
7～12	待分类笔画的父笔画的长度、包围盒宽度、包围盒高度、包围盒密度、笔画的弯曲度以及笔画书写的持续时间
13～16	待分类笔画包围盒覆盖的笔画的个数、平均长度、平均包围盒密度、平均弯曲度
17～21	与待分类笔画两端相邻的笔画的个数、平均长度、平均包围盒密度、平均弯曲度
22～24	待分类笔画时序上的前一个笔画的长度、密度和弯曲度
25～27	待分类笔画时序上的后一个笔画的长度、密度和弯曲度

- 区分容器和连接符

容器具有闭合的边界，连接符是位于容器之间并将容器组织成网状结构的笔画，因此，在文字笔画已经从图形笔画中分离出去之后，区分容器和连接符实际上可表述为：从图形笔画中选择出多组笔画，每组笔画构成表示容器边界的闭合多边形，剩下的笔画即为连接符笔画。在将容器和连接符区分之后，建立它们之间的关系就很容易了。

Saund 曾在文献[Saund 2003a]中提出一种在离线笔迹中寻找闭合图形的方法，不过这种方法并不适合本节算法的需求，这是因为：其一，构成容器边界的闭合多边形的内部，应该不存在其他图形笔画，称这样的闭合多边形为“空圈”(empty closure，如图 4.70 中由笔画构成闭合多边形 C1，C2，C3 和 C4 所示)，Saund 的方法并不能保证找到的都是“空圈”；其二，即便是“空圈”，也并非所有的“空圈”都构成容器的边界，C5 和 C6 就不是容器的边界，而是由图形笔画碰巧形成的结构，属于感知层面的偶然结构(accidental configuration)，而 Saund 的方法是没有考虑这些情况的，因为他的方法并没有从流程图结构理解的角度来设计和实现。

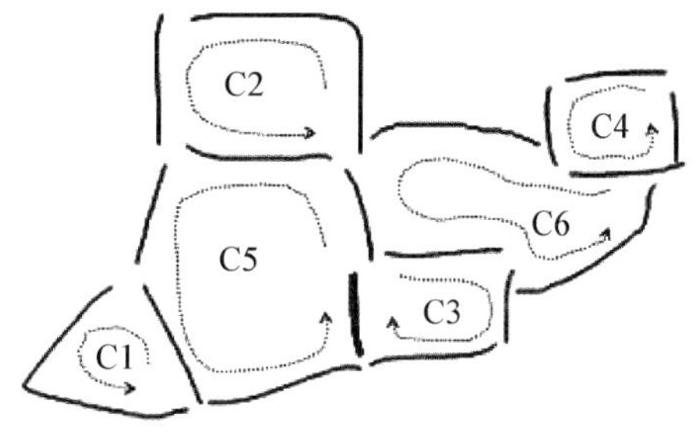

图 4.70 流程图中的闭合多边形(“空圈”)

C1，C2，C3 和 C4 都是容器的边界。C5 和 C6 是感知上的偶然排列，不是容器的边界。一个笔画至多属于两个“空圈”，例如，图中粗线笔画就既属于 C3，也属于 C5

本节所介绍的寻找容器的方法就是基于“空圈”这种结构的。首先，把图形笔画构成的所有的“空圈”全部找出来，然后判断哪些“空圈”是容器的边界。

为了找出所有的“空圈”，最直接的办法就是穷举搜索的方法。这种方法是可行的，因为在流程图中，图形笔画明显构成一个网状结构，因此可以用图结构来表示这种网状结构，其中每段笔画是图中的点，笔画间的近邻关系（主要是笔画端点的近邻关系）构成图中的边，然后就可以用图搜索的方法来找出所有的"空圈"了。然而这种方法效率很低。笔者注意到：在流程图中，每个图形笔画至多属于两个"空圈"（例如，图4.70中的粗线笔画属于C3和C5）。笔者还注意到：如果从一个笔画的一段开始，按照顺时针和逆时针分别周游图形笔画构成的图，直到回到该笔画，可以找到至多两个"空圈"（例如，在图4.70中，从粗线笔画的一端开始，顺时针周游直到回到粗线笔画可以找出C3，逆时针周游直到回到粗线笔画可以找出C5）。基于这些想法，图4.71中给出寻找所有"空圈"的高效算法。

步骤1：选择一个笔画S.
步骤2：选择S的一个端点，标记为E.
步骤3：从E开始顺时针周游，直到回到笔画S，或者所有的笔画以已经被访问.
步骤4：如果步骤3中的周游回到了S，则所访问过的笔画构成一个空圈.
步骤5：从E开始逆时针周游，直到回到笔画S，或者所有的笔画以已经被访问.
步骤6：如果步骤5中的周游回到了S，则所访问过的笔画构成一个空圈.
步骤7：删除S.
步骤8：如果图中已不存在笔画，算法结束。否则，跳转到步骤1.

图4.71 寻找所有"空圈"的算法

图4.71的算法找出了所有的"空圈"，其中每一个空圈都可能是某容器的边界。注意到，某些"空圈"不能同时作为容器边界存在，因为它们包含了至少一个相同的笔画（简称"共享了笔画"），称这些空圈是相互"冲突的"。

在图4.72中，每一个节点表示图4.70中的一个"空圈"，每一条边表示其相连的两个"空圈"中包含了至少一个相同的笔画。很明显，因为共享了笔画的"空圈"是不能同时作为容器的边界的，所以"空圈"选择问题转换成在图4.72选择一组两两不相邻（没有边相连）的顶点的问题，要求为这组顶点应满足极大性，即若再往其中加入新的顶点就会出现相邻顶点的情况。这个问题又等同于一个图染色的问题，即用两种颜色（黑色和白色）图中的顶点，要求相邻顶点不同色，求如何获得最多的黑色顶点。例如，我们可以把C1～C4这几个点染为黑色，C5～C6染为白色，容易看出这种方案是最佳的方案，事实上，从中我们也可以看出C1～C4表示容器的边界是合理的。

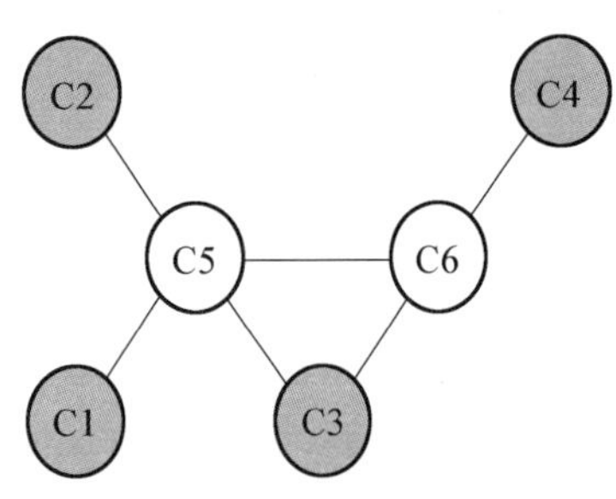

图4.72 C1～C6的相邻关系图

每个顶点表示图4.70中的一个"空圈"，顶点间连线表示"空圈"间共享了笔画

许多优化算法可以用来解决图 4.72 中的图染色优化问题。然而，笔迹的流程图结构理解中的染色问题的规模比较小，而且“空圈”之间共享笔画的情况并不频繁，图结构比较简单(例如，对于六顶点的图来说，15 条边都存在的全连接的方式表示了最频繁的笔画共享情况，但图 4.72 中只有 6 条边，而图 4.72 对应的图 4.70 中的流程图，已经是相当复杂的笔画共享情况了)，因此只需要朴素的穷举搜索——穷举所有的染色情况——就可以快速完成染色任务。

- 识别箭头

有些时候，用户会使用箭头来表示容器间的关系，也就是说连接符以箭头的形式出现。图 4.73 表示了一些用户可能绘制的箭头。箭头由箭杆和箭尖组成。有时候箭杆和箭尖是不同的笔画(如图 4.73(a)所示)，有时候，用户习惯于单笔画完一个箭头(如图 4.73(b)～(d)所示)。

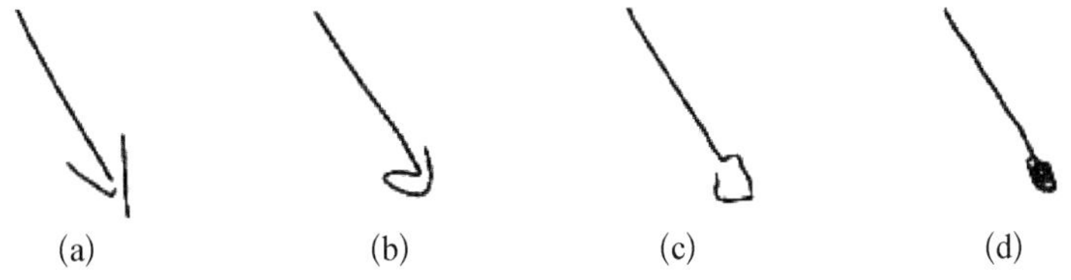

图 4.73 各种箭头形式的连接符

本小节讨论箭头式连接符的处理。如果箭杆和箭尖是由不同的笔画组成的，我们只需要在箭杆笔画(通常是比较长的笔画)的两端附近，找出与该笔画两端近邻的短笔画，即构成该箭杆对应的箭尖。但是，如果箭头是一笔画完的，即箭杆和箭尖由同一个笔画组成，我们则需要将这个笔画切分为箭杆和箭尖两个部分。Kara 等在文献[Kara 2004a，Kara 2004b]中提出一个识别单笔画箭头的方法，但是这个方法只能处理诸如图 4.73(b)所示那样的箭头。

事实上，我们往往并不识别箭头，而只需要区分箭头的两个组成部分——箭杆与箭尖。这可以利用分析笔画密度来完成。如果把一个箭头笔画分为两段笔画——箭尖笔画和箭头笔画——那通常情况下，箭尖笔画的笔画密度要明显大于箭杆笔画的笔画密度(此处密度定义为笔画长度与其包围盒对角线长度的比值)，因此可以利用此知识来分离箭杆和箭尖。如图 4.74 所示，设箭头笔画 AB 被其上的一点 C^* 分为两段，C^* 的计算为

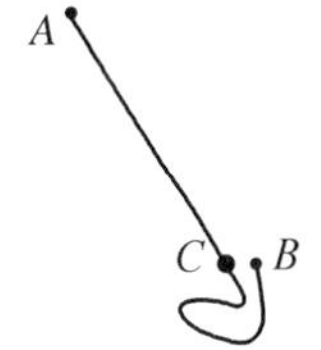

图 4.74 点 C 将箭头分为箭杆 AC 和箭尖 BC 两个部分

$$C^* = \arg\max_{C}\left(\frac{\max(den(AC), den(BC))}{\min(den(AC), den(BC))}\right)$$

其中，$den(X, Y)$ 表示笔画段 XY 的笔画密度。如果 $den(A, C^*) < den(B, C^*)$ 并且 $den(B, C^*) > threshold$，则 AC 表示箭杆，BC 表示箭尖；否

则 AC 表示箭尖，BC 表示箭杆。

- 错误纠正

结构化算法难免出错，因此需要错误纠正机制来纠正这些错误。本小节特别关注那些会破坏流程图的容器——连接符结构的结构分析错误，这类错误是必须要纠正的，否则会影响后续的流程图结构化操作。图 4.75 表示了这些结构分析错误，并解释了错误成因以及后果。

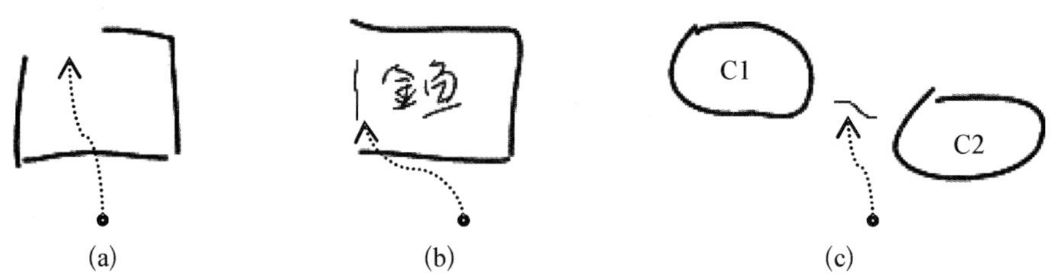

图 4.75 几种破坏流程图结构的错误

(a) 图形笔画间的缝隙太大，会导致算法第 3 步丢掉这几个笔画标识的容器边界；(b) 容器边界上的一个笔画被误分类为文字笔画，因此导致算法第 3 步丢掉这几个笔画标识的容器边界；(c) 连接符笔画被误分类为文字笔画，因此导致容器 C1 和 C2 之间的拓扑关系丢失

使用笔手势可以很方便地纠正这些错误。对于图 4.75 中(a)和(b)标识的错误，我们可以画一个与容器边界重合的笔手势，来指出这个手势所重合的笔画构成一个容器边界，图 4.76(a)和(b)表示了这个手势。对于图 4.75(c)标识的错误，我们可以画一个从容器 C1 出发、与误分类的笔画重叠且终止于容器 C2 的笔手势，来标识那个误分类笔画应该是连接符笔画。图 4.76(c)表示了该手势。

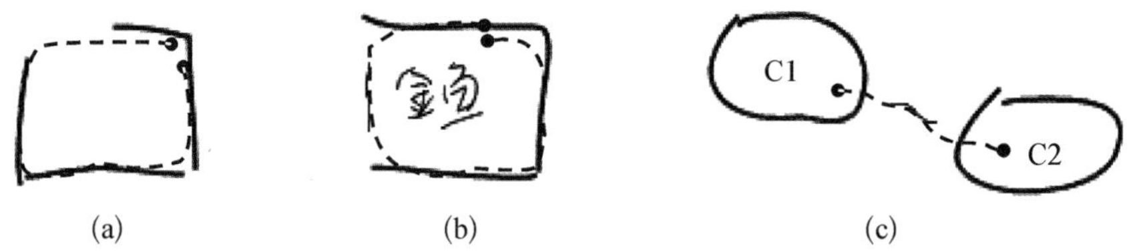

图 4.76 纠正错误的笔手势

(a)和(b) 画一个与容器边界重叠的笔手势来指明这个容器；(c) 画一个连接 C1 和 C2，且与误分类笔画重叠的笔手势，来指明该误分类笔画为一个连接符笔画

4. 结构化编辑

本小节介绍流程图结构化编辑操作，这些编辑操作都是基于前面算法获得的流程图“容器-连接符”结构的。由于这些操作都是在非规范的笔迹流程图上完成的，因此要保持操作完成后的流程图笔迹在视觉上的自然合理性，本部分会特别强调连接符在操作过程中的形变策略。

首先，用户可以通过在流程图上绘制“多折线”笔手势，来删除容器或者连接符。图 4.77 表示了该删除操作。需要注意的是，如果一个容器被删除了（如

图 4.77(b)所示),则连接的连接符也将被删除。这样做是有意义的,因为容器往往代表概念,当概念不存在时,它与其他概念的关系也应不存在,这通常是符合逻辑的,因此在删除容器的同时删除掉其关联的连接符。

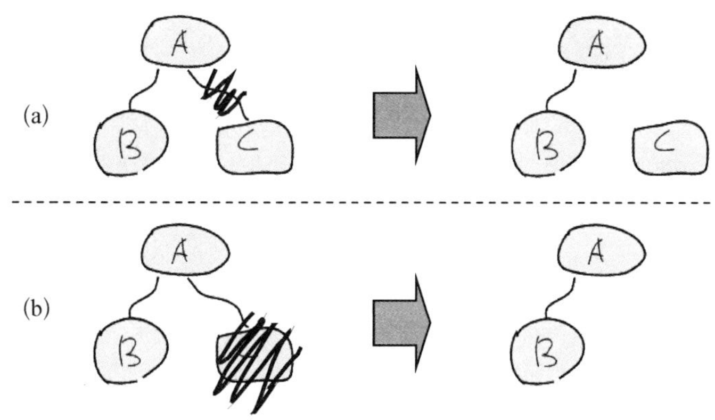

图 4.77 使用"多折线"的删除手势

(a) 删除一个连接符;(b) 删除一个容器,该容器关联的连接符也被删除了

容器的平移和放缩也是用户经常执行的操作。为了完成这种操作,用户需要首先通过点击(tap)手势选择将要被操作的容器。在被选择的容器的四周会出现带有控制点的包围盒作为选择成功的反馈。如果用户要执行平移操作,他可以画一个起始于已选择容器内部的笔手势笔画,如图 4.78(a)所示,容器的平移量等于该笔画手势结束点和起始点之间的坐标偏移量。如果用户要执行容器放缩操作,他可以画一个起始于包围盒控制点的笔手势笔画,包围盒上的 8 个控制点分别表示了不同的放缩方向,图 4.78(b)表示了放缩手势。这些操作都是结构化的,当用户执行平移操作将容器平移后,与该容器关联的连接符也将做相应的形变,以保证平移后在视觉上该容器与其他容器间的拓扑关系仍然不变(如图 4.78(a)所示)。同样,容器被放缩后,与其关联的连接符也将相应地形变,以保证结果在视觉上的合理性(如图 4.78(b)所示)。对于放缩操作来说,还需要注意容器边界与容器内文字的关系,有时候用户只想放大容器边界,而并不放大容器内的文字(如图 4.78(b)所示)。在已区分容器的边界和内容的前提下,这很容易完成,然而如果没有分析流程图的结构,这样的操作就很难完成。

当容器平移或放缩后,其关联的连接符笔画怎么形变是很重要的。连接符的形变若不恰当,会使得流程图的布局不自然。最容易想到的变形方式是放缩笔画,图 4.79(b)表示了采用放缩来完成连接符笔画的形变。不过,放缩笔画有时候会使变形后的连接符形状不自然,例如图 4.79(b)所示的结果并不理想。在本节中,采用了一种称为"拉伸"的变形方式来完成连接符的形变,这种方式的变形效果自然,图 4.79(c)表示了采用"拉伸"方式的连接符形变结果,容易看出

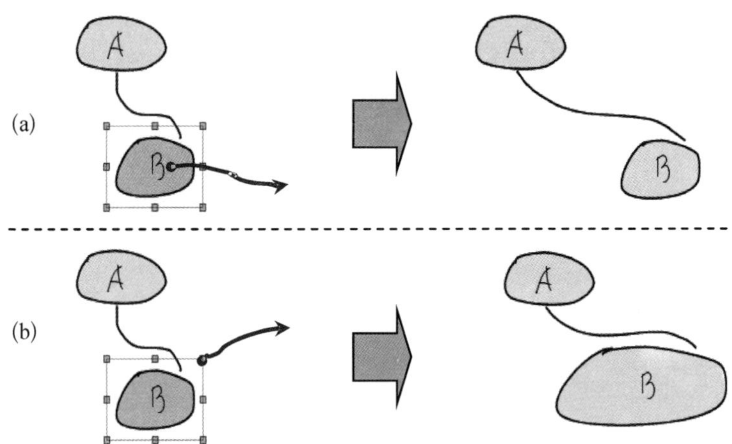

图 4.78 容器的平移和放缩操作

(a) 平移容器,其关联的连接符做相应变形;(b) 放缩容器,其关联的连接符做相应变形,且容器内的文字并未放大

其效果比图 4.79(b)好。下面介绍"拉伸"的计算方法。在图 4.79 中,设 PA 表示连接符靠近容器 A 的端点,PB 表示连接符靠近容器 B 的端点;设 P 表示连接符上的一点;设 $X(P)$和 $Y(P)$分别表示 P 的横坐标和纵坐标;再设容器 B 被平移了,水平偏移量为 Δx,垂直偏移量为 Δy。那么连接符笔画的"拉伸"可用如下公式计算(计算的是点 P 在"拉伸"后的坐标位置):

$$\begin{cases} X(P) \leftarrow X(P) + \Delta x \cdot Len(PA, P)/Len(PA, PB) \\ Y(P) \leftarrow Y(P) + \Delta y \cdot Len(PA, P)/Len(PA, PB) \end{cases}$$

其中,$Len(P1, P2)$表示从点 $P1$ 到点 $P2$ 的笔画曲线段距离。图 4.79(c)表示的是拉伸的结果。

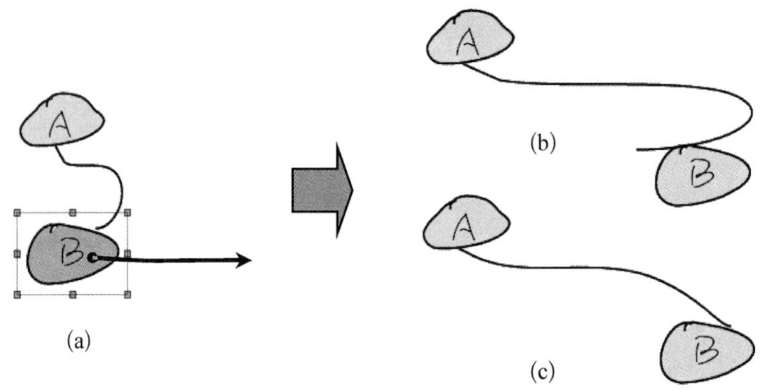

图 4.79 连接符的变形,"拉伸"比"放缩"更自然

(a) 原图;(b) 放缩;(c) 拉伸

有些时候,连接符采用“拉伸”变形并非最佳。特别是当连接符具有某些特定的形状时,我们需要为这些连接符设计专门的变形方案,才能达到更自然的效果,例如,当连接符的形状像“∟”或者“ㄣ”这两种符号时。这两种连接符形状经常被使用,特别是当用户比较规范地绘图的时候。对这两种连接符的形变采用“拉伸”的效果并不好,例如图 4.80(b)就表示了拉伸“ㄣ”形状的结果,该结果把连接符原本横平竖直的结构破坏了,而图 4.80(c)示例的“放缩”变形效果就要好很多,这更符合我们的期望。因此我们首先要识别出“∟”和“ㄣ”这两种形状的连接符(以及通过反射、旋转而得的等价形状),然后提取它们的关键点,根据关键点进行形变,才能取得较好的效果。

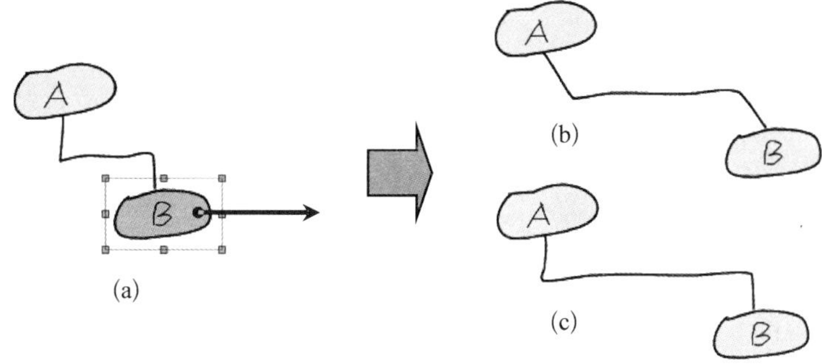

图 4.80 对于“∟”和“ㄣ”这样的特别形状的连接符,“拉伸”变形的效果不一定好

(a) 原图;(b) 拉伸;(c) 放缩

箭头型连接符在形变中需要特别处理。例如在图 4.81 中,容器 *B* 被平移后,与其关联的箭头型连接符会跟着形变。假设该连接符是一笔画成的,如果没有区分它的箭杆和箭尖,那么该连接符在被“拉伸”变形后,形状会如图 4.81(b)所示,完全失去了箭头的形态,这就是一定要在结构分析中区分箭头型连接符的箭杆和箭尖的原因。假设该连接符的箭杆、箭尖已被正确区分出来,如果只是将箭杆部分

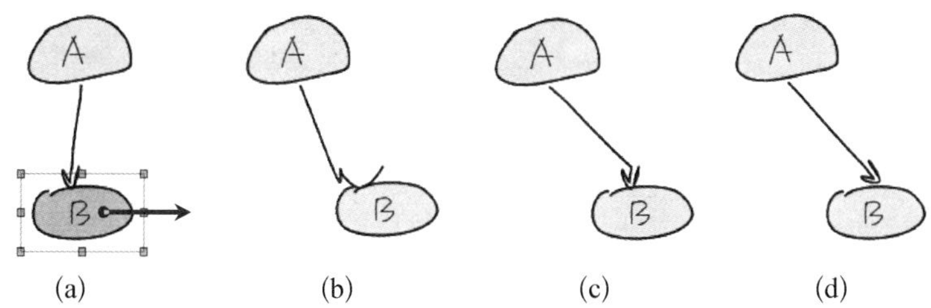

图 4.81 箭头型连接符的特殊形变

(a) 原图;(b) 若不区分箭杆箭尖,就会使得形变结果极不自然;(c) 只变形箭杆还不够,箭尖和箭杆的连接处突兀;(d) 只有把箭尖也旋转一下,形变结果才自然

“拉伸”而箭尖部分只是平移的话，结果会如图4.81(c)所示，仍然不是理想的结果。最理想的结果应如图4.81(d)所示，连接符的箭尖不但应该平移，而且还要做相应的旋转，才能使得形变比较自然合理。

在本小节里讨论了流程图的结构化编辑，其特点是要使得编辑结果保持原流程图的拓扑结构，并且使编辑后的流程图在视觉上合理自然；特别强调了如何实现连接符在编辑中的自然形变。分析可知，完成自然合理的形变效果并非易事，需要对操作任务和连接符自身形状特点细致分析。本小节针对不同任务设计了不同形变方案，然而，若要完全满足流程图编辑的需要，这部分的工作还值得继续深入。

5. 评估与讨论

本小节给出并讨论本章笔迹流程图结构理解算法的实验评估结果，同时讨论用户对该算法以及流程图结构化操作的主观反馈。

本小节实现了一个流程图绘制的原型系统来进行测试，用户使用该系统，可以支持勾画流程图，并通过命令提取其结构，并能对流程图进行结构化编辑。该系统以全屏显示方式运行在Tablet PC上，它有两个模式：勾画模式和编辑模式。系统提供了一个工具栏来支持模式切换。系统默认的模式是勾画模式，在此模式下用户可以自由勾画流程图。当用户用笔点击工具栏的“编辑”按钮后，系统立即提取用户所绘流程图的结构，将提取的结构反馈给用户，以便于用户进行结构化编辑。

用于测试的流程图样本共205个。下面给出流程图结构理解算法的评估结果，并讨论用户的主观反馈意见，然后给出几个利用本章算法提取的流程图结构的例子。

- 对流程图结构理解算法的评估

本小节流程图结构理解算法有多个步骤，其中“图文分类”和“区分容器和连接符”这两个步骤是最主要的步骤。本小节将分别评估这两个步骤算法的性能。

为了评估本小节“图文分类”算法的性能，使用了120个流程图样本作为训练数据，剩下85个样本作为测试数据。为了进行性能的比较，使用了另外两个数字笔迹的图文分类算法做对比。其中一个是由Bishop在文献[Bishop 2004]中提出的方法，另一个是由在文献[Ao 2006]中提出的方法。实验结果表明，本图文分类算法的错误率是2.37%，Bishop方法的错误率为5.63%，文献[Ao 2006]中提出的方法的错误率为7.10%。这个结果并不意外，因为本算法是针对流程图结构设计的，笔画的特征提取特别考虑了笔画在流程图中特定的时间上下文和空间上下文，而其余两种方法都是针对通用图文分离任务设计的，没有为特殊的笔迹结构考虑。

为了评估“区分容器和连接符”算法，首先将文字笔画从流程图中去除掉，只剩下图形笔画进行评估。实验结果表明，对于这205个流程图，93.4%的容器和连接符都被正确提取了。错误分析表明,很多错误是用户过于潦草的书写导致的,例如容器的边界笔画间的空隙过大,导致容器边界查找失败。其他的错误是由本节算法能力所限而导致的,例如图 4.82 所示的几种流程图(或部分)结构,本节算法目前还不能正确处理。

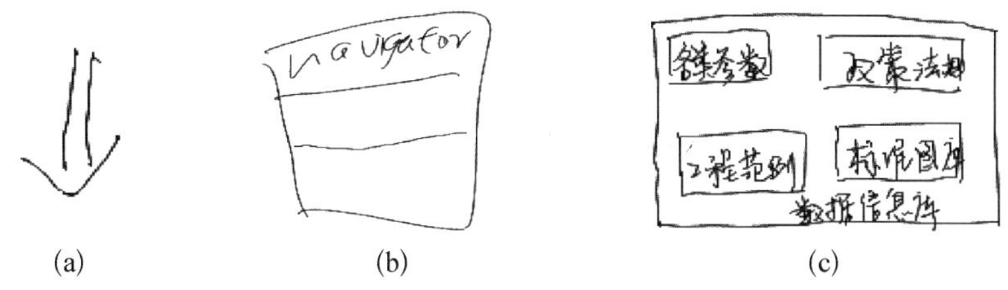

图 4.82 本节算法无法理解的流程图结构示例

(a) 双箭杆箭头;(b) 表格型容器;(c) 嵌套型容器

- 用户反馈

本小节就用户主观反馈意见进行讨论。

■ 正面意见

大多数用户都认为用笔勾画的流程图能被识别和被结构化操作很“有趣”,他们很喜欢这种带有智能的软件系统。虽然有个别用户觉得识别功能对于笔迹勾画系统来说是必需的功能,并不觉得有多新奇,但仍然非常愿意使用。用户最喜欢的是在结构化操作中连接符的跟随形变。他们觉得这样很自然也很有用,因为以往的流程图编辑系统(例如微软公司的 Visio)都具有这样的功能,不过那些系统是基于规范数据和规范操作的,不支持笔输入。

用户们认为,使用该原型系统绘制流程图,比使用简单的勾画工具的效率要高。因为他们在制图过程中,会频繁修改已经画好的图,如果没有识别和结构化编辑功能,那就只有基于单笔画为单位进行编辑,操作繁琐复杂;如果系统没有理解流程图的结构,用户在操作完容器后,还要单独去调整容器关联的连接符笔画,引入额外的工作量。用户们在对比简单笔迹勾画系统和本节的支持结构化操作的系统之后,认为结构化操作不但“有趣”,而且还能提高工作效率。

用户对流程图在反复编辑之后还保持自然的笔迹外观表示满意。当提及可以将识别好的流程图转换为规范表示时,用户们认为这应该在流程图完全制作完成之后,而在编辑过程中最好保持笔迹的外观。部分用户观察到连接符笔画在编辑过程中“拉伸”的形变效果,认为“看起来比较自然”。还有个别用户注意到了笔者对“∟”和“ㄣ”型连接符的特别处理,以及对箭头型连接符的特别处理。当笔者将未作处理的结果与原型系统中的结果对比展示给用户时,他们认为这些处理很自然,也很必要。

■　负面意见

用户抱怨最多的是算法在结构理解中出错，这些错误会严重影响到结构化编辑。然而用户认为利用笔手势进行错误纠正手段并不能纠正所有的识别错误，因此在流程图结构分析的错误纠正方面，还需要深入研究。有时候，用户即使已经对系统比较熟悉了，仍然可能画一些系统的识别能力目前还不支持的结构(如图 4.82 所示)，这一方面说明系统的结构理解能力还不足够强，另一方面说明如何合理地处理不能识别的结构也是系统必须要具有的能力，这是因为不管系统能识别多少种结构，用户总是可能给出超出系统能力的输入。

用户们反映系统中采用的显式“书写/编辑”模式切换不够自然，他们希望这种模式切换是自动的、隐式的，系统能判断用户的输入是书写还是编辑。的确，显示状态切换使得交互过程不够流畅，从而影响工作效率。为了实现隐式状态切换，系统首先必须随着用户的输入及时更新其对流程图的结构理解，这要求结构理解算法必须是增量式识别的方法；其次，系统必须要利用上下文知识很准确地区分用户当前的输入是书写还是编辑；最后，系统还需要一套完善的“反馈 + 建议”机制，来辅助用户的编辑。这是因为增量识别利用的知识不完整，系统会不时遇到模棱两可的情况，如果将这些带二义性的结果反馈给用户选择，会比系统盲目地猜测好得多。

●　流程图结构理解示例

图 4.83 表示了利用本节算法理解的流程图结构的例子。

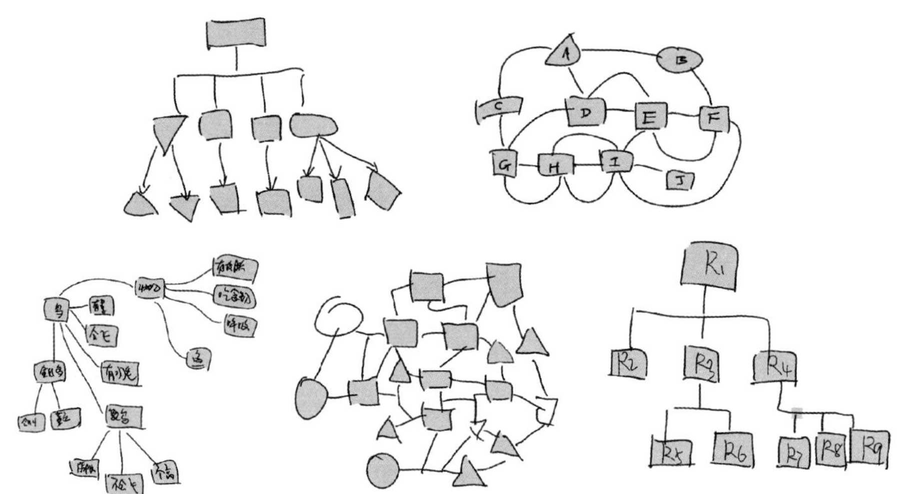

图 4.83　几个流程图结构理解的例子

6. 结论

本节提出了一种数字笔迹的流程图结构理解算法。该算法可以提取出笔迹流程图中的“容器-连接符结构”，并能将文字笔画区分出来。基于已结构化的流程图，本章还提出了流程图的结构化编辑方法，让用户能自然、高效地编辑所绘制的流程图。实验评估表明，本算法是有效的，结构化编辑能减轻用户操作负担，提高编辑效率。

4.5.7 列表结构分析

根据对用户调查的分析，人们通常在记笔记的过程中捕捉信息的纲要而不是完整的信息。人们既使用简洁的非正式的符号来快速地组织笔记，同时又使用隐式的空间关系来显示笔记的结构。基于这些观察，设计实现了 Ink 结构化的算法来组织笔记[Li 2002a]。

算法的整个流程如图 4.84 所示。第一步是将笔画以笔画簇（stroke block）的方式组织。当一个笔画生成时，clustering 过程将被调用，把这个笔画组织到一个笔画簇中。碎片整理是将算法产生的较小的笔画簇整理到邻近的笔画簇中去。基于这些整理后的笔画簇，高级的结构分析将进行对这些笔画簇的空间分析。异常分析作为高级结构分析的第一步，它针对结构化手势的处理，这些手势如 list-making 手势和分节手势等。最后，隐式的空间结构分析将分析这些 stroke blocks 的距离和缩进关系等空间约束。在每次结构化之后，也许会有一些未被结构化的笔画簇，当结构化过程在下一次被激活后，这些未被处理的笔画簇将会在新的空间上下文中处理，整个结构化过程使用了增量式意图提取的思想。

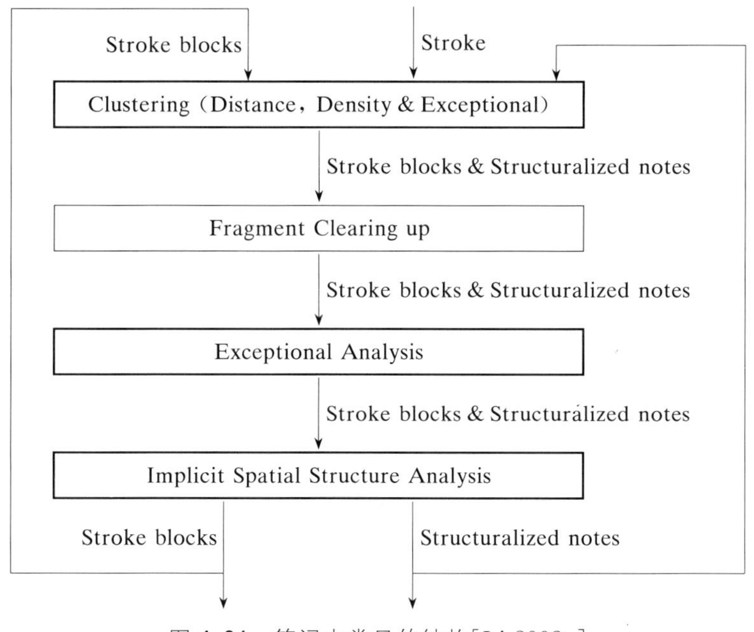

图 4.84 笔记中常见的结构[Li 2002a]

4.5.8　表格结构分析

中文笔迹文档中的具有图 4.85 中的结构。

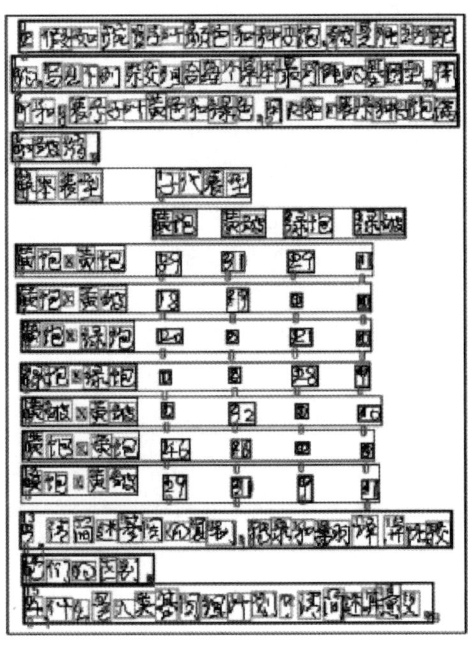

(a)

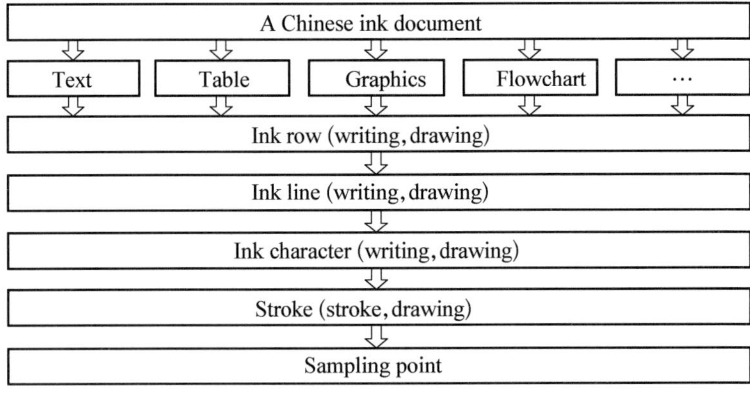

(b)

图 4.85　中文笔迹文档组织成层次结构

(a) 笔迹文档包含被红色长方形包围的笔迹 row，笔迹 line 被蓝色长方形包围，笔迹 character 被绿色长方形包围；(b) 中文笔迹文档的层次 [Zhang 2006]

[Zhang 2006]提出一种提取 Ink 文档中表格的方法，通过矩阵模型，提取并分割表格。Ink 文档首先用一个包含行（文字笔迹行和图形笔迹行）的矩阵表示；每行(row)包含一些共线的 Ink 行(line)（由 Ink character 组成）。相邻的文字笔迹行在书写上有着相同的分布，以及相同的关联图形行（drawing rows）。该方法可以提取表格中行与列的标题、子标题以及表格单元。实验表明这个方法更高效和鲁棒。方法的流程如图 4.86 所示。

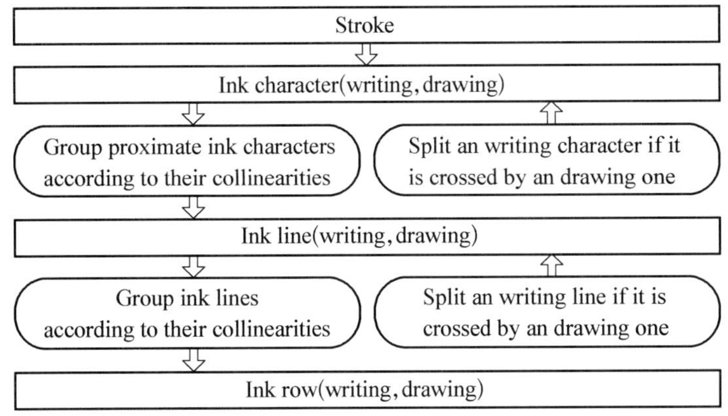

图 4.86 用笔迹矩阵描述中文笔迹文档的流程图[Zhang 2006]

4.5.9 数学表达式结构分析

手写数学公式的识别(图 4.87)可以切分为三个子问题[单宏浩 2001]：

- 字符识别：对于给定的一组笔画，符号识别器可以给出它匹配成某数学符号的匹配程度；
- 符号切分：其输入是用户输入的笔画集合，切分系统根据笔画之间的位置关系将其组合为一个个符号；
- 表达式分析：利用知识库中存放的数学规则，将符号切分得到的符号集合分析为排版语言表示的数学公式。

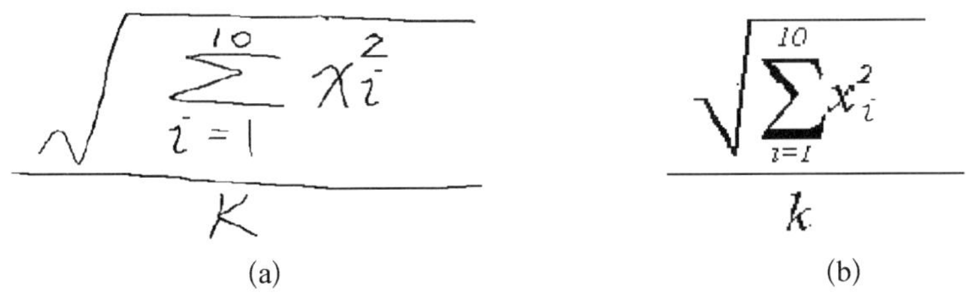

图 4.87 手写数学公式的识别

(a) 手写数学公式；(b) 识别后的数学公式

整个识别过程分为两个步骤：

(1) 系统利用字符识别子系统和符号切分子系统，把笔画集合分析为一组符号，同时给出这些符号匹配为某个字符的匹配度；

(2) 表达式分析子系统利用步骤(1)的输出结果，再利用符号的相对位置判断符号最终应该匹配的字符，同时输出排版语言表示的数学公式。

4.5.10 化学方程式结构分析

手写化学公式的识别需要充分利用化学领域知识。其识别框架如图 4.88 所示。

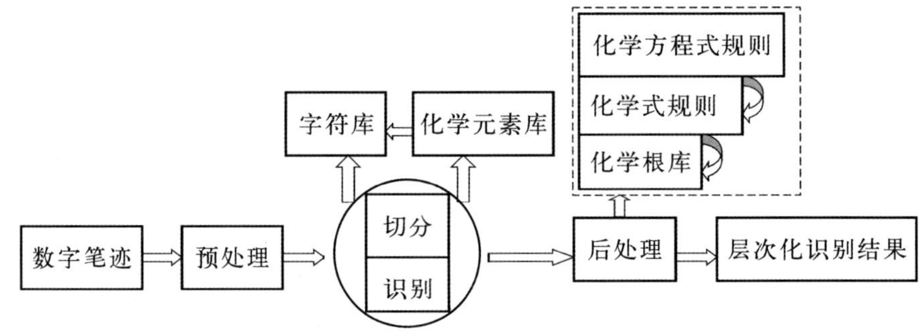

图 4.88 手写化学公式识别算法整体框图

化学公式的识别结果具有层次结构，如图 4.89 所示。

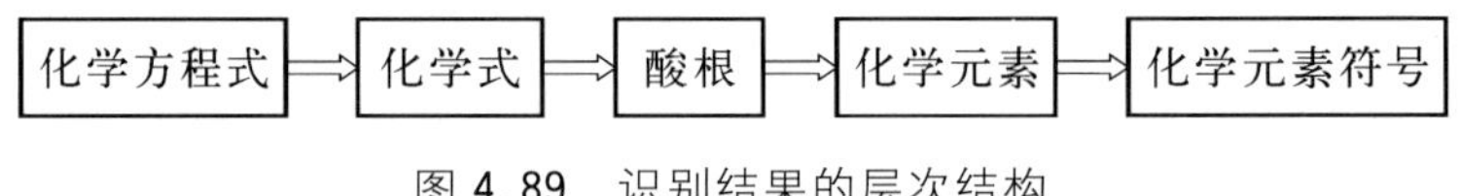

图 4.89 识别结果的层次结构

一个手写化学公式识别的例子如图 4.90 所示，手写铁与氧气的反应方程式被识别成“$3Fe+2O_2=Fe_3O_4$”。

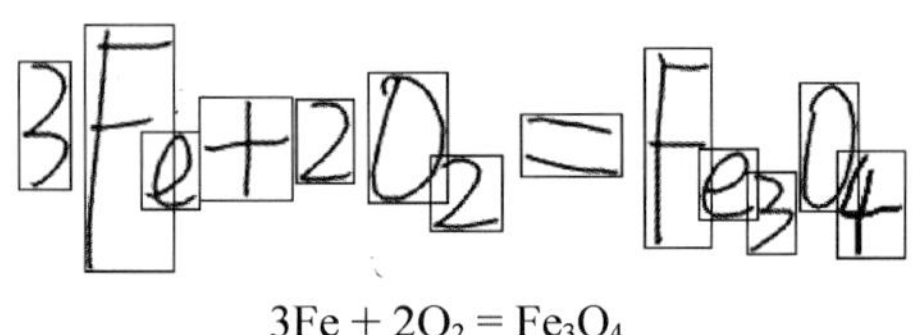

图 4.90 算法对“$3Fe+2O_2=Fe_3O_4$”的切分识别结果

参 考 文 献

[Ao 2006] AO X, LI J, WANG X, DAI G. Structuralizing Digital Ink for Efficient Selection [C]//Proceedings of International Conference on Intelligent User Interfaces, 2006, Sydney, Australia, 2006: 148 - 154.

[Li 2002a] LI Y, GUAN Z, CHEN Y, et al. Penbuilder: Platform for the Development of PUI (Pen-based User Interface)[C]//Proceedings of ICMI'00 the Third International Conference on Multimodal User Interfaces (Oct. 14 - 16, Beijing, China), Spring Science, 2002: 534 - 541.

[Li 2002b] LI Y, GUAN Z, WANG H, et al. Structuralizing Freeform Notes by Implicit Sketch Understanding[C]//Proceeding of AAAI Spring Symposium on Sketch Understanding, Palo Alto, California, 2002: 113 - 117.

[Li 2005a] LI Y, LANDAY J A. Informal Prototyping of Continuous Graphical Interactions by Demonstration[C]//UIST 2005, 2005: 221 - 230.

[Li 2005b] LI J, et al. Sketch Recognition with Continuous Feedback Based on Incremental Intention Extraction[C]//Proceedings of ACM IUI'05, January 9 - 12, 2005, San Diego, California, USA, 2005: 145 - 150.

[李俊峰 2005] 李俊峰. 具有实时反馈的草图交互识别方法[J]. 计算机辅助几何设计与图形学学报, 2005, 17(11): 2453 - 2458.

[李俊峰 2006a] 李俊峰. 数字笔迹技术的若干问题研究[D]. 北京: 中国科学院软件研究所, 2006.

[李俊峰 2006b] 李俊峰. 一种高效的数字笔迹多维数据编码算法[J]. 软件学报, 2006, 17(9): 1860 - 1866.

[单宏浩 2001] 单宏浩. 基于笔输入的数学公式编辑器[D]. 北京: 中国科学院软件研究所, 2001.

[栗阳 2002] 栗阳. 笔式用户界面研究:理论、方法和实现[D]. 北京: 中国科学院软件研究所, 2002.

[韩勇 2006] 韩勇,须德,戴国忠. MST 在手写汉字切分中的应用[J]. 软件学报, 2006, 17(3): 403 - 409.

[胡云飞 2003] 胡云飞,等. 基于曲线拟合的笔迹存储和绘制方法的研究[J]. 计算机工程与科学, 2003, 25(5): 42 - 45.

[Agar 2003] AGAR P, NOVINS K. Polygon Recognition in Sketch-Based Interfaces with Immediate and Continuous Feedback[C]//Proc. ACM International Conference on Computer Graphics and Interactive Techniques, Melbourne, Austrilia, 2003: 147 - 150.

[Alvarado 2004] ALVARADO C, DAVIS R. SketchREAD: A multidomain sketch recognition engine[C]//Proceeding of the 17th Annual ACM Symposium on User Interface Software and Technology (UIST'04), 2004: 23 - 32.

[Apte 1993] APTE A, VO V, KIMURA T D. Recognizing multi-stroke geometric shapes: An experimental evaluation[C]//Proceedings of 16th Annual ACM Symposium on User Interface Software and Technology, 1993: 121 - 128.

[Arvo 2000] ARVO J, NOVINS K. Fluid Sketches: Continuous Recognition and Morphing of Simple Hand-Drawn Shapes[C]//Proceedings of the ACM Symposium on User Interface Software and Technology, San Diego, California, 2000: 73 - 80.

[Baxter 2001] BAXTER W, SCHEIB V, LIN M, et al. DAB: Interactive Haptic Painting with 3D Virtual Brushes[C]//Proceedings of ACM SIGGRAPH, August 2001, 2001: 461 - 468.

[Bishop 2004] BISHOP C M, SVENSEN M, HINTON G E. Distinguishing text from graphics in on-line handwritten ink [C]//KIMURA F, FUJISAWA H. Proceedings of the 9th International Workshop on Frontiers in Handwriting Recognition, Tokyo, Japan, 2004: 142 - 147.

[Blanchard 2004] BLANCHARD J, ARTIÈRES T. On-line handwritten documents segmentation[C]//KIMURA F, FUJISAWA H. Proceedings of the 9th International Workshop on Frontiers in Handwriting Recognition, Tokyo, Japan, 2004: 148 - 153.

[Breuel 2001] BREUEL T M. Segmentation of handprinted letter strings using a dynamic programming algorithm[C]//Proceedings of Sixth International Conference on Document Analysis and Recognition, 2001: 821 - 826.

[Calhoun 2002] CALHOUN C, STAHOVICH T F, KURTOGLU T, et al. Recognizing multi-stroke symbols[C]//Proc. Amer. Assoc. Artificial Intelligence Spring Symp. Palo Alto, CA, Mar. 2002: 15 - 23.

[Casey 1996] CASEY R G. A survey of methods and strategies in character segmentation[J]. IEEE Transactions on Pattern Analysis and Machine Intelligence, 1996, 18(7): 690 - 706.

[Chan 2000] CHAN K F, YEUNG D Y. An efficient syntactic approach to structural analysis of on-line handwritten mathematical expressions[J]. Pattern Recognition, 2000, 33(3): 375 - 384.

[Chang 2001] CHANG C C, LIN C J. LIBSVM: A library for support vector machines[J/OL]. http://www.csie.ntu.edu.tw/~cjlin/libsvm, 2001.

[Christian 1999] CHRISTIAN L A, Jr., LANDAY J A. Rowe L A. Implications For a Gesture Design Tool[C]//SIGCHI Proceedings of Human Factors in Computing Systems. New York: ACM Press, 1999, 40 - 47.

[Christian 2000] DAMM C H, HANSEN K M, THOMSEN M. Tool support for cooperative object-oriented design: Gesture based modelingon an electronic whiteboard[C]//CHI 2000. CHI, April, 2000, 2(1): 518 - 525.

[CHU 2004] CHU N S, TAI C L. Real-time painting with an expressive virtual Chinese brush [J]. IEEE Computer Graphics and Applications, 2004, 24(5): 76 - 85.

[Chu 2005] CHU N S H, TAI C L. MoXi: Real-time ink dispersion in absorbent paper[J]. ACM Transactions on Graphics: SIGGRAPH 2005 Issue, 2005, 24(3): 504 - 511.

[Colifman 1992] COLIFMAN R, WICKAUSER M. Entropy-based algorithm for best basis selection[J]. IEEE Transactions on Information Theory, 1992, 38(2): 909 - 996.

[Costagliola 2000] COSTAGLIOLA G, POLESE G. Extended positional grammars[C]// Proceedings of 2000 IEEE Symposium on Visual Languages, Seattle, WA, USA, September,

2000：103－110.

[Costagliola 2004] COSTAGLIOLA G，DEUFEMIA V，POLESE G，et al. A parsing technique for sketch recognition systems[C]//Proceedings of the 2004 IEEE Symposium on Visual Languages and Human Centric Computing，26－29 Sept，2004：19－26.

[Davis 2002] DAVIS R. Sketch understanding in design：Overview of work at the MIT Lab [C]//Proc. Amer. Assoc. Artificial Intelligence Spring Symp，Palo Alto，CA，Mar，2002：24－31.

[Dong 1999] DONG S H，WANG J，DAIG Z. Human-Computer Interaction and Multimodal User Interface[M]. Beijing：Science Press，1999.

[Elisabetta 1999] BRUZZONE E，COFFETTI M C. An Algorithm for Extracting Cursive Text Lines[C]//ICDAR，1999：749－752.

[Eric 1999] ERIC W W. Delaunay Triangulation [J/OL]. MathWorld：A Wolfram Web Resource. http://mathworld.wolfram.com/DelaunayTriangulation.html，1999.

[Eric 2003] ERIC B，CLASEN M，KNEIS J. Arithmetic Coding revealed[C]//Proceedings of the Proseminar Datenkompression 2001，Chair for Computer Science VI，University of Technology Aachen/RWTH，2003.

[EverNote 2004] http://www.evernote.com/en/.

[Feldman 2003] FELDMAN J. Perceptual grouping by selection of a logically minimal model [J]. International Journal of Computer Vision，2003，55(1)：5－25.

[Fitzgibbon 1999] FITZGIBBON M，PILU R. FISHER R. Direct least-square fitting of Ellipses [J]. IEEE Transactions on Pattern Analysis and Machine Intelligence，1999，21(5)：128－135.

[Gennari 2005] GENNARI，KARA L K，STAHOVICH T F，et al. Combining geometry and domain knowledge to interpret hand-drawn diagrams[J]. Computers Graphics，2005，29(4)：547－562.

[Grbavec 1995] GRBAVEC A，BLOSTEIN D. Mathematics Recognition Using Graph Rewriting[C]//Third International Conference on Document Analysis and Recognition，Montreal，Canada，1995：417－421.

[Gross 1994] GROSS M D. Recognizing and interpreting diagrams in design[C]//Proceedings of the Workshop on Advanced Visual Interfaces，1994：88－94.

[Gross 1996a] GROSS M D. The electronic cocktail napkin：A computational environment for working with design diagrams[J]. Design Studies，1996，17(1)：53－69.

[Gross 1996b] GROSS M D，DO E. Demonstrating the electronic cocktail napkin：A paper-like interface for early design[C]//Companion to CHI'96，New York：ACM，1996：5－6.

[Gross 1996c] GROSS M D，DO E. Ambiguous intentions：A paper-like interface for creative design[C]//Proceedings of UIST'96，1996：183－192.

[Goto 1999] GOTO H，ASO H. Extracting curved text lines using local linearity of the text line [J]. IJDAR，1999，2：111－119.

[Guo 1991] GUO Q，KUNII T L. Modeling the diffuse painting of sumie[J]. IFIP Modeling in Computer Graphics，1991：329－338.

[Hahn 1999] HAHN J，KIM J. Why are some diagrams easier to work with? Effects of diagrammatic representation on the cognitive integration process of systems analysis and design [J]. ACM Trans. Comput.-Hum. Interact, 1999, 6(3): 181 - 213.

[Hammond 2002] HAMMOND T, DAVIS R. Tahuti: A geometrical sketch recognition system for UML class diagrams [C]//Proceedings of AAAI Spring Symposium on Sketch Understanding, 2002: 59 - 68.

[Han 2006] HAN Y, XU D, DAI G Z. Using MST in handwritten Chinese characters segmentation [J]. Journal of Software, 2006, 17(3): 403 - 409.

[Helm 1991] HELM R, MARRIOTT K, ODERSKY M. Building visual language parsers[C]// Proceedings of CHI'91, New Orleans, LA, 1991: 105 - 112.

[Helose 2004] HELOSE H, SHILMAN M, NEWTON A R. Robust Sketched Symbol Fragmentation using Templates[C]//International Conference on Intelligent User Interfaces, Jan. Madeira, Portugal, 2004: 156 - 160.

[Hong 1997] HONG C, LOUDON G, WU Y. Segmentation and recognition of continuous handwriting Chinese text[C]//International Conference on Computer Processing of Oriental Languages, 1997: 630 - 633.

[Hong 2000] HONG J I, LANDAY J A. SATIN: A toolkit for informal inkbased applications [C]//Proceedings of the 13th ACM Symposium on User Interfaces Software and Technology (UIST'00), 2000: 63 - 72.

[Huotari 2004] HUOTARI J, LYYTINEN K, NIEMEL M. Improving graphical information system model use with elision and connecting lines[J]. ACM Trans. Comput.-Hum. Interact, 2004, 11(1): 26 - 58.

[Igarashi 1995] IGARASHI T, MATSUOKA S, MASUI T. Adaptive Recognition of Human-Organized Implicit Structures[C]//Proceedings of Visual Languages'95, 1995: 258 - 266.

[InkML 2004] Ink Markup Language[S]. W3C Working Draft, 2004.

[Islam 1999] ISLAM A, PEARLMAN W A. An embedded and efficient low-complexity hierarchical image coder[C]//The International Society fore Optical Engineering Conf. on Visual Communications and Image Processing, San Jose, CA, Jan. 1999: 294 - 305.

[Jain 2001] JAIN A K, NAMBOODIRI A M, SUBRAHMONIA J. Structure in on-line documents[C]//Proceedings of the 6th International Conference on Document Analyses and Recognition, 2001: 844 - 848.

[Jibu 1999] JIBU P. An improved segmentation module for identification of handwritten numerals[D]. Massachusetts Institute of Technology, 1999.

[Kakade 2002] KAKADE S, THE Y, ROWEIS S. An alternate objective function for Markovian fields[C]//International Conference on Machine Learning, 2002: 275 - 282.

[Kara 2004a] KARA L B, STAHOVICH T F. Hierarchical parsing and recognition of hand-sketched diagrams [C]//Proceedings of 17th Annual ACM Symposium on User Interface Software and Technology, 2004: 13 - 22.

[Kara 2004b] KARA L B, STAHOVICH T F. Sim-U-Sketch: A sketch-based interface for Simulink [C]//Proceedings of the Working Conference on Advanced Visual Interfaces, Gallipoli (LE), Italy, 2004: 354 - 357.

[Keisuke 2004] KEISUKE M, NAKAGAWA M. Separating figure, mathematical formula and

Japanese text from free handwriting in mixed online documents [J]. International Journal of Pattern Recognition and Artificial Intelligence, 2004, 18(7): 1173 - 1187.

[Koffka 1922] KOFFKA K. Perception: An introduction to gestalt-theorie[J]. Psychological Bulletin, 1922, 19: 531 - 585.

[KUNII 2001] KUNII T L, NOSOVSKIJ G V, VECHERININ V L. Two-dimensional diffusion model for diffuse ink painting[J]. Journal of Shape Modeling, 2001, 7(1): 45 - 58.

[Lafferty 2001] LAFFERTY J, MCCALLUM A, PEREIRA F. Conditional random fields: Probabilistic models for segmenting and labeling sequence data[C]//International Conference on Machine Learning, 2001: 282 - 289.

[Landay 1996] LANDAY J A. SILK: Sketching Interfaces Like Crazy [C]//Proceedings of Human Factors in Computing Systems (Conference Companion), ACM CHI '96, Vancouver, Canada, April 13 - 18, 1996: 398 - 399

[Landay 2001] LANDAY J A, MYERS B A. Sketching interfaces, toward more human interface design[J]. IEEE Computer, 2001, 34(3): 56 - 64.

[Lank 2000] LANK E, THORLEY J S, CHEN S. Interactive system for recognizing hand drawn UML diagrams[C]//Proceedings of CASCON 2000, 2000: 1 - 15.

[Lank 2001] LANK E, THORLEY J, CHEN S. On-line recognition of UML diagrams[C]// Proceedings of the Sixth International Conference on Document Analysis and Recognition, 2001: 356 - 360.

[Laviola 2005] LAVIOLA J. Mathematical Sketching: A New Approach to Creating and Exploring Dynamic Illustrations[D]. Brown University, Department of Computer Science, 2005.

[Lee 1999] LEE J. Simulating oriental black-ink painting[J]. IEEE Computer Graphics and Applications, 1999.

[Lewandowksy 1989] LEWANDOWKSY S, SPENCE I. The perception of statistical graphs[J]. Sociological Methods and Research, 1989, 18(2/3): 200 - 242.

[Lin 1998] LIN Y, CHEN R C. Segmenting handwritten Chinese characters based on heuristic merging of stroke bounding boxes and dynamic programming[J]. Pattern Recognition Letters, 1998, 19(8): 963 - 973.

[Lin 2000] LIN J, NEWMAN M, HONG J, et al. DENIM: Finding a Tighter Fit Between Tools and Practice for Web Site Design[C]//CHI Letters: Human Factors in Computing Systems, CHI'2000, 2000, 2(1): 510 - 517.

[Mallat 1989] MALLAT S. A theory for multiresolution signal decomposition: The wavelet representation[J]. IEEE Transactions on Pattern Analysis and Machine Intelligence, 1989, 11 (7): 674 - 693.

[Mark 2002] MARK W Ink and Fountain Pens[R]. University of Saskatchewan: Department of Computer Science, Technical Report 02 - 01 - 08b, 2002.

[Markus 2001] MARKUS F, TONNIES K D. Line Detection and Segmentation in Historical Church Registers[C]//ICDAR, 2001: 743 - 747.

[Marsy 2005] MARSY M, DONG J K, LIPSON H. A freehand sketching interface for progressive construction of 3D objects[J]. Computers Graphics, 2005, 29(4): 563 - 575.

[Matsakis 1999] MATSAKIS N. Recognition of Handwritten Mathematical Expressions[D]. Cambridge, MA: Massachusetts Institute of Technology, 1999.

[Michael 2000] MICHAEL A D, KOSSENTINI F. Reversible integer-to-integer wavelet transforms for image compression: Performance evaluation and analysis[J]. IEEE Trans. on Image Processing, 2000, 9: 1010 - 1024.

[Michael 2003] MICHAEL S, WEI Z, RAGHUPATHY S, et al. Discerning Structure from Freeform Handwritten Notes[C]//ICDAR, 2003: 60 - 65.

[Micorsoft 2003] http://www.microsoft.com/office/preview/onenote.

[Microsoft Corporation-Save] Microsoft Corporation. Ink Save (PresistenceFormat, CompressionMode)[R/OL]. http://msdn.microsoft.com/en-us/library/aa515947.aspx.

[Microsoft Corporation-Tablet PC] Microsoft Corporation. Tablet PC: Add Support for Digital Ink to Your Windows Applications.

[Mynatt 1999] MYNATT E D, IGARASHI T, EDWARDS W K, et al. Flatland: new dimensions in office whiteboards[C]//Proceedings of CHI'99 Human Factors in Computing Systems: May 15 - 20, Pittsburgh, PA. New York: ACM, 1999: 346 - 353.

[Nakagawa 1993] NAKAGAWA M, MACHII K, KATO N. Lazy Recognition as a Principle of Pen Interfaces[C]//Proceedings of the ACM INTERCHI'93 Conference on Human Factors in Computing Systems, 1993: 89 - 90.

[Narayanaswamy 1996] NARAYANASWAMY S. Pen and speech recognition in the user interface for mobile multimedia terminals[D]. Berkeley: University of California, 1996.

[O'Gorman 1993] O'GORMAN L. The document spectrum for page layout analysis[J]. IEEE Trans. on P.A.M.I., 1993, 15: 1162 - 1173.

[OneNote 2003] http://www.microsoft.com/office/onenote/prodinfo/overview.mspx.

[Pal 2003] PAL U, SINHA S, CHAUDHURI B B. Multi-Oriented Text lines Detection and Their Skew Estimation[J]. Lecture Notes in Computer Science, 2003, 2749: 1146 - 1153.

[Patrick 1998] PATRICK C, WILCOX L. A Dynamic grouping technique for ink and audio notes[C]//MYNATTE, JACOB R J K. Proceedings of the 11th Annual ACM Symposium on User Interface and Technology, San Francisco, CA, Nov. 1 - 4. New York: ACM, 1998: 195 - 202.

[Pu 1998] PU Y, SHI Z. A natural learning algorithm based on Hough transform for text lines extraction in handwritten documents[C]//Proceedings 6th IWFHR, 1998: 637 - 646.

[Qi 2005] QI YUAN, SZUMMER M, MINKA T P. Diagram structure recognition by bayesian conditional random fields[C]// Schmid C, Soatto S, Tomasi C. International Conference on Computer Vision and Pattern Recognition, 2005: 191 - 196.

[Qin 2000] QIN S F, WRIGHT D K, JORDANOV I N. From on-line sketching to 2-D and 3-D geometry: A system based on fuzzy knowledge[J]. Computer-Aided Design, 2000, 32 (14): 851 - 866.

[Qin 2001] QIN S F, WRIGHT D K, JORDANOV I N. On-line segmentation of freehand sketches by knowledge-based nonlinear thresholding operations[J]. Pattern Recognition, 2001, 34(10): 1885 - 1893.

[Ratzlaff 2000] RATZLAFF E. Inter-line Distance Estimation and Text Line Extraction for

Unconstrained Online Handwriting[C]//IWFHR, 2000: 33 - 42.

[Rubine 1991] RUBINE D. Specifying gestures by example[J]. Computer Graphics, 1991, 25: 329 - 337.

[Salisbury 1997] SALISBURY M P, WONG M T. Orientable textures for image-based pen-and-ink illustration[C]//Proceedings of ACM SIGGRAPH'97. Los Angeles, California, New York: ACM, 1997: 401 - 406.

[Saund 2002] SAUND E, MAHONEY J, FLEET D, et al. Perceptual Organization as a Foundation for Intelligent Sketch Editing[C]//AAAI 2002 Spring Symposium on Sketch Understanding, AAAI TR, SS - 02 - 08, 2002.

[Saund 2003a] SAUND, E. Finding perceptually closed paths in sketches and drawings[J]. IEEE Transactions on Pattern Analysis and Machine Intelligence, 2003, 25(4): 475 - 491.

[Saund 2003b] SAUND E, FLEET D, LARNER D, et al. Perceptually-Supported Image Editing of Text and Graphics[C]//UIST'03, 2003: 183 - 192.

[Schneider 1988] SCHNEIDER P. Phoenix: An interactive curve design system based on the automatic fitting of hand sketched curved[D]. University of Washington, 1988.

[Seong 2001] LEE SEONG-WHAN, RYU DAE-SEOK. Parameter-free geometric document layout analysis[J]. IEEE Transactions on Pattern Analysis and Machine Intelligence, 2001, 23 (11): 1240 - 1256.

[Sezgin 2001] SEZGIN T M, STAHOVICH T, DAVIS R. Sketch Based Interfaces: Early Processing for Sketch Understanding[C]//Proc. ACM Interactional Conference on Perceptive User Interfaces, Orlando, Florida, 2001: 15 - 20.

[Sezgin 2001a] SEZGIN T M, STAHOVICH T, DAVIS R. Sketch based interfaces: Early processing for sketch understanding[C]//Proc. Perceptive User Interfaces Workshop, Lake Buena Vista, FL, Nov. 2001: 1 - 8.

[Sezgin 2001b] SEZGIN T M. Feature point detection and curve approximation for early processing of freehand sketches[D]. Cambridge: Dept. EECS, Mass. Inst. Technol., May 2001.

[Shilman 2002] SHILMAN M, PASULA H, RUSSELL S, et al. Statistical visual language models for ink parsing [C]//Proceedings of AAAI Spring Symposium on Sketch Understanding, 2002: 126 - 132.

[Shilman 2003] SHILMAN M, WEI Z, RAGHUPATHY S, et al. Discerning structure from freeform handwritten notes [C]//Proceedings of the 6th International Conference on Document Analyses and Recognition, 2003, 1: 60 - 65.

[Shizuki 2003] SHIZUKI B, YAMADA H, IIZUKA K, TANALA J. A unified approach for interpreting handwritten strokes[C]//Proceedings of 2003 IEEE Symposium on Human-Centric Computing, Auckland, New Zealand, October 2003: 180 - 182.

[Shpitalni 1997] SHPITALNI M, LIPSON H. Classification of sketch strokes and corner detection using conic sections and adaptive clustering[J]. Trans. ASME J. Mech. Design, 1997, 119 (2): 131 - 135.

[Slate 1993] Slate Corporation. JOT: A Specification for an Ink Storage and Interchange Format[S]. 1993.

[SN 99] SAITO S, NAKAJIMA M. 3D Physics-Based Brush Model for Painting[C]// International Conference on Computer Graphics and Interactive Techniques archive. ACM SIGGRAPH, 99 Conference Abstracts and Applications, 1999.

[Stahovich 2004] STAHOVICH T F. Segmentation of pen strokes using pen speed[C]// Proceedings of 2004 AAAI Fall Symposium on Making Pen-based Interaction Intelligent and Natural, 2004: 152 - 158.

[Strassmann 1986] STRASSMANN S, HAIRY B. ACM SIGGRAPH'86, Texas, USA, 1986.

[Subrahmonia 2000] SUBRAHMONIA J, ZIMMERMAN T. Pen computing: Challenges and applications[C]//International Conference on Pattern Recognition (ICPR'00), 2000, September 3 - 8, Barcelona, Spain.

[Sweldens 1998] SWELDENS W. The lifting scheme: A construction of second generation wavelets[J]. SIAM Journal of Mathematical Analysis, 1998, 29(2): 511 - 546.

[Szummer 2004] SZUMMER M, YUAN QI. Contextual recognition of hand-drawn diagrams with conditional random fields[C]//KIMURA F, FUJISAWA H. 9th Intl. Workshop on Frontiers in Handwriting Recognition, 2004: 32 - 37.

[Szummer 2004a] SZUMMER M, PHILIP J COWANS. Incorporating Context and User Feedback in Pen-Based Interfaces[C]//AAAI 2004, 2004: 159 - 166.

[Szummer 2004b] SZUMMER M, YUAN QI. Contextual Recognition of Hand-drawn Diagrams with Conditional Random Fields[C]//IWFHR 2004, 2004: 32 - 37.

[Szummer 2005] SZUMMER M. Learning diagram parts with hidden random fields[C]//2005 International Conference on Document Analysis and Recognition, 2005: 1188 - 1193.

[Tandler 2001] TANDLER P, PRANTE T. Using Incremental Gesture Recognition to Provide Immediate Feedback while Drawing Pen Gestures[C]//Proc. ACM Symposium on User Interface Software and Technology, San Diego, California, 2001: 18 - 25.

[Tapia 2004] TAPIA E. Understanding Mathematics: System for the Recognition of On-Line Handwritten Mathematical Expressions, Dissertation, Fachbereich Mathematik U. Informatik, Freie Universitat Berlin German, 10, December 2004.

[Teh 1989] TEH C H, CHIN R T. On the detection of domainant points on digital curves[J]. IEEE Trans. Pattern Anal. Mach. Intell, 1989, 11(8).

[Tversky 2002] TVERSKY B. What do sketches say about thinking? [C]//AAAI Spring Symposium on Sketch Understanding, AAAI Technical Report SS-02-08, Stanford University, 2002. AAAI Press, 2002: 148 - 151.

[Verma 1998] VERMA B, BLUMENSTEIN M. Recent achievements in off-line handwriting recognition systems [C]//International Conference on Computational Intelligenceand Multimedia Applications, 1998: 27 - 33.

[Wacom] http://www.wacom.com.cn/product/intuos3/xinpin.html.

[Wang 2004] WANG Y, PHILLIPS I T, HARALICK R M. Table structure understanding and its performance evaluation[J]. Pattern Recognition, 2004, 37(7): 1479 - 1497.

[Winkenbach 1994] WINKENBACH G, SALESIN D H. Computer Generated Pen-And-ink Illustration[C]//Proceedings of ACM SIGGRAPH'94. New York: ACM, 1994: 91 - 100.

[Xiong 1998] XIONG Z, RAMCHANDRAN K, ORCHARD M T. Wavelet packet image coding using space-frequency quantization[J]. IEEE Transactions on Image Processing, 1998, 7(6): 160 - 174.

[Xu 2002] XU S, TANG M, LAU F, et al. A Solid Model Based Virtual Hairy Brush[J]. Compute Graph Forum, 2003,21(3).

[Ye 2004] YE M, PAUL V. Learning to Parse Hierarchical Lists and Outlines Using Conditional Random Fields[C]//IWFHR 2004, 2004: 154 - 159.

[Yin 2005] YIN J, REN X, DING H. HUA: An Interactive Calligraphy and Ink-Wash Painting System[C]//Proceedings of the The Fifth International Conference on Computer and Information Technology. IEEE Computer Society, 2005: 989 - 995.

[Zanibbi 2001] ZANIBBI R, BLOSTEIN D, CORDY J R. Baseline structure analysis of handwritten mathematics notation[C]//Proc. Sixth Int'l Conference on Document Analysis and Recognition, Seattle, Washington, 2001: 768 - 773.

[Zanibbi 2002] ZANIBBI R, BLOSTEIN D, CORDY J R. Recognizing mathematical expressions using tree transformation[J]. IEEE Transaction on Pattern Analysis and Machine Intelligence, 2002, 24(11): 1455 - 1467.

[Zhang 2001] ZHANG Y, BRADY M, SMITH S. Segmentation of brain MR images through a hidden Markov random field model and the expectation-maximization algorithm[J]. IEEE Transactions on Medical Imaging, 2001, 20(1): 45 - 57.

[Zhang 2006] ZHANG X W, LYU M R, DAI G Z. Extraction and segmentation of tables from Chinese ink documents based on a matrix model[J]. Pattern Recognition, 2006, 40(7): 1855 - 1867.

[Zhixin 2003] SHI Z, GOVINDARAJU V. Skew Detection for Complex Document Images Using Fuzzy Runlength [C]//Proceeding of International Conference on Document Analysis an Recognition, Edinburgh, Scotland, 2003: 715 - 719.

[陈东帆 1993] 陈东帆,王荣航. 联机手绘草图的识别原理[J]. 计算机辅助设计与图形学学报, 1993, 5(2): 114 - 120.

[陈燕新 1998] 陈燕新,戚飞虎. 一种新的提取轮廓特征点的方法[J]. 红外与毫米波学报, 1998, 17(3).

[陈玉宇 1998] 陈玉宇. 混合小波包与最佳基[J]. 软件学报, 1998, 9(3): 161 - 168.

[郭丽 2002] 郭丽,任向实,丁怀东. 电子书画系统中毛笔笔型的模拟研究[J]. 昆明理工大学学报:理工版, 2002, 27(6).

[李庆扬 2000] 李庆扬. 数值分析[M]. 武汉:华中理工大学出版社, 2000.

[刘海香 2004] 刘海香,等. 平面上散乱数据点的二次曲线拟合[J]. 计算机辅助设计与图形学学报, 2004, 16(11): 1594 - 1598.

[刘伟 2003] 刘伟,查建中. 用 RCR 特征和 NN 识别实时手绘工程草图[J].计算机辅助设计与图形学学报, 2003, 15(6): 692 - 696.

[宓晓峰 2003] 宓晓峰,唐敏,林建贞. 基于经验的虚拟毛笔模型[J]. 计算机研究与发展, 2003, 40(8).

[施法中 1994] 施法中. 计算机辅助几何设计与非均匀有理非均匀 B 样条[M], 北京:北京航空航天大学出版社, 1994.

[石永鑫 2003] 石永鑫,孙济洲,张海江,等. 基于粒子系统的中国水墨画仿真算法[J].计算机辅

助设计与图形学学报，2003，15(6)：667－672.

[孙建勇 2003] 孙建勇，金翔宇．一种快速在线图形识别与规整化方法[J]．计算机科学，2003，30(2)：172－176.

[吴昊 2000] 吴昊，王润生．一种数字曲线的分层自适应特征点检测方法[J]．计算机工程与科学，2000，22(6).

[肖铁军 2000] 肖铁军，丁明跃，彭嘉雄．基于 B 样条模型的曲线特征点检测法[J].数据采集与处理，2000，15(4).

[张立保 2003] 张立保，王珂．一种基于整数小波变换的图像编码算法[J]．软件学报，2003，14(8)：1433－1438.

[张文景 1999] 张文景，许晓鸣，丁国骏，等．一种基于曲率提取轮廓特征点的方法[J]．上海交通大学学报，1999，33(5)：592－595.

[郑南宁 1998] 郑南宁．计算机视觉与模式识别[M]．北京：国防工业出版社，1998.

[张习文 2003] 张习文，高秀娟，戴国忠．基于多层次信息的连续手写中文的自适应分割方法[J]．计算技术与自动化，2003，22(3)：73－77.

[赵宇明 2002] 赵宇明，江兴智，施鹏飞．基于笔画提取和合并的离线手写体汉字字符切分算法[J]．红外与激光工程，2002，31(1)：23－27.

第5章 笔式交互技术

采用笔式设备基于纸笔隐喻的交互技术是笔式用户界面的主要支撑技术，主要包括笔手势交互、笔式 Cursor 和笔式菜单、笔式 Icon 和按钮、基于笔的多通道交互、基于笔的三维交互以及草图界面。

5.1 笔手势交互

笔手势(pen gesture)是笔式用户界面的主要交互方式。手势中所包含的笔画数量一般要比草图少，为 1～2 笔(有时包含 3～4 笔)，手势可以看作是简单的草图。用手势来完成命令是很便捷的，命令和输入都用笔画来完成。手势符合人们的操作习惯，比较直观，因此比文字命令更易记忆，比按钮图标更易操作[Long 1999，Long 2000]。

5.1.1 手势概述

在当今主流的 WIMP 环境下，命令交互主要通过菜单、按钮等控件和键盘输入、鼠标点击等动作来完成，这种交互方式具有离散性和精确性的特点。然而，笔式界面下的交互形式以自由书写为主，手写交互的一个显著特点就是它的非精确性。因此，图形界面的主流命令交互方式已经不再适合飞速发展的新型笔式环境，适合笔式界面特点的命令交互研究也由此而发展起来，手势技术就是其中的一项重要研究内容。

生物和社会学家对手势有一个比较广泛的定义[Nespoulous 1986]："the notion of gesture is to embrace all kinds of instances where an individual engages in movements whose communicative intent is paramount, manifest, and openly acknowledged。"在人们的日常交流中,手势经常用来引起注意、传递信息等。手势对于语言,并不仅仅是一种修饰,它也是语言的一个重要组成部分[McNeill 1982]。在计算机领域,对手势的研究主要开始于虚拟现实,用户主要通过数据手套来实现类似于现实世界环境中的手势交互,手势记录的是人手在三维空间的移动轨迹。笔式界面环境下的手势交互主要表现为通过笔书写一些广泛使用的符号或标识,来完成一定的意图表达。事实上,笔画所记录的也就是手持笔书写时人手的移动轨迹。在本节中所说的手势,除特殊说明之外均指笔式界面下的手势。

笔式界面下的手势是用来激活命令的特殊符号,我们称之为命令符号。例如在图5.1中,通过覆盖在数字"32"上的折线符号就是一个删除手势的例子,输入数据"32"将被删除。与此对应,我们将除了命令符号之外的其他符号统称为数据符号。笔式界面环境下对笔画符号的基本处理是识别。但是手势识别不同于一般的手写识别,在实际应用中,手势可以是任意形状的几何图形,而不仅仅限于数字、字母、汉字笔画等。此外,在不同的应用中所使用的手势集合也会有所不同,因此用户希望能够定制自己的手势集合。这就意味着识别器需要从较少的训练样本中学习并取得比较好的效果。

图5.1 删除手势

5.1.2 意义性笔手势分类

近年来,笔式用户界面作为一种主要的Post-WIMP界面,研究者越来越多。笔式用户界面是基于纸笔隐喻而设计的。纸笔对于捕获日常经验、交流思想、记录重要事件、形成深层次思维和视觉表征都有非常重要的意义。笔式用户界面的研究试图使这种传统的活动计算机化,并保留纸笔的灵活性和流畅性。这样,人们能够在利用海量的计算机资源的基础上,更加容易地对信息进行操作,如记录、修改、恢复、传送、深层次思维和分析等。许多有名的系统都采用了笔式用户界面,例如Tivoli[Pedersen 1993],LiveBoard[Elrod 1992],SILK[Landay 1995],DENIM[Lin 2000],Cocktail Napkin[Gross 1996],Flatland[Mynatt 1999],Classroom 2000[Abowd 1996],ASSIST[Alvarado 2001],Teddy[Igarashi 1999]等。一些公司如微软公司和苹果公司,已经将笔式交互技术嵌入到其操作系统,如Windows XP Tablet PC Edition[Microsoft 2005]和Mac OS X Tiger[Apple 2005]。

在这些系统中,笔手势扮演了非常重要的角色。在笔式用户界面中,用户使用笔手势来完成不同的任务,如文字编辑、草图建模、UI设计、3D操作和导航等。

然而，在笔手势设计方面，目前尚未存在一个公认的设计指南或设计理念。很多研究者也提出，笔手势的设计对笔式系统的设计者来说是一个挑战[Long 2001, Pedersen 1993]。Allan Chris Long[Long 1997]的一个调查研究表明，用户希望笔式系统中应用更多的笔手势，但笔式系统中设计的笔手势“难于记忆”；而且，在当用户输入的笔手势被拒识或错误识别时，他们会感到很困惑。我们看到，在笔手势研究中，笔手势设计和笔手势的计算机识别是影响笔手势的可用性的两个重要方面。而在笔手势设计中，设计出用户容易学习和记忆的笔手势是笔手势的可用性设计中非常重要的方面。

本节首先综述国内外笔手势设计的相关文献，以考察其他研究者对笔手势的研究情况；然后从命令与笔手势联结的角度，分析考察目前在笔式系统中已有的笔手势，发现目前的笔手势设计有三大类别，分别命名为意义性笔手势、字符性笔手势和与命令关联性小的笔手势。接下来，我们编制问卷对用户进行调查研究，以考察用户所认为的“良好”的笔手势应该具备什么样的特征，发现意义性笔手势更容易被用户认为是“良好”的笔手势。因此，我们重点研究意义性笔手势，并根据前面的文献和用户调查，将意义性笔手势进行了更进一步的分类，即分为三类：指示性笔手势、实物隐喻笔手势和文化约定笔手势。最后通过一个学习实验，评估意义性笔手势在易学性上是否优于非意义性笔手势。

1. 相关工作介绍

很多研究者试图通过开发笔手势的设计工具，以使笔式系统的设计者更容易创建和设计笔手势。Rubine 设计了 GRANDMA[Rubine 1991]工具，这个工具可以让笔手势设计者通过多个样例训练来定义笔手势，并用更少的精力来设计基于笔手势的用户界面。Tracy Westeyn 介绍了佐治亚州工学院手势工具包 GT2k[Mynatt 1999]，这个工具包与剑桥大学的语音识别工具 HTK 结合起来，提供了一个支持手势识别研究的工具。赵瑞提出了增强认知的概念和技术，以支持笔手势在基于手势的直接语法的编辑器中识别[Zhao 1995]。Peter Tandler 提供了一个增强的手势识别技术，允许用户在画笔手势时便立即提供连续性反馈，并允许及时修正。Allan Chris Long 先后开发了 GDT[Long 1999]和 Quill[Long 1997]笔手势设计工具，允许设计者输入和编辑训练样例，并对设计者输入的笔手势样例进行识别。

但是，少数研究者发现，尽管设计者能够很容易地利用工具创建和设计笔手势，但用户在使用笔手势时，仍然存在很多问题。Allan Chris Long 对 PDA 用户使用笔手势的情况做了一次调查[Long 1997]。结果显示，用户认为笔手势是非常强大的、高效的、自然的；但用户希望有更多的笔手势得以使用，而且用户发现笔手势难以记忆。从研究者对用户使用 Tivoli 情况的调查中，我们看到笔手势的问题是“新手用户很难记住它们[Pedersen 1993]”。我们认为，用户在使用笔手势时，不像菜单和按钮等形式的命令一样只需要用户再认（recognition），而需要用户先记住（remember）笔手势，然后进行回忆（recall）并正确地画下来。这样，笔手势的易学习性、易记忆性是笔手势可用性中非常重要的方面。

Allan Chris Long 在笔手势的易学性和易记忆性方面做了大量工作。他首先假设，用户记不住笔手势是设计者设计的一组笔手势之间相似性较大的缘故。因而，他做了一组实验，以研究用户为什么认为两个笔手势是相似的[Long 2000]。通过对实验结果进行分析，他提出了一个计算模型以预测笔手势之间的相似性，认为两个笔手势的观测数据之间相关为0.56时，被试就会感知到两者相似。他把这个结果应用于 Quill 工具之中[Long 2000]。Quill 是用来帮助笔式用户界面的设计者创建并改进笔手势的工具。Long 还做了一个实验研究，考察哪些因素影响了手势的易记忆性[Long 2000]。该实验显示，图标性（iconicness，或形象性）是影响笔手势易学性和易记性的最重要的因素。

Long 的实验中试图消除手势与命令名称之间的联结造成的影响，而单独研究笔手势组合和笔手势的几何特征对笔手势易学性和易记性的影响。我们认为，在笔手势的易学性与易记忆性方面，笔手势与命令名称之间的联结是否有意义是至关重要的。因为，用户对笔手势符号的学习与记忆的重点在于：需要对笔手势进行表象表征，并通过复述存储于长时记忆中。根据双重编码理论[Eysenck 2000]，用户学习笔手势不仅要学习笔手势符号（需要先建立表象表征），还要将笔手势符号与笔手势的交互含义（命令，需要先建立命题表征）建立联结，即用户要将表象表征（笔手势符号）与命题表征（命令）联结在一起加以学习和记忆。由此可见，我们要让我们设计的笔手势交互具备易学性和易记忆性的特点，要关注和研究的，一是所设计的笔手势的符号是否有利于用户的表象表征，即形象性；二是笔手势能否促进用户的两个表征系统之间的联结，即联结的意义性。基于此，我们开展了本研究，本节下面的部分将从笔手势与命令间的联结的角度，通过文献调研和用户调查，对现存的笔手势进行详细调查，并对笔手势进行分类。

2. 笔手势分类调查和分析

通过查阅文献和实际调研，我们考查了12个著名的笔式系统：Windows XP Tablet Edition[Microsoft 2005]，Mac OS X Tiger[Apple 2005]，Newton[Apple 1997]，Palm OS[Palm 2005]，Cinema Listing Application[Nicholson 2004]，Tivoli[Pedersen 1993]，Quickset[Elrod 1992]，Teddy[Igarashi 1999]，SILK[Landay 1995，Landay 2001]，Air Traffic Control[Chatty 1996]，CADesk[Bimber 2000]和 MindManager[Mindjet 2005]。同时考察了这些系统中总共100多个笔手势。

由于笔手势是以符号的形式表征的，因此，我们首先从笔手势符号的物理特征的角度来考察分析这些笔手势。我们知道，Rubine 总结了笔手势的11个几何分类特征[Rubine 1991]，但他的分类特征是从计算机对笔手势的特征识别的角度来考虑的。我们从用户对笔手势的符号形状的特征识别的角度，对笔手势符号进行物理特征分析。我们发现，所有的笔手势中均包含有三个基本的几何元素：圈(○)、弯(<)和线(—)。用户在识别一个笔手势时，很容易根据这三个几何元素的数量(如这个笔手势有一个圈还是两个圈)、所在空间方位(如圈位于上方还是下方)，以及时间维度上的笔画顺序点(如圈是起笔的时候画的还是落笔的时候画的)来进行识别区别。我们以图 5.2 的笔手势来进行说明。我们看到，图中的笔手势(粗线)中，有线和圈两个几何元素，其中圈位于右侧，而且在笔画顺序上位于过渡阶段。

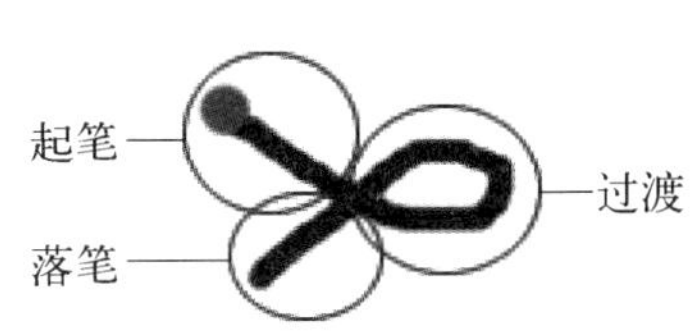

图 5.2 笔手势物理特征分析

因此，能够影响用户识别和区别一个笔手势的物理特征有如下几个方面：

- 几何元素及数量。主要有三种几何元素：圈、弯和线。
- 几何元素所在的空间方位。可以分为四个方位：上、下、左和右。
- 笔画顺序点。可以分为：起笔、过渡和落笔。

通过上述分析，我们认为，在设计笔手势时，为了不使一组笔手势中的两个笔手势过于相似，至少要使两个笔手势的基本几何元素的数量、空间方位和笔画顺序点等方面中有两个方面不同。

另外，从笔手势符号的物理特征上分析对设计可用性高的笔手势帮助有限，因为用户在使用笔手势调用命令时，关注的焦点不在于笔手势的物理特征，而在于笔手势是否好用(重点在于易学易记性上)，且笔手势能否顺利调用想要的命令。因而，我们从另外一种角度，也就是从笔手势与命令之间的联结的角度，来对调查的这些笔手势进行分析。调查结果发现：

- 有 64%的笔手势与它们所代表的命令有形象性的、意义性的联结。如表示“右对齐”，这个笔手势有向右的方向指示性，比较形象，并与命令的意义相符合。
- 有 12%的笔手势用所代表的命令名称的首字母来表示，如表示“复制(copy)”。
- 有 24%的笔手势与命令没有什么明显的关联。如表示“剪切”，笔手势符号与命令没有明显关联。

据此，我们可以把现存的笔手势分为三类：

- 与所代表的命令有形象性、意义性联结的笔手势，我们取名为“意义性笔手势”；
- 由所代表的命令名称的首字母表示的笔手势，我们取名为“字符性笔手势”；
- 与命令关联性小的笔手势，我们称之为“非意义性笔手势”。

同时,我们发现所调查的这些系统的笔手势设计中存在两个问题。首先,一个系统中,存在不同类别的笔手势。例如,在 SILK 中,存在“删除”笔手势 和“复制”笔手势 。前者属于意义性笔手势,而后者属于字符性笔手势。如果一个系统中的笔手势组中使用两种类别的笔手势,可能使用户感到疑惑,并影响用户对这些笔手势的学习和记忆。其次,一个笔手势在不同的系统中代表不同的命令。例如,在 Tivoli 中, 和 笔手势分别代表“向下翻”和“向上翻”命令;而在 Mindmanger 中,两者却分别代表“缩小”和“放大”命令。在 Air Traffic Control 中, 代表“撤销”命令;而在 Quickset 中,代表的却是“删除”命令。一旦用户需要使用两个系统,将很容易导致错误的操作。因此,我们认为,规范笔手势设计显得非常必要。

3. 用户调查

基于以上发现,我们进一步编制调查问卷,让用户评估笔手势与命令之间的联结程度,并探查良好的笔手势应具备哪些特征,为笔手势的设计寻找依据。我们从文本编辑器(如 Microsoft Word)中选择我们认为适合用笔手势实现的命令,并将每个命令可能符合的笔手势尽可能多地罗列出来。笔手势的来源有两个:文献中研究者设计的笔手势,以及我们自己小组讨论和征询专家而得到的笔手势。

本问卷中,调查对象假设自己正在用手写笔编辑一篇电子文档,并将用笔手势来完成一些任务(命令操作)。问卷一共有 20 道题,每道题中有一个命令,并列出 4 个与命令相关的笔手势,让调查对象对这些手势按符合程度由高到低进行排序。问卷示例如图 5.3。

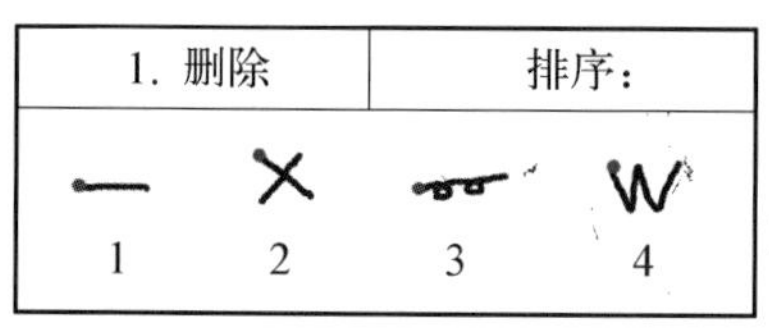

图 5.3 问卷示例

在问卷最后提出了一个开放题,以了解调查对象认为良好的笔手势会具备哪些特征。

我们选择某名牌大学信息科学学院和心理学院以及某研究所的研究生作为调查对象,他们均能熟练使用计算机和 Microsoft Office,对问卷中的命令很熟悉。一共发出 60 份问卷,回收 58 份问卷。回收问卷后,对结果用 SPSS 进行统计分析。排序的记分编码为:排在第 1 位计 3 分,第 2 位计 2 分,第 3 位计 1 分,排在第 4 位的计 0 分。将编码结果输入到 SPSS 软件,通过重复测量方差分析,可以从每题的 4 个手势中,选出分数显著高于其他 3 个的一个笔手势。

我们对 20 组笔手势中分数显著高于其他 3 个的笔手势进行特征分析,发现有 19 个笔手势(占 95%)符合我们前面所定义的“意义性笔手势”。例如:整段选择——{、左缩进—— 、右缩进—— (另一部分已在后续实验中作为实验材料,见图 5.4)等。在问卷最后的开放题中,94%的调查对象也认为形象的、有意义性的笔手势更加容易记忆和学习，符合认知习惯；应该多用“通用的符号”作为笔手势。有一个笔手势是“字符性笔手势”，如复制(copy)——C。这说明，意义性笔手势更容易被用户认为是“良好”的笔手势。

4. 意义性笔手势及其分类

综合前述的文献调查和用户问卷调查，我们提出了笔手势设计的几个基本原则。

- 良好的笔手势应该相对于它所代表的命令来说是形象的、有意义的，即良好的笔手势应该被设计成是“意义性笔手势”。
- 笔手势应该操作简单；一般笔手势符号不应超过三个圈(如ᘓ)的复杂程度。
- 一组笔手势中两两之间相似性应该尽量小[Long 2000]。如文献调研中所述，至少要使两个笔手势的基本几何元素的数量、空间方位和笔画顺序点等方面中有两个方面不同。
- 笔手势可以考虑用命令首字母表示的“字符性笔手势”，但我们认为一组字符性笔手势中会存在命令首字母重复、用户对字母的理解有差异等问题。

用户调查结果表明，用户更希望笔式系统中采用“意义性笔手势”。但是，这个概念很难明确界定。通过查阅文献我们发现，Cassell[Cassell 1998]根据人们说话时的言语及其对应的手势(手语手势)之间的关联，对手语手势进行了界定和分类：

- 直证的或指示的(deictic)手势，如用手指点实物和其方位等；
- 图标的或形象性的(iconic)手势，即用手形象地比划所描述的事件或行动的特征；
- 隐喻性(metaphoric)手势，即用手来表征抽象概念，如当某人说“一遍又一遍发生”时，重复地画着圆圈；
- 击打(beat)手势，如人们为了强调自己所说的话而双手向下一顿，就是击打手势。

受Cassell分类的启发，结合笔手势与命令联结的特点，我们把意义性笔手势分为以下三类，这些分类也体现了这一概念的定义与范畴。

- 指示性笔手势。这类笔手势有方位指向性或动作指向性，如“上翻”、“下翻”命令的笔手势分别为↑和↓(圆点处为笔手势的起笔点，下同)，这两个命令的笔手势就有方位指向性。指示性笔手势还可以细分为两个子类，一个子类是命令的名称和笔手势均有方位指向性，如“上翻”及其笔手势↑，我们命名为“双指示性笔手势”；另外一个子类是命令的名称无方位指向性，而笔手势有方位指向性，如“撤销”命令及其笔手势←[Long 2001]，我们命名为“单指示性笔手势”。
- 实物隐喻笔手势。这类笔手势的形状是从具体实物中简化出来的，其内涵具有实物的隐喻意义。如“放大”的笔手势为♀，可以是对“放大镜”的简化，即该笔手势内涵“放大镜”的实物隐喻意义。

- 文化约定笔手势。这类笔手势符合特定文化里约定俗成的用法。例如，对于出版社编辑来说，“删除”文字的校对符号是，这个符号是约定俗成的，可以称作文化约定笔手势。其中，文化约定又包括全球性的文化约定、地域相关的文化约定、职业领域相关的文化约定(如出版社编辑的校对符号)等。

需要明确的是，上述分类并不是像一般情况下离散性的分类，它是对意义性笔手势不同特征的侧面进行的归纳概括，而“特征”是有连续性的。因而，往往有可能针对一个命令设计的两个笔手势都有“指示性”(或“实物隐喻”，或“文化约定”)，但它们的指示性的明确程度是不同的，其意义性的程度也就不同。例如针对“上翻”命令设计的两个笔手势：↑和¬，两者均有一定的“指示性”，但可以看出前者比后者的指示性的明确程度强。另外，还需说明一点的是，针对一个命令设计的意义性笔手势可以是属于不同的分类，即我们既可以设计成指示性笔手势，也可以设计成实物隐喻的笔手势或文化约定的笔手势。

5. 实验设计

为了对意义性笔手势进行可用性评估，我们做了一个学习实验，目标是考察意义性笔手势是否比其他非意义性笔手势更加容易学习；意义性笔手势的3个分类在易学性方面是否存在差异。由于选择非意义性笔手势材料的难度较大，而如果我们自己设计非意义性笔手势则会有自我验证的危险，因而，我们采取了这样的思路：我们首先选取一些典型的命令，根据我们所提出的3类意义性笔手势设计出我们认为与命令匹配良好的笔手势。然后，我们需要做比较研究，与目前学术界所公认的较好的笔手势设计进行比较。Berkeley的Long在笔手势研究方面有很高声誉，因此，我们以其作为比较对象。这样，我们选择了三个组作为自变量的三个水平。

- 实验组：我们所设计的意义性笔手势；
- Long组：Chris Long设计的与命令联系最紧密的“图标式的”笔手势(有很多符合意义性笔手势的定义，见后面的分析)[Long 2001]，作为我们设计的笔手势的效标；
- 对照组：是目前的笔式系统和其他研究者所设计的笔手势[Chatty 1996，Landay 1995，Landay 2001，Apple 2005，Mindjet 2005，Apple 1997]，作为前面两个组的对照。这3个组的实验材料一共为12个编辑命令，分别与3组笔手势所形成的对偶材料，具体如图5.4所示。

我们看到，这些笔手势都符合操作简单的原则。根据对笔手势的几何特征分析，每个笔手势组均一共有6个圈和9个弯，可以说明在物理的复杂程度上是相近的；每组内部的笔手势之间均符合“一组笔手势之间的相似性应该较低”的原则[Long 2001]。

命　令	撤销	旋转	全选	齐左	齐右	剪切
实验组	撤销	旋转	全选	齐左	齐右	剪切
Long 组	撤销	旋转	全选	齐左	齐右	剪切
对照组	撤销	旋转	全选	齐左	齐右	剪切

命　令	下翻	放大	重做	上翻	缩小	删除
实验组	下翻	放大	重做	上翻	缩小	删除
Long 组	下翻	放大	重做	上翻	缩小	删除
对照组	下翻	放大	重做	上翻	缩小	删除

图 5.4　实验材料

有一部分笔手势,如←,看起来似乎是两笔,事实上,这种手势是可以用一笔写完的

在实验组中,有 8 个为指示性笔手势：撤销、旋转、全选、齐左、齐右、下翻、重做、上翻;有 3 个为实物隐喻笔手势：放大、缩小、剪切;有 1 个为文化约定笔手势：删除。在 Long 组中,有 8 个符合我们所定义的指示性笔手势：撤销、齐左、齐右、下翻、重做、上翻、放大、缩小;"剪切"手势可能是"X"的连笔写,可能是由快捷键"Ctrl + X"联想而来,属于字符性笔手势;"删除"、"旋转"和"全选"笔手势似乎没有明显的意义。在对照组中,有 3 个符合我们所定义的指示性笔手势：放大、缩小、旋转;有 1 个符合我们所定义的文化约定笔手势：删除;其他 4 个手势似乎没有明显的意义。

我们采用被试间的实验设计,因变量为被试的学习遍数和回忆错误次数。

6. 实验工具和场地

在两个标准的实验室里放有两台 CPU 为 Pentium Ⅳ 1.7 GHz、内存为 256 MB、显示器为 WACOM 的 15 英寸手写液晶屏的计算机和一支手写笔。显示器分辨率为 1024×768 像素。其他工具有：长时记忆实验用纸以及被试者知情及个人信息表。

被试者为某名牌大学二年级和三年级的大学生，通过海报一共招聘被试者51人。他们中4%的人有使用过手写PDA的经历。被试获得20元人民币的报酬。这些被试被随机分配到实验组、Long组和对照组3个组中，每组的实验被试基本均衡。

实验程序是用VB 6.0编写的，在Microsoft Windows XP上运行。程序向被试者呈现实验任务，并记录实验数据。

具体的实验过程为：实验程序首先以2秒每对的速度随机呈现命令和笔手势配对的实验材料(呈现阶段)。每名被试学习一组材料中的12对材料，并尽量记住这些实验材料。接下来，程序进入测验阶段，只呈现命令名，要求被试回忆与之配对的笔手势符号，并将其用手写笔画在计算机屏幕上，4秒钟后，程序向被试反馈正确答案。主试记录被试回忆正确与否。被试如果在一遍回忆中不能完全回答正确，主试要求被试再做一遍，直到被试能够对该组材料连续两遍无误地回忆出来为止。

7. 3组材料的学习遍数比较

实验材料的学习遍数是笔手势易学性的主要指标。我们先对学习实验的3组材料的学习遍数进行比较。它们的描述统计如图5.5所示。

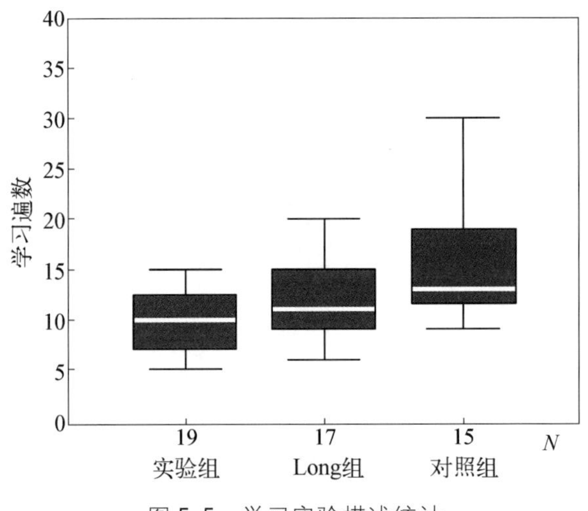

图5.5 学习实验描述统计

对3组材料分别进行两两独立的样本非参数Mann-Whitney检验，统计结果如图5.6所示。

从图5.6的结果中我们可以看出，学习实验中，实验组与Long组的学习遍数之间不存在显著差异，说明实验组和Long组的学习效果差异不显著。但实验组的学习遍数显著少于对照组的学习遍数，这说明实验组的学习效果显著好于对照组。图中还可看出Long组与对照组的学习遍数差异不显著。

	实 验 组	Long 组
Long 组	126.5(0.265)	
对照组	60.0(0.004)**	78.5(0.063)

图 5.6 3 组材料的学习遍数差异检验

数据区括号外为 U 值,括号内为近似的显著性水平 p;**表示 $p<0.01$

8. 意义性笔手势与非意义性笔手势之间的差异分析

我们看到,在 Long 组有 3 个笔手势(“旋转”、“全选”和“删除”)是非意义性笔手势,而实验组设计的是意义性笔手势(“旋转”、“全选”为指示性笔手势,“删除”为文化约定笔手势)。我们将这 3 个命令对应于实验组的 3 个笔手势结合起来,命名为“意义组”;将对应于 Long 组的 3 个笔手势结合起来,命名为“非意义组”。我们比较意义组和非意义组是否有差异,并将它们在学习实验中的回忆错误次数作为学习效果的指标进行考察,描述统计如图 5.7 所示。

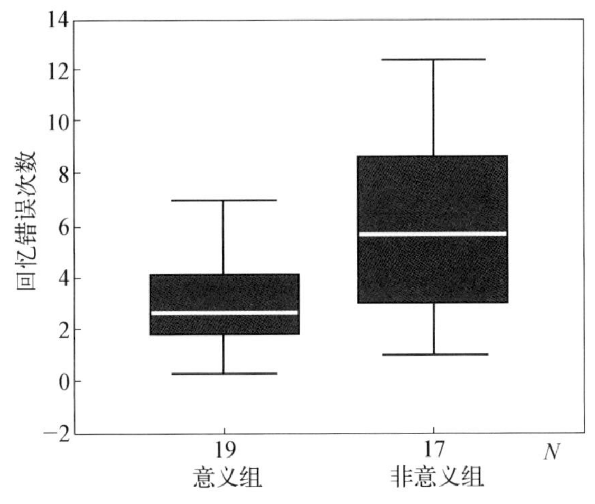

图 5.7 意义组和非意义组回忆错误次数的描述统计

对两组结果进行两独立样本非参数 Mann-Whitney 检验,结果表明,意义性笔手势的回忆错误次数显著少于非意义性笔手势($U=77.0$, $p=0.007<0.001$)。这说明,意义性笔手势比非意义性笔手势更容易学习。

9. 3 类意义性笔手势之间的差异分析

前面提到,我们把意义性笔手势分为指示性笔手势、实物隐喻笔手势和文化约定笔手势 3 类。我们看到,实验组、Long 组和对照组中,“放大”和“缩小”笔手势的设计分别属于不同的意义性笔手势类别。实验组设计的是实物隐喻的笔手势(用“放大镜”代表放大,头朝下表示“缩小”),而 Long 组设计的是指示性笔手势(旋转向外表示放大,旋转向内表示缩小),对照组设计的是另外一种指示性笔手势(指向上表示放大,指向下表示缩小)。

我们将“放大”和“缩小”命令对应实验组的两个笔手势结合起来,并命名为“实物隐喻组”;将对应于 Long 组的两个笔手势结合起来,并命名为“指示性组 1”;将对应于对照组的两个笔手势结合起来,并命名为“指示性组 2”;并将它们在学习实验中的回忆错误次数作为学习效果的指标进行考察,描述统计如图 5.8 所示。

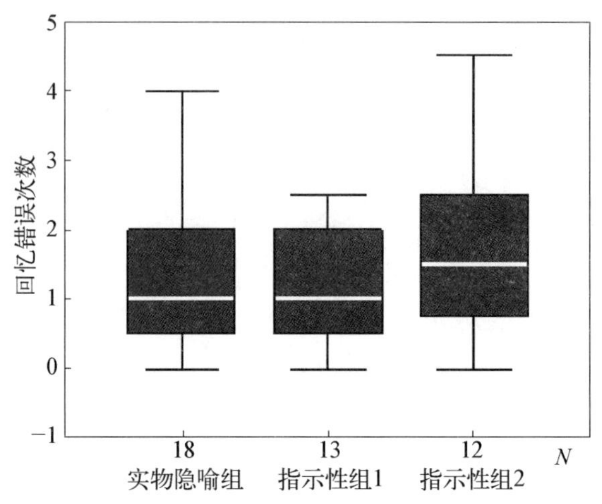

图 5.8 3 个组的回忆错误次数描述统计

存在极端样本,实验组中已剔除 1 个,Long 组中已剔除 4 个,对照组中已剔除 3 个

分别进行两两的两独立样本非参数 Mann-Whitney 检验,统计结果如图 5.9 所示。

	实物隐喻组	指示性组 1
指示性组 1	117.0(0.729)	
指示性组 2	90.5(0.283)	76.5(0.477)

图 5.9 3 个组的非参数差异检验结果

数据区括号外为 U 值,括号内为近似的显著性水平 p;* * 表示 $p<0.01$

可以看到,3 个组均有较低的回忆错误次数,而且 3 组之间均没有显著差异。这可能部分地说明,意义性笔手势中的其中两个分类——指示性笔手势和实物隐喻笔手势都有利于被试的学习,而且它们的效果差不多。

实验组和对照组的“删除”命令笔手势都是文化约定笔手势,非参数 Mann-Whitney 检验表明两者在回忆错误次数上不存在显著差异($p=0.067$),但两者的回忆错误次数均显著少于 Long 组($p<0.001$),Long 组的设计属于非意义性笔手势。由于 3 组中没有一个命令,同时适合于设计成实物隐喻笔手势和文化约定笔手势,或同时适合于设计成指示性笔手势和文化约定笔手势;因而,我们没有对文化约定笔手势与其他两类意义性笔手势进行比较。

10. 讨论

研究结果表明,被试更容易学习和记忆那些指示明确的、实物隐喻的、符合文化约定的意义性笔手势。这种结果可以用双重编码理论来解释。

Paivio 的双重编码理论认为[Eysenck 2000],大脑中存在两个相互独立又彼此联系的系统对信息进行表征与加工:一个是非言语系统(表象系统),一个是言语系统(命题系统)。Paivio 认为两个系统均有其基本表征单位:在言语系统中是词元(logogen),在非言语系统中是像元(imagen)。词元是通过联想和层级关系组织起来的,而像元是通过半全的关系(part-whole relationships)组织起来的。双重编码理论提出了两个系统如何联系起来的 3 个过程:表征过程,这个过程直接激活言语表征或非言语表征;指示性联系过程,这个过程中,言语系统激活表象系统,或者相反;联想过程,这个过程在相同的言语或非言语系统中完成表征激活。我们的实验任务可能要求经过所有的过程。我们看到,言语系统和表象系统通过词元和像元之间的指示性联系而相互关联。如果外界刺激(笔手势符号与命令含义)能促进两者之间的联结,这两个系统对用户记忆刺激会有叠加的促进作用。而我们设计的指示明确的、实物隐喻的和文化约定的意义性笔手势,既有利于用户的表象表征,又能够促进两个表征系统建立联结。因而,被试更加容易学习和记忆它们。

5.1.3 笔手势识别

1. 基于规则的手势识别

基于规则的手势识别是根据手势的几何特征来设计识别规则,然后再开发规则实现的算法。图 5.10 是笔式界面中常见的两个手势,圈型手势常用来进行选择、删除等操作,钩型手势常用来进行确定操作等。这两个手势基于规则设计的识别算法用 C++语言的描述分别为:

图 5.10 手势的例子

圈型手势识别算法:

```
bool IsLoopGesture(CStroke * pStroke)
{
      // 判断笔画的闭合性
  if (StrokeIsClosed(pStroke))
      // 判断笔画是否为圆弧,并且弧度接近于 360 度
   if(350.0< ArcDegree(pStroke)< 365.0)
      // 识别成功
        return true;
```

```
    else
        // 识别失败
            return false;
    }
```

钩型手势识别算法：

```
bool IsHookGesture(CStroke * pStroke)
{
        // 如果该 stroke 是一条有一个拐点的折线，则进行相应处理
    if(GetStrokeSegInfo(pStroke) = = 2)
    {
        // 得到笔画的起始点的信息
        CPoint ptFirst = pStroke->GetFirstPoint();
        // 得到笔画的拐点的信息
        CPoint ptSecond = pStroke->GetInflexionPoint()[0];
        // 得到笔画的末点的信息
        CPoint ptThird = pStroke->GetEndPoint();
        // 如果两个分段笔画不是都为线性笔画，则识别失败
        if (! IsLinear(pStroke, ptFirst, ptSecond) || ! IsLinear(pStroke, ptSecond,
ptThird))
            return false;
    // 判断第一笔画段的角度信息
    double dAngleFirst = AngleOfLine(ptSecond,ptFirst);
    if((270 < dAngleFirst) && (dAngleFirst < 360))
    {
        // 判断第二笔画段的角度信息
            double dAngleSecond = AngleOfLine(ptThird,ptSecond);
          if((0 < dAngleSecond) && (dAngleSecond < 90))
        // 识别成功
            return true;
        }
    }
        // 识别失败
    return false;
}
```

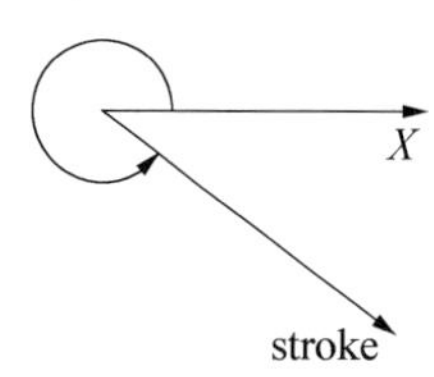

图 5.11 笔画的角度

可以看出，圈型手势的识别规则为：笔画是一段圆弧，并且这段圆弧的度数应该接近于 360 度；钩型手势的识别规则为：笔画 S 中存在一个拐点 P，P 将笔画 S 分为 $S1$ 和 $S2$ 两个笔画段，$S1$ 和 $S2$ 均为线性笔画，并且 $S1$ 的偏转角介于 270 度和 360 度之间，$S2$ 的偏转角介于 0 到 90 度之间。这里对偏转角 α 的定义如图 5.11 所示，为直线型笔画

从 X 轴正向按逆时针旋转经过的角度。

基于规则的手势识别是一种“量身定做”的设计方法，它需要开发人员针对每一个具体的手势来设计规则和实现算法。因此，开发的工作量是随着手势数目的增加呈线性增长的。在笔式界面应用研究的初期，在一些主要交互环境是依托在 WIMP 交互形式下的手写识别的简单应用中，基于规则的手势识别被广泛采用。事实证明，在手势个数较少的笔式界面应用系统中，基于规则的手势设计也取得了不错的效果[Nicholas 1999，付永刚 2002]。但是，随着笔式界面交互技术的迅速发展，笔式界面应用系统的功能越来越强大，系统的复杂性也越来越高；同时，笔式命令交互对手势的依赖性也日益增大，手势类别的数目也迅速增加，因此系统在手势的设计、识别和评估方面有了更高的要求。手势数量增加后，手势的相似性问题变得突出，不同手势之间的耦合性越来越大，基于规则的手势识别效果也因此下降。同时，不断增长的手势设计工作量成为设计者开发笔式应用系统的一个主要负担，整个手势集合的动态维护变得困难，设计者已经很难为每个手势都设计出合适的规则。此外，越来越多的用户希望能够定制适合自己风格的手势，而这是基于规则的手势识别所做不到的。再者，基于统计的识别对各个手势类的某些重要特征进行了量化，因此也便于进行手势的评估工作，如判断手势的相似程度等[Christian 2001]。

2. 基于统计的手势识别

基于统计的手势识别主要是利用统计模式识别的方法来进行笔式界面下的手势识别。常用的方法主要有神经网络和基于特征的方法。神经网络识别需要很大的训练样本集合，增加了用户的认知负担，尤其对 PDA 等手持移动计算设备的用户来讲，问题更为突出。而且，神经网络的方法也不利于手势的重复设计和扩充。与之相对，基于特征的统计识别需要的样本数量较少，识别算法易于实现，手势集合的扩充和修改也比较方便。

Rubine 提出了基于特征的统计识别方法[Rubine 1991]。在应用该方法实现的手势识别器中，每个手势类只需要 10～20 个样本，极大地降低了设计者的训练负担。并且，该方法易于实现，能够取得比较好的识别效果，已有几个成功应用的先例[Chatty 1996，Myers 1997，Landay 2001]。

下面我们主要介绍一下采用 Rubine 算法识别手势的三项关键技术：特征选择、识别和训练。

- 特征选择

Rubine 算法的特征选择是通过对笔画特定控制点直接进行数值计算，得到 11 个具有明显几何特性的数值特征和 2 个与时间相关的数值特征，组成一个 13 维的特征向量来作为系统的分类特征。同时也就避免了对特征向量进行降维的复杂计算。小计算量是支持用户自定义手势的一个有利条件。

设笔画 S 的采样点为 $P_0, P_1, \cdots, P_{n-1}$，$n$ 为采样点数目，采样点 P_i $(0 \leqslant i < n)$ 的二维坐标可以表示为 (x_i, y_i)，并且 t_i 是采样点 P_i 对应的时间信息。笔画 S 的分类特征是一个 13 维的向量 $[f_1, f_2, \cdots, f_{13}]^{\mathrm{T}}$，其中，特征值 $f_i(1 \leqslant i \leqslant 13)$ 是按照以下方法计算出来的。

f_1 定义为手势初始角度的余弦：

$$f_1 = \cos\alpha = \frac{x_2 - x_0}{\sqrt{(x_2 - x_0)^2 + (y_2 - y_0)^2}}$$

f_2 定义为手势初始角度的正弦：

$$f_2 = \sin\alpha = \frac{y_2 - y_0}{\sqrt{(x_2 - x_0)^2 + (y_2 - y_0)^2}}$$

f_3 定义为外包围盒对角线的长度：

$$f_3 = \sqrt{(x_{\max} - x_{\min})^2 + (y_{\max} - y_{\min})^2}$$

f_4 定义为外包围盒对角线的角度：

$$f_4 = a\tan\frac{y_{\max} - y_{\min}}{x_{\max} - x_{\min}}$$

f_5 定义为始点和末点的距离：

$$f_5 = \sqrt{(x_{n-1} - x_0)^2 + (y_{n-1} - y_0)^2}$$

f_6 定义为始点和末点之间角度的余弦：

$$f_6 = \frac{x_{n-1} - x_0}{f_5}$$

f_7 定义为始点和末点之间角度的正弦：

$$f_7 = \frac{y_{n-1} - y_0}{f_5}$$

f_8 定义为手势的长度：设 $\Delta x_k = x_{k+1} - x_k$，$\Delta y_k = y_{k+1} - y_k$，

$$f_8 = \sum_{k=0}^{n-2} \sqrt{\Delta x_k^2 + \Delta y_k^2}$$

f_9 定义为各控制点角度之和：设 $\theta_k = a\tan\dfrac{\Delta x_k \Delta y_{k-1} - \Delta x_{k-1} \Delta y_k}{\Delta x_k \Delta x_{k-1} - \Delta y_k \Delta y_{k-1}}$，

$$f_9 = \sum_{k=1}^{n-2} \theta_k$$

f_{10} 定义为各控制点角度绝对值之和：

$$f_{10} = \sum_{k=1}^{n-2} |\theta_k|$$

f_{11} 定义为各控制点角度平方值之和：

$$f_{11} = \sum_{k=1}^{n-2} \theta_k^2$$

f_{12}定义为手势书写时速度最大值的平方：设 $s_k = \dfrac{\Delta x_k^2 + \Delta y_k^2}{(t_{k+1} - t_k)^2}$，

$$f_{12} = \max\{s_0, s_1, \cdots, s_{k-2}\}$$

f_{13}定义为手势书写的持续时间：

$$f_{13} = t_{p+1} - t_p$$

其中，特征 f_{12}和 f_{13}应用了时间特性，但是在实际的应用中 Rubine 并没有使用这两维特征，这是因为，仅使用前 11 维的特征值，识别效果已经足够好了。因此在目前的识别中，我们也只是采用了前 11 维的特征，这样对于笔画 S 的特征向量为 $\boldsymbol{F}=[f_1, f_2, \cdots, f_{11}]^{\mathrm{T}}$。而 f_{12}和 f_{13}则作为系统的预留特征，当手势集增大后，可能会出现几何特征比较相似的手势，这时候可以应用时间特征对其进行分类。

● 识别

我们先给予识别过程一个几何上的解释。特征向量 $\boldsymbol{F}=[f_1, f_2, \cdots, f_{11}]^{\mathrm{T}}$ 可以看作是一组坐标轴，由它生成了一个 11 维的空间，称为特征空间。空间中的每一个点与一个确定的特征向量一一对应。我们将同一个手势的所有样本都映射为特征空间中一个点，那么属于同一类别的这些点就应该呈球形分布，球心就是这个手势类的均值向量。在这个球形分布里，越接近于球心密度越大，越偏离球心密度越小，偏离趋于无穷远，密度趋于零。对于一个未知手势样本，我们同样把它映射成空间中的一个点，并且认为这个位置手势归类于在该点处密度最大的手势类别，通常各个手势类别的偏离程度都是相同的，因此在该点具有最大密度也就等同于距离该点最近，这也就是所谓的距离分类。如果多个手势类的球状样本空间分布存在重叠部分，那么就表明这些手势在某些特征上具有相似性，重叠的部分越大，手势也就越相似。相似性是分类的障碍性因素，相似性越大分类的难度也就越大。因此，手势的设计应该尽量选取相似性较小的手势类别，否则会极大地降低系统的性能。

在实际应用中，我们需要计算出未知识别样本的特征值。另外，在训练阶段，识别器还对每一个手势类别的第 i 维特征计算了一个权值 w_{ci} $(1 \leqslant i \leqslant F)$，$F$ 是特征的维数；f_i 是未知样本第 i 维特征的数值；c 为手势类，$0 \leqslant c < C$，C 是手势类的个数。识别器对每一个类别计算如下的目标函数：

$$v_c = w_{c0} + \sum_{i=1}^{F} w_{ci} f_i, \quad 0 \leqslant c < C$$

未知样本将被识别为 v_c 最大的手势类。

● 训练

训练的过程就是通过对样本的计算得到权值 w_{ci}，用于后继的识别。计算过程如下：

设手势类 c 的训练样本个数为 E_c，f_{cei} 为该手势类 c 的第 e 个样本的第 i 维特征，则手势类 c 的平均特征向量 $\bar{f}_c=[\bar{f}_{c1},\bar{f}_{c2},\cdots,\bar{f}_{cF}]^{\mathrm{T}}$ 的第 i 维特征值由下式计算得到：

$$\bar{f}_{cf}=\frac{1}{E_c}\sum_{e=0}^{E_c-1}f_{cei}$$

设手势类 c 的协方差矩阵为 $\boldsymbol{\Sigma}_c$，则第 i 行 j 列的元素由下式计算得到：

$$\Sigma_{cij}=\sum_{e=0}^{E_c-1}(f_{cei}-\bar{f}_{ci})(f_{cej}-\bar{f}_{cj})$$

为了简化计算，这里省掉了因式 $1/(E_c-1)$。

另外，还需要求出整体协方差矩阵 $\boldsymbol{\Sigma}$，它是由 $\boldsymbol{\Sigma}_c(0\leqslant c<C)$ 的均值计算得到的：

$$\Sigma_{ij}=\left(\sum_{c=0}^{C-1}\Sigma_{cij}\right)\Big/\left(-C+\sum_{c=0}^{C-1}E_c\right)$$

设 $\boldsymbol{\Sigma}^{-1}$ 是 $\boldsymbol{\Sigma}$ 的逆矩阵，由此计算出权值 w_{cj} 为

$$\begin{cases}w_{cj}=\sum_{i=1}^{F}(\Sigma^{-1})_{ij}\bar{f}_{ci}, & 1\leqslant j\leqslant F\\ w_{c0}=-\frac{1}{2}\sum_{i=1}^{F}w_{ci}\bar{f}_{ci}\end{cases}$$

在有些情况下，整体协方差矩阵 $\boldsymbol{\Sigma}$ 可能没有逆矩阵 $\boldsymbol{\Sigma}^{-1}$，这种情况可以通过移走某行或列的元素，并以一些哑元来替换，事实上，这些行或者列所对应的特征是在识别的时候没有被使用的特征。

对于待识别样本手势 g，正确地识别为手势类 i 的概率为

$$P(i\mid g)=\frac{1}{\left(\sum_{j=0}^{C-1}\mathrm{e}^{v_j-v_i}\right)}$$

Rubine 建议拒识 $P(i\mid g)<0.95$ 的手势。此外，Rubine 还使用了 Mahalanobis 距离来进行拒识的判别，Mahalanobis 距离定义为

$$\delta^2=\sum_{j=1}^{F}\sum_{k=1}^{F}(\Sigma^{-1})_{jk}(f_j-\bar{f}_{ij})(f_k-\bar{f}_{ik})$$

对于 $\delta^2>F/2$ 的手势样本予以拒识。实际应用中，这些拒识的阈值应该根据不同的应用环境从经验中取得。

5.1.4 笔手势设计原则

应用手势调用命令时，手势首先需要被用户所记住。因此，手势设计的总体原则是：设计的手势必须容易记忆和操作。

分析表明，形象的、有意义的、简单但相互之间区分程度比较大的手势更符

合用户的易记忆和易操作的需求。所以，为用户设计的手势，一要力求形象性和意义性，二要力求操作简单性，三要力求手势之间的区分性。这就是手势设计的三大原则，下面分别做阐述。

1. 形象性和意义性原则

具有形象性和意义性的手势有以下一些特征。设计手势时，需要考虑所设计的手势是否具备这些特征的全部或部分。

- 指示性

手势有方位指向性，如下面是“上翻”、“下翻”命令的手势(圆点处为手势的起笔点，下同)。

当手势所调用的命令名称也具有方向指示性时，如“上翻”、“下翻”、“齐左”、“齐右”、“旋转”等，手势需要被设计成具有明确的指示性。有的命令不具有方位指示性，也可以采用指示性手势，如“撤销”、“恢复”命令的手势。

手势的指示性一定要明确。如下面“上翻”命令的手势，左边的手势要比右边的手势指示性更明确，因而左边的手势要比右边的手势好。

- 实物隐喻

手势的形状是从具体实物中简化出来的，其内涵具有实物的隐喻意义。如剪切，可以是“剪刀”实物的简化，即该手势内涵“剪刀”的实物隐喻意义。

- 文化约定

设计的手势符合特定文化里约定俗成的用法。例如，设计“删除”命令的手势时，联想到人们在纸上修改文章时，会用到下面的符号来删除一段文字。

因而,这个手势可以作为“删除”命令的手势。

文化约定包括:全球通用的文化约定,地域相关的文化约定和职业领域相关的文化约定等。

2. 操作简单原则

- 连笔

手势用一笔就能画完。如下面的手势是用一笔画完的。

- 手势符号不要超过三个圈的复杂程度

如下面的手势符号是由三个圈组成的,用户已经不太方便画出该手势。所有的手势都不应超过该手势的复杂程度。

3. 手势之间的区分性原则

- 手势之间至少应有两个形状特征不同

如下面的手势,只有一处几何形状特征(拐弯处)不同,区分度不大,如果分别代表一个命令,容易让用户产生混淆。这两种手势不能同时出现在一个手势群当中。

- 手势之间不是形状相似但手势运动轨迹是逆向的

下面的两个手势,在形状上是一致的,但运动轨迹是逆向的,这两个手势不能同时出现在一个手势群当中。

对应相似的命令,与它们相匹配的手势也设计为对应相似;没有关系的命令,与它们相匹配的手势之间看上去也应该没有关系。比如,“放大”和“缩小”是两个对应的手势,它们的手势设计如下:

5.2 Tilt Cursor 和 Tilt Menu

5.2.1 Tilt Cursor

由于纸笔的普及性和直观性,笔式用户界面的很多方面都被研究。光标是一种小的可移动的标记,用于指示系统状态和对用户的输入提供视觉反馈。通常笔输入设备不只提供了笔尖的位置信息,而且提供了扩展信息,如书写压力、三维方向和三维旋转信息。一些研究者试图将不同类型的信息结合到笔式交互中,然而他们未将重点放在光标的视觉反馈上。

笔式用户界面中的光标仍然是 GUI 风格的。笔式界面中,传统的光标没有提供笔的三维方向提示,这样加剧了笔式交互中眼睛和手缺乏合作的问题。如果光标可以动态地提供笔的三维方向信息,将会一定程度上解决眼睛和手缺乏合作的问题。

目前已经有一些工作研究用光标进行选择的技术。这些研究共有的方法是使用了 Fitts's Law[Fitts 1954]。其他的研究利用了刺激反应的一致性,即某些类型的刺激到反应的映射相对于其他的映射来说可以让用户更快和更准确地做出反应。对可视的用户界面来说,刺激反应一致性可以定义为视觉刺激的位置和方向与运动反应的位置和方向的映射程度。Live Cursor 是一种箭头方向跟随箭头移动方向的光标。Po[Po 2005]的工作提出根据 S-R 兼容性,为光标的箭头选择合适的方向对指点设备非常重要,对鼠标和触摸屏的重要性小些。Phillips[Phillips 2003]发现与移动方向兼容的箭头光标导致光标的移动变慢和光标的轨迹效率降低,因为反应延迟受到移动方向和光标形状兼容性的影响。

在笔式用户界面中,为提高触摸板的输入反馈兼容性,我们提出了一种动态光标技术,利用该技术光标可以动态地改变自己的形状以体现笔的三维方向[Tian 2007]。使用这种光标可以缩短用户的反应延迟时间。动态光标适用于各种可以提供倾角信息的笔式输入设备,如触摸屏、手写板、触摸板等。在三维笛卡儿坐标系下计算动态光标,需要用到如下参数:高度 *altitude*,方位 *azimuth*,X 轴上光标头与光标尾的距离 Δx,Y 轴上光标头与光标尾的距离 Δy,零高度调整量 *altAdjust*,高度因子 *altF*,方位因子 *aziF*,光标的标准宽度 *normalWidth*,光标的透明度 *Transparency*。*altAdjust*,*altF* 和 *aziF* 三个值在笔/触摸板和屏幕/光标的不同坐标系统之间建立映射,如图 5.12 所示。

Transparency 用于在光标上增加虚拟光，从而给用户更多的关于笔方向的视觉反馈。

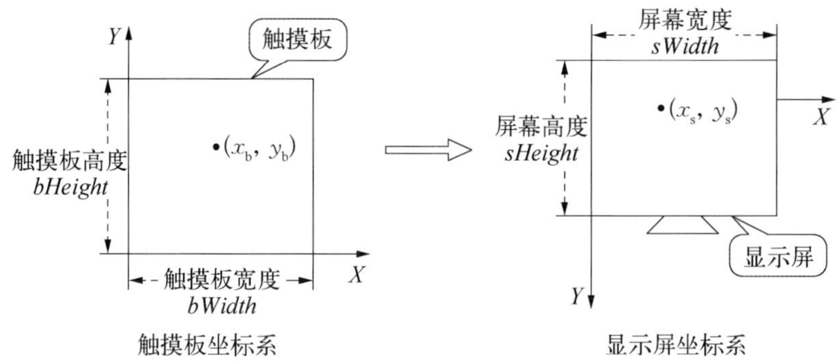

图 5.12 触摸板到屏幕的坐标映射

动态光标可以根据笔的倾角信息以及高度信息，动态地调整光标的形状。图 5.13(a)为四个有着相同方位、不同高度的倾斜光标，图 5.13(b)为四个有着相同高度、不同方位的光标。

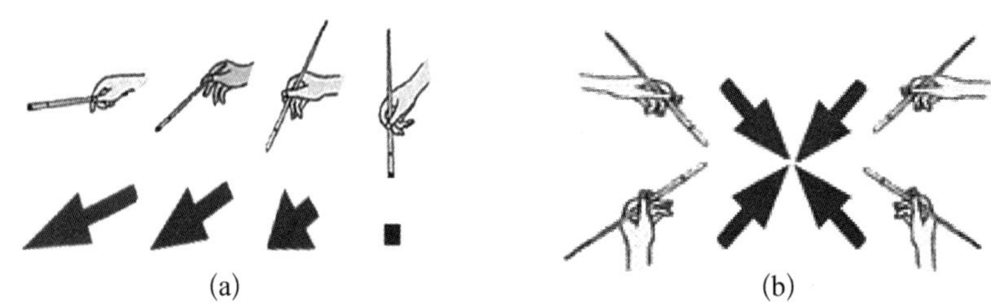

图 5.13 Tilt Cursor

(a) 为四个有着相同方位、不同高度的倾斜光标；(b) 为四个有着相同高度、不同方位的光标

生成动态光标的具体步骤如下：

(1) 计算机通过笔的 SDK 读取笔的输入信息，获取笔当前的高度信息 *altitude* 和倾角信息 *azimuth*。

(2) 首先参照图 5.14，图 5.14 是实现动态光标的三维笛卡儿坐标系原理图，动态光标头在坐标的原点，视点在光标上 *Z* 坐标轴的正向无限远处，动态光标是笔向量在 *XY* 平面上的投影。动态光标形状的计算步骤如下：

设定初始参数，包含 *altAdjust*，*altF*，*aziF* 和 *normalWidth*；计算 *X* 轴上光标头与光标尾的距离 Δx；计算 *Y* 轴上光标头与光标尾的距离 Δy；计算光标的宽度 *Width*；计算光标的透明度 *Transparency*。

所述设定初始参数值需根据数字笔的参数、显示屏的参数以及希望得到的效果来设定。

所述计算 *X* 轴上的光标头与光标尾的距离的详细步骤如下：计算动态光标的高度 *altitude* 的绝对值 $|altitude|$；计算高度绝对值 $|altitude|$ 与高度因子 *altF* 的比值 $\frac{|altitude|}{altF}$；计算方位

$azimuth$ 与方位因子 $aziF$ 的比值$\frac{azimuth}{aziF}$；计算零高度调整量 $altAdjust$ 与$\frac{|altitude|}{altF}$的差值 $altAdjust-\frac{|altitude|}{altF}$；计算比值 $\frac{azimuth}{aziF}$ 的正弦 $\sin\frac{azimuth}{aziF}$；计算 $altAdjust-\frac{|altitude|}{altF}$ 与 $\sin\frac{azimuth}{aziF}$ 的乘积，得到 X 轴上光标头与光标尾的距离 Δx。

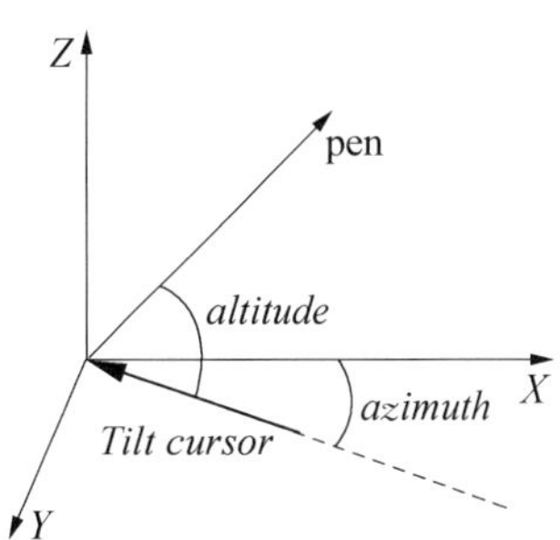

图 5.14 实现动态光标的三维笛卡儿坐标系原理图

所述计算 Y 轴上的光标头与光标尾的距离的详细步骤如下：计算动态光标的高度 $altitude$ 的绝对值 $|altitude|$；计算高度绝对值 $|altitude|$ 与高度因子 $altF$ 的比值 $\frac{|altitude|}{altF}$；计算方位 $azimuth$ 与方位因子 $aziF$ 的比值 $\frac{azimuth}{aziF}$；计算零高度调整量 $altAdjust$ 与$\frac{|altitude|}{altF}$的差值 $altAdjust-\frac{|altitude|}{altF}$；计算比值 $\frac{azimuth}{aziF}$的余弦 $\cos\frac{azimuth}{aziF}$；计算 $altAdjust-\frac{|altitude|}{altF}$ 与 $\cos\frac{azimuth}{aziF}$ 的乘积，得到 Y 轴上光标头与光标尾的距离 Δy。

所述计算光标宽度的方法的具体步骤如下：计算动态光标的高度 $altitude$ 的绝对值 $|altitude|$；计算高度绝对值 $|altitude|$ 与高度因子 $altF$ 的比值$\frac{|altitude|}{altF}$；计算方位 $azimuth$ 与方位因子 $aziF$ 的比值$\frac{azimuth}{aziF}$；计算零高度调整量 $altAdjust$ 与$\frac{|altitude|}{altF}$的差值 $altAdjust-\frac{|altitude|}{altF}$；计算 $altAdjust-\frac{|altitude|}{altF}$ 与 $altAdjust$ 的比值 $\frac{altAdjust-\frac{|altitude|}{altF}}{altAdjust}$；计算 $normalWidth$ 与$\frac{altAdjust-\frac{|altitude|}{altF}}{altAdjust}$的乘积，得到动态光标的宽度 $Width$。

所述计算光标透明度的方法，其具体步骤如下：计算动态光标的高度 $altitude$ 的绝对值 $|altitude|$；计算高度绝对值 $|altitude|$ 与高度因子 $altF$ 的比值 $\frac{|altitude|}{altF}$；计算 100 与$\frac{|altitude|}{altF}$的乘积与零高度调整量的比值 $100\times\frac{\frac{|altitude|}{altF}}{altAdjust}$；计算 $100\times\frac{\frac{|altitude|}{altF}}{altAdjust}$ 与 155 的和，得到光标的透明度 $Transparency$。

(3) 将三维光标绘制在屏幕上。具体步骤为利用步骤(2)中计算得到的 X 轴和 Y 轴上光标头与光标尾的距离、光标的宽度、光标的透明度，通过调用系统绘制函数，将三维光标绘制在屏幕上。

5.2.2 Tilt Menu

我们提出了一个新的交互技术：Tilt Menu[Tian 2008]，用于扩展笔式用户界面中的选择能力。用户在执行选择任务时利用笔的三维倾角信息来执行选择任务。Tilt Menu对传统的单手交互技术是一个有效的补充,它可以在用户用笔尖执行交互任务的过程中,同步产生一个新的输入通道,用于命令或参数的选择。Tilt Menu如图5.15所示,通过利用笔的倾角信息,Tilt Menu在执行选择任务时不需要笔尖的参与。于是,Tilt Menu可以支持在自由勾画等连续交互任务中,将命令选择和直接操纵有机地结合,而不需要第二只手的参与。从图5.16可以看出,Tilt Menu的外形同Pie Menu的外形类似[Callahan 1988]。但两者的交互完全不同,Pie Menu是通过对选项的点击操作进行选择,而Tilt Menu是利用笔的倾斜信息进行选择。随着笔的倾角越来越大,当笔的Tilt Cursor[Tian 2007]的末端接触到某个选项的边界时,该选项就被选中。

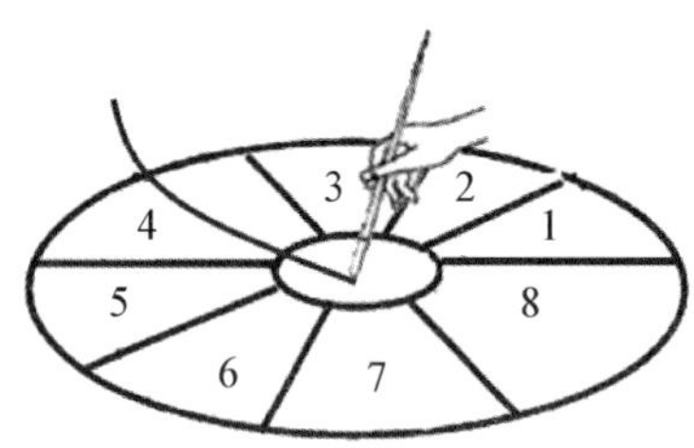

图5.15 右手人员在输入笔迹过程中使用Tilt Menu执行选择任务

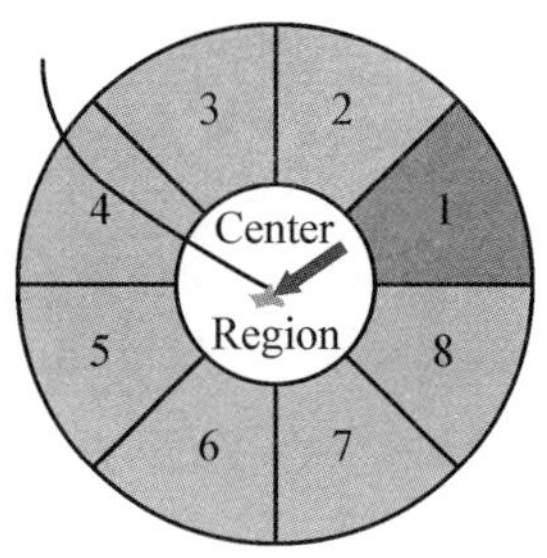

图5.16 对应图5.15状态下Tilt Menu的形态

当前笔倾角指向的选择高亮反馈

Tilt Menu包含以下的设计理念:

- 利于笔倾角信息产生新的命令层次,对笔式用户界面中传统命令的执行提供有益的补充。
- 将数据参数的输入同直接操作(笔迹输入等)有机地融合。
- 将Tilt Menu的中心同笔尖保持一致,缩短任务时间,提高交互效率。
- 上下文感知的Menu激活,Tilt Menu可以根据当前的任务上下文,动态地激活,提供给用户进行选择任务的执行。

Tilt Menu的交互状态图如图5.17所示:

状态1是初始状态,此时Tilt Menu根据上下文激活并显示给用户,如果此时笔的倾角很大,已经导致Tilt Cursor的末端接触到某一个选项的边界,那么进入状态2。状态2时Tilt Menu不能进行选择,此时只有当用户调整笔的倾角并使之进入到中心区域,进入状态3后才可执行选择任务。如果状态1时Tilt Cursor的末端在中心区域内,那么也直接进入状态3。在状态3时,用户不断调整笔的倾角，当 Tilt Cursor 的末端接触到某一个选项的边界时，该选项就被选中。

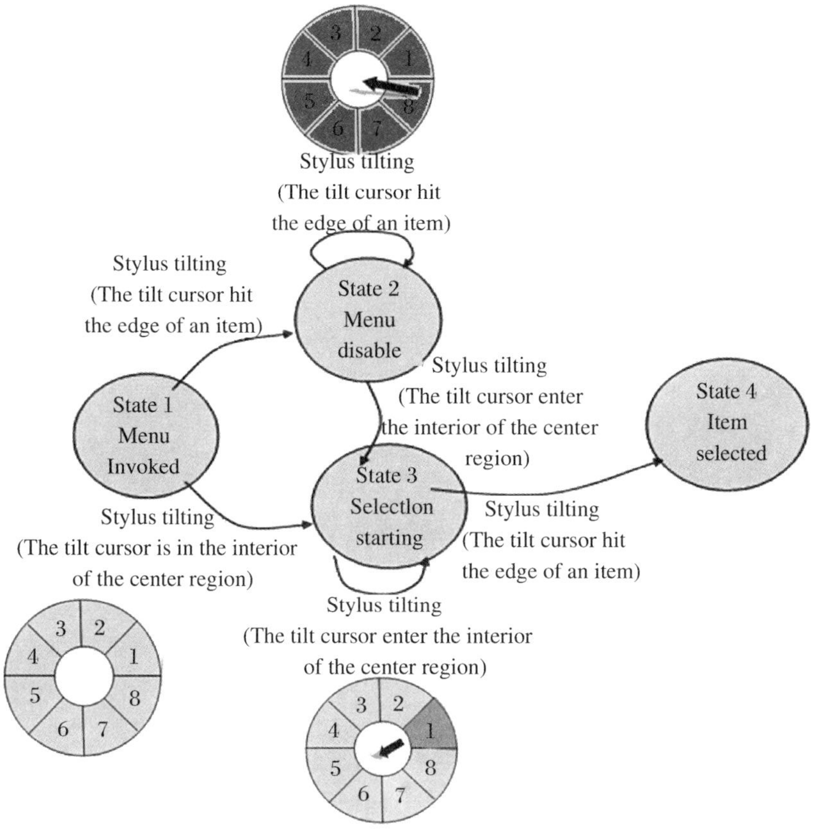

图 5.17 Tilt Menu 的交互状态图

Tilt Menu 可以很好地应用在自由勾画、在线同步识别等系统中，提高用户的操作效率。例如在一个面向中学几何教学的智能几何白板软件中，一个重要的功能就是系统会根据用户当前正在输入的笔画执行相应的识别处理。如图 5.18 所示，当老师在画一个正方形的内切圆时，在当前勾画状态，笔画有可能与正方形的边相切，也有可能与边相交，此时通过单纯的识别无法做出判断，最好的办法是给用户提示，让用户进行选择。而此时用户的输入还在继续，如何在保证任务连续性的前提下，帮助用户进行选择。Tilt Menu 提供了一个非常方便的方法，用户只需在此时用笔的倾角对参数进行选择即可，不需要抬笔，选择完后（甚至选择的过程中），用户仍然可以继续原来的勾画任务。图 5.19 是另一个实例，在用户需要画同现有直角对应边平行的另一个直角过程中，也可以利用 Tilt Menu 来执行类似的选择任务。

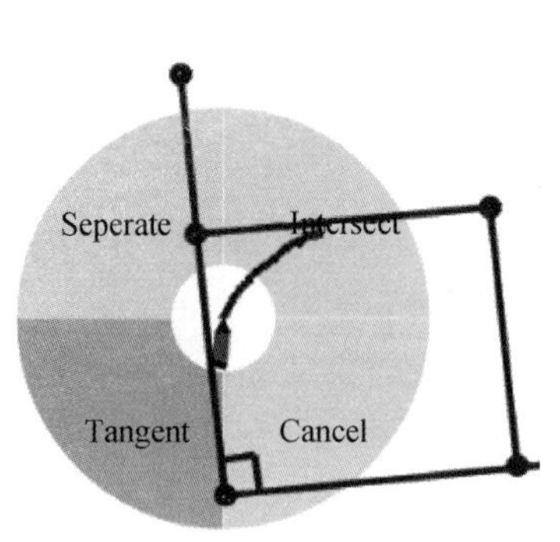

图5.18 勾画正方形的内切圆

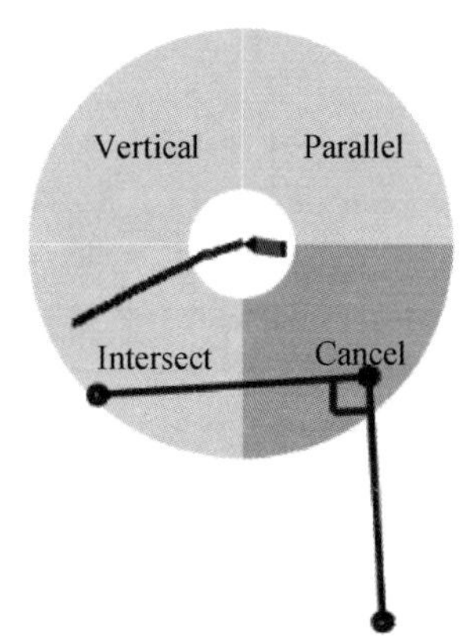

图5.19 勾画同现有直角对应边平行的另一个直角

5.3 多通道错误纠正

一般来说,书写的笔迹会被识别成规范格式。然而,手写识别的错误会使得手写输入的自然性和效率都大受影响[Suhm 1999,Karat 1999]。尽管有大量研究致力于提高手写识别的正确率,但识别错误仍难完全消除,因此基于手写识别的系统必须支持识别错误的纠正。研究发现,在基于识别的系统[Rhyne 1993]中,用户的满意度不但受识别正确率的影响,而且还受识别错误纠正过程的影响[Zajicek 1990,Frankish 1992]。识别错误纠正是否自然高效直接影响用户体验。因此,良好的识别错误纠正机制对这些系统来说有重要的价值。

5.3.1 错误纠正综述

本节主要介绍识别错误处理的相关研究。因为识别错误是基于识别的系统的主要性能瓶颈之一,因此识别错误处理一直是热点研究问题。通常,这些研究可分为三类:减少错误、检测错误和纠正错误。本节简要介绍前两类研究,着重讨论错误纠正方面的研究,特别是对多通道纠错的研究。

1. *减少识别错误*

为了减少识别错误,一种常用的方式是引导用户规范地输入,使得识别更加容易[Bourgue 2006]。这些方法包括:限制用户的语音输入必须满足预设的语法[Furnas 1987, Dahlback 1993];限制用户的手写输入符合预设规则[MacKenzie 1997,MacKenzie 2002];通过与用户对话(dialogue),限制用户的输入[Heeman 1998];根据任务的不同,为用户提供可适应性多通道交互功能,以求用户使用最合适的交互通道完成任务,从而减少识别错误[Oviatt 1997]。另外一类减少错误发生的方法,是使用多通道融合。唇读识别(Audio-Visual Speech Recognition, AVSR)[Dupont 2000]就是基于这种思路。由于嘴唇的图像信息与用户发音的音频信息具有自然的互补性[Luettin 1997],唇读识别将用户发音与嘴唇运动图像进行多通道融合,其识别结果优于普通语音识别。研究表明,唇读识别在噪声环境下识别正确率远高于普通语音识别。而且,即使在无噪环境里,唇读识别也明显好于普通语音识别[Summerfield 1992]。

2. 识别错误检测

无论采取什么错误控制机制,识别错误都在所难免。在这些错误被纠正之前,必须要先被检测出来。通常,错误检测都由用户完成,用户自己负责检查识别结果是否有错、在哪里犯错、犯什么错。不过,仍有许多研究致力于识别错误的自动检测。一般来说,识别器不但返回识别结果,还会返回识别结果的置信度(confidence)。识别结果的置信度可以与预设阈值比较,如果低于该阈值,就可判定该识别结果不可靠[Sturm 2005]。比较复杂的错误检测机制会采用语法规则来评估识别结果[Baber 1993,Lieberman 2005],这些语法规则依领域知识而定,主要用来判别识别结果是否合乎情理。

3. 错误纠正

关于纠正识别错误的研究已经进行了多年,这些研究主要集中在语音识别错误的纠正上。“复述”(respeaking)[Baber 1993]是一类常用的识别纠错策略。用户复述被识别错误的内容,计算机识别用户的复述,将已有的识别结果替换为复述的识别结果。“复述”的优点是交互非常自然。但由于用户复述的内容仍可能被识别错,因此“复述”在实际使用中效果并不理想[Ainsworth 1992]。“拼写”(spelling)是一类主要应用于西文文字识别的纠错策略。用户通过口述单词的字母序列达到纠错的目的。然而,在实际应用中“拼写”既不自然也不高效[Suhm 2001,Oviatt 1996],因而亦非理想的纠错策略。“候选列表”(*N*-best list)是另一类典型的识别纠错方式。识别器通常并不只返回单一的识别结果,还返回多个识别候选。用户通过在识别候选中选择正确结果,达到纠错目的[Murray 1993,Mankoff 2000]。然而,如果候选列表中不包含正确结果,纠错就不能进行了。

如果考虑多通道交互,纠错效率将得到提高。一种直接的方式是为用户提供多种输入通道选择,让用户能在不同通道间切换[Oviatt 1996]。例如,如果语音识别容易出错,那用户就可以选择笔迹输入。另一种利用多个通道输入纠错的策略，称为"多通道纠错"(multimodal correction)或"跨通道纠错"(cross-modal correction)。该策略并非简单地利用一个通道输入的识别结果代替另一个通道输入的识别结果，而是利用通道间的互补性，通过融合不同识别结果来纠正识别错误[Suhm 2001, Sturm 2005, Halverson 1999, Wang 2006, Yeow 2003]。多通道纠错技术已经应用在语音与笔迹[Wang 2006]、语音与传统 GUI 通道[Murray 1993]、语音与眼动[Halverson 1999]等通道间的纠错上。

本节提出的纠错方法在用法上与"复述"类似，不过它是一种多通道纠错，与采用朴素替代策略的"复述"纠错并不相同。目前还鲜有研究致力于手写识别错误的多通道纠正[Wang 2006]。之前的研究提出了一种利用语音纠正连续手写识别中字符识别错的方法[Wang 2006]，它并不能纠正字符提取错，而字符提取错在连续手写识别中很常见。本节方法既可以纠正字符识别错，也可以纠正字符提取错。

利用多通道融合控制识别错误的融合策略可归为三类："早期融合"(early fusion)、"晚期融合"(late fusion)以及"混合融合"(hybrid fusion)。早期融合——又称为特征层融合(feature-level fusion)——指的是将不同通道输入的特征组合为一个特征向量，然后用专门的识别器进行识别[Vo 1995, Pavlovic 1998]。早期融合通常适用于时间上同步的通道融合，如 AVSR 中语音与唇动的融合[Dupont 2000, Rubin 1998]。晚期融合——又称为语义层融合(semantic level fusion)——是指融合各个通道独立识别的结果。许多多通道输入系统都采用晚期融合[Bolt 1980, Cohen 1997]，这是因为晚期融合比早期融合更加灵活。混合融合通常指利用一个通道的识别结果去限制、指导和优化另一个通道的识别[Vo 1996, Edward 2005, Saenko 2004, Murray 1993, Wang 2006]。

之前的工作[Wang 2006]是一个混合融合的例子。它利用多个字的手写识别结果候选矩阵作为语言模型，去限定语音识别的结果。本节中提出的多通道融合算法采用的也是混合融合，与用手写识别结果限定语音识别相反，该方法是利用语音识别的中间结果去优化手写笔迹识别结果的搜索。

5.3.2 连续手写文字识别的跨通道纠错

基于多通道融合的连续手写笔迹识别错误的纠正方法可让用户通过语音复述书写的内容，纠正手写笔迹识别错误，简称为"语音纠错"。图 5.20 表示了该方法的使用过程：图 5.20(c)中的手写句子被错误地识别为图5.20(b)所表示的结果——字符的提取和识别都存在错误。为了纠正这些错误，用户向计算机复述这句话。通过融合笔迹与语音对同一内容的输入，手写识别错误得以纠正(如

图5.20(a)所示)。该纠错方法的核心是一个笔迹与语音的多通道融合(multimodal fusion)算法。该融合算法的主要思想是利用用户的语音约束对最优手写识别结果的搜索。实验结果表明,该纠错方法能有效地纠正手写识别错误;与另外两种纠错方法相比,该方法的纠错效率较高。

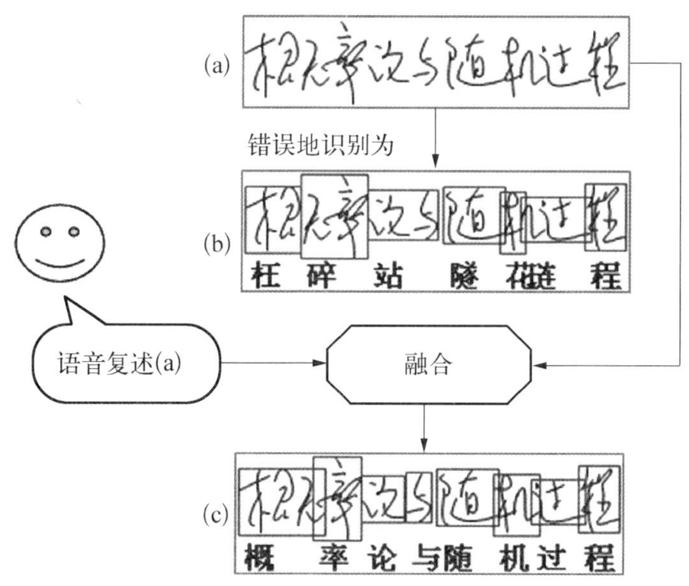

图5.20 利用语音纠正手写识别错误

(a) 原始笔迹;(b) 错误识别结果;(c) 纠错后的正确识别结果

采用笔迹与语音融合的方式来纠正手写识别错误,基于以下几个原因:第一,语音纠错自然。人们通常采用默读的方式校对文档,语音纠错与此方法类似(区别只在于是否读出声)。有研究表明,模仿人们日常习惯的纠错方法更能被用户接受[Mankoff 1999]。第二,语音纠错高效。通常,利用多个通道进行交互,效率比较高[Dong 1999,Wang 2005]。此外,使用语音的操作代价小,让用户复述一遍书写的内容,并不会明显增加用户的操作负担。更重要的是,在使用计算机时,用户的双手往往繁忙,采用语音纠错可以避免使用户的双手增加更多的工作负担。第三,语音纠错效果好。研究发现,利用两个或多个互补通道的融合结果作为输入的系统,能有效降低识别错误发生率,因而具有较好的鲁棒性[Oviatt 2000,Oviatt 1999]。唇读识别(Audio-Visual Speech Recognition,AVSR)[Dupont 2000,Luettin 1997]正是成功利用多通道融合的例子。此外,利用跨通道相关性(cross-modal dependency)的多通道融合,能显著提高单通道识别正确率[Ainsworth 1992,Baber 1993]。本节提出的语音纠正手写识别错误的方法,正是利用了笔迹与语音两个输入通道的跨通道影响(cross-modal influence),而达到纠错目的。

1. 算法框架

算法的基本思想是：利用语音限制和优化最优笔迹识别结果的搜索。考虑句子 Y，它的连续手写笔迹表示 X_{hw}，用户对它的语音输入表示为音频信号 X_{sp}。让我们用 $\{W\}$ 表示所有可能的 X_{hw} 的笔迹识别结果，W^* 表示笔迹与语音的融合结果（W 和每一个 W_i 都为字符序列），有

$$W^* = \arg\max_W P(W \mid X_{hw}, X_{sp}) \tag{5.1}$$

利用贝叶斯公式，式(5.1)改写为

$$W^* = \arg\max_W P(W \mid X_{hw}) P(X_{sp} \mid W, X_{hw}) \tag{5.2}$$

由于 X_{hw} 和 X_{sp} 对 W 条件独立，因此式(5.2)化简为

$$W^* = \arg\max_W P(W \mid X_{hw}) P(X_{sp} \mid W) \tag{5.3}$$

让我们用 S_W 表示 W 的发音。因为 $P(S_W \mid W)=1$，所以

$$P(X_{sp} \mid W) = P(X_{sp} \mid W, S_W) \tag{5.4}$$

由于 W 和 X_{sp} 可看成对 S_W 条件独立，即

$$P(X_{sp} \mid W, S_W) = P(X_{sp} \mid S_W) \tag{5.5}$$

因此式(5.3)改写为

$$W^* = \arg\max_W P(W \mid X_{hw}) P(X_{sp} \mid S_W) \tag{5.6}$$

在式(5.6)中，$P(W \mid X_{hw})$ 可看成对 X_{hw} 的笔迹识别，$P(X_{sp} \mid S_W)$ 可看成是用笔迹识别结果的发音去匹配用户输入的语音。因此，本章多通道融合目的可明确为：搜索发音最匹配用户语音 X_{sp} 的笔迹 X_{hw} 的识别结果 W^*。

为了实现式(5.6)所表示的目标，有三个问题需要解决：

由于 W^* 从所有可能的识别结果 W 中选择，那集合 $\{W\}$ 是什么？通常，字符识别会返回多个候选结果，字符提取的方式也可以有多种。这些多样性都表明存在一个巨大的手写识别结果空间。

S_W 与 X_{sp} 匹配中的“比较”如何进行？“比较”只能在可比的对象间进行，因此 S_W 和 X_{sp} 需要同样的表示格式。本节融合算法使用“音素”(phoneme) 来表示 S_W 和 X_{sp}。音素是文字发音的符号化表示，由于用户语音的音素表示是靠语音识别获得的，而语音识别会出错所以其音素表示可能不准确，为此，笔者引入“加权音素”来更准确地表示用户输入的语音。

融合过程是一个搜索过程，怎样保证搜索的效率？用户很关心纠错效率，如果某种纠错方式非常耗时，那它就没有任何意义，因为用户完全可以选择其他高效的纠错方式。如果采用朴素的穷举搜索来融合，效率极低。然而，如果采用分治策略，效率就会大大提高。

2. 纠错算法

- 手写识别的错误和候选

连续手写识别的错误可以分为两类：字符识别错误和字符提取错误。字符识别错误，是指手写字符被识别为非其对应的正文字符。例如，手写字符被错识为“棍”，而非正确结果“概”。通常，字符识别并不只返回单一识别结果，还返回多个识别候选。正确的识别结果极可能就包含在候选列表中。

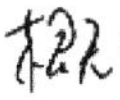

字符提取错误，是指笔迹在切分为多个手写字符时出现的错误，提取出来的字符或是丢了其应有的笔画或是包含了不属于它的笔画。图 5.20(b)表示的识别结果就包含了多个字符提取错误，例如被错切为，其实应为。一般来说，如果字符提取有错，后续的字符识别是没有意义的。

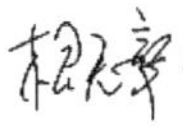

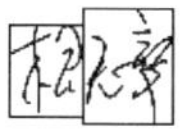

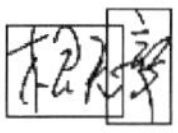

与字符识别返回多个候选一样，笔者让字符提取也有多种候选。“过切分”(over-segmentation)是一种产生多个字符提取候选的方法，它是指将一行笔迹切分后，提取而得的手写字符或是完整字符，或只包含完整字符的一部分。笔者把这样的手写字符称为“片断”(fragment)。图 5.21 给出了对图 5.20(a)中笔迹的过切分结果。

图 5.21 笔迹的过切分

图 5.20(a)中的句子被过切为 13 个片断

设句子 S 被过切分为片断序列 $F = f_0 f_1 \cdots f_{T-1}$，其中 f_i 代表一个片断。易见，序列 F 的任何一个子序列 $f_j f_{j+1} \cdots f_k$ $(0 \leqslant j \leqslant k < T)$ 都可能构成一个字符，因此 S 的一个有 M 个字符的切分结果 $\mathbb{S}$ 可表示为

$$\mathbb{S} = (f_0 \cdots f_{k_1})(f_{k_1+1} \cdots f_{k_2}) \cdots (f_{k_{M-1}+1} \cdots f_{T-1})$$

构成单个汉字的片断子序列至多包含几个片断值得关注。由汉字结构可知，汉字字形可归为六种模式，图 5.22 表示了这六种模式。对于水平方向书写的笔迹来说，左中右结构对字符的提取的影响最大，因此可认为一个字至多由三个片段构成(左中右结构可看成有三个水平排列的部件)，因此片段子序列的最大长度为 3。

片段可组织成有向图 G。G 中的顶点为各个片段$\{f_0, f_1, \cdots, f_{T-1}\}$和一个附加顶点 f_T。每个顶点都与其三个后续顶点有边相连(如果后续顶点存在的话)，顶点间的顺序由其对应片段之间的顺序决定，有

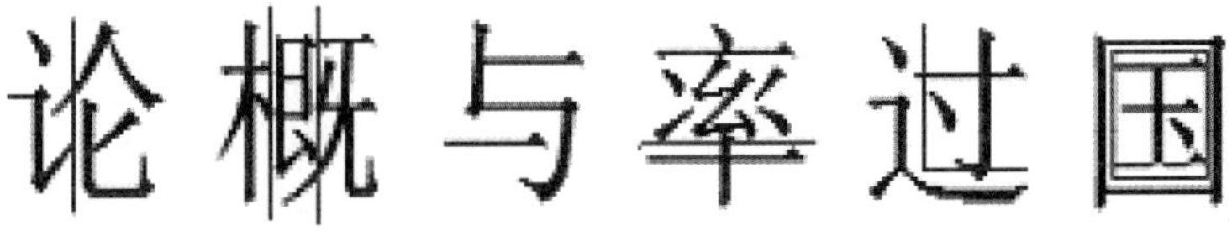

论 概 与 率 过 国

(a) (b) (c) (d) (e) (f)

图 5.22 汉字的六种字形结构

(a) 左右;(b) 左中右;(c) 独体;(d) 上下;(e) 半包围;(f) 全包围。对水平方向书写的笔迹来说,左中右结构对切分的影响最大

$$
\begin{cases}
G = \langle V, E \rangle \\
V = \{f_i \mid i \in [0, T-1]\} \cup \{f_T\} \\
E = \{\langle f_i, f_j \rangle \mid (j \leqslant T) \wedge (0 \leqslant i < j \leqslant i + 3)\}
\end{cases}
$$

图5.23示例了包含7个片段的 G,其中,f_7 是一个附加顶点,它并不对应片段。我们可以很容易地从 G 枚举所有可能的字符提取结果。每种字符的提取结果都与 G 中一条从 f_0 开始到 f_T 结束的路径相互对应。例如在图5.23中,路径 $f_0 \to f_1 \to f_4 \to f_5 \to f_7$ 对应字符提取结果$(f_0)(f_1f_2f_3)(f_4)(f_5f_6)$。

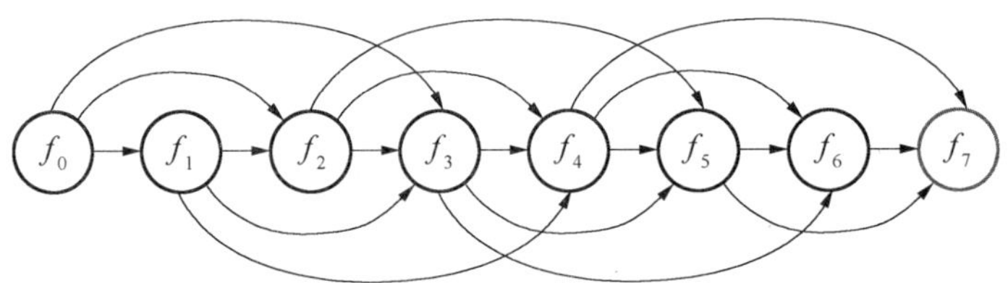

图 5.23 包含7个片断的图 G

注意 f_7 是附加节点,它并不对应片断

- 音素

音素是字符发音的符号化表示。我们使用汉语拼音来表示汉字字符的音素。普通话中每个字的发音都有其对应的拼音。每个拼音由声母(initial, *in*)、韵母(final, *fn*)和声调(tone)构成(没有声母的拼音可看成带有空(null)声母)。例如,汉字“逃”的拼音为“táo”,其中声母为“t”,韵母为“ao”,声调为“ˊ”。音素 ph 是一个“声母-韵母”对(声调表达的信息太过细微,此处忽略),其表示为

$$
ph = [in, fn]
$$

笔迹识别结果的音素表示可以通过查字典的方式获得;语音的音素表示可以通过将语音识别结果转换成音素表示,或者直接利用语音识别的中间结果(如果语音识别器支持输出发音识别结果)。汉语拼音包含23种声母和38种韵母(不过并非所有的声母-韵母对都存在)。为避免混淆,让我们用 in^i 表示第 i 种声母,fn^j 表示第 j 种韵母;用 in_k 和 fn_k 分别表示音素 ph_k 的声母和韵母。

给定两个音素 $ph_1=[in_1,fn_1]$和 $ph_2=[in_2,fn_2]$,它们的相似度 $S(ph_1,ph_2)$定义为

$$S(ph_1,ph_2)=sIn(in_1,in_2)+sFn(fn_1,fn_2)$$

其中,$sIn(in_1,in_2)$和 $sFn(fn_1,fn_2)$分别表示声母间的相似度和韵母间的相似度。$sIn(in_j,in_k)$和 $sFn(fn_j,fn_k)$的定义来自于经验与观察。直观地,如果声母 in_1 和 in_2 发音很相似,那 $sIn(in_1,in_2)$接近 0;如果发音差别很大,则 $sIn(in_1,in_2)$接近 1。$sFn(fn_j,fn_k)$同理。

再定义音素序列间的相似度。因为音素 ph 表示为$[in,fn]$,所以音素序列 $PH=ph_1ph_2\cdots ph_{N-1}$可表示为符号序列 $PH=in_0fn_0in_1fn_1\cdots in_{N-1}fn_{n-1}$,其中每个符号是一个声母或者韵母。对于两个符号序列相似性的比较,Levenshtein 距离 (Levenshtein distance)是合适的度量。Levenshtein 距离计算的是为了将一个符号串变换成另一个符号串,所需要的字符插入、删除和替换的次数。由于计算的是操作的次数,因此在 Levenshtein 距离中,三种符号变换的代价都为 1。笔者采用一种改进 Levenshtein 距离 $LD(PH_1,PH_2)$作为两个音素序列 PH_1 和 PH_2 的相似度。$LD(PH_1,PH_2)$中,替换操作的代价被重定义为

$$cost\_sub(a,b)=\begin{cases} sIn(a,b), & a\text{ 和 }b\text{ 是初值} \\ sFn(a,b), & a\text{ 和 }b\text{ 是终值} \\ \infty, & \text{其他} \end{cases}$$

由于声母替换韵母或者韵母替换声母没有意义,因此在式中当替换的两项不同类时,替换代价为无穷大。

- 采用穷举搜索的融合

一种朴素的融合策略是:枚举所有可能的笔迹识别结果,对于每种识别结果,获得它的音素序列表示,然后将此音素序列与语音输入的音素序列匹配,匹配度最大的音素序列对应的笔迹识别结果即融合结果。假设笔迹表示为片断序列 $F=f_0f_1\cdots f_{T-1}$,F 的每一种切分结果表示为手写字符序列 $\mathbb{S}_i=w_{i,0}w_{i,1}\cdots w_{i,|\mathbb{S}_i|-1}$,其中,每个 $w_{i,j}$是 F 的一个子序列。每个 $w_{i,j}$被识别为 k 个候选汉字,每个汉字的发音表示为音素 $ph_{i,j,k}$。因此,切分$\mathbb{S}_i$的一个可能的音素序列 PH_{hw} 为 $ph_{i,0,t_0}ph_{i,1,t_1}\cdots ph_{i,|\mathbb{S}|-1,t_{|\mathbb{S}|-1}}$ $(0\leqslant t_r<k)$。再假设用户关于这段笔迹的语音输入的表示为音素序列 $PH=ph_1ph_2\cdots ph_{N-1}$。因此,采用穷举搜索的融合算法可用图 5.24 中的伪代码表示。图 5.24 中,函数 $ExFusion(F,PH)$返回的是最小融合代价。

让我们估计一下 $ExFusion$ 的时间复杂度。由图 5.24 可知,对于有 T 个片断的笔迹来说,其可能的字符提取结果数 $C(T)$可以按下式计算:

$$\begin{cases} C(T) = \sum_{i=1}^{3} C(T-i) \\ C(1) = 1, \quad C(2) = 2, \quad C(3) = 4 \end{cases}$$

可见，$C(T)$是一个 Tribonacci 数，它等于$[\alpha \times \beta^{T+1}]$。其中，$[x]$表示小于 x 的最大整数，$\alpha \approx 0.336$，$\beta \approx 1.839$。计算可知，一个包含 24 个片断的笔迹——对应 8～24 个字——就有上百万种可能的切分方式。

```
ExFusion(F,PH) return min_cost
    for every segmentation 𝕊_i of F
        for every phoneme sequence PH_hw of 𝕊_i
            cost = LD(PH_hw, PH)
            min_cost = min(cost, min_cost)
        end for PH_hw
    end for 𝕊_i
end procedure
```

图 5.24 采用穷举搜索的融合伪代码

F 为笔迹，PH 为语音，程序返回最小融合代价

假设单字符识别返回 k 个候选字，那么一个含有 M 个字符的切分结果就有 k^M 个可能的音素序列（此处假设每个字的 k 个识别候选的发音各不相同）。又知音素序列匹配 $LD(PH_1, PH_2)$的时间复杂度为 $O(|PH_1|, |PH_2|)$，因此，*ExFusion* 的时间复杂度为

$$O\left(\sum_{i=0}^{[\alpha \times \beta^{T+1}]} k^{|\mathbb{S}_i|}(|\mathbb{S}_i| \times N)\right)$$

其中，$|\mathbb{S}_i|$表示$\mathbb{S}_i$中的字符数，并且 $T/3 \leqslant |\mathbb{S}| \leqslant T$。可见，*ExFusion* 的效率很低。

- 采用分治策略的融合

可以采用分治策略来降低融合搜索过程的计算复杂度。注意到片断序列 $F = f_0 \cdots f_{i-1} f_i f_{i+1} f_{i+2} \cdots f_{T-1}$ 中，f_{i-1}，f_i，f_{i+1} 和 f_{i+2} 这四个片段不可能同在一个字符里，这是因为已经规定一个字符至多含有 3 个片断。如果两个相邻的片断不在同一字符里，它们被称作是“分离”的。在 F 中，f_{i-1} 和 f_i、f_i 和 f_{i+1} 以及 f_{i+1} 和 f_{i+2} 这三对片断里，肯定有一对是分离的。两个分离的片断将序列 F 分为前后两个子序列，这称为序列 F 的一个分割。例如，如果 f_i 和 f_{i+1} 分离，则 F 被分割为两个子序列

$$\begin{cases} F_{0,i} = f_0 \cdots f_{i-1} f_i \\ F_{i+1,T-1} = f_{i+1} f_{i+2} \cdots f_{T-1} \end{cases}$$

采用分治策略的融合算法如下：定义分治融合代价为 $DCFusion(F_{i,j}, PH_{k,l})$，其中，$F_{i,j}$ 为片断序列（第 i 个片断到第 j 个片断），$PH_{k,l}$ 为语音音素序列，有

$$DCFusion(F_{i,j}, PH_{k,l}) = \begin{cases} ExFusion(F_{i,j}, PH_{k,l}), & j - i < threshold \\ \min\limits_{t-1 \leqslant p \leqslant t+1} (DCCost(p, F_{i,j}, PH_{k,l})), & \text{其他} \end{cases}$$

其中

$$t = (i + j)/2$$

且

$$DCCost(p, F_{i,j}, PH_{k,l}) = \min_{k \leqslant q \leqslant 1}(DCFusion(F_{i,p}, PH_{k,q}) + DCFusion(F_{p+1,j}, PH_{q+1}, l))$$

如果 $F_{i,j}$ 的长度小于阈值 *threshold*，那融合就直接采用穷举方法，否则对其三种分割结果递归地采用分治融合。在算法实现中，阈值 *threshold* = 5。一种分割的两个片断子序列要尝试匹配所有可能的语音音素序列的切割结果。

式中参数 q 的变化范围可以缩小，且在绝大多数情况下不影响融合精度，因而能提高融合效率。事实上，片段子序列 $F_{i,p}$ 只需要去匹配和它指示相同字符范围的音素子序列，而不必匹配给出的所有可能的音素子序列。定义 $Len(i,p)$ 为从片断 f_i 到片断 f_p 的几何距离，定义

$$Pos(p) = Len(i,p)/Len(i,j)$$

为 f_p 在 $F_{i,j}$ 中归一化后的距离。事实上，$Pos(p)$ 也指示了潜在字符序列中片断 f_i 所属于的字符的归一化距离。由于每个字符对应一个 $PH_{k,l}$ 中的一个音素，因此音素子序列 $PH_{k,PhIdx(p)} = ph_k ph_{k+1} \cdots ph_{PhIdx(p)}$（其中，$PhIdx(p) = k + [|PH_{k,l}| \times Pos(p)]$）是最应被 $F_{i,p}$ 匹配的音素子序列。图 5.25 表示了 $PhIdx(p)$ 的计算。现在，把式中参数 q 的变化范围设置为 $PhIdx(p) - \lambda \leqslant q \leqslant PhIdx(p) + \lambda$。在算法实现中，$\lambda = 2$。综上所述，采用分治搜索的融合算法如图 5.26 所示（该算法返回最小融合代价）。

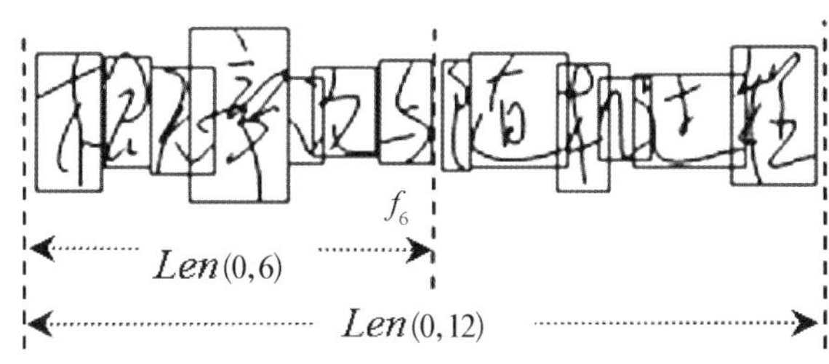

$Pos(6) = Len(0,6) \div Len(0,12) = 0.48$

$PhIdx(6) = (N-1) \times Pos(i) = \boxed{3}$ $(N = |PH| = 8)$

$PH =$ | ph_0 | ph_1 | ph_2 | ph_3 | ph_4 | ph_5 | ph_6 | ph_7 |

图 5.25 寻找最应该和片断子序列匹配的音素子序列

在本例中，最应该和片断子序列 $f_0 f_1 \cdots f_6$ 匹配的音素子序列是 $ph_0 ph_1 ph_2 ph_3$

```
DCFusion(F_{i,j}, PH_{k,l}) return min_cost
    if j - i ≤ threshold
        min_cost = ExFusion(F_{i,j}, PH_{k,l})
    else
        for m = (i + j) / 2 - 1 to (i + j) / 2 + 1
            for n = PhIdx(m) - 2 to PhIdx(m) + 2
                cost = DCFusion(F_{i,m}, PH_{k,n})
                       + DCFusion(F_{m+1,j}, PH_{n+1,l})
                min_cost = min (cost, min_cost)
            end for n
        end for m
    end if
end procedure
```

图 5.26 采用分治搜索的融合算法

$F_{i,j}$为片断序列,$PH_{l,m}$为语音音素序列,结果返回最小融合代价

让我们估计一下 *DCFusion* 的执行效率,看它是否比 *ExFusion* 更高效。如果对图中的笔迹进行 *DCFusion* 融合,整个问题会分解为 775 个 *ExFusion* 子问题,这些子问题的参数 T,M 和 N 都约为原问题中各参数的 1/4。分析可知,*DCFusion* 的时间复杂度约为

$$O(E(t) \times 30^{\log_2(|F|/t)})$$

其中,t 是 *DCFusion* 式中的 *threshold*,$E(t)$是在 t 个片断上执行 *ExFusion* 执行时间的期望。比较 *DCFusion* 和 *ExFusion* 的时间复杂度,可知 *DCFusion* 比 *ExFusion* 高效得多。

- 加权音素

用户语音的音素是靠语音识别获得的。与手写识别一样,语音识别也会出错,这使得参与融合的语音音素不准确。不过语音识别往往也会返回多个识别候选,利用这些候选能更准确地表示用户语音。笔者使用"加权音素"(weighted phoneme)来表示综合语音识别候选的语音音素。

加权音素 *wph* 可看成多个音素的组合,它由一对"加权声母-加权韵母"对[*win*, *wfn*]构成,其中,*win* 是加权声母,*wfn* 是加权韵母。定义

$$\begin{cases} win = [w_0, \cdots, w_{22}], \forall\, w_{j\in[0,22]}, \quad w_j \geqslant 0, \quad \sum_{j=0}^{22} w_j \leqslant 1 \\ wfn = [v_0, \cdots, v_{37}], \forall\, v_{k\in[0,37]}, \quad v_k \geqslant 0, \quad \sum_{k=1}^{37} v_k \leqslant 1 \end{cases}$$

其中,w_i 和 v_j 代表权值。因此,加权声母 *win* 是全部声母的线性组合;加权韵母 *wfn* 是全部韵母的线性组合。在不失含义的情况下,*win* 和 *wfn* 的表示可简化为

$$\begin{cases} win = [w_0 \cdot in^0, w_1 \cdot in^1, \cdots, w_{M-1} \cdot in^{22}] \\ wfn = [v_0 \cdot fn^0, v_1 \cdot fn^1, \cdots, v_{N-1} \cdot fn^{37}] \end{cases}$$

一般来说,大多数 w_i 和 v_j 都等于0,因此可以略去权值为0的项。音素也是加权音素,它的 win 和 wfn 都只有一项,且权值为1。

设字符 C 的语音识别结果为音素候选 $ph_0, ph_1, \cdots, ph_{k-1}$。每个候选音素 $ph_i = [in_i, fn_i]$ 的置信度(confidence)为 t_i。用加权音素 wph 来表示这个语音识别结果,wph 的计算为

$$\begin{cases} w_i = \sum_{j=0}^{k} [t_j \times equal(in_j, in^i)] \\ v_i = \sum_{j=0}^{k} [t_j \times equal(fn_j, fn^i)] \end{cases}$$

其中

$$equal(a, b) = \begin{cases} 1, & a = b \\ 0, & \text{其他} \end{cases}$$

例如,“逃”的语音识别为[t, ao], [t, iao], [d, ao], [t, ou],置信度分别为 t_0, t_1, t_2 和 t_3,那么这识别结果的加权音素表示为

$$wph_{\text{逃}}: \begin{cases} win_{\text{逃}} = [t_2 \cdot \mathrm{d}, (t_0 + t_1 + t_3) \cdot \mathrm{t}] \\ wfn_{\text{逃}} = [(t_0 + t_2) \cdot \mathrm{ao}, t_1 \cdot \mathrm{iao}, t_3 \cdot \mathrm{ou}] \end{cases}$$

加权音素还能表示语音识别中的切分不确定性。例如,语音识别结果为候选(ph_0),(ph_1),($ph_{2,0}, ph_{2,1}$),置信度分别为 t_0, t_1 和 t_2。候选一和候选二都只有一个音素,而候选三有两个音素。这表示语音识别器不确定用户的发音对应一个字还是两个字。笔者用加权音素素 wph_1 和 wph_2 来表示这个识别结果。先在候选一和候选二中分别加入空音素 $ph_{0,1}$ 和 $ph_{1,1}$,此时识别候选形如($ph_{0,0}, ph_{0,1}$),($ph_{1,0}, ph_{1,1}$),($ph_{2,0}, ph_{2,1}$),然后用 $ph_{0,0}, ph_{0,1}$, $ph_{2,0}$ 计算 wph_1,用 $ph_{0,1}, ph_{1,1}, ph_{2,1}$ 计算 wph_2。由于 $ph_{0,1}$ 和 $ph_{1,1}$ 是空音素,因此 wph_2 的加权声母权重和小于1(等于 t_2),其加权韵母也是如此。这表明,wph_2 指出了在语音识别中存在的切分不确定性,因此能更准确地反映原始语音。通常一个句子的语音识别结果为词组(phrases)序列,每个词组至少有一个字。词组内的语音识别结果可以用上述加权音素表示。把这些加权音素合起来,就得到一句话的语音识别的加权音素序列表示了。

至此,我们可以将融合算法中的音素替换为加权音素进行计算。为此,还需要定义加权音素间的相似度。给定加权音素 $wph_1 = [win_1, wfn_1]$ 和 $wph_2 = [win_2, wfn_2]$,它们的相似度 $S(wph_1, wph_2)$ 的计算为

$$S(wph_1, wph_2) = swIn(win_1, win_2) + swFn(wfn_1, wfn_2)$$

其中,$swIn(win_1, win_2)$ 是两个加权声母的相似度,$swFn(wfn_1, wfn_2)$ 是两个加权韵母的相似度。因此,有

$$\begin{cases} swIn(win_1, win_2) = \sum_{j=0}^{M-1} \sum_{k=0}^{M-1} w_{1j} w_{2k} sIn(in^j, in^k) \\ swFn(wfn_1, wfn_2) = \sum_{j=0}^{N-1} \sum_{k=0}^{N-1} v_{1j} v_{2k} sFn(fn^j, fn^k) \end{cases}$$

3. 评估与讨论

该识别纠错方法的实验评估主要关注三方面问题：该方法是否有效；它在计算上是否高效；与其他方法相比，它能否拥有更高的纠错效率。在实现中，手写单字符识别采用汉王手写汉字字符识别器[Hanwang OL]，获取语音的音素和加权音素表示的语音识别采用微软 SAPI[Microsoft OL1]。实验数据为 60 个含有字符提取和识别错误的手写句子，它们分为三组：D1，D2 和 D3，每组 20 个句子。定义单句识别错误率(error rate)为

$$\text{error rate} = \left(1 - \frac{|\text{correctly recognized characters}|}{|\text{all characters}|}\right) \times 100\%$$

D1 中句子的错误率约为 15%；D2 中句子的错误率约为 30%；D3 中句子的错误率约为 50%。笔者采用了三种笔迹识别纠错方法——T1，T2 和 T3 进行比较。T1 是指使用笔手势和 *N*-Best List 的方式纠正字符切分错和识别错[Wang 2006]。T2 是笔者之前的语音纠错的方法[Wang 2006]，它只能纠正字符识别错误，不能纠正字符提取错。T3 是指本节提出的纠错方法。12 名被试参与此项实验，他们被分为人数相同的三组：S1，S2 和 S3，根据图 5.27 中给出的方式，使用不同的纠错方法去纠正试验数据中的识别错误。值得一提的是，当被试使用方法 T2 或者 T3 时，可使用 T1 作为辅助，这是因为 T2 和 T3 这两种语音纠错方法都不能保证 100%地纠正所有的错误。

	D1	D2	D3
S1	T1	T2	T3
S2	T2	T3	T1

图 5.27 实验安排

例如单元格 (S2，D3)为 T1，表示 S2 中的被试用方法 T1 纠正数据 D3 中的错误

图 5.28 给出的是三种纠错方法的操作效率比较。结果显示，在错误率比较低的 D1 上，三种方法的纠错效率差不多。然而，在错误率比较高的 D2 和 D3 上，T3 的效率明显优于 T1 和 T2。该实验结果可解释如下：T1 只使用笔手势进行纠错，一般来说，纠错时间是随着错误量的增加而线性增加的；T2 只能纠正字符识别错，不能纠正字符提取错。然而当错误率上升时，字符提取错误出现得越来越频繁，它们都需要通过 T1 的辅助才能纠正。T3 因为既能纠正字符识别错也能纠正字符提取错，因此在高错误率的情况下，纠错效率比 T2 和 T1 都要好。实验结果说明，T3 更适合于错误密集情况下的纠错。

图 5.29 通过对比纠错前后的错误数，显示了方法 T3 的有效性。结果显

示,T3能纠正测试数据中的大部分错误(剩下的错误靠T1笔手势方法纠正)。图5.29显示,使用加权音素比使用音素更能有效地纠正测试集中的错误,这说明:引入加权音素表示语音输入对提高纠错能力有帮助。

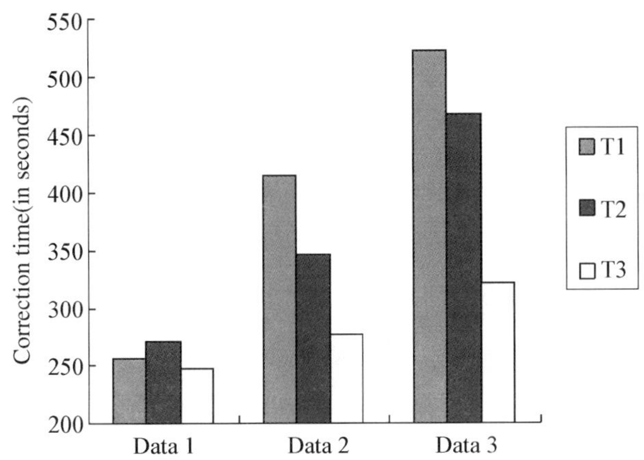

图5.28 比较T1,T2和T3三种纠错方法在不同错误率的数据集上的操作效率

Y轴表示纠错耗时,X轴上是三个数据集D1,D2和D3

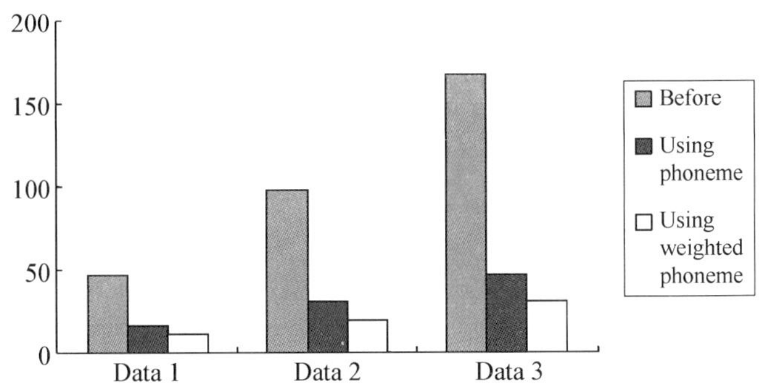

图5.29 语音纠错前的错误数、采用音素的语音纠错后的错误数以及采用加权音素语音纠错后的错误数比较

本节提出的纠错方法并不能确保纠正所有的错误,如果存在以下的情况,纠错就可能失败:某个字符的手写识别候选表中未包含正确结果;字符的手写识别结果候选在发音和字形上都很相似;之前介绍的"过切分"存在错误;语音识别严重出错(为了提高对语音识别容错度,笔者特别引入了加权音素,然而严重的语音识别错误仍无法克服。)

图5.30给出了融合算法的执行时间。结果表明,该融合算法在进行短句纠错时效率很高,即使是18个字符的句子,也能在3.5秒内得出融合结果,表明该

融合算法的执行效率是比较高的。

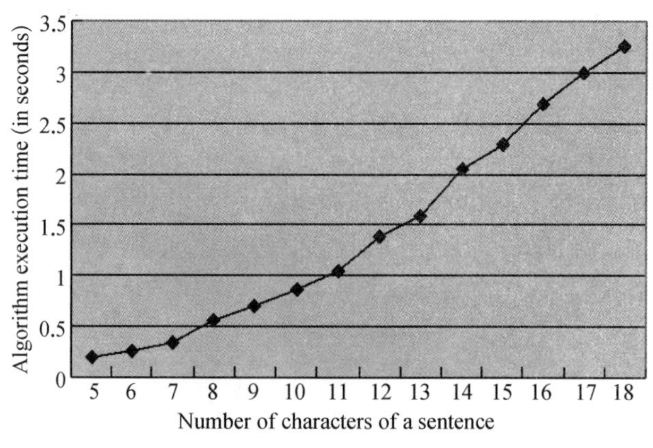

图 5.30 融合算法的执行时间

X 轴表示句子中的字符数，*Y* 轴表示融合时间

4. 结论

为了自然、高效地纠正连续手写汉字识别中的错误，本节提出了一种多通道纠错方法。用户只需要口头复述所书写的内容，就可以纠正手写识别中的字符提取错和字符识别错。语音与手写笔迹的多通道融合算法是该纠错方法的核心。该融合算法通过利用寻找最匹配用户语音的手写识别的结果，纠正手写识别错误。实验评估表明，该方法能有效纠正识别错误，计算效率高。与另外两种纠错方法比较，此纠错方法的纠错效率更高。

5.4 笔式用户界面中 Icon/Button 设计

5.4.1 Icon 设计概述

图标是用来代表对象或任务的界面元素。图标的设计关系到软件是否能够向用户传达有效的信息，使用户完成特定的目的，与界面可用性方面（可理解性和易学习性）密切相关。因此在整个界面设计中，好的图标设计非常重要。

在笔式用户界面中，图标设计既要遵循一般的图标设计原则，又要考虑使用笔式系统的特殊性。例如，使用光笔进行点击操作时，容易发生笔头的位移，导致指点位置不够精确；因而，如果用图标作为按钮背景（即图标按钮），就要考虑图标的大小，应该尽量大一点为好。

本设计指南对笔式用户界面中，图标的一般设计原则和具体的设计指南做概要阐述，设计者可根据实际情况灵活运用。

5.4.2 Icon 总体设计原则

笔式用户界面的图标设计应遵循如下原则：

● 简单性原则。图标应该在视觉上是简单的。

● 清晰性原则。图标应该容易被用户所感知，轮廓清晰，容易辨别。

● 可理解性原则。图标应该能够提供给用户可理解的信息，对不同的用户不容易产生歧义。

● 具体性原则。图标最好采用表达具体事物的图案，如“放大”的图标设计为“放大镜”等。

● 一致性原则。同类型的一组图标的风格和图案应该保持一致。

● 文化符合原则。设计的图标应该符合用户所在行业的文化特点。如为教学软件设计的图标就应多用教育领域的素材来考虑图标的设计，这样便于用户的理解、操作和记忆。还应该根据不同年龄段的主流用户来设计不同图标。

5.4.3 Icon 具体设计指南

1. 设计过程

● 明确设计需求

明确设计的需求时，需要回答以下问题：

■ 界面的用户是谁？用户有哪些特征(年龄、性别、职业、工作生活环境等)？

■ 界面的交互环境的特点是怎样的(如输入设备、输出设备等)？

■ 界面的总体风格是怎样的？

■ 图标在用户界面环境中的形式(Logo 图标、工具栏图标、图标按钮……)是怎样的？

● 把握图标的概念

图标是用来代表对象或任务的界面元素，因此设计之前，应把握图标所代表的对象或任务的真实内涵。

例如，Redo 的含义可翻译成“重做”、“重复”、“恢复”等，该词的真正含义是：“把撤销过的操作再重新恢复过来”，但不同人看到前面三个词汇时，可能会有不同理解。此时，设计者应理解 Redo 的真正内涵，以明确图标所代表的真正概念是什么。

● 确定图标风格

综合用户特点、界面总体风格、交互环境和颜色等要求，确定图标的风格(颜色、大小、形状、质感等)。

- 图标原型设计

根据设计要求和创意,设计图标轮廓。最好设计多种方案。

- 原型测试,寻求反馈

将多种方案的图标原型提供给用户,测试用户是否容易理解图标的含义、记住图标的特性。

- 修改设计

根据用户(或客户)反馈,修改图标的原型设计。如有必要,需再次进行原型测试。这是一个反复迭代的过程。

- 图标实现,规格说明

利用图形软件,实现图标,并说明图标的规格说明书(图标概念说明,大小、颜色等参数说明等)。

2. 图标设计要素

- 颜色

图标的颜色组成不应过于丰富。图5.31是Windows XP图标中使用的主要颜色,供参考:

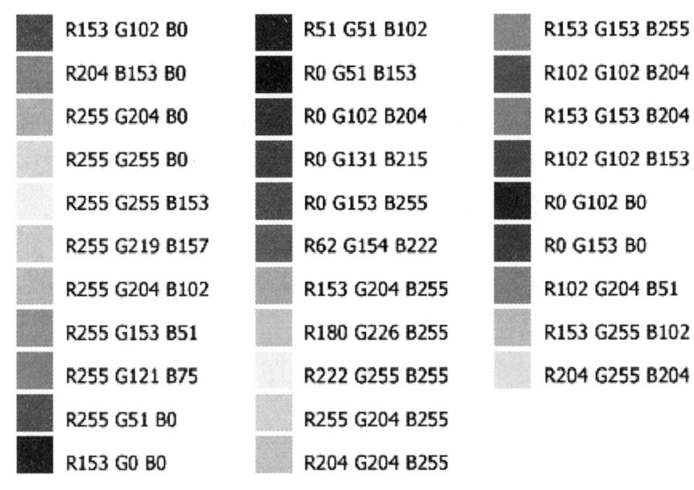

图5.31 Windows XP 图标调色板

如果在设计时使用真彩色的屏幕设置,则还要注意设计的图标在256色屏幕下或更低设置下的效果。

- 图案

图标的图案设计是图标设计师的主要创意的地方,也是图标设计师的设计难点。设计图案时,最重要的是要考虑图案的形象与图标概念的匹配性,使用户一看到图标图案就能想到它代表的含义;也就是说,图标的图案最好要有预设用途(affordance)的特性,以便于用户快速识别和记忆。便于用户识别和记忆是在图标设计时考虑的两个重要的因素。可以考虑如下几点:

■ 考虑图标使用的文化背景。正如原则中所说,可以从用户所处的社会文化环境中寻找灵感,确定图标的图案。

■ 图案尽量采用基于真实世界的对象,而少用抽象的标志设计。当用基于一个真实世界对象设计图标时,突出它的普遍和必要的特征,并使用前景和背景,运用透视,可更好地表现真实的效果。

■ 避免使用人物、面部、性别、身体、字母或单词作为图标。这些图案往往不能表示确切的含义,不容易理解并且可能令人不快。这对于面对国际化的用户来说也非常重要。

■ 必须用图标表示人或用户时,尽可能使其图案大众化,避免现实主义的描写。

■ 借用标准的公用图标。Windows 中定义了很多标准的公用图标(如图 5.32 和图 5.33),如果图标的含义与其含义相似,尽量借用标准图标,或在此基础上做适当修改。

图 5.32 Windows XP 的公用图标

- 形状

一般情况下图标的形状是正方形的。如果图标无法做到正方形,长宽比例大小一般不要超过 4∶3。

- 大小

图标的大小一般有以下几种像素:

■ 16 × 16 像素;

■ 32 × 32 像素;

■ 48 × 48 像素;

图 5.33 Windows XP 的公用工具栏图标

- 64 × 64 像素。

图 5.34 的图标分别为 48 × 48 像素、32 × 32 像素、16 × 16 像素大小。

图 5.34 不同大小的图片文件夹图标

考虑到笔输入设备的特殊性——指点不够精确，建议图标最好选择32 × 32像素及以上的大小。

- 复杂度

图标应遵循简单性、清晰性原则。图标内只有一个对象的称为直观图标，有一个以上的称为重叠图标。如图 5.35 和图 5.36 所示。

图 5.35 直观图标示例

jpg 文档、搜索和收藏夹图标

图 5.36 重叠图标示例

添加或删除程序、打印图片及最近的文档

图标除非创建重叠辅助对象可以更清楚地表达图标的含义，否则就可读性和完整性而言，还是应使用直观图像。建议在图标中使用的对象不超过三个。

- 轮廓

为图像添加轮廓可使之更清晰，并可保证图像在不同背景色上都具有较好效果。

- 图标提示

所有的图标都应有图标工具提示(tooltip)。

- 交互

图标与其他相应的组件结合才能具有交互功能，如图标按钮、热点、图标链接等。这里不做阐述。在按钮的指南中，将阐述图标按钮的交互。

3. 图标组合

- 整体风格一致

一组图标应使用一种共同的设计风格。可重复一些普遍的特征，但是避免重复没有意义的特征。另外，还应考虑下列因素的一致性：

- 光源的位置一致；
- 色彩的饱和度、亮度控制在同一水平。

- 屏幕布局

图标应整齐排列（横向或纵向），一组图标内，图标之间间距一致。

当屏幕中图标较多时，为减少用户搜索图标的时间，应根据图标的概念、性质等进行分组，组与组之间用更宽的间距或其他方式分隔。

5.4.4　Button 设计概述

按钮（button）是能够响应用户点击命令的组件。按钮的表面如果有文字标签，称为命令按钮；按钮的表面如果是图标，则称为图标按钮。

按钮可以分为单态按钮和多态按钮（1/2 按钮、1/3 按钮等）。单按钮是指一个按钮区域实现一个功能，如点击"剪切"按钮只能实现"剪切"的功能。1/2 按钮是指一个按钮区域交替实现两个功能的中一个，如媒体播放器中的"播放"/"暂停"按钮，同在一个按钮区域，单击时实现"播放"功能，按钮则显示"暂停"状态；再次单击时实现"暂停"功能，按钮显示"播放"状态，两者交替实现。同样，1/3 按钮是指三个功能交替实现的按钮。

在笔式用户界面中，由于使用光笔操作，按钮的设计需符合一般的按钮设计原则，还需符合一些特殊的设计原则。

5.4.5　Button 设计原则

- 形状。按钮的形状最好为正方形或圆形，但其形状需适应按钮上的文字标签，长宽比不要超过 3∶2。由于光笔的定位不够精确，与普通按钮一样设置长方形，不利于光笔点击。

- 大小。考虑到笔输入设备的特殊性——指点不够精确，按钮的大小设置在 32×32 像素以上。

- 交互状态。按钮的交互状态有四种：正常状态、滑过状态、按下状态、不可用状态。

在正常状态：按钮应显示为立体凸起形状，以提示用户该按钮可以被按下（affordance）。

在滑过状态：按钮发生改变，可以是按钮边缘（或中心）变亮、按钮颜色改变等。

在按下状态：按钮应显示为凹下形状，以提示用户该按钮已经被按下。

在不可用状态：按钮显示为灰色，或不可见。

例如，图5.37展示了一个按钮（图标按钮）存在的四种状态。

正常状态

滑过状态

按下状态

不可用状态

图5.37　按钮的四种状态

- 位置。弹出的对话框上的“确认”、“取消”、“设置”之类的命令按钮，多个按钮横排时，一般置于对话框右下角或底部居中，横向对齐，按钮之间的横向间隔一致；多个按钮竖排时，一般置于对话框的右上角，纵向对齐，按钮之间的纵向间隔一致。这是因为，对话框一般是用于使用户设置某些值，其中的按钮一般用于对设置的值进行决策（“确定”设置、“取消”设置或“应用”设置）或进一步设置（“高级”设置等），根据用户的任务流向和注意流向（一般是从左到右、从上到下），按钮设置在右边或下边是比较合适的。
- 按钮的位置应保持一致性，在内容相近的不同页面，相同的按钮应保持在相同的页面位置上。另外，一个对话框中最重要的按钮一般放在按钮群的最左边（如果是左右排）或最上边（如果是上下排）。

例如，图5.38的两个页面中，都是资源（图(a)是媒体资源，图(b)是图片资源）页面，其右下角的两个按钮：“导入”按钮和“返回”按钮就很好地遵循了这一原则：位置保持了一致性；对用户而言，在这两个页面中的主要任务是导入资源，因而，“导入”按钮比“返回”按钮更重要，放在了“返回”按钮的上边。

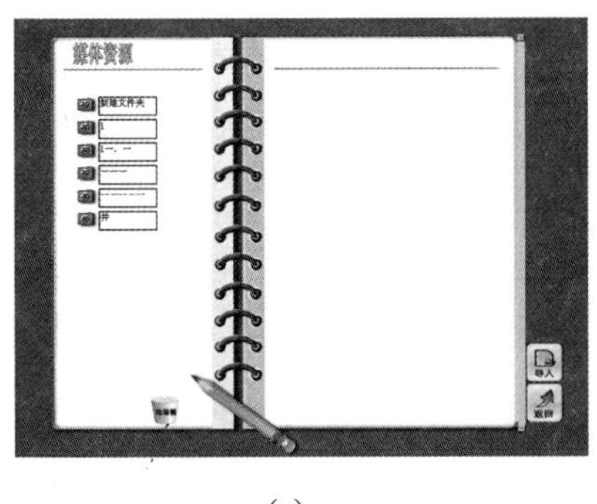

(a)

(b)

图5.38　资源页面

● 按钮默认焦点设置。按钮的默认焦点是指:一个页面(对话框等)中,只要按下回车键(或空格键)就响应其中某个按钮,该按钮就处于默认的焦点上。一般采用按钮加边线的方式来显示该按钮为默认按钮。如图 5.39 中对话框的按钮。

在设置默认焦点的按钮时,要注意:该按钮应为用户预期(或经常)点击执行的且不会给用户造成风险的按钮,以保证用户既高效又安全地操作。如图 5.40中的对话框。

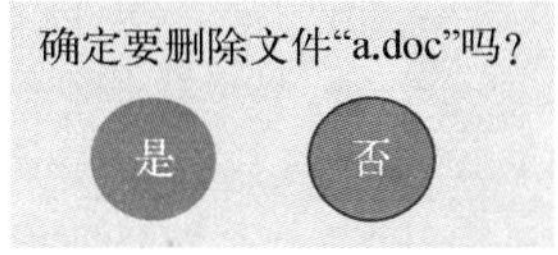

图 5.39 对话框按钮(Ⅰ)

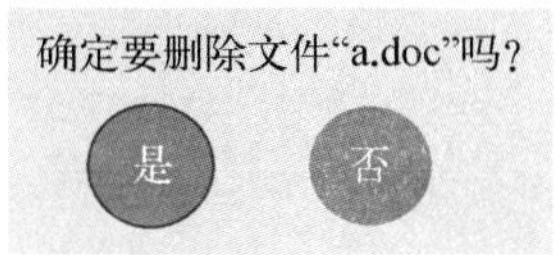

图 5.40 对话框按钮(Ⅱ)

对话框的目的是"确认删除文件",默认焦点在"是"上,如果用户在弹出该对话框后,意识到不能删除该文件,但不小心碰到了回车键或空格键,不该发生的事情便发生了——这会给用户造成不小的损失。所以,将默认焦点放在"否"按钮上更合适,这样让用户的操作更加安全。

● 整体风格。系统中一个组群的按钮应使用一种共同的设计风格(大小、形状等一致)。可重复一些普遍的特征,但是避免重复没有意义的特征,应能够让使用者产生功能关联反应。功能差异大的按钮应该有所区别。如图 5.41 中的三个按钮。

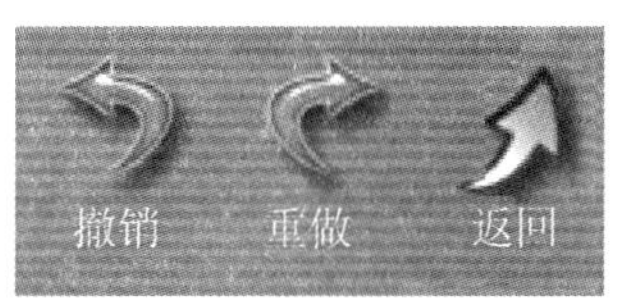

图 5.41 按钮

它们属于同一群组,重复了一些普遍特征(颜色均为绿色),但是,我们可以看到按钮的大小显得不一致(看按钮中文字的大小可以辨别),而且文字不在同一水平线上,按钮图标边缘也显得不一致("撤销"和"重做"按钮的图标为亮边缘,而"返回"按钮图标为黑边缘)。因而,把按钮大小和水平位置等调整为一致,整体风格上就会显得更加统一了。

● 图标按钮的设计。图标按钮是表面为图标图案的按钮。设计中除了要遵循上述原则外,还需遵循图标的设计原则。

● 按钮标签的命名。相同功能的按钮应该具备同样的标签名,应确保按钮标签名的一致性。另外,应确保按钮标签名为简洁的词汇短语,容易被用户理解,不会产生歧义。

例如,redo 按钮的标签名可以为"重做"、"恢复"、"重复"等,但通过用户访谈和实验,以"重做"作为该按钮的标签名不太合适,因为有很多用户都把"重做"理解为"重新做一遍"的意思,与 redo 命令的真正含义有出入,产生歧义。

● 慎用多态按钮(1/2 按钮等)。在一般情况下,不要使用多态按钮,因为虽然多态按钮有节省空间、效率高的优点，但一个按钮的动态变化，容易使用户带来困惑而难于理解。例如，我们可以考虑以下情况，一个1/2按钮中有两种状态，如图5.42所示。

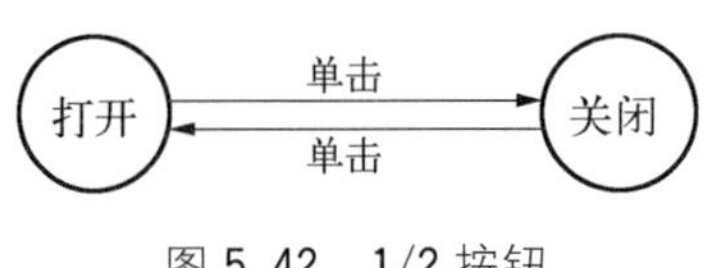

图5.42 1/2按钮

该1/2按钮的问题是，无法实现按钮的另外一个功能，即告诉用户按钮的当前状态。当我们单击"打开"时，按钮变为"关闭"，但按钮当前事实上处于"打开"状态；而我们单击"关闭"时，按钮变为"打开"，但按钮当前事实上处于"关闭"状态。

因此，除非该1/2按钮已经使用户形成了习惯用法，如前面所说的媒体播放器中的"播放"/"暂停"按钮（图5.43），不要使用多态按钮。

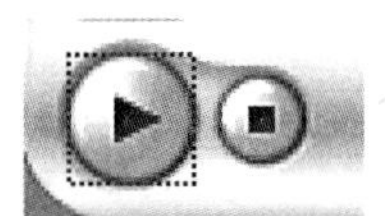

(a) "播放"按钮，处于暂停状态

(b) "暂停"按钮，处于播放状态

图5.43 "播放"和"暂停"按钮

- 当前情形下按钮不可用时，用按钮变为灰色来表示这种不可用状态，而不是隐藏/移走该按钮，这样可使用户对如何使用应用软件建立精确的心理模型。如果仅仅移走按钮，而不是使其变灰，用户很难建立精确的心理模型，因为用户只知道当前什么是可用的，而不知道什么是不可用的。

5.5 基于笔的三维交互

5.5.1 概述

将笔-手写板与跟踪设备相结合就形成组合的3D交互设备，可使得用户在虚拟现实环境下执行更有效的交互，如图5.44所示的Virtual Notepad系统[Poupyrev 1998]就是使用户在3D沉浸式虚拟环境下查看信息，并用手写进行批注等工作。笔与3D跟踪设备组合的优点是显而易见的，一方面系统可以利用跟踪器输入的6DOF信息进行3D交互，另一方面板的存在为在3D UI中融入2D GUI元素提供了基础，而笔则为指点操作和手写收入提供条件，因而这已经逐渐成为一种通用的 3D UI 形式。Bowman 等人[Bowman 2004]认为这种组合充分利用了如下原理：

- 双手、非对称交互；
- 物理道具(被动交互反馈)；
- 能进行 2D 交互，减少了输入自由度；
- 具有辅助输入的表面约束；
- 以身体为参考系的交互。

图 5.44 Virtual Notepad 系统[Poupyrev 1998]

下面主要介绍使用笔-板的 3D 用户界面中基于笔的一些交互技术，关于 3D 交互技术更详细的内容参见[Bowman 2004]。

5.5.2 交互设备的组合

如图 5.45 所示，将手写板和笔分别与跟踪器绑定，通过跟踪器获得的位置信息，控制在 VE 系统中板和笔的位置和方向(如图 5.46 所示)，这样现实世界中的手写板和笔提供给用户触觉反馈，虚拟世界中的板和笔提供给用户视觉反馈，用户可以用现实世界的板和笔在虚拟世界中完成草图、注释等工作，而不需要频繁地在虚拟世界和现实世界中进行切换。这种交互方式将虚拟世界与真实世界有效地结合起来，充分利用人们在现实生活中熟悉的纸笔隐喻。使用户能够将注意力放在交互任务上，而不是如何使用交互设备上，降低了用户的认知负担。

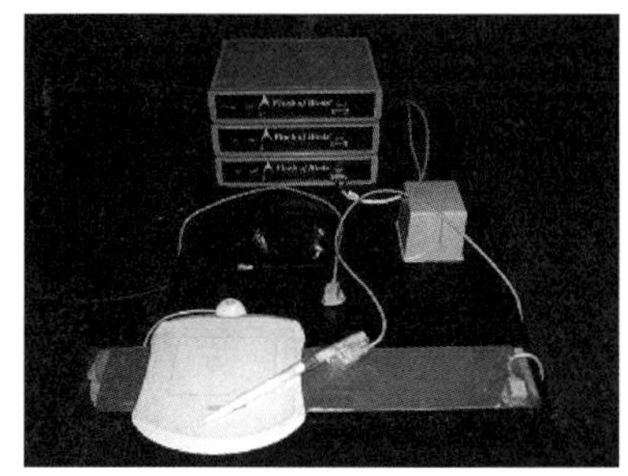
图 5.45 笔/板与跟踪器绑定

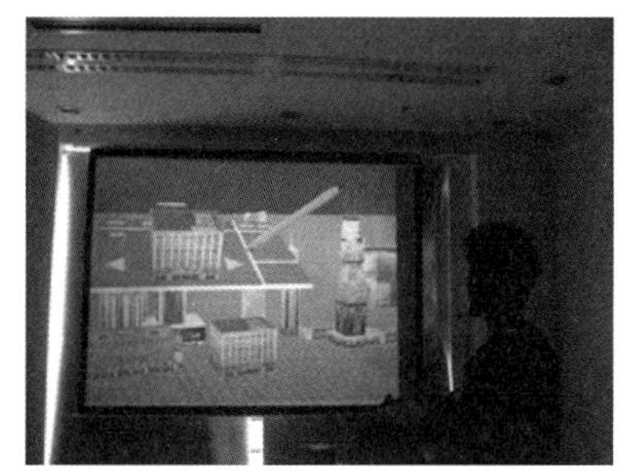
图 5.46 系统工作环境

5.5.3 交互技术

笔能方便地输入数字、符号、图形信息；可方便地进行指点操作、选择可见物体和进行草图绘制(如方便地定义直线、点、区域等几何元素)；并且能够模拟鼠标的点击，拖动等动作。配合 6DOF 跟踪器就可以实现更为灵活的交互功能，从而在 3D 环境下完成复杂的交互任务。

组合笔/板(2D 交互设备)和跟踪器(3D 交互设备),就可进行组合 2D 和 3D 进行混合交互。笔/板上借用纸/笔隐喻实现 2D 交互。这时笔的输入信息有两类,一类是笔手势:采用 Rubine[Rubine 1992]算法设计了 33 个有意义的笔手势命令(如图 5.47 所示),每个笔手势命令大约有 30~50 个样本,用于系统控制。该类信息被识别后,封装为原语〈gesture,手势命令,pen,当前时间〉。另一类是笔迹、点击等在板上的操作:该类信息不需要识别,直接封装为原语〈point,点在板上的位置坐标,pen,当前时间〉。在交互过程中,带有跟踪器的笔作为操作器(右手操作),带有跟踪器的板作为操作的容器(左手操作),用户可以对板上的虚拟对象进行文字注释、圈选放缩、调整方位;或用笔点取板上的按钮也可以切换到基于 2D 界面的操作,并完成一些系统控制(如加载新的模型等),如图 5.48 所示。

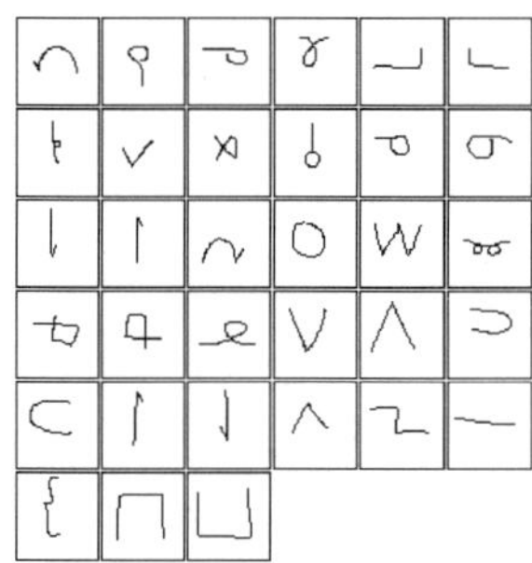

图 5.47 笔手势集

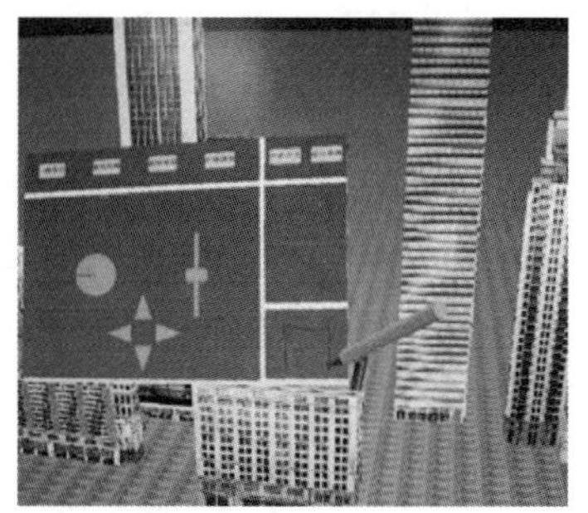

图 5.48 笔手势应用

直接的 3D 交互技术有三类:

- 光线投射选择。跟踪器跟踪笔的位置/方向,笔的位置/方向作为虚拟光线的方向,进而提取场景中的被操作对象(通过语音转换选择/操作的模式),如图 5.49、图 5.50 所示。

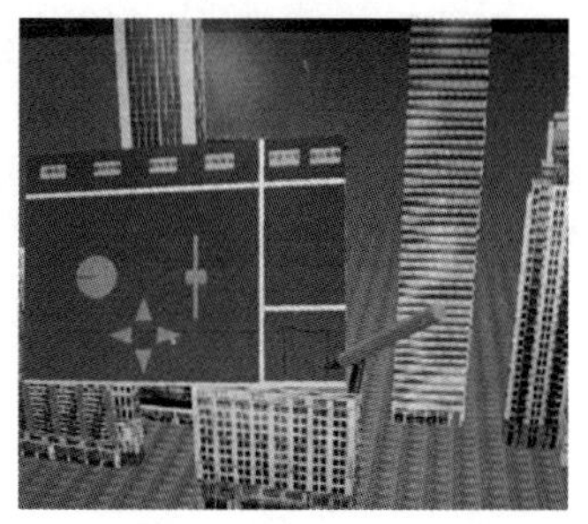

图 5.49 纸/笔隐喻

图 5.50 光线投射

- 缩微世界(World In Miniature,WIM[Stoakley 1995])。左手板比喻成全局(或感兴趣的 3D 空间区域)的缩微模型;右手笔可以在两个(缩微/全局)空间无缝操作场景对象，或改变用户的位置，如图 5.51、图 5.52 所示。

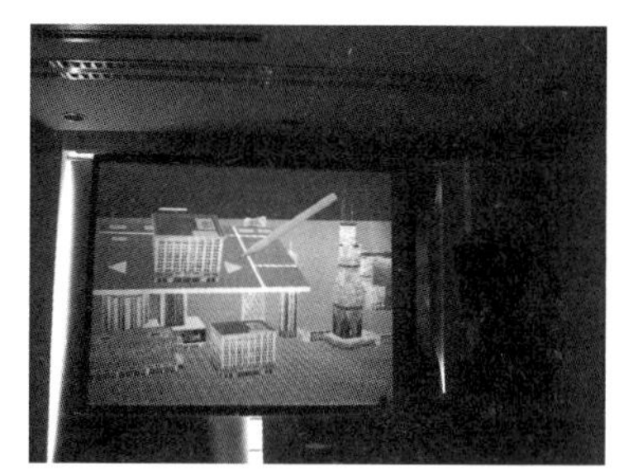

图 5.51 容器隐喻

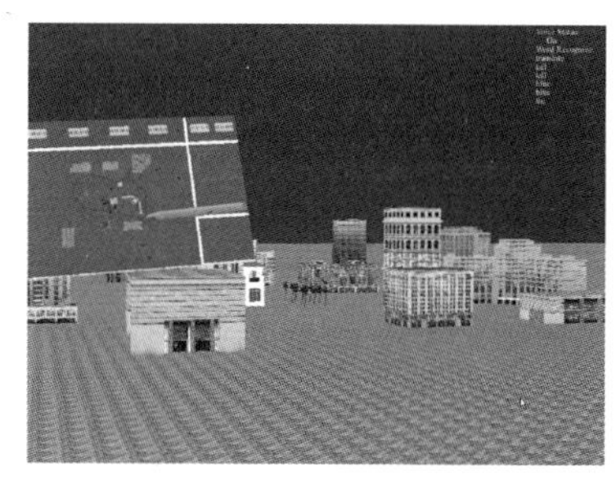

图 5.52 WIM 隐喻

- 导航技术。使用双手跟踪器，右手的笔控制漫游的方向，左手板与右手笔的相对位置控制漫游的速度。

5.5.4 笔式交互与语音输入的 3D 融合

以笔式交互为主通道，融合语音通道实现多通道 3D 交互。主通道用于系统的操作、导航等交互任务，语音作为辅助通道用于系统控制、状态转换或场景操作中辅助属性的描述。在我们的系统中，使用 Microsoft Speech SDK 5.1 作为语音识别引擎，其输入的语音信息被识别后封装为原语〈speak，语音输入的内容，voice，当前时间〉。

从任务的观点看，多通道融合的目的就是获取用户的交互意图——交互任务。系统采用面向任务的方式来实现多通道语义融合，如图 5.53 中的虚线框所示，主要包括任务槽交互原语(Input Primitive, TP)匹配和交互任务生成。

- 任务槽 IP 匹配

每个交互任务都映射为一个任务槽，由一个任务动作和若干个任务参数(任务参数又包括动作目的对象的修饰属性和动作的修饰属性)构成。任务槽 IP 匹配的过程也就是任务解析的过程。匹配步骤如下：

(1) 获取同一时间段(即通道相关的最大时间间隔，通过经验值来指定)内所有通道的 IP；

(2) 分析当前得到的 IP 集合，获取任务动作 IP，决定使用什么样的任务槽；

(3) 将其余 IP 与任务槽中的参数相匹配并填入相应位置，对于都不匹配的 IP 则抛弃。

- 交互任务生成

首先处理填充完的任务槽，包括任务结构分析和任务参数整合。任务结构表明任务需要的参数及类型，对于缺少的参数，若有缺省值则采用缺省值填充。若无法满足任务的基本结构，则放弃该任务槽，如缺少名词属性和定位属性。若已满足，则对槽中的各个参数进行整合。

任务参数整合的过程是对参数属性的语义相容性检查的过程。同属性的参数是不相容的,同属性的多个参数选择时间标记最大的,这满足时间上最近选择的要求。不同属性的参数是否相容取决于该属性修饰的对象是否一致,若不一致则不相容,此时需要比较参数的属性优先级(定位属性>名词属性>颜色属性>指称属性),抛弃低优先级的参数。

最后,基于上下文信息对整合结果进行进一步判定。如需上下文信息,则从场景上下文和会话上下文获取对应的信息数据作为辅助参数来完成交互任务生成。

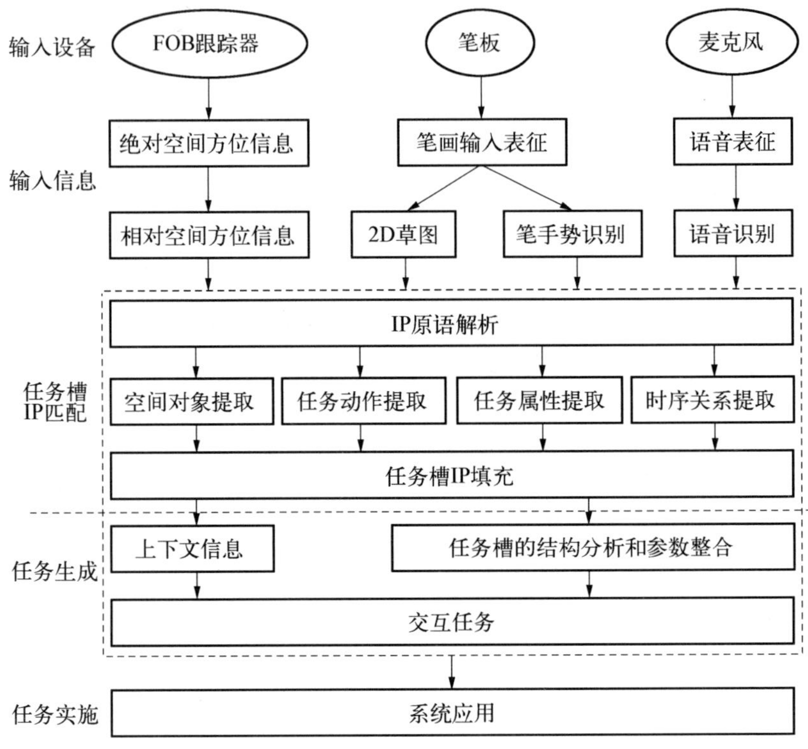

图 5.53　多通道融合框架

参 考 文 献

[付永刚 2002] 付永刚,戴国忠,蒋成高,等. 支持笔输入的虚拟家居设计系统[J]. 计算机辅助设计与图形学学报,2002,14(9):877－879.

[Abowd 1996] ABOWD G D. Teaching and learning as multimedia authoring: The classroom 2000 project[C]//Proceedings of the Fourth ACM International Conference on Multimedia, Boston, United State, 1996: 187－198.

[Ainsworth 1992] AINSWORTH W A, PRATT S R. Feedback strategies for error correction in speech recognition systems[J]. International Journal of Man-Machine Studies, 1992, 36(6): 833-842.

[Alfred 1995] ALFRED K, WOLFGANG P. The user modeling shell system BGP-MS[J]. User Modeling and User Adapted Interaction, 1995, 4: 59-106.

[Alvarado 2001] ALVARADO C J, DAVIS R. Resolving ambiguities to create a natural computer-based sketching environment [C]//International Conference on Computer Graphics and Interactive Techniques. New York: ACM, 2001: 1365-1371.

[Apple 1997] Apple Computer Inc. Newton[P/OL]. http://www.apple.com, 1997.

[Apple 2005] Apple Corporation. MAC OS X Tiger[P/OL]. http://www.apple.com/macosx/overview/, 2005.

[Baber 1993] BABER C, HONE K S. Modeling error recovery and repair in automatic speech recognition[J]. International Journal of Man-Machine Studies, 1993, 39(3): 495-515.

[Bruce 1997] BRUCE K. Lifestyle finder: Intelligent user profiling using large-scale demographic data[J]. AI Magazine, 1997, 18(2): 37-45.

[Bourgue 2006] BOURGUE M L. Towards a Taxonomy of Error-Handling Strategies in Recognition-Based Multimodal Human-Computer Interfaces[C]//Signal Processing, 2006: 3625-3643.

[Bolt 1980] BOLT R A. Put-that-there: Voice and gesture at the graphics interface[J]. ACM SIGGRAPH Computer Graphics, 1980: 14(3): 262-270.

[Bimber 2000] BIMBER O, ENCARNACAO LM, STORK A. A multi-layered architecture for sketch-based interaction within virtual environments[J]. Computers & Graphics, 2000, 24: 851-867.

[Bowman 2004] BOWMAN D, KRUIJFF E, LAVIOLA J, et al. 3D User Interfaces: Theory and Practice[M]. Boston: Addison-Wesley, 2004.

[Callahan 1988] CALLAHAN J, HOPKINS D, WEISER M, et al. An empirical comparison of pie vs. linear menus[C]//Proceedings of SIGCHI Conference on Human Factors in Computing Systems. New York: ACM, 1988: 95-100.

[Chatty 1996] CHATTY S, LECOANET P. Pen computing for air traffic control[C]//Proceedings of SIGCHI Conference on Human Factors in Computing Systems. New York: ACM, 1996: 87-94.

[Christian 2001] CHRISTIAN L. Quill: A Gesture Design Tool for Pen-based User Interface [D]. Berkeley: University of California, 2001.

[Clowes 1971] CLOWES B M. On seeing things[J]. Artificial Intelligence, 1971: 2(1): 79-112.

[Cohen 1997] COHEN PR, JOHNSTON M, MCGEE D, et al. Quickset: Multimodal interaction for distributed applications[C]//Proceedings of the Fifth ACM International Multimedia Conference. New York: ACM, 1997: 31-40.

[Dahlback 1993] DAHLBACK N, JONSSON A, AHRENBERG L. Wizard of Oz Studies Why and How[C]//Proceedings of the 1st International Conference on Intelligent User Interfaces.

New York: ACM. 1993: 193 - 200.

[Dong 1999] DONG S H, WANG J, DAI G Z. Human-Computer Interaction and Multimodal User Interface[M]. Beijing: Science Press, 1999.

[Dupont 2000] DUPONT S, LUETTIN J. Audio-visual speech modeling for continuous speech recognition[J]. IEEE Transactions On Multimedia, 2000, 2(3): 141 - 151.

[Elrod 1992] ELROD S, BRUCE R. Liveboard: A large interactive display supporting group meetings, presentations, and remote collaboration[C]//Proceedings of SIGCHI Conference on Human Factors in Computing Systems. New York: ACM, 1992: 599 - 607.

[Edward 2005] EDWARD C K. Multimodal New Vocabulary Recognition through Speech and Handwriting in a Whiteboard Scheduling Application [C]//Proceedings of the 10th International Conference on Intelligent User interfaces. New York: ACM, 2005: 51 - 58.

[Eysenck 2000] EYSENCK M, KEANE MT. Cognitive Psychology: A Student's Handbook [M]. New York: Psychology Press, 2000.

[Geoff 2001] GEOFF W, MICHAEL J P, DANIEL B. Machine learning for user modeling[J]. User Modeling and User-Adapted Interaction, 2001, 11: 19 - 29.

[Furnas 1987] FURNAS G W, LANDAUER T K, GOMEX L M, et al. The vocabulary problem in human system communication[J]. Communications of the ACM, 1987, 30(11) : 964 - 971.

[Fitts 1954] FITTS M P. The information capacity of the human motor system in controlling the amplitude of movement[J]. Journal of Experimental Psychology, 1954, 47(6): 381 - 391.

[Frankish 1992] FRANKISH C, JONES D, HAPESHI K. Decline in accuracy of automatic speech recognition as function of time on task: Fatigue or voice drift[J]. International Journal of Man-Machine Studies, 1992, 36(6): 797 - 816.

[Gross 1996] GROSS M D. The electronic cocktail napkin: A computational environment for working with design diagrams[J]. Design Studies, 1996, 17(1): 53 - 69.

[Grossman 2006] GROSSMAN T, HINCKLEY K, BAUDISCH P, et al. Hover widgets: Using the tracking state to extend the capabilities of pen-operated devices[C]//CHI 2006. ACM Press, 2006: 861 - 860.

[Hanwang OL] http://www.hwpen.net/.

[Halverson 1999] HALVERSON C, HORN DB, KARAT C, et al. The beauty of errors: Patterns of error correction in desktop speech systems[C]//Proceedings of INTERACT'99. IOS Press, 1999: 133 - 140.

[Heeman 1998] HEEMAN P A, JOHNSTON M, DENNEY J, et al. Beyond Structured Dialogues: Factoring Out Grounding[C]//Proceedings of the International Conference on Spoken Language Processing, Sydney, Australia, 1998: 863 - 866.

[Ijiri 2005] IJIRI T, OWADA S, OKABE M, et al. Floral Diagrams and Inflorescences: Interactive Flower Modeling Using Botanical Structural Constraints[C]//ACM SIGGRAPH 2005, 2005.

[Karat 1999] KARAT C-M, HALVERSON C, HORN D, et al. Patterns of entry and correction in large vocabulary contentious speech recognition systems[C]//Proceedings of

SIGCHI Conference on Human Factors in Computing Systems. New York: ACM, 1999: 568 - 575.

[Landay 1995] LANDAY J A, MYERS B A. Interactive Sketching for the Early Stages of User Interface Design[C]//Proceedings of SIGCHI Conference on Human Factors in Computing Systems. New York: ACM, 1995: 45 - 50.

[Landay 2001] LANDAY J A, MYERS B A. Sketching interfaces: Toward more human interface design[J]. IEEE Computer, 2001, 34(3): 56 - 64.

[Lieberman 2005] LIEBERMAN H, FAABORG A, DAHER W, et al. How to Wreck a Nice Beach You Sing Calm Incense[C]//Proceedings of the 10th International Conference on Intelligent User Interfaces. New York: ACM, 2005: 278 - 280.

[Lin 2000] LIN J, NEWMAN M, HONG J, et al. DENIM: Finding a Tighter Fit Between Tools and Practice for Web Site Design[C]//Proceedings of SIGCHI Conference on Human Factors in Computing Systems. New York: ACM, 2000: 510 - 517.

[Long 1997] LONG A C, JAMES A L, LAWRENCE A. PDA and gesture use in practice: Insights for designers of pen-based user interfaces[R/OL]. UCB//CSD-97-976, U. C. Berkeley. http://bmrc.berkeley.edu/papers/1997/142/142.html, 1997.

[Long 1999] LONG A C, LANDAY J A, ROWE L A. Implications for a gesture design tool [C]//Proceedings of SIGCHI Conference on Human Factors in Computing Systems. New York: ACM, 1999: 40 - 47.

[Luettin 1997] LUETTIN J. Visual Speech and Speaker Recognition[D]. Sheffield : University of Sheffield, 1997.

[MacKenzie 1997] MACKENZIE I S, ZHANG S X. The immediate usability of Graffiti[C] Proceedings of the Conference on Graphics Interface. Toronto: Canadian Information Processing Society, 1997: 120 - 137.

[MacKenzie 2002] MACKENZIE I S, SOUKOREFF R W. Text entry for mobile computing: Models and methods, theory and practice[J]. Human-Computer Interaction, 2002, 17: 147 - 198.

[Mankoff 1999] MANKOFF J, ABOWD G. Error correction techniques for handwriting, speech, and other ambiguous or error prone systems[R]. GVU Technical Report Number: GIT-GVU-99-18, 1999.

[Mankoff 2000] MANKOFF J, HUDSON S, ABOWD G D. Providing integrated toolkit-level support for ambiguity in recognition-based interfaces[C]//ACM CHI'00, 2000: 368 - 375.

[Microsoft 2005] Microsoft Inc. 2005. Windows XP Tablet PC Edition[R/OL]. http://www.microsoft.com/windowsxp/tabletpc/default.mspx.

[Microsoft OL1] http://www.microsoft.com/speech/download/sdk51/.

[Mindjet 2005] Mindjet Corporation. MindManager[OL] http://www.mindjet.com, 2005.

[McNeill 1982] MCNEILL D, LEVY E. Conceptual Representations in Language Activity and Gesture[M]. John Wiley and Sons Ltd, 1982: 271 - 295.

[Myers 1997] MYERS B A, et al. The amulet environment: New models for effective user interface software development[J]. IEEE Transactions on Software Engineering, 1997, 23

(6)：347－365.

[Murray 1993] MURRAY A C，FRANKISH C R，JONES D M. Data-entry by voice：Facilitating correction of misrecognitions[C]//BABER C，NOYES J M. Interactive Speech Technology：Human Factors Issues in the Application of Speech Input/Output to Computers. Taylor and Francis，Inc.，Bristol，PA，1993：137－144.

[Nespoulous 1986] NESPOULOUS J，PERRON P，LECOURS A. The Biological Foundations of Gestures：Motor and Semiotic Aspects [M]. Hillsdale，MJ：Lawrence Erlbaum Associates，1986.

[Nicholson 2004] NICHOLSON M，VICKERS P. Pen-Based Gestures：An Approach to Reducing Screen Clutter in Mobile Computing [C]//BREWSTER S，DUNLOP M. MobileHCI' 2004. LNCS 3160，2004：320－324.

[Nicholas 1999] NICHOLAS E. Recognition of Handwritten Mathematical Expressions[D]，Massachusetts：Massachusetts Institute of Technology，1999.

[Phillips 2003] PHILLIPS J G，et al. Effects of cursor orientation and required precision on positioning movements on computer screens[J]. International Journal of HCI，2003，15(3)：379－389.

[Oviatt 1999] OVIATT S. Ten myths of multimodal interaction[J]. Communications of the ACM，1999，42(11)：74－81.

[Oviatt 2000] OVIATT S. Taming recognition errors with a multimodal interface [J]. Communication of the ACM，2000，43(9)：45－51.

[Oviatt 1997] OVIATT S. Multimodal interactive maps：Designing for human performance[J]. Human-Computer Interaction，1997，12：93－129.

[Oviatt 1996] OVIATT S，VANGENT R. Error Resolution During Multimodal Human-Computer Interaction[C]//Proc. of the Fourth International Conference on Spoken Language Processing，1996：204－207.

[Palm 2005] Palm Inc. Palm Computing[OL]. http://www.palm.com，2005.

[Pedersen 1993] PEDERSEN E R，MCCALL K，MORAN T P，et al. Tivoli：An Electronic Whiteboard for Informal Workgroup Meetings[C]//Proceedings of SIGCHI Conference on Human Factors in Computing Systems. New York：ACM，1993：391－398.

[Poupyrev 1998] POUPYREV I，NUMADA T，SUZANNE W. Virtual Notepad：Handwriting in Immersive VR[C]//Proceedings of VRAIS. Georgia：IEEE Press，1998：126－132.

[Po 2005] PO B A，FISHER B D，BOOTH K S. Comparing cursor orientations for mouse，pointer，and pen interaction[C]//Proceedings of SIGCHI Conference on Human Factors in Computing Systems. New York：ACM，2005：291－300.

[Pavlovic 1998] PAVLOVIC V，HUANG T S. Multimodal prediction and classification on audio-visual features[C]//AAAI'98 Workshop on Representations for Multi-modal Human-Computer Interaction. CA：AAAI Press，1998：55－59.

[Ramos 2004] RAMOS G，BOULOS M，BALAKRISHNAN R. Pressure Widgets[C]//Proc. CHI 2004，ACM Press，2004：487－494.

[Rhyne 1993] RHYNE J R，WOLF C G. Recognition-based user interfaces[C]//HARTSON H

R, HIX D Advances in Human-Computer Interaction. Ablex Publishing Corp., Norwood, NJ, 1993: 191-212.

[Rubine 1991] RUBINE D. Specifying gestures by example[C]//International Conference on Computer Graphics and Interactive Techniques. New York: ACM, 1991: 329-337.

[Rubine 1992] RUBINE D. Combining gestures and direct manipulation[C]//Proceedings of SIGCHI Conference on Human Factors in Computing Systems. New York: ACM, 1992: 659-660.

[Rubin 1998] RUBIN P, VATIKIOTIS-BATESON E, BENOIT C. Audio-visual Speech Processing Speech Communication, 1998, 26: 1-2.

[Saenko 2004] SAENKO K, DARRELL T, GLASS J. Articulatory features for robust visual speech recognition[C]//Proceedings of the 6th International Conference on Multimodal Interfaces. New York: ACM, 2004: 152-158.

[Sturm 2005] STURM J, BOVES L. Effective error recovery strategies for multimodal form-filling applications[J]. Speech Communication, 2005, 45: 289-303.

[Stoakley 1995] STOAKLEY R, CONWAY M, PAUSCH R. Virtual reality on a WIM: Interactive worlds in miniature [C]//Proceedings of SIGCHI Conference on Human Factors in Computing Systems. New York: ACM, 1995: 265-272.

[Suhm 1999] SUHM B, MYERS B, WAIBEL A. Model-based and empirical evaluation of multimodal interactive error correction[C]//Proceedings of SIGCHI Conference on Human Factors in Computing Systems. New York: ACM, 1999: 584-591.

[Suhm 2001] SUHM B, MYERS B, WAIBEL A. Multimodal error correction for speech user interfaces[J]. ACM Transactions on Computer-Human Interaction, 2001, 8(1): 60-98.

[Summerfield 1992] SUMMERFIELD A Q. Lipreading and audio-visual speech perception[J]. Lipreading and Audio-Visual Speech Perception, 1992, 335(1273): 71-78.

[Tian 2007] TIAN F, AO X, WANG H, et al. The Tilt Cursor: Enhancing Stimulus-Response Compatibility Based on 3D Orientation Cue of Pen Devices[C]//Proceedings of SIGCHI conference on Human factors in computing systems. New York: ACM, 2007: 303-306.

[Tian 2008] TIAN F, XU L, WANG H, et al. Tilt Menu: Using the 3D Orientation Information of Pen Devices to Extend the Selection Capability of Pen-based User Interfaces [C]//Proceedings of Conference on Human Factors in Computing System: CHI' 2008. New York: ACM, 2008: 1371-1380.

[Vo 1995] VO M T, HOUGHTON R, YANG J, et al. A Multimodal learning interfaces[R]. Proc. of the DARPA Spoken Language Technology Workshop, 1995.

[Vo 1996] VO M T, WOOD C. Building an Application Framework for Speech and Pen Input Fusion in Multimodal Learning Interfaces[C]//Proceedings of IEEE International Conference on Acoustics, Speech, and Signal Processing (ICASSP'96), 1996, 6: 3545-3548.

[Wang 2006] WANG XUGANG, LI JUNFENG, AO XIANG, et al. Multimodal Error Correction for Continuous Handwriting Recognition in Pen-based user Interfaces [C]// Proceedings of the 10th International Conference on Intelligent User Interfaces. New York: ACM, 2006: 324-326.

[Wang 2005] WANG Y, YUE W N, WANG H, DONG S H. Multi-modal interaction in handheld mobile computing[J]. Journal of Software, 2005, 16(1): 29 - 36.

[Yeow 2003] YEOW K T, NASSER S, ALLEN T. Error Recovery in a Blended Style Eye Gaze and Speech Interface[C]//Proceedings of the 5th International Conference on Multimodal Interfaces. New York: ACM, 2003: 196 - 202.

[Zajicek 1990] ZAJICEK M, HEWITT J. An investigation into the use of error recovery dialogues in a user interface management system for speech recognition[C]//Proceedings of 3rd IFIP International Conference on Human-Computer Interaction, Amsterdam: North-Holland Publishing Co, 1990: 755 - 760.

[Zhao 1995] ZHAO R, KAUFMANN H J, KERN T, et al. Pen-based interfaces in engineering environments[C]//Proceedings of SIGCHI Conference on Human Factors in Computing Systems. New York: ACM, 1995: 531 - 536.

第6章 笔式用户界面描述语言

模型驱动的开发方法在用户界面开发中起到了非常重要的辅助作用,该方法使用模型来对用户界面进行描述,并且以模型为中心,通过设计和建模工具、实现和生成工具来完成整个用户界面的开发流程。使用基于模型的方法对用户界面进行描述,最终催生了用户界面描述语言的概念。用户界面描述语言在整个应用系统的开发中扮演了核心模型的角色。使用用户界面描述语言对界面进行描述有多种方法,其中,XML 等标记语言由于较强的可扩展性及文档间的互操作性,成为用户界面描述语言的主要研究方法。在本章中,我们以模型驱动的开发方法为线索,探索整个笔式用户界面开发过程中的模型与界面描述语言。

6.1 模型驱动的开发方法

6.1.1 MDA 基本架构

自 2001 年对象管理组织(Object Management Group,OMG)提出模型驱动架构(Model Driven Architecture,MDA),并将其作为所有标准的体系结构以来,MDA 作为 OMG 定义的互操作性规范的一个革命性进步,得到了软件领域的普遍关注和广泛研究。

模型驱动架构是一种对业务逻辑建立抽象模型,然后由抽象模型自动生成产生最终完备的应用程序的方法。MDA 致力于提高软件开发行为的抽象级别,倡导将业务逻辑定义为精确的高层抽象模型,让开发人员从繁琐、重复的低级劳动中解脱出来,更多地关注业务逻辑层面[刘静 2006]。MDA 的关键之处是,模型不再仅仅是辅助沟通的工具,而是软件开发的核心,整个软件开发过程是由对软件系统的建模行为驱动的。MDA 的基本思想是,一切都是模型。软件的生命周期就是以模型为载体，并由模型转换来驱动的过程。MDA 的开发过程首先抽象出与实现技术无关、完整描述业务功能的核心模型，称为平台无关模型(Platform Independent Model，PIM)，针对不同实现技术制定多个变换规则；然后通过这些映射规则及辅助工具将 PIM 转换成与具体实现技术相关的应用模型，称为平台相关模型(Platform Specific Model，PSM)；最后，在一定程度上将 PSM 自动转换成代码。

MDA 框架的主要元素包括：模型、平台无关模型、平台相关模型、语言、元语言、变换、变换定义以及变换工具，如图 6.1 所示。模型是以精确定义的语言对系统(或系统的一部分)的结构、功能或行为进行描述的形式规范，精确定义的语言是具有精确定义的形式(语法)和含义(语义)的语言，这样的语言适合计算机自动解释。建模者可以使用的每种元素都是通过建模者所用的语言的元模型定义的。因为元模型也是模型，所以元模型本身也必须是用精确定义的语言表述的。这种语言叫做元语言。在理论上，模型—语言—元语言这样的关系层次无穷无尽。OMG 定义的标准用了四个层次：M0，M1，M2 和 M3，如图 6.2 所示。

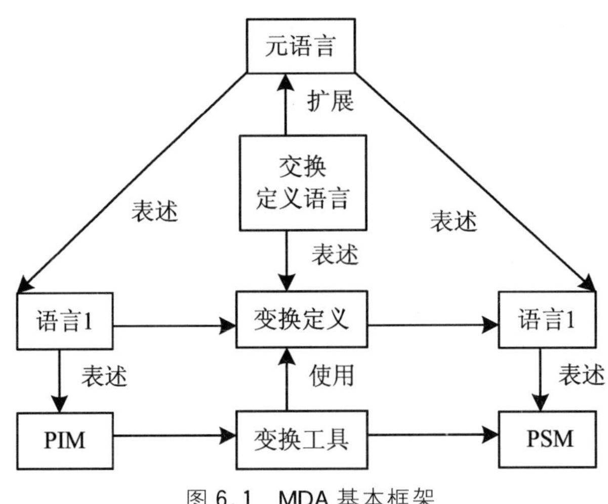

图 6.1 MDA 基本框架

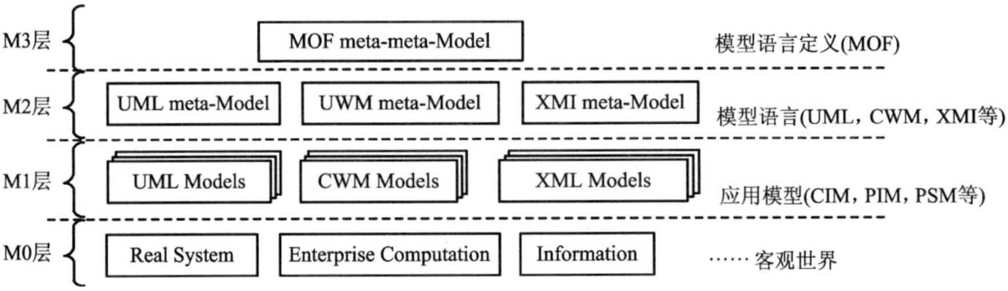

图 6.2 MDA 四层元模型体系结构

MDA 根据模型针对的平台将模型分为 PIM 和 PSM。平台无关指的是独立于以下技术：信息格式化技术，如 XML DTD 和 XML Schema 等；3GL 和 4GL，如 Java，C++，C#，Visual Basic 等；分布式组件中间件，如 J2EE，CORBA，.NET 等；消息处理中间件，如 WebSphere，MQ，Integrator 和 MSMQ 等。PIM 是具有高抽象层次、独立于任何实现技术的模型。PSM 是为某种特定技术量身定做的，在 PSM 中使用这种技术中可用的实现机制来描述系统。例如，EJB PSM 使用 EJB 结构表述系统模型。它通过 EJB 特有的术语来描述系统，例如"home interface"，"entity bean"，"session bean"等。MDA 标准定义了 PIM 和 PSM 这两个术语，但是实际上很难在平台独立和平台相关之间划出明确的界限。可以说一个模型比另一个模型更相关，或者更无关。在模型变换中，把一个较为平台独立的模型变换成一个较为平台相关的模型。因此，平台相关模型和平台无关模型是相对的。

模型变换是按照变换定义从源模型到目标模型的自动生成。变换定义是一组变换规则，这些规则共同描述了用源语言表述的模型如何变换为用目标语言表述的模型。变换规则是对源语言中的一个(或一些)构造如何变换为目标语言中的一个(或一些)构造的描述。为了让变换有实用价值，变换必须具备一些特性。最重要的特性是变换必须保持目标模型和源模型的含义一致。在 MDA 的开发过程中，变换至关重要。变换工具以 PIM 作为输入，并把它变换成 PSM。另外一个变换工具再把 PSM 变换成代码。

从开发者的角度看，PSM 和 PIM 是最重要的元素。开发者把注意力集中在开发 PIM 上，在高抽象层次描述系统软件。然后，选择一种或者多种工具来执行对 PIM 的变换。这些变换工具是按照特定的变换定义开发的。变换的结果是 PSM，这个 PSM 再被变换成代码。

6.1.2 MDA 软件生命周期

模型驱动式开发(Model Driven Development，MDD)是对实际问题进行建模，并转换、精化模型，直至生成可执行代码的过程[Favre 2005]。如图 6.3 所示，在 MDA 中，PIM，PSM 和代码表现为开发生命周期中不同阶段的工件。PIM 是具有高抽象层次、独立于任何实现技术的模型。PIM 被转换为一个或多个 PSM。PSM 是为某种特定实现技术量身定做的。传统的开发过程从模型到模型的转换，或者从模型到代码的转换是手工完成的。但是 MDA 的转换都是由工具自动完成的。从 PIM 到 PSM，再从 PSM 到代码都可以由工具实现。PIM，PSM 和 Code 模型被作为软件开发生命周期中的设计工作，在传统的开发方式中是文档和图表。

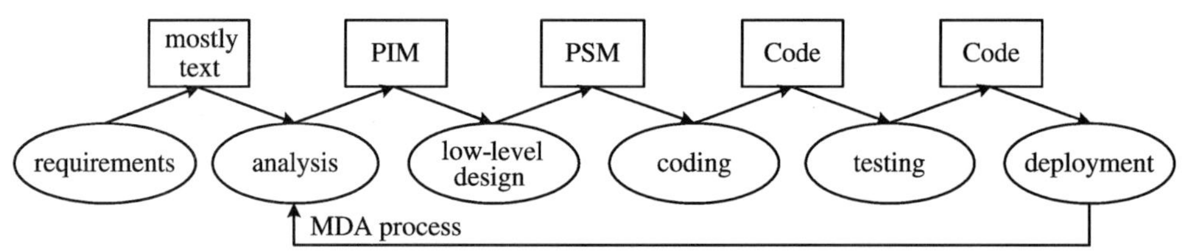

图 6.3 MDA 软件生命周期

OMG 的构想是将目前的开发行为提升到更高的抽象层级——分析模型级，把针对特定计算平台的编码工作交由机器自动完成。在这样的情况下，业务逻辑与实现技术被成功地解耦，两者相对独立变化，因此模型的价值在包容已有技术的条件下被最大化。这种目的根源在于软件开发的现状，在传统的软件开发方法中，随着项目的进展，设计阶段产生的 UML 模型和代码之间的同步变得越来越困难——代码为了应付新增加的需求和新想法而不断变化，模型却一直停留在原地不动，这使得模型在一段时间之后就失去了它的价值。OMG 提出了一个最根本的解决方案——在 MDA 中，模型不再是一种辅助工具，而是开发过程的产品。一个完整的 MDA 应用包含：一个权威的 PIM；一个或者多个 PSM；一个或者多个完整的实现，即开发人员决定支持的所有平台上的应用程序实现。

开发人员首先创建系统的平台无关模型，通过 PIM 到 PIM 的变换来进行精化。获得了足够精化的 PIM 以后，就要通过 PIM 到 PSM 的变换来生成目标平台的 PSM，然后再经过 PSM 到 PSM 变换逐步精化，最终得到代码，如图 6.4 所示。

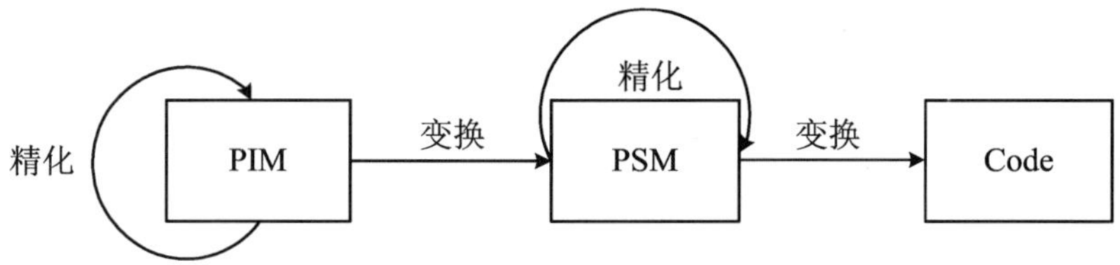

图 6.4 MDA 软件开发过程

6.1.3 MDA 工具及在用户界面系统开发中的应用

随着 MDA 研究的开展，各种支持 MDA 的软件工具相继出现，如 OptimalJ 和 Arcstyler。OptimalJ 是 Compuware 公司推出的、针对 Java 环境的 MDA 开发工具，主要特点是支持模型驱动开发、业务规则定义、基于模式驱动生成、模型代码实时同步、集成部署。OptimalJ 实现了 MDA 的规范,通过从可视化的模型中产生应用程序的代码,从而加速了基于 J2EE 平台的应用程序的开发速度。Arcstyler 是 Interactive Object 公司的产品,是目前领先的 MDA 开发工具之一。它支持将一种模型映射到其他模型、源代码、脚本(如测试、编译、部署脚本),同时它还能为目前流行的一些 IDE 环境生成对应的工程文件,如 JBuilder,VisiualStudio.Net 等。Arcstyler 的两个核心分别是 MDA-Cartridges 和 MDA-Engine。MDA-Cartridges 是模型转换规则的集成;MDA-Engine 负责生成代码。IBM(Rational)更关注自己提出的 RAS(Reusable Asset Specification)的概念,并且在 Eclipse 上下了很大的工夫,最终的目标是 IBM 所有的软件都基于 Eclipse 框架。Eclipse 中体现 MDA 思想的就是 EMF(Eclipse Model Framework)。Borland(Together)没有在 J2EE 领域率先支持 MDA,而是发布了 Borland ECO(Enterprise Core Object,企业核心对象),ECO 技术为基于.NET 的开发提供了快速的 MDA 解决方案。

近年来,随着 MDA 在软件工程领域研究和应用的逐渐升温,人机交互研究领域越来越多的研究者将 MDA 的思想引入到用户界面自动生成的相关研究中。基于任务模型的用户界面自动生成的概念和理论不断涌现,其中 Fabio Patemo 等人提出的基于图形符号的 ConcurTaskTrees (CTT)任务模型表示法[Paternò 2000a, Paternò 1997],被越来越多的大学和研究机构用于各种用户界面的任务分析研究中。CTT 任务模型表示法是一种基于图形符号的、采用层次的树状结构来组织并表示任务模型的方法。在 CTT 任务模型表示法中,依据任务的抽象层次和任务执行过程中参与角色的不同,对任务的类型进行了归类,总共提供了五种记号,分别代表不同类的任务,分别为:抽象任务(Abstract Task),代表一个复杂抽象的任务,通常用来表示由其他种类的任务任意组合而成的任务;用户任务(User Task),代表一个只能有用户参与的任务,通常用来表示和用户感知或者认知行为相关的任务,例如,用户阅读系统的反馈的信息提示,然后决定下一步的操作;交互任务(Interaction Task),代表执行过程中需要用户与系统进行交互的任务,例如用户在线注册填写表单;系统任务(Application Task),代表由系统执行而不需要用户参与交互的任务,例如,系统处理用户提交的注册信息,然后将处理结果显示给用户。CTT 定义了丰富的暂态关系用以表示任务之间在执行过程中的相互联系和制约作用,这些关系均有相应的图形表示符号。

不少基于任务模型的用户界面生成工具和原型系统也被开发出来,包括 Giulio Mori,Fabio Paterno,Carmen Santoro 等人设计实现的 CTTE/TERESA 系统,Tim Clerckx 等人提出的 Dygimes 原型系统等。

6.1.4 笔式交互系统模型

软件系统开发始终存在着两个阶段,首先是将用户问题准确地进行表述,然后是将问题描述快速地反映到系统实现中。基于模型的方法能够有效地将用户的抽象概念转化为模型语言,并通过建立模型转换驱动,完成从模型语言到系统实现的映射。良好的模型语言有利于用户进行需求表达,是将最终用户引入开发过程的重要工具。本节将从用户认知结构出发,介绍以任务为中心的笔式交互系统模型,以支持面向最终用户的模型开发。

1. 用户界面设计中的模型

在基于模型的用户界面设计中,一般存在工程模型设计和认知模型设计两种方法。工程模型设计是一个自底向上的过程,强调的是设计的灵活性和可控性,以此为代表的方法就是 UIMS[Szekely 1992]和 UIDE[Sukaviriya 1993]。认知模型设计由认知心理学而来,以用户的认知和行为为主要的研究对象,是一个由顶向下的过程,GOMS 是其代表模型[Card 1980]。这两种方法同样将任务的分析和建模作为关注的焦点。如图 6.5 所示,从任务到抽象交互对象再到具体交互对象的转化过程以及该过程中的评估成为了基于模型设计的迭代过程核心。

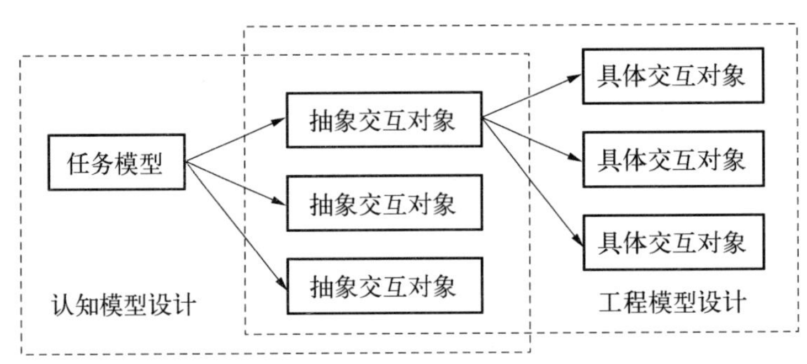

图 6.5 基于模型的用户界面设计

2. 以任务为中心的笔式交互系统模型

从用户使用软件的目的来看,系统应用提供了从问题域到解域的映射,用户使用软件的过程就是通过该映射完成工作的活动。用户将活动的过程划分为不同的任务。面对特定任务,用户利用不同的工具达到相应的目的,从而最终结束求解过程。对于交互式系统,用户使用工具的活动就是与系统进行对话,并得到系统反馈的过程[Norman 2005]。

活动理论为用户活动提供了一个分层的结构模型[Leont'ev 1981],如图 6.6 所示,在活动理论中认为,人在进行活动时具备一定的动机,此时动机

(motive)成为了活动(activity)的产生条件。在实现动机的过程中,人们将实现最终目标的过程分解为一组目的(goals),并采用特定的行为(actions)达到这些目的。行为由一组实际操作(operations)组成,这些操作的进行同样需要具备一定的条件。

从用户对活动的认知出发进行系统建模,能够自然地将模型语言与用户活动联系起来。另外,从任务出发的建模符合笔式交互系统领域中用户任务相对稳定的特点。基于以上原因,我们以任务为中心建立了笔式交互系统的交叉模型结构,如图 6.7 所示。

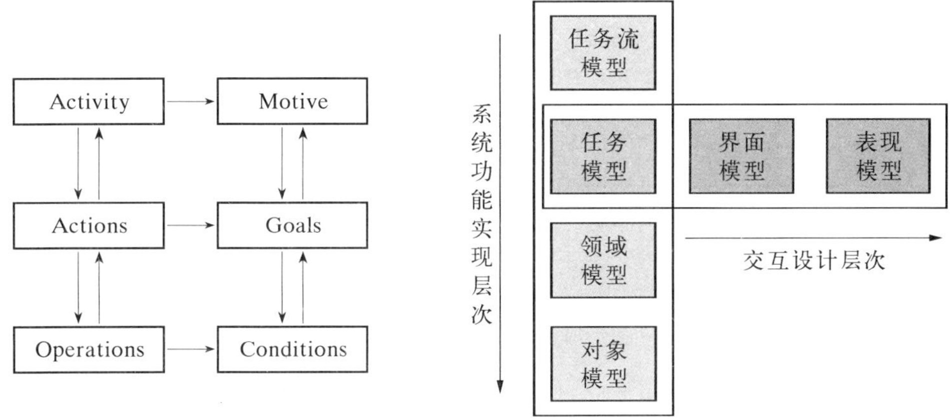

图 6.6 活动的层次模型　　图 6.7 以任务为中心的笔式交互系统模型结构

面向最终用户的笔式交互系统开发从系统功能实现和界面交互设计两个方向进行。一方面,用户任务需求体现在工作流程和系统所提供的服务中,任务流模型提供了用户的活动框架,并通过任务模型、领域模型和对象模型逐层将用户对工作任务的描述转化为系统功能组件提供的具体服务。另一方面,笔式交互系统中存在大量对界面和交互方式的个性化需求。从任务模型出发,利用界面模型和表现模型,能够将最终用户的交互意图快捷地在系统中体现。下面将对该结构中的模型进行描述。

- 任务流模型

任务流模型与活动理论中的活动概念对应,描述用户活动过程中相关任务的组织结构。任务根据活动流程与约束形成树形结构,在兄弟任务节点之间存在互斥或条件约束等关系。该树形结构和节点之间的关系描述构成了任务流模型。

在笔式交互系统领域中,用户对如何使用笔进行工作以及相应的工作任务流程十分熟悉,即用户对系统的概念模型已经基本确定。因此在任务流层次,可以采用面向最终用户的设计方法。用户在头脑中构思的过程即是系统进行用户思维捕捉,并形成粗略任务框架的过程,用户的思考结果能够以草图或流程图的方式表现。因此在任务流模型的建立阶段，可以采用纸笔隐喻的方式，用户通过对流程框图的勾画来描述任务的组织以及流程。

● 任务模型

从图6.7的模型结构中可以看出，任务模型处于界面交互设计与系统实现的中心，因此任务模型需要描述这两个方面的信息。由于任务本身仍可视为一种用户活动，我们借助活动理论中的 Mediational 模型[Cole 1996，Engeström 1999]进行对任务模型的说明。任务的实现可以视为任务主体(subject)即用户通过使用特定工具——媒介(mediator)实现某个目标(object)的过程。图6.8说明了用户任务模型的认知表现结构。

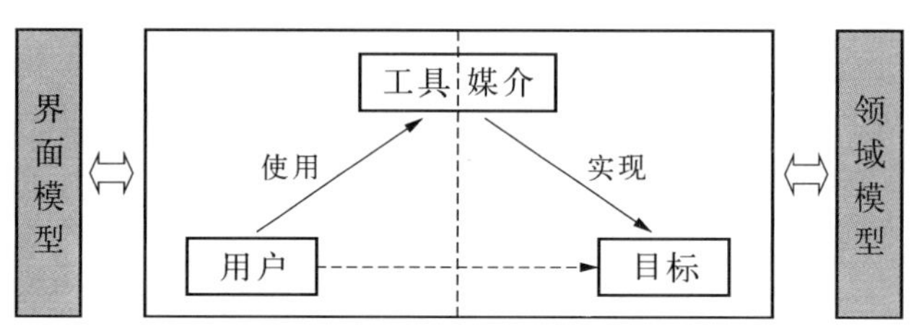

图6.8 用户任务模型

在任务的认知过程中需要明确几个问题：

■ 确定任务主体

关于任务主体的描述可以按设计用途分为两类：一是主体基本信息，如用户的姓名、电话、邮件地址等。笔式用户界面在移动环境或无处不在环境中被大量应用，经常需要获取用户基本信息或当时环境条件等上下文信息来辅助用户完成工作；二是主体的身份信息，由于笔式交互系统的多代理结构，完成任务的主体可能并非最终用户。此类描述信息被设计者用于了解该类用户与本系统之间的关联协议、数据输入输出方法等。对任务主体的描述将同时作为界面模型以及领域模型的输入信息。在系统的整体设计阶段一般将用户视为任务主体。

■ 工具/媒介的选择

在任务模型中，工具/媒介是一个抽象交互对象，例如，将“用户在笔迹输入区上进行勾画”作为一个任务，其中的“笔迹输入区”就作为一个任务的抽象工具。将工具从一个抽象交互对象转化成为具体实现对象时，该工具将同时受到系统服务和交互行为两方面的约束。当工具本身提供了所需的系统服务时，领域模型将进行与任务目标匹配的常用工具选择，而交互模型则根据使用环境及交互设备的人机工效学因素，约束交互行为的形式。

■ 使用工具的方式

用户使用工具的方式，是一个如何与界面进行交互的问题。在传统的WIMP界面设计中，交互对象决定了交互方式。而在笔式用户界面中，手势体现了笔式交互的个性化需求，对于个性化的交互行为系统应提供相应的机制，使用户能够参与到交互行为的设计中，并将用户的交互设计方便地嵌入到系统实现中。

■ 任务目标的定义

从系统实现的角度，任务目标有两个状态，其中对于在领域模型中得到描述的任务目标或领域任务，系统能够通过领域模型自动解释为具体的任务实现过程；而对于在领域模型中尚未进行描述的任务目标，则需要用户给出抽象的任务描述，作为开发阶段的信息输入，并与开发者进行交流，进而在以后的开发过程中得以实现。

■ 确定从交互行为到任务目标的映射

由于任务目标的具体实现与任务本身的抽象描述相关，如果这种对应关系能够在领域模型中得到体现，则任务模型结构的赋值过程本身就确定了交互行为和交互语义的连接。另一方面确定映射关系是一个需要用户参与决策的过程，用户在设计时能够根据设计意图，将交互本身抽象为一个对象并与任务目标连接起来。

■ 任务模型的描述粒度

在对任务的建模过程中，用户往往无法针对全部任务细节进行恰当描述。用户在设计过程中的挫折感来自三个方面：首先，在用户的概念模型中，没有对这些任务细节的抽象概念。因此不断进行的任务分解，会使用户越来越深地陷入到原先没有考虑的各种细节设计中，从而产生对设计过程的厌倦感；其次，由于用户很难对任务细节进行全面思考，因此对于特定任务的设计尤其在交互设计方面，难以形成完善的解决方案；另外，随着任务细节的深入设计，任务模型的规模迅速膨胀，带来了大量信息可视化的问题，复杂的任务结构也很难为用户提供更好的提示帮助。

使用户陷于任务的各种细节将会使用户失去对软件开发的热情。在面向特定任务时，开发者和领域专家凭借任务领域的长期经验和对用户认知的深度了解，能够提出更为高效的解决方案。任务模型将开发者对特定任务的解决方案通过任务描述语言形成任务模板，任务模板能够控制任务模型的描述粒度。以文档为中心的描述结构能够方便地将任务模板加入到用户任务模型中。依据用户的需求，用户也可以自行对模板进行个性化设置。

任务模型的建立过程需要最终用户对上述几个问题进行思考并给出结论。任务模型一方面给出了任务目标的抽象描述，另一方面则需要对任务模型向具体系统实现的转化做出准备。这种准备包括两个方面：从交互的角度，用户需要明确完成任务的方式，即给出抽象的交互行为表示；从系统实现的角度，则需要将抽象的任务表示为领域模型中的描述给出。描述的结果将分别对应到领域模型和界面模型中。

- 领域模型

任务模型是从最终用户出发的抽象概念，从任务模型到具体的功能对象之间存在较大的理解和沟通障碍。与基于模型的用户界面设计过程的三层结构类似，在用户任务模型与实现对象之间，加入一个中间层次可以有效地加强用户和开发者之间的交流。同时通过该层次的描述，使用户任务向系统实现的转化过程在一定程度上得以自动完成。

领域模型从笔式交互系统领域的上下文分析出发，建立了一个以文档为中心的开发交流平台。模型将用户对任务的描述转化为开发者或系统能够理解的结构描述，良好的沟通能够有效地保证用户概念模型与系统实现模型的统一。另外，介于任务需求和功能服务之间的领域模型，其建模过程本身就包含了对用户任务和系统实现功能对应的理解，因此能够自然地建立起用户任务与系统所提供的功能服务之间的映射关系。这种自然性被进一步用于用户任务的抽象模型到系统具体实现的自动转化过程中。

用户任务在建模的过程中被分解为多个子任务，从而与界面实体提供的各项服务（services）进行映射，以确定设计中选择的界面实体是否可以满足（compatible）应用任务的要求，如图 6.9 所示。

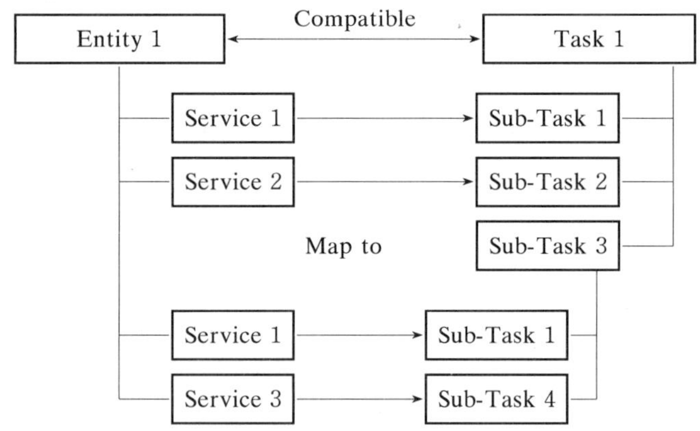

图 6.9 任务功能要求与界面实体服务的映射关系

笔式用户界面的交互多维性导致系统往往会出现任务处理的同步进行，在任务模型中，也允许多个相同任务同时出现。因此界面实体是否能满足任务的需要，也和该实体是否能够具有提供同步服务的能力有关，如图 6.9 中当 Sub-Task 1 与 Sub-Task 3 形成并发任务关系时，Entity 1 需要支持同时提供两个并发的 Service 1 来分别满足不同层次结构中的 Sub-Task 1，此时才能够确定 Entity 1 的确可以满足 Task 1 的要求。

领域模型通过分析用户任务需求与系统提供服务之间的映射关系，利用声明性的文档描述，从系统服务的角度建立了从抽象概念到系统实现的连接，是系统原型自动生成的关键。

- 对象模型

对象模型主要描述了笔式用户界面中界面实体对象的外部接口。在功能服务方面是实体所提供的服务描述与属性描述,在交互方面则主要是所支持的交互行为描述与界面实体的组织方式等。通过对象模型,上层的领域模型和交互模型能够感知系统具体对象的实现变化,并自动从中提取对象信息以调整用户任务到系统实现的映射结果。

对象模型在开发的不同层次上约束了交互行为和功能服务的选择范围,从而保证了交互行为与交互语义在实现层次上的兼容性。

- 界面模型

界面模型在交互设计中的作用与领域模型类似,同样是一个由任务模型到具体交互对象的中间层次。该模型的主要作用是建立具体的交互对象与用户抽象的交互行为映射。例如,用户在设计笔迹编辑任务中决定使用手势完成交互,但无法将一个手势动作以系统能够理解的方式进行描述。用户的头脑中将不会把删除手势等同于"单笔笔迹长度与笔迹包围盒面积比例大于某特定阈值的笔迹"。此时提供一个"多折线手势"的中间描述或可视化范例能够有效地帮助用户进行理解。

界面模型将用户的交互行为抽象为一个独立的语法单元,从而使交互行为能够作为可视化语言的一部分展现给用户,加强了用户对界面交互的理解。同时用户可以设计个性化的具体交互行为并给出其抽象描述,工具能够通过描述语言,将用户定义的行为动作自动加入到系统描述中,并在具体实现中得到体现。将交互行为作为一种可自由接入的对象实体,能够方便地在原型中面向特定任务进行交互行为组合方案的测试与评估。

- 表现模型

表现模型主要是对具体交互技术的物理特征描述,包括交互行为的具体词法结构、几何特征等。设计时系统能够根据用户的范例样本或第三方交互技术的特征描述建立表现模型,从而在系统原型中得到实现。

6.2 用户界面描述语言

6.2.1 用户界面描述语言概述

降低用户界面开发的时间和复杂度,一直以来,都是用户界面研究人员的重要研究内容。通过使用用户界面描述语言(User Interface Description Language)来支持基于模型的用户界面的开发,是降低界面开发时间及复杂度的有效方法[Szekely 1996]。用户界面描述语言的概念最初来自于20世纪80年代初期提出的用户界面管理系统[Buxton 1983,Kasik 1982]。用户界面管理系统的目的是形成一套如数据库管理系统一样的通用、统一的规范,用来管理用户界面和开发各类应用程序的用户界面。当时的用户界面管理系统多从两个角度进行研究[Kasik 1982]:一个是通过设计工具设计用户界面,并生成高级语言;另一个是通过设计一种全新的界面语言,包含整个应用系统界面的编译和运行支持。早期典型的界面管理系统包括TIGER[Kasik 1982],MENULAY[Buxton 1983]等。相比于数据库,用户界面的变化和发展太快,而且不同的操作系统、应用程序有不同的用户界面。因此,用户界面管理系统的研究受到了严峻的挑战。随着基于模型的开发方法的提出,为用户界面开发的研究提供了新的方法[Kasik 1982,Szekely 1993],该方法使用模型来对用户界面进行描述,并且以模型为中心,通过设计和建模工具、实现和生成工具来完成整个用户界面的开发流程。使用基于模型的方法对用户界面进行描述,最终催生了用户界面描述语言的概念。用户界面描述语言在整个应用系统的开发中扮演了核心模型的角色,它通过一系列规范的语言对用户界面的各个组成部分进行描述[Josefina 2009]。使用用户界面描述语言对界面进行描述有多种方法,如使用图表[Shaer 2009,Wingrave 2009]、状态转换图[Navarre 2009]、XML等。其中,XML等标记语言由于较强的可扩展性及文档间的互操作性,成为用户界面描述语言的主要研究方法。

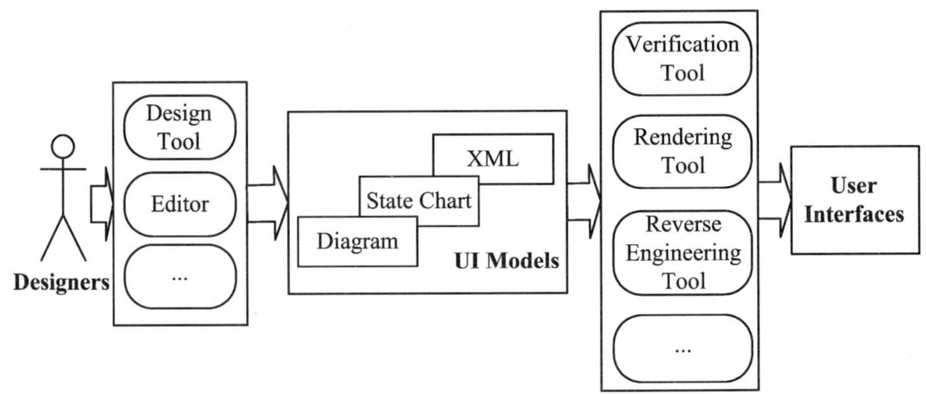

图6.10 基于模型的用户界面开发的典型流程

近年来,随着各种计算设备及交互设备的发展,用户界面发生了很大的变化。人机交互的方式由最初基于WIMP(Window,Icon,Menu,Pointing)范式的图形用户界面演变到基于Post-WIMP[Dam 1997]及Non-WIMP[Green 1991]范式的实物用户界面[Shaer 2009]、3D用户界面[Wingrave 2009]、笔式用户界面等多种用户界面。这些因素对用户界面描述语言也提出了新的要求，主要包括：如何让用户界面描述语言支持不同操作系统中的界面描述；如何让用户界面描述语言支持对不同交互设备和交互技术的描述；如何通过用户界面描述语言更好地生成用户界面；如何使用户界面描述语言能够具有好的扩展性，以支持新兴的交互设备及交互技术等。

6.2.2 用户界面描述语言的分类

学术界与工业界对基于XML的用户界面的描述语言都做了大量工作，这其中既有为特定目标设备设计的用户界面描述语言，如PUC Specification语言等，也有为特定目标平台设计的用户界面描述语言，如微软设计的XAML等，还有一些更为通用的用户界面描述语言，如UsiXML等。需要从语言的描述能力和工具支持两个维度对其进行分类，参见表6.1。

表6.1 用户界面描述语言分类表

语言	时间	类型	描述能力			目标语言	工具支持	
			支持平台	支持设备	支持通道		设计工具	解释/生成工具
UIML	1999	科研	多平台	多设备	多通道	多语言	无	有
UsiXML	2004	科研	多平台	多设备	多通道	多语言	有	有
TERESA XML	2003	科研	多平台	多设备	单通道	单语言	有	有
MARIA	2009	科研	多平台	多设备	多通道	多语言	有	有
PUC	2002	科研/商业	多平台	多设备	多通道	单语言	无	有
XIML	2001	科研	多平台	多设备	单通道	多语言	无	无
VoiceXML	2007	科研	多平台	多设备	单通道	单语言	有	有
ChasmXML	2008	科研	单平台	单设备	单通道	单语言	有	有
TUIML	2004	科研	单平台	单设备	多通道	单语言	有	有
XAML	2005	商业	单平台	多设备	单通道	C#等	有	无
XUL	2003	商业	多平台	多设备	单通道	多语言	有	无
MXML	2002	商业	多平台	多设备	单通道	单语言	有	有
AUIML	2000	商业	多平台	多设备	单通道	多语言	有	有

1. 描述能力

指用户界面描述语言所能描述的用户界面的类型，包括语言所描述的用户界面的支持平台、支持设备及支持通道。

- 支持平台。指语言所描述的用户界面支持的平台，其中既有描述基于WIMP界面范式的普通PC、移动平台上的界面，也包括大屏幕设备、3D环境、实物交互环境等基于Post-WIMP界面范式的其他交互平台。单平台指语言所描述的界面只支持某一种特定的平台。这类描述语言主要为商业的界面描述语言，如XAML；或者面向某一特定需求的界面描述语言，如TUIML等。多平台有两种不同的类型：一种是生成特定平台上的代码或者直接编译成特定平台上的应用，如UIML，UsiXML；另一种是生成的代码本身具有跨平台特性，如TERESA XML，MARIA XML，PUC等，它们生成Java，HTML等具有跨平台特性的代码，来实现语言描述能力上的多平台特性。
- 支持设备。指语言所描述的用户界面所支持的设备。与支持平台类似，多设备也有两种不同的类型：一种是生成特定设备支持的代码或者直接编译成特定设备上的应用，如UIML，UsiXML；另一种是生成的代码本身具有跨平台特性，如TERESA XML，MARIA XML，PUC等，它们生成Java，HTML等具有设备无关特性的代码，以使界面描述语言支持不同的设备，如PC、智能手机、平板电脑、电器等。但大多数设备的支持只在理论阶段，并没有实例验证。
- 支持通道。指语言所能描述的用户界面支持的交互通道，这些交互通道包括传统的图形用户界面、语音、笔、触控等。单通道的描述语言只能对某一特定的交互通道进行描述，如VoiceXML只能对语音界面进行描述，大多数的商业用户界面描述语言只能对传统图形用户界面进行描述，如XAML等。对于多通道，大多数界面描述语言能够在不同的界面描述中使用不同的交互通道描述用户界面，但不能在同一个用户界面中描述多个交互通道同时发挥作用，这类界面描述语言包括UIML，UsiXML等。少部分支持多通道的界面描述语言能够支持对多通道同时发挥作用时的用户界面进行描述，如PUC。

2. 工具支持

指在使用用户界面描述语言描述用户界面时所使用的工具，包括设计工具和解释/生成工具两部分。设计工具指帮助用户界面设计或开发者设计用户界面，并生成中间的用户界面描述语言的工具。解释/生成工具是指根据存在的用户界面描述语言，生成目标代码或者直接编译成目标平台上的可执行程序。对于一些商业的用户界面描述语言来说，由于只需要关注自身支持的一种目标语言，因此将解释/生成工具直接与自身的开发平台绑定，对开发者透明。这类描述语言包括XAML及XUL等。在表6.1列出的界面描述语言的工具中，有一些界面描述语言的设计和解释/生成工具是同一个工具，即一个工具完成了整个界面的设计及生成过程，这类工具包括ChasmXML的Chasm、MARIA的MARIAE等。

6.2.3 典型的基于 XML 的用户界面描述语言

1. UIML

UIML[Abrams 1999, Phanouriou 2000]是由 C. Phanouriou 设计的一种用来对用户界面进行描述的元语言,它的目标是提供一个与描述设备无关的用户界面的语言规范。通过在该元语言之外的各种扩展描述的界面元素、属性和事件来增强语言对用户界面的描述能力。它的描述主要由两类组成,一类用来描述用户界面本身,另一类描述用户界面与外部的 UI 引擎的交互规则。在描述用户界面时,UIML 主要是用〈structure〉,〈style〉,〈content〉,〈behavior〉四个标签以及子标签来进行描述。在描述用户界面与外部 UI 引擎的交互规则时,是用〈peer〉标签来描述,该标签包括用户界面的显示以及逻辑行为与外部的 UI 引擎的对应关系。在使用 UIML 描述完一种用户界面之后,通过提供的 UIML 解析引擎解析并生成与具体 UI 引擎对应的代码,并通过 UI 引擎将用户界面展示出来。当前,UIML 已经开发出来了多种不同的 UI 引擎的扩展,这包括 Java AWT,Java JFC,PalmOs,WML,HTML 以及 VoiceXML 等。

通过将用户界面的描述和与外部 UI 引擎的交互规则分别描述,事实上是将用户界面进行了一定程度的抽象,并且将与平台相关的部分提出,允许开发者通过扩展的方式来实现这一部分。这种方式,一方面降低了 UIML 本身的复杂度,使得基于 UIML 进行界面描述只需要使用最多 50 个标签就能完成;另一方面,使得在使用 UIML 对界面进行描述时,可以忽略具体的目标代码所用的平台;在一定程度上,使得 UIML 可以一次描述而应用在不同的平台上。

但是,这种设计方案有一些缺陷,它在实现平台无关时,过多地关注不同平台上 UI 引擎的无关性,而忽略了不同平台的设备的物理特性会导致 UI 本身的差异性。另一方面,UIML 的这种设计思路只允许在一个 UIML 的描述中描述一种平台上的用户界面,而不是多个。因为不同平台上的用户界面对应不同的渲染引擎。

在工具的支持方面,UIML 并没有专门的设计工具,这意味着如果要使用 UIML 对界面进行描述,只能通过使用传统的文本编辑工具(如 notepad),通过手写源文件的方式,完成对界面的描述。为了实现 UIML 的自动生成界面的功能,UIML 有对应的生成工具,该工具可以通过解析 UIML 的描述,利用自身的一些内部封装的模块,生成基于 UIML 的界面。该工具可以生成 Java AWT 和 Java Swing 两种不同形式的 Java 代码,而且生成的界面可以直接运行。另外,UIML 的生成工具的一大特色是通过对 UIML 中事件的解析,可以生成事件桩,结合在 UIML 中指定的处理程序,使得生成的界面能够响应很多 UIML 中定义的事件及对应的处理程序。

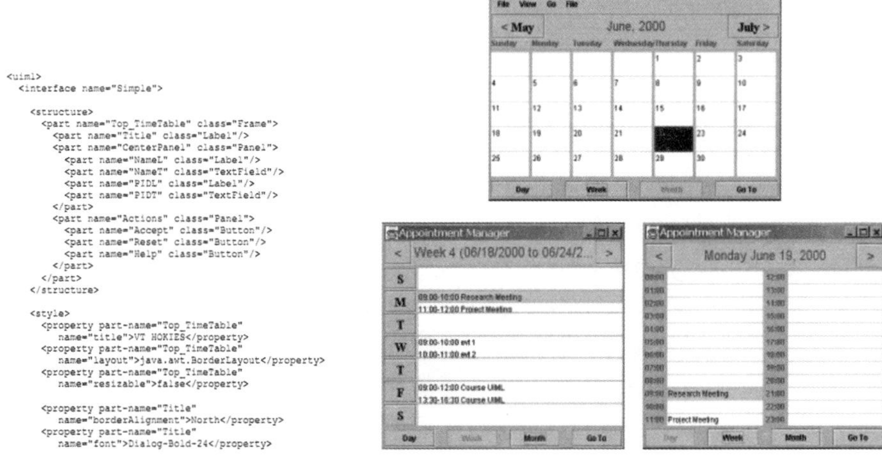

图6.11 UIML描述片段及生成的用户界面

2. UsiXML

UsiXML [Limbourg 2004a, Limbourg 2004b, Limbourg 2005, Vanderdonckt 2004]是一个为诸如命令行用户界面、图形用户界面、听觉用户界面以及多通道用户界面等提供描述的基于XML规范的标记语言。它的出现主要是考虑到两方面因素,首先,现存的开发环境的复杂性及多样性,以及开发一个可用的用户界面需要掌握很多技术,这包括HTML等标记语言、各种编程语言等,这使得交互式应用程序的用户界面的发展很困难。其次,如果一个应用程序要在多种不同的环境,如不同的语言、不同的计算环境中使用,那么用户界面的开发会更加复杂。它通过对语言进行细致的模块化设计,将界面描述分成领域模型、抽象用户界面模型、具体用户界面模型、任务模型、转换模型、上下文模型、资源模型等,来提高用户界面描述语言的可复用性及可扩展性。与UIML不同,它允许在一个UsiXML描述中对多个用户界面进行描述。这样可以使得一次描述的用户界面可以适用于多个不同的物理设备,但是界面描述的标签的数目会相应增加。其设计初衷是设计成一个可以对多通道、多设备用户界面进行描述的语言,但由于其在设计语言时局限于WIMP界面范式,因此其抽象用户界面模型及具体用户界面模型中对基于Post-WIMP界面范式的用户界面的支持并不好,这包括对界面元素和行为的定义。

UsiXML的另外一个特点是相比于其他用户界面描述语言,它有比较丰富的工具支持。在设计端,有GraphXML, VisiXML, SketchiXML, IdealXML, PlastiXML, ComposiXML等设计工具,通过这些不同的设计工具,可以设计不同的用户界面,并且生成遵循UsiXML格式的描述。其中,GraphXML

(图 6.12(a))与 SketchiXML(图 6.12(b))是功能较为完整的设计工具。它们分别提供了 UsiXML 中图形用户界面的基本功能的支持,并通过两种不同的形式,给界面设计人员提供支持,使得掌握不同技术的设计人员可以根据自己的能力选择合适的工具来进行设计。在生成端,有 KnowiXML, IKnowYou, CodeGenerators, FlashiXML, QtkiXML, RSSRenderer 等多种生成工具,可以将 UsiXML 的描述生成不同平台上的代码或者可执行程序。相比于 UIML 的生成工具,UsiXML 能够生成更多的目标平台的应用程序的界面。除此之外,为了进一步支持界面的设计,还有很多各种知名的设计工具的扩展,如 VisiXML 是基于 MS Visio 的一款扩展,该工具能够支持在 Visio 上设计 UsiXML 的界面,并把界面生成为多种目标代码。

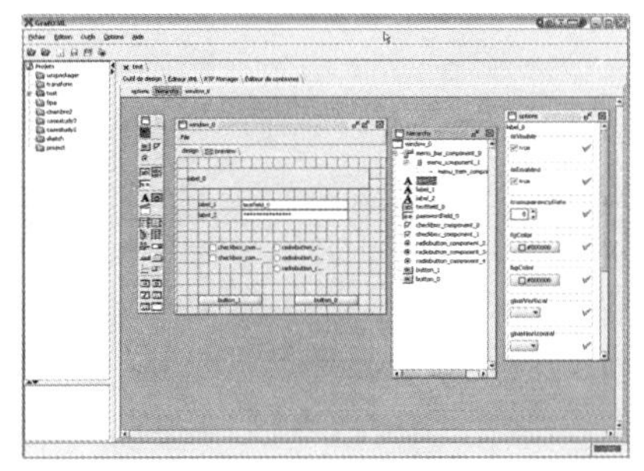

(a) GraphXML

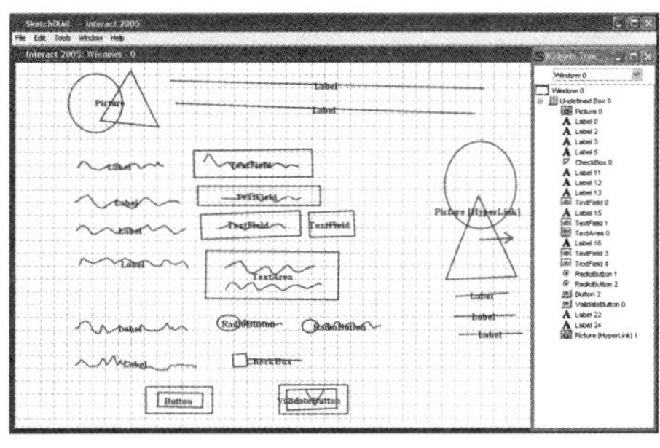

(b) SketchiXML

图 6.12 UsiXML 界面辅助设计工具

3. TERESA XML 与 MARIA

TERESA XML 是 TERESA 工具中使用的界面描述语言,这是一款用户界面开发工具,该工具以 CTT(Concur Task Trees)任务模型为基础[Paternò 2000a, Paternò 2000b],给设计者提供了这样一个设计流程:首先设计 CTT 任务模型,然后设计抽象用户界面及具体用户界面,最后通过工具生成目标代码。TERESA 提供了对任务模型、抽象用户界面及具体用户界面的描述。MARIA 是基于 TERESA XML 的一个改进,在语言的描述上,MARIA 基于 TERESA,也使用 CTT 任务模型、抽象界面描述及具体界面描述,增加了对面向服务的架构的支持,通过提供一个与 WSDL(Web Service Description Language)的映射,允许设计者在设计界面时在界面中增加已经存在于网络的各种服务。

较好的设计工具支持以及 CCT 任务模型的理论支持,使得这两种语言有一定的影响力,但仍有一些不足。一方面,这两种用户界面描述语言只能描述以 CCT 任务模型为基础的用户界面描述方式,而不支持其他任务模型;并且 CCT 任务模型的学习较为复杂,不利于设计者的学习。另一方面,生成工具的不足,使得使用 TERESA XML 与 MARIA 设计出来的用户界面只能转化成有限的目标语言,这对于界面描述语言的应用起了较大的阻碍作用。

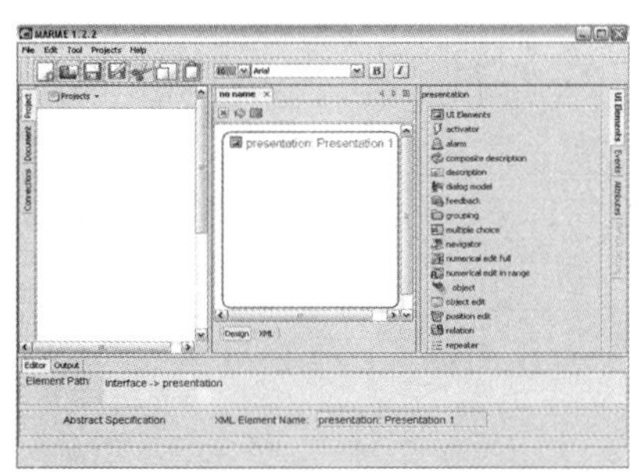

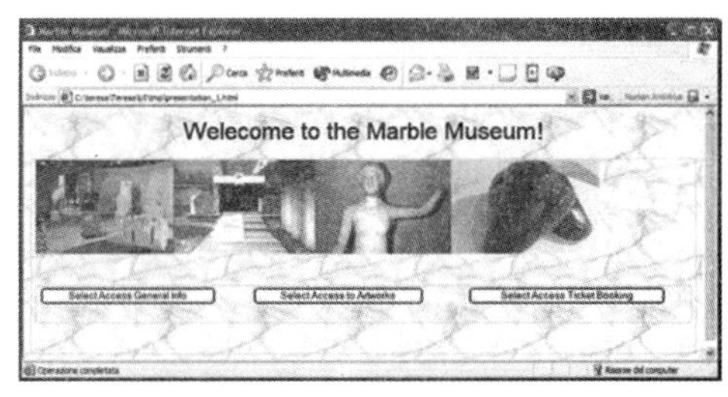

图 6.13 MARIA 设计工具及生成的界面

4. PUC Specification 语言

PUC Specification 语言[Fogarty 2003, Nichols 2006a, Nichols 2002, Nichols 2004,Nichols 2006b,Nichols 2006c,Yeh 2008]是专门为描述各种电器控制设备的界面而设计的描述语言,它能够以图形用户界面和语音界面两种方式描述多达 30 多款电器设备。该语言从功能和内容两个方面对基于电器设备的用户界面进行描述,并提出了"组树"(Group Tree)的概念来辅助设计界面。除此之外,PUC 还针对电器设备界面的特性,提出了"智能模板"(Smart Templates)来解决电器控制设备界面的特殊展示方式的问题,如播放器的通用界面展示。

PUC 是一个相当成功的界面描述语言,它对电器控制设备的描述能力很强,并且可以通过扩展智能模板来进一步增加其描述能力。不仅如此,该项目还对界面描述语言的学习难度以及生成的最终界面的可用性进行了系统的评估,为界面描述语言的设计提供了很好的指导。

在工具支持方面,有两款基于 PUC 的辅助工具,分别是 UNIFORM [Nichols 2006b]和 HUDDLE。UNIFORM 主要面临的是在普适计算环境下,各种家庭中的电器设备的整合成为必要,而各个设备控制界面的整合是其中很重要的一部分。但整合中经常出现各种电器界面的前后不一致或控制方式不一致等问题,如在 VCR 与闹钟上设置时间是完全不同的流程。该工具通过一种对 PUC Specification 语言进行相似性比较的方法解决该问题,并生成最终界面。Huddle 也是基于 PUC Specification 语言的一个自动生成工具,该工具主要面向的是类似家庭影院、电视会议系统之类的相互关联的电器(connected appliance)的控制界面。这类系统的问题是,它们的功能整合到了一起,但它们的界面却没有,要想操作它们,必须对它们在各种设备的界面上进行操作以达到目的。虽然有一些公司提供这种界面整合的解决方案,但本章主要关注在界面上的自动生成。这两款工具都是基于该语言的实用工具,成功地将各种算法应用到界面自动生成的技术中,解决了电器设备界面上很多关键问题。

该描述语言及对应的工具很成功，最大的问题就是其只提供了对电器控制设备的描述，并且只提供了图形用户界面以及部分语音界面的生成，不能为更多的设备及更多类型的用户界面提供支持。

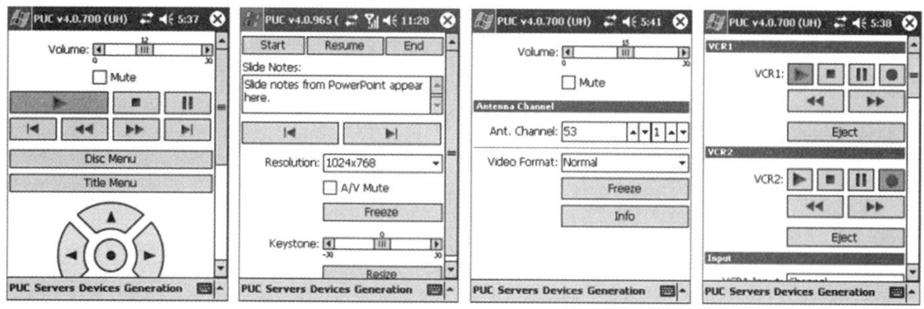

图 6.14　基于 PUC 生成的用户界面

5. XAML

XAML 是微软提出的一种用户界面描述语言，该语言适用于.NET 平台，通过设计基于 XAML 的用户界面描述，将用户界面与运行时逻辑分离。该语言属于微软推出的一种商业用户界面描述，用来支持基于.NET 平台的应用程序的开发。由于商业上的考量，这类商业的用户界面描述语言与科研领域中的用户界面描述语言有很大不同。最主要的一点是，这类商业的界面描述语言只面向特定的开发平台或高级程序开发语言。一方面，面向特定的开发平台降低了

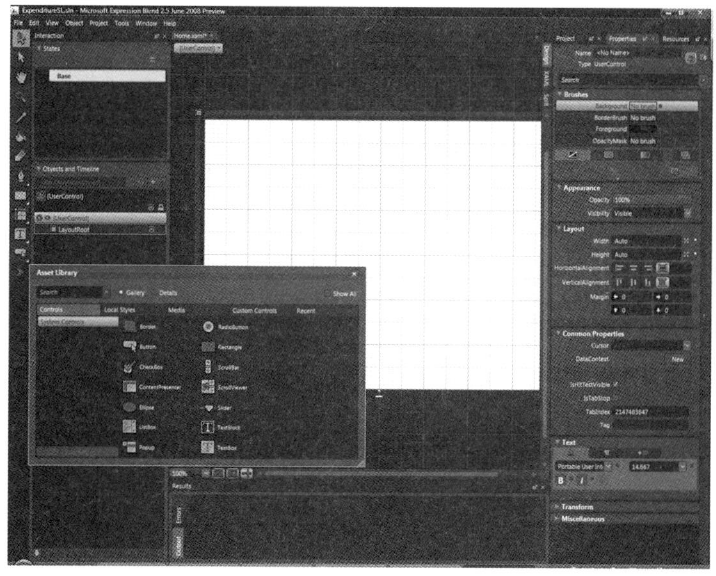

图 6.15　XAML 界面开发工具 Expression Blend

界面描述语言本身以及支持其发挥作用的设计工具与生成工具的复杂度与开发成本，如果最终用户界面没有多平台或多设备的需求，则是一种很好的选择。另一方面，如果应用程序需要运行在多个平台上，或者运行在不同的设备上，那么对用户界面会有不同的需求。此时，如果使用商业的界面描述语言，则不仅需要为不同设备上的用户界面使用不同的描述语言进行描述，甚至对于同一个用户界面，也需要使用不同的用户界面描述语言进行描述。这很大程度上增加了开发的成本，而各种交互设备的出现使得这样的需求越发紧迫，更加暴露出这种传统的商业的用户界面描述语言的问题。

6. SUPPLE 与 SUPPLE + +

SUPPLE[Gajos 2004, Gajos 2008a]系统基于自定义的 Functional Interface Specification，将设备界面描述成由控件、约束、设备相关函数及容器相关函数组成的四元组，将界面的生成抽象成一个决策问题，并利用决策算法对生成的界面进行优化。该模型中包括数据模型及界面模型，但是其数据模型与界面模型是一个紧耦合的状态，增加了算法的复杂性。SUPPLE + + 是基于 SUPPLE 的一个改进，其最大的特点是将用户根据残疾的类型分成了四类，并根据他们的特点对控件进行了分类。然后通过测试使用的能力，将人划分到这四类里，然后再生成界面。由于 Functional Interface Specification 使用 XML Schema 定义，但其本质与基于状态图的界面描述语言类似，因此我们并没有将其列在图 6.16 中。这两款工具最大的特点在于对特定目标人群的界面自动生成，这充分考虑到了使用各种设备的残疾人的特点，并将这些特点作为参数在界面生成的过程中体现出来。

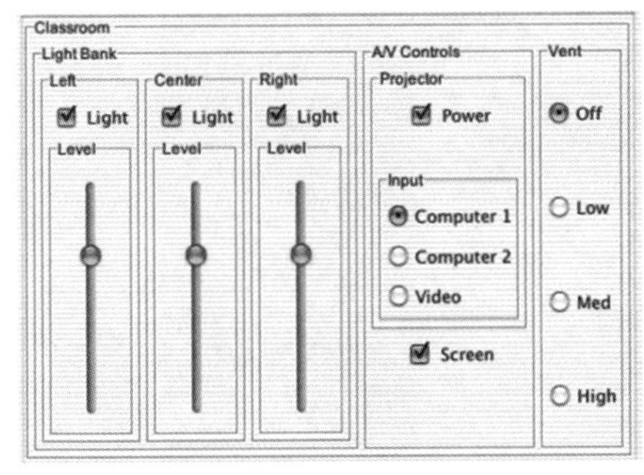

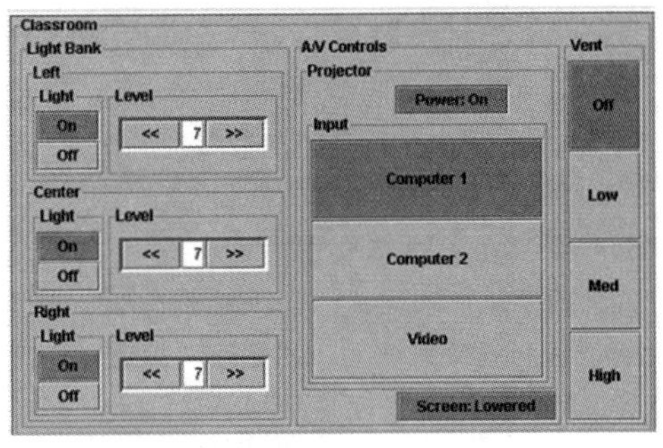

图 6.16 基于 SUPPLE 生成的用户界面

在参考文献中，我们还给出了其他的基于 XML 的界面描述语言与各种辅助工具的列表[Abrams 1999, Ahmadi 2012, Appert 2006, Ardito 2012, Baar 1992, Bellucci 2012, Bellucci 2011, Bergh 2011, Berti 2004a, Berti 2004b, Blanch 2006, Broll 2006, Buxton 1983, Calvary 2003, Campos 2005, Casner 1991, Cassino 2010, Cassino 2011, Coninx 2007, Coninx 2003, Pereira 2007,

Coyette 2011, Crowle 2003, De Boeck 2007, Dermler 2003, Dewan 2010a, Dewan 2010b, Dittmar 2009, Dragicevic 2004, Eisenring 1998, Eisenstein 2001, Ertl 2009, Ezzedine 2005, Falb 2009, Faure 2010, Feiner 1989, Figueroa 2002, Fogarty 2001, Fogarty 2003, Foley 1991, Fraternali 1999, Gajos 2005, Gajos 2004, Gajos 2008a, Z. Gajos 2007, Gajos 2008b, Goubko 2010, Hariri 2005, Heymann 2007, Hong 2009, Ioannidou 2009, Jacob 1983, Jacob 1986, Jacob 2006, Jacob 1999, Jiang 2007, Josefina 2009, Kasik 1982, Katsurada 2003, Kim 1993, Koivunen 1993, Lecolinet 1996, Leite 2006, Lepreux 2007, Limbourg 2004a, Limbourg 2004b, Limbourg 2005, Lin 2008, Luong 2012, Lutteroth 2008, Maloney 2010, Massó 2006, Memon 2003, Mori 2003, Mori 2004, Myers 1989, Myers 1995, Myers 1996, Myers 2000, Myers 1992, NICHOLS 2006a, Nichols 2007, Nichols 2005, Nichols 2002, Nichols 2004, Nichols 2006b, Nichols 2006c, Nylander 2005, Orit 2006, Patern 2003, Phanouriou 2000, Pohja 2007, Puerta 1999, Puerta 2001, Puerta 1994, Ramon 2011, Raneburger 2010, Raneburger 2011, Ratzka 2006, Samir 2007, Schaefer 2007a, Schaefer 2007b, Schaefer 2007c, Shaer 2008, Souchon 2003, Swearngin 2012, Szekely 1995, Trindade 2007, Urano 2007, Vanderdonckt 1994, Vanderdonckt 2004, Zhang 2001],其中,国内的科研机构也很早展开了该领域的研究[杜一 2013a; 杜一 2013b; 杜一 2011; 冯仕红 2006; 冯文堂 2006; 高怀金 2007; 郭小涛 2005; 鞠训卓 2007; 雷镇 2005; 刘彩红 2008; 邵维忠 2002; 万建成 2003; 万林 2007; 吴昊 2011; 徐龙杰 2004; 姚芳 2008; 张文波 2007; 张晓宁 2009],并取得了不错的成果。

6.2.4 笔式用户界面任务描述语言

不同的应用领域带来了用户任务的差异,也直接影响了任务相关的环境、设备等因素。使用输入设备的差异,笔式交互信息定义的互不兼容,以及用户使用习惯的个性化等诸多因素使研究者难以创建对笔式用户界面进行良好描述的框架。现有的笔式交互系统应用只能面向特定的软件需求,缺乏对笔式用户界面及用户任务的高层次抽象和可靠的软件复用技术支持。

在交互特征与界面范式等笔式用户界面研究的基础上,国内外多家机构研究开发了许多新型交互组件或交互技术,如 Translucent Patch, Tool Glasses, ZUI, Pie Menu。然而从实用性的角度来看,这些基于笔的交互技术并没有真正推广应用到各类笔式交互系统中。一方面,尽管单一的交互技术能够起到减轻用户认知负担的作用,但在实际系统中,要将这些交互技术按照任务需求结合在一起,往往会导致界面复杂性与交互复杂性的非线性增长,反而极大地增加了用户的认知负担。另外,笔式交互系统的开发特点决定了如何将用户自然地引入到设计过程和开发过程中,减少开发的迭代次数,是笔式交互系统开发中的关键问题。

为了解决上述问题,我们提出了一个面向笔式用户界面任务的描述语言PenTODeL(Pen UI Task-Oriented Description Language),该描述语言的特点是以笔式交互系统的用户任务为核心对笔式用户界面的使用进行抽象;基于构件的笔式用户界面抽象描述;任务抽象与实现在描述层次上进行分离;交互行为与任务目的层次分离与低耦合连接。

1. 用户任务流程与任务描述

用户使用笔式交互系统完成工作的活动可以分解为时间或逻辑顺序上不同层次的任务,从而形成任务的流程结构。这种任务分解一直向下进行,直到每个任务都存在一个任务目的表示。任务流程的结构以一个树形结构表示,其中每个节点都是一个任务结构。以树形结构进行任务组织的优点是便于任务层次的可视化,便于用户理解。

PenTODeL中按照抽象层次的不同存在两种不同类型的任务:抽象任务(abstractive task)和用户定义任务(user-defined task)。抽象任务是任务流程中的非叶子节点,在抽象层次上尚未形成明确的抽象任务目的表示。而用户定义任务则位于任务流程结构的叶子节点,用户应在设计时进行该任务的目的定义。

在任务流程中不同任务之间可能存在着在时间或逻辑上的约束关系。在PenTODeL的描述中,给出了三种基本任务关系:选择(selection)、并行(concurrent)和顺序约束(sequence constraint)。任务之间的关系仅仅存在于任务树结构的兄弟节点之间。以任务 A 为父节点的任务 B 与任务 C 之间存在选择关系,表示从任务 A 能够选择进入且只能进入任务 B 或任务 C,任务 B 与任务 C 不能同时进行;以任务 A 为父节点的任务 B 与任务 C 之间存在并行关系,表示任务 A 能够同时进入任务 B 和任务 C 状态;任务 A 是任务 B 的顺序约束,表示用户完成任务 B 的前提是系统处于任务 A 的完成状态。

单一任务包括任务描述信息、任务媒介、任务交互行为、任务目的定义以及交互行为与任务目的的映射信息。

图6.17描述了用户任务流程、任务结构的XML Schema表示。

2. 任务场景描述

任务场景(task scenario)是抽象任务的任务媒介,抽象任务在特定的场景上完成,用户在进行任务流程定义的同时就指定了界面场景的切换流程。在PenTODeL中规定用户定义任务与其父节点所代表的抽象任务处于同一任务场景。任务场景描述表现了界面的布局,其中包含了场景本身的描述信息以及在场景中笔式用户界面组件(pen-based user interface component)的信息描述。

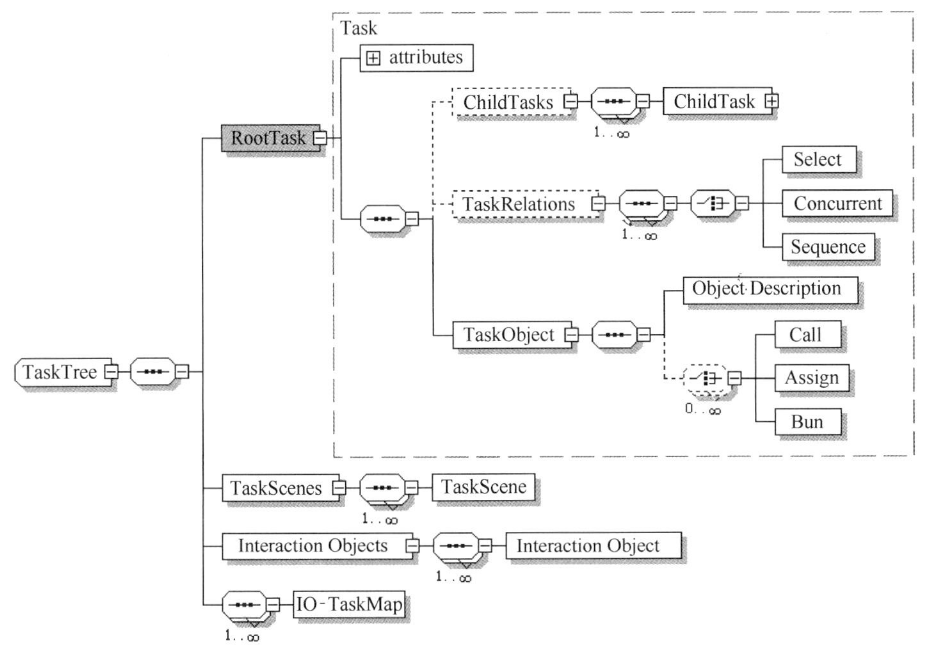

图 6.17 笔式用户界面任务模型的 Schema 描述

场景本身的描述包括唯一表示场景的 ID、场景的名称以及场景的背景信息等。场景的名称用于用户、设计者以及开发者之间的沟通，在实现内部则通过 ID 唯一确定。如果用户在设计时并不关注场景表现的细节信息，设计工具将自动提供场景的背景。

笔式交互系统的系统实现采用了基于构件的方式，能够有效地进行软件重用。在每个任务场景中都包含了一组笔式用户界面组件，这些组件之间允许存在相互嵌套的关系，这些嵌套结构由组件本身的描述体现。在任务场景描述中仅仅将这些组件的布局信息进行罗列，并不关心组件的细节描述。图 6.18 中描述了任务场景及笔式用户界面组件的 XML Schema。

3. 笔式用户界面组件描述

Task Scenario Profile 中描述了笔式用户界面组件的组织结构，并没有对组件细节进行描述。Component Profile 中组件的信息包括三个方面：组件的标示信息、属性信息以及组件的嵌套结构信息。

组件标示中包括系统全局唯一的组件 ID、在任务场景空间内唯一的组件名称（component name）以及组件的抽象类型描述（component class）。组件名称配合所在的场景名称能够使设计开发的参与者顺利地进行交流，组件的类型描述仍然是面向用户的抽象表示，具体的对象类型将根据领域模型与界面模型的描述，通过模型的转化机制确定。组件中的属性信息由多个属性（property）节点构成,属性节点由名称、类型与属性值构成。在运行时系统通过属性列表将值填充到具体的实现对象中。场景中的界面组件根据笔式用户界面 PIBG 范式[田丰 2004]进行组织,允许并保存了子结构的嵌套关系。系统运行时,组件能够智能地判断并处理对笔式交互信息向子结构的分配。

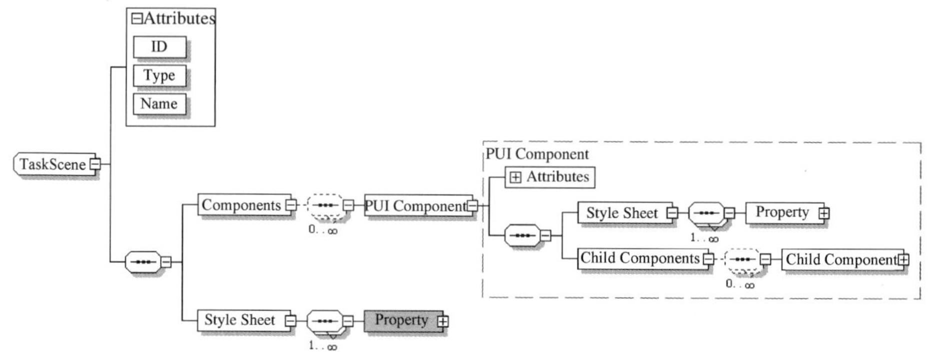

图 6.18 笔式交互系统任务场景 Schema

4. 交互行为描述

交互行为是体现用户对笔式交互系统个性化需求的一个主要方面,在 PenTODeL 中将交互行为与交互语义描述分离,使用户能够灵活地根据个人习惯为不同的任务目的指定相应的交互行为,并能够支持用户将自己设计的符合笔式交互特征的交互行为嵌入到系统中。

在 PenTODeL 中将交互行为本身视为一个特殊的行为对象,每个交互行为描述包括全局唯一 ID 以便系统运行中进行调用。交互行为描述中还包括交互对象和交互行为类型信息。交互对象是交互行为的载体,描述中包括了该交互对象 ID 和对象类型以进行动作的合法性检测。交互行为类型则是对交互行为本身的描述,具体实现和算法将分别在交互库和底层算法库中得到体现。

5. 任务目的描述

任务目的描述(task object profile)表述了用户的交互语义。从实现的角度来看,其中一部分的交互语义已经由底层具体实现平台所提供的服务实现,由于这部分的语义往往通过功能构件提供的服务接口实现,因此语义描述中也添加了相应的构件信息,描述中将通过功能构件的内部 ID 来唯一确定。另一部分任务目的尚未得到系统支持,因此任务目的描述将表现为用户对该任务的解释,并作为与其他开发人员的交流信息。

目前笔式交互系统内部存在四种类型的交互行为语义支持:服务调用、属性赋值、外部应用调用以及脚本语言执行。同一个任务目的中可以存在多个语义,语义的实现顺序由系统实现框架决定。

6. 交互行为与任务目的映射描述

交互行为与任务目的的分离使用户能够更为灵活地进行交互设计，并支持用户将自定义的交互行为嵌入到系统中。交互行为与任务目的的映射描述则填充并完善了用户任务的认知结构。

映射描述通过交互行为与任务目的的 ID 完成动作与语义的连接，并保持了语法与语义结构的低耦合状态。

6.3 移动环境下的用户模型

移动设备是指尺寸较小、便于携带的计算设备，通常包括显示屏幕等输出装置及电子笔等各种输入装置，典型的移动设备有手机、PDA、平板电脑等。随着科技的进步以及经济的发展，移动设备的数量越来越多，各类移动设备的使用也越来越普遍。设备的种类从最初的普通手机发展到如今的智能手机、平板电脑、上网本等；人们使用移动设备的方式也从最初的通话、短信发展到利用各种移动设备进行办公、娱乐等活动。随着移动设备及移动操作系统的发展，移动应用程序越来越丰富，IDC 的移动开发研究报告指出，来自全球各地的移动开发人员，在不同的移动平台上，为移动设备的用户开发了近百万种应用程序。但是，开发者在为移动设备开发应用程序时，没有可以参考的用户模型来指导用户界面的设计开发，往往只依赖于各开发平台的界面设计规范。而设计规范大都只针对界面的布局、组件风格等进行描述，忽略了界面的智能化及个性化。这需要通过对用户模型的深入研究，为移动开发者提供指导性的建议。当前对移动环境的用户模型的研究大都针对某一特定的移动设备，或者基于单一的移动设备的特性，虽然有一定的指导作用，也能在一定程度上改善用户体验，但这些研究的尝试局限于单一的移动设备或一类同质的参数，缺少对各种移动环境信息的综合利用，并且没有考虑单一用户使用多个移动设备的情况，不具有普遍的适用性和可行性。本节基于该问题给出一种移动环境下的用户模型来指导移动环境下智能用户界面的设计和开发。

6.3.1 用户模型相关工作研究

最早的针对用户模型的研究来自于 Perrault 以及 Cohen[Cohen 1979, Perrault 1978]，他们尝试通过人机对话获得用户的行为模型，并给出了一些指导建议。随着智能手机、平板电脑等移动设备逐渐被广泛应用，针对移动设备或移动环境的用户模型的研究也越来越多。由于移动环境本身有移动性的特点，加之移动设备本身的多尺寸、多分辨率以及有限的处理能力等特性，移动环境下的用户模型与普通的PC环境下的用户模型的构建方法有很大的不同。因此，近年来有不少研究集中在移动环境下用户模型的相关问题。

Clerckx[Clerckx 2006]等以普通手机作为研究对象，将用户模型进行模块化分解，给出了基于模型的用户界面设计指导，并以短信收发为例，对模型进行了初步验证。该研究以普通手机作为研究对象，是使用用户模型提供用户界面呈现的很好的尝试。但是移动设备越来越多样化和智能化，扩展了移动设备人机交互的通道，因此仅以某一类普通移动设备作为研究对象，不符合人们使用移动设备的现状。Gasimov[Gasimov 2010]等人通过直接获取移动设备本身的硬件信息，比如尺寸、分辨率等信息，对不同的用户行为进行分类，然后根据当前移动用户的上下文信息，预测用户的行为；该研究给出一个自适应的浏览器界面，改善了用户使用移动设备浏览网页的用户体验。Jayagopi[Jayagopi 2010]等通过分析智能手机上的传感器数据，结合分类器，最终分析出在一个小组间的协同讨论的环境下，人们之间的交流方式；由于技术的限制，该项研究只针对协同讨论的环境，并且只将人们间的交流方式分成了头脑风暴与决策制定两类，具有很大的局限性。Montoliu[Montoliu 2010]等利用移动设备上的GPS等绝对位置获取装置获取用户使用移动设备时的绝对位置，并通过建立一个两层的分类器，首先使用基于时间的聚类技术对位置点进行聚类，并且发现丢失的位置点，然后对相邻点聚类以找到用户的停留区域；经过进一步的分析，找到用户感兴趣的位置。这些研究大都是通过利用移动设备的某一单一特性或同一类特性进行移动环境用户模型的构建，并没有综合利用各种移动环境信息，得出的结果只适用于某些特定的领域，具有较大的局限性；其次，这些研究的研究对象都是使用单一移动设备的用户，但当前环境下，移动设备多种多样，一个用户使用多个移动设备的情况非常普遍，因此这些研究并不能作为合适的模型指导移动设备的用户界面的开发。

6.3.2 移动环境下的用户模型

活动理论是心理学家Nardi等人[Nardi 1996]提出的，主要通过将活动进行层次的分割，应用于对人类活动进行分析和建模。近年来，活动理论在人机交互及用户界面的研究领域正开始受到广泛的关注[Garg 2008, Nardi 1996]，它为研究在环境上下文中理解和描述用户与信息交互过程提供了框架，进而指导人机交互及界面设计。本节将以活动理论为基础，介绍移动环境下的用户模型(Uniform Mobile User Model，UM2)。

在活动理论中，活动由主体、客体、工具、共同体、规则以及劳动分工六部分组成。它强调主体对客体进行的活动是在多种因素参与下发生的，而不只是对主体、客体及各种因素孤立的行为。我们参考该模型中主客体的定义，特别对移动环境下的各类因素进行了详细的描述，将 *UM2* 定义成一个四元组的组合，这四部分为用户（*User*）、上下文（*Context*）、对象（*Object*）以及行为（*Action*）。

形式上，*UM2* =（*User*，*Context*，*Object*，*Action*）。其中，*User* 唯一标识一名用户，*Context* 表示上下文信息，*Object* 表示用户使用移动设备的客体，*Action* 表示设备的各种行为。用户指移动环境中的主体。它由一个用户的唯一标识符及用户的特征两部分组成，其中用户的唯一标识符可以用来区别使用移动设备的不同用户，它可以通过用户使用时的登录相关的信息获得；用户的特征辅助用户的唯一标识符对用户进行分类，该项为可选项。

用户模型不仅需要静态的描述，还需要动态的模型构建过程。模型的动态构建过程包括模型信息的获取、分析及反馈等。本节给出的 UM2 模型的构建过程框架如图 6.19 所示。该框架主要由三部分组成，分别是模型数据采集、模型分析及用户界面呈现。

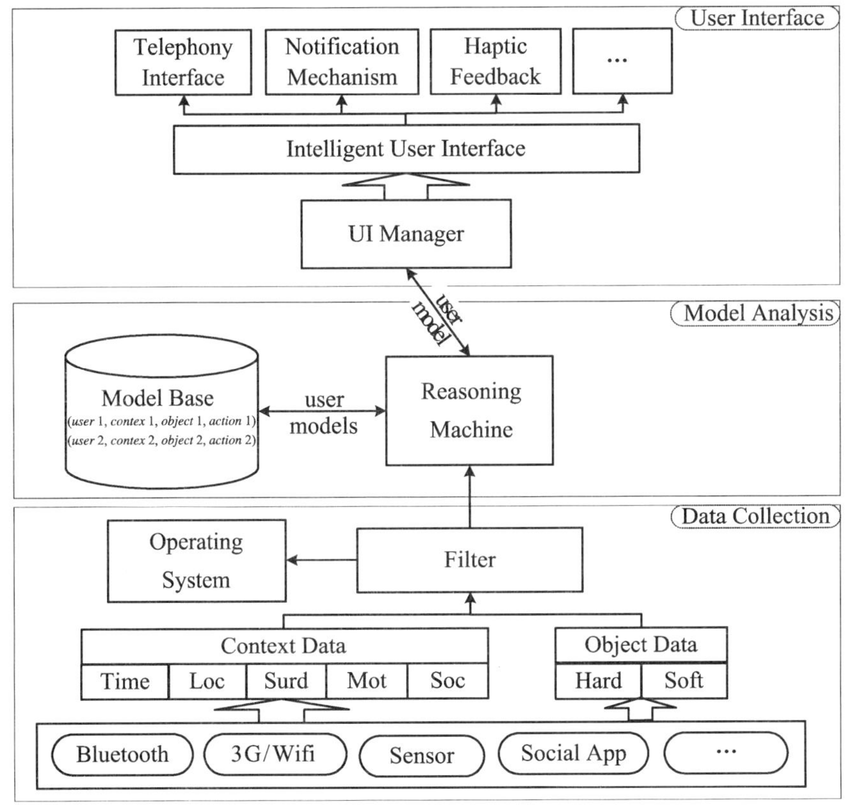

图 6.19 UM2 模型构建框架

模型数据采集是获取各种构建用户模型相关的可得到的数据。用户模型数据的采集是一个状态转换的过程，在进入数据采集状态后，会通过访问操作系统提供的相关接口得到当前用户的信息；在确定用户以后，进入上下文收集状态，该状态通过蓝牙、无线网络、传感器、社交程序等采集到各种数据，包括上下文数据如时间、位置、行为、社交数据等等；在该过程中，会通过蓝牙查找到周围的环境或设备信息，并进入暂时的中断来获取周围环境的数据并更新用户模型；在整个状态转换过程中，会遇到各种阻塞情况（如操作系统死机等），在重新开始时，首先要判断当前用户，然后进入上下文收集状态采集用户模型数据。过滤器（filter）是数据采集部分的主要模块，它有两个作用：第一是作为状态机的控制装置，对数据采集的状态进行控制，采集到相应的用户模型数据，并及时更新以提供给推理机；第二，由于不同的移动设备提供不同的硬件支持以及软硬件访问权限，所以需要通过过滤器得到合适的软硬件信息，这些信息包括当前移动设备支持的，并且可以访问的软件及硬件。通过状态机控制及设备信息过滤，最终采集到模型的用户、上下文及对象的数据，并发送给模型分析部分进行推理和分析的操作。

模型分析将获得的各种模型数据传送给推理机（reasoning machine）。在输入端，推理机可以接收数据采集部分获得的各种数据作为推理的目标数据；在推理过程中，随时访问模型库，获得各种相关的模型数据辅助推理；除此以外，推理机还可以接收由界面管理器（UI manager）返回的完整的模型数据，来改进推理的性能。在输出端，推理机可以将推理的结果输出到界面管理器，以指导设计基于不同用户模型的智能用户界面；还可以将界面管理器返回的模型数据输出到模型库中，这些数据可以在下一次推理时被用到，因此可以持续地改进模型分析部分的性能。推理机使用了改进的 VSM（向量空间模型）算法，该算法将在下一节详细描述。

用户界面呈现是通过界面管理器对用户模型进行分析，并反映到最终用户界面中去的。它接收模型分析部分的结果，结合不同的用户行为数据，提供不同的界面支持，如不同运动环境下的通话界面（telephony interface）、不同情景下的通知机制（notification mechanism）、不同行为方式下的反馈界面等。另外，它可以收集用户对于提供的界面的不同反馈，并将其返回到模型分析部分，不断修正用户模型的细节。

6.3.3 UM2 模型预测算法

使用改进的 VSM 算法来实现推理机的推理和学习。VSM 由 Salton [Salton 1975]等人提出，是一个应用于信息过滤、查找及评估的代数模型。它首先被应用于文本分析及检索，之后被应用于自适应用户界面以及推荐系统，并取得了很好的效果。

本节使用的推理算法基于 VSM 算法，针对移动环境下用户模型的特性对算法进行了改进。并且考虑到移动设备的计算能力有限，在进行相似度计算时进行项的裁剪和优化，降低了相似性的计算空间，提高了算法的效率。算法流程如图 6.20 所示。

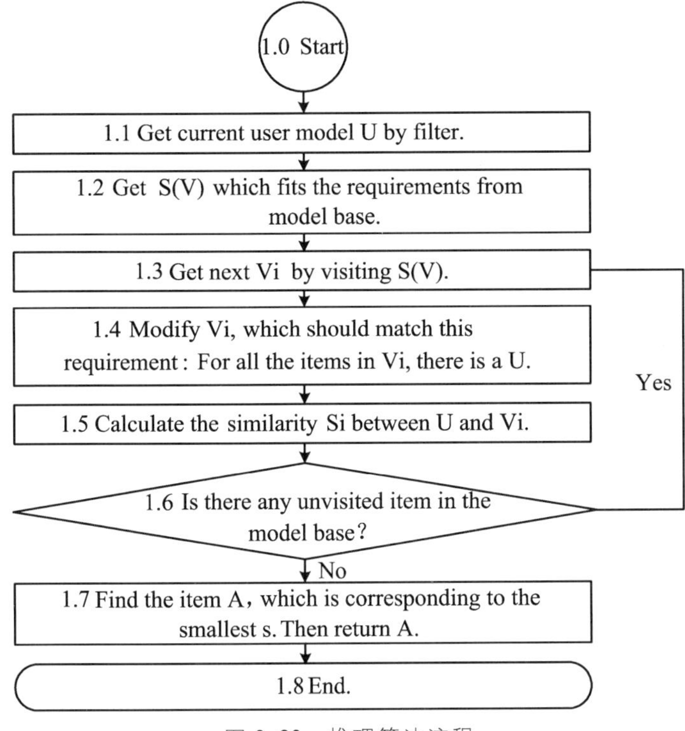

图 6.20 推理算法流程

在该算法流程中，步骤 1.2 需要获得合适的模型项的集合，该部分的伪代码如下：

```
FOR EACH V_i in ModelBase
IF ∃ ṽ ∈ V_i AND ṽ ∈ U
将 V_i 添加到链表 L 中；
计算相同项的数目 N_i；
IF L 的长度 > w
sort L；
RETURN L 的前 w 项；
ELSE
RETURN L；
```

其中 w 表示获取模型数目的阈值，$\tilde{v}$ 表示参数 v 对应的用户模型的项。步骤1.4需要根据要求对取得的项进行裁剪,裁剪满足对 V_i 中任意的项,U 均有项与其对应。通过这两个步骤的优化,可获得最合适的用户模型的集合,以进行相似度及用户模型预测的计算。这样减少了不必要的复杂计算,减小了相似性的计算空间,提高了算法的效率,符合移动设备的有限计算能力的特点。

下面介绍相似度计算公式。使用向量 $\boldsymbol{V}_i$ 表示模型库中存储的用户模型信息,它遵循之前定义的用户模型的描述。其中,U_{ij} 表示第 i 组用户模型信息的第 j 组用户数据特征值,C_{ij} 表示第 i 组用户模型信息的第 j 组上下文数据特征值,O_{ij} 表示第 i 组用户模型信息的第 j 组客体数据特征值,A 表示第 i 组用户模型信息的行为描述。

$$\boldsymbol{V}_i = (U_{i1}, U_{i2}, \cdots, U_{im}, C_{i1}, C_{i2}, \cdots, C_{in}, O_{i1}, O_{i2}, \cdots, O_{io}, A_i) \tag{6.1}$$

使用向量 $\boldsymbol{W}$ 来表示当前获得的用户模型信息如下,其中,U_i,C_i,O_i 分别表示当前获得用户模型信息的用户、上下文及客体数据的特征值。

$$\boldsymbol{W} = (U_1, U_2, \cdots, U_m, C_1, C_2, \cdots, C_n, O_1, O_2, \cdots, O_o) \tag{6.2}$$

定义用户模型的相似度计算的公式如下:

$$SIM(\boldsymbol{V}_i, \boldsymbol{W})$$

$$= \cos(\boldsymbol{V}_i, \boldsymbol{W}) = \frac{\boldsymbol{V}_i \cdot \boldsymbol{W}}{|\boldsymbol{V}_i||\boldsymbol{W}|} = \frac{\sum_{k=1}^{m+n+o}(V_{ik}W_{ik})}{\sqrt{\sum_{k=1}^{m+n+o}(V_{ik}V_{ik})\sum_{k=1}^{m+n+o}(W_{ik}W_{ik})}}$$

$$= \frac{\sum_{k=1}^{m}(V_{ik}W_{ik}) + \sum_{k=1}^{n}(V_{ik}W_{ik}) + \sum_{k=1}^{o}(V_{ik}W_{ik})}{\sqrt{\left(\sum_{k=1}^{m}V_{ik}V_{ik} + \sum_{k=1}^{n}V_{ik}V_{ik} + \sum_{k=1}^{o}V_{ik}V_{ik}\right)\left(\sum_{k=1}^{m}W_{ik}W_{ik} + \sum_{k=1}^{n}W_{ik}W_{ik} + \sum_{k=1}^{o}W_{ik}W_{ik}\right)}}$$

其中,$SIM(\boldsymbol{V}_i, \boldsymbol{W})$ 指根据已知模型以及当前获得的模型信息计算的相似度,计算过程为计算向量的余弦值。通过计算得到一个0到1之间的 $SIM(\boldsymbol{V}_i, \boldsymbol{W})$ 值,当 $SIM(\boldsymbol{V}_i, \boldsymbol{W})$ 趋近于1时,两个用户模型的相似度高;当 $SIM(\boldsymbol{V}_i, \boldsymbol{W})$ 趋近于0时,两个模型的相似度低。将该相似度算法的公式应用到整个改进的SVM算法中,即可以完成用户模型的构建过程。

6.4 E-UIDL:一种新的用户界面描述语言

现有的基于XML的用户界面描述语言存在一些问题。首先,这些界面描述语言大都基于传统的基于WIMP界面范式的图形用户界面，并没有很好地考虑对笔式用户界面等新兴的用户界面及对应的交互技术的支持。其次，新的交互设备的出现，对多设备用户界面提出了一定的要求，但当前的用户界面描述语言几乎没有对这种需求提供支持。第三，大多数界面描述语言在可扩展性及可复用性方面考虑不足，这增大了使用界面描述语言对界面进行描述的工作量，使得界面描述语言的使用受到限制。本节介绍一种可扩展的用户界面描述语言——E-UIDL(Extensible User Interface Description Language)，该语言使用XML进行描述，借鉴现有界面描述语言的优点，通过模块化描述的方式对界面描述语言进行定义，并对不同尺寸的交互设备的用户界面设计、数据建模、模型复用及扩展有良好的支持。

6.4.1 E-UIDL 的设计目标

E-UIDL应该使用模块化的描述方式，能够支持对界面的多层次描述，并具有一定的无关性及良好的可扩展性和可复用性等特点。

E-UIDL应该使用模块化的描述方式对用户界面进行描述。用户界面由多个部分组成，除了组成界面本身的各种组件或元素外，还包括界面相关的交互数据、事件处理组件与交互数据之间的映射关系等。如此复杂的用户界面，必须使用模块化的方式进行描述，将用户界面从上述不同的角度进行描述。通过这种描述方式，一方面增加了描述语言本身的可读性，降低了直接对描述语言进行编辑开发的界面开发人员的认知困难，提高了开发效率；另一方面，模块化的方式可以支持对组成界面的各个模块进行复用，而对模块的复用能力取决于描述语言本身对模块化的划分粒度。

E-UIDL应该支持多层次的界面描述。多层次的界面描述是指描述语言应该支持从不同的抽象层次对用户界面进行描述。当前用户界面的开发越来越复杂，界面的设计和开发可能需要分析人员、界面设计师、程序员等不同角色参与，不同角色有不同的技术专长。一种好的界面描述语言，要能够对界面进行不同级别的抽象。对所有参与界面开发的人员而言，可以允许不同的角色对界面进行特定粒度的描述，而不需要其他粒度描述的特定知识。对于界面设计与生成工具而言，一方面，通过使用层次化的界面描述，不同角色对界面不同粒度的描述可以对界面进行验证，从而增加界面设计的安全性；另一方面，通过对粗粒度界面描述的分析，可以实现用户界面的推荐，降低开发的复杂度，提高界面开发的效率。

E-UIDL应该具有无关性的特点。这里提到的无关性包括设备无关性以及通道无关性。当前存在各种不同尺寸、不同类型的交互设备，设备无关性指界面描述语言能够忽略设备的差异，但其描述能力不因设备的不同而有所不同。通道无关性则是指界面描述语言能够描述除鼠标点击、键盘按键、屏幕显示等传统的输入输出方式之外的其他输入输出方式,比如语音的输入输出、笔的输入等。

E-UIDL还应具有良好的可扩展性和可复用性。交互设备的发展日新月异,基于不同的交互设备的用户界面的发展变化很快。因此界面描述语言必须有很好的扩展性,对新的用户界面形式有很好的支持。这里的扩展性表现在两个层次上:首先要能在元语言层次上对组成语言的模块进行添加和修改;其次要能够在组成语言的模块内部,对模块的组成部分进行添加和修改。可复用性不仅包括组成用户界面的各个部分的重复使用,也包括对诸如用户及环境上下文、领域知识等非界面元素的复用。通过不同层次的复用,一方面可以随着不断设计基于描述语言的用户界面,提高开发新的用户界面的效率;另一方面可以降低新的用户界面对用户和环境的学习,加快界面自适应的过程。

除此之外,界面描述语言还应该有与其适应的界面开发工具及一系列的目标代码生成工具。对于界面开发工具,应尽量提高可用性及易用性,并降低使用者的学习周期。任何一款强大的开发工具,如果开发者认为它很难掌握,那么这注定是一款失败的产品[栗阳 2001]。

6.4.2 功能组模型

通过对界面进行抽象,可以辅助实现层次化用户界面描述等多个优点。如何对界面进行抽象,以及进行何种层次的抽象,是其中的关键问题。通过分析多种任务模型[Card 1983, Paternò 2000b],我们发现这些任务模型大都要求对任务的描述粒度达到非常细的程度(如鼠标按下、抬起),或者对任务的分类方法过于繁琐,使得实际应用建模时难度极大。在本节介绍的E-UIDL中,使用我们定义的以状态转换为基础的功能组模型。功能组模型与E-UIDL中抽象界面模块相对应,它包括组(Group)、原子组(Atom Group)、输入(Input)、输出(Output)以及控制块(Control)五个主要组成部分,每个组成部分包括自己特定的属性。功能组模型的规则有以下几点:

- 状态属性:一个应用程序由一个或多个界面构成,每个界面是一个状态。
- 功能属性:在某一个界面状态,能够完成一个或多个功能。
- 功能组属性:功能组分为普通功能组及原子功能组,其中原子组是功能的最小集合。为保证界面的流畅性及完整性,同一原子组中的部分不能出现在不同的界面中。
- 细分组属性:对于每个功能组内部,除了细分的功能组以外,还包括输入、输出及控制三种不同类型的功能,或者它们的组合。
- 粒度最细原则:在功能组模型的设计过程中,建议设计者尽可能降低功能组划分的粒度,以支持后续的界面推荐及界面生成。

我们设计了一种简单的符号表示描述功能组模型。在符号表示(图 6.21)中,实心圆表示某一特定的界面状态,分别使用不同的形状代表 Group, AtomGroup,Input,Output 及 Control。图 6.21(a)是对一种简单的笔记软件的功能组模型的符号表示。该软件主要功能是用户登录以后文字的记录,其中包括新建笔记、保存笔记、退出以及文字编辑功能。在文字编辑区域,除了基本的文字输入、输出外,还包括上下翻页的功能。在图 6.21(a)中,登录界面主要由用户名(AG_user)及密码(AG_psw)输入两个原子组组成登录组(G_login),在各原子组内部,分别由一些输入、输出及控制块组成。图 6.21(b)是主编辑界面的功能组模型,主要包括控制(AG_Control)及编辑(AG_edit)两个原子组。图 6.21(c)是一种九宫格样式的功能导航界面的功能组模型的符号表示,九宫格的说法来自书法临帖仿写的格界,与黄金分割的四条格线很相似。当今很多交互设备特别是移动设备的导航界面多采用这种界面。在图 6.21(c)中,主要的导航分为办公(G_office)、娱乐(G_entertain)及教育(G_education)三个原子组,各原子组内部的导航功能都属于同一类型。根据功能组模型的描述以及定义的 XML Schema,可以生成对应的抽象用户界面模块的描述。

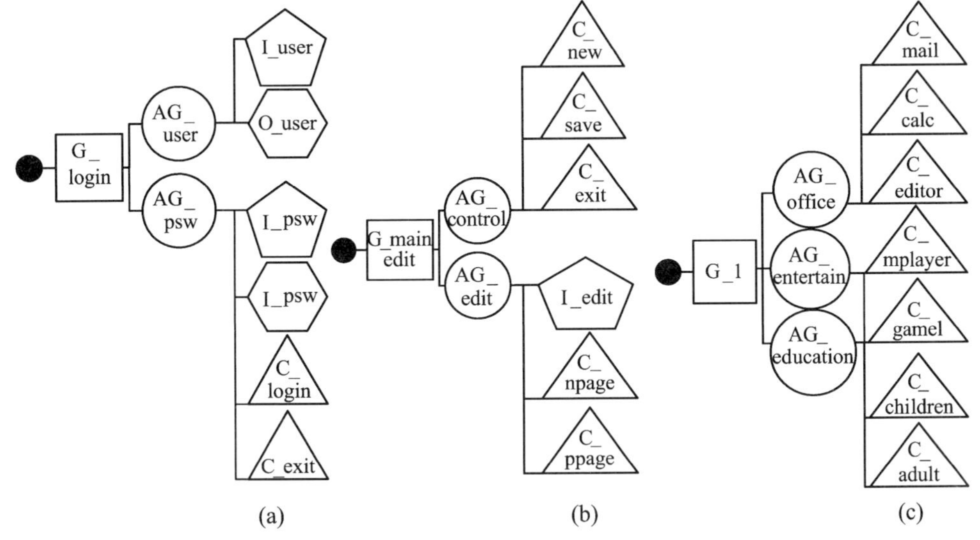

图 6.21 功能组模型符号表示

(a) 笔记软件功能组模型符号表示 1;(b) 笔记软件功能组模型符号表示 2;
(c) 九宫格导航界面功能组符号表示

6.4.3 E-UIDL 的组成模块

基于上述设计原则,我们给出了一种用户界面描述语言——E-UIDL。图

6.22～图6.27给出了E-UIDL主要部分的XML Schema结构图,在图中,每个矩形框表示一个节点元素,矩形框跟随的加号和减号分别表示该元素是否展开,矩形框下方的数字代表节点允许出现的次数。另外,我们分别使用内容为“S”,“C”,“A”的矩形框表示XML Schema描述时的“Sequence”,“Choice”及“All”三种模型。

E-UIDL是整个描述语言的根结构。它包括整个界面描述文件的基本参数,如该界面文件标识符、名称、版本信息等。如图6.22所示,它由多个子模块组成,这些子模块包括抽象功能界面描述模块(AFUI)、具体用户界面描述模块(CUI)、抽象数据描述模块(ADATAMODEL)、具体数据描述模块(CDATAMODEL)、UM2模块、映射模块(MAPPING)及资源模块(RESOURCE)等。E-UIDL与每个子模块都是一对多的关系,即E-UIDL可以包括零个或多个子模块的实体,如一个界面描述文件可能包括多个上下文模块、数据模块等。另外,我们使用UIDLHEADER来表示所有子模块的公用数据结构,在结构上,它是所有子模块的父类,包括子模块标识符、名称以及对子模块的描述等。其中,标识符是必选项,通过使用标识符来保证子模块的唯一性,既可以在子模块重用时通过标识符来实现外部链接,也降低了同一个描述文件中子模块之间的耦合程度,使得子模块之间相互独立。模块之间的关联方式通过独立的映射模块来实现。

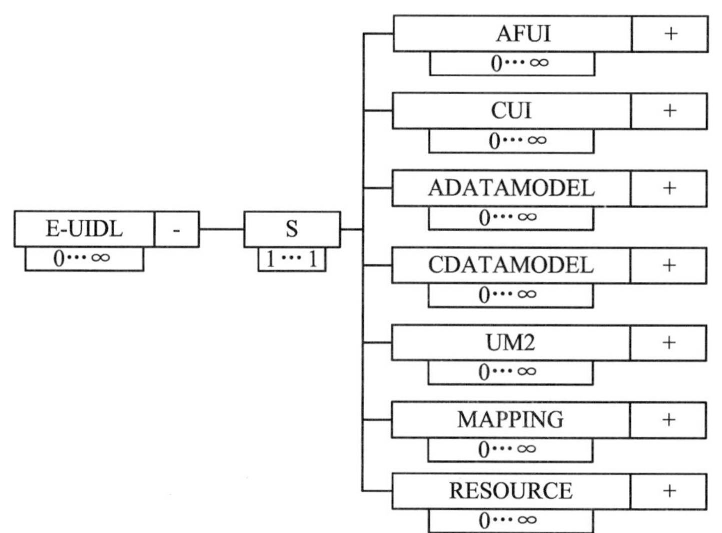

图6.22 E-UIDL的XML Schema

AFUI是抽象用户界面描述模块,它从一个抽象的层次对界面进行描述。该模块不与特定的界面范式有关,特定的界面范式包括对组成用户界面的各个部分的具体描述,如图形用户界面中的按钮形状、位置或者实物用户界面的实物类型等等。并且，该模块除了一个默认的实现外，允许对抽象层次自行定义。通过这种方式，一方面可以与任务树等各种任务建模方法很好地结合，另一方面可以辅助实现设备无关及层次化的用户界面描述。如图 6.23 所示，在描述抽象用户界面时，我们使用了功能组模型的概念，它由 Group，AtomGroup，Input，Output 以及 Control 五个部分组成，对于功能组模型，我们已在 4.3 节中详细介绍过。

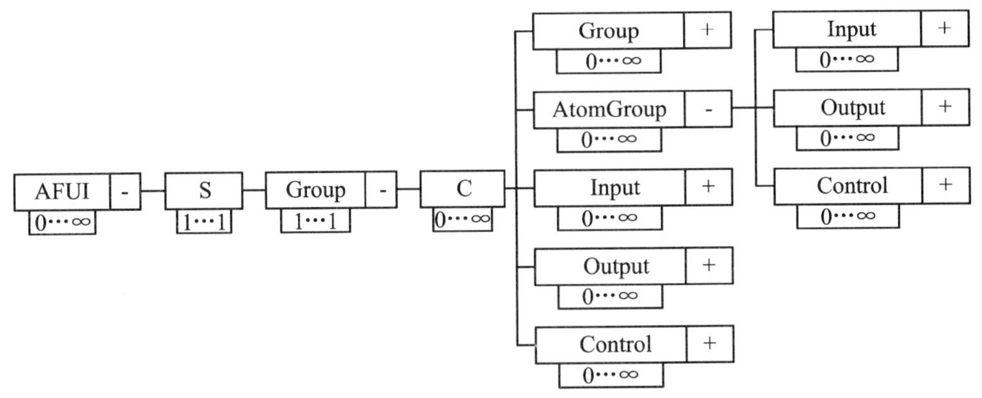

图 6.23 AFUI 模块的 XML Schema

CUI 是具体用户界面描述模块。与抽象用户界面描述模块对应，具体用户界面描述模块是对用户界面的具体描述。该模块与特定的界面范式有关，描述了基于特定范式的用户界面的各个组成部分。它与抽象用户界面描述模块是一种映射关系，一种抽象用户界面描述模块可以有多种具体用户界面描述模块的具体实现。使用抽象用户界面描述模块与具体用户界面描述模块两种模块来对界面进行描述，既可以保障用户界面在一定的抽象层次的可复用性，也可以使两种界面模块相互验证，保证界面的正确性。当前能够描述的 CUI 元素的集合在图 6.24 中呈现，各个 CUI 元素之间相对独立，便于添加新的 CUI 元素的支持。

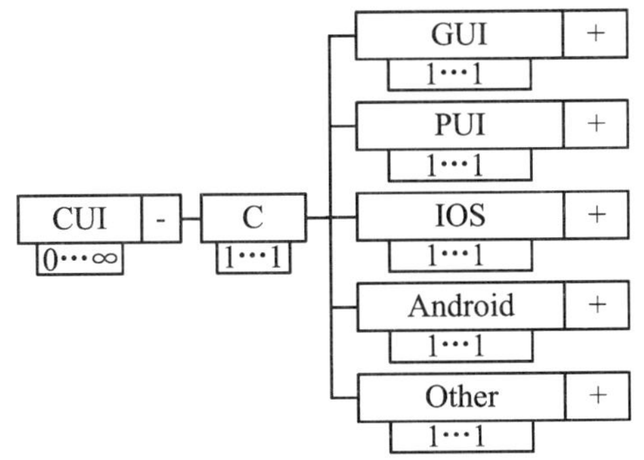

图 6.24 CUI 模块的 XML Schema

ADATAMODEL是抽象数据描述模块。E-UIDL包含了对数据的定义,这里所讲的数据既包括界面本身的输入输出数据,也包括界面描述语言在描述界面时用到的数据。其定义数据模块的方式也是以一种分层的方式实现的。抽象数据模块是在一个抽象的层次上对数据进行的定义,它不包括数据的具体内容。在该层模块中,可以对数据的类型及结构进行定义,这样可以允许在数据内容未知的情况下根据抽象用户界面描述模块或具体用户界面描述模块快速生成界面。从图6.25中我们可以看到,抽象数据主要分为简单数据和复杂数据,这与具体数据相对应。其中,简单数据用来描述包括布尔型数值、整数、浮点数、字符串等类型的数据结构,复杂数据则用来描述诸如列表、表格等由简单数据组成的数据结构。

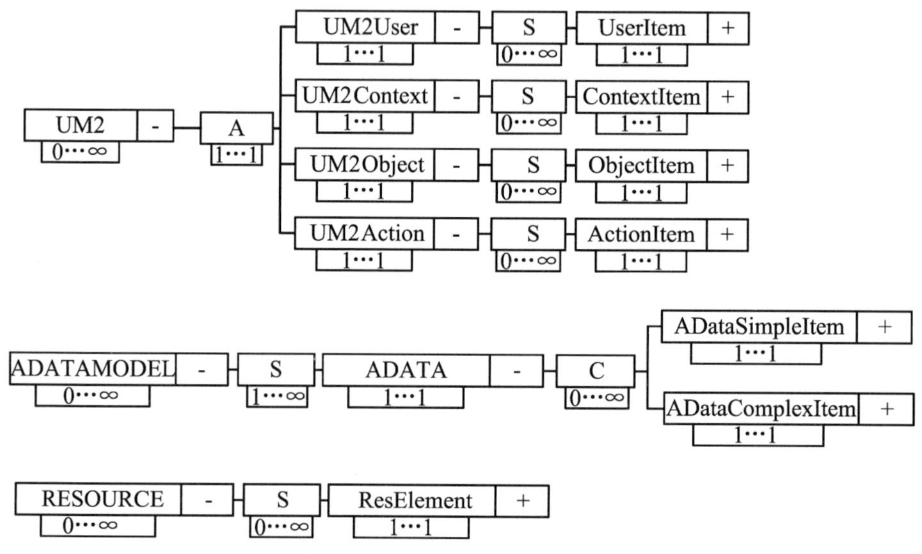

图6.25 UM2,ADATAMODEL和RESOURCE模块的XML Schema

CDATAMODEL是具体数据描述模块。它可以对数据进行详细具体的描述,当前版本可以描述的数据类型包括单一的值,如二进制数值、布尔型数值、整数、浮点数,以及链表、表格等。在各种数据类型的定义中,包括数据本身的属性以及获取数据的方式。具体数据模块与抽象数据模块也可以实现相互验证,来保证界面所使用的数据的准确性。其组成参见图6.26。

UM2模块是对用户行为进行描述的模块,在6.3节中已进行了详述。

MAPPING是映射模块。它关联了组成整个界面描述文件的各个模块,实现了这些模块之间的松耦合。通过映射模块,既可以实现抽象界面模块与具体界面模块的关联,还可以实现各种层次的界面模块与数据模块之间的关联,同时也可以实现某一界面模块与上下文模块之间的关联。通过单独的映射模块的方式,可以使组成界面模块的各个模块相互独立,提高复用性。如图6.27所示。

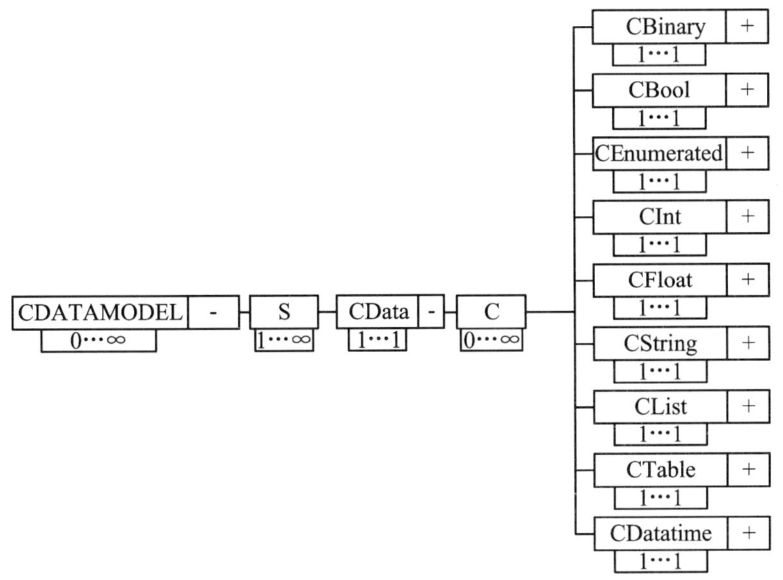

图 6.26 CDATAMODEL 模块的 XML Schema

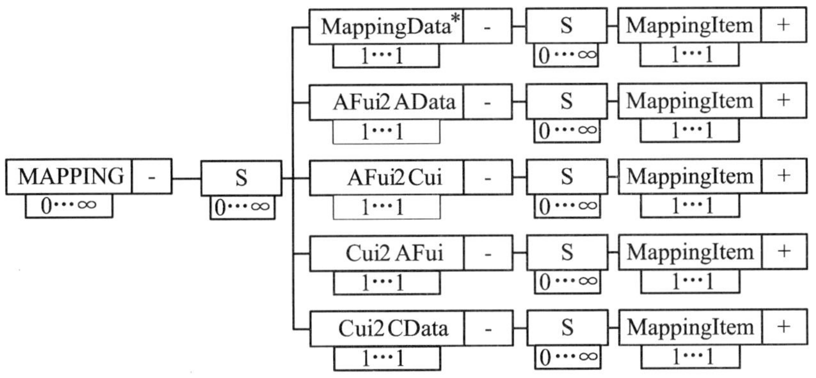

图 6.27 MAPPING 模块的 XML Schema

* 该节点是为与之前 CUIDL 版本兼容而保留的节点元素

RESOURCE 是资源模块。该模块是对界面描述涉及的各种资源的描述,在对界面的描述中,可以通过该模块,使用一种映射的方式将文本、图片、语音、视频等各种资源与资源模块外的其他模块关联。将资源模块进行单独管理,使得对界面的描述更加清晰,更易于对界面的管理以及资源的替换。

利用 E-UIDL 的各个模块间的不同组合,可以使界面描述语言在不同的场景中发挥作用。如通过具体界面模块中笔式界面相关的描述与具体数据模块的组合,可以实现对笔式用户界面的描述。通过对抽象界面模块、具体界面模块、抽象数据模块及具体数据模块之间的组合,可以在不同的抽象层次上,对界面的布局及界面的内容进行描述,通过不同的描述,实现不同设备上界面的自动生成。通过 UM2 模块及其他相关模块的组合,可以根据不同的用户模型提供不同的用户界面,实现界面的自适应。

6.4.4 E-UIDL 的形式化描述

在本节中,通过半形式化的方式对 E-UIDL 进行描述,该描述方法参考 EBNF 的规则,如使用大括号代表 0 或多次出现,中括号代表 0 或 1 次出现,但不对数值类型进行详细的定义,而在描述中进行说明。

E-UIDL = *HeaderAttr*,{*AFUI*,*CUI*,*ADATAMODEL*,
CDATAMODEL,*MAPPING*,*RESOURCE*,*UM2*};
HeaderAttr = *Id*,*Name*,[*Desc*],[*Date*],*Version*,[*InheritFrom*];

CUI = *UidlHeader*,{*Gui*,*Pui*,*Ios*,*Android*,*Other*};
Gui = {*CLayout* | *CListView* | *CButton* | *CIcon* | *CScrollPane* | *CTabbedPane*};
Pui = {*CNinegrid* | *CPaper* | *CFrame* | *CIcon*};
Ios = {*IosLabel* | *IosTextfield* | *IosScopeBar* | *IosSearchBar* | *IosPicker*
| *IosProgress* | *IosSlider* | *IosSwitch* | *IosIndicator* | *IosListView*};
Android = {*AStatic* | *ATextView* | *AEditText* | *APicker* | *ASpinner*
| *AProgress* | *AButton* | *ACheckbox* | *ASwitch* | *AActivityBar*
| *AActivityCircle* | *AList* | *AGridList*};
Other = {*CMetro* | *CPart* | *CCustomized*};

AFUI = *UidlHeader*,[*Group*];
UidlHeader = *Id*,*Name*,[*Desc*],[*InheritFrom*];
Group = *AuiBaseType*,{*Group* | *AtomGroup* | *Input* | *Output* | *Control*};
AuiBaseType = *Id*,*Name*,[*Desc*],[*DataType*],[*WeightType*],[*WeightValue*],
[*HasOrder*],[*OrderIndex*];
AtomGroup = *AuiBaseType*,{*Input* | *Output* | *Control*};
Input = *AuiBaseType*,*ADataTypeLink*;
Output = *AuiBaseType*,*ADataTypeLink*;
Control = *AuiBaseType*,*DirectedUi*,*ADataTypeLink*;
WeightType = '*SingleCenter*' | '*DoubleCenter*' | '*Fair*' | '*Customized*' | '*NotDefined*';
HasOrder = '*True*' | '*False*';

ADATAMODEL = *UidlHeader*,{*AData*};
AData = {*ADataSimpleItem* | *ADataComplexItem*};
ADataSimpleItem = *Id*,[*Desc*],[*TypeValue*],[*Value*];
ADataComplexItem = *Id*,[*Desc*],[*TypeValue*],[*Value*];

CDATAMODEL = UidlHeader，{*CData*}；
CData = Id，[*Name*]，[*Desc*]，{*CDataItem*}；
CDataItem = Id，[*Name*]，[*Desc*]，*CDataType*，*Source*，*IsFixed*，*Value*；
CDataType = '*CBinary*' | '*CBool*' | '*CEnum*' | '*CInt*' | '*CFloat*'
| '*CString*' | '*CList*' | '*CTable*' | '*CDatetime*'；

MAPPING = UidlHeader，{*MappingData* | *Afui2Adata*
| *Cui2Cdata* | *Cui2Afui* | *Afui2Cui*}；
MappingData = Id，[*Name*]，[*Desc*]，[*MappingType*]，{*MappingItem*}；
MappingItem = FromId，*ToId*；

RESOURCE = UidlHeader，{*ResElement*}；
ResElement = Id，*Path*，[*Desc*]；
UM2 = UidlHeader，{*Um2Element*}；
Um2Element = Um2Context，*Um2Action*，*Um2User*，*Um2Object*；

6.4.5 应用场景及实例

基于E-UIDL，可以完成各种用户界面设计及开发的辅助工作，如辅助E-UIDL的各种设计工具及生成工具、各种基于E-UIDL描述的界面自动生成以及辅助生成自适应用户界面等。在本节中，我们通过介绍E-UIDL的几个应用场景，来说明E-UIDL的各种特性。其中，“使用E-UIDL来辅助笔式用户界面开发”这部分，主要阐述了如何使用E-UIDL来辅助用户界面的开发，这包括如何使用E-UIDL描述用户界面特别是笔式用户界面、如何利用设计工具及生成工具来完成整个界面设计的流程等。

1. E-UIDL辅助笔式用户界面的开发

界面描述语言的一个最普遍的应用在于辅助用户界面的开发，它的辅助作用主要体现在以界面描述语言作为界面模型，通过前期的设计工具设计用户界面，并生成对应的界面描述；以生成的界面描述为基础，通过各种生成工具，生成目标的用户界面。毋庸置疑，E-UIDL也可以以该方式辅助用户界面的开发，除此之外，我们为E-UIDL提供了很好的笔式用户界面描述的支持，本部分将以上一节提到的笔记软件的主编辑界面作为实例，来验证E-UIDL对辅助用户界面开发，特别是笔式用户界面的开发的支持。

笔式用户界面与传统的图形用户界面相比有很大的不同，人与计算机的交互方式从桌面环境变成了模拟的纸笔环境，界面隐喻发生了变化，使得WIMP交互范式已不适用于笔式用户界面。我们提出了一种笔式用户界面的交互范式PIBG，这是一种Post-WIMP交互范式。其中，P(Physical Objects)代表物理对象，它提供一个人机交互的基础，与窗口(Window)的作用相当，但更接近于现实生活场景。I(Icon)与B(Button)分别代表图标和按钮,相比图形用户界面中的IM(Icon, Menu),IB能够减少人机交互过程中用户的注意力转移以及认知负担。G(Gesture)是指手势,使用手势,使得用户不必花费精力从菜单中寻找命令。

我们使用E-UIDL来描述上节提到的笔记软件的主编辑界面。该界面由两个主要部分组成,其示意图如图6.28所示。第一部分为Icon区域,该部分由三

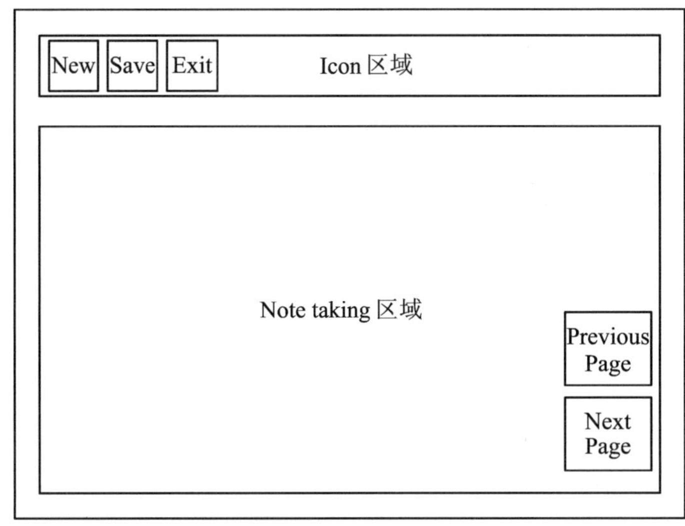

图6.28 笔记软件界面

个Icon组成,分别为新建、保存和退出对应的图标。第二部分为Note taking区域,该部分是一个显示区域,可以允许使用笔进行输入操作,并且有两个Icon分别作为上翻页、下翻页对应的图标。使用E-UIDL描述的语言如图6.29所示,为了更清晰地把握E-UIDL描述界面的结构,我们简化对该软件界面的描述,在图6.29中,只使用CUI及RESOURCE两个模块进行描述,且在布局时使用绝对布局方式(layout="null")。可以看出,图6.29描述了一个界面,该界面是一个"part"类型的节点,该节点包括了一些界面的基本属性,并且定义了在该节点下两种类型的子节点,分别是"cpaper"及"cicon"。在标识符为"cuipaper01"的"cpaper"类型的节点中,定义了两个类型为"cicon"的子节点,分别对应界面中的上翻页及下翻页的图标。在"icon"类型的几个节点中,除了基本属性的定义以外,还包括资源文件的链接。资源文件本身使用RESOURCE模块单独定义,通过这种方式使得资源文件与界面元素分离,可以使得资源文件的可替换性及重用性增加,方便后续界面设计的使用及界面的升级。

```xml
<? xml version = "6.0" encoding = "UTF - 8"? >
<E-UIDL name = "puidemo" id = "puidemo01" desc = "This is a demo of pui uidl" date = "2011-07-13" version = "0.0.11" xsi:noNamespaceSchemaLocation = "E-UIDLv0.0.7.xsd" xmlns:xsi = "http://www.w3.org/2001/XMLSchema-instance">
<CUI name = "puidemoCui" id = "cui01" desc = "cui used in puidemo">
    <cpart id = "cpart01" isentranceui = "true" isfullscreen = "true">
        <cuichild childid = "cuipaper01"/>
        <cuichild childid = "cuiicon02"/>
        <cuichild childid = "cuiicon03"/>
        <cuichild childid = "cuiicon04"/>
    </cpart>
    <cpaper id = "cuicpaper01" name = "cuicpaper" isentranceui = "true" isfullscreen = "true" linable = "true" linecount = "10" background = "resitem01" layout = "null" strokevisible = "true">
        <cuichild childid = "cuiicon05"/>
        <cuichild childid = "cuiicon06"/>
    </cpaper>
    <cicon id = "cuiicon02" res = "resitem02" startx = "5" starty = "5" width = "64" height = "64" />
    <cicon id = "cuiicon03" res = "resitem03" startx = "74" starty = "5" width = "64" height = "64" />
    <cicon id = "cuiicon04" res = "resitem04" startx = "143" starty = "5" width = "64" height = "64" />
    <cicon id = "cuiicon05" res = "resitem05" startx = "721" starty = "442" width = "64" height = "64" />
    <cicon id = "cuiicon06" res = "resitem06" startx = "721" starty = "521" width = "64" height = "64" />
</CUI>
<RESOURCE name = "puidemoRes" id = "res01" desc = "resources used in puidemo">
    <reselement path = "" id = "resitem01" desc = "background of paper">Lgray</reselement>
    <reselement path = ".../res/newnote.png" id = "resitem02"></reselement>
    <reselement path = ".../res/savenote.png" id = "resitem03"></reselement>
    <reselement path = ".../res/exit.png" id = "resitem04"></reselement>
    <reselement path = ".../res/prepage.png" id = "resitem05"></reselement>
    <reselement path = ".../res/nextpage.png" id = "resitem06"></reselement>
</RESOURCE>
</E-UIDL>
```

图 6.29 笔记软件的 CUI 描述

为辅助生成笔式应用程序，我们开发了一款笔式操作平台 PBOP（Pen Based Operating System），PBOP 是一个基于笔式用户界面的开发平台，该平台对笔式用户界面有很好的支持。基于该平台的程序，可以不需修改，直接在 Windows，Linux，Android 等操作系统上运行。图 6.30 是 PBOP 平台的核心架构。其中，

PBAL (PBOP Abstract Layer)是操作系统/驱动程序与笔式应用程序之间的软件层,它隐藏了系统的细节,并为多媒体提供了灵活的支持。在此基础上,Ink Engine 可以根据应用程序的输入生成笔的原语。交互引擎(INTE)对各项功能进行封装,提供了一个类似 Android SDK 的开发库,PGIS 是在交互引擎基础上专门针对笔式应用程序进行的定制,基于笔的应用程序可以在其基础上进行开发。根据提供的 E-UIDL 的描述,使用生成工具,生成基于 PBOP 平台的用户界面,界面如图 6.31 所示。

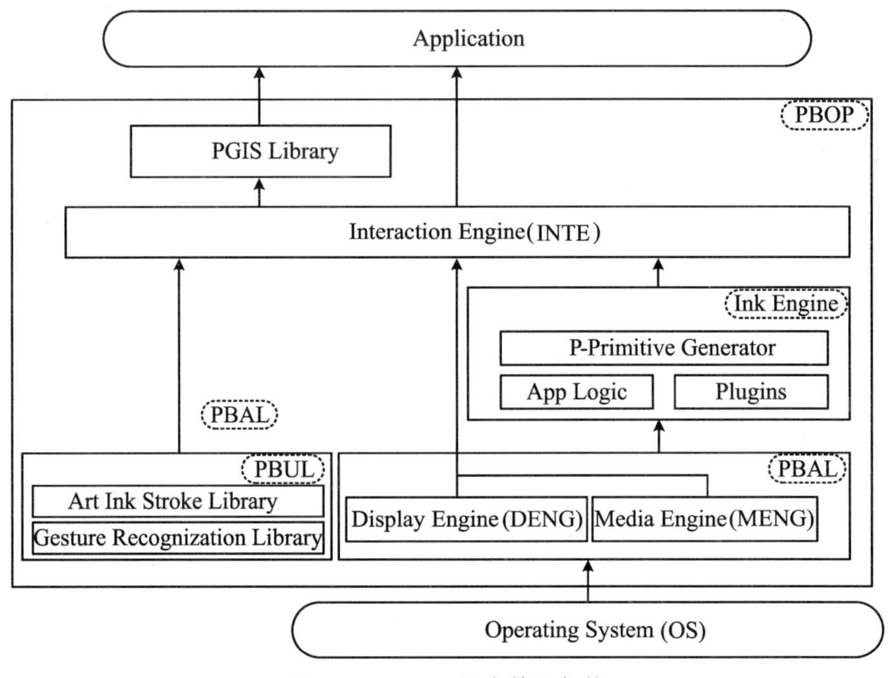

图 6.30 PBOP 平台核心架构

2. E-UIDL 辅助多设备界面的自动生成

通过对具体用户界面模块的定义,我们可以对某类特定的用户界面进行描述。但是,如果只存在具体用户界面的描述,对于各种不同的交互设备,依然需要界面开发人员通过设计具体用户界面模块的方式,来实现所有的交互设备上的界面。在本部分中,我们将通过实例,来具体说明抽象用户界面模块及数据模块的不同组合在多种设备的用户界面的描述上发挥的作用。

在 E-UIDL 中,抽象用户界面和具体用户界面分别在不同的层次上对界面进行描述。对于具有相同功能的软件来说,其功能组模型是相同的,即它具有相同的抽象用户界面描述;但具体用户界面描述会根据目标设备的不同而各不相同。其中,抽象用户界面描述是实现对多种设备的用户界面描述支持的核心。

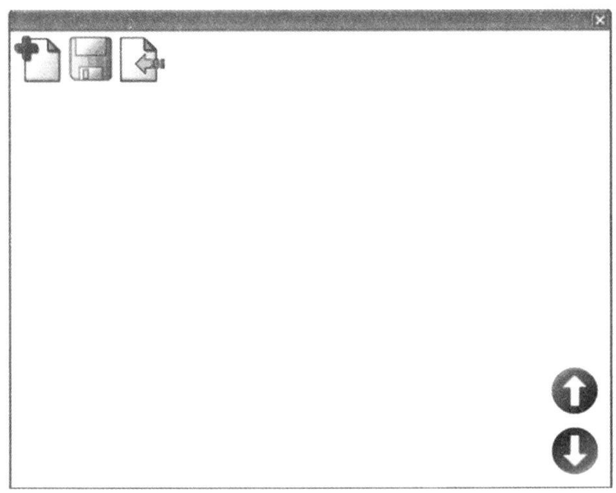

图 6.31 使用生成工具生成的界面截图

图 6.32 是对笔记软件的抽象用户界面的描述，图 6.29 是对笔记软件的一种 CUI 描述，它使用绝对坐标进行描述，适用于普通 PC 上的界面展示。图6.33是两者之间的映射模块，表示了两者之间的各个组成节点之间的映射关系。当设备变化时，屏幕尺寸、交互方式等也发生变化，图 6.29 中 CUI 的描述就不适用于当前设备，需要根据 AFUI 的描述，设计或通过工具生成新的设备上的用户界面。图 6.32 是当设备的屏幕尺寸变为当前尺寸的一半时的一种用户界面的选择。从图 6.32 中可以看出，由于尺寸缩小，当前屏幕已经不能在一个界面中容纳所有的功能。我们将 Icon 区域与 Note taking 区域两个原子组使用两个单独的界面进行描述，并适当缩小各个控制部分的尺寸，使得新的界面描述可以很好地适应新设备的尺寸。

从这个实例中我们可以发现，使用 E-UIDL 对界面进行描述以支持多种设备的用户界面的方式的一个优点是，能够使用对界面的抽象描述将对不同设备的用户界面的描述关联起来。以此为基础，我们可以设计一系列的基于E-UIDL的工具，这些工具使用对界面的抽象描述，并通过定义相应的设备约束，来自动或半自动地生成用户界面。在这种自动或半自动的生成用户界面的过程中，除了界面中各个控件的尺寸等一般属性外，还包括界面的分屏、从图形用户界面移植到语音用户界面时控件的重新定义等。通过这种方式，可以降低为不同目标设备生成用户界面的复杂度。

```
……
<group id = "group01" desc = "rootgroup">
<group id = "group011" desc = "leaf1">
    <input id = "input01" name = "notetaking"
desc = "notetaking"></input>
    < control id = " control01 " name = "
previous" desc = "previousnote></control>
    <control id = "control02" name = "next"
desc = "nextnote"></control>
    </group>
    <group id = "group012" desc = "leaf2">
    <control id = "control03" name = "new"
desc = "new note"></control>
    <control id = "control04" name = "save"
desc = "save note"></control>
    <control id = "control05" name = "exit"
desc = "exit"></control>
            </group>
        </group>
……
```

图6.32 笔记软件的AFUI描述

```
……
    <mappingdata mappingtype = "aui2cui" id
= "mappingitem01">
    <mappingitem toid = "cpart01" fromid = "
group01"/>
    <mappingitem toid = "cuipaper01" fromid
= "group011"/>
    <mappingitem toid = "cuiicon02" fromid
= "control03"/>
    <mappingitem toid = "cuiicon03" fromid
= "control04"/>
    <mappingitem toid = "cuiicon04" fromid
= "control05"/>
    <mappingitem toid = "cuiicon05" fromid
= "control01"/>
    <mappingitem toid = "cuiicon06" fromid
= "control02"/>
    </mappingdata>
    <mappingdata mappingtype = "aui2aui" id
= "mappingitem02">
    <mappingitem toid = "group01" fromid = "
group02"/>
    <mappingitem toid = "group011" fromid
= "group021"/>
    <mappingitem toid = "group012" fromid
= "group022"/>
    </mappingdata>
……
```

图6.33 各模块之间的MAPPING描述

3. E-UIDL辅助自适应用户界面的设计

要实现自适应用户界面的设计与开发,需要有一个好的模型以及建模的方法。这种模型能够对用户、上下文环境等进行建模,并实现自适应用户界面的输出。在文献[田丰 2004]中,我们提出一种用户模型UM2,该模型基于活动理论,能够将用户、上下文环境、对象及行为进行综合利用。我们将该模型引入E-UIDL中,通过E-UIDL中UM2模块与CUI模块分别对模型及用户界面进行描述,利用MAPPING模块将界面与模型进行关联。对于自适应用户界面的支持,在6.3节中已进行了详细阐述。

参考文献

[杜一 2013a] 杜一．面向移动计算的用户界面描述语言 E-UIDL[D]．北京：中国科学院大学，2013．

[杜一 2013b] 杜一，田丰，马翠霞，等．基于多尺度描述方法的移动用户界面生成框架[J]．计算机学报，2013，36：2179－2190．

[杜一 2011] 杜一，田丰，王锋，等．一种移动环境下的用户模型[J]．软件学报，2011，22：120－128．

[冯仕红 2006] 冯仕红，鹿旭东，万建成．基于模型的多设备用户界面设计[J]．通信学报，2006，27：55－59．

[冯文堂 2006] 冯文堂，胡强，万建成．基于 XML 的界面自动生成[J]．计算机应用研究，2006（9）：75－77．

[高怀金 2007] 高怀金，孙建安，石冰，等．支持多设备交互的分层界面设计模型[J]．计算机应用，2007，27：193－195．

[郭小涛 2005] 郭小涛．支持 Web 软件用户界面自动生成的交互模型[D]．济南：山东大学，2005．

[鞠训卓 2007] 鞠训卓．支持 Web 用户界面自动生成的三种界面设计模式[D]．济南：山东大学，2007．

[雷镇 2005] 雷镇．基于 XML 的用户界面描述语言及相关问题的研究[D]．北京：首都师范大学，2005．

[栗阳 2001] 栗阳，关志伟，戴国忠．基于混合自动机的 Post-WIMP 界面的建模[J]．软件学报，2001，12：633－644．

[刘彩红 2008] 刘彩红．基于面向对象 PETRI 网的用户界面描述方法的研究[D]．济南：山东大学，2008．

[刘静 2006] 刘静，何积丰，缪淮扣．模型驱动架构中模型构造与集成策略[J]．软件学报，2006，17：1411－1422．

[邵维忠 2002] 邵维忠，刘昕．可视化编程环境下人机界面的面向对象设计[J]．软件学报，2002，13：1494－1499．

[田丰 2004] 田丰，牟书，戴国忠，等．Post-WIMP 环境下笔式交互范式的研究[J]．计算机学报，2004，27(7)：977－984．

[万建成 2003] 万建成，孙彬．支持用户界面自动生成的界面模型[J]．计算机工程与应用，2003，39：114－118．

[万林 2007] 万林．基于模型驱动构建的展示界面描述结构的设计与实现[D]．济南：山东大学，2007．

[吴昊 2011] 吴昊，华庆一，常言说，等．一个轻量级多设备用户界面描述语言 MDUIDL [J]．计算机工程与应用，2011，47：14－21．

[徐龙杰 2004] 徐龙杰，万建成．基于模型的用户界面代码自动生成[J]．计算机工程与应用，2004(12)：112－115．

[姚芳 2008] 姚芳．基于模型的用户界面展示和布局方法研究[D]．济南：山东大学，2008．

[张文波 2007] 张文波．基于任务模型的用户界面自动生成研究[D]．济南：山东大学，2007．

[张晓宁 2009] 张晓宁．模型驱动的用户界面生成方法的研究[D]．济南：山东大学，2009．

[Abrams 1999] ABRAMS M，PHANOURIOU C，BATONGBACAL A L，et al. UIML：An appliance-independent XML user interface language [J]. Computer Networks: the

International Journal of Computer and Telecommunications Networking, 1999, 31: 1695 - 1708.

[Ahmadi 2012] AHMADI H, KONG J. User-centric adaptation of web information for small screens [J]. Journal of Visual Languages & Computing, 2012, 23: 13 - 28.

[Appert 2006] APPERT C, BEAUDOUIN-LAFON M. Swingstates: Adding state machines to the swing toolkit [C]//Proceedings of the 19th Annual ACM Symposium on User Interface Software and Technology. New York: ACM, 2006: 319 - 322.

[Ardito 2012] ABRAMS M, PHANOURIOU C, BATONGBACAL A L, et al. End users as co-designers of their own tools and products[J]. Journal of Visual Languages & Computing, 2012, 23: 78 - 90.

[Baar 1992] DE BAAR D J M J, FOLEY J D, MULLET K E. Coupling application design and user interface design [C]//Proceedings of the SIGCHI Conference on Human Factors in Computing Systems. New York: ACM, 1992: 259 - 266.

[Bellucci 2012] BELLUCCI F, GHIANI G, PATERNÒF, et al. Automatic reverse engineering of interactive dynamic web applications to support adaptation across platforms [C]// Proceedings of the 2012 ACM International Conference on Intelligent User Interfaces. New York: ACM, 2012: 217 - 226.

[Bellucci 2011] BELLUCCI F, GHIANI G, PATERNÒF, et al. Engineering javascript state persistence of web applications migrating across multiple devices [C]//Proceedings of the 3rd ACM SIGCHI Symposium on Engineering Interactive Computing Systems. New York: ACM, 2011: 105 - 110.

[Bergh 2011] VAN DEN BERGH J, LUYTEN K, CONINX K. Cap3: Context - sensitive abstract user interface specification [C]//Proceedings of the 3rd ACM SIGCHI Symposium on Engineering Interactive Computing Systems. New York: ACM, 2011: 31 - 40.

[Berti 2004a] BERTI S, CORREANI F, MORI G, et al. Teresa: A transformation-based environment for designing and developing multi - device interfaces [C]//CHI'04 Extended Abstracts on Human Factors in Computing Systems. New York: ACM, 2004: 793 - 794.

[Berti, 2004b] BERTI S, CORREANI F, PATERNO F, et al. The teresa XML language for the description of interactive systems at multiple abstraction levels [C]//Proceedings Workshop on Developing User Interfaces with XML: Advances on User Interface Description Languages, 2004: 103 - 110.

[Blanch 2006] BLANCH R, BEAUDOUIN-LAFON M. Programming rich interactions using the hierarchical state machine toolkit [C]//Proceedings of the Working Conference on Advanced Visual Interfaces. New York: ACM, 2006: 51 - 58.

[Broll 2006] BROLL W, LINDT I, WITTK MPER M. Mixed reality user interface description language [C]//ACM SIGGRAPH 2006 Research Posters. New York: ACM, 2006: 156.

[Buxton 1983] BUXTON W, LAMB M R, SHERMAN D, et al. Towards a comprehensive user interface management system [C]//Proceedings of the 10th Annual Conference on Computer Graphics and Interactive Techniques. New York: ACM, 1983: 35 - 42.

[Calvary 2003] CALVARY G, COUTAZ J, THEVENIN D, et al. A unifying reference framework for multi-target user interfaces [J]. Interacting with Computers, 2003, 15: 289 - 308.

[Campos 2005] CAMPOS P F, NUNES N J. Canonsketch: A user-centered tool for canonical abstract prototyping engineering human computer interaction and interactive systems [M]// BASTIDE, Engineering Human Computer Interaction and Interactive Systems. Berlin: Springer, 2005: 893 - 901.

[Card 1980] CARD S K, MORAN T P, NEWELL A. The keystroke-level model for user performance time with interactive systems [J]. Communications of the ACM, 1980, 23: 396 - 410.

[Card 1983] CARD S K, NEWELL A, MORAN T P. The psychology of human-computer interaction [M]. Hillsdale: Lawrence Erlbaum Associates, 1983.

[Casner 1991] CASNER S M. A task-analytic approach to the automated design of graphic presentations [J]. ACM Transactions on Graphics, 1991, 10: 111 - 151.

[Cassino 2010] CASSINO R, TUCCI M. Checking the consistency, completeness and usability of interactive visual applications by means of SR-action grammars information systems: People, organizations, institutions, and technologies [M]//D'ATRI. Physica-Verlag HD, 2010: 487 - 494.

[Cassino 2011] CASSINO R, TUCCI M. Developing usable web interfaces with the aid of automatic verification of their formal specification [J]. Journal of Visual Languages & Computing, 2011, 22: 140 - 149.

[Cole 1996] COLE M. Cultural Psychology: A once and future discipline [M]. London: Harvard University Press, 1996.

[Clerckx 2006] CLERCKX T, VANDERVELPEN C, LUYTEN K, et al. A task-driven user interface architecture for ambient intelligent environments [C]//Proceedings of the 11th International Conference on Intelligent User Interfaces. New York: ACM, 2006: 309 - 311.

[Cohen 1979] COHEN P R, PERRAULT C R. Elements of a plan-based theory of speech acts [J]. Cognitive Science, 1979, 3: 177 - 212.

[Coninx 2007] CONINX K, CUPPENS E, DE BOECK J, et al. Integrating support for usability evaluation into high level interaction descriptions with nimmit interactive systems: Design, specification, and verification [M]//DOHERTY. Berlin: Springer, 2007: 95 - 108.

[Coninx 2003] CONINX K, LUYTEN K, VANDERVELPEN C, et al. Dygimes: Dynamically generating interfaces for mobile computing devices and embedded systems [J]. Human-Computer Interaction with Mobile Devices and Services, 2003: 256 - 270.

[Costa 2007] PEREIRA A C, HARTMANN F, KADNER K. A Distributed Staged Architecture for Multimodal Applications. Software Architecture [M]//OQUENDO. Berlin: Springer, 2007: 195 - 206.

[Coyette 2011] COYETTE A, FAURE D, GONZÁLEZ-CALLEROS J, et al. Software Support for user Interface Description Language Human-Computer Interaction: Interact 2011 [M]//CAMPOS. Berlin: Springer, 2011: 740 - 741.

[Crowle 2003] CROWLE S, HOLE L. ISML: An Interface Specification Meta-Language [M]//JORGE. Berlin: Springer, 2003: 255 - 268.

[Dam 1997] VAN DAM A. Post-wimp user interfaces [J]. Commun. ACM, 1997, 40: 63 - 67.

[De 2007] DE BOECK J, VANACKEN D, RAYMAEKERS C, et al. High-level modeling of multimodal interaction techniques using nimmit [J]. Journal of Virtual Reality and Broadcasting, 2007, 4 (2): 2864515.

[Dermler 2003] DERMLER G, WASMUND M, GRASSEL G, et al. Flexible pagination and layouting for device independent authoring [C]//WWW 2003 Emerging Applications for Wireless and Mobile access Workshop, 2003.

[Dewan 2010a] DEWAN P. A demonstration of the flexibility of widget generation [C]// Proceedings of the 2nd ACM SIGCHI Symposium on Engineering Interactive Computing Systems. New York: ACM, 2010: 315 - 320.

[Dewan 2010b] DEWAN P. Increasing the automation of a toolkit without reducing its abstraction and user-interface flexibility [C]//Proceedings of the 2nd ACM SIGCHI Symposium on Engineering Interactive Computing Systems. New York: ACM, 2010: 47 - 56.

[Dittmar 2009] DITTMAR A, FORBRIG P. Task-based Design Revisited [M]. 2009.

[Dragicevic 2004] DRAGICEVIC P, FEKETE J D. Support for input adaptability in the icon toolkit [C]//Proceedings of the 6th International Conference on Multimodal Interfaces. New York: ACM, 2004: 212 - 219.

[Eisenring 1998] EISENRING M, TEICH J. Domain-specific interface generation from dataflow specifications [C]//International Conference on Hardware Software Codesign, 1998: 43 - 47.

[Eisenstein 2001] EISENSTEIN J, VANDERDONCKT J, PUERTA A. Applying model-based techniques to the development of UIS for mobile computers [C]//Proceedings of the 6th International Conference on Intelligent User Interfaces. New York: ACM, 2001: 69 - 76.

[Engeström 1999] ENGESTRÖM Y, MIETTINEN R, PUNAMÖKI R L. Perspectives on activity theory[M]. Cambridge: Cambridge University Press, 1999.

[Ertl 2009]ERTL D. Semi-automatic multimodal user interface generation [C]//Proceedings of the 1st ACM SIGCHI Symposium on Engineering Interactive Computing Systems. New York: ACM, 2009: 321 - 324.

[Ezzedine 2005] EZZEDINE H, KOLSKI C, PÉNINOU A. Agent-oriented design of human-computer interface: Application to supervision of an urban transport network [J]. Engineering Applications of Artificial Intelligence, 2005, 18: 255 - 270.

[Falb 2009] FALB J, KAVALDJIAN S, POPP R, et al. Fully automatic user interface generation from discourse models [C]//Proceedings of the 14th International Conference on Intelligent User Interfaces. New York: ACM, 2009: 475 - 476.

[Faure 2010] FAURE D, VANDERDONCKT J. User interface extensible markup language [C] //Proceedings of the 2nd ACM SIGCHI Symposium on Engineering Interactive Computing Systems. New York: ACM, 2010: 361 - 362.

[Favre 2005]FAVRE L. Foundations for mda-based forward engineering [J]. Journal of Object Technology, 2005, 4: 129 - 154.

[Feiner 1989] FEINER S K, MCKEOWN K R. Coordinating text and graphics in explanation generation [C]//Proceedings of the workshop on Speech and Natural Language, Association for Computational Linguistics, 1989: 424 - 433.

[Figueroa 2002] FIGUEROA P, GREEN M, HOOVER H J. Intml: A description language for vr applications [C]//Proceedings of the 7th International Conference on 3D Web Technology. New York: ACM, 2002: 53 - 58.

[Fogarty 2001] FOGARTY J, FORLIZZI J, HUDSON S E. Aesthetic information collages: Generating decorative displays that contain information [C]//Proceedings of the 14th Annual

ACM Symposium on User Interface Software and Technology. New York: ACM, 2001: 141 - 150.

[Fogarty 2003] FOGARTY J, HUDSON S E. Gadget: A toolkit for optimization-based approaches to interface and display generation [C]//Proceedings of the 16th Annual ACM Symposium on User Interface Software and Technology. New York: ACM, 2003: 125 - 134.

[Foley 1991] FOLEY J, KIM W C, KOVACEVIC S, et al. Uide: An intelligent user interface design environment [M]//Intelligent User Interfaces. New York: ACM, 1991: 339 - 384.

[Fraternali 1999] FRATERNALI P. Tools and approaches for developing data-intensive web applications: A survey[J]. ACM Comput. Surv., 1999, 31: 227 - 263.

[Gajos 2005] GAJOS K, CHRISTIANSON D, HOFFMANN R, et al. Fast and robust interface generation for ubiquitous applications [C]//Ubicom, 2005.

[Gajos 2004] GAJOS K, WELD D S. Supple: Automatically generating user interfaces [C]// Proceedings of the 9th International Conference on Intelligent User Interfaces. New York: ACM, 2004: 93 - 100.

[Gajos 2008a] GAJOS K Z, WELD D S, WOBBROCK J O. Decision-theoretic user interface generation [C]//Proceedings of the 23rd AAAI Conference on Artificial Intelligence (AAAI '08). Chicago, Illinois, July 13 - 17, 2008. Menlo Park, California: AAAI Press, 2008: 1532 - 1536.

[Gajos 2007] GAJOS K Z, WOBBROCK J O, WELD D S. Automatically generating user interfaces adapted to users' motor and vision capabilities [C]//Proceedings of the 20th Annual ACM Symposium on User Interface Software and Technology. New York: ACM, 2007: 231 - 240.

[Gajos 2008b] GAJOS K Z, WOBBROCK J O, WELD D S. Improving the performance of motor - impaired users with automatically-generated, ability-based interfaces [C]// Proceedings of the 26th Annual SIGCHI Conference on Human Factors in Computing Systems. New York: ACM, 2008: 1257 - 1266.

[Garg 2008] GARG S, NAM J E, RAMAKRISHNAN I V, et al. Model-driven visual analytics [C]//IEEE Symposium on Visual Analytics Science and Technology, 2008: 19 - 26.

[Gasimov 2010] GASIMOV A, MAGAGNA F, SUTANTO J. Camb: Context-aware mobile browser [C]//Proceedings of the 9th International Conference on Mobile and Ubiquitous Multimedia. New York: ACM, 2010: 1 - 5.

[Goubko 2010] GOUBKO M V, DANILENKO A I. An automated routine for menu structure optimization [C]//Proceedings of the 2nd ACM SIGCHI Symposium on Engineering Interactive Computing Systems. New York: ACM, 2010: 67 - 76.

[Green 1991] GREEN M, JACOB R. Software architectures and metaphors for non-wimp user interfaces [J]. Computer Graphics, 1991, 25: 229 - 235.

[Hariri 2005] HARIRI A, TABARY D, KOLSKI C. Plastic HCI generation from its abstract model [M]. ACTA Press, 2005.

[Heymann 2007] HEYMANN M, DEGANI A. Formal analysis and automatic generation of user interfaces: Approach, methodology, and an algorithm [J]. Human Factors: The Journal of the Human Factors and Ergonomics Society, 2007, 49: 311 - 330.

[Hong 2009] HONG J, SUH E, KIM S J. Context-aware systems: A literature review and classification [J]. Expert Systems with Applications, 2009, 36: 8509 - 8522.

[Ioannidou 2009] IOANNIDOU A, REPENNING A, WEBB D C. Agentcubes: Incremental 3d end-user development [J]. Journal of Visual Languages & Computing, 2009, 20: 236 - 251.

[Jacob 1983]JACOB R J K. Using formal specifications in the design of a human-computer interface [J]. Commun. ACM, 1983, 26: 259 - 264.

[Jacob 1986]JACOB R J K. A specification language for direct-manipulation user interfaces [J]. ACM Transactions on Graphics, 1986, 5: 283 - 317.

[Jacob 2006]JACOB R J K. What is the next generation of human-computer interaction? [C]// CHI'06 Extended Abstracts on Human Factors in Computing Systems. New York: ACM, 2006: 1707 - 1710.

[Jacob 1999] JACOB R J K, Deligiannidis L, Morrison S. A software model and specification language for non-wimp user interfaces [J]. ACM Trans. Comput.-Hum. Interact., 1999, 6: 1 - 46.

[Jayagopi 2010] JAYAGOPI D B, KIM T, PENTLAND A S, et al. Recognizing conversational context in group interaction using privacy-sensitive mobile sensors [C]//Proceedings of the 9th International Conference on Mobile and Ubiquitous Multimedia. New York: ACM, 2010: 1 - 4.

[Jiang 2007] HE J, YEN I L. Adaptive user interface generation for web services [C]//IEEE International Conference on e-Business Engineering, 2007: 536 - 539.

[Josefina 2009]GUERRERO-GARCIA J, GONZALEZ-CALLEROS J M, VANDERDONCKT J, et al. A theoretical survey of user interface description languages: Preliminary results [C]//Web Congress, 2009: 36 - 43.

[Kasik 1982]KASIK D J. A user interface management system [J]. Computer Graphics, 1982, 16: 99 - 106.

[Katsurada 2003] KATSURADA K, NAKAMURA Y, YAMADA H, et al. XISL: A language for describing multimodal interaction scenarios [C]//Proceedings of the 5th International Conference on Multimodal Interfaces. New York: ACM, 2003: 281 - 284.

[Kim 1993] KIM W C, FOLEY J D. Providing high-level control and expert assistance in the user interface presentation design [C]//Proceedings of the INTERACT' 93 and CHI' 93 Conference on Human Factors in Computing Systems. New York: ACM, 1993: 430 - 437.

[Koivunen 1993] KOIVUNEN M R, LASSILA O, AHVO J, et al. ActorStudio: An interactive user interface editor[M]. Berlin: Springer, 1993.

[Lecolinet 1996]LECOLINET E. XXL: A dual approach for building user interfaces [C] // Proceedings of the 9th Annual ACM Symposium on User Interface Software and Technology. New York: ACM, 1996: 99 - 108.

[Leite 2006] BOBICK A F, DAVIS J W, LEITE J C. A model-based approach to develop interactive system using IMML [M]. Belgium: Hasselt, 2006.

[Leont'ev 1981]LEONT'EV A N. The problem of activity in psychology[J]. Journal of Russian and East European Psychology, 1981, 13(2): 4 - 33.

[Lepreux 2007] LEPREUX S, VANDERDONCKT J, MICHOTTE B. Visual design of user interfaces by (de) composition [M]//DOHERTY, Interactive Systems: Design, Specification, and Verification, 2007: 157 - 170.

[Limbourg 2004a] LIMBOURG Q, VANDERDONCKT J, MICHOTTE B, et al. UsiXML: A user interface description language supporting multiple levels of independence [J]. Engineering Advanced Web Applications, 2004: 325 - 338.

[Limbourg 2004b] LIMBOURG Q, VANDERDONCKT J, MICHOTTE B, et al. UsiXML: A user interface description language for context-sensitive user interfaces [C]//Proceedings of EHCI-DSVIS'04. Dordrecht: Holland Kluwer academics Publisher, 2004: 207 - 228.

[Limbourg 2005] LIMBOURG Q, VANDERDONCKT J, MICHOTTE B, et al. UsiXML: A language supporting multi-path development of user interfaces [J]. Engineering Human Computer Interaction and Interactive Systems, 2005, 3425: 200 - 220.

[Lin 2008] LIN J, LANDAY J A. Employing patterns and layers for early-stage design and prototyping of cross-device user interfaces [C]//Proceedings of the twenty-sixth annual SIGCHI Conference on Human Factors in Computing Systems. New York: ACM, 2008: 1313 - 1322.

[Luong 2012] ETCHEVERRY P, MARQUESUZAÀC, NODENOT T. A visual programming language for designing interactions embedded in web-based geographic applications [C]// Proceedings of the 2012 ACM International Conference on Intelligent User Interfaces. New York: ACM, 2012: 207 - 216.

[Lutteroth 2008] LUTTEROTH C, STRANDH R, WEBER G. Domain specific high-level constraints for user interface layout [J]. Constraints, 2008, 13: 307 - 342.

[Maloney 2010] MALONEY J, RESNICK M, RUSK N, et al. The scratch programming language and environment [J]. Trans. Comput. Educ., 2010, 10: 1 - 15.

[Massó 2006] MASSÓJ P M, VANDERDONCKT J, LÓPEZ P G, et al. Rapid prototyping of distributed user interfaces [M]. Springer, 2006.

[Memon 2003] MEMON A, BANERJEE I, NAGARAJAN A. Gui ripping: Reverse engineering of graphical user interfaces for testing [C]//Proceedings of the 10th Working Conference on Reverse Engineering, IEEE Computer Society, 2003: 260.

[Montoliu 2010] MONTOLIU R, GATICA-PEREZ D. Discovering human places of interest from multimodal mobile phone data [C]//Proceedings of the 9th International Conference on Mobile and Ubiquitous Multimedia. New York: ACM, 2010: 1 - 10.

[Mori 2003] MORI G, PATERNÒF, SANTORO C. Tool support for designing nomadic applications [C]//Proceedings of the 8th International Conference on Intelligent User Interfaces. New York: ACM, 2003: 141 - 148.

[Mori 2004] MORI G, PATERNO F, SANTORO C. Design and development of multi-device user interfaces through multiple logical descriptions [J]. IEEE Transactions on Software Engineering, 2004, 30: 507 - 520.

[Myers 1989]MYERS B A. User-interface tools: Introduction and survey [J]. Software, IEEE, 1989, 6: 15 - 23.

[Myers 1995]MYERS B A. User interface software tools [J]. ACM Trans. Comput.-Hum. Interact., 1995, 2: 64 - 103.

[Myers 1996]MYERS B A. User interface software technology [J]. ACM Computing Surveys (CSUR), 1996, 28: 189 - 191.

[Myers 2000] MYERS B, HUDSON S E, PAUSCH R. Past, present, and future of user interface software tools [J]. ACM Trans. Comput.-Hum. Interact., 2000, 7: 3 - 28.

[Myers, Rosson 1992]MYERS B A, ROSSON M B. Survey on user interface programming [C]//Proceedings of Conference on Human Factors in Computing Systems. New York:

ACM, 1992: 195 - 202.

[Nardi 1996]NARDI B A. Activity theory and human-computer interaction [J]. Context and Consciousness: Activity Theory and Human-Computer Interaction, 1996: 7 - 16.

[Navarre 2009] NAVARRE D, PALANQUE P, LADRY J F, et al. ICOS: A model-based user interface description technique dedicated to interactive systems addressing usability, reliability and scalability [J]. ACM Trans. Comput.-Hum. Interact., 2009, 16: 1 - 56.

[Nichols 2007] NICHOLS J, CHAU D H, MYERS B A. Demonstrating the viability of automatically generated user interfaces [C]//Proceedings of the SIGCHI Conference on Human Factors in Computing Systems. New York: ACM, 2007: 1283 - 1292.

[Nichols 2005] NICHOLS J, FAULRING A. Automatic interface generation and future user interface tools[C]//ACM CHI 2005 Workshop on the Future of User Interface Design Tools,2005.

[Nichols 2002] NICHOLS J, MYERS B A, HIGGINS M, et al. Generating remote control interfaces for complex appliances [C]//Proceedings of the 15th Annual ACM Symposium on User Interface Software and Technology. New York: ACM, 2002: 161 - 170.

[Nichols 2004] NICHOLS J, MYERS B A, LITWACK K. Improving automatic interface generation with smart templates [C]//Proceedings of the 9th International Conference on Intelligent User Interfaces. New York: ACM, 2004: 286 - 288.

[Nichols 2006a] NAVARRE D. Automatically generating high-quality user interfaces for appliances[D]. Carnegie Mellon University, 2006.

[Nichols 2006b] NICHOLS J, MYERS B A, ROTHROCK B. Uniform: Automatically generating consistent remote control user interfaces [C]//Proceedings of the SIGCHI Conference on Human Factors in Computing Systems. New York: ACM, 2006: 611 - 620.

[Nichols 2006c] NICHOLS J, ROTHROCK B, CHAU D H, et al. Huddle: Automatically generating interfaces for systems of multiple connected appliances [C]//Proceedings of the 19th Annual ACM Symposium on User Interface Software and Technology. New York: ACM, 2006: 279 - 288.

[Norman 2005] DONALD A. Norman, Nielsen Norman Group. Human-Centered Design Considered Harmful [J]. ACM Interaction, 2005, 12 (4): 14 - 19.

[Nylander 2005] NYLANDER S, BYLUND M, WAERN A. Ubiquitous service access through adapted user interfaces on multiple devices [J]. Personal and Ubiquitous Computing, 2005, 9: 123 - 133.

[Orit 2006] SHAER O, JACOB R J K. A visual language for programming reality-based interaction [C]//Visual Languages and Human-Centric Computing, 2006, 2006: 244 - 245.

[Paternò 2000a] PATERNÒ F. Model-based design and evaluation of interactive applications [M]. Springer-Verlag, 2000.

[Paternò 2000b] PATERNÒF. Model-based design of interactive applications [J]. Intelligence, 2000, 11: 26 - 38.

[Paternò 1997] PATERN? F, MANCINI C, MENICONI S. Concurtasktrees: A diagrammatic notation for specifying task models [C]//Human-Computer Interaction INTERACT'97, Springer, 1997: 362 - 369.

[Paternò 2003] PATERNÒF, SANTORO C. A unified method for designing interactive systems adaptable to mobile and stationary platforms [J]. Interacting with Computers, 2003, 15: 349 - 366.

[Perrault 1978] PERRAULT C R, ALLEN J F, COHEN P R. Speech acts as a basis for understanding dialogue coherence [C]//Proceedings of the 1978 Workshop on Theoretical Issues in Natural Language Processing, Association for Computational Linguistics, 1978: 125 - 132.

[Phanouriou 2000] PHANOURIOU C. UIML: A device-independent user interface markup language[D]. Blacksburg, Virginia: Virginia Polytechnic Institute and State University.

[Pohja 2007] POHJA M, HONKALA M, PENTTINEN M, et al. 2007. Web user interaction [J]. Web Information Systems and Technologies, 2000: 190 - 203.

[Puerta 1999] PUERTA A R, CHENG E, OU T, et al. Mobile: User-centered interface building [C]//Proceedings of the SIGCHI Conference on Human Factors in Computing Systems: the CHI is the Limit. New York: ACM, 1999: 426 - 433.

[Puerta 2001] PUERTA A, EISENSTEIN J. XIML: A universal language for user interfaces [J]. White Paper, 2001.

[Puerta 1994] PUERTA A R, ERIKSSON H, GENNARI J H, et al. Beyond data models for automated user interface generation [C]//BCS HCI Conference, 1994: 353 - 366.

[Ramón 2011] RAMÓN O S, CUADRADO J S, MOLINA J G. Reverse engineering of event handlers of rad-based applications [C]// 2011 18th Working Conference on Reverse Engineering, 2011: 293 - 302.

[Raneburger 2010] RANEBURGER D. Interactive model driven graphical user interface generation [C]//Proceedings of the 2nd ACM SIGCHI symposium on Engineering Interactive Computing Systems. New York: ACM, 2010: 321 - 324.

[Raneburger 2011] RANEBURGER D, POPP R, KAINDL H, et al. Automated generation of device-specific wimp uis: Weaving of structural and behavioral models [C]//Proceedings of the 3rd ACM SIGCHI Symposium on Engineering Interactive Computing Systems. New York: ACM, 2011: 41 - 46.

[Ratzka 2006] RATZKA A, WOLFF C. A pattern-based methodology for multimodal interaction design [M]//SOJKA, Text, Speech and Dialogue, Proceedings, 2006: 677 - 686.

[Salton 1975] SALTON G, WONG A, YANG C S. A vector space model for automatic indexing [J]. Communications of the ACM, 1975, 18: 613 - 620.

[Samir 2007] SAMIR H, STROULIA E, KAMEL A. Swing2script: Migration of java-swing applications to AJAX web applications [C]//Proceedings of the 14th Working Conference on Reverse Engineering. IEEE Computer Society, 2007: 179 - 188.

[Schaefer 2007a] SCHAEFER R, BLEUL S. Towards object oriented, UIML-based interface descriptions for mobile devices [J]. Computer-Aided Design of User Interfaces V, 2007: 15 - 26.

[Schaefer 2007b] SCHAEFER R, BLEUL S, MUELLER W. Dialog modeling for multiple devices and multiple interaction modalities[J]. Task Models and Diagrams for Users Interface Design, 2007: 39 - 53.

[Shaer 2009] SHAER O, JACOB R J K. A specification paradigm for the design and implementation of tangible user interfaces [J]. ACM Trans. Comput.-Hum. Interact., 2009, 16: 1 - 39.

[Shaer 2008] SHAER O, JACOB R J, GREEN M, et al. User interface description languages for next generation user interfaces [C]//CHI'08 Extended Abstracts on Human Factors in Computing Systems. New York: ACM, 2008: 3949 - 3952.

[Souchon 2003] SOUCHON N, VANDERDONCKT J. A review of XML-compliant user interface description languages [J]. Interactive Systems, Design, Specification, and Verification, 2003: 391-401.

[Swearngin 2012] SWEARNGIN A, COHEN M, JOHN B, et al. Easing the generation of predictive human performance models from legacy systems [C]//Proceedings of the 2012 ACM annual Conference on Human Factors in Computing Systems. New York: ACM, 2012: 2489-2498.

[Sukaviriya 1993] SUKAVIRIYA P, FOLEY J D, GRIFFITH T. A second generation user interface design environment: The model and the runtime architecture[C]//CHI'93, 1993: 375-382.

[Szekely 1992] SZEKELY P, LUO P, NECHES R. Facilitating the exploration of interface design alternatives: The HUMANOID model of interface design[C]//Conference Proceedings on Human Factors in Computing Systems, 1992: 507-515.

[Szekely 1996] SZEKELY P. Retrospective and challenges for model-based interface development [C]//Design, Specification and Verification of Interactive Systems' 96. Springer-Verlag, 1996: 1-27.

[Szekely 1993] SZEKELY P, LUO P, NECHES R. Beyond interface builders: Model-based interface tools [C]//Proceedings of the INTERACT'93 and CHI'93 Conference on Human Factors in Computing Systems. New York: ACM, 1993: 383-390.

[Szekely 1995] SZEKELY P A, SUKAVIRIYA P N, CASTELLS P, et al. Declarative interface models for user interface construction tools: The mastermind approach [J]. Engineering for Human-Computer Interaction, 1995, 1: 120-150.

[Trindade 2007] TRINDADE F M, PIMENTA M S. Render XML: a emulti-platform software development tool [M]//WINCKLER, Task Models and Diagrams for User Interface Design, Proceedings, 2007: 293-298.

[Urano 2007] URANO N, MORIMOTO K. Human performance model and evaluation of pbui [M]//JACKO, Human-Computer Interaction, pt 1, Proceedings of Interaction Design and Usability. Berlin: Springer-Verlag, 2007: 652-661.

[Vanderdonckt 1994] VANDERDONCKT J, GILLO X. Visual techniques for traditional and multimedia layouts [C]//Proceedings of the Workshop on Advanced Visual Interfaces. New York: ACM, 1994: 95-104.

[Vanderdonckt 2004] VANDERDONCKT J, LIMBOURG Q, MICHOTTE B, et al. UsiXML: A user interface description language for specifying multimodal user interfaces [C]// Proceedings of W3C Workshop on Multimodal Interaction, 2004: 35-42.

[Wingrave 2009] WINGRAVE C A, LAVIOLA JR J J, BOWMAN D A. A natural, tiered and executable uidl for 3d user interfaces based on concept-oriented design [J]. ACM Trans. Comput.-Hum. Interact., 2009, 16: 1-36.

[Yeh 2008] YEH R B, PAEPCKE A, KLEMMER S R. Iterative design and evaluation of an event architecture for pen-and-paper interfaces [C] //Proceedings of the 21st Annual ACM Symposium on User Interface Software And Technology. New York: ACM, 2008: 111-120.

[Zhang 2001] ZHANG K, ZHANG D Q, CAO J. Design, construction, and application of a generic visual language generation environment [J]. IEEE Transactions on Software Engineering, 2001, 27: 289-307.

第7章　笔式用户界面开发方法与开发框架

由于笔式界面软件的大众化和个性化的特点，必须要有支持快速开发的软件开发方法和环境。本章介绍的笔式界面软件开发方法包括基于场景的设计方法、基于界面设计工具的原型化软件设计方法、以用户为中心的迭代式开发过程以及设计评估方法。开发环境包括软件平台、算法库和软件设计工具三个主要的部分。本章通过对交互式系统开发方法的分析，结合笔式交互系统领域在用户认知和用户需求等方面的特征，描述了一种面向最终用户、以任务为中心的笔式交互系统开发方法。

7.1　笔式交互系统开发方法分析

7.1.1　交互系统开发方法分析

开发一个交互系统主要包括三个阶段：系统设计、系统实现以及系统评估。这三个过程通常会在软件开发的生命周期中反复进行。在人机交互领域，具有"人本界面"的交互系统是软件开发的目标。Raskin对人本界面的定义是：如果界面能够响应人的需求并且能考虑到人的使用约束，那么这个界面就是以人为本的[Raskin 2000]。本节介绍几种现有的交互系统开发方法，为提出笔式交互系统的开发方法做出准备。

1. *以用户为中心的开发*

交互式系统的设计应能满足用户的需要。在理解用户需求的过程中，开发者应明确设计的主要目标。例如，系统是应该追求效率以提高用户的生产力，还是应该追求挑战性和吸引力以支持用户学习。这些被关注的目标主要包括"可用性目标”和“用户体验目标”。

- 可用性目标

可用性可细分为以下一些目标[Preece 2002]：

- 可行性：指的是系统能否实现用户意图，程度如何。
- 有效性：指用户在执行任务时，系统支持用户的方式是否有效。
- 安全性：安全性关系到保护用户以避免发生危险和令人不快的情形。它的第一个层面与人类工程学相关联，指的是人们工作的外部条件。第二个层面与系统安全关联，指在任何情形下，面对任何类型的用户，系统应能避免因用户偶然执行不必要的活动而造成损失。
- 通用性：是指系统是否提供了正确的功能性类型，以便用户可以做他们需要做或是想要做的事情。系统应提供适当的功能集合，支持用户以合理的方式来执行所有任务。
- 易学性：指的是学习使用系统的难易程度。学习和掌握系统的时间务必要控制在用户愿意的时间额度范围之内，否则系统的生命力很容易受到质疑。
- 易记性：指的是用户在学习了交互系统后，能否迅速地回想起用法。这个对于使用频率并非很高的交互式系统（例如年度项目自动申报系统）尤为重要。如果用户在较长一段时间内没有使用该系统或操作，他们应该能够回想起，或者借助简单提示即可回想起使用方法，而不是每次都需要经过重新学习。

- 用户体验

用户体验指的是用户与系统交互时的感觉。随着计算设备慢慢进入人们的日常生活，交互设计已不仅仅是提高工作效率和生产力，人们也越来越关心用户的体验质量。这些体验目标包括令人满意、愉快、有趣、引人入胜、有用、富有启发性、富有美感、可激发创造性、让人有成就感、让人得到情感上的满足等各个方面[Preece 2002]。

- 理解用户

以用户为中心的设计思想认为，产品的成败最终取决于用户的满意程度。要达到用户满意的目标，首先应当深入而明确地了解谁是产品的目标用户（target user）。产品的设计者主要关心的是目标用户群体区别于一般人群的具体特征，例如特定年龄区间、特殊的文化背景等。这一过程就是用户特征描述（user profiling）。

用户是指使用某产品的人。这包括两层含义[Preece 2002]：

用户是人类的一部分。用户具有人类的共同特征，用户在使用任何产品时都会反映出这些特征。人的行为不仅受到感知能力、分析和解决问题的能力、记忆力、对于刺激的反应能力等人类本身具有的基本能力的影响，同时还时刻受到心理和性格取向、物理和文化环境、教育程度以及以往经历等因素的制约。

用户是产品的使用者。以用户为中心的设计研究对象是与产品使用相关的特殊群体。他们可能是产品的当前使用者，也可能是未来的，甚至是潜在的。这些人在使用产品的过程中，行为也会与产品特征紧密相关。其中包括对于目标产品的知识、期待利用目标产品完成的功能、使用目标产品所需要的基本技能以及未来使用目标产品的时间和频率等。

- 概念模型

设计中最重要的东西就是用户的概念模型。设计的首要任务就是开发明确、具体的概念模型，与此相比，其他的各种活动都处于次要的地位。概念模型是一种用户能够理解的系统描述，它使用一组继承的构思和概念，描述系统应做什么、如何运作、外观如何等。通常意义上，概念模型就是用户对系统的理解。

在开发的同时，需要确定用户能否理解关于系统外观及行为的构思，这是一个基本步骤。Norman 提出了一个用于说明“设计概念模型”与“用户理解模型”之间关系的框架，见图 7.1[Norman 1988]。本质上，它包含三个相互作用的主体：设计师、用户和系统，而在他/它们背后就是三个相互联结的概念模型。

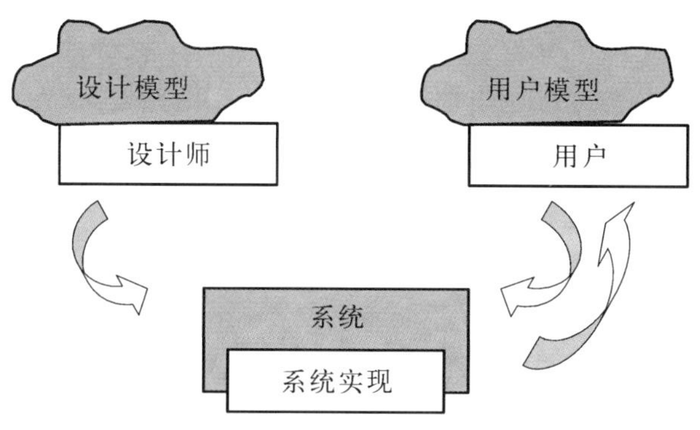

图 7.1 概念模型映射框架[Norman 1988]

设计模型——设计师设想的模型，说明系统如何运作；
系统实现——系统实际上如何运作；
用户模型——用户如何理解系统的运作模型

在理想情况下，这三个模型能完全映射，用户通过与系统交互，就应该能按照设计师的意图去执行任务。但是，若系统实现不能明确地向用户展示设计模型，那么用户很可能无法正确理解系统，因此在使用系统时不但效率低，而且易出错。

以用户为中心设计的特点是让用户参与设计，一般存在两种形式：一种是让用户参与评估研究，而另一种方式则是让用户参与设计本身[Preece 2002]。Keil 和 Carmel 的研究表明，用户是否直接参与直接影响着项目的成功与否[Keil 1995]。Kujala 和 Mantyla 通过对产品开发初期的用户研究成本收益的研究，认为用户研究的效益高于成本[Kujala 2000]。随着用户在需求多变的应用开发中所处地位的不断提高，“参与式设计”(participatory design)逐渐成为了以用户为中心开发的研究热点[Carroll 1997]。

2. 以场景为中心的开发

场景是一种关于下列几方面的描述[Kentaro 2004]：角色；角色及其环境想象的背景信息；角色的目的或目标；一系列活动和事件。

基于场景的开发的研究最初是由 Kahn[Kahn 1962]提出并用于领域规划中。80 年代场景出现在了软件的功能说明文档中，后来场景技术逐步发展，在软件中的地位不断提升，最终出现在说明文档的最前端，用于简洁地传达设计意图；90 年代以后场景被用于说明功能，在包括设计者和使用者的设计会议中作为一种共享的描述，还用于在设计者之间传达设计知识。

Rolland 给出了用于需求分析的场景分类框架，并给出四种视图：the form view, the contents view, the purpose view, the lifecycle view。这些视图都描述了场景的特征[Rolland 1998]。

场景提供了设计者和用户以及设计者之间交互的情景。人机交互的场景帮助我们理解和创造计算机应用系统——作为人类活动的产物来帮助我们学习、作为我们工作中使用的工具及作为与其他人交流的工具。

Virginia Tech 人机交互中心的 John M. Carroll 及其领导的研究团队对场景进行了大量的研究，并将场景设计方法运用到很多应用场合中。这包括 1994 年开始的项目 LiNC (Learning in Networked Communicaties)网络环境下的学习系统[Carroll 1998]；2002 年的项目 MOOsburg——公共网络资源系统[Carroll 2001]，目标是创建一个包含在线资源模型的社区。这些资源包括：信息数据库、虚拟会议室、教育工具等等。建立该社区的目的是鼓励社区内的实时通信和交流。它可以提供实时的、现场的、交互的及基于位置的信息。该项目的一个特色是支持分布式系统开发和管理，并且使用直接操作的方法来导航。

3. 基于模型的开发

在近 20 年的软件开发中，以第三代开发语言为代表的软件抽象，极大地降低了软件开发的成本并增加了开发者对应用的理解。然而随着应用领域的扩大，数据类型的丰富以及信息数量的扩张，开发平台的复杂度增长成为了现有软件开发的核心问题[Schmidt 2006]。尽管这些平台能以很快的速度进行演化，然而为了保持与原有结构的兼容性，付出了极大的代价。随之而来的问题就是开发者在掌握语言并使用这些工具进行软件开发时，需要较高的学习成本。

模型驱动的软件开发能够降低平台的复杂度，并有效地表达领域中的概念。其中特定领域的建模语言和模型转换驱动及生成器是模型驱动工程技术的核心。特定领域的建模语言(DSML)将应用结构、行为以及在特殊领域中的需求进行形式化描述。一般使用元模型对语言进行描述，元模型定义了领域中的概念及关系并精确定义了这些概念所包含的关键语义和约束。建模语言的存在使开发者能够以声明式的描述表达设计意图。转换驱动和生成器用于分析模型的特定部分并将不同类型的系统描述如代码、XML 描述等进行合成。在模型层次进行融合能够保持应用实现上的一致性，同时能够结合功能需求和服务质量需求对应用信息进行分析。

模型驱动的软件开发具有以下一些特点[Schmidt 2006]：首先，面向特定领域的建模语言避免了使用同一种语言处理所有的过程的不便；其次，模型转换驱动和生成器的存在使部分实现得以自动生成；另外，对于软件遗产能够有效地通过反向工程将其整合入现有的模型描述中；利用基于模型的验证与检查，开发者能够通过静态分析和快速原型生成，结合运行时性能分析对设计进行快速评估。

使用模型的目的是对应用上层进行抽象，而不是利用模型实现全部系统。与编程语言提供的抽象不同，模型抽象在更多时候是用于在复杂的系统实现中选择需要的元素。如图 7.2 所示。

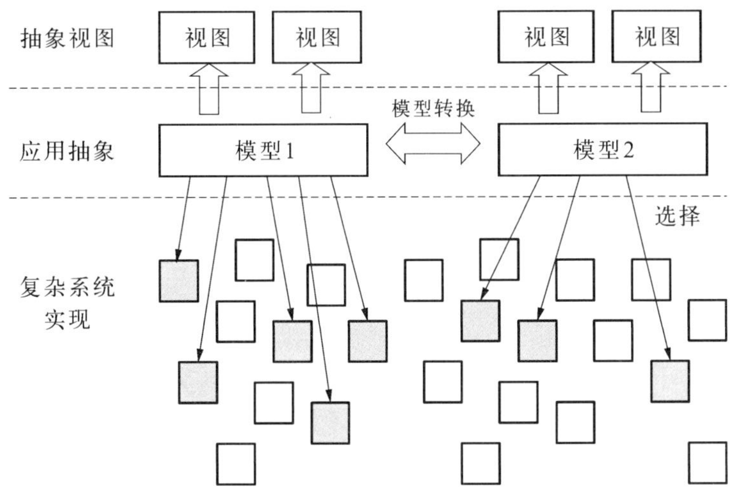

图 7.2 抽象视图、模型与系统实现的关系

4. 原型开发技术

用户在参与设计的过程中，往往不能准确描述自己的需要，但在看到或尝试某些事物后，就对设计产生了理解。设计者在搜集有关工作实践的信息，了解系统所需提供的服务后，需要制作原型以测试设计构思。这个过程是迭代式的，迭代次数越多，最终产品就会越完善。原型是设计的一种受限表示，用户可尝试与它交互并探索它的适用性[Beaudouin 2002]。

设计总是需要面临许多选择，许多时候需要创新和工程技术。原型能告知设计过程并帮助设计人员做出最佳的方案。研究原型技术的目的就是了解它们是如何帮助设计者产生和交流新的思想，从用户中获得反馈，在设计方案中做出选择并说明选择的原因。

● 原型定义

原型是一个交互式系统的部分或全部具体表现。设计者、管理者、开发者及最终用户都可以从原型得到对系统的预期。一个原型系统在数据信息方面会有所限制,但必须包含系统的界面设计及交互设计。大部分成功的原型都被用于实际系统的演化与生成新系统。硬件和软件工程师们利用原型在设想的环境中试验系统的使用情况。在具有较多创新的领域,如图形界面设计,设计者用原型来描述和交流思想。在人机交互领域原型主要被用于设计阶段。

● 原型分析标准

原型是设计过程中的重要部件。成功的原型应该具有以下几个特征。支持创新:帮助设计者捕捉和产生思想,明确设计空间,并体现用户的个体特征与工作环境;鼓励交流:协助所有设计的参与者相互讨论;允许早期评估:包括传统的可用性研究和非正式的用户反馈。

分析原型及技术有以下四个维度标准:

■ 表现(representation)

offline prototypes:一般意义上的纸笔概念设计。首先,这种纸笔方式具有低成本且快速的特点。允许用户在设计时不停地进行迭代循环以在设计空间内进行探索并尝试不同的设计方案。然后这种自然的方式很少限制设计者的思维,在软件设计中,设计者往往被系统提供的组件能力所束缚,在无形中降低了设计者的创新能力。最后也是最重要的,这种设计方式能为所有人使用、理解和交流。原型在软件开发各个过程中的目的和表现并不相同,在不同的阶段中采用何种表现使原型能更好地发挥是原型开发者必须进行思考的问题。

online prototypes:一般意义上的软件原型,包括电脑动画、视频、利用脚本语言写成的程序或是用界面生成工具开发的应用。因为需要技术人员实现具体系统,所以 online prototypes 的制作成本也相对较高。但是在后期开发中的作用却要远大于 offline prototypes。

■ 精确度(precision)

原型是系统的部分或全部显示表示,因此原型同样需要表现系统的实现细节。精确度就是原型实现系统细节的程度。原型一般并不会表现出完全的精确,因为原型需要为设计者提供一个交流的空间或是对设计空间的浏览。在不断的迭代求精的过程中原型也逐步精确。一个精确细节表示着该细节被原型设计所选择。

■ 交互行为(interactivity)

交互式系统的一个重要特征就是交互行为。用户通过界面交互对系统进行操作,并得到系统反馈。人机交互的设计者能够提供良好的界面外观,但是却无法设计出很好的交互形式。另外一个问题是,界面的质量与最终用户及用户工作实践流程的深刻理解是紧密相连的。设计者在设计交互细节的同时必须考虑到使用上下文。

对于原型来说,体现系统交互是原型开发的准则。这对 offline 和 online 原型都是一样的。精确度和交互行为呈正交关系。设计者可以设计出一个不精确但是高度可交互的原型,也可以存在一个精确但不可交互的原型。原型可以支持不同级别的交互:固定原型(fixed prototypes)实际上没有交互行为,经常用于说明和测试场景。固定流程原型(fixed path prototypes)具备受限的交互行为。开放原型(open prototypes)支持大量的界面交互,这样的原型运行是和实际系统非常相似的,往往是实际系统的一个部分。

■ 演化(evolution)

快速原型(rapid prototypes)只是为了某个特定目的,生命时间较短,在设计的初级阶段十分重要,所需的实现成本低,无论是 offline 还是 online 的原型,都要求精确的设计,即使该原型将会被抛弃,这样有助于发现并纠正交互问题;迭代原型(iterative prototypes)则会实现某些系统细节或提供不同的设计选择,是设计结果的表现形式,需要能够帮助设计者做出不同设计的选择,从而达到一定的精确性;演化原型(evolutionary prototypes)是系统的最终表现,而且几乎就是最终系统本身。

7.1.2 面向最终用户的笔式交互系统开发方法

笔式交互系统的特点是面向特定领域时,用户任务内容和组织具有稳定性,在完成任务的过程中个性化要求高。用户在工作所处的应用领域既是最终用户也是领域专家,因此对如何用笔完成任务以及完成任务的交互流程有较明确的认识。用户在对系统提出较高可用性需求的同时,也期望系统能够提供一定的最终用户开发接口,以刺激用户主动做出对系统的调整。

由于纸笔式交互的自然性与个性化,笔式交互系统中满足用户可用性的需求被放到了系统设计与实现的中心。因此从用户出发进行界面设计和系统实现是保证软件可用性的必要条件。

以任务为中心的开发方法实际是一种面向最终用户的模型驱动开发方法,在开发的过程中强调用户的主动参与能力,通过开发工具得到用户对任务的抽象,利用模型语言进行任务描述,通过底层构件库的支持,将描述自动转化为具体实现对象。

1. 以任务为中心的笔式交互系统开发方法

通过对笔式交互系统开发的模型结构以及相关模型的描述,我们提出的以任务为中心的笔式交互系统开发是一个面向最终用户、模型驱动的过程。自底向上的模型实现过程保证了系统开发的灵活性与可扩展性。由顶向下的用户设计方法能够满足系统的可用性需求。开发过程如图 7.3 所示。

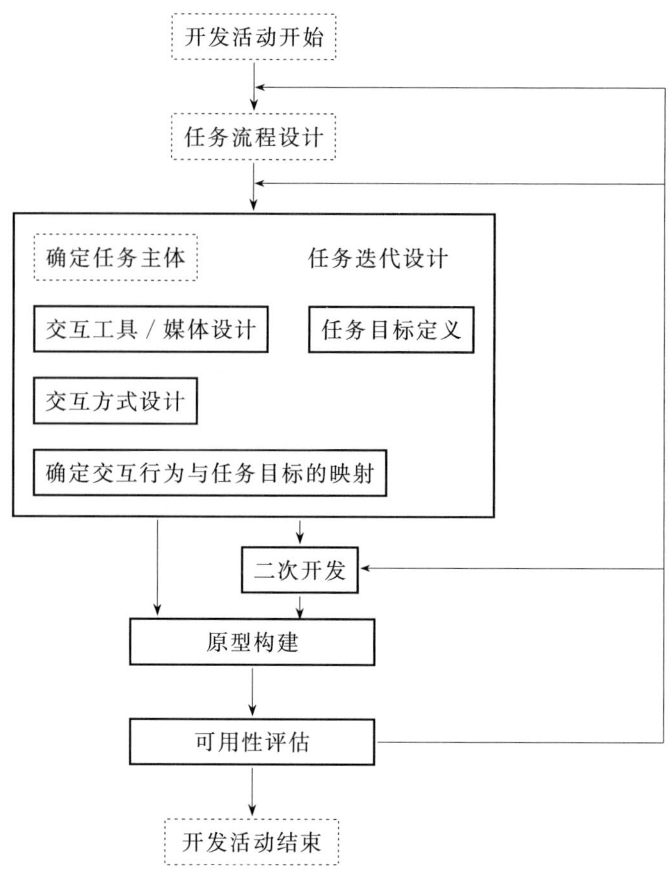

图 7.3　笔式交互系统开发过程

其中对用户任务的分析是开发过程的核心，开发活动是一个从最终用户出发，根据用户评估进行反复迭代求精的过程。用户参与的任务设计形成抽象概念，系统支持的对象给出相应的具体实现。用户任务建模分为交互工具/媒介设计、交互行为设计、任务目标设计以及交互行为与任务目标映射四个过程，如图 7.4所示。用户和设计者能够根据每一个子过程的设计抽象结果进行阶段性的交流与评估。

笔式交互系统用户任务建模过程充分体现了由顶向下面向最终用户的设计以及自底向上基于模型的系统实现支持。在交互工具/媒介设计中，用户需要确定抽象任务的媒介(任务场景)的布局与属性设计，并指出用户定义任务的媒介(交互对象)的类型与属性。该子过程相对独立，用户可以直接看到设计结果，进行效果评估，继而进行反复迭代设计。交互行为设计则由用户在交互模型所提供的交互行为对象中进行选择或进行个性化的交互行为对象设计。抽象的交互行为描述将通过交互模型在运行时自动转为具体的交互行为对象。与交互行为设计类似，用户一方面通过选择领域模型中提供的系统服务描述以构成任务目标，另一方面也可以自己进行任务需求描述，以进行在二次开发中的信息交流。在用户在系统的交互模型与领域模型的指导下完成交互行为设计与任务目标设计过程时，需要将交互行为与交互语义进行连接，完成交互行为与任务目标的映射。

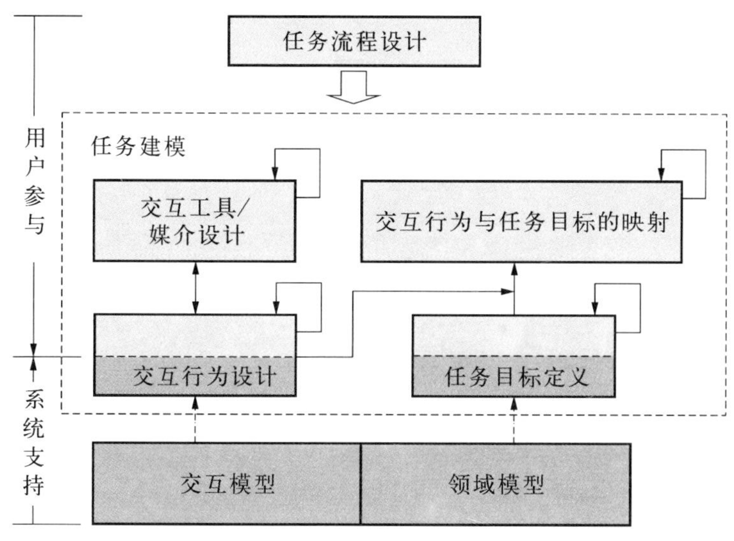

图 7.4 笔式交互系统用户任务建模过程

笔式交互系统根据抽象程度由高至低可分为用户抽象、领域描述、代码描述与底层实现四个层次。最终用户可以使用开发工具将抽象概念反映到任务流模型和任务模型，通过系统服务设计和界面交互设计，用户抽象层次的描述被自动转化为系统和开发人员可以理解的领域模型和界面模型概念，形成领域描述。代码自动生成将领域描述自动转化为系统代码，在二次开发和底层构件库、个人信息管理库、交互库以及算法库的支撑下，编译形成笔式交互系统原型。该分层结构支持对用户设计意图的逐层解析，并自动生成原型系统，如图 7.5 所示。

2. 以用户为中心的笔式电子表单开发方法

要实现快速开发高可用性的电子表单软件，需要人机交互技术和敏捷方法的紧密结合。本节首先介绍以用户为中心的笔式电子表单的研究背景，然后分析软件设计交流模型的变更，在此基础上提出了以用户为中心、面向笔式电子表单的敏捷开发方法，并着重从开发过程、开发过程中使用的模型和技术等方面进行了阐述，最后结合科学跳水训练管理系统给出了该方法的开发实践。

- 研究背景

在以应用为中心的软件开发中，往往关注任务的实现，用户界面和可用性考虑相对较少，而且缺少用户的参与，很难保证软件的可用性。随着人机交互的发展，以用户为中心的设计 UCD（User-Centered Design）［Norman 1988，Hua

2002] 开始应用到软件开发中,如图7.6所示,它克服了传统的以应用为中心的设计限制[Mao 2005],提供了一个以用户为中心的视角,能够有效提高软件的可用性。国际标准ISO 13407[ISO 1999] 规定了以用户为中心的交互式系统设计过程,并给出了通用UCD的设计指南。目前UCD已经成功应用到了许多领域[Weisscher 2004,Nikkanen 2004,Rauschert 2002],同时结合具体应用领域也

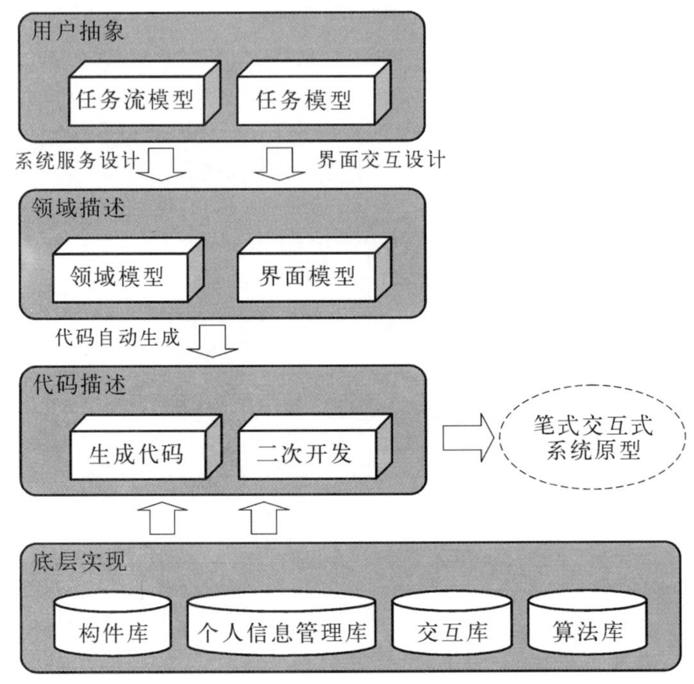

图7.5 笔式交互系统结构

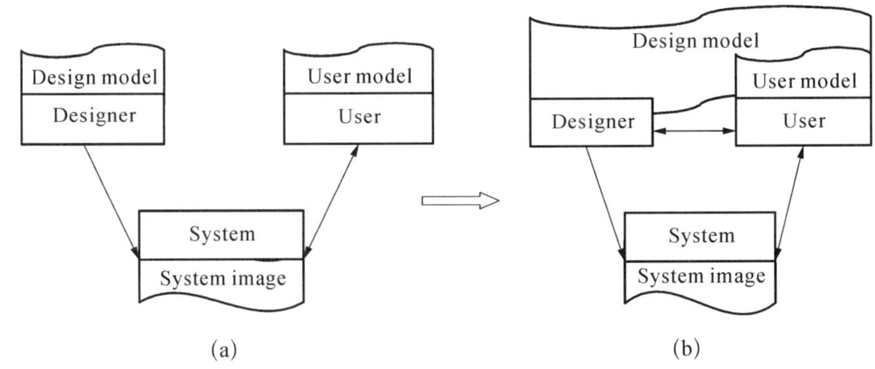

图7.6 软件设计的交流模型

(a) 传统交流模型;(b) 以用户为中心的交流模型

提出了一些以用户为中心的设计方法，如以用户为中心的 Web 站点设计方法 WSDM（Web Site Design Method）[Troyer 1998]、以用户为中心的并发系统设计方法 UICSM（User-centered Interdisciplinary Concurrent System design Methodology）[Smailagic 1999]、以用户为中心的产品概念设计方法 UCPCD（User-Centered Product Concept Design）[Kankainen 2003]。

在笔式用户界面领域，中国科学院软件研究所人机交互实验室提出的 PIBG（Physical object, Icon, Button, Gesture）范式为笔式用户界面设计提供了有力的指导[田丰 2004]；笔式用户界面交互信息模型 OICM（Orthogonal interaction Information architecture Coordinate Model for pen-based user interface）[李杰 2005a]为笔式用户界面下交互信息建模提供了理论依据。但是由于许多行业用户的计算机素质比较低而造成需求模糊，而且往往沟通好的用户需求实现后，不是对软件不满意就是要求修改软件以加入他们忘记了的需求，从而造成开发效率低、开发出的软件难以符合用户需求等问题以至于导致开发的周期过长、开发风险加大，很明显采用传统的软件开发方法并不合适。由于基于数字笔的电子表单具有难以构造的特性，因此采用敏捷开发方法是最佳选择，基于此，作者提出了以用户为中心的笔式电子表单敏捷开发方法 UCAM（User-Centered Agile development Method for pen-based e-form）。

- 软件开发交流模型

软件设计的交流模型（图 7.6）是软件开发人员相互协调工作的模型。在 Norman 提出的设计者、系统和用户三者的交流模型[Norman 1988]中，设计模型是设计者的概念模型，用户模型是用户同系统交互而得到的用户心理模型，系统镜像是根据设计模型而建立的软件物理结构。设计者和用户并不直接交流，所有的交流都是通过系统来进行的。而在以用户为中心的软件设计中，设计者首先要和用户进行交流、讨论或让用户参与到设计中，建立和用户心理模型一致的用户模型，用户模型应在设计阶段就已建立，并且用户模型是设计模型的一部分。在系统建立后，用户通过同系统的交互来验证设计阶段建立的用户模型。

传统的交流模型很难保证系统的可用性，是因为用户和设计过程毫无关系，设计者无法在设计阶段知道自己设计的系统用户是否满意。随着软件设计交流模型的改变，用户在软件设计中的作用也发生了改变，成为设计者中的一员并且能够通过设计模型对系统的可用性产生影响。所以，以用户为中心的软件设计交流方式能够改善软件的可用性，这正是两个模型的区别。以用户为中心的软件设计交流模型是以用户为中心的软件设计过程的理论基础。

本节结合电子表单，归纳了人机交互设计者、界面与用户之间的交流模型，目的是有效提高软件的可用性。而认识用户是建立以用户为中心的用户界面、提高可用性的重要途径，亦是关键步骤。我们首先认识到用户在背景知识、使用系统的频度、目标和系统对用户错误的影响等方面千差万别。因此，在设计之前，人机交互设计者必须尽可能把用户和形态特征了解全面。人机交互设计者仍依据以下几个方面来设计用户界面：

- 用户思维模型和机器模型的匹配。软件界面作为用户完成任务的工具，应该使用户意图和界面允许动作之间很好地匹配。如果有矛盾，应该让软件更好地适应用户，而不是用户适应软件。

- 认真调查用户的知识背景。用户的知识背景(包括知识经验、受教育程度、语言背景等)决定了他在人机交互方面的知识经验以及在计算机应用领域的知识水平。这些都将影响他使用软件界面的方式，从而决定了人机交互设计者该用何种方式来解决问题。

- 了解用户的技能和弱点。用户具有许多固有的技能，如：身体和动作的技能、语言和通信的技能、思维能力、学习和求解问题的能力等；同时也具有健忘、易出错、注意力不集中、疲劳、情绪不稳定等弱点。适应各类用户感性的、认知的和运动的能力和弱点对每个人机交互设计者来说都是一场挑战。

- 观察用户对软件的喜好和个性。很多人不愿意使用计算机，甚至把使用计算机工作看成是一种负担；而有些人热衷于使用和学习计算机，把使用计算机完成工作和学习看成是一种乐趣。即使同样喜欢计算机的人也会对交互方式、速度等各方面有不同的偏爱。清楚地了解用户的个性和认知方式，将容易设计出高可用性的用户界面。

图7.7给出了以用户为中心软件界面的设计过程。人机交互设计者依据对用户的认识，再结合自己对用户任务、需求的理解构思用户界面，认真设计用户界面的诱导行为；用户依据系统原型去联想用户界面，并依据自己的思维模型去判断界面行为。如果这种行为和人机交互设计者的意图相一致，则设计完毕，否则设计者重新构思，并设计诱导行为，逐步达到设计者思维模型和用户思维模型的一致。当然这是理想活动，不过通过对用户的认知和行为特性的分析，能够帮助人机交互设计者正确地评估软件界面的复杂程度，提供清晰的软件界面结构，以及制作出易用的用户手册和操作手册。这也是以用户为中心的笔式电子表单界面的开发基础，因为绝大多数用户都是表单的设计行家。

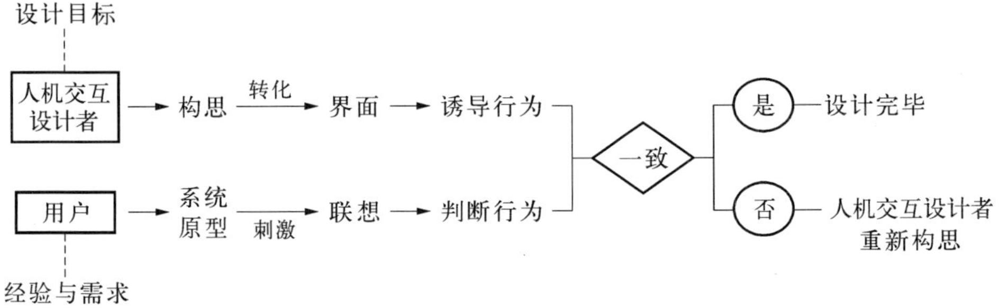

图7.7 以用户为中心软件界面的设计过程

● UCAM 开发方法

UCAM 方法分为用户建模(user modeling)、系统设计、系统实现和评估四个阶段(图 7.8),其中评估在用户建模后和系统实现后都需要进行。用户建模阶段有四项活动:定义需求、建立抽象用户界面模型、用户界面原型、评估原型。对原型进行评估后,依据评估结果决定是返回到用户建模中的哪一阶段进行迭代,还是进入系统设计阶段,此阶段需要用户和设计者的紧密合作。系统设计阶段将从电子表单系统的总体结构、具体用户界面模型和业务规则几个方面进行设计,此阶段仍然需要用户的参与,用户的参与将贯穿整个开发过程。在系统实现阶段,利用电子表单开发工具进行开发。在系统实现后,对系统可用性进行评估,决定迭代到哪一阶段进行修改解决可用性问题。在每次迭代中都选择最关键、最迫切的问题进行设计与实现,直到全部问题得到解决。可用性问题发现越早,开发者的代价越小,迭代次数也会越少。

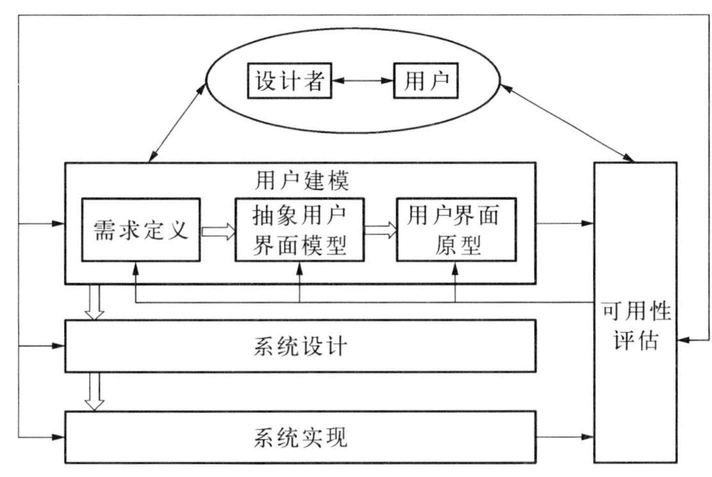

图 7.8 以用户为中心的笔式交互系统设计过程

● 用户建模

对用户而言,整个软件是个黑盒,用户界面即是软件。因此用户建模的目标是建立符合用户思维模型的用户界面以及用户界面所包含的业务逻辑,使得用户能够通过用户界面顺利完成任务,而避免在用户大脑中产生错误的思维模型。用户建模阶段的主要活动及过程如图 7.9 所示。从整体上看,用户建模阶段有四项主要活动:定义需求、建立抽象用户界面模型、建立用户界面原型、早期评估。

■ 需求定义

需求是整个软件项目最关键的一个输入。据统计,不成功的项目中有 37% 的问题是由需求造成的。和传统的硬件生产企业相比较,软件的需求具有模糊性、不确定性、变化性和主观性的特点；在硬件生产企业中，产品的需求是明确的、有形的、客观的、可描述的、可检测的，而软件需求不具备此特征。在软件开发中，加强客户和开发人员、人机交互设计者之间的交流是软件成功的前提，这些交流胜过面面俱到的文档。需求定义可由角色模型、任务模型、域模型和业务规则模型四个模型来描述。这四个模型可并行建立，相互补充。

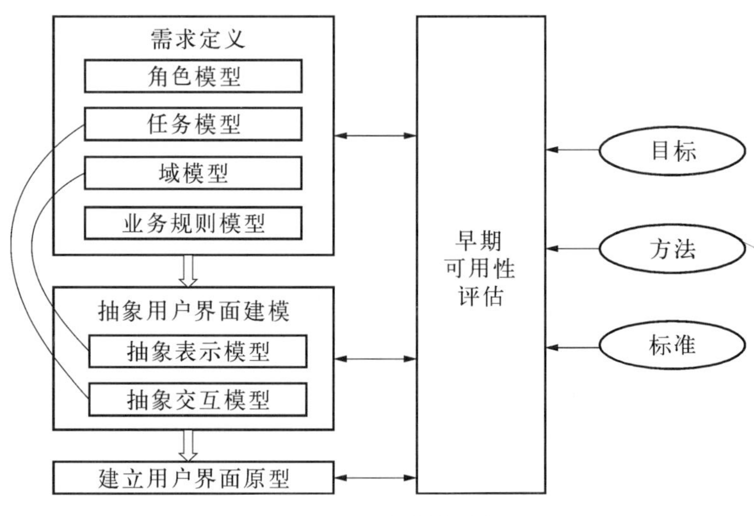

图7.9 用户建模过程

■ 角色模型

角色模型描述了用户分类以及用户同任务之间的权限关系(如图7.10所示)。此模型有助于理解用户需求，从而更快捷地建立任务模型，也为建立合理的组织人员管理和交互任务的权限管理提供依据，为确定参与电子表单详细设计的人选提供指导。

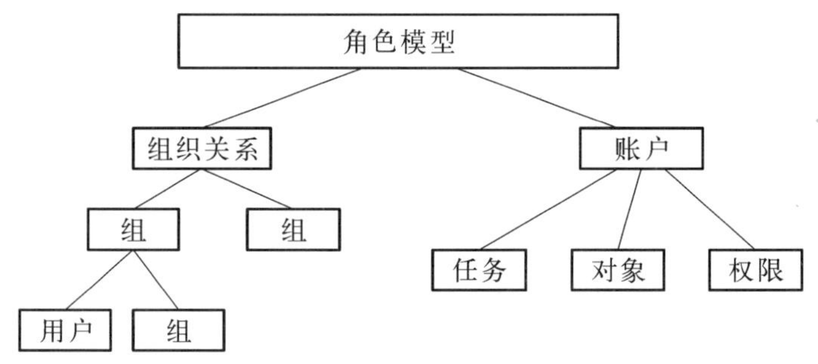

图7.10 角色模型描述

角色模型的建立主要从组织关系的角度去分析，然后利用组织关系去分配相应的账户，并确定相应账户对任务和对象所拥有的权限，因为用户的权限依赖于用户在组织中的作用。在组织关系中，经常要用到组的概念，组是指具有相同特征的用户，如相同权限。组和现实生活中的部门相对应，组可以嵌套，即组由用户和组构成。角色模型可用四元组来表示为（账户，用户组，任务，表单）。

■ 任务模型

任务模型描述了用户通过应用系统用户界面要完成的任务以及这些任务之间的关系。这种任务描述独立于应用系统执行任务的方式，因此不能包含任何同计算机交互的行为描述。此模型也分析和描述了用户任务之间的关系，这种关系包括用户任务之间协作关系、顺序关系、选择关系、并发关系等。表示任务的方法有多种，如分层任务分析方法 HTA(Hierarchical Task Analysis)、GOMS (Goal, Operator, Method, Selection rule)方法、用户案例方法、场景方法等，基于场景的任务分层描述符合笔式电子表单的特点。电子表单中的任务模型 TM =（任务集合，关系集合，任务－关系集合），而单一任务 T =（目标，行为，前条件，后条件，对象，角色），关系集合 R = {父子，顺序，并列，可选，选择}。任务模型的一个图形例子（图 7.11）可描述如下。

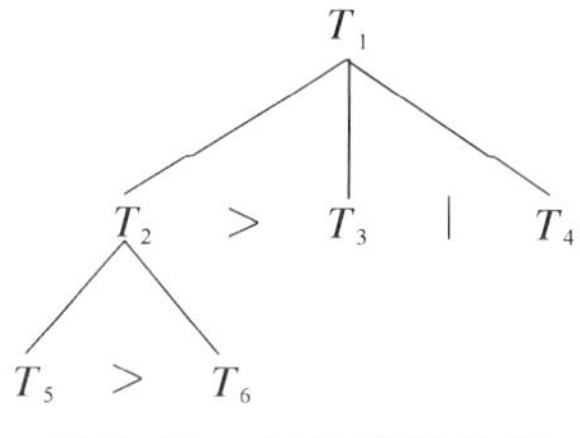

图 7.11 任务模型举例

■ 域模型

域模型描述用户通过用户界面能够处理的对象以及这些对象之间的关系。在用户界面的帮助下，这些对象通常是可见的、可访问的、可处理的。域模型通常用对象模型或实体-关系模型来描述，从而通过描述特定领域的对象关系来描述域结构。任务模型中的任务是通过操作域模型中的对象来完成的。在电子表单中，绝大多数对象是以表单的形式存在，因此电子表单的域模型用表单及表单之间的关系来表示。

■ 业务规则模型

业务规则模型主要描述任务执行的前提条件、改变领域对象时的约束、表单之间的生成关系、表单内数据之间的计算关系等。这些业务规则以规章制度、行业标准等形式存在企事业单位中，需要结合角色模型、域模型和任务模型来进行分析与获取。

● 抽象用户界面模型

这个阶段的用户界面模型主要从用户需求的角度考虑，主要描述不同用户对界面表示和操作方式的喜好，并建立基本的、与平台应用无关的用户界面模型。用户界面需求包括软件界面的背景颜色、字体颜色、字体大小、界面布局、交互方式、功能分布、输入输出方式等。其中，对用户工作效率有显著影响的元素包括：输入输出方式、交互方式、功能分布等。影响用户对系统友好性评价的元素则有：颜色、字体大小、界面布局等。这种划分不是绝对的，软件界面作为一个整体，其中任何一个元素不符合用户习惯、不满足用户要求都将降低用户对软件系统的认可度，甚至影响用户的工作效率。围绕界面元素进行需求分析的目的是让最终用户能够获得美感、提高工作效率、降低用户学习和操作系统的负担。

- 用户界面原型开发

由于在软件开发前期，用户的界面需求很模糊，没有自己的理想模型，所以用户提出的要求很难量化，结果很容易被需求分析人员忽略。在用户角色定义完成后，应用快速原型法来设计用户界面，可以帮助用户尽快完善自己的理想模型。利用界面原型可以将界面需求调查的周期尽量缩短，并尽可能满足用户的要求。

用户界面原型开发主要有协作式产品的界面造型技术 PICTIVE (Plastic Interface for Collaborative Technology Initiatives through Video Exploration)[Muller 1991]，需求和设计的协作分析方法 CARD (Collaborative Analysis of Requirements and Design)[Muller 2001]，storyboard[Curtis 1990]和原型开发四种方法。我们采用 CARD、storyboard、原型开发相结合的方法。CARD 使用画有计算机和屏幕图像的卡片以发掘各种工作流。storyboard 使用计算机模拟界面或任务流的变化，此方法采用基于数字笔的自由勾画技术来实现。原型开发是利用笔式用户界面构件体系结构[李杰 2005b]和 PIBG Toolkit 建立用户界面原型模拟用户操作的场景。如果用户界面设计者认为前一种方法已经能获取用户对界面的需求，则不必采用后一种方法。

- 早期评估

早期评估是简单的，所需的时间也是很短的，只需要一两天的时间。在此期间，人机交互设计者为用户建模过程中的每个环节设定评估的目标、方法和标准。早期评估需要人机交互设计者和用户的共同参与，但他们一定是未参与设计的人，从而避免用户之间的认知习惯、知识水平等差异对软件的可用性产生负面影响。

人机交互设计者从自身职业的角度去验证用户模型是否符合用户的思维模型。未参加用户模型设计的用户评估用户模型是否反映了用户需要的所有任务。如果评估结果良好并且用户界面能够完成用户需要的所有任务，则结束用户模型的设计，否则增量迭代设计过程。用户模型的评估与验证保证用户模型的准确性。

- 系统设计

这个阶段将从系统的角度描述整个系统，包括系统功能模型设计、具体的用户界面模型设计、业务规则设计和 Ink 解释方法的设计。这个阶段仍然需要用户的紧密参与。

■ 系统功能模型

依据任务模型或角色模型将系统分割成子系统，然后将要完成的任务分配到子系统中，依据任务的分解关系继续划分，直到一个任务能够用一个界面来表示。这样每个子系统都有输入和输出、逻辑功能、数据、角色等。整个功能模型用树形结构来表示，以对应用户界面之间转换关系以及数据之间的传递关系，然后进行相应用户界面的具体设计。

■ 具体用户界面模型

用户界面的设计应匹配用户已有的思维模型，以避免需要大量的培训才能改变用户的思维模型以适应开发的系统。通过提供系统的用户手册、大量的培训、咨询等手段来帮助用户适应系统，都说明系统的用户界面设计是失败的，并没有实现 UCD。用户界面模型设计是 UCD 开发的关键，帮助用户清晰准确地分析和表达界面的功能及其变化，描述出用户与系统的交互过程，从而可方便地映射到设计实现。在此阶段有两项活动：表示模型设计、交互模型设计。表示模型是交互模型的设计基础。

表示模型描述了构成电子表单的界面元素以及这些元素之间的关系。笔式电子表单界面元素由静态界面组件和动态界面组件构成。静态界面组件是不可交互的，而动态界面组件是可交互的，这些动态界面组件也称为交互对象。在表示模型设计中，域对象可能直接映射到交互对象，或者通过任务链接到交互对象。

交互模型描述了用户在用户界面上操作交互对象的方式以及通过操作这些对象完成任务的过程。此模型依据任务模型而设计，从系统的角度描述了任务模型，但它不是任务模型。在高可用性系统中，两者关系十分紧密，交互模型可看成是任务模型的系统解决方案。任务模型属于问题域，而交互模型属于方案域。在笔式电子表单的交互模型中还包括手势的语义描述、手势的外观描述和手势应用的上下文描述等。

● 业务规则设计

这个阶段将需求定义中面向业务领域的业务规则描述转化为面向计算机领域的规则描述，是业务领域规则的 IT 解决方案。主要以伪代码、状态图等来描述，并依据性能、可靠性、可变性等非功能需求确定业务规则的位置，依据业务逻辑确定业务规则的描述完整性和一致性。

● Ink 解释方法的设计

Ink 解释部分设计是电子表单系统设计的一个关键环节，影响交互信息的处理过程和软件的可用性，主要从原语的解释形式、手势和数据的分流、纠错机制三个方面进行设计。笔式交互信息的解释形式有不解析、增量解析、切分解析、离线解析四种可选方案。解释形式依据应用目的和设计需要而定，它为电子表单的交互自然性提供合理的选项。

手势和数据的分流设计有三种可选方案。第一种方案是手势和数据由统一的识别器识别。第二种方案是手势和数据由不同的识别器识别。在此情况下，通常先分离出手势，剩下的信息自然就是数据。先分离手势的原因是手势集合远远小于数据集合，二义性手势很容易通过上下文规则来区分。第三种方案要求在解释前通过人工方式来区分手势和数据，然后送到各自的识别器中识别，此方案影响交互的自然和谐。

提供合理纠错机制的目的在于纠正由于不精确推理而造成的识别错误。目前，比较有效的方法是借助用户的参与：一种形式是系统提供"多选项提示(multiple alternative display)"，用户选择正确的；另一种形式是当识别错误产生后，系统抛弃错误答案，而由用户重新书写。除了用户参与以外，另一种比较有效的方法是利用领域知识来提高识别和理解能力。这些知识以规则形式存于知识库中，识别后系统利用这些知识规则来判断正确性以及提供纠错方案。

- 系统实现与可用性评估

在系统实现阶段，利用软件开发工具实现电子表单软件的开发(见图 7.12)。首先设计各个表单用户界面的外观，尽量模拟纸面效果，然后进行交互设计和业务逻辑描述，最后将设计结果利用电子表单生成工具生成电子表单软件。系统实现后，评估系统是否满足这次迭代所需满足的用户需求，对不满足的地方进行修改，对这次迭代前没有提出的需求或需要改进的地方进行记录。如果符合要求，交付一个版本，并对要求修改的地方在下一版本中解决或实现。

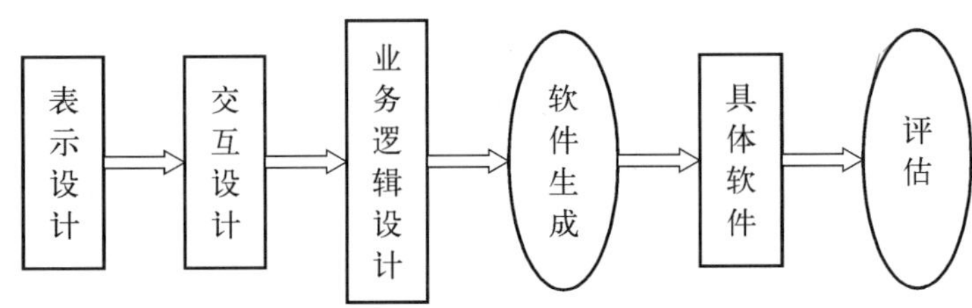

图 7.12 笔式电子表单的实现与评估过程

在系统可用性评估阶段，先设定评估的目标、方法和标准，然后依据用户模型选择合适的用户执行评估，分析评估结果，并依据评估结果与评估标准的比较来决定是否进行增量式迭代修改系统。电子表单的可用性从可理解、可探索、安全保护、使用效果四个方面进行评估。可理解和可探索主要从感性角度来衡量，而安全保护和使用效果主要从理性(也就是数字化)角度来衡量。

- 敏捷能力分析

UCAM 是一种敏捷开发方法，具有小规模、短周期、以人为本等特点。此方法强调用户界面设计，是以用户为中心的一种轻量级软件开发方法。和传统的软件开发方法相比，它更多地考虑可用性，强调评估在设计中的地位和作用。虽然此方法强调评估的作用，但同样侧重于利用有效的设计方法避免可用性问题。

由于笔式电子表单采用了真正的实物化界面，模拟了纸笔工作方式，因此让用户参与电子表单设计具有天然的优势。在实际开发中，通常用户想要的东西，却不是用户的真正需要，所以仅仅用户参与也不一定能够保证电子表单的可用性，富有经验的人机交互设计者经常是解决问题的关键，因此该设计方法强调人机交互设计者的引导作用。国际标准 ISO 13407 强调迭代是一种有效的 UCD 方法，敏捷开发方法也强调了迭代的作用，UCAM 将两者结合起来既能提高可用性，又能提高了开发效率，并通过在不同阶段侧重不同的模型设计为关注点的分离提供了指导。

在传统开发中，通常不考虑人机交互问题或人机交互工程和软件工程不能很好地集成，而 UCAM 方法实现了人机交互设计到软件工程的自然集成，并把人机交互设计作为软件开发生命周期的首要环节。此方法也利用了参与式设计与评估技术，从而进一步提高软件的可用性。

● 用户参与设计

用户参与设计是 UCD 的一个重要特征。因此，针对电子表单，给出了一种用户参与的用户界面设计方法，此方法分为系统演示、合作设计、共同讨论并确定设计结果三步。

第一步是系统演示。虽然用户熟悉纸笔工作方式，但是对系统的表现形式可能尚不了解，所以设计者要为用户演示、讲解和他们相关的其他系统，也可让用户操作一下相应的软件，目的是让用户熟悉电子表单系统，能够进行下一步的设计。

第二步是合作设计。用户和设计者分别根据自己对任务的理解独立设计出自己希望的软件界面和交互方式。设计者独立完成设计是没有问题的，但是有时让用户独立完成设计可能行不通，所以用户设计方式要根据用户的具体情况做些调整，有三种方案：

■ 如果用户使用纸张来进行日常办公，并开发相应的日常工作管理软件，可直接模拟办公用纸来设计用户界面，通过工作流程来设计用户界面的交互控制流程，模拟用户在纸上的操作来设计手势。

■ 如果用户没有设计能力，设计者可多设计几个方案，让用户挑选，并在此基础上进行修改，进而形成自己的设计方案。

■ 如果用户有很强的设计能力，让用户独立完成软件界面和交互的设计。

第三步是共同讨论并确定设计结果。分别设计完毕后，设计者和用户在一起讨论并确定最终的界面形式和交互方式。如果设计存在分歧，设计者和用户分别述说自己的设计优点，把优点结合起来。如果设计者欣赏的方案不能说服用户，则需要在保证技术可行性的前提下，尽量根据用户的意见来修改。

● 用户界面需求获取的必要性

用户界面是人与计算机之间的交流媒介，用户通过用户界面完成任务。由于电子表单的用户不是计算机专家，因此软件界面的质量直接关系到应用系统的成败,关系到能否让用户准确、高效、轻松、愉快地工作。然而,许多软件开发人员注重软件的开发技术及其具有的业务功能,而忽略用户对软件界面的需求,这样势必会影响软件的易用性、友好性。

人机交互设计人员有自己的设计经验和设计原则,但是要尽量提高软件的可用性就必须对用户界面进行需求分析。在大型系统中,用户个体的文化背景、知识水平、个人喜好等是千差万别的,其界面需求也相差很大。在系统中往往存在用户角色的概念,这使得界面需求变得简单。只有明确了用户角色,需求分析人员才能在纷乱复杂而又不甚明了的用户需求中理出界面需求,才能为后面的用户界面设计提供指导,并使得用户界面设计变得相对简单。

如果不进行用户界面需求分析,人机交互设计者依据自己的判断和通用原则去设计系统,或同部分用户进行设计,可能造成设计上的混乱,开发实现后的系统交给用户可能无法令用户满意。只有人机交互设计者清楚地了解用户需求,才不会被参与设计的用户所误导,并能在众多的设计方案中找到真正合适的用户界面。

- 开发实践

结合实例进行研究是获取实用方法的必然途径。在电子表单的敏捷开发中,我们以科学跳水训练管理系统开发为例,从开发团队、开发计划、迭代式开发、系统隐喻、用户界面需求、简洁设计、短交付等几个方面来阐述敏捷开发实践。

开发团队是笔式电子表单敏捷开发的关键,用户代表是开发的核心人物。因此,在用户中选择出了解所有业务的人成为用户代表(on-site user),参与到开发小组中,起到积极的交流、协作的作用,他和其他小组成员应在同一个工作地点工作。由这名用户代表提出需求,确定开发优先级,把握开发的动向。小组每个成员都应围绕用户代表,充分贡献自己的技能。在为每一种角色设计用户界面时,可从相应角色中选择一名用户代表加入到开发团队中来获取需求,尤其是对用户界面的需求。

在科学跳水训练管理系统开发中,首先分析用户角色和用户任务。用户角色由教练员、运动员、体能教练、心理教练等人员构成,分析这些人员有助于人机交互设计人员从纷乱复杂而又不甚明了的用户需求中理出脉络,依据用户角色不同的优先级别,平衡众多用户需求中的矛盾。用户任务包括制订计划、训练反馈、心理管理、体能管理等,这些任务是并列关系,分别对应用户完成任务所依赖的表单。依据这些任务,制订交付计划和迭代计划。前者是在项目开始时对软件交付日期的粗略估计,后者是在每个迭代开始时对本次迭代的工作安排。两者都可在执行时调整,只不过迭代计划要更为具体和准确。

在用户建模中为建立符合用户思维模型的用户界面,人机交互设计者要充分利用自己的经验和通用的界面设计原则对任务和对象进行充分的比拟。例如,在未使用此系统之前,教练员先把训练计划表打印出来,在表上填写计划,然后运动员按照其进行训练。所以,训练计划制定界面(图7.13)模拟了教练员日常办公用的训练计划表,并添加了删除、保存、打印、退出等系统必备功能。在设计中,依据教练员的建议,增加了复制、粘贴两个按钮,因为有时两个运动员的训练计划很相似。

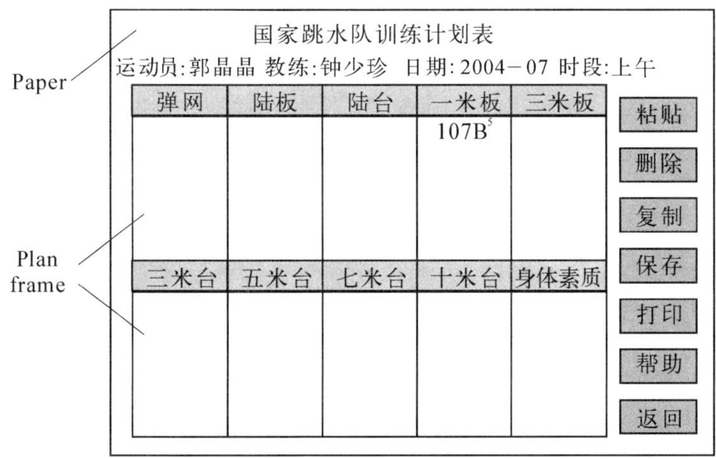

图 7.13 训练计划制定功能的软件界面

在笔式电子表单中,手势是最主要的交互方式。设计者推荐一些手势(如图 7.14,只是手势集中的一部分),教练员则采用多折线(图 7.14(a))直接删除写错的多个字;用直线(图 7.14(c))删除光标的前一个字;用圈(图 7.14(b))选择内容;用点击(图 7.14(d))在弹网、陆台等项之间切换。由于直接将字书写在排版位置,字需要在屏幕上写得很小,用户书写起来很别扭,所以在书写之前,首先激活书写框,一次书写完毕后,把识别结果发送到该激活框进行排版,这样字可以写大些,用户感觉更舒服,同时也容易支持一项训练计划(如 $107B^5$)的一次书写和识别。

图 7.14 手势形状

在笔式电子表单开发中,并没有对建模工具做出特定的要求,可以不使用建模软件,使用纸和白板即可。整个过程力求简洁,避免由于过多地书写文档而浪费宝贵的时间,增加开发成本。但笔式电子表单开发并不是不需要文档,只有当需求稳定以后,做一份清晰简单的文档,尤其是文档中要尽量多地使用简单的图示和表格,并使用简要的文字加以说明。

在开发实践中,可以采用已经成熟的通用开发工具 VC,VB 等,通过构件复用、重构来实现软件开发，但是由于笔式用户界面难以构造的特性，将无疑地增加开发成本。设计并实现了适合于笔式电子表单开发的工具（在第 9 章中详细阐述），通过简要的高层描述来生成笔式电子表单软件，从而缩短开发周期，同时易于修改，使得开发者能够快速交付功能不甚完善的小软件，供用户代表评估，以把用户的意见和需要修改的地方记录下来，在下一版本中实现。

7.1.3 基于 E-UIDL 的用户界面开发方法

1. 概述

图 7.15 是基于 E-UIDL 的用户界面开发方法，其中，矩形框表示流程中涉及的模块及子模块，实线箭头表示数据在整个流程中的流转，虚线箭头表示数据在不同的角色之间的流转。该流程以 E-UIDL 为核心，在传统的基于模型的用户界面的开发方法的基础上，明确指出流程中各个环节的不同角色、工作方式及所使用的工具的类型。基于 E-UIDL 的开发方法由五个部分组成，在图中，从左到右分别代表开发流程中的相关部分，这五部分分别是：用户（Users）、设计过程用到的工具（Design Tools）、用户界面模型（UI Models）、生成过程用到的工具（Generation Tools）以及用户界面（User Interfaces）。

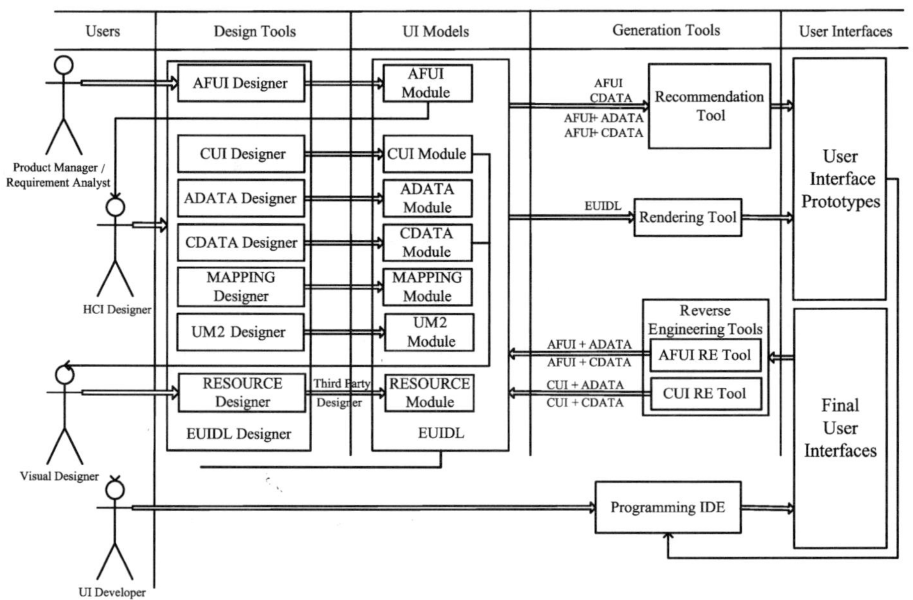

图 7.15 基于 E-UIDL 的用户界面开发方法

在整个开发流程中，主要的相关角色包括四种，分别是产品经理/需求分析师（Product Manager / Requirement Analyst）、交互设计师（HCI Designer）、视觉设计师(Visual Designer)与界面开发工程师(UI Developer)。用户界面模型部分使用 E-UIDL 进行描述,如上所述,它包括抽象功能用户界面描述模块、具体用户界面描述模块、抽象数据描述模块、具体数据描述模块、UM2 模块、映射模块以及资源描述模块。在模型的前端,是开发流程中设计过程用到的工具,这些设计工具与界面模型相对应,即界面模型的每个组成模块都有对应的设计工具,这些设计工具在整个流程中由不同的角色使用。由于各个工具的输出物都遵循 E-UIDL 描述,因此各个角色之间可以更加流畅地进行沟通。在模型的后端,是通过工具自动或半自动地生成用户界面的过程,该过程也由一些工具进行辅助支持。在生成过程部分中,我们可以利用生成的模型的不同描述方式,根据映射描述的映射关系,通过界面推荐工具(Recommendation Tool),自动生成一些不同粒度的用户界面原型,来推荐给不同的角色。通过这种推荐,一方面能够使产品经理能够在产品被设计出之前,对产品的用户界面有一个总体的把握,另一方面,能够给交互设计师推荐不同的界面实现,使得设计师能够在一种较为合理的界面推荐的基础上进行进一步的设计,减少交互设计师最初设计的工作量。在生成部分,还包括渲染工具(Rendering Tool),该工具利用模型的具体描述、数据和资源描述,根据映射描述的映射关系,实现界面的生成。通过渲染工具,可以直接生成用户界面的具体实现,这样使得界面开发工程师能够在一个已经实现的原型界面基础上进行开发,减少了初期界面开发的工作量,也降低了交互设计师与界面开发工程师之间的沟通及转换成本。除此之外,在这一部分,还包括一些反向工程工具(AFUI RE Tool, CUI RE Tool),这些工具从现有的用户界面中提取出界面模型的 E-UIDL 描述,从而实现一些系统移植等需求。在用户界面部分,有原型界面(User Interface Prototypes)及最终界面(Final User Interfaces)两种不同的界面。其中,原型界面是指通过界面推荐工具及渲染工具自动生成的用户界面,这些界面为不同的角色服务,用于不同角色了解产品的界面以及界面的二次开发。最终界面则是产品设计的阶段性的终点,该界面可以作为测试版本或最终的发布版本,它由界面开发工程师在界面原型的基础上二次开发。

基于 E-UIDL 的界面开发流程如下:

(1) 流程开始时,产品经理或需求分析师利用 AFUI Designer 对产品的需求及功能点进行描述,生成遵循 E-UIDL 的 AFUI 模块的描述或 ADATA 模块的描述(可选)。在此过程中,可以利用 Recommendation Tool,浏览基于 AFUI 模块或 ADATA 模块而生成的推荐界面,对整个界面及布局情况有总体的了解。

(2) 生成 AFUI 模块的描述后,交互设计师则根据 AFUI 模块的描述及自己的经验,进行竞品分析、交互设计等,在该过程中,交互设计师也可以利用 Recommendation Tool 生成界面原型来辅助进行设计。利用 E-UIDL Designer 的各个部分,在界面原型的基础上,或者重新对界面的布局、形态及交互进行设计，生成 E-UIDL 的较完整的描述，该描述可以作为提交物提交给视觉设计师及界面开发工程师。

(3) 视觉设计师在拿到交互设计师设计的 E-UIDL 描述后，参考 Rendering Tool 生成的界面原型及 E-UIDL 对视觉资源的具体描述进行视觉设计，在此设计过程中，主要利用一些第三方的视觉设计工具进行设计，然后通过 Resource Designer 进行资源的映射。

(4) 界面开发工程师在获取交互设计师的 E-UIDL 描述后，即进行用户界面的开发工作，可以利用 Rendering Tool 生成界面原型，并在此基础上，利用第三方的集成开发环境，对界面进行实现，并且在视觉设计师的视觉设计交付后，可以对各种资源进行替换，最后形成最终产品的用户界面。

整个的界面设计与开发过程是一个不断迭代的过程，在该过程中，需要各个角色之间进行沟通。我们列举在访谈中遇到的两个问题，并介绍如何通过我们提出的工具及流程来改善这两个问题。

第一，交互设计师与产品经理对交互设计进行沟通。我们了解到，交互设计师会通过草图绘制出多种可选的线框图，并与产品经理等其他角色进行讨论，最终确定产品的界面及交互。在此过程中，交互设计师需要进行频繁的设计，并且最终只有一种设计被交付到流程的下一角色。而使用 Recommendation Tool，可以在 AFUI，ADATA 模块的基础上，生成界面的可选结果，供交互设计师与各个角色进行交流，并选择一种或两种进行进一步的设计，这样不仅减少了交互设计师的工作量，而且具体实现的原型界面相比于线框图更加直观，易于各个角色之间的沟通。

第二，界面开发工程师进行界面开发。被访谈的两位界面开发工程师中，一位提到了界面开发中一些重复的工作，需要将交互设计师的设计进行实现，而很多界面实现有许多重复的编码工作，仅需对界面的布局及控件的位置等进行修改。使用 Rendering Tool，可以利用 E-UID 描述生成原型界面，并允许界面开发工程师在此基础上进行二次开发，这样减少了界面开发工程师的工作，使其可以将更多的精力投入到界面开发中更加细化的部分。

2. E-UIDL 辅助开发工具

在整个开发流程中的各个部分，都需要相应的工具以辅助不同的角色完成当前的工作。因此，为辅助基于 E-UIDL 的用户界面开发，给出了基于 E-UIDL 的工具，辅助工具的系统架构如图 7.16 所示。在图中，下半部分是支持各种工具运行的平台及第三方库支持，上半部分是工具的主体。整个工具的主体部分由设计工具和生成工具两部分组成。

设计工具基于 Eclipse 平台，该平台是一款基于插件的开源开发平台，我们以插件的形式实现设计工具，可以充分地利用 Eclipse 平台本身的多种扩展点。界面设计工具使用了 UIProject 的概念，在一个 UIProject 中，包括 AFUI，CUI

设计等多个模块的设计。在架构上,每个模块的设计工具相对独立,并针对其设计的模块类型进行特殊处理,并利用第三方插件。其中,各个设计工具均使用了视图(View)、属性(Property)、编辑器(Editor)等扩展点,CUI 由于需要实现界面的布局、控件的详细设计等功能,利用了基于 Visual Editor 的一个改进。Visual Editor 是 Eclipse 平台上一款支持所见即所得的界面设计的工具,该工具能够实现基于 Swing,AWT 以及 SWT 的界面,并能支持从界面到代码的转换。我们在其源码的基础上进行二次开发,取消了其对 Java 项目的约束,并且实现了从界面到 E-UIDL 的 CUI 描述的主要实现,使得 CUI 可以设计 Visual Editor 支持的各种界面布局及控件。

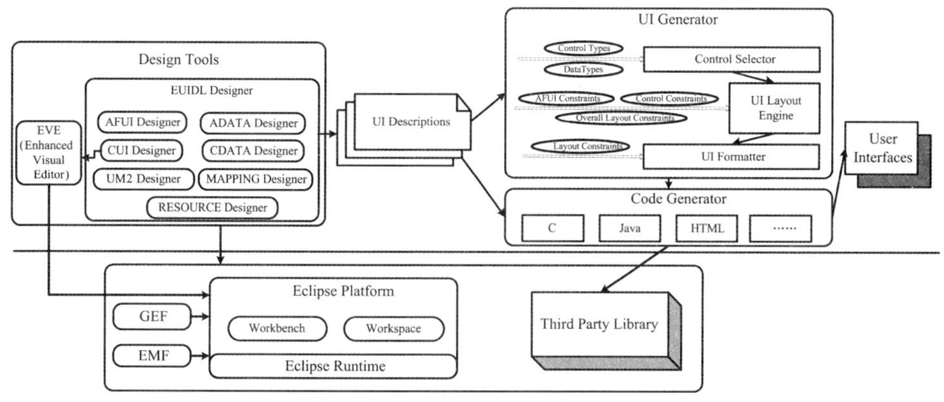

图 7.16 辅助工具体系结构

在设计时,首先创建一个新的 UIProject 项目或指定一个已经存在的 UIProject 项目,在 UIProject 基础上,选择要设计的 E-UIDL 的各个模块。在创建某一特定的模块后,可以进入各个不同模块对应的设计界面,对 E-UIDL 的各个模块进行设计,不同模块的设计界面有相同的组成部分,它们主要由工程导航视图、主编辑区、组件面板、属性编辑视图组成。其中,工程导航视图用于在一个 UIProject 中各个不同的模块之间的切换,帮助界面开发流程中的各个角色快速定位到感兴趣的模块;主编辑区为各个模块的不同的编辑区域,实现所见即所得的设计;在主编辑区的设计过程中,可以通过将组件面板中定义的各个组件拖入主编辑区来完成组件的创建;对于一些高级的特性,如 AFUI 的 group 的权值及排序选项,以及 CUI 中的控件的颜色等选项,则可以通过属性编辑视图来完成。

界面生成工具可以通过不同模块之间的组合,对界面进行不同抽象层次上的描述,既可以通过 AFUI + ADATA, AFUI + CDATA, AFUI, ADATA 或 CDATA,对界面进行相对抽象的描述,并且能够以这种描述为基础,利用界面生成器来生成原型界面;也可以通过 CUI + CDATA 或 CUI + ADATA,对界面进行相对具体的描述，这种界面描述能够具体地描述控件级别的展示，可以不经过界面自动生成而直接生成依赖于目标语言的用户界面代码。

界面生成工具包括两个模块，分别是界面生成器及代码生成器。其中，界面生成器的主要目的是利用对界面的抽象描述，生成统一的可以被代码化的具体描述。该模块是实现界面自动生成的核心部分，它包括控件选择器、布局引擎以及界面规整器三个部分。它们利用对界面描述的不同模块的内容，并且前一部分的输出作为后一部分的输入。控件选择器利用界面描述中界面模块及数据模块的定义，并对照移动界面中控件的特性，确定某一具体的功能或功能组所使用的控件类型。例如，某个界面描述使用了 AFUI 及 CDATA，那么经过控件选择器后，“Label”会被作为候选，成为界面布局器的输入；如果界面仅使用了 CDATA 作为数据模型的描述，那么通过控件选择器后，“Switch”，“CheckBox”，”RadioButton”将可能被作为候选，成为界面布局器的输入。布局引擎是在确定了控件的候选之后，对界面进行布局。该部分以控件选择器的控件选择结果作为输入，并且利用了以下三种规则作为约束：第一，界面描述语言的 AFUI（如果存在）描述的各功能组的排序规则以及权重规则，这些规则在 AFUI 的描述中，以 group 或 atomgroup 的属性存在；第二，各个控件在不同移动操作系统上的尺寸、对齐等约束，这些约束主要从各个移动平台提供的界面指导准则中获得，如在 Android 平台上，按钮（Button）的最小尺寸为 7 mm，最优尺寸为 9 mm，以 dp 为单位，为 48 dp；第三，总体的布局约束，主要指应用程序的总体约束，如总的排版规则、目标用户类型等，这些信息除了从界面描述获得外，还可从目标设备的软硬件条件获取部分信息。将以上规则作为约束，并使用增加了约束的布局算法对界面进行布局，形成初步的界面形态。在下面的章节中，我们会介绍一种融合了自底向上与自顶向下方法的自动布局算法，该算法能够充分利用各种规则，实现对界面的布局。在形成了初步的界面形态后，我们利用一些规整化的规则，对界面进行进一步的优化，这些优化主要集中在对布局的微调。该部分作为界面生成部分的输出，为代码生成器提供输入。代码生成器部分，利用界面生成器生成的界面，或者利用 CUI + CDATA 或 CUI + ADATA 的描述，生成特定语言的界面。

7.1.4 自适应笔式用户界面开发方法

1. 概述

自适应笔式用户界面有其特有的优势，也需要特定的开发方法进行指导。在本节中，我们总结并扩展出自适应笔式用户界面的程序运行架构流图，该图以流程的形式展示了自适应笔式用户界面的运行过程，同样，该流图可以扩展到其他的自适应用户界面中去。该流图如图 7.17 所示，我们在此详细叙述该流图。

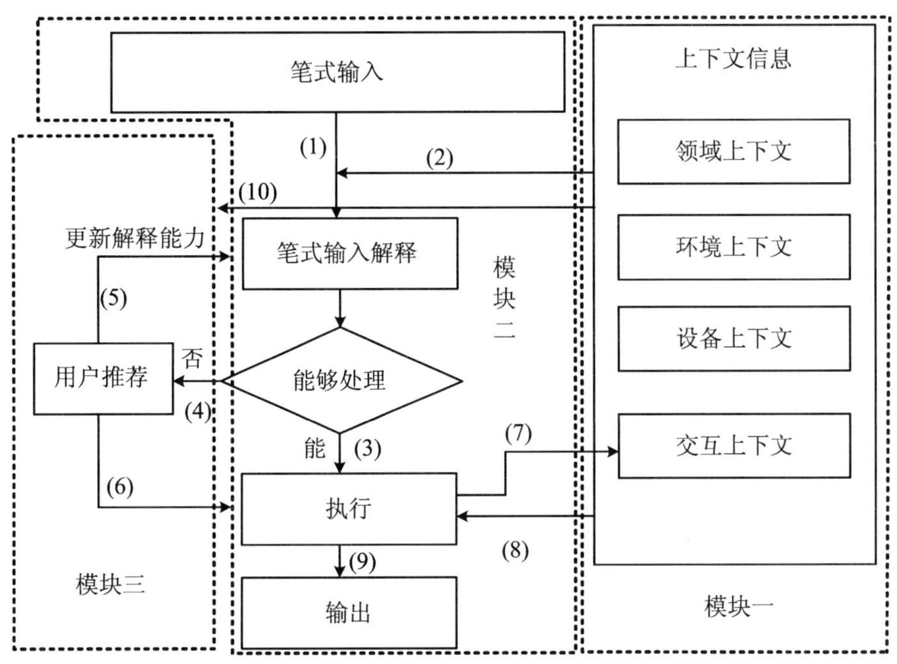

图 7.17 自适应笔式用户界面的程序运行抽象架构流图

如图 7.17 所示,我们将抽象的架构流图分成三个模块,模块一为上下文信息模块,包括交互上下文、设备上下文、环境上下文和领域上下文。模块二为系统的基本处理模块,包括对笔式输入的解释执行和输出。模块三为自适应模块,该模块根据用户推荐的反馈来更新模块二的处理能力。可以看到基本处理模块和上下文信息模块之间通过命令的执行来进行通信,自适应模块通过向用户学习来更新基本处理模块的能力。基本处理模块和自适应模块都用到了上下文信息模块的上下文信息。

在笔式用户界面提出的以人为中心的设计和极限编程 XP 的开发方法的基础上,集合开发实践,深入分析自适应因素对用户界面的设计和开发的影响,提出了自适应笔式用户界面的开发方法,该开发方法包括两大部分:开发总体流程和设计、开发的具体过程指导。

自适应笔式用户界面软件开发的总体流程如图 7.18 所示,我们将开发过程分为需求分析(①)、设计和实现(②)、测试和评估(③)三个阶段。在需求分析阶段,需求分析人员在完成功能及界面需求分析的基础上进一步确定系统的自适应需求,规定在特定的界面状态下界面显示和交互行为的自适应规则和方式;在设计和实现阶段,设计和开发人员根据需求分析阶段的功能及界面的需求进行笔组件库、Ink 算法库和笔手势库的设计和实现,在设计和实现的同时,设计和开发人员应根据自适应的需求确定所需的模型数据和自适应策略,从而对笔组件库、Ink 算法库和笔手势库的功能进行自适应的功能扩展；在测试和评估阶段，测试和评估人员根据需求分析得出相应的功能及界面评估和自适应性评估的评估准则，根据它对设计和实现的结果进行评估，并将评估的结果返回到设计和实现过程中，从而实现迭代式的更新。

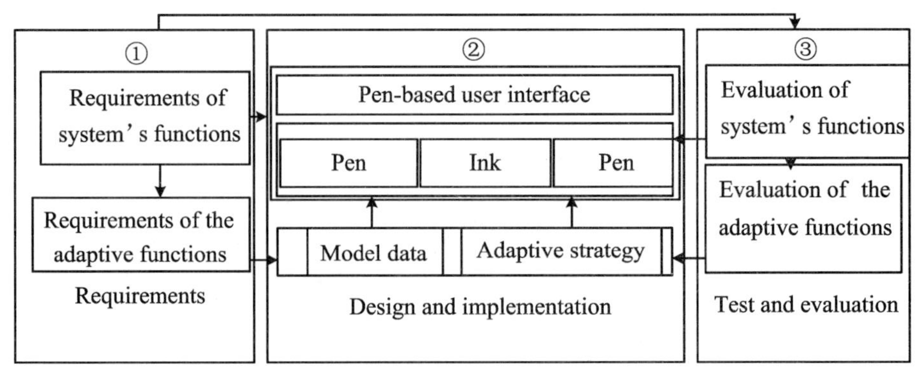

图 7.18 自适应笔式用户界面软件开发方法

为了确保笔式用户界面能充分考虑用户的需要，最好的方法就是让真实的用户也参与设计，这样设计开发人员就能随时了解用户的需求和目标。让用户参与设计的另外一个原因是期望管理的需要。由于用户可以随时了解产品的能力，并能更好地理解工作过程，因此他们对新界面的看法与期望也会切合实际。期望管理虽然并不能提供更多的功能，但是能更有效地支持用户。

用户可以以不同的形式参与设计。一种是参与评估研究，用户可以定期地接收获得项目进展的信息，然后通过各种有效途径进行反馈。另一种是积极参与设计本身，用户可以成为设计组中的一员。在笔式用户界面的设计中，尽管后者的难度较大，但我们仍然倾向于使用后一种形式。由于用户与设计者在技术和认知上的差异，让用户参与设计决策并非一件很容易的事情，设计人员必须尽力与用户在系统需求与设计理念上保持沟通。

2. 设计和开发的具体过程指导

总体流程中第二部分是软件的设计和实现部分，我们在目前研究成果的基础上，即采用以用户为中心的设计和 Agile 的开发方法，根据需求分析得出结果。同时基于第 6 章提出的层次式的自适应软件体系结构，由软件的功能及界面需求结果来确定平台层的笔式交互组件和笔手势库，由自适应的需求来确定自适应引擎层和模型层中各个子模块的对应部分。同时，自适应的需求确定上层平台层的组件库和手势库的可适应的接口。

针对自适应笔式用户界面的设计和开发阶段，本部分给出自适应部分的需求分析及设计和开发的详细流程，用以指导自适应笔式用户界面的设计和开发。我们将设计和开发过程分为四个步骤：

(1) 笔式用户界面需求分析。该步骤是从实际的应用需求确定系统的功能,我们将该步骤分为两个子步骤:确定应用功能及界面需求,确定自适应功能。

(2) 笔式用户界面的自适应性分析。在确定了应用所需功能的基础上,该步骤从软件设计和实现的角度,对(1)的需求分析进行细化,我们将其分成四个子步骤:根据应用功能及界面需求确定笔式交互组件库、笔迹算法库和笔手势库;根据自适应功能确定笔式交互组件库的可适应接口;根据自适应功能确定笔手势库及 Ink 算法库的适应性需求;确定为了实现自适应性所需要的信息支持。

(3) 笔式用户界面的自适应性规范化描述。该步骤对(2)中确定的内容进行规范化描述,形成能够方便计算机处理的数据结构,我们将该步骤分为两个子步骤:用体系结构中平台层部分描述的元组对确定的可适应笔式交互组件进行规范化描述和表示;对确定的自适应所需信息进行规范化的表达,建立对应的模型。

(4) 笔式用户界面的自适应策略。为了完整地实现自适应的策略,本步骤分为两个子步骤:设计满足规范化描述的可适应组件集的自适应算法集合,为算法集中的每个算法确定好输入和输出,在该过程中,如果发现规范化描述在(3)中没有完善,可以返回(3),进一步完善对可适应组件和其他支持自适应的信息的规范化描述;在设计完成自适应算法后,设计自适应引擎的接口,以确定在特定的状态调用算法集中对应的算法,实现算法的调度,在该过程中,如果发现过程的算法集的设计和实现有疏漏,可以返回到上一过程中进行完善。

以上设计和开发的过程和步骤是一个迭代渐进的过程,通过在当前步骤的设计和开发中可以发现上一个步骤存在的问题和疏漏,从而返回进行迭代设计,最后形成一个比较完备的设计和开发过程。同时可以看出设计和开发过程中具体的步骤中操作的对象和提出的层次式的软件体系结构存在着对应。我们按照设计和开发的基本过程本质上是将应用分解为体系结构中的各个部分,软件体系结构确保将各个子模块自然有机组合为一个相互关联的、统一的整体。从而能够规范化地且方便快捷地建立自适应笔式用户界面。

可以看到,和一般的笔式用户界面的开发相比,自适应的笔式用户界面的开发相对复杂,且实现上需要更多智能技术(如机器学习)的支持,因此本部分描述了自适应笔式用户界面软件开发的总体流程以及软件开发中设计和实现阶段的详细流程(图 7.19),用以指导开发者在自适应笔式用户界面的设计和开发中遵循特定的开发流程,降低开发自适应笔式用户界面的成本和风险。

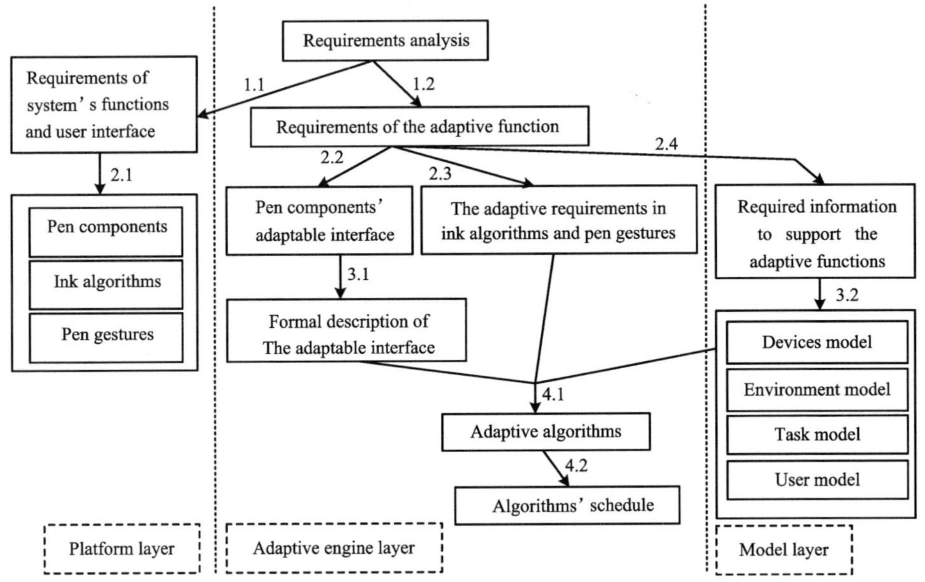

图7.19 自适应笔式用户界面设计和开发详细流程

7.2 笔式用户界面开发工具

之前已经对笔式交互系统开发中所用到的模型以及开发过程进行了描述。由于整体过程是一个由用户出发,系统自动生成代码形成原型,根据评估结果反复迭代的过程,因此如何将用户意图自然地引入到系统中,形成良好的任务流模型与任务模型描述是最终用户开发过程的核心。本节首先从现有的界面开发工具出发,介绍了笔式交互系统开发工具的体系结构,而后在描述语言的基础上,详细描述了笔式交互系统开发工具的各个部分。

7.2.1 现有开发工具介绍

1. 窗口管理器和软件工具包

20世纪60年代的很多研究都使用了多窗口技术(multiple windows)。Alan Kay在其1969年犹他大学的博士论文中提出了重叠窗口系统(overlapping windows)的概念,并在1974年为Xerox PARC开发的Smalltalk系统中得以实现[Kay 1969]。之后一些研究和商业系统,诸如Xerox Star,

Apple Macintosh,Microsoft Windows都大量借鉴了该思想。重叠窗口技术能够协助系统管理稀少资源,包括计算机资源(例如有限大小的屏幕)及人的感知和认知资源(例如有限的视野和注意力)。窗口管理器提供了基本编程模型以进行屏幕显示刷新和处理用户输入,但是直接在窗口管理级别上进行编程是非常费时、枯燥的,也很难保持一致的界面风格。

界面开发软件包(toolkits)封装了窗口管理器,提供了交互函数库和界面框架。使用界面开发软件包可以使界面开发变得容易,还可以使开发出的不同软件保持一致的界面风格。这不仅降低了界面开发的复杂程度,还提供了"最小阻抗路径"。界面开发软件包成功的另一个原因在于它仅仅侧重于解决界面设计的底层。

2. 交互式图形工具

界面生成器的出现源于对用户界面的研究。这种工具允许用户创建窗体和对话框。其中比较成功的例子是微软的 Visual Basic 和 Visual C++中的资源编辑器。这方面早期的工作则可见于 Xerox PARC 的 Trillium 系统[Henderson 1986]和多伦多大学的 MenuLay 系统[Buxton 1983]。

界面生成器成功的重要原因在于它通过图形化的方式来表达概念。原本需要编码实现的图形化界面,现在只需要交互式的操纵就可以实现。这帮助了大量非传统意义上的软件开发人员参与到软件开发中来。同时,它也帮助该领域的专家从底层的代码编写中脱离出来,能够集中精力于界面设计本身。

3. 用户界面管理系统

在20世纪80年代早期,用户界面管理系统(UIMS)成为了当时用户界面研究的焦点[Thomas 1983]。这个概念是仿照数据库管理系统(database management system)提出来的。它试图抽象输入、输出设备的细节,提供界面标准甚至自动创建用户界面。UIMS在较高的抽象层次对用户界面进行描述和管理[Myers 2000]。

4. 界面开发工具的评价指标

在研究的过程中有一些重要的评价标准,用来判断一种界面开发工具是否成功[Myers 2000]。

- 侧重点:成功的界面开发工具侧重于解决(或者说,仅仅解决)界面设计上的某些方面。
- 学习复杂度(threshold)和使用范围(ceiling):现有的软件往往功能强大但是过于复杂,学习起来非常困难,或者容易学习但是功能太弱。界面开发工具的目标是追求功能强大以及较低的学习复杂度。
- 最小阻抗路径(path of least resistance):界面开发工具必定会影响到最终生成的界面风格。好的界面开发工具应该利用这一点,当开发人员生成合乎标准的界面时感到轻松愉快,而当开发人员企图生成低劣的用户界面时备感吃力，从而自然地达到引导用户的目的。

- 可预测性(predictability)：有些界面开发工具会自动生成一些东西，可是这往往导致最终生成的界面和开发人员的设计意图不一致，导致该工具不为开发人员所接受。
- 活动目标(moving targets)：如果不了解要支持的任务，或者对其了解甚少，就很难为界面开发创建一个好的界面开发工具。然而另一方面，用户界面技术的不断发展，使得界面开发工具与之保持同步尤其困难。当开发者对于最终要生成的界面有了很深刻的理解，足以为其构造优秀的界面开发工具的时候，其支持的任务本身往往已经无关紧要，甚至已经无效了(比如这种界面风格已经淘汰)。好的界面开发工具应该能够跟踪人机交互技术的最新进展，为最新的界面开发提供支持。

7.2.2 笔式交互系统开发工具体系结构

笔式交互系统开发过程是以用户任务为中心进行设计，系统生成具体实现代码构成原型，在原型代码的基础上开发人员进行二次开发进一步推动原型演化。从用户对任务流程建模以及任务内容的设计到系统根据交互特征与领域特征自动生成具体实现，我们提供了相应的工具与机制进行支持，体系结构见图 7.20。开发过程中基本的参与人员包括用户和开发者，其中开发者在有二次开发需求时才被引入到整体开发过程中。在不需要二次开发的情况下，最终用户可以直接完成笔式交互系统的设计与开发。设计是用户进行开发的开始阶段，也是用户将概念模型具体化的第一步。最终用户利用笔式任务建模工具完成概念设计工作。该工具基于纸笔隐喻，便于用户以自然的方式表达对系统的理解，并利用可视化语言使用户清晰地了解设计结果。设计分为三个阶段，首先是任务流程设计阶段，用户在这个阶段描述工作活动中需要处理的任务，建立任务之间的顺序以及约束关系；场景设计阶段的主要工作是确定任务场景的布局，包括场景背景以及场景中各个交互对象与服务代理的摆放；用户在任务设计阶段中进一步给出对任务媒介、交互行为与任务目的的抽象描述。PBUI 设计规范被隐式地引入到设计流程中，指导用户正确进行场景设计以及任务设计工作。

用户完成设计后，设计工具根据设计结果自动生成符合 PenTODeL 语言规范的笔式交互系统描述文档。该文档是开发结构的核心，分别描述了用户的任务流程、应用软件界面以及流程中的单一用户任务。

从设计到代码生成的过程由系统自动完成。原型代码生成工具以 PenTODeL 描述文档作为输入，经过对照映射词典将笔式交互系统描述文档转化为交互技术库中的交互行为以及笔式界面构件库中的交互对象或服务代理，并最终利用自动生成的 C++代码将设计中的所有概念加入到笔式交互系统原型中。这一过程将抽象的用户概念转化为系统能够理解的具体实现。代码生成工具根据描述文档中的用户设计自动形成用户任务状态图与交互状态图，在运行状态下自动将两个状态描述载入运行框架，使系统能够按照用户的设计意图运行，保证概念模型与系统实现模型的一致。开发者可以在系统自动生成代码的基础上加入代码进行二次开发，以实现交互技术库与构件库中尚未支持的交互技术或功能服务。

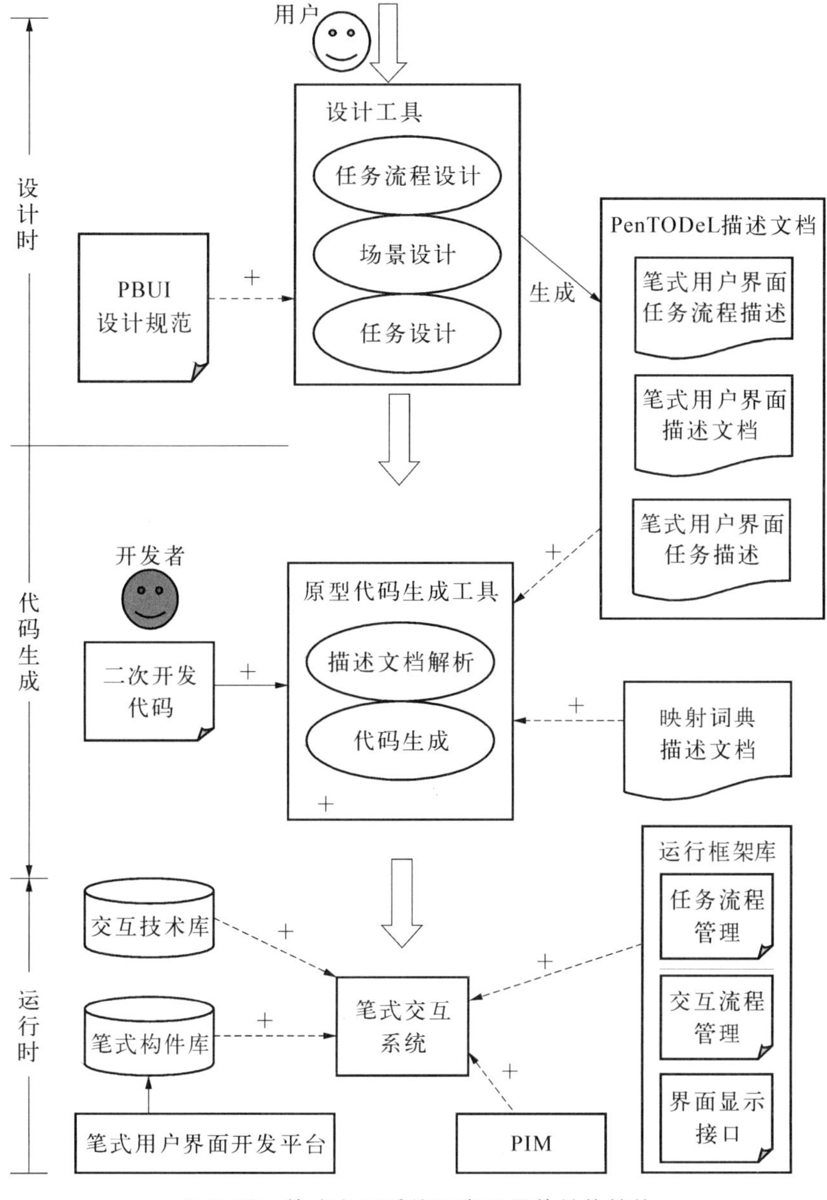

图 7.20 笔式交互系统开发工具的总体结构

通过界面显示模板，系统自动将生成的代码进行合并，形成 Visual C++ 的应用工程，并进一步编译得到笔式交互系统原型。在原型中将自动加载笔式交互技术库、笔式构件库与个人信息管理模块，利用运行框架库控制设计的交互自动机与任务自动机，处理用户对系统界面的交互并进行用户任务流程切换与任务目的的实现。即使任务描述不完整，运行框架仍然能够保持任务状态的正常切换，并在运行时给出相应的不完整提示，使用户在设计阶段不必等待全部设计完成就能够随时进行阶段性的测试与可用性评估，极大地提高了开发的迭代速度。

笔式交互系统开发工具的体系结构充分地把用户引入到设计过程中，通过描述文档与映射机制保证了用户的抽象概念到具体实现的自动转化，并实现了设计过程与实现过程的自动连接，从而能够快速地构建笔式交互系统软件原型，并进行用户评估。基于功能构件以及交互技术对象的笔式用户界面结构，使系统能够自动将开发者根据用户的设计或需要通过编码的方式实现的相应功能构件与交互技术对象嵌入到系统中。描述文档与基于组件与交互对象的界面结构保证了系统在场景图和底层实现两个不同的级别上的可重用性，同样方便了各种交互技术的引入。

7.2.3　笔式用户界面开发工具箱

PIBG Toolkit 是一个基于 PIBG 交互范式思想构造而成的笔式应用的开发平台[田丰 2005]。开发者可以利用 PIBG Toolkit 来轻松地构造笔式应用。PIBG Toolkit 总体的软件体系结构设计为一种多代理(multi-agent)结构。在这种结构中，每一种交互组件，如纸、框等，都是具有一定智能的代理。它可以根据自己所具有的知识动态地分析用户的输入，根据当前的上下文知识进行处理。同时，它还可以接受用户的主动介入来更改自己的分析结果。此外，Agent 之间可以通过发送高级的笔式交互原语来进行通信。

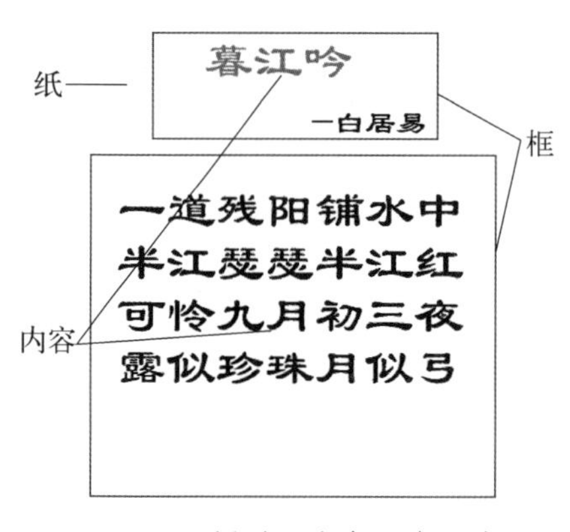

图 7.21　纸、框、内容三个层次

在此软件体系结构中，我们可以按照粒度不同分成三个层次：纸、框、内容。纸、框和特定的内容模块都可以看成是一个 Agent。同时它们之间是相互包含的关系。纸中包含框、框中包含相应的内容。如图 7.21 所示。

在使用 PIBG Toolkit 时，系统会自动构造这样的三层体系结构和各个层次之间的静态关系和动态联系。这样,程序员在使用 PIBG Toolkit 时,就可以不用在建立系统的软件体系结构上花费精力,而将重点放在具体的应用语义的实现上。

对于笔式交互任务的生成,如图 7.22 所示,我们可以用分层的方式来设计统一的任务生成框架。此框架可以用来构造笔式交互的核心模块。此框架共有四个层次:硬件层、交互信息产生层、交互原语构造层和交互任务构造层。

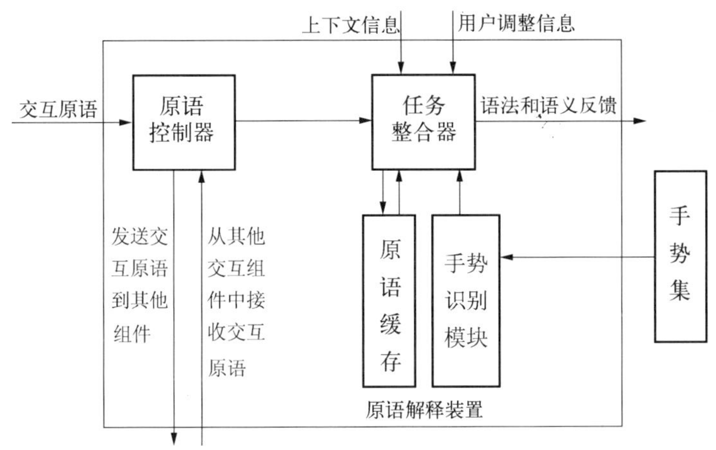

图 7.22 笔式交互任务的生成过程

硬件层由用户和交互设备组成。用户为了达到交互的目的,通过交互设备产生了一定的交互动作。这些交互动作是依赖于所使用的交互设备的,交互设备的不同决定了交互动作的不同。比如执行对象选择这样的交互任务,用户可通过笔产生一个动作。同时用户的交互动作和硬件设备的选择也与所采用的交互技术相关。在不同的交互技术中,同一种交互设备在执行同一个交互任务时可以产生不同的交互动作。交互信息产生层用来捕捉交互动作的执行过程中所产生的交互信息,并将它转化为计算机可表示的数据,所产生的数据是与硬件设备相关的。在执行同一种交互任务时,用户使用不同的交互设备产生了不同的交互动作,相应地转化为不同表示形式的交互信息,但这些交互信息所表示的内容是一致的。交互原语构造层用来将各种交互信息转变成特定类型的交互原语,如 Stroke,Tap 等。因此,在交互原语构造层必须能够识别各种设备所产生的各种类型的交互信息,并将它们转变为预先定义好的某种类型的交互原语。由于交互信息是与硬件相关的,随着硬件的不断发展,所产生的交互信息也在不断变化。因此,我们将交互原语构造层设计为可扩充的结构。在硬件和交互信息增加时,我们可以产生新的构造子模块来分析这些新的交互信息,产生交互原语,而交互原语是不会发生变化的。交互任务构造层用来根据上下文,将交互原语整合为特定的交互任务。

笔式交互任务构造器核心是一个原语解释装置。此原语解释装置中的原语控制器首先接收到交互原语产生层所产生的交互原语。接着原语控制器来分析该原语是否为当前交互组件接收,若不是,则发送交互原语到其他交互组件。同时,原语控制器也可以接收由其他组件发来的交互原语。接着,原语控制器将交互原语发给任务整合器进行原语的整合工作。在任务的整合过程中,任务整合器需要调用手势识别模块来进行原语的解释工作。同时,任务整合器还需要参照当前的上下文信息来辅助任务的构造过程。同时在原语解释的过程中,用户可以根据实际的情况来调整原语的解释的结果。

7.3 笔式用户界面生成框架

7.3.1 基于 E-UIDL 的移动用户界面生成框架

基于多尺度界面描述方法的界面生成框架如图 7.23 所示。该框架主要由三个部分组成,分别是界面描述、界面生成及界面二次开发。

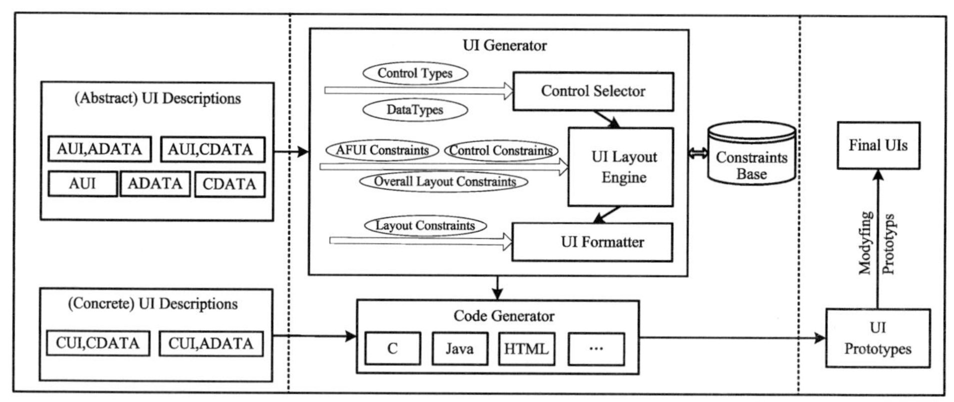

图 7.23 用户界面生成框架结构图

1. 界面描述

基于 E-UIDL,可以通过不同模块之间的组合,对界面进行不同抽象层次上的描述,既可以通过抽象界面模块与抽象数据模块、抽象界面模块与具体数据模块的组合,或者抽象界面模块、抽象数据模块对界面进行相对抽象的描述,并且能够以这种描述为基础,利用界面生成器来生成原型界面;也可以通过具体界面模块与具体数据模块、具体界面模块与抽象数据模块的组合,对界面进行相对具体的描述,这种界面描述能够具体地描述控件级别的展示,可以不需经过界面自动生成而直接生成依赖于目标语言的用户界面代码。当前主流的界面生成工具均基于这种生成方法。

2. 界面生成

主要包括两个模块:界面生成器及代码生成器。其中,界面生成器的主要目的是利用对界面抽象描述,生成统一的可以被代码化的具体描述。该模块是实现界面自动生成的核心部分,它包括控件选择器、布局引擎以及界面规整器三个部分。它们利用对界面描述的不同模块的内容,并且前一部分的输出作为后一部分的输入。

在整个界面生成器的工作过程中,需要随时访问约束库来获取系统预定义的约束,通过该约束库及 E-UIDL 描述,来实现三个部分的功能。对约束库进行定义时,参考 EBNF 的规则,如使用大括号代表 0 或多次出现,中括号代表 0 或 1 次出现,但不对数值类型等进行详细的定义,而在描述中进行说明:

ConstraintBase = { *SystemConstraint* };

SystemConstraint = { *ID*, *ControlSelectorGallary*
| *ControlConstraint* | *DivisionConstraint*
| *LayoutSmartTemplete* };

约束库(ConstraintBase)存储不同类型的约束,包括控件选择约束(ControlSelectorGallary)、单一控件约束(ControlConstraint)、分屏约束(DivisionConstraint)和智能布局模板(LayoutSmartTemplete)四种,每种约束都通过一个唯一标识符类区别。

控件选择约束主要用于控件选择器,它是功能组类型、数据类型、目标尺寸、目标设备及控件类型构成的多元组。功能组类型及数据类型都与 E-UIDL 中抽象界面模块及抽象数据模块、具体数据模块中的特定属性相对应,如“Input”,“AtomGroup”等。在约束库中,默认定义一系列的控件选择约束,控件选择器工作时,通过 E-UIDL 的具体描述来进行控件类型的匹配。其主要部分描述如下,其中功能组类型(FunctionType)、数据类型(DataType)、目标操作系统(TargetOs)以及控件类型分别对应 E-UIDL 中抽象界面模块、具体界面模块、抽象数据模块、具体数据模块中相关的定义。*Width*, *Height* 两个符号为整数类型。

ControlSelectorGallary = { [*FunctionType*,] [*DataType*,]
[*TargetSize*,] [*TargetOs*,] *ControlType* };

FunctionType = ‘*Group*’ | ‘*AtomGroup*’ | ‘*Input*’ | ‘*Output*’ | ‘*Control*’;

DataType = *AData* | *CData*;

AData = *SimpleString*;

CData = *CBinary* | *CBool* | *CEnum* | *CInt* | *CFloat*
| *CString* | *CList* | *CTable* | *CDateTime*;

TargetSize = Width, Height;

TargetOs = 'Android2' | 'Android4' | 'IOS' | 'WindowsPC' | 'Linux';

ControlType = 'IOSLabel' | 'AndroidStatic' | 'AndroidTextView' | …;

单一控件约束用来定义各种控件自身的一些呈现时的约束,它由控件类型及尺寸约束两部分组成,该类型约束用于分屏策略的确定以及具体的布局算法中。其主要部分描述如下:

ControlConstraint = {ControlType, SizeConstraint};

SizeConstraint = [MinWidth], [MinHeight], [PreferredWidth],
[PreferredHeight], [MaxWidth], [MaxHeight];

其中,控件类型的定义与前述 ControlType 描述相同。

分屏约束定义是预先定义的分屏策略,它由功能组类型、权重类型、分屏数目和分屏细节四个部分组成,其中功能组类型与权重类型与抽象界面模块两个属性对应。该约束主要用于辅助全自动布局时的分屏策略的指定。其结构的描述如下:

DivisionConstraint = {[FunctionType,][WeightType,]
DivisionCount, DivisionDetail{, DivisionDetail}};

WeightType = 'SingleCenter' | 'DoubleCenter' | 'Fair'
| 'Customized' | 'NotDefined';

DivisionDetail = DivisionIndex, RectangleConstraint;

RectangleConstraint = StartX, StartY, Width, Height;

其中,权重类型(WeightType)中的定义与 E-UIDL 中抽象界面模块的参数对应,*StartX*, *StartY*, *Width*, *Height* 四个符号均为整数类型。

智能布局模板是预先定义的模板类型的约束,它主要描述了某个布局的各种属性,包括抽象界面模块的权重类型、各个组成部分的位置信息以及接受的控件的类型。智能布局模板主要用于通过全局或局部范围内的布局约束来辅助界面的整体布局,如"single_center"模板是一种单中心类型的布局模板,适用于以单一输入作为主体功能的界面,如绘图、笔记等软件的编辑界面等;"ipad_common"模板,适用于 ipad 经典的布局方式,即整个界面分为两个主要部分:功能导航及功能浏览。智能布局模板的描述如下:

LayoutSmartTemplete = {TempleteDetail{, TempleteDetail}};

TempleteDetail = {WeighType, RectangleConstraint,
ControlType{, ControlType}};

其中,权重类型(ControlType)、控件类型(ControlType)及矩形约束(RectangleConstraint)与前述公式组中的定义相同。

控件选择器是利用界面描述中界面模块及数据模块的定义,并对照移动界面中控件的特性,确定某一具体的功能或功能组所使用的控件类型。在该过程中,控件选择器通过访问约束库中预定义的控件选择约束,计算出所有的控件选

择及对应的概率。在控件选择时,对应的选择概率计算公式如下:

$$P(CS) = \frac{P(FT)w(FT) + P(DT)w(DT) + P(TS)w(TS) + P(TO)w(TO)}{w(FT) + w(DT) + w(TS) + w(TO)}$$

$$P(CGS) = \prod_{i \in N} P(CS_i) \quad (N\text{ 表示当前界面的控件组合})$$

其中,$P(CS)$代表控件在当前条件下被选择的概率,$P(CGS)$代表某一个界面的控件组合在当前条件下被选择的概率。所使用的数据来自约束库中的各种控件选择约束,w 为预定义的各种控件选择约束的权值。

布局引擎是在确定了控件的候选之后,对界面进行布局。该部分以控件选择器的控件选择结果作为输入,并且利用了界面的 E-UIDL 描述及约束库中相关的约束,这包括:

(1) 界面描述语言的抽象界面(如果存在)描述的各功能组的排序规则以及权重规则。这些规则在抽象界面的描述中,以 group 或 atomgroup 的属性存在,该规则可以作为约束库的部分输入。

(2) 各个控件在不同移动操作系统上的尺寸、对齐等约束。这些约束主要从各个移动平台提供的界面指导准则中获得,并以 ControlConstraint 的形式存储在约束库中。如在 Android 平台上,按钮(Button)的最小尺寸为 7 mm,最优尺寸为 9 mm,以 dp 为单位,为 48 dp。

(3) 总体的布局约束。这主要指应用程序的总体约束,如总的排版规则、目标用户类型等,这些信息除了可从界面描述获得外,还可从目标设备的软硬件条件获取部分信息。

将以上规则作为约束,并使用增加了约束的布局算法对界面进行布局,形成初步的界面形态。在下面的章节中,我们会介绍一种融合了自底向上与自顶向下方法的自动布局算法,该算法能够充分利用各种规则,实现对界面的布局。在形成了初步的界面形态后,我们利用一些规整化的规则,对界面进行进一步的优化,这些优化主要集中在对布局的微调,这些微调主要包括如物理特性(physical techniques)、组合特性(composition techniques)、联合分解特性(association and dissociation techniques)、顺序特性(ordering techniques)及排版特性(photographic techniques)等。该部分作为界面生成部分的输出,为代码生成器提供输入。代码生成器部分,利用界面生成器生成的界面,或者利用具体界面模块与具体数据模块、具体界面模块与抽象数据模块的组合描述,生成特定语言的界面。

3. 界面二次开发

界面设计人员可以根据生成的界面,对界面进行进一步的设计,并形成最终的用户界面,这样大大简化了界面设计人员设计界面及开发人员开发的工作,一定程度上屏蔽了不同目标语言的差异;另外,该部分也可以为前期的需求分析人员提供直观的展示。

由于各种交互设备特别是移动设备的尺寸的限制，存在在一个屏幕中不能展示全部功能控件的问题。当前，解决这个问题，主要通过交互设计师及界面设计师经手工方式进行界面的布局及设计，而没有自动化的工具来辅助这一过程。我们提出一种分屏决策及控件分配的算法，该算法融合了手工指定及自动生成两种方式，既允许通过手工指定的方式决定界面的分屏决策及控件分配方式，也支持自动及半自动的方式生成决策。

该算法以界面的E-UIDL描述以及通过控件选择器计算的结果作为输入，算法使用递归的方法求解分屏策略，其伪代码描述如下：

```
Function DivisionDecision(C):
  isDivided = true;
  numOfDivision = 1;
  if(! isDivided)
    Output the division result;
    return;
  P(D) = CalculateP(CG);
  Calculate the overall probability P;
  if(P>s)
    isDivided = false;
    continue;
  else
    numOfDivided = numOfDivision + DividedC() - 1;
    foreach DC_i in result of DividedC()
      DivisionDecision(DC_i);
```

在代码描述中，*CalculateP*()为计算某一个特定的控件组合是否需要分屏布局的概率，计算时使用约束库中的控件约束，结合界面E-UIDL的数据模块的描述得出。*DividedC*()为对单一界面进行分屏操作，该方法使用约束库中的智能布局模板，结合E-UIDL的抽象界面模块中的相关属性如weightType，weight得出。在计算出一个控件组合的概率$P(D)$后，需要计算总体的分屏概率P，使用如下公式：

$$P = \frac{\sum_{i=1}^{M}(P(D_i)\cdot P(CGS_i))}{\sum_{i=1}^{M}P(CGS_i)}$$

在完成了分屏决策以后，需要结合定义的数据结构，对分屏后的界面进行布局。我们介绍一种布局算法，该布局算法结合了自底向上与自顶向下的方法。核心算法的伪代码如下：

```
Function Layout(EDAGraph g, Rectangle c)
  Foreach LeafNode in g
    Update all min constraints from bottomup;
  Foreach Node in g
    Update all max constraints;
  Do
    Push RootNode to stack;
    While stack is not empty
      Pop node n from stack;
      Layout the sub-graph of n
      Foreach GroupNode n2 of n's out node
        Push n2 to stack;
  While enable optimize of all LeafNode && unreach the threadhold
```

首先,通过自底向上的方法,计算上层节点的最小尺寸及最优尺寸等约束,并将计算出的 GroupNode 的最小尺寸及最优尺寸两种约束添加为节点的约束,依次更新父节点的尺寸约束直至 RootGroupNode,其中,最小尺寸的自底向上的计算与更新,与文献[Gajos 2007]所述方法相同。然后,自顶向下的方法利用权重、顺序、尺寸等约束,根据层级的先后顺序,依次对各个层布局。对于同一层的节点,则形成了很多相互独立的有向无环图,该有向无环图的布局方法,可以利用诸如 Force-Directed,Layered Drawing 等传统图布局方法布局。布局时主要利用顺序、权重规则、尺寸等约束,并在当前层布局结束后,依次将约束向子节点更新。整个算法是一个不断迭代寻找最优解的过程,当迭代次数超过预设的阈值,或者再次优化后已经不能满足各项约束时,算法终止,并返回当前布局后的图。

图 7.24 利用界面生成框架给出应用实例。这些实例对应的界面都使用 E-UIDL进行不同尺度的描述。对于传统的界面开发过程来说,每一个实例的开发,都需要充分考虑到在需求分析过程中获取的需求内容的完备程度,以及具体的目标设备的类型,通过这些界面设计时依赖的这些前期的约束,为每种不同类型的约束生成目标界面。这样界面设计师需要设计多次(需求完备程度种类 * 目标设备种类)界面,并且界面使用设计工具进行描述,需要界面开发人员使用目标开发语言重新开发界面。而通过模块化、多尺度的界面描述,我们可以仅对界面进行一次模块化的描述,并指定其目标设备,通过符合我们提出的界面生成框架的步骤,自动生成符合要求的用户界面,将生成的界面提供给界面设计人员,界面设计人员在进行进一步的修改后,即生成目标界面。生成的界面使用目标开发语言进行描述,进一步缩小了界面设计人员与界面开发人员之间沟通的成本,在一定程度上,也减少了界面开发人员的工作量。

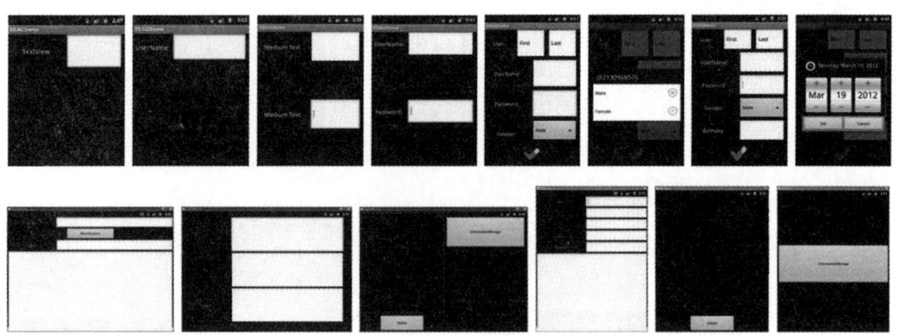

图 7.24　利用框架自动生成的用户界面截图

7.3.2　自适应笔手势界面框架

笔手势是笔式用户界面中重要的交互途径。是笔式用户界面关键的组成部分之一,但是开发出能够适应各种用户的健壮的手势识别器仍然是一个挑战性的任务。如图 7.25 所示,对识别器来说,不同用户对同一个命令(Gesture2)的输入差异可能会大于同一个用户(User B)对不同的命令(Gesture1,Gesture2)的输入差异。如图 7.25 所示,用户 A 和用户 B 对 Gesture 2 的输入差异可能会大于用户 B 输入的手势 Gesture1,Gesture2 间的差异。手势识别器需要泛化不同用户对同一手势的差异,这样不同用户都能正确识别某一手势;同时,手势识别器也要区分同一个用户对不同命令的输入差异,这样同一个用户在输入手势命令时才不会出现输入混淆或二义性。这种泛化和区分给手势识别器带来了挑战。在现实的实践中,这种用户间和用户内的差异是识别器不能理想识别手势的主要原因。

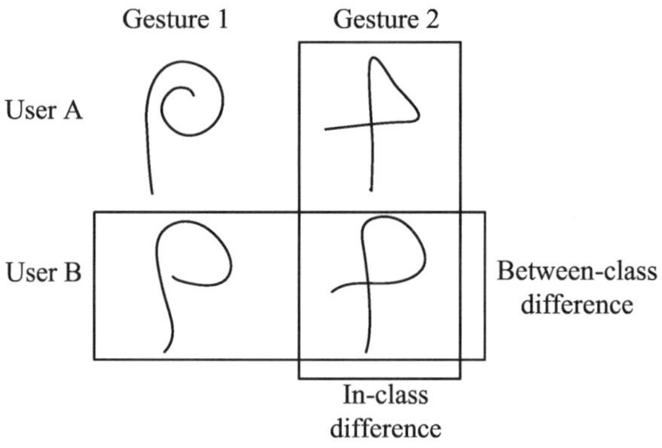

图 7.25　手势之间的差别和同一手势的差别

用户 B 的 Gesture1 和 Gesture2 手势具有较高的相似性,而用户 A 和用户 B 对于 Gesture2 的差异较大。因此增加了识别的难度[Cao 2005]。通过自适应笔手势界面框架能够很好地解决该问题

1. 自适应笔手势框架

在本部分介绍自适应的笔手势界面框架,该框架描述了笔手势界面的交互过程,即系统对笔手势输入的解释,我们将解释定义为从用户的输入到系统执行命令的过程。整个的解释过程包含三个步骤,依次为:①用户笔手势输入;②系统识别;③执行命令或者调用纠错和模糊消解界面。框架针对笔手势输入提出了相应的解释模型和解释流程。同时,在框架中我们对笔手势的上下文优先级进行了定义。在该框架中还有一个相对独立的部分:基于上下文的笔手势查询帮助系统,用来辅助用户查询和记忆笔手势。该框架通用于笔手势界面,独立于具体的应用和实现。整个框架包含五个部分,分别是:①自适应的笔手势界面手势输入的解释模型;②自适应的笔手势界面手势输入的解释流程;③笔手势的上下文优先级的定义;④基于上下文优先级的纠错和模糊消解界面;⑤基于上下文优先级的笔手势查询帮助系统。

自适应的笔手势界面手势输入的解释模型如图 7.26 所示:集合 A 表示新手用户开始使用时用户的笔手势输入范围。集合 B 表示新手用户使用前系统所能识别的笔手势输入范围。可以看出,A 和 B 的交集 C 是新手用户刚使用时系统所能识别的用户输入。随着使用过程的积累,系统的识别范围和用户的输入范围随之更新变化,共有以下几种情况:

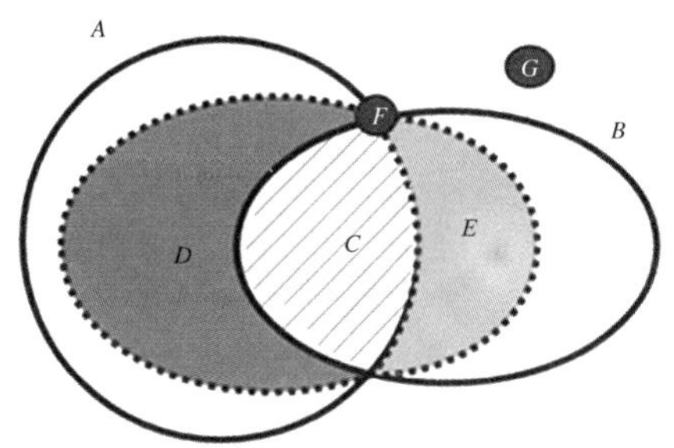

图 7.26 自适应笔手势界面手势输入的解释模型

(1) 当用户输入 $g \in C$ 时,用户输入后的识别结果和用户的输入意图一致,系统执行相应的任务。

(2) 当用户输入手势 $g \in D$ 时,系统拒绝识别用户的输入,而此时用户的输入意图是刚开始时 $G' \subset B - C - E$ 的手势集所对应的任务,其中 G' 为对应任务的手势类的输入集合。由于输入 $g \in D$ 在 B 之外,系统拒绝识别输入的手势,用户通过纠错和模糊消解界面,将 g 作为样本添加到识别器所对应的手势类的样本集合中,如果是首次,则还需向识别器添加对应手势类的负类(我们将手势的负类定义为与该手势类别所对立的手势类,我们用正整数来对手势类别编号,某手势负类的编号是该类手势编号的相反数),并删除该类起始时所对应的样本并将这些样本作为对应的负类的样本。通过这种途径,系统将用户输入的手势添加到相应的手势类的样本集合,使得系统学习用户的输入习惯,系统所能处理的 $B-C-E$ 范围对应的笔手势类将向 D 迁移。最终达到从 $B-C-E$ 到 D 的完整变迁。

(3) 当用户输入笔手势 $g\in A-C-D$ 时,系统不能识别输入的手势,用户通过错误模糊消解界面,认为此时系统能够识别的 E 手势类集合的笔手势相比用户的手势输入有更好的易学易用性,用户在这个过程中选择学习系统提供的笔手势。用户输入的范围从 $A-C-D$ 向 E 迁移,最终达到从 $A-C-D$ 到 E 的完整变迁。

(4) 用户输入 g,系统识别错误时(用户意图输入为 Gx,而系统将其识别成 Gy),这种情况可能为①用户对 Gx,Gy 间手势记忆混淆;②识别器在识别时存在着误差,导致的原因可能是设计手势集时 Gx 和 Gy 之间存在着相似性($Gx\cap Gy\neq\varnothing$)。撤销命令后,用户调用纠错和模糊消解界面,可能会出现以下两种情况:①用户发现自己混淆了手势,将 Gy 所对应的手势记成了 Gx 所对应的手势,用户通过反馈界面直接执行命令 Gx 所对应的命令,并且记忆 Gx 所对应的手势;②用户的意图输入为 Gx 所对应的手势,系统误识别成 Gy,此时用户将会将 g 添加到 Gx 的样本集中,将 g 添加到 Gy 的负样本中。此种情形下系统学习用户的输入习惯,最终系统会消除这种输入歧义。

刚开始时用户输入 $g\in F$ 时,用户当前的输入是非意图输入,被识别成命令,用户撤销相应的命令,g 作为非手势类样本(非手势类和手势类相似,它代表该类为系统所能接受手势类,但该类手势的输入不执行系统的任何命令)。用户输入 $g\in G$,当前的输入是非意图输入,没有识别成命令。

2. 自适应的笔手势界面的手势输入解释流程

图7.27为系统对手势输入的解释流程,图7.27为新手用户开始使用时的解释流程图,我们将输入分为五种情况:1,2,3,4,5。每种情况对应的分支流程为该情况下手势输入的解释流程。

此五种情况和上述模型存在着对应,即1↔模型(1),2↔模型(2)和(3),3↔模型(4),4↔模型(5),5↔模型(6)。基于上下文优先级的纠错和模糊消解界面有三种反馈:“适应用户”、“学习系统”、“取消”。“适应用户”和“学习系统”的策略因流程而异。流程2→2.1适应用户的策略为模型(2)提出的策略;流程2→2.2学习系统的策略为模型(3)提出的策略,流程3→3.1学习用户的策略为模型(4)②中提出来的策略,流程3→3.2学习系统的策略为模型(4)①提出的策略。

初始时,1,2,4,5对应的值分别为 $g\in C$,$g\in A-C$,$g\in F$ 和 $g\in G$,3的输入为 $g\in Gx\cap Gy$($Gx\cap Gy\neq\varnothing$,$x\neq y$,$0\leqslant x,y<m$,m 为手势类的个数)。整个流程随用户的输入而进行迭代,迭代的过程中解释流程不变,而流程1,2,3,4,5,2.1,2.2,3.1,3.2的值随输入逐渐更新,如开始时,用户输入1为 $g\in C$,2为 $g\in A-C$,随着用户使用经验的积累,1的范围逐渐扩大,2的范围会逐渐减

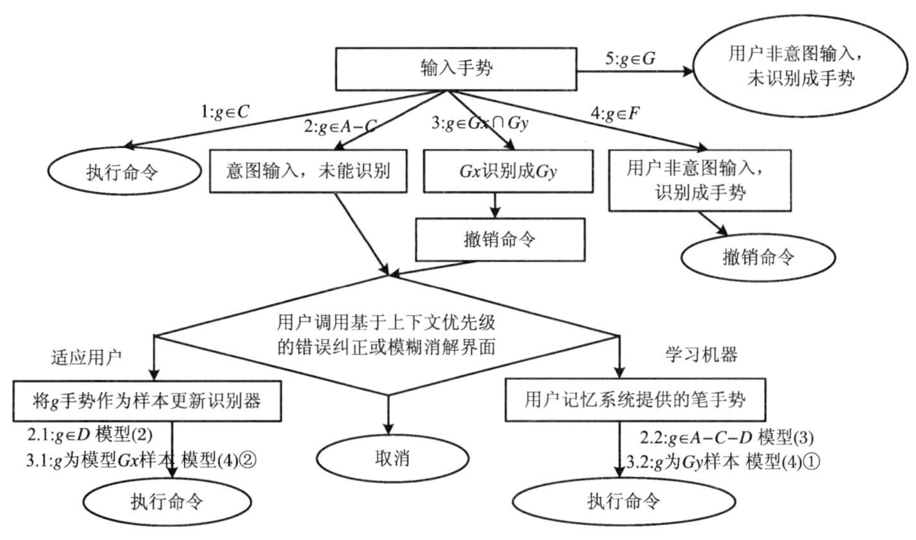

图 7.27 系统开始时手势输入的解释流程

小，直至最后 1 的输入范围为 $g\in C\cup D\cup E$，2 的输入范围为 $g=\varnothing$。如果开始时 3 为 $g\in Gx\cap Gy$（$Gx\cap Gy\neq\varnothing$），在用户和界面交互的积累过程中，$Gx\cap Gy$ 会不断减小，最后为$\varnothing$。

我们可以看出，手势输入的解释模型静态地描述了自适应过程中用户的输入手势范围的变化，而手势输入解释流程以流程图的方式动态地描述了自适应的过程，以及过程中变量发生的变化，在用户和系统达成共识以后（用户和系统达成一致的输入范围 $g\in C\cup D\cup E$），手势输入的解释流程如图 7.27 所示，相比于开始流程图，分支 2,3 和 4 已经消除。系统达到较高的手势识别率，相比于开始使用时交互效率有显著提高。

用户和系统进行交互时蕴含着丰富的上下文信息，如由交互历史构成的交互上下文，由设备信息和环境信息构成的设备上下文和环境上下文等。在交互上下文中，笔手势界面和其他界面相同，由用户和系统在交互过程中组成的时序命令序列构成了用户和系统的交互历史，在交互历史中蕴含着用户和系统的交互模式。同时，笔手势界面和其他界面不同的是笔手势的特殊性，我们在此对笔手势的记忆特征进行建模。笔手势的记忆特征模型用来表明用户对每一个手势的记忆特征。我们用一个概率函数来计算输入手势与手势类的每一个手势的相似度。本节的上下文包括三个部分：第一部分为交互上下文的建模，即基于交互上下文的命令预测；第二部分为笔手势记忆特征建模；第三部分为手势的相似度函数。

交互上下文由交互的历史序列组成，交互历史动态递增地对系统执行的命令进行累积记录。交互历史是对用户交互习惯的建模。我们将每一个命令封装成为一个对象，命令对象的种类由一个关键字来表示，交互历史表示为执行的命令序列所对应的关键字序列，每一次命令的执行会动态地增加这个关键字序列。

基于交互上下文的命令预测就是基于当前的交互上下文，用户接下来执行某一个命令的概率，我们将上下文用 I_h(Interaction history)来表示，命令 $c_i \in C(0 \leqslant i < |C|)$($C$ 为命令对应的关键字集合)，$I_h \in S(S = c_i S, S = c_j, c_i, c_j \in C)$，则在交互历史 I_h 下，系统当前执行命令 c 的概率为 $P(c|I_h)$。我们在此采用一种统计模型来计算这种概率，该模型为部分匹配预测算法(PPM)，具体算法见[Cleary 1984]。

3. 原型系统

我们在此框架下开发了一个原型系统。该系统按照提出的框架，实现了通过手势操作来管理图片的功能。该原型系统功能丰富，通过该系统的使用，用户能够在较短的时间内全面了解本文提出的框架，从而也方便我们通过实验来对框架进行评估。该原型系统具有的功能有：用户可以将图片从左边的图片架上移入右边的收藏集里，反之，从收藏集中将某图片放入图片架中；用户可以上下翻页导航浏览所有图片；放大还原某一张图片；给某张图片添加手写注释和查询手写批注等。所有这些任务都是通过二维的单笔手势操作来完成，操作对象由手势的几何中心决定。图 7.28(a)显示了该原型系统的一个截图。在该图中一个放大命令的手势作用在图片架中下部的一张图片上。根据任务我们定义了九种手势，如图 7.28(b)所示，用户可通过双击笔尖显示调用查询帮助界面。

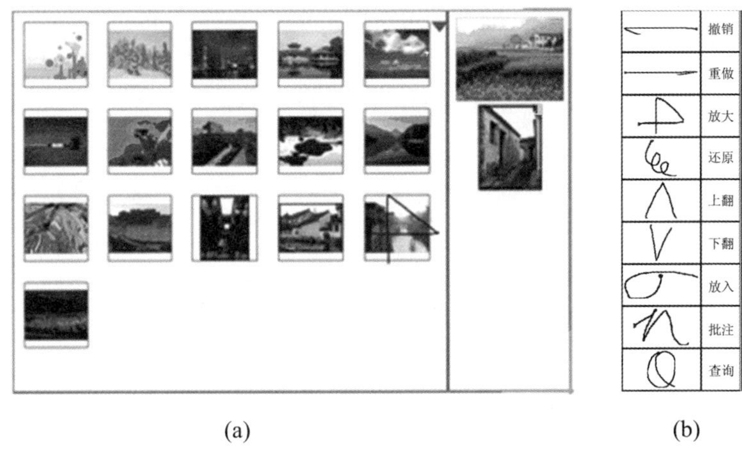

图 7.28 原型系统界面

7.4 笔式交互系统开发工具

前面介绍了笔式交互系统开发工具的总体结构以及笔式用户界面任务描述语言，其中涉及在过程中使用的工具。本节将介绍具体的界面生成环境以及相关工具。共有三类制作工具参与到界面生成工作中，包括建模工具、代码自动生成工具以及运行框架库。三者构成了面向最终用户的笔式交互系统设计以及开发的主体。

7.4.1 现有任务建模工具

1. 统一建模语言(Unified Modeling Language，UML)

面向对象的建模语言出现在 20 世纪 70 年代至 80 年代后期。一些明显突出的方法，如 Booch 方法、Jacobson 的 OOSE 方法以及 Rumbargh 的 OMT 方法被纷纷投入到软件开发过程中。1997 年 UML 的 1.0 版本被提交给 OMG(对象管理组织)[UML 1998]。

统一建模语言是一种绘制软件蓝图的标准语言。使用者可以用 UML 对软件密集型系统的制品进行可视化、详述、构造和文档化。UML 的目标是以面向对象图的方式来描述任何类型的系统，具有很广的应用领域。其中最常用的是建立软件系统的模型，但它同样可以用于描述非软件领域的系统，如机械系统、企业机构或业务过程，以及处理复杂数据的信息系统、具有实时要求的工业系统或工业过程等。UML 是一个通用的标准建模语言，可以对任何具有静态结构和动态行为的系统进行建模。

UML 组织中的核心成员提供了面向 UML 的可视化的图形界面建模工具 Rational Rose。该工具将 UML 标准符号可视化地排列在一个图形用户界面上，用户能够根据 UML 规范，设置各个符号的属性及其之间的联系，从而完成模型的建立。Rational Rose 同时提供了对用户建立模型的分析工具并能够将模型自动转化为相应的 Java 或 C++代码框架。

2. ConcurTaskTrees(CTT)

ConcurTaskTrees 是由 Fabio Paterno 设计并实现的一种任务建模方法，CTT 利用图形符号配合一系列操作符号来描述任务之间的关系，任务的组织通过树形结构进行描述。CTT 方法经常用在轻量级的软件开发中[Paterno 2002]。

CTT 在使用中具有如下特点：

- 在设计时将焦点放在用户的活动上，避免了设计者在设计阶段过于陷入实现细节；
- 具有直观的任务分层结构；
- 以树形结构进行图形表示，更易理解；
- 采用一系列标准符号描述任务之间的关系；
- 设计了任务之间的四种不同的关系；
- 所涉及的对象都在任务模型中进行描述。

- 建模工具的问题分析

以上介绍的建模工具均以可视化的图形符号方式为用户提供了相对直观的系统结构或任务模型结构。然而在面向特定领域的软件应用时，过于复杂的语法结构和相关概念使最终用户在使用这些工具的过程中需要付出大量的学习成本。事实上基于 UML 的 Rational Rose 仍然仅仅是计算机专业开发人员使用的设计开发工具。在建模的过程中，用户必须了解大量不符合用户自然认知的概念，还必须熟悉每个图形符号的含义并在建模过程中与自己思维中的概念进行对应。当用户的实际建模与本身的概念模型出现不一致时，即使在工具中提供了相关的错误检测机制，用户也只能被动地去适应工具提供的描述方式。

造成上述问题的一个原因是，不管是基于 UML 的 Rational Rose 还是 CTT 方法，都试图寻找一种通用的建模方式，令建模工具能够处理各种规模的模型。这就必须在建模中引入大量的特定概念，而在实际的使用过程中，用户往往只关心某一特定应用领域，但为了正确地使用工具建模，却不得不了解很多不相关的概念，以及没有或无法提供相应提示的图元符号。

另外，除了需要对模型语言中的概念进行理解以外，用户还必须学会如何使用工具本身。使用工具的过程往往使用户陷入到与建模无关的可视化细节中。用户为了保持模型视图的清晰，不得不反复地调整界面上的图形符号的布局大小，确定连接线是否正确地连接到了目的图元符号上。这极大地妨碍了用户对模型描述的连续思维。尽管图形用户界面的工具提供了一定的对图元的直接操作特性，然而用户在建立图元时，仍然需要考虑哪种图元才能在模型语言中正确地表达自己的思想。这种选择本身也是与建模过程无关的操作。

就笔式交互系统领域而言，系统规模相对较小、用户的任务模型较为简单以及软件的大量个性化需求，决定了笔式交互系统任务建模过程的重点是能够让用户快速自由地表达思想并保持用户随时可以对已经完成的模型进行改变的灵活性。

7.4.2 基于笔式交互的任务建模工具

通过对现有的任务建模工具的分析，我们设计并实现了一个基于笔式交互的任务建模工具 Pen-based Task-Model Builder（PenTaM Builder）。该工具面向笔式交互系统领域，支持笔式交互系统描述语言 PenTODeL。PenTaM Builder 的主要功能包括四个方面。

1. 协助用户建立任务流程

由于在笔式用户界面领域中，用户通过长期工作已经建立起较为清晰的工作流程和任务理解，可以比较顺利地完成工作活动的任务分解以及任务组织。同时由于问题求解的过程由物理世界转移到计算平台上，任务流程需要进行一些调整。不同的任务流程，由于计算技术的介入会提高用户的工作效率。非确定的模糊操作能够刺激设计者探索新的设计灵感，而不是陷于各种细节的确定中。这种模糊的设计在用户对设计进行初步评估时同样有效，用户可以方便地了解到系统的设计框架与大体流程。因此 PenTaM Builder 采用了基于纸笔隐喻的任务流程设计方法。

根据 PenTODeL 的规范，任务流程是一个树形结构的任务组织，这种树形结构能够方便地进行层次化的可视显示。在设计界面中，用户通过手势进行任务的建立与删除。PenTaM Builder 将根据上下文环境，自动确定用户所操作的任务对象以及建立任务时所插入的位置并建立相应的层次关系。建立任务的同时，工具会自动引导用户给出任务名称的描述，输入过程同样通过笔和利用文字识别技术完成，不需要用户进行设备之间的切换。在 PenTODeL 中描述了三种任务关系，对于任务关系的建立，工具向用户提供了不同的简单手势，使用户能够快速地完成任务间关系或约束的建立，并及时地反馈到任务流程的设计视图上。当用户改变了任务流程的设计时，PenTaM Builder 将自动调整任务层次结构与任务关系或约束的显示，使用户免除了频繁的图元布局操作。

2. 指导用户进行笔式用户界面任务场景的设计

任务场景的设计目标主要是完成任务场景的布局，即场景中各种笔式交互组件的位置以及大小信息。

在笔式用户界面中将构件分为三大类：静态对象、交互对象和服务代理。静态对象本身固化了其交互行为及交互语义，用户只需要对静态对象的静态属性进行设置就完成了对其设计。交互对象的静态属性一般带有强烈操作提示，因此其交互行为也通常被固定下来。交互对象本身不含有任何语义信息，需要用户在设计过程中进行该对象支持的交互行为与相应的语义信息的映射；而服务代理能够根据系统的上下文环境以及用户的交互行为决定相应的交互语义，构件内部的行为管理模块提供了预定义的动作-语义映射。同时服务代理的结构还能够支持交互行为的置换,使用户能够将自己设计的交互行为对象或交互技术对象替换服务代理中原有的预定义结构。

在任务场景的设计界面中,PenTaM Builder 将以上三种笔式构件进行分组,方便用户的选取。用户可以通过手势在场景预览中完成构件的添加、删除以及移动、拉伸等操作。

3. 确定任务目的或给出任务的自然语言描述

任务目的定义需要用户根据任务目的的语义指定所需的系统服务。PenTaM Builder 提供了四种基本类型的系统服务:

Call 服务提供了一种能够让用户采用类似回调函数的方式获得功能构件或系统默认的服务。

Assign 服务的内容是改变场景中构件的特定属性值,属性值的源可以是由用户指定的某个固定的值,也可以是系统中另一个构件的属性值。用户能够通过可视化方法指定场景中的目标构件与源构件,并分别选择对应的属性。工具提供属性赋值的类型匹配检测。

Run 服务使用户在系统运行时能够调用外部应用。

同一个任务目的定义可以同时包含以上三种类型的多个系统服务。目前系统支撑平台中能够提供的系统服务信息的抽象描述同样由映射词典给出。

Switch 服务是一种由 PenTaM Builder 自动建立的服务,用于与任务切换同步的场景切换。用户在任务流程设计时,根据任务的树结构,工具自动建立的相应的切换服务,并在系统运行时由运行框架调用。在描述中,Switch 服务可包含以上三种系统服务。

当用户所需的功能无法与映射词典中的系统服务信息进行对应,即系统服务尚未能够支持用户的功能需求时,用户需要给出任务目的的自然语言描述以便在之后的开发过程中与开发人员进行交流。

4. 建立交互行为与任务目的的映射关系

交互行为的类型与交互行为的媒介相关。由于场景中的静态对象与交互对象的交互行为已经被固化在构件中,因此这两种对象类型本身就决定了所对应的交互行为类型。而服务代理能够将不同类型的交互行为作为交互输入并且进行处理,因此用户必须在该构件能够支持的交互行为类型选择特定的动作类型并与任务目的进行连接。

用户利用笔将场景中的构件拖到表示任务的图元上,即可建立映射关系。考虑如果将所有映射关系都以连线的方式在同一个界面中表现,在同一场景中的构件数量可能会带来一定的视觉混乱。PenTaM Builder 采用了在任务图元上附加标准的符号图示的方法表示已经建立的交互行为与任务目的之间的连接。

用户可以在设计的任何阶段保存自己的设计结果。一个完整的任务建模包括完整的任务流程,并对于任务流程树形结构上的每个任务节点都完成了相应的媒介设计、任务目的定义以及建立了交互行为与任务目的的映射关系。为了让用户能够随时了解设计进度,PenTaM Builder 根据任务建模进行状态的不同,为任务图元设计了不同的视觉效果。用户能够在任务流程结构中清晰地了解到当前建模过程的完成情况以及还未完成的部分。

从上面的描述可以看出,与传统的建模工具相比,PenTaM Builder 有如下的特点:

■ 从用户对活动认知出发的描述规范,使建模过程更加符合用户的认知习惯,并使工具能够正确地引导用户完成建模工作。

■ 纸笔式交互的界面,使用户能够自然高效地表达设计思想,减少了用户在连续思维中的障碍。

■ 上下文感知的任务类型确定,令用户不必关心任务类型的概念,在降低了用户的学习成本的同时,也使用户的设计过程更为连贯。

■ 工具利用手势建立任务并确定相应的任务关系,同样体现了设计的自然性。

■ 设计进行状态的可视化表现,使用户随时掌握设计进度,并了解整体的设计框架。

■ 设计完成度的检查,用户在评估设计方案和准备进入到软件开发的下一阶段时可以了解到设计的完成情况。

7.4.3 笔式交互系统运行状态

在得到由代码生成工具生成的 C++ 代码之后,用户或开发者可以通过工具,将代码编译成为笔式交互系统。图 7.29 描述了笔式交互系统在运行时的结构与用户的交互流程。

用户通过交互设备发送的信息由运行框架中的 Ink 引擎接收①,转化成为标准笔式交互信息后进入交互自动机②。交互自动机根据当前的系统状态以及用户定义交互状态图③,将交互信息发送到笔式构件④由笔式构件进行处理或形成交互原语后发送至任务自动机⑤。任务自动机根据当前任务状态以及用户定义任务状态图⑥决定进行笔式构件的服务调用⑦或是进行任务场景的切换⑧。当笔式构件接收并处理交互自动机传来的交互信息或完成任务自动机进行的服务调用,笔式构件也将进行相应的显示反馈⑨,并将产生的数据传递到个人信息管理模块中⑩。任务场景的显示将依据用户设计的场景布局进行⑪。

我们对笔式交互系统开发过程中所使用的工具以及文档规范进行了详细的描述。开发过程的核心角色是最终用户。为了推动最终用户进行笔式交互系统的设计与开发,我们针对用户任务的特点,设计并实现了一个基于笔的建模工具

PenTaM Builder,在抽象的层次上描述用户在工作活动中的任务。同时我们力图减少用户对工具的学习成本,使用户在使用中保持思维连续,并提供了相应的引导和提示,使用户能够顺畅地完成设计。模型驱动的方法以及基于构件的笔式用户界面结构使原型系统能够自动生成。代码生成工具自动生成代码框架的同时也保证了软件面向二次开发的可扩展性。

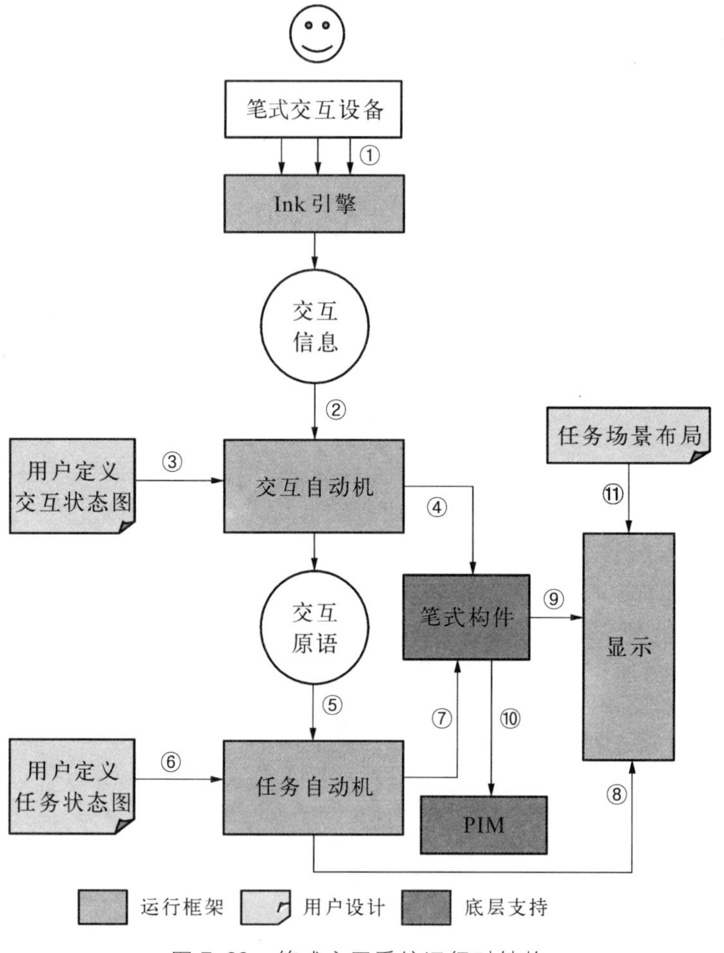

图7.29 笔式交互系统运行时结构

7.4.4 笔式电子表单开发工具

1. 电子表单专用的开发工具

目前,有很多专用的电子表单开发工具,这些工具主要围绕着电子表单的纸面效果和工作流模拟企业日常事务两个方面而展开设计与开发。

微软的 InfoPath 是一个强大的 Form 表单设计和信息处理软件。它超越了利用 VBA 和 Access 来开发的电子表单，并与 Web Service 应用结合，实现电子表单的网络化，尤其适合开发和部署办公自动化程序。利用 InfoPath，能够为团队或组织开发强大、动态的表单，以便于灵活和高效地收集信息，更有效地共享和复用信息，有助于改善协作和决策制定过程。

IBM 推出了一种全新的电子表单 IBM Workplace Forms，可以使客户处理后端的公司数据和应用，并将这些数据在一致的界面中呈现。IBM Workplace Forms 也支持面向电子表单文档的新兴行业标准 W3C Xforms。

Adobe 公司的 PDF Forms 基于 PDF(Adobe Portable Document Format)文档格式，允许使用者部署 PDF 表单，然后使用免费的 Adobe Acrobat Reader 填写，而无需使用 proprietary 浏览器插件。由于 Acrobat 内置了数字签名技术，所以能够保证用户在线使用的安全性。

惠普表单处理软件(HP E-form)使用了所见即所得的方法来设计、修改所要打印的表单。设计好的电子表单与应用数据库的字段相对应，保证了填表的过程准确无误。同时，表单的固定内容(例如条形码、徽标、图形、表格、条款等)可存放在惠普打印机的硬盘或打印服务器上，从而减少了网络的数据传输压力，提高了数据传输和打印的速度。

e-Form++[Visual C++ MFC Component]为高端企业用户开发基于电子表单或者可伸缩的录入界面的应用系统提供了一套 MFC 源码组件库，同时用户可以根据需要将任何标准 Windows 控件放置到e-Form++画布上。此外，e-Form++架构允许根据需要对画布、组件、属性以及命令等的任何部分进行修改。

书生智能电子表单遵循 W3C 的推荐标准 Xforms v1.0，使用了具有纸面效果的电子排版技术以及安全认证技术。书生智能电子表单系统包括电子表单设计工具、电子表单服务器和电子表单客户端。设计工具是一个可视化的图形工具，可以轻松地设计电子表单；服务器是基于 Web 的电子表单管理平台和应用平台；客户端为用户提供了多种使用电子表单的方式，用户可以通过电子表单填写工具使用桌面电子表单，也可以通过 IE 访问 html 电子表单。

方正易畅智能表单产品(iForm)是方正数码公司基于 W3C Xforms v1.0 国际技术标准，结合数据集成和工作流技术而推出的智能化电子表单系统。基于本系统，用户能够快速创建出一个适用于通过 Web 连接的电子表单。此类电子表单具有易于嵌入和方便使用的特性，无需下载，不依赖额外的插件，能够方便地采集基于 XML 的数据，可以集成到现有的业务流程和应用系统中。

上述这些工具的主要功能是数据采集、数据发布，属于典型的工作流系统，它们并未涉及多表单之间的关系问题以及实现数据的汇总和查询。另一个不足之处是，它们虽然都实现了用户界面的静态纸面效果，但是没有利用纸笔隐喻，也没有通过把数字笔作为交互设备来实现更自然的交互以提高软件的可用性。

2. 工具的设计思路与总体框架

笔式电子表单软件涉及表单的业务应用和笔式用户界面两个领域。表单的业务应用分析是从问题域描述开发工具所实现软件的领域范围以及业务特征；笔式用户界面分析是从方案域描述电子表单的交互特征以及用户界面表现形式。依据两个领域的分析，获取所有电子表单的共有特征与可变特征，共有特征采用软件体系结构来描述，可变部分由工具来描述。

整个工具(见图7.30)由电子表单设计器(form-builder)和电子表单生成器(form-generator)两部分构成，分别对应于设计阶段和生成阶段。表单设计器提供可视化的用户界面表示设计和交互设计，以及基于文本的业务逻辑 BL (Business Logic)描述，它们分别用声明型、平台无关文档 UI XML 和 BL 文本来保存，构成整个电子表单的源代码，在生成具体电子表单前，须对两者进行语法检查，以保证应用生成的正常进行。在生成阶段，电子表单生成器将用户界面的 XML 描述、业务逻辑的文本描述转换为目标程序代码。在电子表单中，数据库也起着不可替代的作用。利用用户界面 XML 描述和业务规则文本描述中提供的约束关系自动提取关系数据模型，进一步生成关系数据表和应用程序存取数据的目标代码。这些工具生成的代码与框架代码合并成整个应用的目标程序源码。

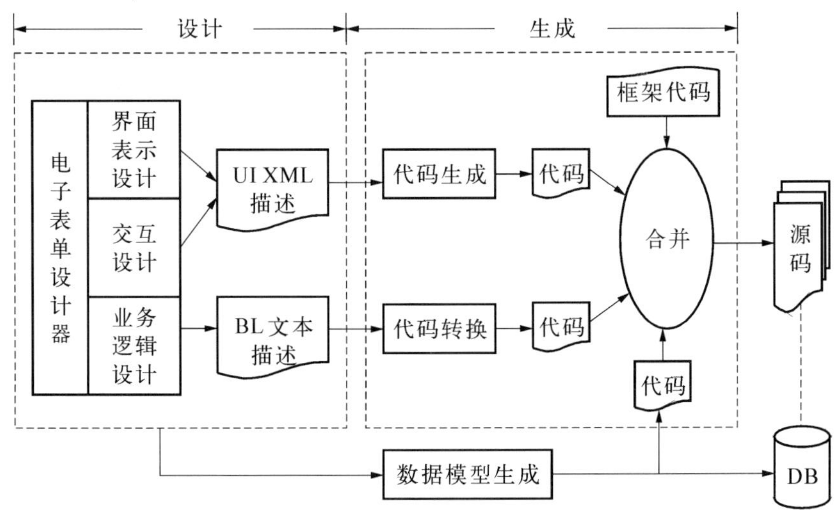

图7.30 笔式电子表单开发工具的总体结构

3. 笔式电子表单的软件体系结构分析

由于笔式电子表单软件体系结构既要能依据软件规模、任务协作方式进行剪裁，又要能将笔式交互的处理机制集成进来，为描述清晰，下面分别从笔式电子表单的总体结构和电子表单的笔式交互处理机制两个方面进行阐述,并对其实现方法进行描述。

● 笔式电子表单的总体结构

从功能角度讲,一个电子表单主要由基础信息管理、数据采集、统计和查询四类子系统组成。基础信息管理主要是设置整个系统运行所需要的基本信息,如组织结构的建立、账户管理等;数据采集是收集业务活动中产生的数据;统计是对已采集到的数据进行计算和分析;查询是对系统的已有记录进行选择式查看。

从应用部署角度分析,电子表单分为单机版和网络版。对于单机版而言,电子表单的全部功能均在同一计算机上,这种结构目前已经很少使用,绝大多数系统都采用网络版。对于网络版而言,分为网络型信息管理系统和工作流系统,两者均采用 C/S 结构,主要区别是工作流系统强调表单业务的流转和用户的任务协作,利用表单发送、接收、填写等数据采集机制模拟政企单位中的日常业务,而网络信息管理系统不强调数据的流转。

为了适应不同电子表单的需要,设计了如图 7.31 所示的软件体系结构,供具体电子表单开发时定制和剪裁。电子表单体系结构从总体上分为三个层次:应用请求层、中间层和数据服务层。应用请求层主要实现基础数据管理、数据采集、查询、统计等功能的请求和结果的显示,采用笔式用户界面,使用笔式交互处理机制;中间层主要实现表单的调度、控制表单的流转、数据的存取、权限的验证等;数据层实现数据的存储,这些数据包括表单的处理状态信息、用户采集的数据以及各种基础数据。整个体系结构成为电子表单的基础设施,按需要进行剪裁。例如,对于非数据流系统而言,表单流程控制和表单处理状态信息存储均会被剪裁掉。

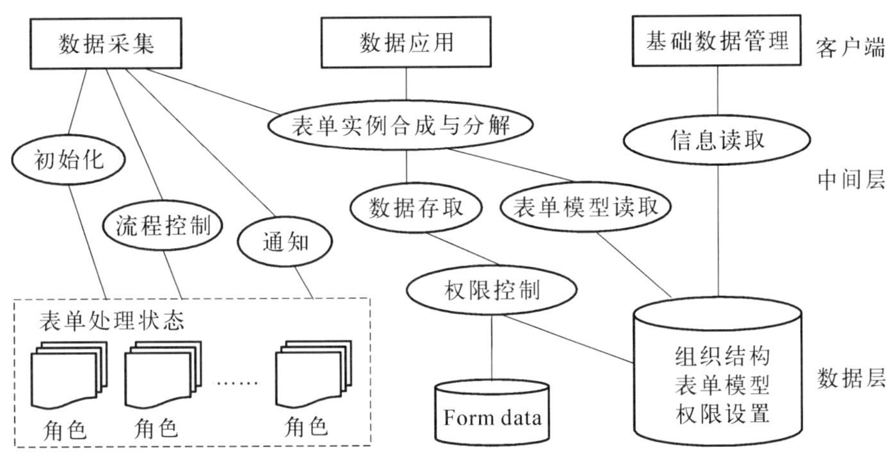

图 7.31 电子表单软件体系结构

● 笔式电子表单的交互处理

笔式电子表单采用了纸笔式交互机制，交互时需要对笔手势进行识别，然后再处理，这与WIMP界面截然不同。在WIMP界面下，电子表单遵守表示层、业务层、数据层这种三层体系结构。在笔式用户界面下，结合笔式用户界面的消息处理机制和事件形成方式，将WIMP界面下的三层结构扩展为六个层次（见图7.32），即表示层、原语层、分发层、原语解释层、业务层和数据层。

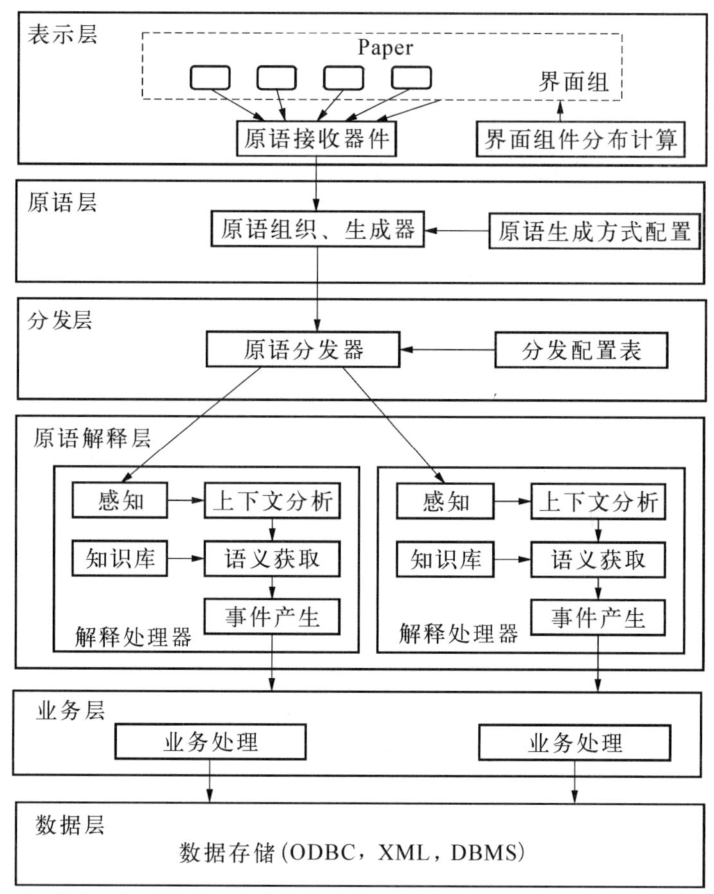

图7.32 笔式电子表单的交互处理

表示层是直接同用户交互的结构，由软件界面元素、界面组件分布计算和原语接收器构成。界面组件是构成软件界面的主要元素，位于纸容器中，和纸容器一起构成完整的软件界面。它不仅负责自身的数据呈现，还通过响应底层笔事件，和纸容器接收、过滤由笔硬件发送来的笔的运动信息，如笔的运动轨迹、方向和压力等。从笔落下到抬起，所产生的Pen_Down，Pen_Move和Pen_Up这三个底层笔事件，无论是被界面组件接收还是被纸接收，都不会直接被应用程序响应，而是将笔的运动信息发送给原语接收器后，再由它转发给原语组织、生成器。但是每个组件内都存在对底层笔事件响应的优先权设置，所以应用程序可以截获这些底层笔事件，转换成高层笔事件进行响应。

原语层决定原语的组织方式和表示形式。原语组织、生成器接收并且过滤由原语接收器发送来的笔的运动信息，并对过滤后的信息进行重新组织，生成系统能够理解的交互原语形式。当系统认为一个完整的交互原语输入完毕以后，原语组织、生成器会将交互原语送给原语分发器进行分发。

原语分发层将按照原语接收的优先次序发送给相应的事件产生器。这种顺序保存于分发配置表中。原语分发器将依据分发配置表来转发交互原语，它是构成笔式系统消息循环的重要部件。

原语解释层也是笔式事件产生的场所，由各种应用的原语解释器构成，负责完成对原语的解释并生成事件。每个原语解释处理器都由感知、上下文分析、语义获取、知识库和事件产生组件构成。原语解释处理器是对原语进行解释、处理产生事件组件的统称，是构成笔式交互系统的基本组件。由于原语解释处理器首先对原语进行初步感知，再根据其应用上下文来进一步识别，最后根据领域知识来进行原语的语义获取，所以每个原语解释处理组件都含有独立的原语解释、执行功能以及独立的原语解释规则。

在原语解释处理器中，感知组件负责分离手势和数据，对原语进行领域无关解释，由手势解释器和数据解释器构成(也可能只有其中一个)，手势解释器由手势识别引擎和手势字典构成，数据解释器由数据识别引擎和数据识别字典构成。手势解释器可以根据不同需要来选择不同的手势字典或缩小手势的识别范围。数据解释器是所有数据类识别器的统称，包括几何图形识别器、字符识别器(包括汉字、字母、数字等)和公式识别器等，也可根据组件的具体应用来选择识别器或进一步地缩小数据识别器的识别范围，以实现系统对用户意图的准确感知。在做出判断后，产生相应的笔式交互事件。

在业务层对产生的事件进行响应，实现业务逻辑，并产生可视化反馈，对内存数据进行管理；数据层实现数据的存储和管理。两者对应于总体结构的中间层和数据层，其他层次属于客户端的结构。

从此结构中可以看出：在笔式电子表单中，WIMP 界面的窗口概念被纸的概念所代替，纸和 WIMP 界面的窗口形成了对应关系，这是笔式用户界面的基础。纸作为笔式用户界面中操作对象的容器组件而存在。纸对象中所有交互对象都应符合 PIBG 范式标准，以保证笔事件的捕捉和形成。

4. 电子表单设计器

电子表单设计器的设计目标是利用数字笔作为交互设备实现电子表单程序的声明式设计，并能利用设计结果生成应用程序。这需要从描述方式、描述规范以及工具如何有效支持三个方面进行设计，并在设计中兼顾程序生成问题。下面从描述规范设计、工具运行结构角度对电子表单设计器进行阐述。

- 用户界面描述规范设计

笔式电子表单用户界面描述规范主要描述用户界面的初始状态,其语法结构如图 7.33 所示,一个界面由多个部件(component)组成,部件在描述文档中的先后次序反映了部件间的排版层次关系。部件之间可以嵌套,反映部件的组合机制。每一部件拥有自己的显示风格(style),包括字体、颜色、位置、大小、可见性等,并用属性(property)和值来表示每一个风格项,这些风格用来修饰部件本身以及要呈现的内容(content)。部件内容主要包括字符串、图像、音频等资源,用类型和值来表示。部件的另一个重要元素是行为(behavior),描述用户的交互及其响应,由手势和规则组成。手势是笔式表单用户界面中的交互命令,由手势识别器对其进行识别,用手势形状、勾画过程来描述。规则描述系统如何对用户的交互进行响应,由条件和事件来表示。条件表示事件触发要满足的要求(包括上下文状态、空间关系、时间关系等)。事件用来响应用户的交互,其内部包含用户期望的业务规则,这些业务规则可能触发新的事件,它实现 UI 到业务规则的连接。在电子表单中,部件实质上就是电子表单框架中的交互组件(widget)。

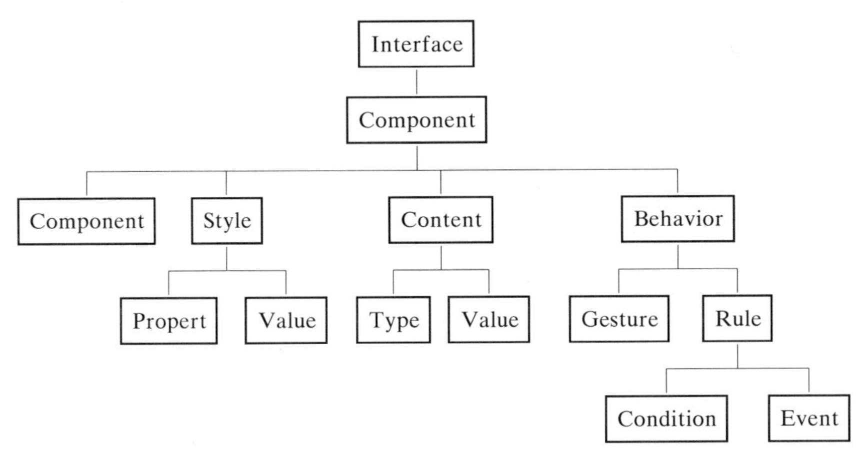

图 7.33 用户界面语法结构描述

- 用户界面表示设计的工具支持

为实现电子表单的纸面效果,依据用户界面结构语法,设计工具提供纸、表单名、表头、表格、表尾、说明、矩形、椭圆、按钮等组件来帮助设计者实现表单的可视化设计。其中,纸是笔式表单用户界面中最大的容器组件,它能够容纳其他所有界面组件。表格是构成界面的主要元素,它具有复杂的逻辑结构和排版结构,这也使得界面更容易实现纸面效果。对于每一个组件,通过设置外观风格(appearance)来表示交互组件所处的交互状态,设置透明、半透明化效果来解决组件间的遮挡问题。设计工具也提供合理排版机制和排版命令实现组件之间的层次化、组件间的对齐、居中等效果。

- 交互设计的工具支持

为有效支持笔式电子表单的交互设计，让开发的软件充分体现以用户为中心的思想和符合用户的思维模型，设计工具提供了如下方法对此进行支持：

第一种方法是采用下拉式列表、图片、Ink、日期等多种交互技术来供设计者选择以适应特定用户和特定应用的需要。对于字符直接输入类组件，采用设置识别范围、建立上下文约束、归纳领域知识来加强交互约束、提高系统对用户输入的理解能力，并通过候选的方式来纠正最后的识别错误，从而合理解决笔式交互的不精确性问题。

第二种方法是在工具中集成一个可扩展的手势库，并实现手势形状、交互动作与交互任务相互独立，从而供设计者选择符合特定应用需要的手势，并与交互任务相关联，最后通过设置手势的执行约束来进一步验证手势识别结果的正确性(有些手势不存在任何执行约束)，这些约束包括上下文约束、空间约束和时间约束等。为了简化开发、便于设计，工具将手势库与手势识别算法封装起来，避免由电子表单开发者实现，但可设置手势识别器的识别范围。由于识别的不精确性，一套手势集中要尽量避免出现易于混淆和难于记忆的手势，设计工具可对此种情况进行分析和验证。

第三种方法是在手势个数过多或任务所对应的手势难于理解、不易表达时，采用按钮来实现命令的接收与呈现。这时，按钮同表单一起构成用户界面表示，分别形成控制区与数据区。控制区合理安排按钮的顺序；数据区显示待处理的表单。对于表单处理的共有命令，如保存、打印、退出等按钮采用默认的方式放置于控制区上。

- 业务逻辑描述规范设计

业务逻辑的设计目的在于把商业领域内业务逻辑的非规范化表达形式比较自然地转换成规范化的、便于计算机处理的表示形式。电子表单分析中的权限分配、业务流程、业务规则都属于业务逻辑设计的范畴，它们协助用户界面完成整个系统的描述。

在电子表单的业务分析中，已经确定了权限的分配方法。但是如果以用户名、部门名作为权限的分配单位，并采用它们作为登录名，会给系统带来很大的数据安全隐患。从系统角度设计与组织结构相对应的管理结构，即角色、账户、权限分别对应部门、用户和权限，再用角色、账户来登录系统会在一定程度上提高系统的安全性。表单权限分配表示的结构语法为四元组：(表单名，输入域，角色名，权限)。

系统中的业务流程设计主要是模仿或重构物理世界中用户工作的协作过程，即在不同用户之间传递表单，完成数据的准确采集。从表单分析中可以得出，实现业务流程主要操作是表单的往返发送与表单的激活，可通过如下语句来描述：

Send ⟨form⟩ to ⟨user⟩|⟨section⟩	发送表单到某一用户或部门
Send ⟨form⟩ back to ⟨user⟩|⟨section⟩	将表单退回某用户或部门
Call ⟨form⟩	激活表单

当然，这些语句也可与 If 条件一起使用，实现有条件的表单业务流转。

对于算术运算、逻辑运算类的业务规则，很明显采用基于文本的描述方法更合适。我们还设计了表单约束语言 FCL——一种声明式基于文本的描述语言，可以从高层方便地描述这些业务规则。这些规则将包含在特定交互对象事件的响应代码中，默认与当前表单相关联，规则之间按顺序执行。当一表单中需引用另一表单中内容时，采用⟨form⟩.⟨content⟩的形式。

虽然业务规则描述需要提供语法规范以定义业务规则的表达范围、协调编程者和系统之间规范的一致性，但是简单的语法，无论是对计算机专业人员还是对终端用户，无疑都能提高工作效率，减轻编程负担。我们采用汉字作为词法的一部分，将利于普通用户使用业务术语来表达业务逻辑，增强语言的可用性。

- 运行时结构

运行时结构反映了运行时系统内部结构的动态变化，反映了系统的工作流程，使开发人员更容易理解系统的总体功能和系统结构。笔式电子表单设计器的运行时结构如图 7.34 所示。当电子表单设计者进行表示设计、交互设计和业务逻辑设计时，首先通过交互设备，把交互意图传递给交互事件处理器。交互事件处理器负责事件的分发，当需要建立新界面或需要进行界面切换等操作时，则把消息传递给界面管理器，否则把消息传递给交互对象管理器。

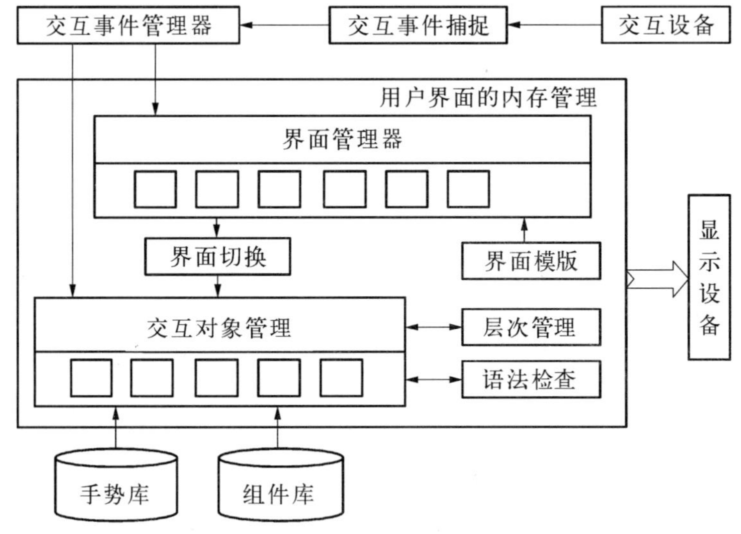

图 7.34 笔式电子表单设计器的运行时结构

当界面管理器接收到建立新界面的消息时,则依据界面模板生成新界面,然后自动切换为当前界面,等待交互事件管理器的消息。当交互对象管理器接收到来自交互事件管理器传递过来的消息时,则依据消息的类型分别进行增加组件、为组件设置交互手势、对组件进行层次管理以及编写业务规则等操作,并把所有的操作结果传递给显示设备进行显示。

5. *表格结构语法检查器*

表单的可视化设计结果与业务逻辑描述均需语法检查,以保证正确生成目标代码。其中业务逻辑描述利用了上下文无关文法,其检查方法与通用语言相似,不再详细阐述。表单的可视化设计主要通过用户选项来实现,在工具设计时已经明确定义了各选项之间的约束关系,只有表格的可视化设计非常灵活,需要结构检查。

将表格排版结构映射为逻辑结构(符合表格结构语法)的过程,称之为表格结构语法检查。表格结构语法检查采用了基于规则的模式组合方法和基于框架的验证机制。整个检查过程从读取单元格信息开始,通过合并规则产生结构假说[Zanibbi 2004,Zanibbi 2005],产生的错误结构假说通过假说运算和用户仲裁来除掉。

为更有效地支持结构假说运算与推理,将表格结构语法检查定义为

$$U = (Box, Predicate, Rule, Operator, Result)$$

其中,*Box* 是组成表的单元格集合,是运算的输入。*Predicate* 是逻辑结构假说的谓词集合。*Rule* 是表格结构假说的生成规则和最终判定规则集合,这些规则实现了从单元格到高层结构假说的运算。*Operator* 是假说的运算符集合,$Operator = \{\circ, |\}$,两者均为二元运算符,而且“∘”的运算优先级高于“|”。其中,“∘”表示假说具有可合并关系,“|”表示假说的可选关系。*Result* 表示表格的规约结果。利用此演算系统描述表格结构的检查过程。下面,将详细阐述表格结构语法检查的过程。

- 表格结构语法检查的基础

在表格结构语法检查过程中,不仅要利用单元格自身的逻辑信息,而且还要利用单元格间的毗邻关系,两者构成表格结构检查的初始条件和推理基础。

在表格中,每个单元格都由四条边构成,每一条边不是和另一个单元格共用,就是和表格边框共用。单元格之间的毗邻性可归纳为三种情形(见图 7.35)。图 7.35 中只给出了水平方向的毗邻性,用“H”表示。竖直方向的相邻性和水平方向相似,用“V”表示。

图 7.35 中所示的所有毗邻关系运算符是非对称的,单元格位置的交换将使其含义发生变化。如:$a \xleftrightarrow{H} b$ 表示 b 在 a 的右侧,水平等高且毗邻;$b \xleftrightarrow{H} a$则表示 b 在 a 的左侧,水平等高且毗邻;$a \xleftrightarrow{V} b$ 则表示 b 在 a 的下

侧，竖直等宽且毗邻。b $\xleftrightarrow{\mathrm{V}}$ a 则表示 b 在 a 的上侧，竖直等宽且毗邻。

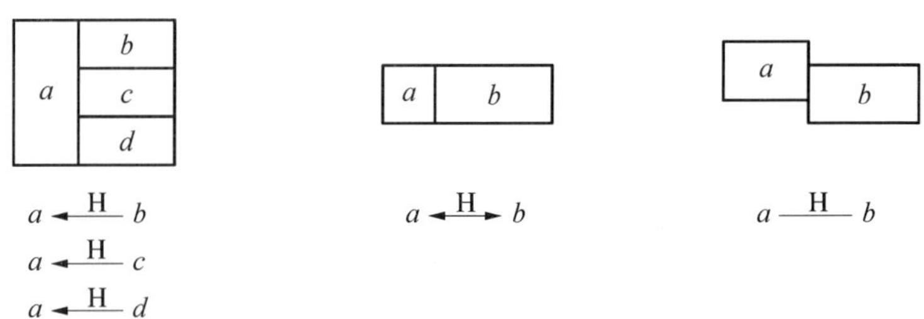

图7.35 单元格间的毗邻关系

- 合并规则

表格结构假说是利用单元格的逻辑信息与物理信息依照表格结构语法逐层生成而来。首先生成基本结构假说，基本结构假说分为Ⅰ型结构假说和Ⅱ型结构假说。Ⅰ型结构假说分为Ⅰ-1型结构假说和Ⅰ-N型结构假说（$N\geqslant 2$），之所以这样分类是因为Ⅰ-1型结构假说用来构建树项，Ⅰ-N型结构假说很少用来构建树项，主要是用来构建VRI项和2DTI项，区别出来有利于高层结构假说的生成。两者能以统一的形式表示，可描述如下：

对于一个表格内的提示单元格 a 和输入单元格 $e_1, e_2, \cdots, e_n$（$n\geqslant 2$），如果 $a \xleftrightarrow{x} e_1 \xleftrightarrow{x} e_2 \cdots \xleftrightarrow{x} e_n \wedge \neg[\exists e_j(e_n \xleftrightarrow{x} e_j)]$成立，其中，$x\in\{V,H\}$，$n\geqslant 1$，则生成Ⅰ型结构假说 $B=(a, e_1, e_2, \cdots, e_n)$。

Ⅱ型结构假说用来表示多级提示模式，其生成规则可描述如下：

对于一个表中的提示单元格 $a, d_1, d_2, \cdots, d_n$（$n\geqslant 2$），如果 $a \xleftrightarrow{x} d_1 \wedge a \xleftrightarrow{x} d_2 \cdots \wedge a \xleftrightarrow{x} d_n \wedge \neg[\exists d_j(a \xleftrightarrow{x} d_j)]$成立，其中，$x\in\{V, H\}$，$n>1$，则生成Ⅱ型结构假说 $G=(a, d_1, d_2, \cdots, d_n)$。

在基本结构假说生成以后，将继续生成高层结构假说来进一步检查表格结构。这些高层结构假说对应于表格结构语法中相应的组成元素，并由基本结构假说生成而来。行向VRI结构假说（VVRI）对应于行向VRI项，其生成规则可描述如下：

对于一个表中的Ⅰ-N型行向结构假说 $B_1^{\mathrm{V}}, B_2^{\mathrm{V}}, \cdots, B_n^{\mathrm{V}}$（$n\geqslant 2$），如果对于每一个 $j\in\{1, 2, \min(B_1^{\mathrm{V}}.E.getCount(), B_2^{\mathrm{V}}.E.getCount(), \cdots, B_n^{\mathrm{V}}.E.getCount)\}$，

$$B_1^{\mathrm{V}}.e_j \xleftrightarrow{\mathrm{H}} B_2^{\mathrm{V}}.e_j \xleftrightarrow{\mathrm{H}} B_3^{\mathrm{V}}.e_j \cdots \xleftrightarrow{\mathrm{H}} B_n^{\mathrm{V}}.e_j$$

都成立，应生成VVRI结构假说 $VVRI(B_1^{\mathrm{V}}, B_2^{\mathrm{V}}, \cdots, B_n^{\mathrm{V}}) = B_1^{\mathrm{V}}\circ B_2^{\mathrm{V}}\circ\cdots\circ B_n^{\mathrm{V}}$，其中 $B.E.getCount()$表示假说 B 中输入单元格的个数（以下同）。图7.36(a)是VVRI假说生成的一个例子。

列向 VRI 结构假说(HVRI)对应于列向 VRI 项,其生成规则可描述如下:对于一个表中的Ⅰ-N 型列向结构假说 $B_1^{\mathrm{H}}, B_2^{\mathrm{H}}, \cdots, B_m^{\mathrm{H}}$ $(m>2)$,如果对于每一个 $i \in \{1, 2, \min(B_1^{\mathrm{H}}.E.getCount(), B_2^{\mathrm{H}}.E.getCount(), \cdots, B_m^{\mathrm{H}}.E.getCount())\}$,

$$B_1^{\mathrm{H}}.e_i \overset{\mathrm{V}}{\longleftrightarrow} B_2^{\mathrm{H}}.e_i \overset{\mathrm{V}}{\longleftrightarrow} B_3^{\mathrm{H}}.e_i \cdots \overset{\mathrm{V}}{\longleftrightarrow} B_m^{\mathrm{H}}.e_i$$

都成立,则应生成 HVRI 结构假说 $HVRI(B_1^{\mathrm{H}}, B_2^{\mathrm{H}}, \cdots, B_m^{\mathrm{H}}) = B_1^{\mathrm{H}} \circ B_2^{\mathrm{H}} \circ \cdots \circ B_m^{\mathrm{H}}$。

2DTI 结构假说对应于表格结构语法中的 2DTI 项,其生成规则可描述为:对于行向结构假说 VVRI 和列向结构假说 HVRI,如果满足 $B_1^{\mathrm{V}}.e_1$ 与 $B_1^{\mathrm{H}}.e_1$ 是同一单元格,则 $2DTI = VVRI \circ HVRI$,其计算过程的图形化举例如图 7.36(b)所示。

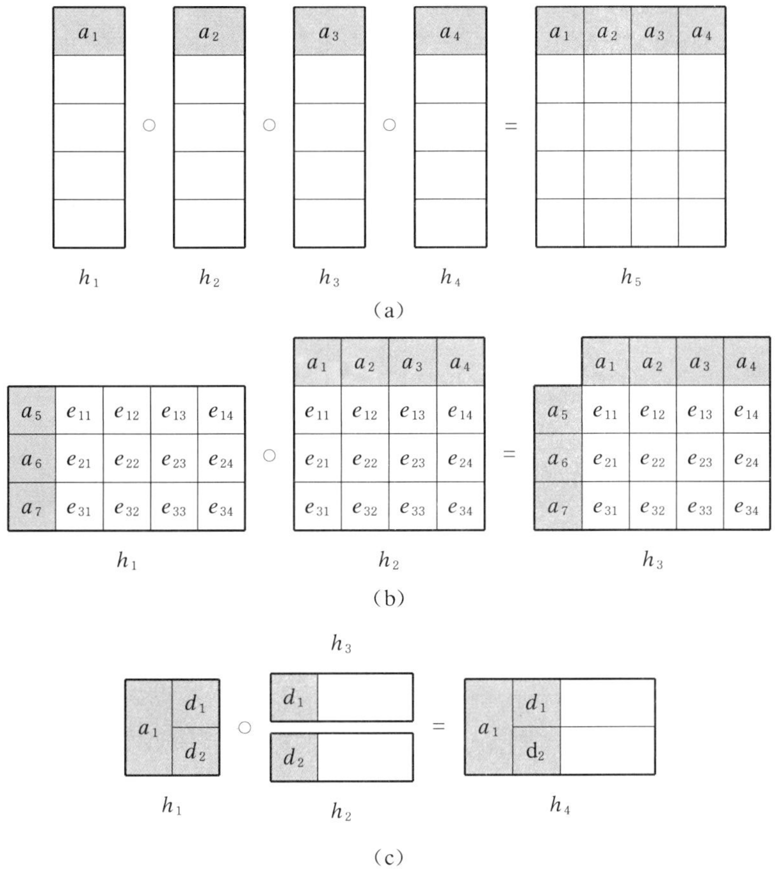

图 7.36 利用合并规则生成表格高层结构假说举例

(a) VVRI 假说生成运算的例子。h_1, h_2, h_3 和 h_4 是Ⅰ-N 型结构假说,它们满足 VVRI 假说的生成条件,并生成了假说 h_5;(b) 2DTI 假说生成运算的例子。h_1是 HVRI 结构假说,h_2是 VVRI 结构假说。两者满足 2DTI 假说的生成条件,并生成假说 h_3;(c) 2 层树项结构假说生成运算的例子。其中 h_1是Ⅱ型假说,h_2和 h_3是Ⅰ-1 型假说。h_1, h_2 和 h_3 依据假说生成条件生成 2 层树项结构假说 h_4

树项结构假说是利用基本结构假说生成而来,在假说二义性计算完成后进行,其生成过程是简单的假说合并过程,没有复杂计算。设一级树项结构假说 $T^1=(a,B)$,其中,$a = B.a$。N 级树项结构假说是从一级树项假说开始逐层迭代生成,可描述为:$T^N=(a,G,T_1,T_2,\cdots,T_k)$,其中,$N\geqslant 2$,$K\geqslant 2$,$T$ 是所有树项的统称,$a = G.a$,G 是Ⅱ型基本结构假说。它应满足如下条件:G 中的每一个 d 都存在且只存在一个 $T_i(1\leqslant i\leqslant k)$使得 $d = T_i.a$,对于任何一个 T_i 也只存在一个 $G.d$ 使得 $T_i.a = G.d$,且至少存在一个 $T_j(1\leqslant j\leqslant k)$是 N-1 级树项假说,同时由 $G,T_1,T_2,\cdots,T_K$ 中所有单元格构成的几何形状是矩形。它的计算过程图形化举例如图 7.36(c)所示。

- 最终判定规则

当利用合并规则生成结构假说以及结构假说参与相交性运算之后,在不能继续参与相交运算的结构假说上判断其是否满足最终结构,即是否符合表格结构语法。提出最终判定规则完成这样的运算,并利用表 7.1 中的取值规则对结构假说取值,并对取值为 0 或 1 的式子利用图 7.37 中的规则化简。在此语法检查系统中,依据表格组成结构,有 VRI 假说、2DTI 假说和树项假说三种结构的最终判定规则。

表 7.1 执行最终判定规则后结构假说的取值规则

结构假说	取值
结构假说中已没有元素	1
不满足最终规则	0
满足最终规则	保持不变

0-1 律:
$A\circ 1=A$
$A\circ 0=0$
$A|0=A$
交换律:
$A|B=B|A$
$A\circ B=B\circ A$
结合律:
$(A\circ B)\circ C=A\circ(B\circ C)$
分配律:
$(A|B)\circ C=A\circ C|B\circ C$

图 7.37 假说运算的化简规则

VRI 假说的最终判定规则为:

对于 VRI 假说 $VVRI(B_1^{\mathrm{V}},B_2^{\mathrm{V}},\cdots,B_n^{\mathrm{V}})$和 $HVRI(B_1^{\mathrm{H}},B_2^{\mathrm{H}},\cdots,B_m^{\mathrm{H}})$,它们可能参与过相交性运算,因此判定规则要求它们首先满足各自的生成条件,然后在此基础上分别满足:$B_1^{\mathrm{V}}.E.getCount()=B_2^{\mathrm{V}}.E.getCount()\cdots=B_n^{\mathrm{V}}.E.getCount()$ 和 $B_1^{\mathrm{H}}.E.getCount()=B_2^{\mathrm{H}}.E.getCount()\cdots=B_m^{\mathrm{H}}.E.getCount()$。

2DTI 结构假说是由 $HVRI(B_1^{\mathrm{H}},B_2^{\mathrm{H}},\cdots,B_m^{\mathrm{H}})$和 $VVRI(B_1^{\mathrm{V}},B_2^{\mathrm{V}},\cdots,B_n^{\mathrm{V}})$计算而得到,因此 2DTI 的最终判定规则为:首先满足 $HVRI$ 和 $VVRI$ 的最终判定规

则，在此基础上再满足 $HVRI(e) = VVRI(e)$。

各级树项结构假说的生成是在确定结构理解无二义性后，利用基本结构假说 G 和 B 以及已经生成的树项逐层合并而成。因此，只要保证参与合并时的 G 和 B 没有二义性，就能保证各级树项的正确性。

- 假说二义性运算

图 7.38 中的合并规则举例只是计算结果很规范的情形。由于结构假说是依据单元格间的逻辑关系生成而来的，而且每个提示单元格都在水平和竖直两个方向上生成假说，在生成过程中没有利用单元格内文字所表达的语义信息，因此不可避免存在规约二义性，而出现二义性则说明存在错误的规约方案。例如：在图 7.38(a)中，(a_1, e_1) 和 (a_1, e_2) 都符合假说的条件，而 a_1 不允许同时对 e_1 和 e_2 进行解释，因此它们之中至少有一个是错误的。在此情况下，初步规约时将出现二义性。图 7.38 中另两个例子也表明在初步规约时存在二义性。

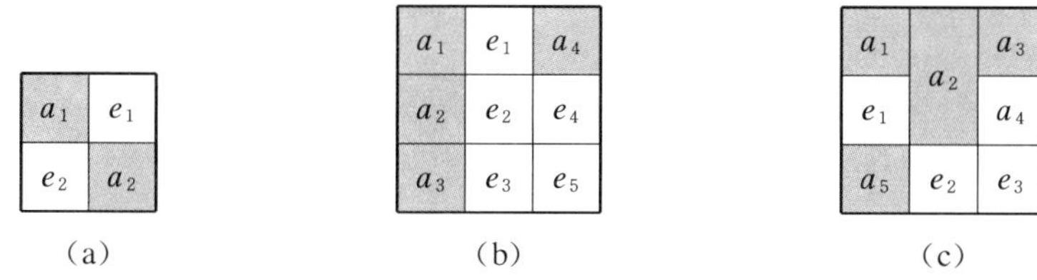

图 7.38 表格结构规约中的二义性举例

(a)，(b)和(c)都是表格的一部分，在运算过程中都会出现二义性。在(a)中，(a_1, e_1) 和 (a_1, e_2) 是二义性假说。在(b)中，(a_2, e_2, e_4) 和 (a_4, e_4, e_5) 是二义性假说。在(c)中，(a_5, e_2, e_3)，(a_2, e_2)，(a_4, e_3) 都是二义性假说

为消除这种规约二义性，引入了两种假说运算：相交运算和可选运算。假说相交定义为：对于假说 D_1，D_2，如果存在单元格 b 同时属于 D_1 和 D_2，且 $D_1 \circ D_2$，则 D_1 和 D_2 相交。从排版结构角度来讲，这种性质一定存在于行向假说和列向假说之间。这种相交假说需按假说相交性计算规则来进行计算，消除不正确的假说。

假说可选定义为：对于假说 D_1 和 D_2，如果存在单元格 b 同时属于 D_1 和 D_2，且 $D_1 | D_2$，则 D_1 和 D_2 是可选的。这说明对于同一个单元格可能存在于几个候选假说中，这些候选假说在相交性计算后依然是正确的，而从单元格内文字所表达的意义角度上看正确的只有一个。这种二义性无法再通过假说相交运算来除掉，需利用用户仲裁来解决。系统推荐最优结构假说，如果用户同意系统的规约，系统接收此方案，否则更换优先级次之的规约方案再次与用户对话，直到用户同意。在设计良好的用户界面中不应出现此问题。

下面举例说明结构假说的相交性计算过程。在利用合并规则计算后，表格结构规约的中间结果可描述为 $\text{Result} = M_1 \circ M_2 \circ \cdots \circ M_n$，其中，$M_1, M_2, \cdots, M_n$

是按照合并规则计算后的结果,如果它们之间存在着相交性,则需要进一步计算。

假设 M_1 和 M_2 之间存在相交性,那么我们依据每一个单元格最多存在于两个结构假说中的这种特性,选择同时属于 M_1 和 M_2 的二义性单元格 e,令其分别属于 M_1 和 M_2,即 $M_1 \circ M_2 = M_{11} \circ M_{21} | M_{21} \circ M_{22}$,其中,$e$ 属于 M_{11},不属于 M_{21},e 不属于 M_{12},e 属于 M_{22}。如果 M_{11},M_{21},M_{12},M_{22} 中的任何一个不再存在二义性单元格,则可利用最终判定规则,判断其正确性。假设执行最终判定规则后 $M_{11} = 0$,则 $M_1 \circ M_2 = M_{12} \circ M_{22}$。此方法利用二义性单元格隶属于假说的枚举来依次测试每一个二义性假说,将无疑增加算法的空间和时间复杂度。在算法实现中,可以采用启发式规则,如二义性相交运算一定是行向和列向结构假说之间的运算,而且对于同一个单元格的规约结果最多只有两种;对于Ⅰ-1型假说,如果提示和输入中只有一个是二义性单元,则此假说正确,且在另一个结构解说中去掉这个单元格,并验证其正确性。这种启发性规则能有效加速相交性计算。

6. 电子表单生成器

电子表单生成器负责将设计阶段产生的软件高层描述利用程序生成技术转化为系统的目标程序代码,通过编译、链接形成可执行应用程序。下面首先介绍程序生成技术的现状,然后详细阐述电子表单的生成过程。

● 程序生成的主要实现技术

目前,实现程序生成的方式呈现多样化,从C的宏定义(macro)到C++的模板技术,再到各种IDE中的向导(wizard),都可以看作是某种代码的生成机制。下面主要介绍几种常见的实现技术。

■ 范型编程(generic programming)

将领域表示成高度通用和抽象的组件集合,这些组件可以以多种方式组合在一起,形成非常高效的、具体的应用程序。泛型包括类型参数化、各种多态、参数化组件的概念[Backhouse 1999],也包括基于模板的、面向组件的编程技术。

■ 面向方面的编程AOP(Aspect-Oriented Programming)

在当前编程方法中,主要集中于编写和组合功能性组件。这些组件在结构化语言中称为过程或函数;在面向对象语言中,称为对象。而错误处理、同步、持久机制、安全性等问题横切于功能性组件,分散于功能性组件代码中,成为小代码片断。这些问题不能以一种清晰、局部化的方式捕捉并加以实现。面向方面的编程技术[Constantinides 2000]弥补了范型编程的不足,使得系统中的横切特征直接映射到解空间中独立的、局部化的方面,而不是将它们从问题空间映射到解空间中分散的小代码组件。在复杂应用中,不可能做到方面与组件和方面与方面的完全分离,而是将两者的耦合度降到最小,通过良好的设计、有效的方面捕捉,获得满意的耦合度要求[Kiczales 1996]。

■ 元程序设计技术

当前，用户对系统的可适应性(adaptable)和自适应性(adaptive)的要求越来越高。可适应性是指系统能够被调整以用于某一个特定的环境，适应性是指系统能够调整自己去适应一个环境。这要求一种能够表示和操纵系统程序的程序，元程序设计技术满足了这样的需求。因此，元程序设计[Cordy 2006]是系统族方法中开发可适应和自适应性系统以及组件装配自动化的关键技术。表示和操纵其他程序或者它们自己的程序被称为元程序(metaprogram)。

■ 意图编程(intention programming)

意图编程是一种基于动态源的可扩展编程和元编程环境[Aitken 1998]。意图编程的主要思路如下：

◇ 将领域特定的程序设计抽象表示为语言特征，这种特征被称为意图。

◇ 使用意图配置来替代传统的、固定的程序设计语言，并且意图配置可以按需载入系统。

◇ 将程序源表示为动态源，而不是传统的、被动的二进制文本。

◇ 允许编程环境任何部分的领域特征进行特定扩展，包括编译器、调试器、编辑器、版本控制系统等用于展示动态源，从而使系统能进行领域特定的优化、领域特定的错误处理和调试支持等。

■ 生成器技术

从狭义上讲，程序生成器(program generator)[Prywes 1979]是接受软件的一个高层描述，然后产生一个基于某种语言的实现。从广义上讲，编译器、预处理器、代码生成器、类生成器、转换组件等都可称为生成器[Squillero 2005]。它主要处理三个问题：

◇ 提高系统描述的意图性：意图描述直接、明确地强调什么是需要的，并且要避免额外的凌乱或者不必要的实现细节。

◇ 计算出一个有效的实现：产生器桥接了高层设计、意图性系统规范和可执行实现之间的巨大鸿沟。

◇ 避免库的缩放问题：产生器在高效抽取组件的同时，进行领域特定的优化，取得相对较好的性能。

● 电子表单生成过程

■ 用户界面的代码生成

用户界面的代码生成是将设计阶段生成的 UI XML 描述文档转换成用户界面的目标程序代码。其过程如图 7.39 所示：首先选择界面描述中的一个组件描述，然后通过组件 ID 在构件实例模板库中选择正确的构件实例生成模板，再结合组件的设计时描述生成组件的实例源码。这些实例源码只是界面组件的初始化表示。

用户界面的代码生成实质上是利用目标程序对每个用户界面组件实例化的

过程,对于这些要生成目标代码的组件,无论其组件属于哪一种形式(DLL二进制组件、ActiveX控件和代码组件),都必须事先实现构件实例生成模版保存于模板库中,否则只能通过二次开发实现。

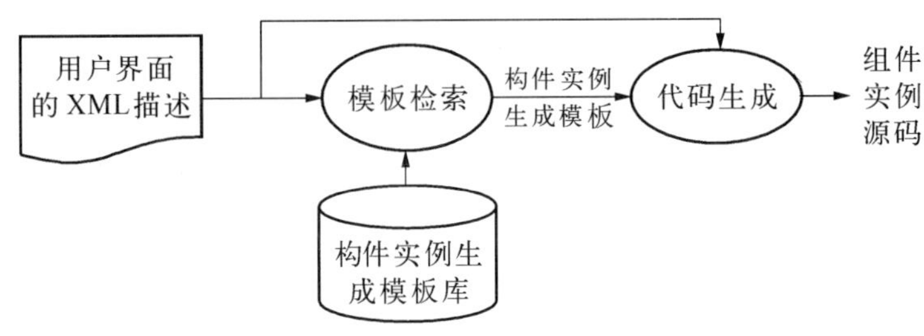

图7.39 界面组件实例的代码生成

■ 业务逻辑的代码转换

在目前已有的电子表单系统中,都使用数据管理系统来实现数据的存储功能。因此,将电子表单系统大体分为应用程序和数据库管理系统两部分。业务规则既可位于应用程序端,也可以位于数据库管理系统上,通常在两者间合理分布,笔式电子表单系统也不例外。对于位于数据库管理系统上的业务规则,用SQL语言或可视化方式来描述,描述方法采用数据类型、核查(check)约束、参照完整性、存储过程、触发器等,并依据采用的数据库管理系统对这些方法进行剪裁,而应用程序中业务规则的描述方法随所采用的编程语言不同而不同。

在将设计阶段的业务规则转换成目标程序时,采用数据库的类型和应用程序语言的类型应由设计者设置,并依据每条业务规则的具体特性决定其在软件框架中的位置。其具体转换过程如图7.40所示:在业务规则的目标代码生成前,先检查设计阶段生成的业务规则描述是否符合电子表单的语言规范,错误时提示用户,让用户对错误进行改正,直到通过词法和语法检查。在生成时,首先将业务规则描述切分成一个语义块,然后和通过过滤机制从转换规范中选择相应的子规范一起转换成目标代码。

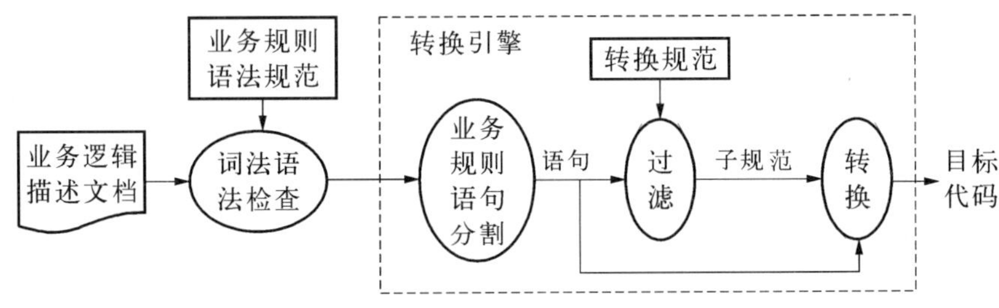

图7.40 业务逻辑的代码转换过程

虽然给出了业务规则的程序生成方法,但业务规则是否需要翻译成目标代码取决于业务逻辑是否易于发生变化。对于长时间稳定不变的业务逻辑可将其固化到应用程序中。而对于经常变动的简单逻辑可存储于文本文件中、或存储于数据库中、或以 T-SQL 语言编写约束存储于数据库管理系统中，通过解释来执行它们。这样，它们可以在部署阶段被修改，而不需要重新编译应用程序。同时也允许企业随着市场或应用的需要而修改这部分规则，增强系统的灵活性。

■ 数据模型与数据存取代码的生成

表单表示设计、交互设计、业务逻辑设计是设计者的输入和指定，是用户对问题域的一个高层描述，是一个具体电子表单的建立基础，三者实现了整个系统的用户模型描述，隐含着电子表单的关系数据模型以及在数据库管理系统层面上的数据存取逻辑。利用设计阶段产生的用户界面描述文档和业务逻辑描述文档，生成关系数据模型的过程如图 7.41 所示。如果用户界面中含有表格，则首先对其中的表格进行结构理解，使表格结构规范化，并利用 XML 对其进行临时存储。然后利用交互设计和业务逻辑设计所提供的知识筛选出核心数据，使不必保存到数据库中的数据被过滤出来，再确定实体与属性以及实体间的约束关系，并生成关系数据模型，同时生成数据存取的相应代码。下面主要介绍表格结构理解、核心数据筛选、关系表与存取代码生成三部分。

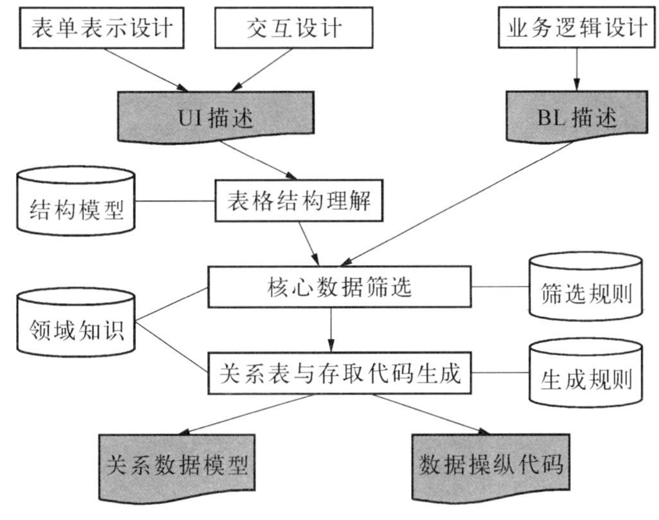

图 7.41 关系数据模型的生成过程

◇ 基本定义与规定

对于自动生成而言，需要用户形式化的输入，我们尽可能让这种输入尽量自然，但仍然需要一定的用户指定，否则即使使用知识库，有时也难以达到自动化的目的。

参照表：是指只有提示、没有填入数据时的表。

派生表：是指由几个表生成的表，主要指统计表和查询表。

派生列：是指某列里的数据由其他已知数据计算而来。

相关数据项：一个数据域里的数据来源于另一个表中的某个域，见规定1。

规定1：对表单的提示定义，要求意义和名称具有一一映射关系，确保无二义性。

规定2：表单设计中使用几种常规的表达格式。

规定3：含有提示的单元格如果还需要用户输入，则需要用户将其设置为输入类型。

规定4：如果空白单元格不打算填入任何内容，则将其设置为拒填。

规定5：将单纯说明性内容设置为说明项。

◇ 表格结构理解

表格结构理解的目的在于确定用户填入的数据与其提示之间的对应关系，并进一步实现核心数据的正确筛选、关系数据模型生成、表单模型与其数据的正确分离。表格结构理解采用的方法是：依据表格的结构语法，获取表格的高层结构，这些高层结构即是理解结果。因此，只要用户界面描述通过了语法检查，就一定能被系统理解。

◇ 核心数据筛选

核心数据是指构成表单的最基本数据，这些数据由用户直接输入或指定（包括列表选择、日期选择等方式），并非由其他数据直接生成。例如，由业务规则生成、系统填入表单的数据一定不是核心数据，这些数据不必在数据库中存储，只在需要时临时生成。另外，查询表、统计表中的数据都不属于核心数据。业务规则、界面设置和交互设计是核心数据筛选规则的建立基础。

在电子表单中，核心数据由两部分构成：提示及其说明的输入数据。提示用来生成数据库表模式，输入数据则存储在由提示生成的关系表中。假设一个电子表单中含有 N 张表单，即 $D=\{F_1,F_2,F_3,\cdots,F_N\}$，利用在表示设计、交互设计、业务逻辑设计阶段已经定义的约束关系，核心数据筛选步骤如下：

(1) 依据交互设计除去所有说明项和拒填项；

(2) 依据业务规则除去所有派生表，包括查询表、统计表；

(3) 依据业务规则除去所有派生数据项。

■ 关系表与存取代码的生成

关系数据模型生成是利用数据库表建立(create)的语法与核心数据生成电子表单的关系数据模型。然而，由于表单结构复杂而造成两者无法一对一地直接映射，并满足BNCF范式，因此需要将表单分解以适合关系数据库模式。为便于转换，一个表单可表示为：$form=\sum_{k=1}^{n}(A_{k1},A_{k2},A_{k3},\cdots,A_{km})$，其中，$A$ 是提示的统称，$\sum$ 表示表单的组成关系，k 表示表单中提示所对应数据的行数或列数，m 表示表中有 k 行数据所对应提示的序号；当 $m=0$ 时，表示无此项。以此式为基础，利用用户提供的数据约束、数据类型生成关系数据库表。

在数据库表生成时，不仅要考虑表单模型和数据库表模式之间的对应关系，还要考虑两者数据间的对应关系，以实现表单中数据的正确存取。从应用程序角度，表单作为一个整体进行读取、删除、修改等操作；从数据库角度，表单以记录形式进行插入、删除、修改等操作。为兼顾两者，需生成转换两者的目标代码，即将属于同一表单的数据分解到数据库表中存储，反过来将本属于同一个表单的数据从数据库中读出与表单模型合并生成表单实例。为避免数据库中留下垃圾数据、确保操作的准确性，需要在转换过程中将一个表单中数据操作作为一个事务来处理。为能在数据库中准确操纵同一表单的数据，确保数据并非来源于其他表单，在表单分解成的每一个数据库表中增加一个标志位用以标识数据的来源表单。

■ 代码合并

代码合并是将从不同维度描述电子表单的程序代码合并为一个完整的应用程序（见图 7.42）。在电子表单代码合并前，整个应用程序由电子表单框架代码、用户界面代码、业务逻辑代码和数据存取代码（应用程序与数据库连接）四部分组成，并且这些代码相互独立。电子表单平台代码是手工代码，描述了电子表单软件的公共体系结构，包含了电子表单所需要的各种组件、手势库和笔事件处理等功能。用户界面代码、业务逻辑代码、数据存取代码是工具的生成代码。用户界面代码描述具体电子表单用户界面的初始状态；业务逻辑代码描述电子表单中的业务规则；数据存取代码实现应用程序同数据库的连接和表单数据的存取。这三部分代码依据配置规则、程序模板来实现电子表单所有源代码的合成，形成一个完整可编译的应用程序。其中，配置规则描述电子表单的生成代码与平台代码的衔接关系，以及平台代码的剪裁属性；程序模板描述如何将电子表单的生成代码组装成应用程序的各个源文件。

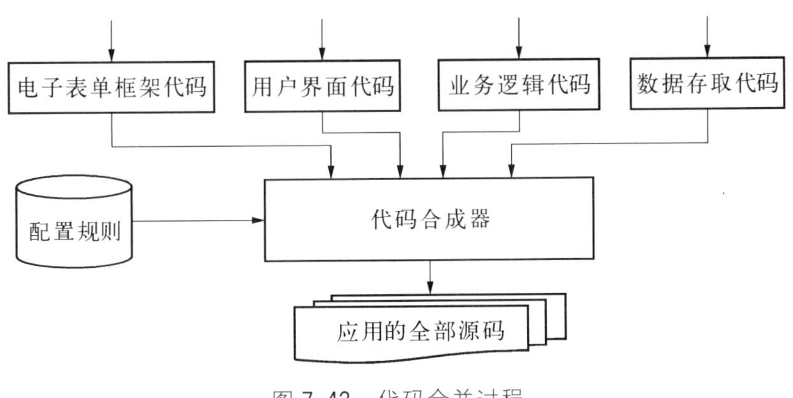

图 7.42 代码合并过程

参考文献

[田丰 2004] 田丰,牟书,戴国忠,等. Post-WIMP 环境下笔式交互范式的研究[J]. 计算机学报, 2004, 27(7): 977 - 984.

[田丰 2005] 田丰,秦严严,王晓春等. PIBG Toolkit: 一个笔式界面工具箱的分析与设计[J]. 计算机学报, 2005, 28(6): 1036 - 1042.

[李杰 2005a] 李杰,田丰,戴国忠. 笔式用户界面交互信息模型研究[J]. 软件学报, 2005, 16(1): 50 - 57.

[李杰 2005b] 李杰,秦严严,田丰,等. CoPenML: 基于 XML 的笔式用户界面构件体系结构[J]. 计算机研究与发展, 2005, 42(7): 1143 - 1152.

[Aitken 1998] AITKEN W, DICKENS B, KWIATKOWSKI P, et al. Transformation in Intentional Programming[C]//Proceedings of the 5th International Conference on Software Reuse, 1998: 114 - 123.

[Backhouse 1999] BACKHOUSE R, JANSSON P, JEURING J, et al. Generic Programming: An Introduction[M]. Advanced Functional Programming. Springer-Verlag, 1999: 28 - 115.

[Beaudouin 2002] BEAUDOUIN-LAFON M, MACKAY W. Prototyping Tools and Techniques [M]. The Human-Computer Interaction Handbook: Fundamentals, Evolving Technologies and Emerging Applications, 2002.

[Buxton 1983] BUXTON W, et al. Towards a Comprehensive User Interface Management System [C]//Proceedings SIGGRAPH ' 83: Computer Graphics. Detroit, Mich, 1983, 17: 35 - 42.

[Cao 2005] CAO X, BALAKRISHNAN R. Evaluation of an On-line Adaptive Gesture Interface with Command Prediction [C]//Proceedings of the 2005 Conference on Graphics Interface. Victoria, British Columbia. Canadian Human-Computer Communications Society, 2005: 187 - 194.

[Card 1980] CARD S K, MORAN T P, NEWELL A. The keystroke-level model for user performance time with interactive systems[J]. Communications of the ACM, 1980, 23: 396 - 410.

[Carroll 1997] CARROLL J M. Human-computer interaction: Psychology as a science of design [J]. Int. J. Human-Computer Studies, 1997, 46(4): 501 - 522.

[Carroll 1998] CARROLL J M, et al. Minimalism beyond "The Nurnberg Funnel"[M]. Cambridge: MIT Press, 1998.

[Carroll 2001] CARROLL J M, ROSSON M B, ISENHOUR P L, et al. Designing Our Town: MOOsburg[J]. International Journal of Human-Computer Studies, 2001, 54: 725 - 751.

[Cleary 1984]CLEARY J G, WITTEN I. Data compression using adaptive coding and partial string matching[J]. IEEE Transactions on Communications, 1984, 32(4): 396 - 402.

[Cole 1996] COLE M. Cultural Psychology: A Once and Future Discipline[M]. London: The Belknap Press of Harvard University Press, 1996.

[Constantinides 2000] CONSTANTINIDES C A, BADER A, ELRAD T H, et al. Designing an aspect-oriented framework in an object-oriented environment[J]. ACM Computing Surveys (CSUR), 2000, 32(3): 1-12.

[Cordy 2006] CORDY J R. Invited talk: Source transformation, analysis and generation in TXL[C]//Proceedings of the 2006 ACM SIGPLAN symposium on Partial evaluation and semantics-based program manipulation PEPM '06. ACM Press, 2006.

[Curtis 1990] CURTIS G, VERTELNEY L. Storyboards and Sketch Prototypes for Rapid Interface Visualization[C]//Tutorial 33 of the Conference on Human Factors in Computing Systems. USA, 1990.

[Engeström 1999] ENGESTRÖM Y, MIETTINEN R. Introduction[M]// ENGESTROM Y, MIETTINEN R, PUNAMÄKI R-L. Perspectives on Activity Theory. UK: Cambridge University Press, 1999.

[Gajos 2007] GAJOS K Z, WOBBROCK J O, WELD D S. Automatically generating user interfaces adapted to users' motor and vision capabilities[C]//Proceedings of the 20th Annual ACM Symposium on User Interface Software and Technology. ACM, 2007: 231-240.

[Henderson 1986] HENDERSON D A, Jr. The Trillium User Interface Design Environment [C]//Proceedings SIGCHI'86: Human Factors in Computing Systems. Boston, 1986: 221-227.

[Hua 2002] HUA Q, WANG H, MUSCOGIURI C, et al. A UCD Method for Modeling Software Architecture[C]//DAI GUOZHONG. Proceedings of the APCHI 2002, 2002, 2: 729-743.

[ISO 1999] ISO 13407[S]. Human-Centered Design Process for Interactive Systems, 1999.

[Kahn 1962] KAHN H. Thinking about the Unthinkable[M]. New York: Horizon Press, 1962.

[Kankainen 2003] KANKAINEN A. UCPCD: user-centered product concept design[C]// Proceedings of the 2003 Conference on Designing for User Experiences. California, 2003: 1-13.

[Kay 1969] KAY A. The Reactive Engine[D]. Electrical Engineering and Computer Science University of Utah, 1969, 327.

[Keil 1995] KEIL M, CARMEL E. Customer-developer links in software development[J]. Communications of the ACM, 1995, 38(5): 33-34.

[Kentaro 2004] KENTARO G O, CARROLL J. The blind men and the elephant: Views of scenario-based system design[J]. ACM Interactions, 2004, 11(6): 44-53.

[Kiczales 1996] KICZALES G. Aspect-oriented programming[J]. ACM Computing Surveys (CSUR), 1996.

[Kujala 2000] KUJALA S, MANTYL A M. Is user involvement harmful or useful in the early stages of product development? [C]//Proceedings of ACM. New York: ACM, 2000: 285-286.

[Leont'ev 1981] LEONT'EV A N. The Problem of Activity in Psychology[M]//SHARP M E. The Concept of Activity in Soviet Psychology: An Introduction. New York, 1981: 37-71.

[Mao 2005] MAO J Y, VREDENBURG K, SMITH P W, et al. The state of user-centered design practice[J]. Communications of the ACM, 2005, 48(3): 105-109.

[Muller 1991] MULLER M J. PICTIVE: An exploration in participatory design [C]// Proceedings of CHI'91, USA, 1991: 225 - 231.

[Muller 2001] MULLER M J. Layered participatory analysis: New developments in the CARD technique[C]//Proceedings of CHI 2001, 2001: 90 - 97.

[Myers 2000] MYERS B, HUDSON S E, PAUSCH R. Past, present and future of user interface software tools[J]. ACM Transactions on Computer-Human Interaction, 2000, 7(1): 3 - 28.

[Nikkanen 2004] NIKKANEN M. User-Centered Development of a Browser-agnostic Mobile E-mail Application [C]//DYKSTRA-ERICKSON E, TSCHELIGI M, et al. Proceedings of Nordi CHI'2004. New York: ACM, 2004: 53 - 56.

[Norman 1988] NORMAN D. The Design of Everyday Things [M]. New York: Basic Books, 1998.

[Norman 2005] NORMAN D A, NORMAN N, et al. Human-Centered Design Considered Harmful[J]. ACM Interactions, 2005, 12(4): 14 - 19.

[Paterno 2002] PATERNO F. Introduction to the EUD-Net EU Network of excellence[C]// Presentation at first EUD-Net workshop in Pisa, Italy, 2002.

[Preece 2002] PRECE J, ROGERS Y, SHARP H. Interaction Design: Beyond Human-Computer Interaction[M]. John Wiley & Sons, 2002.

[Prywes 1979] PRYWES N S, AMIR, SHASTRY S. Use of a nonprocedural specification language and associated program generator in software development[J]. ACM Transactions on Programming Languages and Systems (TOPLAS), 1999, 1(2): 196 - 217.

[Raskin 2000] RASKIN J. The Humane Interface: New Directions for Designing Interactive Systems[M]. Addison-Wesley, 2000.

[Rauschert 2002] RAUSCHERT I, AGRAWAL P, SHARMA R, et al. Designing a human-centered, multimodal GIS interface to support emergency management[C]//ACM-GIS, 2002: 119 - 124.

[Rolland 1998] ROLLAND C, ACHOUR C B, CAUVET C. A proposal for a scenario classification framework[J]. Requirement Enigeering, 1998, 3(1): 23 - 47.

[Schmidt 2006] DOUGLAS C S. Model-driven engineering[J]. IEEE Computer. 2006, 39(2): 25 - 31.

[Smailagic 1999] SMAILAGIC A, SIEWIOREK D. User-centered interdisciplinary concurrent system design[J]. ACM Mobile Computing and Communication Review, 1999, 3(3): 43 - 52.

[Squillero 2005] SQUILLERO G. MicroGP: An evolutionary assembly program generator[J]. Genetic Programming and Evolvable Machines, 2005, 6(9): 247 - 263.

[Sukaviriya 1993] SUKAVIRIYA P, FOLEY J D, GRIFFITH T. A second generation user interface design environment: The model and the runtime architecture[C]//Proceedings of CHI'93, 1993: 375 - 382.

[Szekely 1992] SZEKELY P, LUO P, NECHES R. Facilitating the exploration of interface design alternatives: The HUMANOID model of interface design[C]//Proceedings on Human Factors in Computing Systems, 1992: 507 - 515.

[Thomas 1983] THOMAS J J. Graphical Input Interaction Technique (GIIT) workshop summary[J]. SIGGRAPH Computer Graphics, 1983, 17(1): 5-30.

[Troyer 1998] TROYER D O, LEUNE C J. WSDM: A User-Centered Design Method for Web Sites[C]//Proceedings of the 7th International World Wide Web Conference, 1998: 85-94.

[UML 1998] UML Summary [OL]. Version 1. 1 http://www. rational. com/uml/html/summary/ and Statechart notation, http://www. rational. com/uml/html/notation/notation9a.html, 1998.

[Visual C++ MFC Component] Visual C++ MFC Components[M/OL]. Welcome to UCanCode Software.

[Weisscher 2004] WEISSCHER A, JOSINE VAN DE VEN, KOLLI R, et al. User centered design at European patent office[C]//Proceedings of CHI'2004, 2004: 1087-1088.

[Zanibbi 2004] ZANIBBI R, BLOSTEIN D, CORDY J R. A survey of table recognition: models, observations, transformations, and inferences[J]. International Journal of Document Analysis and Recognition, 2004, 7(1): 1-16.

[Zanibbi 2005] ZANIBBI R, BLOSTEIN D, CORDY J R. Historical recall and precision: summarizing generated hypotheses [C]//Proceedings of the International Conference on Document Analysis and Recognition (ICDAR2005), 2005: 202-206.

第8章　草图用户界面

8.1　草图用户界面概述

草图用户界面是新一代自然用户界面。随着计算机硬件和软件技术的发展，人和计算机之间的关系也发生了深刻变化。人机交互向着更透明、更灵活、更高效、更智能的方向发展，计算机在人们学习生活中的作用越来越重要，提供服务的方式也越来越友好和自然。用户逐渐成为交互关系中的主体，交互模式朝着“用户自由”的方向发展[Canny 2006，Abowd 2000]。ACMSIGCHI 终身成就奖获得者 Ben Shneiderman 教授指出新的计算技术将关注人能做什么，人的天性和需要并没有因为计算机的发明而改变[Shneiderman 2002]。利用人与日常物理世界打交道时所形成的自然交互技能来获得计算机提供的服务更符合人的认知特点，因此模拟传统纸笔式交互方式的草图用户界面(sketch-based interface)逐渐成为自然人机交互的一个研究热点。如人们所知，达·芬奇作为一位广受赞誉的艺术家、科学家和工程师，也是史上了不起的天才。他随身带着不同大小的多个笔记本，用来随时记录他的各种想法或者涂鸦，他一生留下了13 500 页左右的草图记录，但只有不到 5 000 页保存了下来，为后人提供了宝贵的资料和知识经验[Shneiderman 2002]。现今，草图用户界面越来越被接受和应用，因其本身具有的属性决定了它是一种思考性的对话交流方式，可以同时在不同的抽象层次上进行交流[Casper 1997，Cross 1999]。

草图用户界面秉承了传统纸笔的交互隐喻，是自然用户界面的一个重要类型，它将纸笔的灵活性和计算机处理的高速度和高性能融合一起，提供了一种自然、高效的方式与计算机系统交互。而为了能更有效地辅助人们思路的表达和交流，实现草图用户界面的智能化，基于上下文感知的方法是一个重要途径，系统可自动对各种上下文信息、上下文变化以及上下文历史信息等进行感知来调整自身行为[Henricksena 2006，Dey 1999]。近年来，普适计算技术的发展为上下文感知技术和草图用户界面的研究和发展提供了更广阔的前景，引入了新方法和新技术，对基于上下文感知的草图用户界面的研究具有重要的理论意义和实际应用价值。

8.1.1 草图用户界面的定义

草图是草图界面的主要信息载体，是弥补人与计算机之间鸿沟的信息介质。Ferguson 将草图解释为交互过程中利用图形和语言信息表达空间和概念信息[Ferguson 2002]。Fish[Fish 1990]认为手绘草图是人类一种自然而直接的思路外化和交流方式。从草图的数据组成来看，草图是一系列带有时间和空间信息的点的集合，它的基本组成单位是笔画。从草图所传递的信息内涵来看，它一方面是对客观事物、抽象思维等信息的形象化表达，另一方面是信息加工过程中人向计算机传达的操作指令。孙正兴[孙正兴 2005]认为，基于手绘草图人机交互技术是“一种以笔式交互为信息获取手段，以捕捉和理解用户的输入意图为目的，融合用户交互技术、图形图像技术以及视觉形象思维技术，并面向人类思维过程的技术”。从研究角度出发，草图用户界面以草图为主要信息载体形式，是人与计算机间信息交流的方式之一，是沟通人脑中的概念模型与计算机的可计算模型之间差异性的桥梁，为表达连续性的设计概念和创新思维提供有力手段。

草图用户界面与笔式用户界面都以笔作为主要的交互输入设备，具有一定的相似之处。但草图用户界面并不以笔作为唯一的交互输入设备，两者最大的不同体现在草图用户界面强调信息加工活动中信息载体的表现形式，其研究重点是草图，笔式用户界面强调信息加工活动中的交互设备，其研究的重点是基于该交互设备的交互技术。

8.1.2 草图用户界面的基本特点

草图是一种借助视觉形象表达，传递概念性的、抽象的信息或模糊的、不精确的用户意图的非结构化信息，是草图用户界面的主要信息表现形式。从草图信息的特征来看，草图用户界面具有模糊性、抽象性和差异性的特点。

- 模糊性

某些情况下人们的意图本身就是模糊的，常常自己也不清楚所要表达的信息或意图的确定形态是什么。草图能够通过一种非精确的模糊形态描绘用户这种“似是而非”的意图。这也使得不同的人对同一幅草图可能具有不同的理解。

- 抽象性

草图往往是对客观世界中真实对象或人脑思维意图的一种概括性的、抽象性的描述。它通过简单、抽象的特殊符号表征复杂、具体的语义内涵，使人往往

“看一眼就能明白大致的含义”。

- 差异性

不同的用户或者同一用户在不同的环境下，描述同一事物所采用的草图的表现形式或绘制顺序可能不同，体现了很强的用户差异性。

从交互特性来看，草图界面以笔作为主要的输入设备。与鼠标等交互设备不同，笔手势运动在三维空间中，除了包含笔尖运动的二维空间轨迹信息外，还包括笔的倾角、压力等多维信息。由于笔的输入方式与鼠标、键盘的交互方式不同，草图用户界面与基于 WIMP 范式的图形用户界面相比，具有连续性、非精确性和不确定性的交互特点。

- 连续性

与鼠标等以点击操作为主的交互设备不同，基于笔的交互方式借助手腕在“纸”上的连续运动实现勾画各种符号和手势，其操作过程是连续的。

- 非精确性

WIMP 界面中的菜单、按钮等交互组件在触发时需要准确定位，属于精确操作。相反，草图界面中的笔迹、手势属于一种非精确信息，同一种交互手势的判定标准是模糊的。

- 不确定性

由于交互的非精确性，草图的识别、理解存在着不确定性，即二义性问题，这也为草图符号正确的识别和理解增加了难度。其正确理解的困难程度与用户手绘的自由度成正比例。

8.1.3 草图用户界面的发展历程

借助计算机模拟纸、笔进行交互并不是新鲜事物。早在 20 世纪 60 年代，研究者们就开始思考、研究草图用户界面。Ivan Sutherland 的交互式图形系统 Sketchpad 允许用户用光笔通过在阴极射线管屏幕上输入命令来完成对图形的操作并与计算机交互，揭开了计算机手绘输入技术的序幕[Sutherland 1963]。70 年代，MIT 开发了 Architecture-By-Yourself[Weinzapfel 1976]和 HUNCH [Herot 1976]，开始探索计算机如何解释手绘图，解释手绘图需要哪些推理机制和领域知识的支持，推动了草图界面的发展。进入 80 年代，随着笔式交互硬件设备的发展，草图用户界面也得到了一定的商业化应用。但由于硬件设备技术的不成熟、复杂识别技术的匮乏，大部分商业应用最终以失败而告终。同一时期，图形用户界面通过“所见即所得”的桌面隐喻方式表现计算机复杂、抽象的交互指令，大大减轻了用户的认知负担，逐渐发展成为主流，从一定程度上制约了草图用户界面的发展。

随着生产技术的发展，计算机软件的功能越来越庞大，界面越来越复杂，传统 WIMP 界面不得不通过结构复杂的菜单或大量按钮等控件实现系统功能的交互。交互时，人们通过搜索目标菜单或按钮以完成既定任务，只有熟练记忆各种菜单和按钮的功能与位置的“专家”，才能快速地完成目标任务。单一的基于 WIMP 的图形用户界面不再适合某些特定领域。为适应不同的应用领域的应用需求特点，用户界面也向多元化方向发展起来。其中，草图用户界面以草图作为人机交流的信息载体，其特有的模糊性和非精确性使得草图界面非常适合概念设计、思维捕捉等创造性活动应用。随着硬件设备（小型化、便携式和无线化设备）及笔输入相关的发展和普及，草图用户界面重新得到了新的发展，逐渐成为国内外学术界研究的一个热点。

国外的麻省理工学院（MIT）人工智能实验室、UC 伯克利、多伦多大学、布朗大学、华盛顿大学、日本东京大学以及微软研究院等，国内中国科学院、南京大学、浙江大学都在草图界面及其相关支撑技术方面开展了积极的研究。国际会议、期刊方面，ACM 和 IEEE 顶级会议和期刊每年都发表草图相关技术的研究成果。特别在 2006 年和 2007 年，ACM SIGGRAPH 针对草图用户界面分别组织了专题“An Introduction to Sketch Based Interface”和“Sketch Based Interface：Techniques and Applications”，对草图用户界面及其相关关键技术进行了较为全面的介绍，并收录了草图界面相关经典文献 30 多篇。《IEEE Computer Graphics and Applications》在 2007 年年初出版了关于草图用户界面的一卷专题文章。欧洲计算机图形学协会（EuroGraphics）从 2004 年开始每年举行一次关于草图界面与建模研究的学术年会（Workshop on Sketch-Based Interfaces and Modeling）。美国人工智能协会（AAAI）2002 年组织了关于 Sketch Understanding 的专题研讨会，在 2004 年组织了关于 Making Pen-Based Interaction Intelligent and Natural 的专题研讨会。这些学术活动极大地推动了草图用户界面的研究与发展。

8.2 草图界面国内外研究现状

目前，国内外学术界对草图用户界面还没有给出很明确的定义，对“sketch”字面解释为初步研究而绘制的草图或大略图形，具体到交互的研究，它可以解释为一个过程，通过采用笔或者鼠标勾画数字笔迹来输入信息到计算机。20 世纪 60 年代，Ivan Sutherland 的交互式图形系统 Sketchpad 揭开了对草图交互技术研究的序幕[Sutherland 2003，Sutherland 1963]，如图 8.1 所示。它允许用户用一支光笔通过在阴极射线管屏幕上输入命令来完成对图形的操作并与计算机交互。之后出现的比较著名的系统有 Architecture-By-Yourself[Weinzapfel 1976]和 HUNCH[Herot 1976],开始了对识别手写符号和利用机械领域知识推理方面的研究。

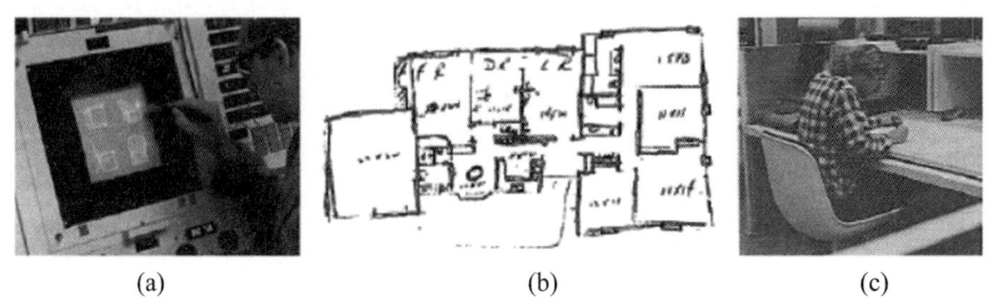

(a) (b) (c)

图 8.1 草图用户界面发展的历史

(a) SketchPad[Sutherland 1963];(b)Architecture-By-Yourself[Weinzapfel 1976];(c)HUNCH[Herot 1976]

20 世纪 90 年代中期以来,人们开始对草图用户界面技术及其应用进行大量的研究,取得了很多成果。国外学术界对草图用户界面的研究主要可以分为两大方面:一是对各类输入草图的识别与建模技术的研究,主要是对输入原始笔迹的预处理、识别、推理、理解以及模糊性处理等;二是针对不同领域的应用研究,利用不同的知识或领域约束,对用户行为和输入草图进行理解。草图用户界面开始被应用到各种领域,如概念设计、构思、建模、动画、用户界面原型设计、谱曲、服装设计、机械和数学公式录入识别等,在很大程度上提高了应用的效率和性能,改善了人机交互。对目前存在的各种不同类型的草图用户界面,Davis 教授等提出从草图包含笔画的数量信息和包含的模糊性水平两个角度来划分草图用户界面类型的方法。基于目前草图识别和理解算法,一类草图用户界面中如果对勾画的草图信息存在越多种可能的识别和解释结果,则这类界面的模糊性就越高,图 8.2[LaViola 2006]描述了不同类型的草图用户界面。

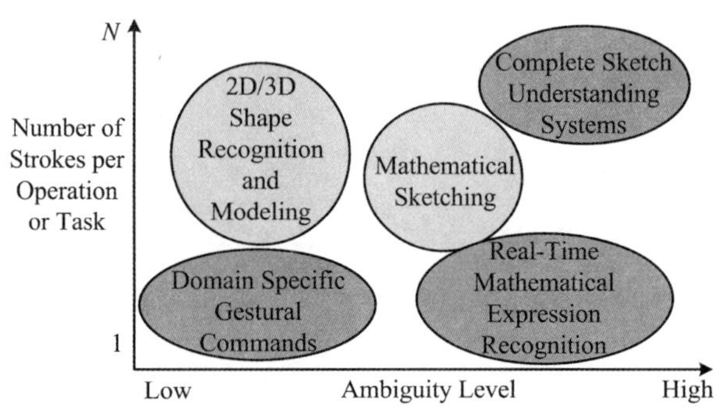

图 8.2 草图用户界面类型分析

8.2.1 草图用户界面的操作、识别与建模

主要研究2D笔迹信息的处理和识别技术以及3D建模技术。笔迹信息处理的流程一般可用图8.3表示，首先系统对原始笔画信息进行预处理除去一些噪声，通过分段整理成具有一定逻辑关系的点序列，按照特定的构成特征、规则识别为相应的图形类别，结合具体的解释算法，给出所需要的草图理解结果[LaViola 2006]。

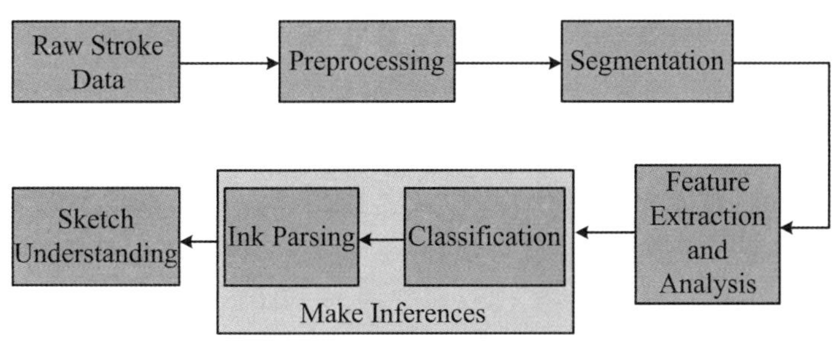

图8.3 草图笔迹处理流程

笔手势是草图用户界面的重要特征，表示草图用户界面中的操作命令(以下简称手势)，除手势操作命令外的操作对象等均称为草图。UC伯克利的研究人员在手势方面做了很多工作，开发了手势设计工具GDT系统，主要是针对单笔画手势，采用Rubine基于特征的识别算法[Long 2001]，对每个手势类只要求很少数量的训练样本(每个手势类需1 520个样本)，算法较容易实现，通过实验分析手势设计过程并开发手势设计评估工具。之后对多笔画手势以及手势的相似性问题也进行了一些研究[Long 2000，Hse 2002]。目前手势还没有被广泛地应用，还没有足够独立性的交互资源，因此对手势提供一种形式化描述方式是很重要的，可以更好地支持手势在草图用户界面中的应用。

国际上很多研究单位对2D草图系统做了大量的工作。美国Xerox中心的PerSketch系统支持Ink数据多感知技术、特定领域知识库以及基于手势的对象选取方式[Saund 1994]。日本Takeo Igarashi等人开发出Pegasus[Igarashi 1997，Igarashi 1998]，Flatland[Mynatt 1999]和Tivoli[Minneman 1995，Moran 1996，Moran 1997]系统，分别对Ink的美化操作、成组技术以及Ink数据类型的创建等方面进行了相关研究。Gross的Electronic Cocktail Napkin系统采用了多笔画识别算法支持2D图表识别[Gross 1994]。Joseph LaViola在其博士论文中详细研究了通过草图录入数学符号、图表和数学公式的方法[LaViola 2005]。此外，还有一些草图仿真方面的应用，例如，Sim-U-Sketch创建Simulink模型[Kara 2004a]，VibroSketch对振动系统仿真[Kara 2004b]。Music

Notepad 则支持通过草图界面输入五线谱，被识别后可以播放[Forserg 1998]。

8.2.2 草图用户界面领域应用研究现状

近几年，3D 草图界面越来越广泛地应用到各领域中，如动画[Thorne 2004]、树木建模[Okabe 2005]、花卉建模[Ijiri 2005]、人体服装建模与设计[Turquin 2007]、发型建模[Malik 2005]等等，大都是通过自由勾画的草图形式快速给出设计原型，结合不同的领域知识完成草图理解。还有一些是对笔迹处理工具包系统的研究，如 SATIN 是基于自由笔迹应用的开发工具包[Hong 2000]，建立笔式应用框架，支持自然随意的笔式应用开发。DENIM 和 SketchySPICE 是基于 SATIN 技术开发的两个应用实例。DENIM 是一网站设计工具，支持概念设计阶段中的信息处理、浏览以及交互设计，并支持手势设计和笔画处理[Hong 2000]。SketchSPICE 支持简单电路 CAD 设计，用户可以勾画门电路及连接情况，其中加入了特定的识别特征和领域知识。此类系统主要是在识别的基础上进一步结合领域知识完成对草图的理解，但对交互过程中的上下文感知信息没有很好地融入，对用户意图的捕捉和求解没有进行深入的研究。

国内也对草图用户界面相关技术做了大量的研究工作。中国科学院软件所、南京大学、北京航空航天大学、西北工业大学、浙江大学、北京大学等单位在这一领域中进行了相关的研究和应用，取得了很多研究成果。中国科学院软件所在笔式用户界面、草图技术、上下文感知计算的研究方面进行了大量卓有成效的工作，并和北京师范大学心理系和中国科学院心理所进行过多年合作，在用户模型、用户体验等方面也有很多研究成果，为草图用户界面的进一步深入研究提供了坚实的基础[马翠霞 2004，马翠霞 2005a，马翠霞 2005b，马翠霞 2003]。南京大学在草图识别和语义理解方面进行了大量的研究，并从草图的几何模糊性、用户适应性和应用独立性及其关系方面开展了相关的研究[Sun 2003，Sun 2004]，取得了很好的研究成果。北京航空航天大学[巩应奎 2005]、西北工业大学[宋保华 2004]、浙江大学[方贵盛 2006]等单位对草图 3D 建模方面进行了一些相关的研究。北京大学[岳玮宁 2005]在移动环境中基于上下文感知系统的建模方面进行了一些研究。

8.2.3 草图用户界面领域应用分析

草图用户界面以笔作为主要输入设备，虽然符合人们传统使用纸笔的习惯，具有交互自然的特点，但并非适合所有应用领域。一般地，草图界面适合具有如下应用特点的领域：① 满足任务执行过程中所应采取的交互方式（笔式交互）与人的先验知识和认知特点相一致，即在没有计算机辅助的情况下，用户早已习惯用传统的纸笔作为辅助工具；② 交互设备操作方式与用户界面信息载体表现形式一致，即交互活动中人与机器交换的信息以图形、特殊符号等类型为主，交互任务涉及勾画、绘制等以笔为主要输入设备的操作；③ 适合以发散思维或创新设计活动为主的应用领域，即需要将用户脑海中不完整的构思快速转化为草图的过程，这一过程亦被称为观念作用阶段(ideation stage)[Kolli 1993]。

通过对当前主要从事草图相关研究的研究机构和国际期刊会议中关于草图界面的研究成果的调研和分析，总结得到当前对草图界面的研究主要集中在两方面：一类是对各类输入草图的识别与建模等支撑技术的研究，主要是输入原始笔迹的预处理、识别、推理、理解以及模糊性处理等；另一类是针对不同应用领域，研究草图界面在其中的应用特点，利用领域相关的知识或域约束对用户行为和输入草图进行理解，以实现草图界面在概念设计、构思、建模、动画、界面原型设计等领域的应用。

与笔式用户界面不同，草图用户界面强调信息传递的媒介——草图，草图用户界面在各不同领域中扮演重要作用，是建立领域信息系统与用户思维意图之间的桥梁，从而保证信息的双向交流。草图在其中所发挥的功能包含两个主要方面：一方面是作为静态的符号系统，借助草图这种信息载体的形式描述或表征各种不同类型的领域信息，从而使人机交互过程中的信息的表现形式更加贴近人的认知水平；另一方面是描述动态的交互意图，通过各种草图符号或手势向信息系统传递用户操作指令，以促进交互的进行。

8.3 草图输入与草图理解

8.3.1 自由勾画的设计方式

草图界面与传统的基于 WIMP 的图形用户界面不同，具有连续性、非精确性、不确定性的特点。因其本身具有的属性决定了它是一种思考性的对话交流方式，可以同时在不同的抽象层次上进行交流[Casper 1997]。

草图设计在新产品的概念设计和开发过程中是最重要的环节之一。因为概念设计作为整个设计周期的早期阶段，是一项带有创造性的工作。同时，早期阶段的设计想法又是粗略的，是一种即时闪现的灵感，不可能有精确的尺寸信息和几何信息。所以在设计中，及时地捕捉和记录下最新的构思和创意，对于设计来说是必要的。设计早期的概念想法有很高的价值，一种好的表达方式既能够给早期设计提供一种框架结构，又能够更好地去辅助理解要解决的问题。利用草图，设计者间的交流也很容易实现，当设计者通过勾画来探索思想和寻找解决方法的时候，徒手绘制草图在早期设计中占有重要的地位。但目前许多CAD系统要求用户提供一些比较精确的信息，从而影响了设计意图的自然流露。

徒手勾画草图的灵活性决定了在概念设计阶段有不同类型的草图设计方式[Rodgers 2000]。剑桥大学的Ferguson曾指出，设计者可以利用草图探索新的想法，比较不同的方法和捕捉灵感。他区分了三种不同的草图概念，一是思考性草图(thinking sketch)，设计者用来集中于创意和指导思维；二是说明性草图(perscriptive sketch)，设计者用来指导绘图人员完成绘图；三是会话草图(talking sketch)，用来在设计师和工程师等人之间的交流以解决一些复杂或模糊的问题。

在所有生产和设计工作中，草图设计是最常用的一种表达手段。Ullman认为由于人的STM(Short Term Memory system)[Ullman 1990]，及时地将各种构思具体化是非常必要的，并且通过对机械人员的调查，他们发现利用草图来进行设计是设计人员最习惯用的方式，通过概念设计而得到的图形几乎100%都是以草图形式存在的。Scivener和Clark(1993)将草图设计描述为“一种特殊的图形形式，使得创造者可以更快地生成他们的构思”。

草图勾画能够以最自然、最快的方式将设计概念具体化。一些研究人员对草图有很高的评价，Athavanker(1992)描述了一种典型的构思方案：“在深思熟虑之后，进行迅速的草图勾画”。草图勾画也是一种最自觉并且最简单的手段。Athavanker还发现设计者在进行创意时是完全摒弃了外界的物理空间的，头脑中只有图纸、绘笔及自己的手动。Sshenk(1991)则引用了图形设计人员的一句话：“当设计时，你的手就是大脑的一部分，就像你的大脑在绘图一样。”由此可以看出草图勾画对于设计来说是多么重要。

8.3.2 草图识别与重建

草图识别技术，是提取设计者设计意图的关键技术。支持自由手绘的草图系统能够实现基于时序-空间相关性的笔式输入点集拾取，并对其时序及空间信息进行预处理，建立起时序-空间相关性良好的空间图形点集，最终采用合适的识别算法得到图形对象。在线图形理解过程中，特别是工程图理解，图形识别尤为重要。近年来，人们已经提出了针对某些图形的识别方法，如字符分离与识别、箭头识别、圆弧识别、虚线识别、标注识别及方框识别。这些图形识别都是专用的，只能用于各自种类的图形识别，还没有一个统一通用的图形识别方法。对于某些干净而简单的图纸，用这些方法可取得较好的识别效果，但对于中等复杂程度以上的图纸，其识别效果尚不令人满意[Apte 1993]。

草图重建技术是将设计师的二维和三维设计草图进行三维建模的关键技术,草图重建技术发展相对比较成熟,国内外已建立了一些产品概念形状的快速生成系统以及基于草图的 CAD 系统[Dijk 1995,邓益民 1996]。一些大型 CAD/CAM 软件系统如 Pro/Engineer,Unigraphics 都可提供相应模块。

一些研究者致力于使用多个正交视图来合成三维物体[Masuda 1997,Yan 1997],还有一个研究领域是使用单个平行投影视图来进行三维重建。重建算法主要有标注法(line-labeling scheme)和优化方法(optimization-based approach)。标注法由 Huffman 和 Clowers[Clowers 1997]提出,可以解决多面体重建问题。它把线段分成三类:凸边(convex edge)、凹边(concave edge)和包围边(occluding edge)。通过标注,只有有限数目的标注方案可以使各条边相交于顶点处,如果有几条直线相汇于某个顶点,那么这些直线的可能标注方案是有限的。Kanade 和 Sugihara 对 Huffman-Clowers 标注方案法做了一些扩展,使用顶点库来辅助处理,同时把启发规则引入此方法中[Kanade 1980]。标注法使用的是隐藏线消除后的二维视图,而优化方法需要具有完整线框信息的二维视图。优化方法按照某种策略逐步赋予各个顶点一个深度值,使生成的三维实体线框图与作为输入的线框图对应各条边所形成的夹角误差达到最小。三维重建的另一种方法是在勾画过程中直接指定深度信息。Fukui 开发的系统就使用此方法,系统对面逐个进行转换,对于单独的没有邻接面的表面,直接指定该面的观察方向,实现三维重建。Hwang 开发的设计系统通过特征识别来重建三维物体。对二维笔画和三维特征进行识别,二维笔画识别是把用户手绘输入的笔画解释为直线、圆弧、圆、椭圆等,这些图形元素被累积下来,一旦它们可以被识别为一个三维的特征,就在原有特征上增加此特征[Hwang 1994]。Eggli,Hsu,Bruderlin 和 Elber 在此基础上又引入了对约束的支持[Eggli 1997]。在三维重建中使用基于特征的方法可以方便地把握设计意图。勾画方式符合设计者的使用习惯,而通过特征来重建三维实体,一方面符合人们的思维方式,另一方面也可以减少用户的输入量,有效地提高了设计效率。

8.3.3 草图理解

草图理解就是在图形识别的基础上应用一定的背景知识,包括领域知识、用户信息等,或借助其他手段,赋予草图真实的含义,将用户输入的草图图形映射为某个领域内具有特定含义的对象,从而达到对用户绘制意图的捕捉的目的[孙正兴 2005]。它注重于草图图形所具有的含义或者草图图形对象间的关系。

语义理解的大部分研究都集中在某个实际的应用领域,结合领域知识以达到理解草图对象的目的。考虑语义解释对应用领域的依赖性,Hammond 提出一种描述领域相关知识的领域描述语言。这种领域描述语言通过统一的描述框架将图形在不同领域内的表示范化,分离图形的几何特性和语义特性增强系统在多领域内的适应性和扩展性[Hammond 2002]。

由于草图的非精确性和不确定性,草图理解在过程中不可避免地会产生二义性问题,这需要系统根据领域知识和当前的上下文具体分析。常见的解决草图理解中的二义性方法主要有:基于领域知识缩小理解范围、推荐技术、用户适应机制和基于多通道输入等。

■ 基于领域知识,利用领域模型解决草图识别对不同应用领域的适应性问题。它通过一个遵循领域描述语言语法规范的"领域描述"的文本文件,描述需要识别系统所支持的必要信息,领域描述可以通过手写或者系统从若干手绘样例中学习而得[Sezgin 2002]。

■ 系统将基本符合的理解结果以一种推荐的方式呈现给用户,由用户选择并确定最终的识别和理解结果。比较简单的推荐技术仅仅将用户作为主动者,系统被动地接受用户的选择。较之复杂的系统可以根据用户输入的选择,不断地进行自学习,以进一步提高识别和理解的准确性。

■ 建议一种用户适应机制,通过用户的反馈,使系统逐步适应用户的特性或者习惯,从而准确地预测用户的意图。目前解决用户适应性问题的方法主要有三类:基于数据训练的方法、基于理论推理的方法、基于决策制导的方法。但是目前的草图理解系统无法有效地模拟用户的习惯,因此使用基于数据训练方法比较合适。在数据训练方法中,又存在两种做法:一种是系统收集一定量的当前用户数据,然后使用一种或者多种学习方法来训练模型[Geoff 2001];另一种是系统使用多个用户的数据[Alfred 1995,Bruce 1997]。

■ 基于多通道输入策略,利用语音信息作为补充解决二义性,提高识别和理解的准确性。

8.4 草图用户界面与信息表征

8.4.1 草图信息的认知特性

传统的信息加工模型将人的存储记忆划分为感觉记忆、短时记忆和长时记忆。其中,感觉记忆保存信息时间短暂且数量有限;短时记忆保存信息的容量同样有限,但保存时间略长;相比之下,长时记忆具有强大的存储能力,并且信息可以保存很长时间。人们在进行概念设计或思维创新等活动时,通常要经过这样一个周期循环:勾画、审查、修订[Suwa 1997]。由于人的记忆能力有限,因此将脑海中闪现的思想火花迅速转移到纸上记录下来是非常必要的,这种临时记录的信息多以草图形式呈现。

因此,草图是人类一种自然而直接的思维外化形式和交流方式[Fish 1990],是思维意图模糊、非精确形式的外部表征,是一种形象的符号系统,如图 8.4 所示。形象思维是依靠形象材料的意识领会得到理解的思维,形象思维中的形象是心象,是人脑长期记忆中事物的形象。从信息加工角度来说,可以理解为主体运用表象、直感、想象等形式,对研究对象的有关形象信息,以及储存在大脑里的形象信息进行加工,从而从形象上认识和把握研究对象的本质和规律[潘云鹤 1997]。

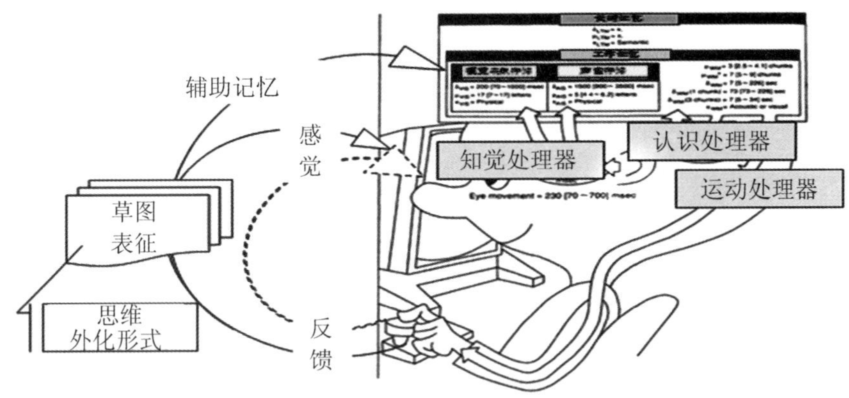

图 8.4 辅助认知记忆的草图表征

草图具有语义、语法和模糊的特征,满足人的纵向和横向的思维活动[Casper 1997],在概念设计、思维捕捉等活动中对人脑的思维信息表达具有三大功能[Suwa 1997,Ullman 1990]:

(1) 对人脑记忆中各种信息的外部表达和记录,例如概念信息、图形信息、文字信息等。它可以将人们在从事脑力运动时从记忆的负担中解放出来,从而将更多的精力和注意力集中在对问题的思考和解决上。

(2) 记录的历史信息是人们在后续思考过程中必不可少的参考信息,可以推动人们对问题的解决过程。

(3) 由于记录的草图信息是对思维中知识要素以及空间关系的可视化表达,它们更适合于刺激人们探索它们的关系。

8.4.2 基于草图的信息表征

草图用户界面的核心是"草图",它强调信息加工活动中的信息符号系统。根据之前对交互过程中的认知分析,用户界面扮演着翻译者的角色,在人机之间进行有效的翻译，以保证交互过程的顺利进行[Dix 2003]。在信息加工活动中，存在于人脑中的、表达用户意图的概念模型与计算机本身可加工处理的计算模型之间存在一定程度的差异性，而正是这种差异性造成了人机之间自然交流的障碍，使得某些交互活动难以顺利完成。草图用户界面的目的就是在特定应用领域下利用草图这种特殊的信息载体形式，描述、表征原始类型的领域信息，将人难以直接认知、理解的计算机支持的计算模型转换为形象、直观的草图描述，使得信息的表征与呈现方式尽可能与人脑中的思维概念模型相一致，成为沟通人脑思维意图与领域信息间的一座桥梁，如图8.5所示。

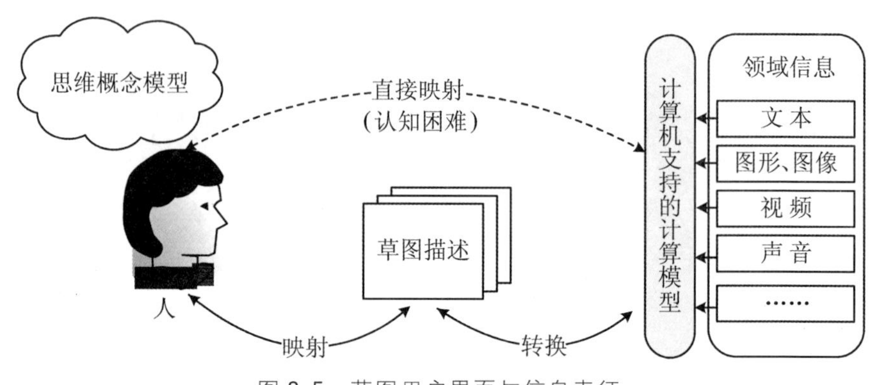

图8.5 草图用户界面与信息表征

作为人脑思维活动中的概念模型和计算机内存储的计算模型之间的桥梁，草图描述与计算模型之间的自然转换，即草图的识别、理解是草图用户界面研究的关键技术之一。尽管草图的识别、理解等技术已得到一定程度的发展，能够满足一般的应用需求，但仅为草图应用开发者提供各种封装的草图功能模块及开发包并不能完全提高草图应用系统设计、开发的效率。草图描述方法与基于草图的领域信息的表征方法对研究草图用户界面在各不同类型领域中的应用具有同样重要的意义。

草图表征其他类型信息可根据信息的几何特征分为同类型间的信息表征和不同类型间的信息表征。早期草图主要应用于概念设计、几何建模等领域，通过识别手绘草图建立非精确草图与精确几何模型(2D/3D)之间的变换。由于草图与几何模型均具有空间几何属性，如形状、位置、大小和拓扑关系等，它们之间的表征可视为同类型间的变换。针对其他非几何形体的抽象信息，草图与其间的转换并非是几何空间内的直接变换。这种通过草图的形状特征描述其他非几何类型的抽象语义，可视为不同类型间的表征变换。

以视频信息为例，具有时间特性的视频数据属于非结构化信息，受其自身数据结构的限制，用户需要按时间顺序浏览才能获得原始信息的高层语义，这导致了视频难以被快速地浏览、检索，影响了视频获取、再利用等应用活动的效率。

建立视频媒体信息的间接描述形式是改进上述应用活动的方法之一。草图作为一种抽象的、模糊的形象化信息，除了可记录颜色、形状等低层物理特征，还可通过其抽象描述能力反映事件、对象、运动、时空约束关系等高层语义，辅助缩小低层物理特征与高层语义之间的鸿沟。

8.4.3 草图信息描述方法

草图的本质是一堆离散点的集合，Fish[Fish 1990]认为手绘草图是人类一种自然而直接的思维外化和交流方式，利用图形和语言信息表达空间和概念信息[Ferguson 2002]，是草图用户界面的主要信息表现形式。针对不同的应用需求，草图可分如下几种描述形式。

1. 基于几何特征的草图表示

Rubine[Rubine 1991]采用13个几何特征描述单笔笔迹，作为识别不同笔迹的依据，可以识别单笔画手势。Zhang 概括了草图识别中常用的几何特征，主要包括 Rubine 特征、当前点与前后两点连线夹角的余弦、笔尖移动速度(pen speed)、正则曲率(normalized curvature)、笔画中的采样点距离笔迹中心的距离之和(centroidal radius)、笔尖的平移方向(pen direction)等等。通过各个几何特征的组合，可以描述笔画的基本属性，用于区分、识别不同的笔迹、手势。但单一的几何特征难以全面地描述草图特征，仅适合于单笔或简单几何图形的识别。

2. 基于层次结构的草图表示

草图具有层次化结构特征。从草图的构成来看，点、线、弧、自由曲线等图元是基本构成元素，基本图元及其相互间的约束关系可组合成更为复杂的对象。层次信息通常适合用树形结构表示[Zhang 1996，Bimber 2000]，高层的特征由低层特征构成。基于草图的层次结构特性，中国科学院马翠霞博士针对概念设计领域中的创新设计活动提出基于属性分类的草图分层结构树表征方法[马翠霞 2003]，描述了设计草图的构成属性、约束关系及相互间的层次关系。刘媛媛[刘媛媛 2008]在其工作的基础上，进一步将草图绘制过程中由于个体差异性所引起的笔画顺序、笔迹差异、压力等其他附属信息作为一种过程信息，对设计草图的描述进行了补充，通过基于空间位置关系的多叉草图决策树描述草图数据及其之间的时空关系。目前，基于层次结构关系的草图表示方法多采用基于草图基本构成几何元素及其相互间的几何约束关系的方法加以描述，草图的外在形状信息仍然是草图信息表示的关注点。

3. 基于可视语言(Visual Language)描述的草图表示

Tracy[Tracy 2006]采集各种与草图相关的信息，包括几何约束、特征、时序、上下文、领域知识等各种不同的信息，定义了一种草图的形式化描述语言 LADDAR，可描述不同应用领域的草图符号，以解决多领域草图的识别与理解问题。LADDAR定义了七个语义段用来描述一个形状(shape):文本描述(textual description)、类型(is-a)、基本构成图元(component)、约束信息(constraint)、衍生属性(derived property)、显示信息(display)、用户操作行为描述(editing behavior)。这种基于形式化语言的描述方式易于扩展、具有一定的灵活性,适合于解决草图的多领域识别与理解问题,但由于语言所能描述的范围受预先定义的描述类型所限,难以灵活地描述抽象的或缺乏规则性的对象。

4. 基于用户特征的草图描述模型

由于用户利用草图描述信息、意图时所采取的表现方式可能不尽相同,交互的过程通常存在较大区别,基于草图的用户界面交互方式与基于WIMP范式的精确交互方式有很大不同。草图的描述模型除了记录草图的基本构成要素与几何特征等外,还应考虑用户的差异性,并且重视环境、任务等其他上下文对用户行为的影响作用(图8.6)。只有更好地理解用户的心智、行为特征,挖掘、预测用户的态度、行为和期望,才能更好地指导交互过程。

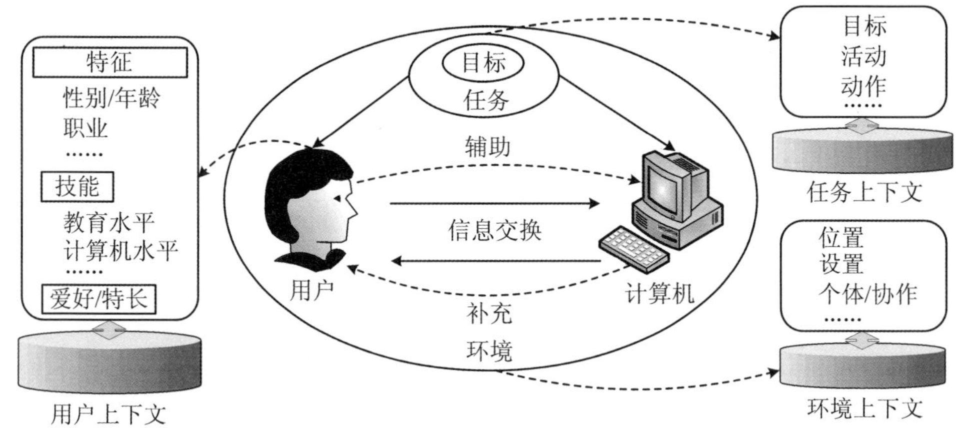

图8.6 基于分布式认知的草图交互环境

从草图的表现形式来看,草图是人类一种自然而直接的思维外化形式和交流方式[Fish 1990],其所表征的信息内容具有模糊性和抽象性的特点。尤其在概念设计或思维捕捉活动初期,人的某些意图尚未清晰的阶段,草图的模糊性使得其适于描绘用户这种"似是而非"的意图。草图的抽象性主要表现在草图是对客观世界真实对象或人的思维意图的一种概括性的、抽象的描述。简单的草图符号可描述、代表复杂的事物。正是由于草图的模糊、抽象特性,草图识别、理解的过程中会出现二义性判定问题,即草图所表征的内容的解释不是唯一的,具有多元解释(multiple explanation)特性。

8.5 草图用户界面领域关键应用

8.5.1 面向产品概念设计领域的草图用户界面

概念设计属于设计过程的早期阶段，是一个发散思维和创新设计的过程，其主要目标是获得产品的基本形式或形状[孙守迁 1999]。概念设计活动是一个思维连贯性发展和跳跃式顿悟的过程。一方面，设计者不断地在已有的模糊的、不确定的设计意图上进行细化和深入，使构思意图不断地形象化、具体化；另一方面，思维活动发展到一定程度会引起设计意图的质的变化，使设计活动进入新的阶段，且在发展过程中设计者可能随时会抛弃当前的设计成果，返回设计历史过程中的某一个中间阶段重新思考。概念设计过程是一个反复修改的过程，不同阶段的信息之间可能存在相互关联的信息交叉性，如图 8.7 所示。因此在设计过程中，一方面应该为设计者提供连续、流畅的交互方式，满足思维活动连贯性发展的特点，另一方面，应该记录下思维活动过程中的每一个阶段性中间成果，以方便设计者随时返回某个历史时刻重新思考。

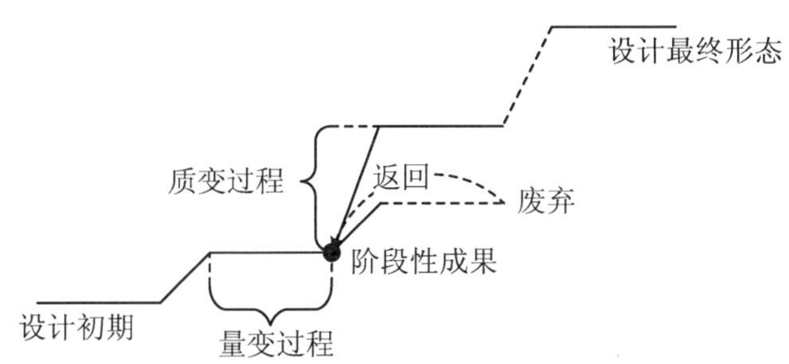

图 8.7 概念设计过程中思维活动的量变与质变

草图设计是概念设计的必要环节之一，即使在没有计算机辅助支持的条件下，人们早就习惯在概念设计活动早期利用手绘草图及时地将各种构思勾画出来[Ullman 1995]，记录下构思意图的大致形状特征。草图弥补了人短时记忆容量有限、保存时间短的缺陷。通过笔勾画的方式输入，手绘草图从最初的模糊意图逐渐进化演变成包含若干设计领域知识在内的设计方案，这其中不仅包含对设计意图的理解，还隐含了构思意图的演变过程。草图不仅是思维的外部形状表达，更是对人思维活动过程的表达。伴随着思维活动的连续性发展和跳跃式顿悟并存的过程，思维活动的直接结果——设计方案也是量变和质变并存的发展过程。

1. 基于草图的自由曲线编辑

参数化自由曲线技术最初的研究动机来自于飞机设计业。经过几十年的探索,已发展到特征造型和参数化、变量化设计阶段。直至今日,自由曲线曲面造型技术仍然是辅助设计的重要组成部分[朱永强 2003]。早期的图形编辑软件中,自由曲线一般是采用命令行输入曲线形状参数和绘制参数的方式来获得和修改的。这种方法一般只适用于已知曲线参数的情况下创建曲线,而不适用于通过观察形态得到自由曲线的情况。传统 WIMP 界面范式下流行的造型设计软件和图形编辑软件中,自由曲线交互大多以网格线为主要的视觉反馈辅助工具,以控制点和控制线为主要的输入方式来调整曲线的位置和形态,这种间接控制曲线形态的方式操作繁琐,不符合人们的认知习惯,难于理解和学习。普适计算环境下,自由曲线造型和控制的专门输入设备相比通用设备而言具有更好的针对性和灵活性,虽然可以满足大部分曲线编辑任务,但受专门设备常无法覆盖设计过程的其他辅助任务的影响,用户不得不在多种交互设备之间切换,增加了用户认知负担,干扰了设计思路。

通过对绘图习惯的观察,发现通常人们对较关键的部位和变化较明显的部位会采用更慢更谨慎的方式绘图。利用草图创建曲线时通过拟合用户勾画的草图获得 NURBS 曲线,根据插值要求和端点切矢条件推算出对应的控制顶点列表。根据对设计人员日常设计勾画过程的观察发现,在利用草图勾画进行形态修改时,适宜完成曲线创建、曲线延长、多曲线连接和曲线形态修改四类交互任务(图 8.8)。采用基于多叉草图决策树的编辑算法[刘媛媛 2008],可以通过重画做大范围的改变,又可以通过勾描做小范围的细节调整,从而支持多笔重叠和曲线的随意连接。

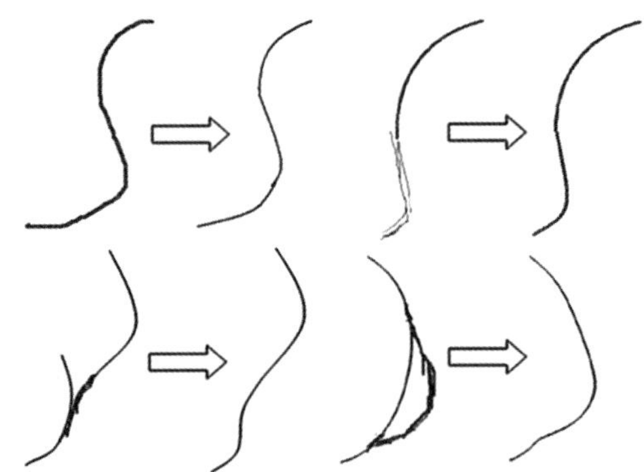

图 8.8 曲线编辑(左起:创建、延长、连接、修改)

对于非绘画专业人员来说,基于草图的勾描有时不能达到精确控制形状的目的。对曲线做细微的调整时,可以利用草图的笔迹信息设计相应的草图手势辅助曲线的局部调整，以完成曲线拾取、移动、旋转、缩放、剪切、曲线弯曲以及曲线拉直等几类交互子任务，主要包括笔尖位置信息、笔压力、笔旋转角度、笔倾角以及笔尖移动速度[刘媛媛 2008]，如图 8.9 所示。

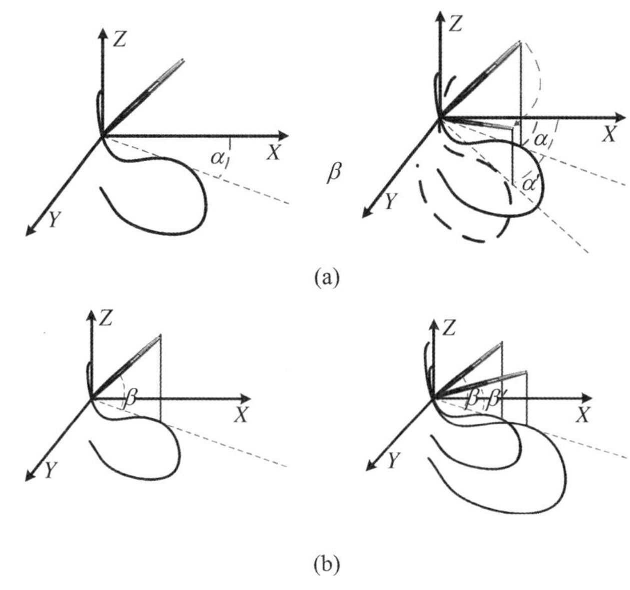

图 8.9 示例

(a) 旋转角度控制移动距离；(b) 倾斜角度控制放缩系数

2. 基于草图上下文的设计知识推荐

在表达构思的过程中，用户所使用的草图经常具有相似性，而重画已有的相似草图浪费了时间和设计者的精力[Liang 2005]，所以将草图勾画信息收集，而后通过草图进行查询和检索，尤其是在用户勾画草图的过程中，系统主动检索相似草图并提供相关的推荐是非常必要的。在草图推荐技术方面除了涉及研究较多的基于相似性的草图查询和检索技术外，还涉及草图检索结果的相关反馈、草图检索的主动触发等技术。

早期的草图检索多利用文本注释等附加信息来进行，需要用户主动为草图数据添加便于检索和查找的文本注释。随着基于内容图像检索(Content-Based Image Retrieval, CBIR)研究的发展，研究人员开始关注草图内容检索(Content-Based Sketch Retrieval, CBSR)。研究多把草图看作图像的特例，仅仅利用草图所表达的图像信息，采用 CBIR 的方法进行草图检索。为了获得更好的检索效果，部分研究人员除了利用草图的图形特征和拓扑关系，还同时结合了草图的结构特征和笔画信息进行草图检索。

通过定义概念设计领域中草图的相似性，整合草图的形状信息和草图勾画过程中蕴含的过程信息，结合草图的多维特征和用户的交互历史数据，通过模糊聚类方法从草图数据库中提取形状相似的草图候选集，完成一级推荐；而后利用输入草图中提取的结构特征和过程特征，对候选集中的数据进行二次处理，按照相关度排序后反馈给最终用户，完成二级推荐[刘媛媛 2008]。

由于手绘草图从最初的模糊意图逐渐进化演变成包含若干设计领域知识在内的设计方案，这其中不仅包含对设计意图的理解，还隐含了构思意图的演变过程。最终的设计方案不仅包含设计意图的外在形状信息的表达，还包含大量的推理、计算规则等在内的领域知识，这些隐含的推理、计算规则等信息对人们的思维活动具有重要的辅助作用。将内部的设计意图信息和设计结构信息综合起来，在基于属性分类的草图分层结构树作为描述设计意图的草图信息模型[马翠霞 2003]的基础上，把设计构思活动中一个相对较完整的构思方案记为一条设计知识。依据设计构思意图信息的变化过程，将设计活动中的各类信息按其表达的内容和作用的不同划分为多元组[杨海燕 2010]。多元组中，草图局部约束状态的变化会引起对应的设计意图的局部改变。利用这一特性，在草图信息模型的基础上根据用户勾画的草图笔迹间的约束状态变化构建一棵能够预测用户操作意图的决策树[杨海燕 2010]，自上而下地推理该草图操作可能引起的约束矩阵的变化趋势，从而实现对设计方案的灵活复用。

3. 应用实例

将上述草图技术应用于针织服装工艺的设计环节，设计并开发了草图工艺图板系统。系统覆盖概念设计和详细设计两个阶段，设计师可以利用草图勾画和灵活的笔式交互技术完成针织服装的概念设计、数据计算和详细调整，最终获得精确的设计图纸。

系统框架中包括四类主要功能模块：

(1) 草图处理模块(Sketch Process Modular)：包括笔迹收集模块(InkCollecting)、笔迹的平滑、去噪等预处理功能模块(Preprocess)、笔迹的聚类成组处理模块(Grouping)以及草图识别模块(Recognize)。

(2) 交互历史管理模块(Interactive History Manage Modular)：包括环境上下文信息收集模块(EnvironmentCollecting)、元操作收集模块(Meta-OpCollecting)、操作序列分析模块(OperationAnalysis)、根据操作历史时用户使用偏好等交互习惯分析(PreferenceAnalysis)、隐含在草图信息中的各类约束信息抽取模块(ConstraintExtract)。

(3) 组件设计模块(Component Design Modular)：包括约束分析模块(ConstraintAnalysis)、绝对参数采集模块(AbsParameterCollecting)、相对参数生成模块(RelatedParameterGenerating)、绘制命令生成模块(DrawCmdGenerating)。

(4) 图纸组装模块(Integrate Modular)：包括组件检索模块(ComponentRetrieval)、依据各种上下文信息向用户推荐相关设计方案

(RecommandComputing)、客户订单相关各类附加信息采集模块(DataCollecting)、图纸整合模块(Integrating)。

系统框架中还包括四类主要数据信息:

(1) 草图信息(Sketch Information):包含原始输入笔迹(RawInk)、经预处理后的笔画(Stroke)、经聚类成组处理后的草图簇(Cluster)、草图(Sketch)以及相应的识别后的规整几何图元或符号(Graphics/Symbols)。

(2) 上下文信息(Context Information):包含描述交互环境的环境上下文(EnvironmentContext)、描述用户交互历史特征的交互上下文(InteractionContext)、描述当前交互任务特征的任务上下文(TaskContext)、描述用户使用偏好等特征的用户上下文(UserContext)、描述草图内部各元素间输入特征及约束关系的草图上下文(SketchContext)。

(3) 组件数据(Component Data):这是一个五元组,用于描述一个相对完整、独立的零部件,包含手绘输入草图数据(Sketch)、约束关系(Constraint)、绝对参数集合(AbsParameters)、相对参数集合(RelatedParameters)、绘制命令(DrawCmd)。

(4) 工艺图纸数据(Craft Paper Data):是指针对某服装款式的完整的工艺图纸,包括组件集合(ComponentList)、与客户订单相关的各类附加信息(ClientData,AdditionalData)。

用户通过草图勾画,表达和获得服装的外形及其蕴含的几何约束和尺寸约束,支持用户在概念设计阶段的各种勾画活动,使用户可以自由地表达设计构思。通过各种基于草图的和手势的曲线调整技术,用户可以对图纸进行精细的修改,最终获得满意的图形。当后续的工作中需要复用历史设计方案时,利用隐含的过程信息,将设计意图的形状描述信息和设计活动中用户所关心的设计知识有机结合起来,用户通过勾画草图搜索相似的设计方案。系统推荐的结果不仅包含设计方案的形状信息,还记录了设计方案生成过程中的各种领域知识。这种通过草图勾画就能完成连同设计知识在内的设计方案的复用方法大大减轻了方案复用的难度,减轻了用户的认知负担,提高了复用效率。如图 8.10 所示。

在手势设计方面,根据作用方式的不同,将手势分为两大类(图 8.11):简单手势和符号手势。简单手势包括图元的基本操作,如平移、旋转、缩放、镜像等操作,以及基本几何约束定义手势,如平行、垂直、相交等命令,它们所生成的指令直接作用在目标对象上引起对象属性、状态的改变。符号手势相对于简单手势,其生成的指令并非直接作用在目标对象上,而是生成相应的逻辑辅助工具,用户通过操纵辅助工具间接影响目标对象。例如对曲线的控制,一般多采用控制点方式,然而这种精确的交互方式并不适合草图用户界面,尤其在图元对象比较密集的情况下,操作更加困难。在该系统中,用户利用“过滤镜”和“橡皮筋”组合的逻辑工具间接操纵曲线局部形状。

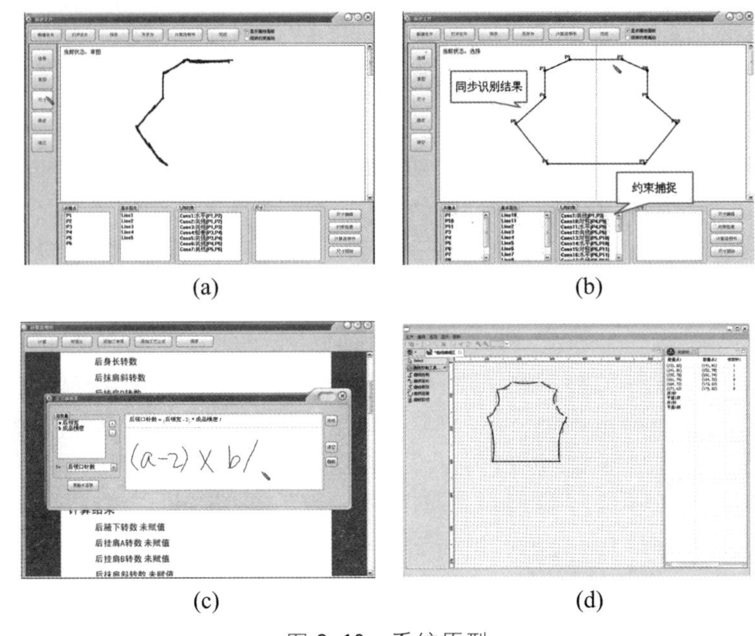

图 8.10 系统原型

(a) 草图输入;(b) 草图同步识别与约束捕捉;(c) 推理计算规则捕捉;(d) 自由曲线调整

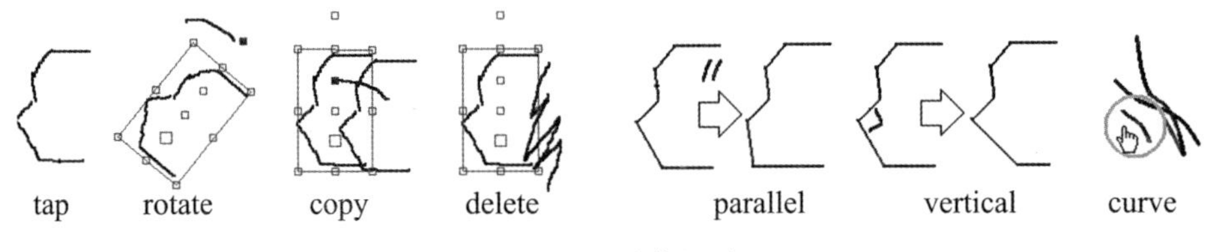

图 8.11 手势设计

8.5.2 面向视频高层语义的草图用户界面

近年来,数字媒体信息的数量呈现急剧膨胀的增长趋势,这主要归因于:① 视频数码设备的发展与普及,这使得视频的获取更加容易。数码 DV、DC、配置摄像功能的手机等设备的日益普及,即使一般的非专业人员也可以随时随地录制各种视频,操作容易、成本低廉。② 存储技术的发展,这使得数字媒体信息的存储容量更大。一方面,磁存储(硬盘、软盘、磁带等)、光存储(CD-ROM、DVD、全息等)等计算机存储技术,可以满足大容量、高速的存储需求;另一方面,视频的编码、压缩、存储等技术日渐成熟,使得个人用户可以保存越来越多的视频资源。③ 互联网技术的发展与网络带宽的发展,这使得数字媒体信息的传播更加容易,在线视频数量急剧扩大。在信息时代,互联网使得信息资源在全世界共享成为可能,Web 已经成为信息制造、发布、加工、处理的主要平台。

视频数量的迅速增长与便捷传播使得人们对视频信息的渴求程度大大提高。然而,视频数据的非结构化特性和动态性造成了视频难以快速获取。视频是一种集图像、声音、文本等多种类型信息为一体的复杂的综合性媒体信息,其本质是由一系列离散的帧图像按时间顺序线性构成的。视频的这种复杂特性一方面使得视频内容的高层语义特征的提取与分析非常困难,另一方面使得人们获取视频主要内容必须按照视频原始的顺序按序浏览,不能"一目了然"。人们不再满足于传统被动的视频获取与利用方式,对检索视频信息、快速获得视频主要内容以及高效浏览等方面都提出了更高的要求。如何高效地从海量媒体视频资源中获取有用信息是重要的,也是当前尚未很好解决的难题之一。

受当前计算机视觉等技术所限,计算机所能理解的视频低层物理特征与人所认知理解的视频高层语义之间仍然存在较大的鸿沟,这使得依靠计算机的自动分析获取视频概要是非常困难的。草图作为一种抽象的、非精确的信息可以有效地描述用户似是而非的模糊意图、表述或增强视频语义[Goularte 2004],善于利用图形和语言信息以一种非结构化方式表达空间和概念信息[Ferguson 2002]。将草图应用于视频内容的表征与描述中可以缩小视频低层物理特征与高层语义之间的鸿沟,其优越性主要体现在:① 草图具有抽象性、模糊性,可基于用户认知意图对视频内容进行抽象化,用尽可能少的数据表达丰富的信息[Kang 2007],忽略事物的细节和冗余特征、概括性描述与表征视频的高层语义[Wang 2004];② 借助于特定的与用户认知一致的草图语义符号可描述视频对象的动态行为或对象间、镜头间或场景间隐含的高层语义,从而增强视频内容表征;③ 相较于图像或视频,草图信息的存储数据量小,特别是草图可矢量化,矢量草图所需存储量更少,在互联网时代,这种存储量低但又不影响内容表达的数据格式,便于传输,并节约网络资源;④ 基于草图的交互方式符合概念设计初期用户的认知习惯,支持用户连续的、个性化的表达思维意图。

草图用户界面作为一种自然的交互界面在视频领域中的应用可体现为:① 改变视频传统的基于时间轴的单一线性组织方式,构建基于内容的视频非线性组织方式[Wang 2013, 马翠霞 2012,杨海燕 2010];② 探索新的视频交互方式[詹启 2013],提供基于内容的编辑与浏览方式,或采用多种交互方式支持各种类型的注释与标注以辅助视频的编辑与构建;③ 提供新的视频摘要可视方式[Ma 2012,Zhang 2013,杨海燕 2010]。

1. 基于草图的视频高层语义表征

Collomosse(2008)通过对多名用户的实验调查得出结论:人们回忆性地描述一段视频时常常习惯用草图的形式进行描述。将丰富的视频内容以草图这种抽象、形象化的图形信息方式描述并可视化,使人通过"一瞥"的方式就能获取视频的主要内容。将草图应用到视频内容的描述中,一种方式是在不改变视频内容本身的条件下，利用图像的草图风格化研究[Kang 2007，Orzan 2007，Wen 2006]对视频或其局部对象进行草图风格化转换，将视频转换成卡通风格或草图形式[Chattopadhyay 2008，Wang 2004，Hong 2008]，或者对视频中人物对象的脸部进行了层次化分析，并生成卡通形式的脸部表征[Xu 2008]。通过视频语义特征分析或依赖人工方式利用草图描述视频的主要内容或高层语义，对视频内容进行抽象的概括性描述是另一种表征方式。

视频语义分析是视频内容表示与检索的关键环节。作为一种具有高维、动态、多变等特性的非结构化复杂数据，视频语义特征具有丰富的内涵。视频的语义具有层次性，包括结构分析、物理特征、高层语义以及认知情感等，用于反映视频内容的不同层次特征。上述语义特征所获取的难度逐层加深。目前，计算机大多只能在较低层次的物理特征空间处理视频，这也就造成了与面向高层语义特征的用户需求之间存在语义鸿沟。克服语义鸿沟的一种方法是建立鸿沟之间的中间层，在低层特征和用户需求之间增加一个语义概念层，通过语义概念模型，建立从低层物理特征到高层语义空间的映射关系[李德山 2009]。

草图的基本属性特征可用于描述视频低层物理特征，如颜色、纹理、形状等，而面向视频内容的草图语义符号可描述依靠自动分析难以得到的高层语义，如运动的方向、强度、特定声音等，以及表示用户主观感受的情感特征，如惊讶、赞叹、困惑等。草图作为一种图形化的信息表达方式，除可描述视频对象以外，还可进一步描述对象间的语义关联关系。草图所描述的视频语义对象、活动及其相互间的语义关系，可构成一个复杂的图，用于描述一个或多个与人脑认知相一致的场景，如图 8.12 所示。

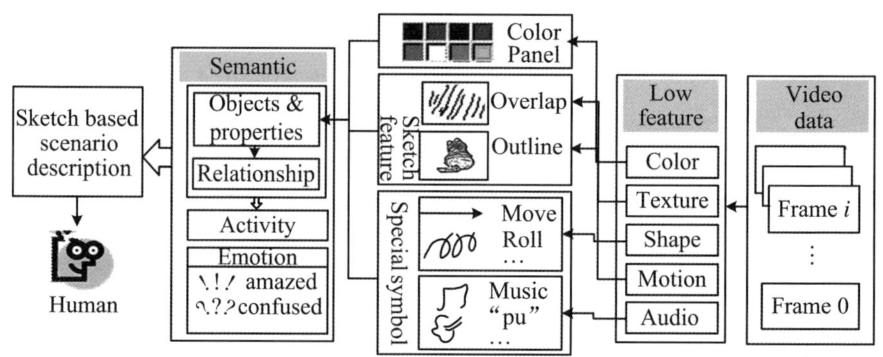

图 8.12 基于草图的视频场景描述

从情节内容角度，依据时间因素或空间因素划分，视频可分割为若干语义段，每一个语义段描述了一定时间、空间的约束下相对完整的场景。与建筑、机械等设计领域不同，待描述视频内容没有特定领域限制，且不具有很强的规则性，对于同一内容，不同的人所采用的描述形式也是不尽相同的，因此利用草图描述视频语义时要求草图具有灵活的、较强的描述能力，能够适应不同人的描述习惯，同时又满足不同的人获得基本一致的认知结果的需求。针对视频内容表示的需求，将描述视频高层语义的草图分为两类，一类是与人们的认知习惯普遍一致的、用于描述视频非形状类信息的特殊语义符号，如对象的声音、运动轨迹、运动方式、注释等等；另一类是描述视频对象外在可视特征的形状类信息，它们共同描述视频对象的多个属性。与草图传统的基本定义不同，草图不仅具有表征视频语义的描述能力，同时也具有一定的行为响应能力，包括形状属性和行为属性两部分。行为属性定义了草图接收外界刺激后的反馈机制，包含命令触发条件和响应动作类型。图 8.13 给出一个简单的示例用以说明面向视频高层语义的草图形式化描述。

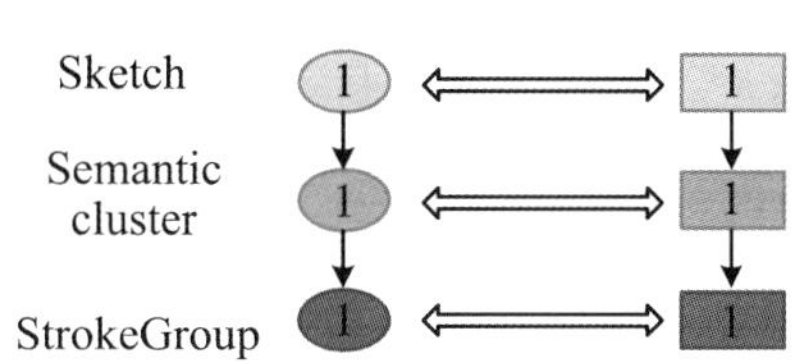

Sketch Description:

<Sketch>: : = {SemanticClip} | {Constraints}

<SemanticClip>: : = {StrokeGroup} | {Constraints}

<StrokeGroup>: : = {Stroke$_1$, Stroke$_2$, . . . , Stroke$_5$} | {Behavior = Null} | {Constraints}

<Constraints>: : = {GeometryConstraint} | {DomainConstraint} | {ContextConstraints = Null}

<GeometryConstraint>: : = {Stroke$_1$, Stroke$_2$, Intersection} | {. . .}

<DomainConstraint>: : = {Human} | {Red Cloth}

<Stroke$_i$>: : = {Point$_1$, Point$_2$, . . . , Point$_5$, Attributes, Frame$_i$}

(a)

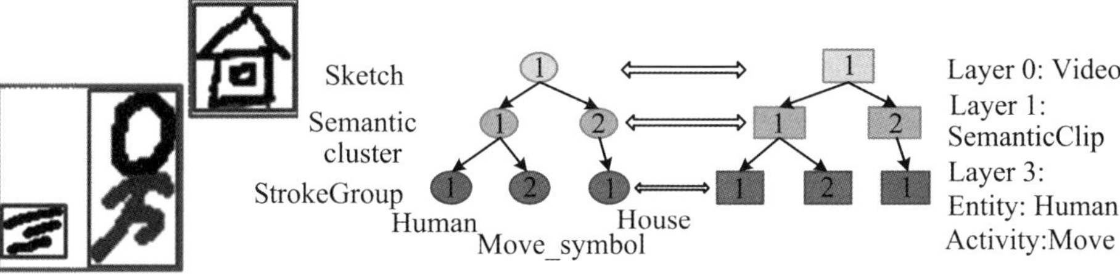

图 8.13　面向视频高层语义的草图描述示例

Sketch Description：
<Sketch>::= {SemanticClip$_1$, SemanticClip$_2$} | {Constraints$_1$}
<SemanticClip$_1$>::= {StrokeGroup$_1$, StrokeGroup$_2$} | {Constraints$_{11}$}
<StrokeGroup$_1$>::= {Stroke$_1$, Stroke$_2$, ..., Stroke$_5$} | {Behavior = Nall} | {Constraints$_{111}$}
<Constraints$_{111}$>::= {GeometryConstraint} | {DomainConstraint} | {ContextConstraint = Null}
<GeometryConstraint>::= {Stroke$_1$, Stroke$_2$, Intersection} | {...}
<DomainConstraint>::= {Human} | {Red Cloth}
<Stroke$_i$>::= {Point$_1$, Point$_2$, ..., Point$_5$, Attributes, Frame$_i$}
<StrokeGroup$_2$>::= {Stroke$_1$, Stroke$_2$, Stroke$_3$} | {Behavior = Null} | {Constraints$_{112}$}
<Constraints$_{112}$>::= {GeometryConstraint} | {DomainConstraint} | {ContextConstraint = Null}
<GeometryConstraint>::= {Stroke$_1$, Stroke$_2$, Parallel} | {Stroke$_2$, Stroke$_3$, Parallel}
<DomainConstraint>::= {Move}
<Stroke$_i$>::= {Point$_1$, Point$_2$, ..., Point$_5$, Attributex, Frame$_i$}
<SemanticClip$_2$>::= {StrokeGroup$_1$'} | {Constraints$_{12}$}
<StrokeGroup$_1$'>::= {Stroke$_1$, Stroke$_2$, ..., Stroke$_9$} | {Behavior = Null} | {Constraints$_{121}$}
<Constraints$_{121}$>::= {GeometryConstraint} | {DomainConstraint} | {ContextConstraint = Null}
<DomainConstraint>::= {House}
<Stroke$_i$>::= {Point$_1$, Point$_2$, ..., Point$_5$, Attributes, Frame$_i$}

图 8.13 面向视频高层语义的草图描述示例(续)

2. 基于草图的视频摘要的生成

构建以用户意图为中心的草图摘要需要经过以下几个步骤。

(1) 视频内容的草图表示

采用 Kang(2007)等人提出的 flow-drivenanisotropicfiltering 框架，基于高斯差分(DOG)滤波器通过检测图像结构中垂直于边缘流的方向得到理论上的最大对比度，综合滤波器在该边缘流上得到的结果来决定边缘的强度。此方法不仅能加强线条的连贯性，还能抑制噪声。首先，需构建输入关键帧图像 $\boldsymbol{I}(\boldsymbol{X})$ 的边缘流信息，$\boldsymbol{X}=(x,y)$ 为像素点。同时用向量 tag($\boldsymbol{X}$)表示边缘切线流(ETF)，其垂直于图像的梯度 gra($\boldsymbol{X}$)，向量 tag($\boldsymbol{X}$)的定义如下：

$$\mathrm{tag}^{next}(\boldsymbol{X}) = \sum_{Z\in\Omega(Y)} \frac{1}{m}\beta_{\mathrm{s}}(\boldsymbol{Y},\boldsymbol{Z})\beta_{\mathrm{d}}(\boldsymbol{Y},\boldsymbol{Z})\varphi(\boldsymbol{Y},\boldsymbol{Z})\mathrm{tag}^{now}(\boldsymbol{Z})$$

其中，$\Omega(\boldsymbol{Y})$是以 r 为半径的放射状对称包围盒，表示像素 $\boldsymbol{Y}$ 的领域，m 为向量规格化系数。$\beta_{\mathrm{s}}(\boldsymbol{Y},\boldsymbol{Z})$为空间权重函数，定义为

$$\beta_{\mathrm{s}}(\boldsymbol{Y},\boldsymbol{Z}) = \begin{cases} 1, & \|\boldsymbol{X}-\boldsymbol{Y}\| < r \\ 0, & \text{其他} \end{cases}$$

$\beta_{\mathrm{d}}(\boldsymbol{Y},\boldsymbol{Z})$表示方向权重函数，定义为

$$\beta_{\mathrm{d}}(\boldsymbol{Y},\boldsymbol{Z}) = |\,\mathrm{tag}^{now}(\boldsymbol{Y})\cdot\mathrm{tag}^{now}(\boldsymbol{Z})\,|$$

$\text{tag}^{now}(\boldsymbol{Y})$与$\text{tag}^{now}(\boldsymbol{Z})$表示当前$\boldsymbol{Y},\boldsymbol{Z}$处边缘切线流向量。$\varphi(\boldsymbol{Y},\boldsymbol{Z})$用来平衡$\text{tag}^{now}(\boldsymbol{Y})$与$\text{tag}^{now}(\boldsymbol{Z})$之间夹角大于90°的情况，定义如下

$$\varphi(\boldsymbol{Y},\boldsymbol{Z}) = \begin{cases} 1, & \text{tag}^{now}(\boldsymbol{Y}) \cdot \text{tag}^{now}(\boldsymbol{Z}) > 0 \\ -1, & \text{其他} \end{cases}$$

$\boldsymbol{Y},\boldsymbol{Z}$属于用户输入的特征点集，$\boldsymbol{X}$代表特征点集合里的任意一点，边缘切线流向量的初始值定义为垂直于关键帧图像梯度的向量，用$\text{tag}^{\circ}(\boldsymbol{X})$表示。通过2～3次的迭代计算，求得最终的$\text{tag}(\boldsymbol{X})$值。求得了边缘信息后，根据框架中的步骤需对得到的线条利用DOG滤波器进行重构，可以增强真实边，减少噪声。以$c_x(\delta)$表示x处的积分曲线，若令x为积分曲线的中点，则$c_x(0)=x$。滤波反馈结果定义如下：

$$R(\delta) = \int_{-T}^{T} V(\text{line}_{\delta}(t))h(t)\,\mathrm{d}t$$

其中，δ为弧长变量，线条line_{δ}与$\text{tag}(c_x(\delta))$相交于$c_x(\delta)$。$\text{line}_{\delta}(t)$表示线条line_{δ}在弧度参数t处的点，且$\text{line}_{\delta}(0)=c_x(\delta)$。$V(\text{line}_{\delta}(t))$表示关键帧图像在$\text{line}_{\delta}(t)$的值。$h$为平行于梯度的线条$\text{line}_{\delta}$上的一维高斯差分滤波器，定义如下：

$$h(t) = G_{\sigma_c}(t) - \lambda G_{\sigma_s}(t)$$

其中，G_{σ}表示方差为σ的一维高斯函数：$G_{\sigma}(x) = \dfrac{1}{\sqrt{2\pi}\sigma}\mathrm{e}^{-x^2/(2\sigma^2)}$。$\sigma_c$与$\sigma_s$分别表示中心方差与边缘方差，且设置$\sigma_s = 1.6\sigma_c$使得$h$的形状近似于高斯-拉普拉斯检测算子。

在CDL算法生成帧草图的基础上进一步进行了去除杂点、消除硬边界以及重绘，以达到更好的视觉效果和视频的语义表示效果。

去除杂点：检测当前图像的所有轮廓的面积，如果面积小于预定义的阈值而且轮廓区域的长宽比在规定的范围之内，那么此区域中所有像素点去掉，否则保留。区域面积阈值的设定很重要，如果阈值过小，那么很多冗余点无法去除；如果阈值过大，那么一些重要的像素点就被去掉，这会直接导致线条的连贯性。通过大量的实验，将阈值设为80，对于大部分图像来说，使用这个值可以产生比较令人满意结果。

消除硬边界：边缘像素的透明度根据此像素距离图像的相应边缘的距离决定，如果此像素距离边缘较近，那么透明度值较小，反之则较大。对于图像的不同边界，采用不同的扫描方式。具体来说，左右边界垂直扫描，上下边界水平扫描。

重绘：通过去除杂点和硬边界，使得部分线条清晰度降低，为了突出草图中的主要线条，我们采用了Bhat提出的算法[Liu 2010]，并结合Local-Max-Img图像处理方法平衡生成的重绘线条的宽度，达到较满意的效果(图8.14)。

(a) CLD算法

(b) 去杂点

(c) 重绘

图 8.14 草图效果改进示例

(2) 视频运动语义提取

在采用静态视频摘要表现动态的视频内容时，往往会出现静态的图像不能准确表达视频对象的运动信息的问题。然而，视频中的运动对象包含丰富的语义信息，能够帮助用户更好地理解、浏览与操作视频。在此，结合草图生成的特点，运用 Camshift 算法得到视频对象的运动轨迹与运动方向，以此来表达视频摘要中的运动信息。

利用 Camshift 算法定位出当前图像中视频对象的中心位置，并求得视频对象的运动轨迹。如图 8.15 所示，以搜索窗口为包围盒绘制有角度的椭圆，设置椭圆的中心为视频运动对象路径上的点，采用三次曲线进行拟合，并对求得的三次路径曲线进行真实感位移映射，以求得视频对象的平滑运动轨迹，使运动的语义表征更加立体丰满。

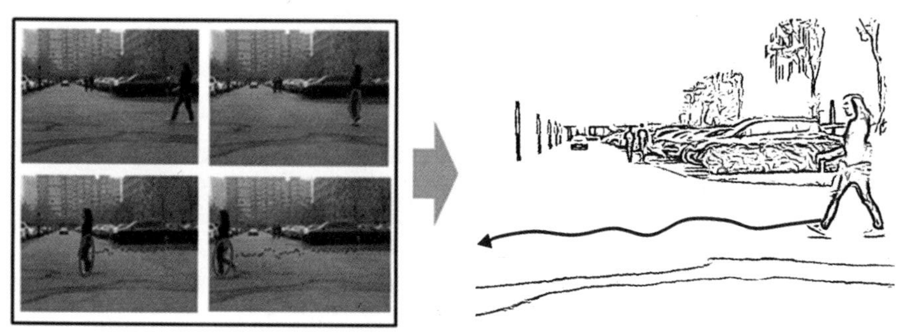

图 8.15 运动对象跟踪以及路径求取

(3) 草图摘要布局

草图摘要将一段视频通过一幅或几幅草图按照一定的内在语义关系有机地组织在一起，将物理上分散在不同位置或分属于不同视频的多个视频资源以用户意图为中心组织在一起，描述与表征视频的时间和空间等特征属性。

- 布局原则。草图摘要集合了语义草图以及草图注释等草图信息，首先根据摘要绘图区域的面积以及语义草图的属性重新设定帧图像的大小，并利用帧之间的时空关系（主要包括重叠度以及画布中语义草图的排列平衡度）等来确定每个草图帧的初始位置,得到初始布局。

- 审美约束。在初始草图布局的基础上,通过一些美学规则来动态调整各草图在布局面板中的位置,优化与评测整体草图布局的效果,从而生成蕴含丰富语义、符合美学观念的全局摘要视图。在此考虑的约束包括第三定律(Rule of Thirds, RT)以及视觉均衡(Visual Balance, VB)[Liu 2010]。
- 交互反馈。由于空间有限,只能从所有关键帧草图中选择其中一些组成草图摘要,而用户的意图不同,希望得到的摘要布局也会不同。基于基本布局原则以及审美约束生成的草图摘要,引入基于反馈的内容选择机制,用户如果对生成的草图摘要的内容不满意,可以进行交互反馈,根据用户的反馈用算法生成新的摘要,直到用户满意为止。在此所关注的用户的反馈包括添加和删除,添加是从备选草图集中选择一些草图,表示用户希望这些草图或相似的草图加入到摘要中,删除是从现有草图摘要中删除部分构成摘要的草图,表示用户不希望类似的内容出现在草图摘要中。

基于基本布局原则、审美约束以及交互反馈,最后给出生成的草图摘要的示例,如图 8.16 所示。

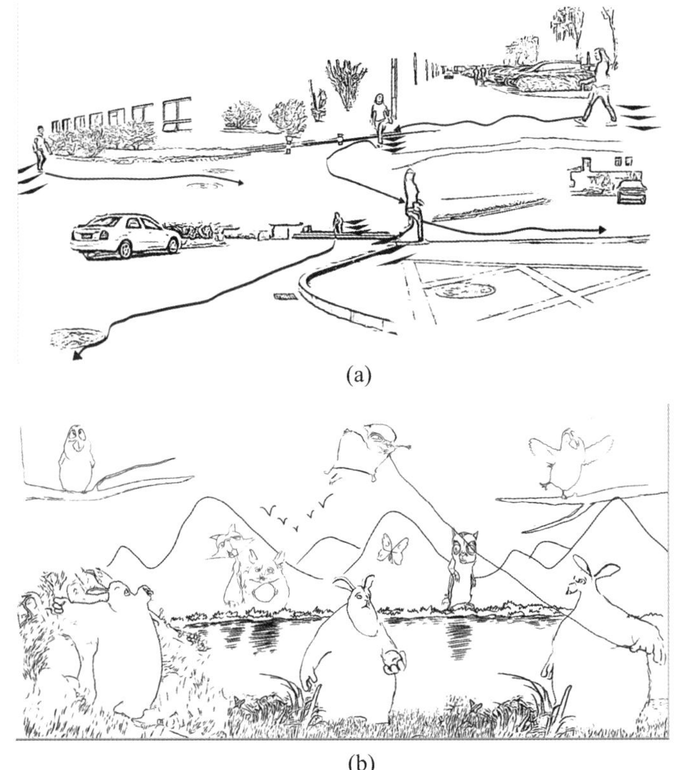

(a)

(b)

图 8.16 草图布局效果图示例

(a) 加入行为草图;(b) 交互反馈(用户参与)

4. 基于注释草图的视频非线性组织

视频内容的获取方式可以分为两类,一种方式是按照视频原始的时间顺序,按序浏览,即通常普遍采用的视频浏览方式。这种方式所获取的视频内容最为全面,但也是最花费时间的方式,尤其在人们搜索、过滤视频内容时。另一种方式是利用其他信息载体形式概括、描述视频主要内容,以使人们可以花费更少的时间获得视频的主要内容。在日常的工作和学习中,人们对已有的信息添加注释或笔记类信息是一种常见的活动,给视频添加注释正是模拟这种方式来改善人们与计算机之间的交互,使其接近于用户的日常使用习惯。视频注释是把注释信息附加到视频对象中,以达到便于沟通和增强视频的目的[Ma 2005]。

注释草图一般作为增强或补充视频内容的信息添加在视频中,它建立了不同视频资源之间的显性语义关联。添加在视频帧上的注释草图与视频内容的有机融合是构建注释草图的关键问题之一。一般在视频里添加对象多采用在视频帧上直接编辑的方式,通过拖动时间轴的方式确定对象生存的起始和终止时间。由于视频帧和时间轴难以有效地表征视频内容或语义,这种通过视频帧和时间轴编辑视频内容或间接控制视频对象的方式不符合人的认知习惯,造成交互的不便。并且新加入的对象通常是静态的,难以跟随视频内容变化而变化。因此,动态草图注释有着迫切存在的需要。动态草图注释可以描述一段视频的动态内容,会随着相应对象的运动而运动,或者场景的变化而变化,因此在交互过程中能够为用户提供丰富的视频语义上下文。

通过注释草图建立视频资源之间相互交错引用的复杂关系,为浏览者提供了更为丰富的浏览方式,满足用户根据需求在多个视频资源间随意跳转的要求。注释草图与视频内容的有机融合是构建注释草图的关键问题之一。一般在视频里添加注释多采用基于帧的直接编辑方式,通过操纵时间轴确定对象生存周期。这种基于时间轴间接控制对象的方式脱离了视频内容,不符合人对信息的感知习惯,且新添注释通常是静态的,难以随视频内容动态变化。考虑文献[Szelisk 2006]中所述全景图的构建方法,借助视频流的连续特性,抽取符合拼接条件的视频帧图像拼接成一幅完整的全景图,作为注释草图构建的静态背景和容器,如图 8.17 所示。这种基于视频全景图的方式能够为用户提供丰富的视频语义上下文,辅助注释草图与视频有机融合。

相对于通常静止的背景,将运动的对象视为前景对象。作用在静态背景上的注释草图需要与镜头运动保持一致;作用在动态的前景对象上的注释草图通常需要与前景对象保持一致的运动轨迹。因此,注释草图与视频前景和背景的融合采用不同方法:作用在静态背景上的注释草图利用视频信息的连续性特征,通过构建视频全景图实现注释草图与各帧图像之间的映射,达到融合的目的;草图与视频前景融合时，根据帧图像的SIFT特征点跟踪并提取注释草图所关联的视频前景对象的运动轨迹，并据此确定该注释草图运动路径，使两者保持基本一致的运动轨迹，以达到草图与前景对象融合的目的，如图8.18所示。

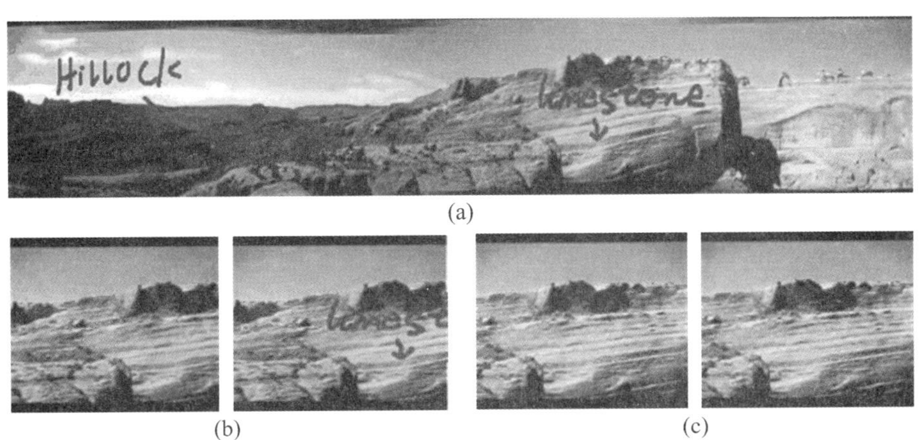

图8.17 视频全景图及原始帧与注释后的帧对比

(a) 视频全景图；(b) 第80帧对比；(c) 第90帧对比

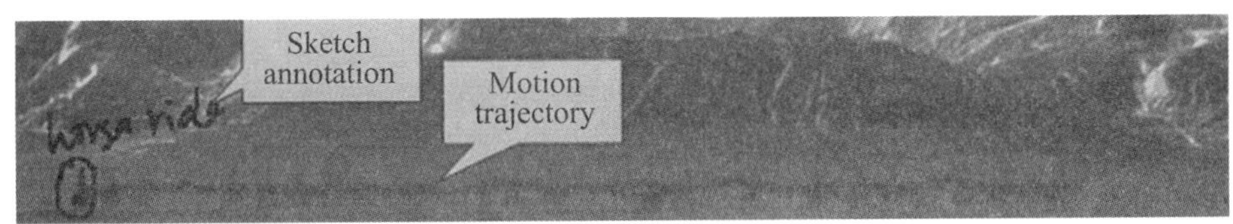

图8.18 草图与视频运动对象

最后，由用户定义视频与注释草图的关联关系，从而实现多个视频间的非线性关联关系的构建。

5. 基于草图的视频交互技术

现有的视频交互技术大多是基于图像或视频的低层物理特征，如颜色直方图、纹理特征等，这与用户认知意图中所理解的视频高层语义之间存在鸿沟[Winnemoller 2006]。如何能够帮助用户用较少的时间对视频媒体所展现的信息进行有效的认知，分析视频内容进而支持视频媒体的高效交互，是当前视频领域研究的热点和难点问题[Campanella 2007]。

(1) 面向个性化草图摘要的手势交互

采用草图手势来支持对视频的操作以及对草图摘要的编辑，我们把草图手势按照其表现方式主要分为单笔手势以及多点触控手势。

单笔手势是指用户绘制完一笔手势后抬笔时完成手势命令。多笔手势是把多个单笔手势进行分组，组与组之间通过时间间隔长度来确定，两个单笔手势相隔较短就被分到一个手势组中，相隔较长则代表一个多笔手势结束。除了采用单笔和多笔手势完成基本功能外，主要用来完成对视频资源的组织与重构，采用的单笔手势及其含义如表 8.1 所示。

表 8.1 单笔手势

单笔手势	手势名称	手势含义	单笔手势	手势名称	手势含义
	Clear-all	清空草图面板		V-move	上下移动
	Select	选定操作对象		H-move	左右移动
	Clear	删除当前对象		Insert	插入
	Confirm	确认输入		Undo/redo	撤销/重做

在多点触控设备上，多点手势如图 8.19 所示。

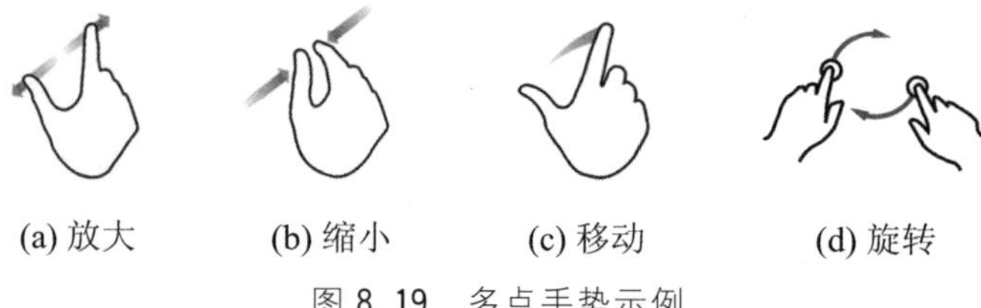

(a) 放大　(b) 缩小　(c) 移动　(d) 旋转

图 8.19 多点手势示例

草图手势支持对行为草图的编辑实现、对视频内容的浏览与编辑，如图8.20 所示，基于改进草图以及运功轨迹构成的语义草图，可以对表示运动轨迹的行为草图采用草图手势进行编辑，支持对视频内容的直接定位、加速（加粗蓝色线条）、跳过播放（红色线条）以及减速（变细蓝色线条）。

图 8.20 行为草图编辑示例

在草图摘要生成过程中,用户会在草图摘要中绘制辅助信息来表示摘要的主题等内容。绘制辅助信息和绘制手势的状态就存在切换或者冲突,所以会提供一些状态切换按钮来解决这个问题,为了尽量少地使用按钮以及菜单操作,我们可使用多点交互方式代替原来的工具箱。草图交互技术需要用户记忆手势,过多的草图手势可能会给用户带来记忆负担。为了减少用户的记忆负担,我们在设计多点交互时使用尽量简化的手势。如图 8.21 中,大部分手势采用一个点手势和一个字母手势,这样用户就像平时记忆按钮的快捷方式一样了。还有小部分多点手势采用一个点手势和一个形状手势,这样的手势也很容易记忆。

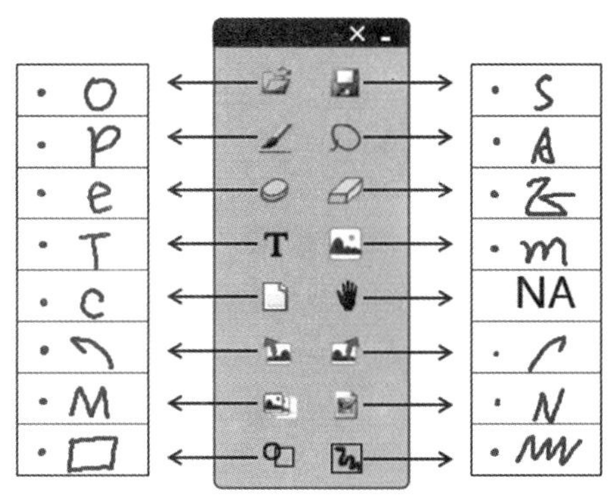

图 8.21　多点手势代替工具箱

(2) 基于注释的视频索引与浏览

在观看视频过程中,用户通常会希望在视频中标注出自己关注的内容。在视频浏览过程中为当前视频片段所添加的草图注释除含有图形信息外,还含有视频的相关语义信息。其中图形信息是指手绘草图的可见信息,如草图的颜色、线条粗细及各个点的位置等,视频相关语义信息是指草图注释与视频的关联信息,如注释的持续长度、注释所表达的对应视频帧中的环境或对象信息。静态注释的目的主要有两个:与他人共享自己对视频的理解,或者是记录标签以便再次快速定位该片段。静态草图注释的添加与交互过程如图 8.22 所示,首先在视频播放窗口里用户可通过自由勾勒的方式定义个性化的草图注释,再利用表8.1所述的插入手势,把草图注释插入草图注释库中,通过点击草图注释库里的各草图注释元素可以实现快捷定位,同时,草图注释本身也提供相关的视频高层语义信息,从而为用户更好地理解视频的内容提供帮助。用户可以通过添加静态注释来表达自己对视频内容的看法,既可以添加与视频表现内容相关的草图,也可以添加草图符号来表示视频中的场景以及视频内对象发生的运动事件。在此,总结静态注释的作用主要有三个:作为标签提高用户浏览视频的效率;根据注释内容能实现视频的快速定位;表达和共享对视频内容的看法。

用户除了添加手写笔迹草图外,还可借助系统中的草图注释辅助模块来添加草图模板库里的草图注释。现有草图模板库包括三种类型的草图:符号、行为以及对象。符号类草图用来表达用户对当前视频的印象,例如,对喜欢的场景或对象可以标注代表“着重”或“惊叹”的符号。行为类草图用来表征视频对象的运动或状态信息,如由远及近的运动,或者是跑动、碰撞等具体的动作。对象类草图用来表示视频里的对象信息。利用草图辅助模块的模板注释功能,用户可以从草图模板库选择草图注释模板来快速添加草图注释。同时,用户也可以根据自己的习惯来丰富草图模板库。如图 8.23 所示,右边区域表示草图辅助模块里树状结构的草图模板库,用户可以快捷地为视频添加各叶子结点上的草图注释,左边红色五角符号表示"着重"含义的草图注释。

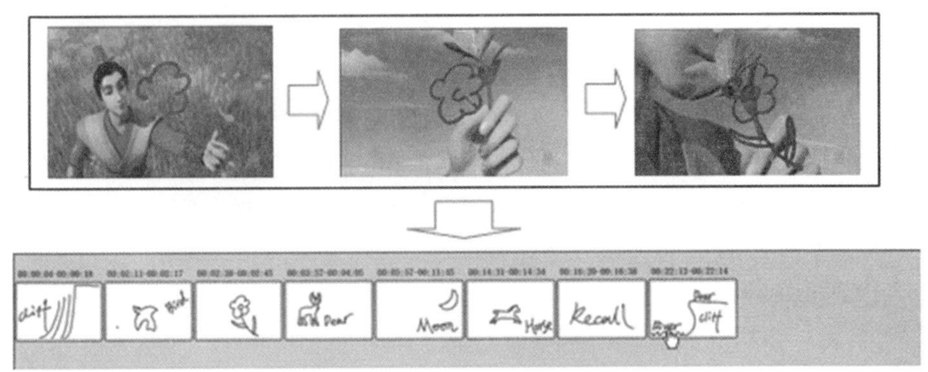

图 8.22 草图注释的添加示例

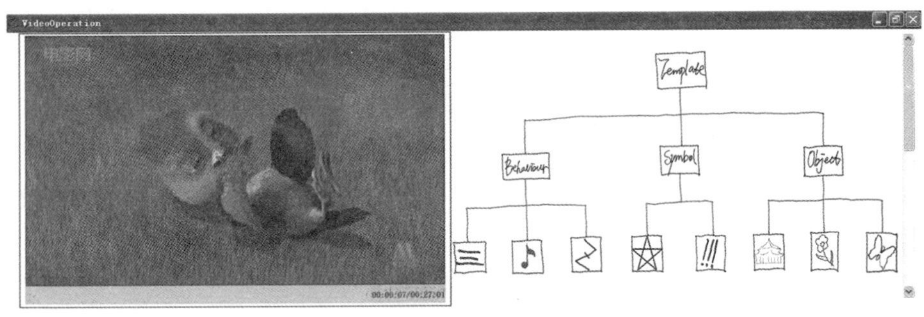

图 8.23 添加草图模板库里的草图注释

静态草图注释在表征视频对象的运动语义信息时存在着局限性,在此引入动态草图注释来平衡静态草图注释的不足。动态注释是针对视频的动态对象添加的注释。动态注释主要是跟踪视频中的运动物体,通过半自动的方式来确定要跟踪的物体并为其添加草图注释,草图注释将随着运动物体一起同步运动,从而实现对视频运动对象的动态注释。

利用 ROI(感兴趣区域)提取算法实现对视频中运动对象的动态注释。在一幅关键帧图像中,有两种类型的对象通常是该图像的 ROI,引起人们的视觉注意。一类是较之背景有相对运动状态的对象,一类是较之背景有高对比度的对象。因此，利用[Ma 2003]中所提到的 CONTRAST-BASED SALIENCY 测量方法对 $M \times N$ 像素的关键帧图像中的每一个感知单元进行对比度检测。选取显著性最高的感知单元作为我们所需要的包含运动物体的 ROI 区域，用户添加自定义的草图注释。如图 8.24 所示，图 8.24(a)表示从关键帧中提取 ROI，针对 ROI 中的对象做了内容为“Run for life”的草图注释；图 8.24 (b)表示草图注释“Run for life”随着视频对象的运动而同步移动。研究还发现视频中的运动物体与背景有较高的对比度，应用 ROI 提取算法能有效地完成动态注释。

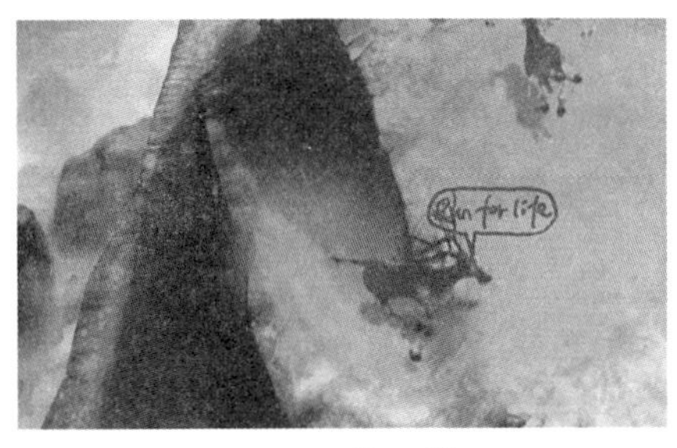

(a) 第30帧

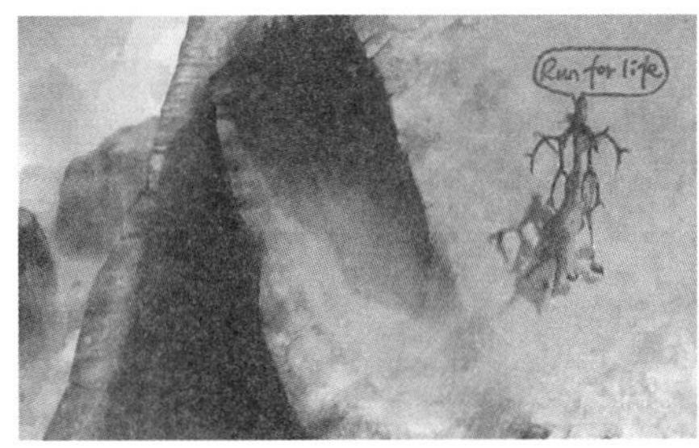

(b) 第60帧

图 8.24 基于 ROI 算法的动态注释示例

(3) 多尺度浏览

在视频的草图注释库中，每个草图注释都有对应的起始时间和终止时间。草图注释的起始时间和终止时间显示在草图注释的上方，对应视频的一个子片段。用户通过点击视频注释库中的某个视频注释即可把视频定位到对应的起始时间去播放。这样可以有效地提高用户进行视频定位的效率。用户通过添加草图的方式来记录视频中重要的或感兴趣的信息，增强对视频内容的理解。如图 8.25所示，用户可以通过展开手势向视频信息库中添加关键帧。通过展开手势可以把两幅草图之间对应的关键帧提取出来，并在草图库面板以动画形式进行多层次呈现。主要有三个层次：① 表示的第一层是草图层，为用户对整个视频所做注释的集合，是视频主要内容的个性化表征。② 表示的第二层是两幅草图之间包含丰富语义信息的关键帧集，能有效、简洁地描述视频的主要内容，用户利用第二层次可以对视频内容做全局了解，掌握视频信息，快速地定位到自己感兴趣的情节片断；③ 表示的第三层是对第二层中关键帧的细化补充，给出更多细节信息，用户能过这层关键帧集合可以对第二层里感兴趣的情节做更深入细致的了解，达到更好地了解视频信息的目的。在此，我们对关键帧与草图的移动采用动画效果，以增强交互中的用户体验。通过这种多层次的动态呈现方式能更快捷、有效地浏览视频，点击草图库里的草图注释缩略图或关键帧缩略图，视频将会跳转到草图注释缩略图或关键帧缩略图所对应视频片断的开始时间点，以实现快速定位到用户感兴趣的视频片断的目的。

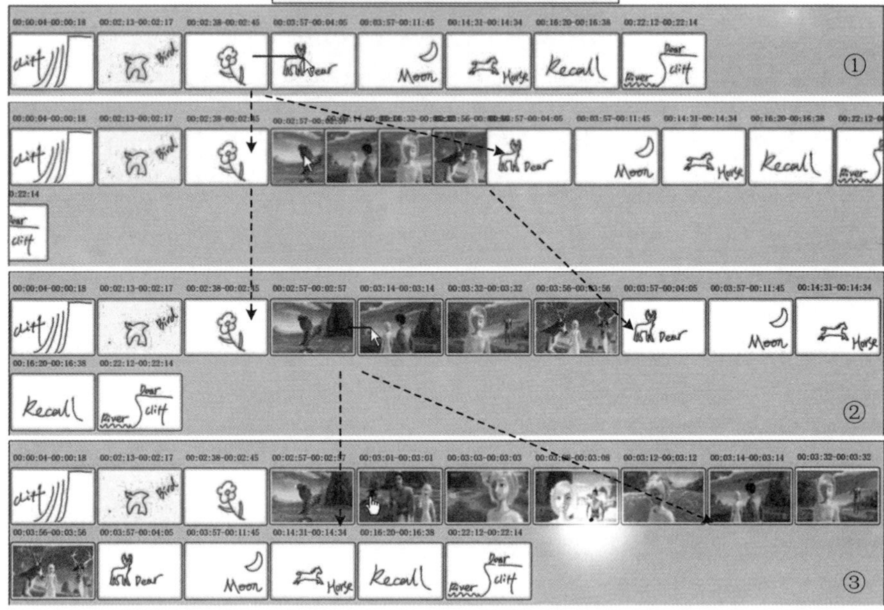

图 8.25 基于草图注释和关键帧的多层次视频浏览

(4) 浏览路径重定向

根据原始视频的播放顺序,草图视图中各草图节点初始定义了默认浏览次序。浏览者可在草图视图上绘制新的浏览路径,重新组织各草图节点改变原始默认浏览次序,以满足特殊的需求。除重新定义路径外,草图视图还提供各种手势操作,允许对草图节点进行增加、删除等操作。以图 8.26 为示例加以说明,图 8.26 展示了一段 3 分钟的电影片段,其中灰色连接线是视频原始默认浏览次序,在草图视图上绘制新的连接线,各草图节点按照新的顺序重新排列,即定义新的浏览路径。

(5) 基于语义放缩的层次浏览

当信息量较大时,语义可放缩界面(zoomable user interface)作为一种重要的交互界面形态能够按照一定的语义层次关系组织复杂的信息。由于视频的语义结构具有层次性,面向视频语义的草图表征视图可采用语义可放缩界面的思想,对大量的具有复杂语义关系的草图节点按照视频原始的层次语义嵌套关系组织起来,允许浏览者在浏览过程中,随时根据交互意图,收缩或扩展草图视图,如图 8.27 所示。

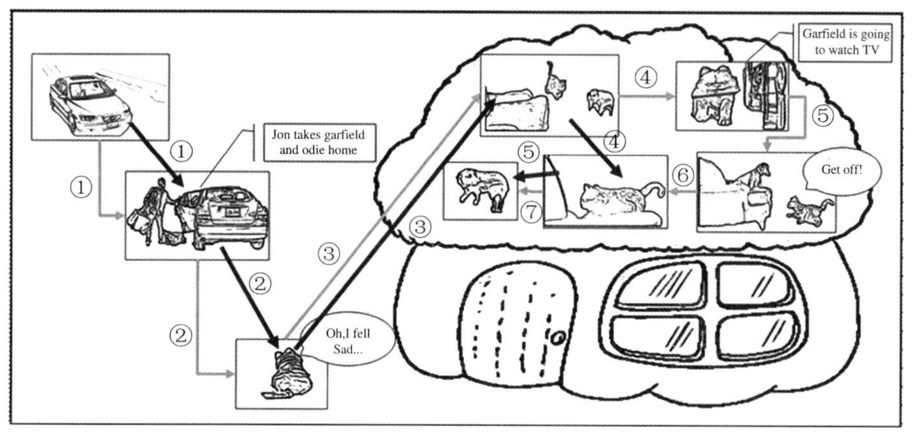

图 8.26 浏览路径重定向

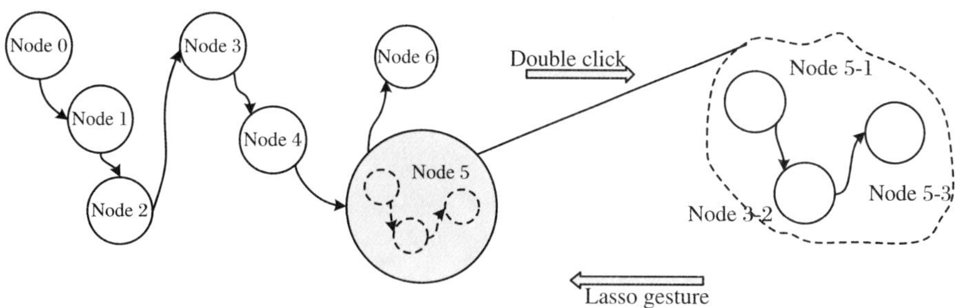

图 8.27 视图的语义放缩

通过执行"扩展"(lasso-out gesture)手势命令,可以放大相应的草图节点的视图至下一层,表征更细微粒度的视频语义。同样,通过"收缩"(lasso-in gesture)手势命令,可以缩小相应的草图节点的视图至更高一层,描述更粗略的视频内容。

8.5.3 草图用户界面在其他领域中的应用

1. 工艺草图系统

- 系统背景

企业研发中的科学发现和产品开发都离不开工艺技术,工艺的高效、优化与创新对于现代企业的发展是一项必不可少的环节。草图系统本身的特性对于提高工艺系统的应用效率与创新具有重要的作用。在此我们重点论述针织服装工艺草图系统的应用。

针织服装工艺计算是一项经验性非常强的工作内容，不同地区、不同工厂，甚至是不同工艺师，其工艺计算过程也是不一样的，这也就决定了要能够使用户根据自身工艺计算的要求和工艺经验，指定自己合理的工艺计算过程。本系统支持根据不同的要求制作不同的模板，在工艺制作过程中自动套用该模板上的内容和要求进行工艺计算。工艺师根据实际应用定制计算公式，结合自身工艺计算的经验，在工艺计算时加入自身的工艺算法，使得计算结果符合工艺师预期的数据结果和实际的编织操作要求。

目前大多数的针织服装工艺设计过程基本采用手工处理，在纸制介质上完成大部分操作，包括初始数据单位转换、工艺计算和工艺图纸生成等主要工艺过程。制作过程工作强度大，重复录入率高，编辑、修改效率颇低，新工艺员很难上手，资深工艺员需要花费大量时间去指导新手，所生成的大量工艺文件资源同样采用纸质保存，在查询和重用方面效率低下。工艺草图系统的设计目标是提供一个高效的实用性软件，赋予工艺师在软件工艺计算时的一种专业且和谐的操作环境，以笔为输入设备、以草图为信息载体，通过上下文感知支持方便易用的交互手段，进行工艺图纸的快速制作。

● 系统功能

■ 支持知识或者经验数据的添加、组织、查询、数据入库。

■ 工艺模板制作：针对不同的工艺要求制作不同的模板，按照模板类型分类，主要分为背景模板、布局模板、图形模板和表格模板；根据要求与工艺数据库建立关联。

■ 工艺图纸生成

√ 工艺初始数据输入：选择所需的不同模板，输入或者从知识库中导入初始数据，为制作工艺提供源数据，可以自动转换数据单位(英寸转为厘米)；

√ 衣片图形的绘制与设置：表达不同款式的制作要求，提供图形框，可用笔通过勾画方式绘制图形，制作不同款式的服装需要的衣片，并提供编辑功能(选中、改变属性、修改、删除等)；

√ 表格制作与设置：提供表格框，可用笔通过勾画方式绘制表格，并提供编辑功能(选中、改变属性、修改、删除等)和数据录入功能；

√ 文字输入与识别：提供文字框，可用笔通过书写方式输入文字、识别并提供编辑功能(选中、改变属性、修改、删除等)。

■ 工艺图纸编辑与局部调整：对图纸上产生的工艺数据(包括图形、表格、数据)可以方便地完成选择、修改(包括内容、属性)、移动、删除、添加等功能。

■ 公式编辑器：根据自身工艺计算的要求和工艺经验，感知当前操作状态，采用笔手势操作，灵活地完成公式定制，给出公式解释，指导工艺计算，定制工艺参数。

■ 效果图编辑器:根据工艺数据生成最后成衣衣片的效果图示,与相应工艺数据关联。

■ 工艺数据库:记录所有工艺数据,并为外部应用系统提供统一的数据访问接口,便于存储、查询以及复用。

● 关键技术

以笔为主要交互方式,以草图(可快速创建和编辑图形、表格、数据等)为信息载体,提供良好的交互逻辑来生成完整的工艺图纸。

■ 对于笔式界面范式的研究,笔式用户界面与传统用户界面有着很大的不同。人同计算机之间的交互方式不再模拟桌面环境,而是模拟日常的纸笔式交互环境。在纸笔隐喻下,绝佳的交互范式已不再适用。采用一种新的笔式交互范式(纸笔范式)作为纺织行业软件中的交互模式。

■ 创建文字框、表格框、图形框形式,采用面向对象的设计方式,将属性和行为封装在每个框内部,可以灵活地布局和操作来创建不同的模板和图纸,实现服装款式变化多样的需求,支持工艺单快速生成。

■ 提供手势操作,采用人们所熟识的笔作为输入设备,采用勾画方式进行各种编辑操作,和谐自然,减轻了用户的认知和交互负担。

■ 引入上下文感知交互技术,给出主动提示功能,引导用户操作,用户不必去花费太多的时间去适应系统,能够将注意力集中在自己要解决的具体工作上,而不是软件工具本身,使计算机和用户之间建立高效的分工合作。

● 总体结构与实例

工艺草图采用分层结构如图 8.28 所示。

■ 数据层:即数据支撑层。提供知识数据、原始数据、最后计算数据,以及工艺计算中需要的参数的输入、记录、获取;支持为外部应用系统提供统一的数据访问接口。

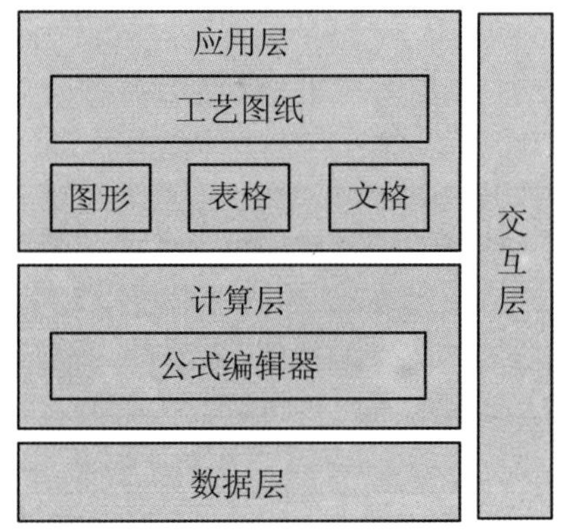

图 8.28 系统体系结构

■ 计算层:支持内部所需的工艺计算,根据输入数据,针对特定图纸可以给出计算过程,产生计算结果;提供公式编辑器,可以更方便地定制计算公式和参数,满足个性化的要求。

■ 应用层:支持图纸创建、生成、编辑、保存等;提供图形、文字、表格操作功能。

■ 交互层:提供便捷的交互方式来完成所需的功能,引入笔式交互技术,在很大程度上简化了操作步骤,减轻了人的交互负担。

根据体系结构,可以在宏观上明确各个模块应具有什么功能,因此从功能上划分模块,主要有:数据模块、图形模块、表格模块、文字模块、公式编辑模块和交互模块。工艺图纸制作界面示例如图 8.29 所示。

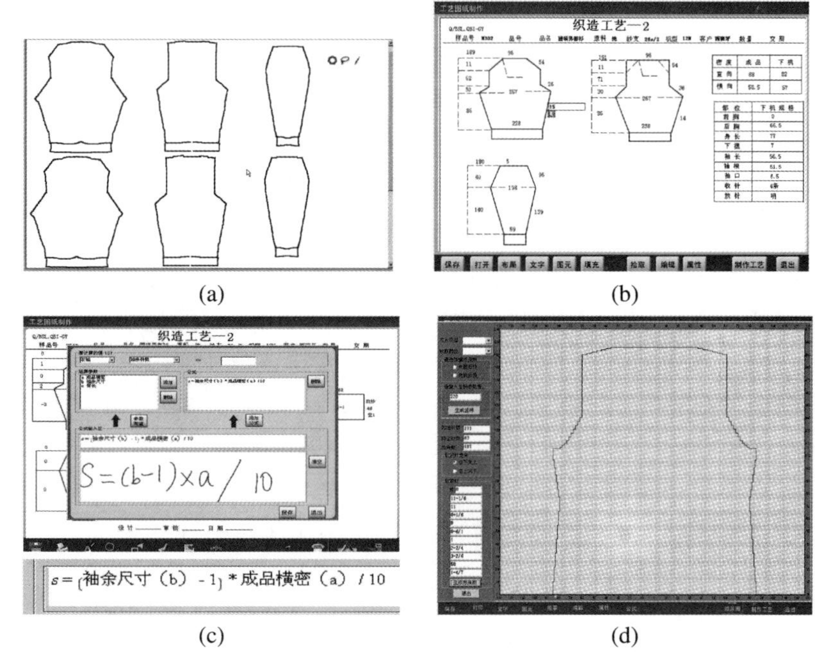

图 8.29 工艺图纸制作界面

(a) 草图方式勾画工艺制作图纸,通过手势操作可编辑修改草图;(b) 识别后的工艺图纸,具有工艺数据,通过手势操作可编辑修改草图;(c) 工艺数据计算公式提示及编辑,用草图方式输入公式,同时显示对应的语义信息,通过手势操作可编辑修改公式;(d) 根据工艺数据计算的服装衣片效果图显示,通过手势操作可编辑修改

2. 基于笔式交互的虚拟家居系统

基于笔式交互的虚拟家居系统是一款进行家居设计的应用软件[付永刚 2005]。目前流行的家居设计软件有很多,如 ArchiCAD[Graphisoft 2005], Chief Architect[Chief Architect 2005]。这类软件能够满足一定的需要,但普遍的特点是交互性很差,也不能进行实时漫游。本节所述的虚拟家居设计系统的目的是能够直观、快速、自然地实现家庭装修方案的设计,通过对二维建模技术、三维建模技术、交互技术、三维真实感图形渲染和实时交互式漫游等技术的应用,辅助用户设计、装饰自己的居室,通过用户在房间中的漫游,可以从任意角

度去观察室内设计装饰的静态效果，也可以通过漫游动态地观察房间的装饰效果。设计师及其客户可使用虚拟家居设计软件来观察建筑模型和评估建筑设计，从而在普通客户与专业人员之间建立起高效的沟通桥梁，使客户能够直接参与自己的家居设计。

系统功能主要有如下四部分：

■ 墙体勾画：包括建筑构件的绘制和家居符号的二维摆放等，建筑构件的绘制包括墙体的绘制、门窗的定位、阳台的绘制以及尺寸的标注等；

■ 墙面装饰：包括墙纸装饰和墙面构件安置，普通地砖装饰、有艺术图案的地板装饰和灯具安装等；

■ 室内布置：进行家居摆放并可以在三维场景中观察家具的摆放效果，对于装饰行业来说，设计人员可以实时地看到自己加入家居装饰品后的设计效果；

■ 可视化漫游：根据二维户型图设计结果，快速生成相应的三维户型，构建三维场景。通过实时渲染技术，用户可以在装修前和装修后的三维户型中任意漫游，可以从房间的任何位置以任意角度对场景进行观察，以便对设计人员或销售人员提出建议和意见。

笔式虚拟家居设计系统结构见图 8.30。

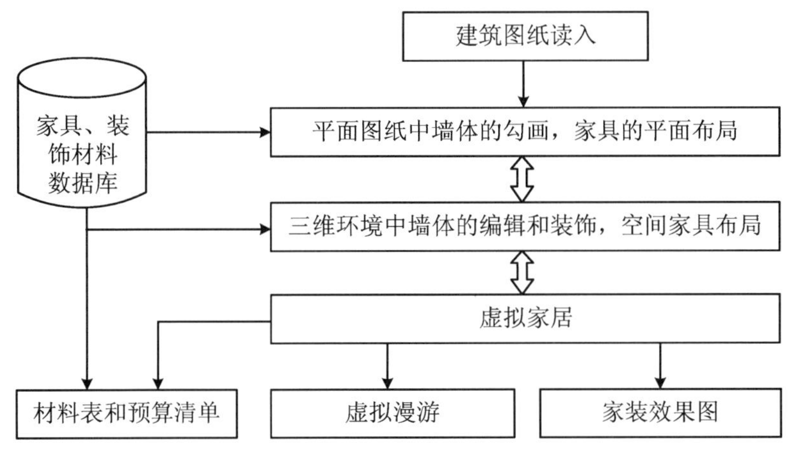

图 8.30　笔式虚拟家居设计系统结构

系统的界面如图 8.31 所示，系统的下方是可视化的材质库、纹理库和家具库，用户可以直接将这些素材拖放到场景中或者二维户型图中。

图 8.31 笔式虚拟家居设计系统

参考文献

[邓益民 1996] 邓益民，季川奇，凌忠社. 从二维草绘到三维变量化设计[J]. 计算机工程，1996，22(4)：11－15.

[方贵盛 2006] 方贵盛，何利力，孔繁胜. 笔式手势交互环境下实时草图编辑方法研究[J]. 中国图象图形学报，2006，11（增刊）：185－190.

[付永刚 2005] 付永刚，戴国忠，蒋成高，等. 支持笔输入的虚拟家居设计系统[J]. 计算机辅助设计与图形学学报，2002，14(9)：877－879.

[巩应奎 2005] 巩应奎，梅中义，范玉青，等. 基于手势输入构造三维概念模型的研究进展[J]. 计算机辅助设计与图形学学报，2005，17(7)：1389－1394.

[李德山 2009] 李德山. 基于语义的视频检索[D]. 青岛：中国石油大学，2009.

[刘媛媛 2008] 刘媛媛. 基于草图的针织服装工艺设计系统[D]. 北京：中国科学院软件研究所，2008.

[马翠霞 2003] 马翠霞，戴国忠，陈由迪. An infrastructure approach to gesture interaction computing in conceptual design[J]. Asia Information, Science and Life, 2003, 2(2): 141－149.

[马翠霞 2004] 马翠霞，张凤军，陈由迪，等. 支持概念设计的特征手势建模[J]. 计算机辅助设计与图形学学报，2004，16(4)：559－565.

[马翠霞 2005a] 马翠霞，戴国忠，滕东兴，等. Gesture-Based Interaction Computing in Conceptual Design[J]. 软件学报，2005，16(2)：303－308.

[马翠霞 2005b] 马翠霞，王宏安，戴国忠. Research on collaborative interaction based on gesture and sketch in conceptual design[J]. 计算机研究与发展，2005，42(5)：856－861.

[马翠霞 2013] 马翠霞,刘永进,付秋芳,等. 基于草图交互的视频摘要方法及认知分析[J]. 中国科学:信息科学, 2013,43(8): 1012 - 1023.

[潘云鹤 1997] 潘云鹤. 智能 CAD 方法与模型[M]. 北京:科学出版社,1997.

[孙守迁 1999] 孙守迁,包恩伟,陈蘅,等. 计算机辅助概念设计研究现状和发展趋势[J]. 中国机械工程,1999,10(6):697 - 700.

[宋保华 2004] 宋保华,叶军,于明玖. 笔输入草图的分层识别[J]. 计算机辅助设计与图形学学报,2004,16(6):753 - 758.

[孙守迁 1999] 孙守迁,包恩伟,陈蘅,等. 计算机辅助概念设计研究现状和发展趋势[J]. 中国机械工程,1999,10(6):697 - 700.

[孙正兴 2005] 孙正兴,冯桂焕,周若鸿. 基于草图的人机交互技术研究进展[J]. 计算机辅助设计与图形学学报,2005,17(9):1889 - 1899.

[杨海燕 2010] 杨海燕. 草图用户界面及其应用研究[D]. 北京:中国科学院研究生院,2010.

[岳玮宁 2005] 岳玮宁,王悦,汪国平,等. 基于上下文感知的智能交互系统模型[J]. 计算机辅助设计与图形学学报, 2005,17(1):74 - 79.

[詹启 2013] 詹启,马翠霞,倪美娟,等. 一种基于草图注释的视频浏览技术[J]. 计算机辅助设计与图形学学报,2013,25(6):900 - 906.

[朱永强, 2003] 朱永强,鲁聪达. 自由曲线曲面造型技术的综述[J]. 中国制造业信息化,2003,32(5):110 - 113.

[Abowd 2000] ABOWD G D, MYNATT E D. Charting Past, Present, and Future Research in Ubiquitous Computing[J]. ACM Transactions on Computer-Human Interaction, 2000,7(1): 29 - 58.

[Alfred 1995] ALFRED K, WOLFGANG P. The user modeling shell system BGP-MS[J]. User Modeling and User Adapted Interaction, 1995, 4: 59 - 106.

[Apte 1993] APTE A, VO V, KIMURA T D. Recognizing Multistroke Geometric Shapes: An Experimental Evaluation[C]// Proc. of UIST'93, 1993: 121 - 128.

[Bimber 2000] BIMBER O, ENCARNACAO L M, STORK A. A multi-layered architecture for sketch-based interaction within virtual environments[J]. Computers & Graphics, 2000, 24: 851 - 867.

[Bruce 1997] BRUCE K. Lifestyle finder: Intelligent user profiling using large-scale demographic data[J]. AI Magazine, 1997, 18(2): 37 - 45.

[Campanella 2007] CAMPANELLA M, WEDA H, BARBIERI M. Edit while watching: Home video editing made easy[J]. Proc. of SPIE-IS & T Electronic Imaging, SPIE, 2007: 6506.

[Canny 2006] CANNY J. The future of human-computer interaction[J]. ACM Queue, 2006: 24 - 32.

[Casper 1997] CASPER G C V D, AMNEN A C M. Sketch input for conceptual surface design [J]. Computers in Industry, 1997, 34: 125 - 137.

[Chattopadhyay 2008] CHATTOPADHYAY S, BHANDARKAR S M. Hybrid layered video encoding and caching for resource constrained environments [J]. Journal of Visual Communication and Image Representation, 2008, 19(8): 573 - 588.

[Chief Architect 2005] Chief Architect. http://www.chiefarchitect.com, 2005.

[Clowers 1997] CLOWERS M B. On seeing things[J]. Artificial Intelligence, 1971, 2(1):

79－112.

[Collomosse 2008] COLLOMOSSE J P, MCNEILL G, WATTS L. Free-hand sketch grouping for video retrieval[C]// 19th International Conference on Pattern Recognition, 2008: 1－4.

[Graphisoft 2005] Graphisoft. http://www. graphisoft.com. 2005.

[Cross 1999] CROSS N. Natural intelligence in design[J]. Elsevier Design Studies, 1999, 20(1): 25－39.

[Dey 1999] DEY A K, ABOWD G D, SALBER D. A Context-based Infrastructure for Smart Environments[C]// Proceedings of the 1st International Workshop on Managing Interactions in Smart Environments (MANSE'99), 1999: 114－128.

[Dijk 1995] VAN DIJK C G C. New insights in computer-aided conceptual design[J]. Design Studies, 1995, 16(1): 62－80.

[Dix 2003] DIX A, FINLAY J, ABOWD G, et al. Human-Computer Interaction[M]. 2nd Edition. Beijing: Publishing House of Electronic Industry, 2003.

[Eggli 1997] EGGLI L, HSU C Y, BRUDERLIN B D, et al. Inferring 3D Models from Freehand Sketches and Constraints[J]. Computer-Aided Design, 1997, 29: 101－112.

[Ferguson 2002] FERGUSON R W, FORBUS K D. A cognitive approach to sketch understanding[C]// Proc. of AAAI 2002 Spring Symposium on Sketch Understanding, 2002.

[Fish 1990] FISH J, SCRIVENER S. Amplifying the mind's eye: Sketching and visual cognition [J]. Leonardo, 1990, 23(1): 51－58.

[Forsberg 1998] FORSBERG A, DIETERICH M, ZELEZNIK R. The Music Notepad. Proceedings of the ACM Symposium on User Interface and Software Technology (UIST) [M]. New York: ACM, 1998: 203－210.

[Geoff 2001] GEOFF W, MICHAEL J P, DANIEL B. Machine learning for user modeling[J]. User Modeling and User-Adapted Interaction, 2001, 11:19－29.

[Goularte 2004] GOULARTE R, CATTELAN R G, et al. Interactive multimedia annotations: Enriching and extending content[C]//Proceedings of the 2004 ACM Symposium on Document Engineering. New York: ACM, 2004: 84 － 86.

[Graphisoft 2005] Graphisoft. http://www. graphisoft.com, 2005.

[Gross 1994] GROSS M D. Advanced Visual Interfaces[C]//Recognizing and Interpreting Diagrams in Design. Advanced Visual Interfaces'94 (AVI'94), New York: ACM Press.

[Hammond 2002] HAMMOND T. A domain description language for sketch recognition[C]. MIT Student Oxygen Workshop, 2002.

[Kanade 1980] KANADE T. Recovery of the three dimensional shape of an object from a single view[J]. Artificial Intelligence, 1980, 17: 409－460.

[Henricksena 2006] HENRICKSENA K, INDULSKA J. Developing context-aware pervasive computing applications: Models and approach[J]. Pervasive and Mobile Computing, 2006, 2(1): 37－64.

[Herot 1976] HEROT C. Graphical Input Through Machine Recognition of Sketches[C]. Proceedings of SIGGRAPH'76, 1976: 97－102.

[Hong 2000] HONG J I, LANDY J A. SATIN: A Toolkit for Informal Ink-based Applications [C]// Proceeding of UIST'00 Symposium on User Interface Software and Technology, New

York：ACM，2000：63－72.

[Hong 2008] HONG C，YANG Z，BU J，et al. Cartoon-like stylization of video for real-time applications[C]// International Conference on Multimedia & Expo，2008：958－988.

[Hse 2002] HSE H，SHILMAN M. An Adaptive Multistroke Gesture Recognition Algorithm [R]. The ERL Research Summary，2002.

[Hwang 1994] HWANG T，UIIMAN D. Recognize features from freehand sketches[J]. ASME Computers in Engineering，1994，1：67－78.

[Igarashi 1997] IGARASHI T，MATSUOKA S，KAWACHIYA S，et al. Interactive Beautification：A Technique for Rapid Geometric Design[C]// Proceedings of UIST'97，1997：105－114.

[Igarashi 1998] IGARASHI T，MATSUOKA S，KAWACHIYA S，et al. Pegasus：A Drawing System for Rapid Geometric Design[C]// Proceedings of CHI'98. Los Angeles：ACM Press，1998.

[Ijiri 2005] IJIRI T，OWADA S，OKABE M，et al. Floral diagrams and inflorescences：Interactive flower modeling using botanical structural constraints[J]. ACM Trans. Graph.，2005，24(3)：720－726.

[Kang 2007] KANG H，LEE S，CHUI C K. Coherent Line Drawing[C]// Proceedings of the 5th International Symposium on Non-photorealistic Animation and Rendering. New York：ACM，2007：43－50.

[Kara 2004a] KARA L B，STAHOVICH T F. Sim-U-Sketch：A Sketch-Based Interface for Simulink[C]// Proceedings of Advanced Visual Interfaces，2004：354－357.

[Kara 2004b] KARA L B，GENNARI L，STAHOVICH T F. A Sketch-Based Interface for the Design and Analysis of Simple Vibratory Mechanical Systems[C]// ASME International Design Engineering Technical Conferences (ASME/ DETC 2004).

[Kolli 1993] KOLLI R，PASMAN G，HENNESSEY J M. Some considerations for designing a user environment for creative ideation[M]//Proceedings of Interface，Human Factors and Ergonomica Society. Santa Monica CA，1993：109－116.

[LaViola 2005] LAVIOLA J. Mathematical Sketching：A New Approach to Creating and Exploring Dynamic Illustrations [D]. Dissertation，Brown University，Department of Computer Science，2005.

[LaViola 2006] JOSEPH J，LAVIOLA JR，DAVIS R，et al. An Introduction to Sketch-Based Interfaces[M]. Course Notes，SIGGRAPH，2006.

[Liang，2005] LIANG S，SUN Z X，LI B. Sketch retrieval based on spatial relations[M]// Proceedings of International Conference on Computer Graphics，Imaging and Vision：New Trends. Washington：IEEE Computer Society，2005：24－29.

[Liu 2010] LIU L G，REN J，WOLF C L，et al. Optimizing Photo Composition[R]. China：Zhejiang University，2010.

[Long 2000] LONG A，C Jr，LANDAY J A，ROWE L A，et al. Visual similarity of pen Gestures[C]//Proc. of the Human Factors in Computing Systems SIGCHI 2000，2(1)：360－367.

[Long 2001] LONG A C，JR. Quill：A gesture design tool for pen-based user interfaces[R].

Berkeley: University of California, 2001 (SIGCHI'00).

[Ma 2003] MA YUFEI, ZHANG HONGJIANG. Contrast-based Image Attention Analysis by Using Fuzzy Growing[C]// Proceedings of the 11th ACM International Conference on Multimedia. New York, 2003: 374 - 381.

[Ma 2005] MA Y F, ZHANG H J. Video snapshot: A bird view of video sequence[C]// Proceedings of International Multi-Media Modelling Conference, Melbourne, Australia, 2005): 94 - 101.

[Ma 2012] MA CUIXIA, LIU YONGJIN, WANG HONGAN, et al. Sketch-based annotation and visualization in video authoring[J]. IEEE Transactions On Multimedia, 2012, 14(4): 1153 - 1165.

[Malik 2005] MALIK S. A Sketching Interface for Modeling and Editing Hairstyles[R]. Eurographics Workshop on Sketch-Based Interfaces and Modeling, 2005.

[Masuda 1997] MASUDA H, NUMMAO M. A cell-based approach for generating solid objects from orthographic projections[J]. Computer-Aided Design, 1997, 29(3): 177 - 178.

[Minneman 1995] MINNEMAN S, HARRISON S, JANSSEN B, et al. A confederation of tools for capturing and accessing collaborative activity[C]// Proceedings of the 3rd International Conference on Multimedia. New York: AC, 1995: 523 - 534.

[Moran 1996] MORAN T P, CHIU P, HARRISON S, et al. Evolutionary engagement in an ongoing collaborative work process: A case study[C]// Proceedings of the ACM Conference on Computer-Supported Cooperative Work. New York: ACM Press, 1996: 150 - 159.

[Moran 1997] MORAN T P, CHIU P, VAN MELLE W. Pen-based interaction techniques for organizing material on an electronic whiteboard[C]// Proceedings of the 10th Annual ACM Symposium on User Interface Software and Technology. New York: ACM Press, 1997: 45 - 54.

[Mynatt 1999] MYNATT E D, IGARASHI T, EDWARDS W K, et al. Flatland: New dimensions in office whiteboards[C]// Proceedings of CHI'99 Human Factors in Computing Systems, Pittsburgh, PA, 1999: 346 - 353.

[Okabe 2005] OKABE M, OWADA S, IGARASHI T. Interactive design of botanical trees using freehand sketches and example-based editing[J]. Computer Graphics Forum: Proc. Eurographics, 2005, 24(3): 487 - 496.

[Orzan 2007] ORZAN A, BOUSSEAU A, BARLA P, et al. Structure-preserving manipulation of photographs[C]. Proceedings of the 5th International Symposium on Non-photorealistic Animation and Rendering. New York: ACM, 2007: 103 - 110.

[Rodgers 2000] RODGERS P A. Using concept sketches to track design progress[J]. Design Studies, 2000, 21: 451 - 464

[Rubine 1991] RUBINE D. Specifying Gestures by Example[C]// Computer Graphics, ACM SIGGRAPH'91 Conference Proceeding, 1991, 19(3): 225 - 234.

[Saund 1994] SAUND E, MORAN T P. A Perceptually Supported Sketch Editor[C]. Proceedings of UIST'94, 1994: 175 - 184.

[Sezgin 2002] SEZGIN M. Generating domain specific sketch recognizers from object descriptions[R]. MIT Student Oxygen Workshop, 2002

[Shneiderman 2002] SHNEIDERMAN B. Leonardo's laptop: Human Needs and the New Computing Technologies[R]. Massachusetts Institute of Technology, 2002.

[Sun 2003] SUN Z X, QIU Q H, ZHANG L S. Some issues in online sketch recognition[C]// Proceedings of the First Chinese Conference on Affective Computing and Intelligence Interaction, Beijing, 2003: 318 - 323

[Sun 2004] SUN Z X, WANG Q, YIN J F. Incremental online sketchy shape recognition with dynamic modeling and relevance feedback[C]//Proceedings of International Conference on Machine Learning and Cybernetics, Shanghai, 2004: 3787 - 3792.

[Sutherland 1963] SUTHERLAND I. SketchPad: A Man-Machine Graphical Communication System[C]// Proceedings of AFIPS Spring Joint Computer Conference, 1963: 329 - 346.

[Sutherland 2003] SUTHERLAND I. Sketchpad: A man-machine graphical communication system[R]. Technical Report, UCAM-CL-TR-574, University of Cambridge, Computer Laboratory, 2003.

[Suwa 1997] SUWA M, TVERSKY B. How Do Designers Shift Their Focus of Attention in their Own Sketches[M]. AAAI-97 Fall Symposium. AAAI Press, 1997: 102 - 108.

[Szelisk 2006] SZELISK R. Image alignment and stitching: A tutorial[J]. Foundations and Trends in Computer Graphics and Vision, 2006, 2(1):1 - 104.

[Thorne 2004] THORNE M, BURKE D, VAN DE PANNE M. Motion doodles: An interface for sketching character motion[J]. ACM Transactions on Graphics, 2004, 23(3): 424 - 431.

[Tracy 2006] TRACY H, RANDALL D. LADDER: A language to describe drawing, display, and editing in sketch recognition [C]//ACM SIGGRAPH 2006 Courses. Boston, Massachusetts, ACM.

[Turquin 2007] TURQUIN E, WITHER J, BOISSIEUX L, et al. A sketch-based interface for clothing virtual characters[J]. IEEE Computer Graphics & Applications, 2007: 72 - 81.

[Ullman 1990] ULLMAN D G, WOOD S, CRAIG D. The importance of drawing in the mechanical design process[J]. Computers & Graphics, 1999, 14(2): 263 - 274

[Ullman 1995] ULLMAN D G, D'AMBROSIO B. A taxonomy for classifying engineering decision problems and support systems[J]. Artificial Intelligence for Engineering Design, Analysis and Manufacturing, 1995, 9: 427 - 438.

[Xu 2008] XU Z J, CHEN H, ZHU S C, et al. A Hierarchical Compositional Model for Face Representation and Sketching[J]. IEEE Transactions on Pattern Analysis and Machine Intelligence, 2008, 30(6): 955 - 969.

[Wang 2004] WANG J, XU Y Q, SHUM H Y, et al. Video Tooning[C]//International Conference on Computer Graphics and Interactive Techniques, ACM SIGGRAPH. New York: ACM, 2004: 573 - 583.

[Wang 2013] WANG HONGAN, MA CUIXIA. Interactive multi-scale structures for summarizing video content[J]. Science China: Information Sciences, 2013, 56(5): 1 - 12.

[Weinzapfel 1976] WEINZAPFEL G, NEGROPONTE N. Architeture-By-Yourself: An Experiment with Computer Graphics for House Design[C]//Proceedings of SIGGRAPH'76, 1976: 74 - 78.

[Wen 2006] WEN F, LUAN Q, LIANG L, et al. Color Sketch Generation[C]//Proceedings of the 4th International Symposium on Non-photorealistic Animation and Rendering. New York: ACM, 2006: 47 - 54.

[Winnemoller 2006] WINNEMOLLER H, OLSEN S C, GOOCH B. Real-time video abstraction[J]. ACM Trans. Graph. Proc. SIGGRAPH'06, 2006, 25(3): 1221 - 1226.

[Yan 1997] YAN Q W, CHEN C L P, TANG Z. Efficient algorithm for the reconstruction of 3D objects from orthographic projections[J]. Computer-Aided Design, 1997, 29(1): 53 - 64.

[Zhang 1996] ZHANG J J, MIDDLEDITCH A E, LATHAN R S. Constraint based solid modelling with geometric features[C]//Proceedings of SPIE: the International Society for Optical Engineering, 1996, 2644: 134 - 141.

[Zhang 2013] ZHANG YANQIU, MA CUIXIA, et al. An Interactive Personalized Video Summarization Based on Sketches[C]//ACM SIGGRAPH VRCAI 2013, Nov. 17 - 19, Hong Kong.

第 9 章　笔式用户界面的关键应用

本部分将介绍面向不同领域、不同人群的笔式应用，包括笔式电子教学系统、儿童娱乐城益智软件、笔式科学训练管理系统、工艺草图系统、手绘草图概念设计系统以及虚拟家居等多个具有重要社会影响和市场价值的软件系统。

9.1　自由办公领域关键应用

9.1.1　笔式电子教学

笔式教学系统[戴国忠 2005]是基于 PIBG Toolkit 构造的一个面向教师的应用系统套件。此系统面向普教、职教和幼教领域，是一种完全基于笔的电子备课和授课系统。以中科笔式电子教学系统为核心，配备投影仪、电子白板、手写板、计算机等设备，构建“中科笔式电子教室”，可以方便快速地将计算机辅助教学应用于各科课堂教学。利用这套系统可以完成教师日常的备课和讲课工作。同时系统还会将教师的课件、资源和讲课的过程进行数字化的存储，以备进一步的使用。

笔式教学系统的结构如图 9.1 所示。

下面我们根据各个部分来详细介绍此系统。

1. 总体界面

总体界面用来帮助用户管理整个笔式 Office 系列软件。根据对总体界面的要求，在总体界面中需要有对工具类、图表类应用的管理，对日记本、文件夹、备课本，以及日记、文件、备课的管理。与我们平常看到的计算机界面不同，总体界面采用完全以实物作为标识的实物界面，具有直观、形象、易于使用的优点，用户很容易就能明白每一个图标的用途，不用去记忆纷繁复杂的菜单和工具，直接就能明白如何操作。系统的主界面(总体界面的一级)如图 9.2 所示,它模拟教师日常的办公环境。

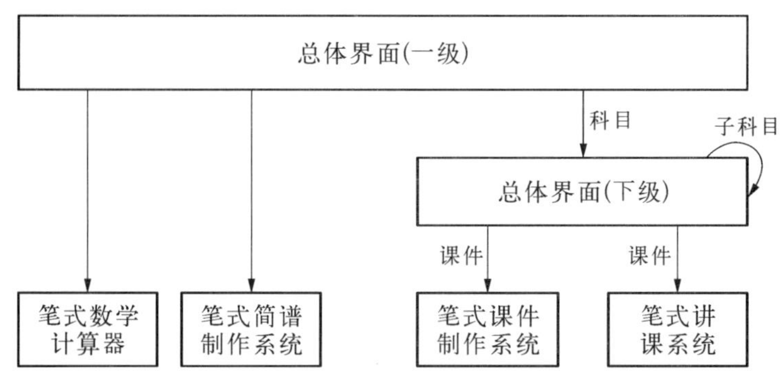

图 9.1 笔式教学系统结构

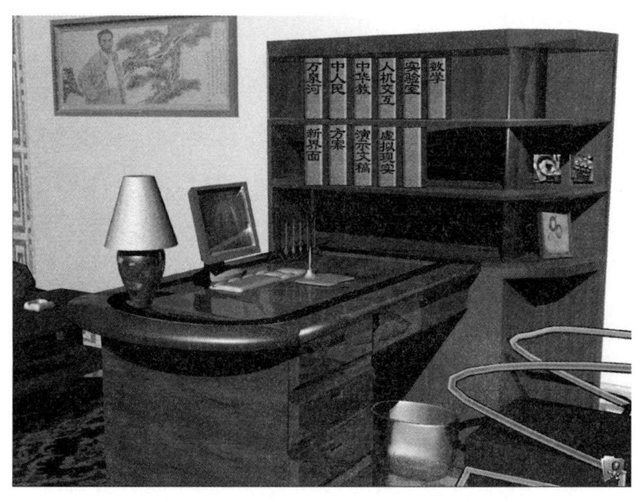

图 9.2 系统主界面

此界面中的内容包括教学工具、管理工具和辅助工具三大类。在书架的最上方是教学工具,包括备课系统和授课系统,该系统按照一系列的科目进行编排,比如语文、数学、政治等等。在教学工具的下面是管理工具,包括办公文件管理系统和个人信息管理系统。左边是办公文件管理系统,可以将学校文件、班级文件等放在这里,以便于随时能够方便地查阅和修改;右边是个人信息的管理工具,分别是日记、课程管理和日程,为用户提供个人信息的简单管理。在文件系统的下方放置的是辅助工具,从左至右分别是笔式计算器、笔式简谱制作系统。

从抽象意义上来看,此界面的功能基本上等同于 Windows 系统中的文件管理器。整个界面的交互都利用笔来进行,用户可以用笔来进行科目的新建、删除、移动、更名等操作。同时,当用户直接用笔来点击科目时,系统将进入此科目对应的下一级界面。

下一级界面完全按照纸笔式交互的风格进行设计。如图 9.3 所示,用户可以用笔来进行子科目的添加、删除、更名等操作。

图 9.3 系统下一级界面

2. 笔式课件制作和授课系统

笔式课件制作系统和授课系统支持教师用笔来进行课件的制作和课堂上的授课工作。这两个系统的功能基本上与微软公司的 PowerPoint 类似。但这两个系统体现了新的交互思想,并添加了一些新的功能,从而可以帮助教师更加方便、自然地进行备课和授课工作。

首先,笔式课件制作系统支持教师直接用笔来进行胶片的制作,如图 9.4 所示。

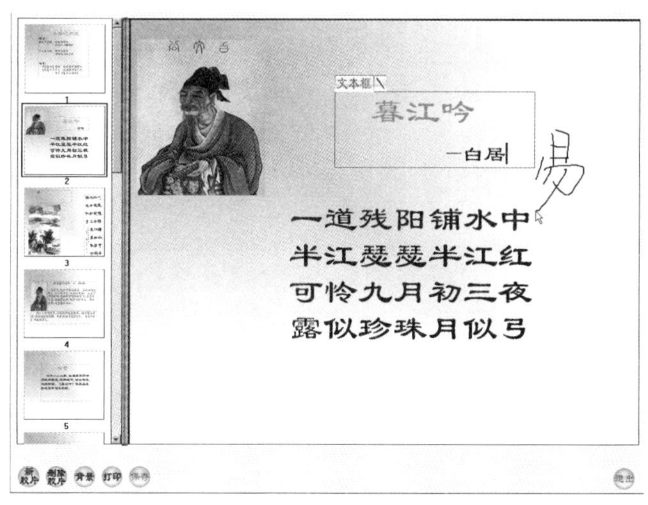

图 9.4 笔式课件制作系统

目前,我们的系统支持文字、表格、自由笔输入、数学公式、几何图形、算式、图片等多种内容。教师可以用笔来构造不同内容形式的框,并用笔进行框内内容的输入。同时,支持教师用笔进行胶片、框以及框内内容的新建、插入、删除、移动等各种编辑操作。对胶片的移动和复制操作如图 9.5 所示,用户可以直接用笔来定义胶片之间的顺序,也可以复制胶片。在列表区中,选中的胶片的左上角是该胶片的状态标志,在默认的状态下就是进行移动;当需要复制整张胶片时,用笔点击该状态标志,即切换为复制状态,然后就可以用笔拖动该胶片,在希望复制的地方放开胶片,就完成了胶片的复制。

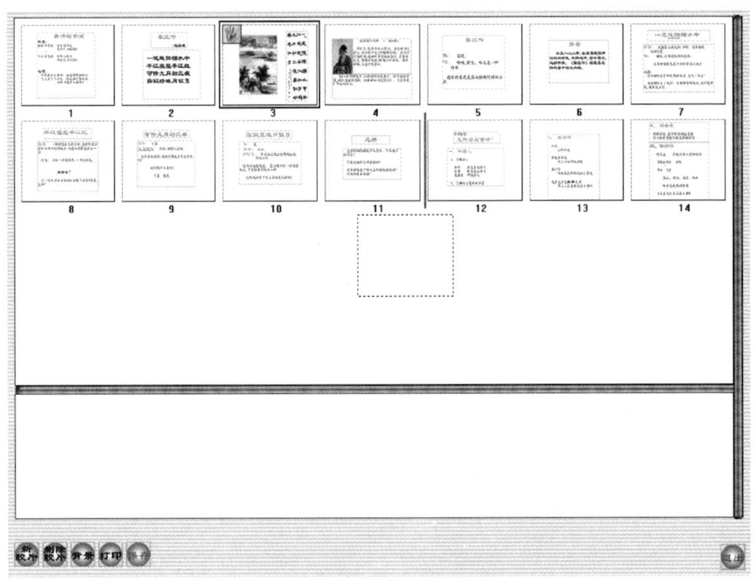

图 9.5 胶片的移动和复制

对框同样可以进行各种属性设置、移动、复制、删除操作。当框处于框属性编辑状态时,用笔可以对框的大小进行调整,用笔点住框标部分可进行框的位置的移动。用笔在框的状态栏执行 Hold 操作,框的状态即切换为复制状态,在此状态下,用光标点住标签部分拖动,即可在拖动的目标位置复制出一个相同的框。如果要删除一个已经编辑好的框,将框的状态换至移动状态,用笔在框标处画一条多折线,即可删除这个框,如图 9.6 所示。

针对各种类型的框内容,系统提供了各种类型的操作。以文本框为例,文本的选中、移动、复制、删除操作如图 9.7 所示。需要对一个字符串进行操作时,首先用笔执行 Hold 操作,使笔由输入状态变为字符串选择状态。用户可以用笔来选中这些字符,这时在字符串的左上角将出现一个状态标志,默认出现的是移动状态,即手的图标,此时可以用笔拖住字符串在框内移动,至目标位置放开就完成了字符串的移动。如果要复制这个字符串就首先需要用笔点击其状态栏,切

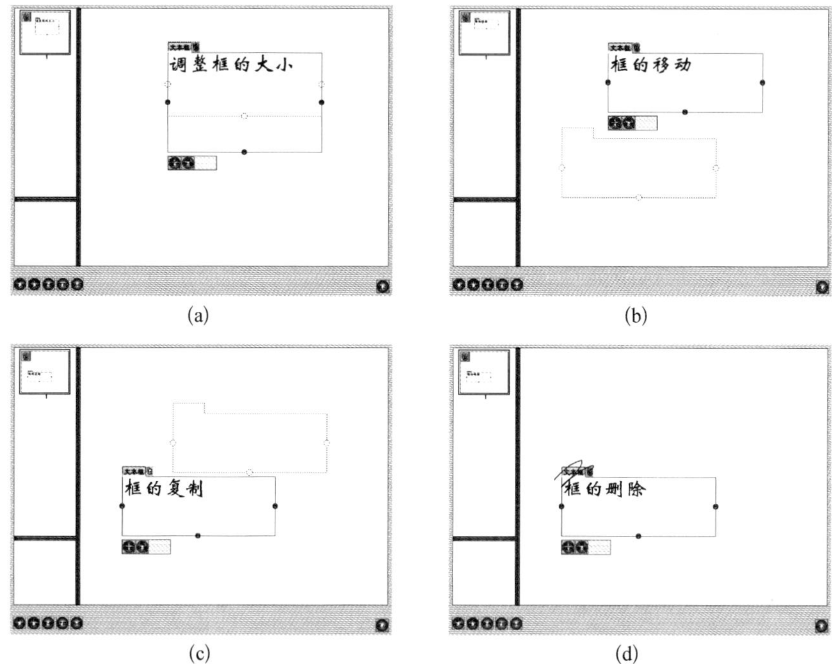

(a) (b) (c) (d)

图 9.6 框操作

(a) 调整框的大小;(b) 框的移动;(c) 框的复制;(d) 框的删除

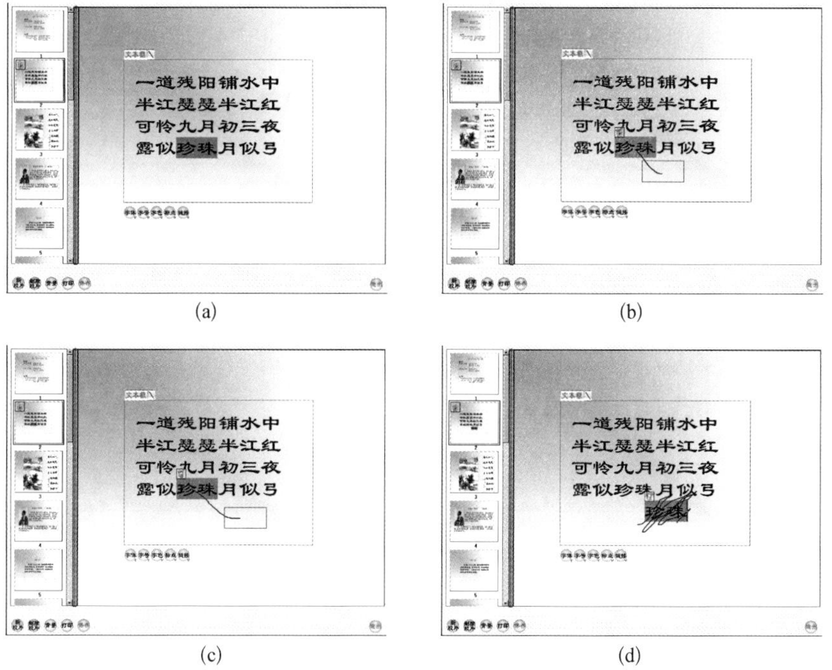

(a) (b) (c) (d)

图 9.7 文本的操作

(a) 文本的选中;(b) 文本的移动;(c) 文本的复制;(d) 文本的删除

换到复制状态，即状态栏显示两本书的图标，然后将字符串拖至需要复制到的位置放开，即完成了字符串的复制。当需要删除字符串时，在选中它的情况下，用笔在编辑区内画多折线，该字符串即被删除。

笔式授课系统支持教师在授课时，直接用笔同课件之间进行交互。教师可以用笔来勾画和批注课件的内容，用笔进行翻页，用笔进行当前授课内容的提示等。这种交互环境完全模拟课堂，为教师创造了一个非常自然的授课氛围。同时还能合理、有效地利用强大的计算资源。

同时，笔式课件制作系统还具有白板功能。当教师在授课过程中需要对某个问题进行详细讨论时，随时都可以用笔拉出一块白板。此白板支持对笔迹输入、删除、移动，同时具有识别、组织管理等多种功能，如图9.8、图9.9所示。

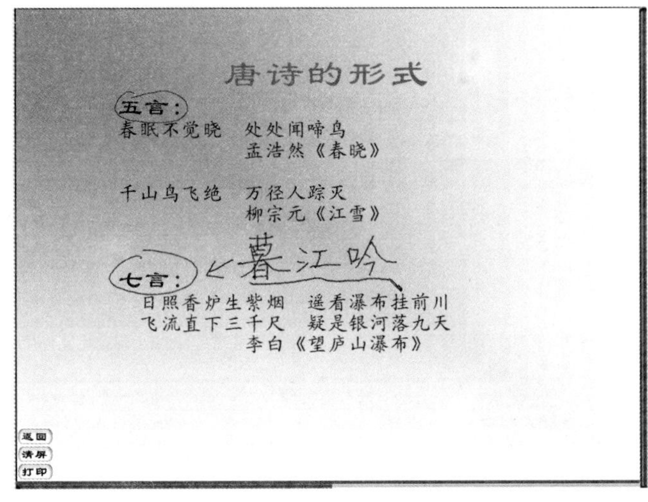

图9.8 笔式授课系统——用笔自由地勾画和批注课件

3. 笔式数学公式计算器和笔式简谱制作系统

人们在使用计算设备进行写作、编辑和科学计算时，常常会碰到公式输入的问题。通过鼠标的选择定位和键盘的敲击来进行公式输入的传统方式非常繁琐，效率低下，而且不易上手。笔式数学公式计算器[戴国忠 2005，田丰 2004]充分利用了手写笔自由勾勒、自由输入的特点，为用户在计算设备上提供自然而新颖的输入方式——手写公式输入。用户可以像使用普通的笔和纸一样，自由地“手写”公式，系统智能化地将用户手写公式输入识别成标准公式格式(外部显示输出为标准的印刷体，内部输出结构则为标准的 LaTex 格式，与主流的编辑软件和科学计算软件完全兼容)，使得公式输入高效、自然，用户不再感觉公式输入是繁重的工作。本系统对手写公式的识别具有即时反馈性，用户在输入每一笔后，都可以立刻看到识别结果，根据识别结果调整自己的输入；系统具有上下文感知的特性，可以根据用户新输入的符号，调整以前的识别结果。系统的界面如图9.10所示。

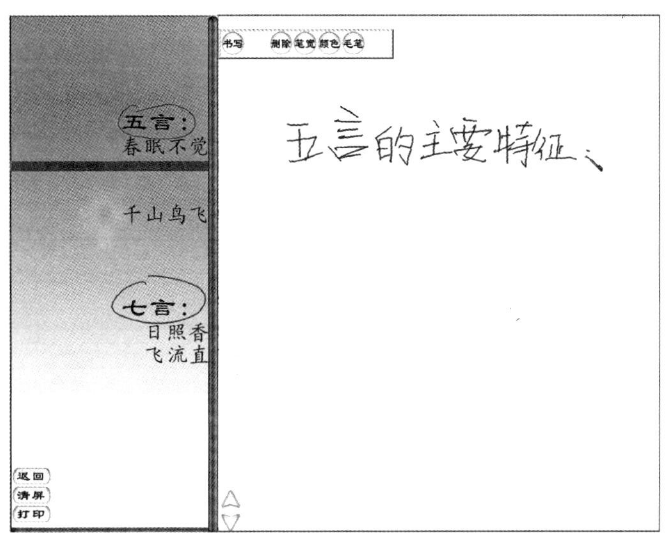

图 9.9　笔式授课系统——白板功能和提示条功能

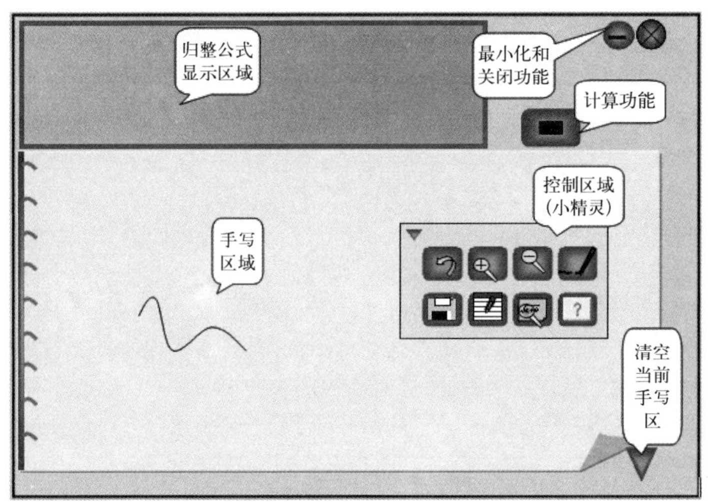

图 9.10　手写数学公式计算器界面

此系统具有目前面向科学的计算器常用的功能，同时在此基础上有所扩充。具体功能包括：数据输入、根号、加、减、乘、除、取模、取整、百分号(%)的显示和运算、三角函数、对数、阶乘、幂运算、求和、平均值、角度、弧度计算、变量设置、手写修改、公式存储、公式重用。系统运行时结构如图 9.11 所示。

简谱制作系统[耿谨 2004]是针对音乐教学而开发的一个辅助工具，如图 9.12 所示。它能方便地编写简谱乐曲，实现分节，进行节奏处理、效果处理，还能随时方便地播放编写的简谱乐曲，播放时可以方便地改变速度、调节调式、保存已编辑的乐曲、导入已有的乐曲等。

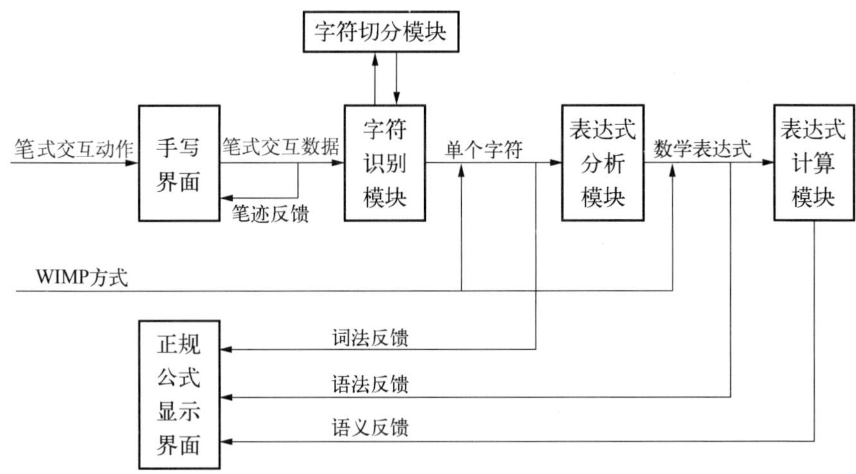

图 9.11 手写数学公式计算器

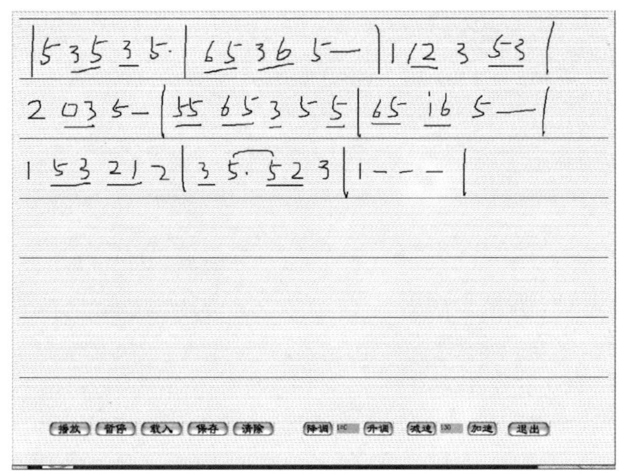

图 9.12 笔式简谱制作系统

9.1.2 笔式电子表单

笔式电子表单软件开发工具 STOPE(Software develoment Tool for Pen-based E-form)[王晓春 2007]由设计工具和生成工具两部分构成。设计工具完成表单的可视化制作和交互设计;生成工具用来生成笔式电子表单应用程序。电子表单工具箱是开发环境的基础。

为实现快速构建电子表单,开发了多个电子表单组件以达到复用的目的，这些组件有设计时和运行时两种状态。下面主要介绍一些文本框、勾画框、图片框、下拉框和日期框等组件，它们都符合 PIBG 范式中的组件标准。

文本框(图 9.13)是电子表单中的一个基本组件，主要功能是提供文字编辑，其最大特点是利用笔式交互来完成文字的输入和编辑，提供了多种手势编辑操作和排版效果。文本框也提供了多种属性，使其成为受限的文本框，如只能是数字、字母或必须符合某种格式等，是构成表格组件的基本结构单元，在表格构件中，它对应于单元格。

表格框(图 9.14)是电子表单中的一个核心组件，在多数表单中出现，而且设计和表示形式都十分灵活。在设计时具有很强的编辑功能，和微软的表格制作方式类似，但交互方式上截然不同，这在第 5 章中已经详细阐述。设计时，开发者在相应的单元格内填写提示、设计交互方式；在运行时提示单元格将不再具有交互功能，其他单元格依据设计阶段指定的交互类型而呈现不同的交互方式。

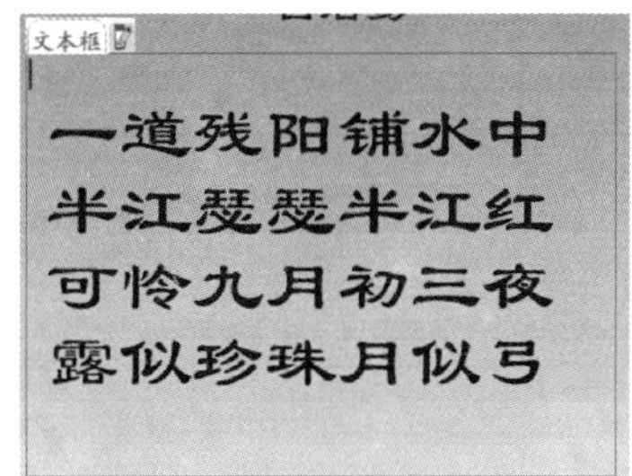

图 9.13 文本框组件

文表

序号	产品名称	计量单位	单价	数量	金额	备注
合计金额						
金额(大写)						

图 9.14 表格组件

在电子表单中，勾画框(图 9.15)主要用于数字签名，能保留人的原始笔迹特征，其形式自由，没有太多约束。

图片框(图 9.16)主要提供电子表单中图片的管理和显示功能，保证图片能够有效地参与电子表单的排版，实现电子表单的纸面效果。

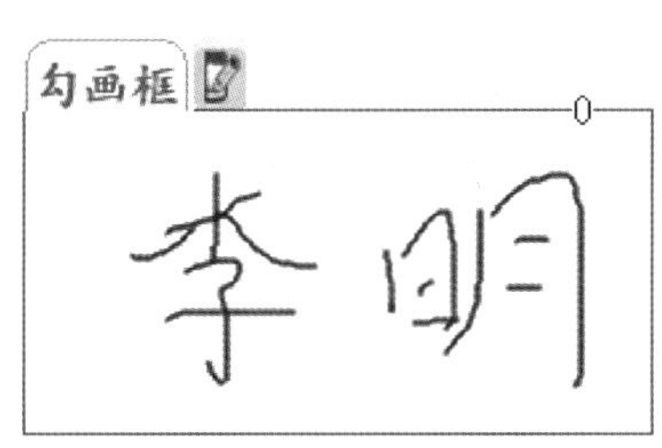

图 9.15 勾画框组件

图 9.16 图片框组件

下拉框(图 9.17)是电子表单中的重要组件,它为信息内容的"多选一"形式提供了很好的解决办法,减少了内容填写时出错的概率,也提高了工作效率。

日期框(图 9.18)是与日期相关的组件,通过点击方式完成日期的录入,从而获得一致的日期表示形式,而且对于日期的相关信息提供了很好的提示效果。

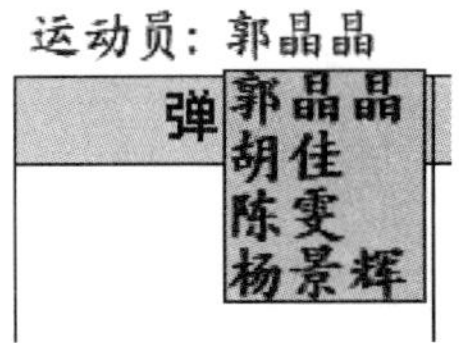

图 9.17 下拉框组件

I 表组件(图 9.19)是一个可变长的资源管理组件,不仅能够实现内容的自动排版,还能实现手动排版来提供更灵活的版面效果。也可以把它看成是任务列表,这时,它是基于笔式交互的直接操纵组件。

图 9.18 日期组件

图 9.19 I 表组件

笔式电子表单设计工具完成用户界面的设计,包括用户界面的表示(presentation)和交互(图 9.20),然后设计业务逻辑,并以文本的形式加以描述(图 9.21)。在设计完毕以后进行语法检查,图 9.22 是表格结构语法检查的一个例子。

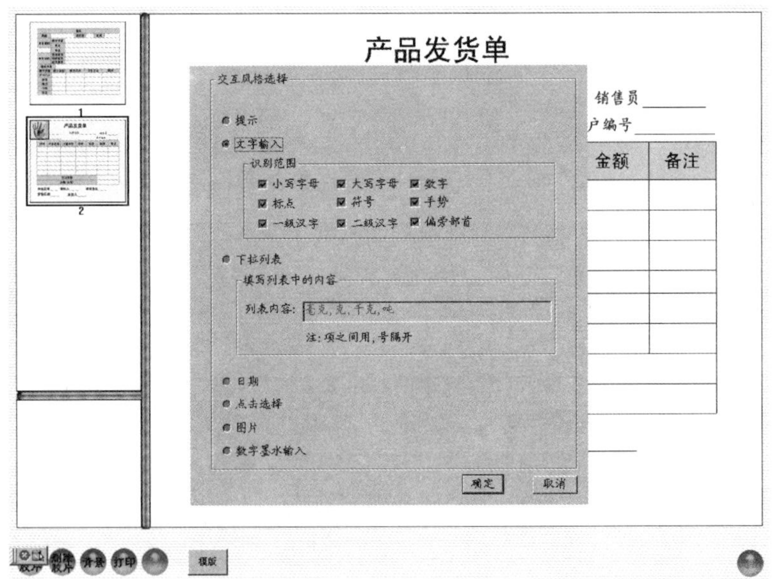

图 9.20 利用表单设计工具进行笔式表单用户界面设计

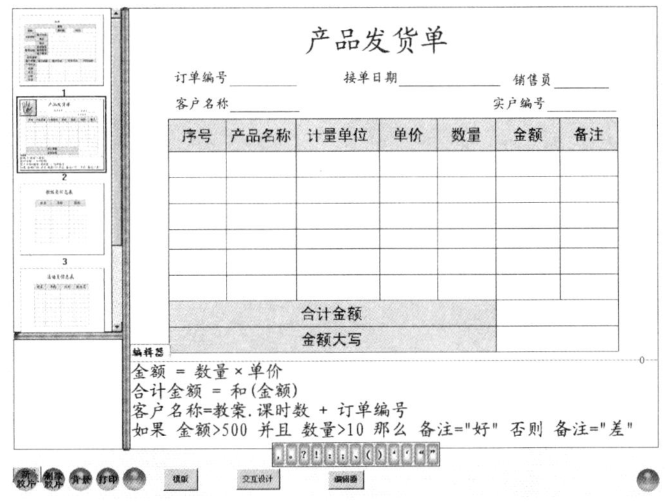

图 9.21 利用表单设计工具进行业务逻辑描述

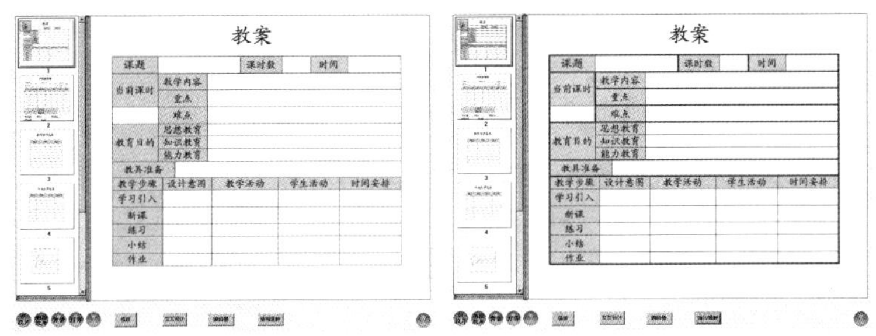

图 9.22 表格结构语法的检查举例

笔式电子表单生成工具将设计阶段的描述转化为应用程序,图 9.23 是其中一个电子表单的运行时状态。

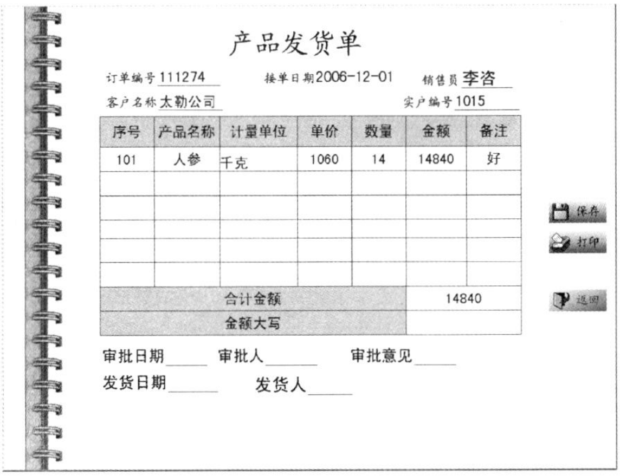

产品发货单

订单编号 111274　接单日期 2006-12-01　销售员 李咨

客户名称 太勒公司　实户编号 1015

序号	产品名称	计量单位	单价	数量	金额	备注
101	人参	千克	1060	14	14840	好
合计金额					14840	
金额大写						

审批日期＿＿ 审批人＿＿ 审批意见＿＿

发货日期＿＿ 发货人＿＿

保存　打印　返回

图 9.23 笔式电子表单运行时的界面举例

9.1.3 笔式供应链电子表单 PSOCF

笔式供应链电子表单系统(PSOCF)[樊银亭 2012]以某电脑制造企业的供应链管理为应用背景,描述基于模型的笔式自适应表单开发过程。

根据供应链管理领域公认的 SCOR 模型[Huan 2004],完整的供应链管理体系应包括计划、采购、生产、配送和退货五个流程。供应链管理庞大而复杂,涉及企业运营的方方面面,但是本系统将供应链管理做了一定的简化。共分为六个部分:计划管理、采购管理、库存管理、生产管理、配送管理、退货管理。

1. 系统应用框架设计

系统应用框架如图 9.24 所示,特点如下:

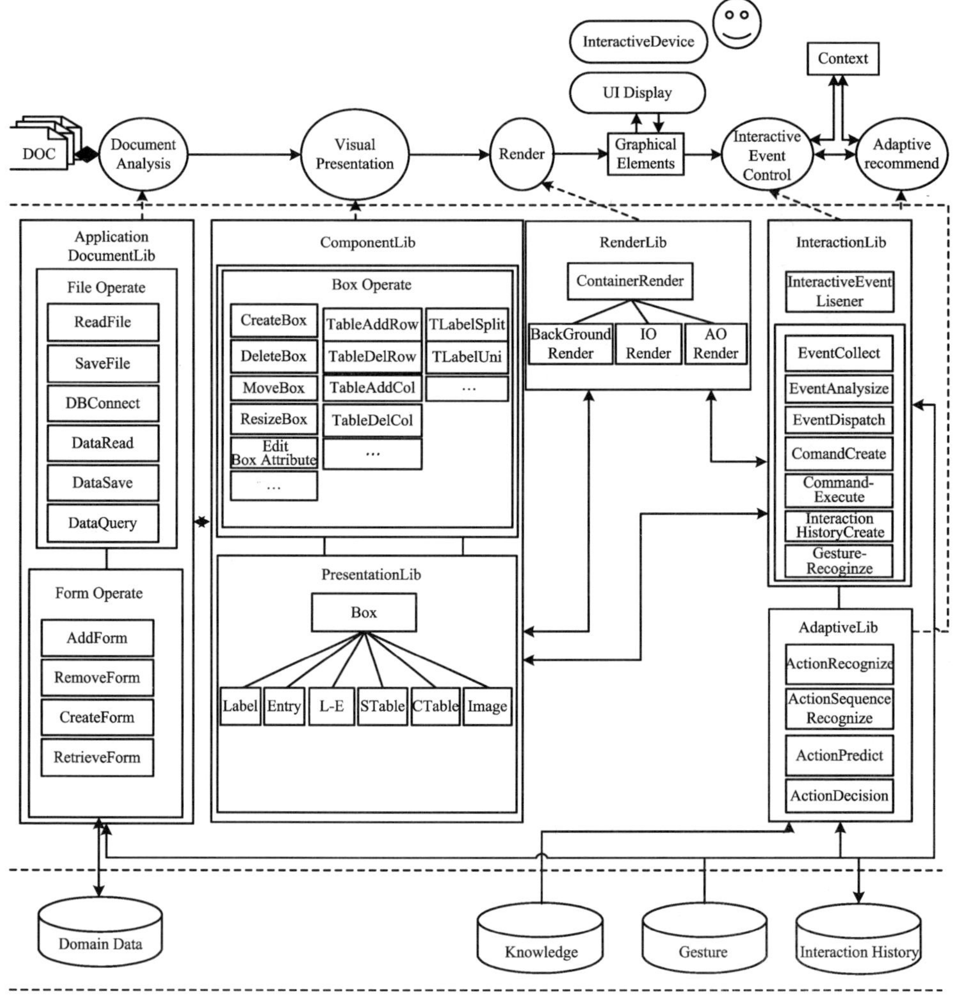

图 9.24 自适应笔式表单系统应用框架

(1) 文档解析

本系统处理的表单是一种特殊的数据结构，是业务单元的界面呈现，不是简单的可视对象，处在可视对象的上层。

(2) 交互方式

本系统采用笔式交互，界面是自然的 Post-WIMP 界面，需要复杂的手势识别算法以及手势库支撑，界面交互符合 PGIS 交互范式[Chen 2011]。

2. 界面设计

系统功能主要对所涉及的表单进行填报和查询，界面设计主要是表单的设计以及工作流转设计。

(1) 表单界面

- 市场需求预测

本系统允许用户按月对市场需求进行预测，每个月份可以填报一个市场需求预测表单。市场需求预测表单，如图 9.25 所示，根据此前三个月的实际销量来预估所预测月份的销量。但是生产数量可以由用户自行修改确定。

年度	2012	月份	3	预测日期	2012-02-06		
产品编号	产品名称	规格型号	预计需求数量	决定生产数量	前一月销售数量	前二月销售数量	前三月销售数量
FP-001	台式机主机	S1023-A	106	110	100	90	80

图 9.25 市场需求预测表单

- 采购计划

采购计划与 BOM 以及"决定生产数量"有关，与市场需求预测表一一对应，本系统允许用户每月创建一份月度采购计划。采购计划用于规划本月内的采购品种、数量和采购日期。供应商的选择不在月度采购计划中确定，而是对比采购当时的询价结果后决定。采购计划表单如图 9.26 所示。

采购年度	2012	采购月份	2	计划制定日期	2012-02-06		
原料编号	原料名称	规格型号	数量	产成品编号	产成品名称	产成品数量	采购日期
FP-001	台式机主机	S1023-A	75	FP-001	台式机主机	75	2012-02-07
FP-002	电源适配器		75	FP-001	台式机主机	75	2012-02-07
FP-003	机箱		75	FP-001	台式机主机	75	2012-02-14
FP-004	显卡		150	FP-001	台式机主机	75	2012-02-14
FP-005	CPU芯片		75	FP-001	台式机主机	75	2012-02-21

图 9.26 采购计划表单

- 供应商信息

供应商信息表用于存储和维护供应商企业的基本信息,包括企业编号、名称、地址、邮编、联系人、电话。供应商信息表单如图 9.27 所示。

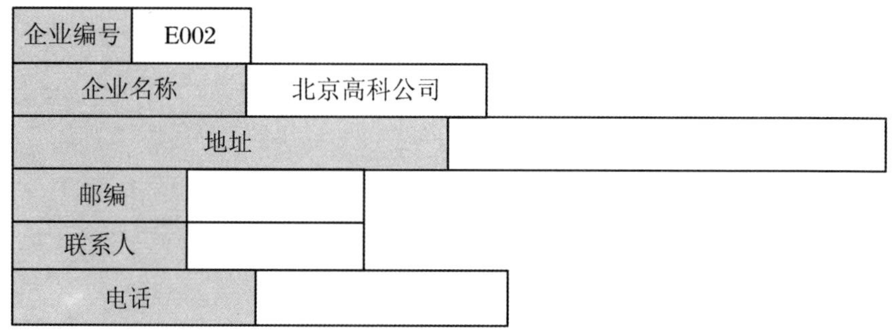

企业编号	E002
企业名称	北京高科公司
地址	
邮编	
联系人	
电话	

图 9.27 供应商信息表

- 供应产品

供应产品表用于存储和维护每个供应商所能够供应的物料编号、名称、到货天数等信息,如图 9.28 所示。

企业编号	E002	企业名称	北京京北公司	
产品编号	产品名称	规格型号	备注	到货天数
SP-001	台式机主机			3
SP-002	电源适配器			3
SP-003	机箱			2

图 9.28 供应产品表单

- 询价单

在本系统中,采购过程始于询价,用户可以填报询价单,然后由供应商填写报价,如果用户认可该报价则进行下单采购。询价单如图 9.29 所示,其中询价明细的部分经过报价、确认下单采购和下单采购三个任务来完成。

(2) 工作流界面

工作流程分为为固定流程和不定流程,固定流程要由第一步骤的经办人发起固定流程,经过层层审批,才能执行。不定流程是目标人员不定,可任意向局内人员发起工作流程,得到答复后方可执行。不定流程经过一段时间执行后,系统记录了交互历史,经过学习交互经验后,会推理出自适应的工作流程。下面介绍采购和退货申请固定工作流程,其余流程略过。

From	AA公司	询价单编号						
To		询价日期						
产品编号	产品名称	规格型号	单位	采购数量	单价	总价	有效日期	下单采购

图 9.29 询价单

- 采购审批工作流程

采购审批工作流程分三步：由采购人员填写询价单，由供应商填写对应的报价，由采购主管审批下单采购。如同意，则可下单采购；否则，直接返回采购人员。如图 9.30 所示。

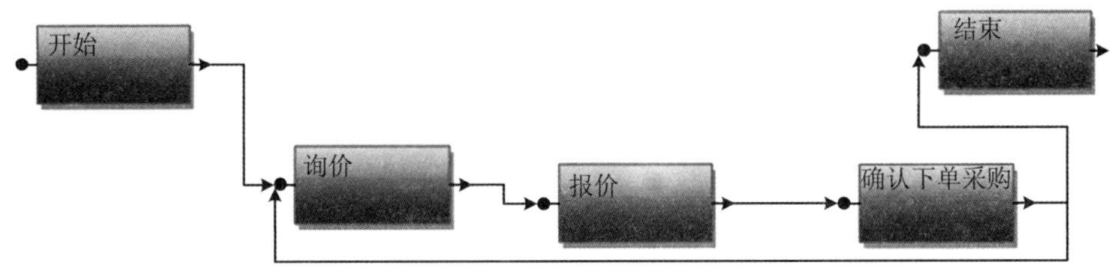

图 9.30 采购审批工作流程

- 退货审批工作流程

退货审批工作流程也分三步：由客户提出退货申请，提交销售主管审核；审核不通过，则返回给客户，通过后提交给质检部；由质检经理同意后，客户可以退货，不通过则把申请返回给客户。如图 9.31 所示。

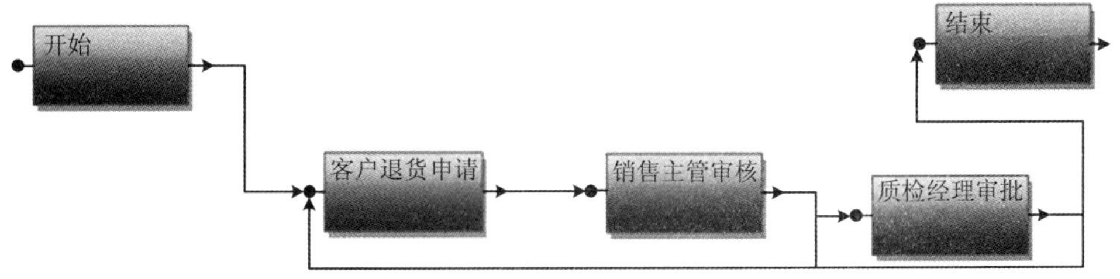

图 9.31 退货审批工作流程

3. 界面工具设计示例

以实体关系图和场景树为例介绍其场景导航的设计,图9.32~图9.34分别是笔式供应链表单应用系统部分实体关系图、场景树和表单描述示例。

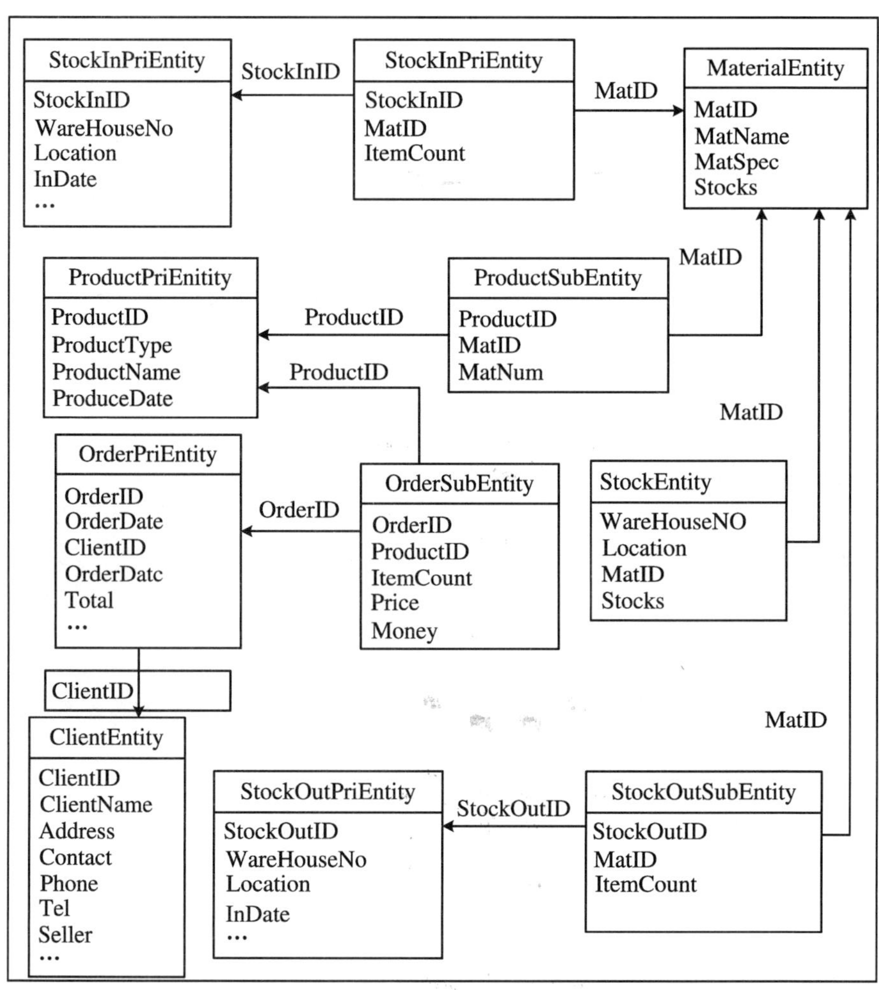

图9.32 供应链应用系统部分实体关系图

供应链应用场景下的场景数目较多,但导航关系较简单,都是以表单为载体的数据处理。开发者可以根据用户的不同以及用户的个性化需求,利用设计工具,定制不同环境下的系统界面、交互方式和导航关系,体现了设计工具的优势和价值。

4. 系统评估

为验证研究结果,我们用该方法实现一个笔式供应链表单应用系统——PSOCF。一方面,针对纸质表单和电子表单的在线同步输入问题,设计了两组实验,目标在于考察定位准确性和识别有效性两个方面,效果如图9.35所示。在

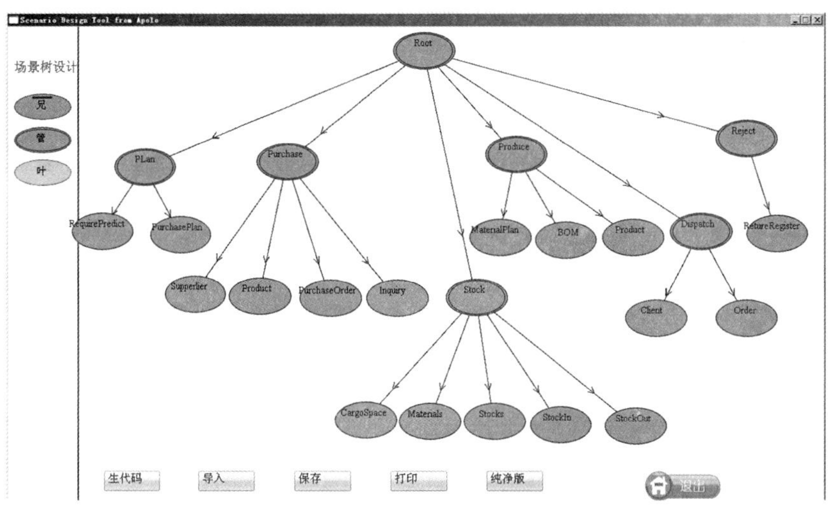

图 9.33　供应链应用系统的 PIM 系统场景树

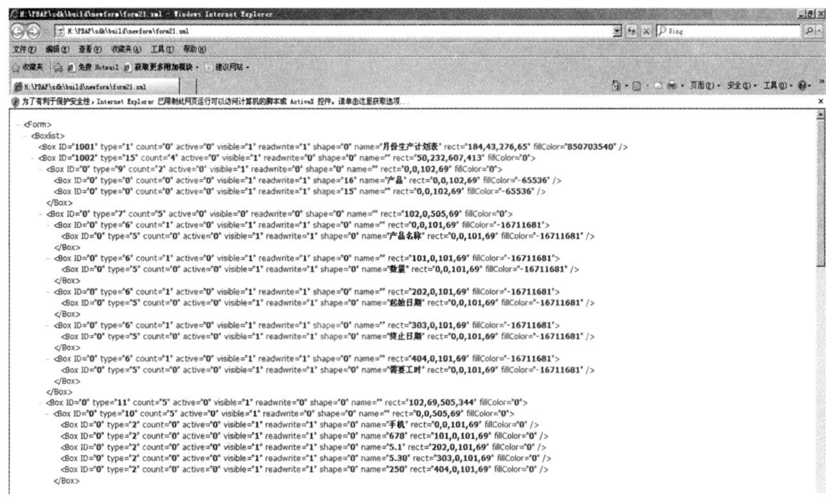

```
<Form>
  <Boxlist>
    <Box ID="1001" type="1" count="0" active="0" visible="1" readwrite="1" shape="0" name="月份生产计划表" rect="184,43,276,65" fillColor="850703540" />
    <Box ID="1002" type="15" count="4" active="0" visible="1" readwrite="0" shape="0" name="" rect="50,232,607,413" fillColor="0">
      <Box ID="0" type="9" count="2" active="0" visible="1" readwrite="0" shape="0" name="" rect="0,0,102,69" fillColor="0">
        <Box ID="0" type="0" count="0" active="0" visible="1" readwrite="1" shape="16" name="产品" rect="0,0,102,69" fillColor="-65536" />
        <Box ID="0" type="0" count="0" active="0" visible="1" readwrite="1" shape="15" name="" rect="0,0,102,69" fillColor="-65536" />
      </Box>
      <Box ID="0" type="7" count="5" active="0" visible="0" readwrite="0" shape="0" name="" rect="102,0,505,69" fillColor="0">
        <Box ID="0" type="6" count="1" active="0" visible="1" readwrite="1" shape="0" name="" rect="0,0,101,69" fillColor="-16711681">
          <Box ID="0" type="5" count="0" active="0" visible="1" readwrite="1" shape="0" name="产品名称" rect="0,0,101,69" fillColor="-16711681" />
        </Box>
        <Box ID="0" type="6" count="1" active="0" visible="1" readwrite="1" shape="0" name="" rect="101,0,101,69" fillColor="-16711681">
          <Box ID="0" type="5" count="0" active="0" visible="1" readwrite="1" shape="0" name="数量" rect="0,0,101,69" fillColor="-16711681" />
        </Box>
        <Box ID="0" type="6" count="1" active="0" visible="1" readwrite="1" shape="0" name="" rect="202,0,101,69" fillColor="-16711681">
          <Box ID="0" type="5" count="0" active="0" visible="1" readwrite="1" shape="0" name="起始日期" rect="0,0,101,69" fillColor="-16711681" />
        </Box>
        <Box ID="0" type="6" count="1" active="0" visible="1" readwrite="1" shape="0" name="" rect="303,0,101,69" fillColor="-16711681">
          <Box ID="0" type="5" count="0" active="0" visible="1" readwrite="1" shape="0" name="终止日期" rect="0,0,101,69" fillColor="-16711681" />
        </Box>
        <Box ID="0" type="6" count="1" active="0" visible="1" readwrite="1" shape="0" name="" rect="404,0,101,69" fillColor="-16711681">
          <Box ID="0" type="5" count="0" active="0" visible="1" readwrite="1" shape="0" name="需要工时" rect="0,0,101,69" fillColor="-16711681" />
        </Box>
      </Box>
      <Box ID="0" type="11" count="5" active="0" visible="1" readwrite="0" shape="0" name="" rect="102,69,505,344" fillColor="0">
        <Box ID="0" type="10" count="5" active="0" visible="1" readwrite="0" shape="0" name="" rect="0,0,505,69" fillColor="0">
          <Box ID="0" type="2" count="0" active="0" visible="1" readwrite="1" shape="0" name="手机" rect="0,0,101,69" fillColor="0" />
          <Box ID="0" type="2" count="0" active="0" visible="1" readwrite="1" shape="0" name="678" rect="101,0,101,69" fillColor="0" />
          <Box ID="0" type="2" count="0" active="0" visible="1" readwrite="1" shape="0" name="5.1" rect="202,0,101,69" fillColor="0" />
          <Box ID="0" type="2" count="0" active="0" visible="1" readwrite="1" shape="0" name="5.30" rect="303,0,101,69" fillColor="0" />
          <Box ID="0" type="2" count="0" active="0" visible="1" readwrite="1" shape="0" name="250" rect="404,0,101,69" fillColor="0" />
        </Box>
```


图 9.34　表单的 XML 描述文件

实验过程中,选择了六名设计人员作为被试,其中 3 名被试具有一般的计算机专业技能和表格使用熟练度(用 A,B,C 表示),称为普通用户;另外 3 名被试(用 D,E,F 表示)具备较高的计算机专业技能和表格使用熟练度,称为专业用户。第一组实验(用 T1 表示):在界面上实现两个完全相同的表单(用 F,F′表示),其中,F′是 F 的映射,F 是原始输入对应的界面上的表单,F′是输入误差校正后对应的界面表单。实验任务要求每一位被试在靠近单元格边界输入字符,不考虑识别结果,记录输入的次数和落入目标单元格的正确次数,如图 9.36 所示。第二组实验:分两步,分别用 T2,T2′表示,这两步都是在界面输入误差校正以后,

T2 是用原有的系统识别算法，T2′是加入基于交互历史和语言模型的改进识别算法。实验任务要求每一位被试填写同样一个表单两次。用户在填写过程中不需要与桌面交互，错误只有在填写完成后才可修改。分别记录识别错误数。

图 9.35 纸质与电子表单在线同步输入效果图

由图 9.36 可以看出，因误差因素造成纸上和电子表单的笔迹有一定差距，经过修正后的电子表单笔迹接近于纸质表单笔迹的位置。从图 9.37 和图 9.38 可以看出，误差修正后较修正前，准确定位次数有大幅度提高。用基于语言模型的识别算法改进后，错误识别次数由平均 14.3 次降至平均 5.2 次，一般用户由平均 17.3 次降至 7.6 次，专业用户由平均 11.3 次降至 2.6 次。由此得到结论：① 不管是专业用户还是普通用户，利用该方法完成正确定位单元格次数大大增加，尤其是普通用户增加的正确定位次数更显著，表明该方法能够更智能地适应用户；② 用基于交互历史和语言模型的方法比传统的单字识别正确率有较大提高，大大提高了工作效率。

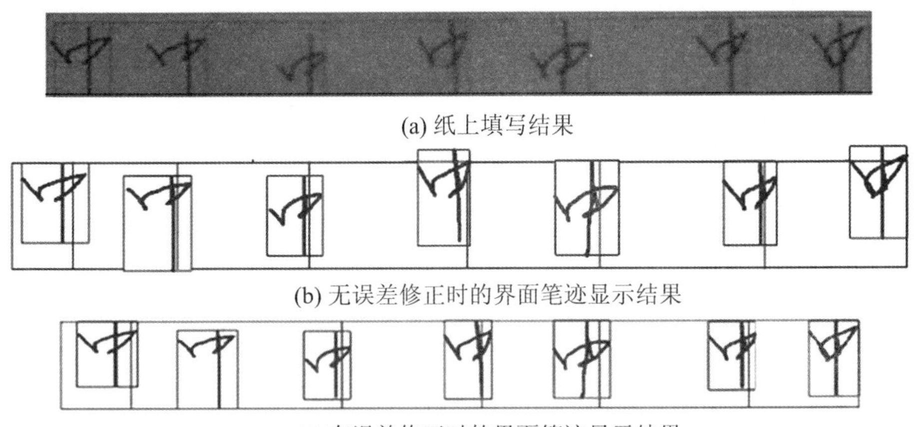

(a) 纸上填写结果

(b) 无误差修正时的界面笔迹显示结果

(c) 有误差修正时的界面笔迹显示结果

图 9.36 输入时笔迹显示结果比较

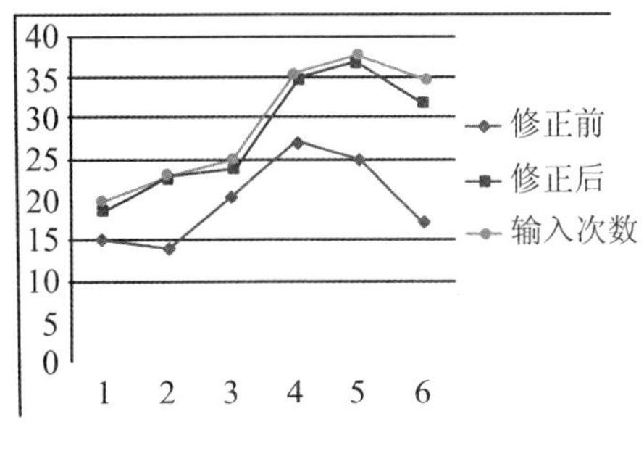

图 9.37 误差修正前后正确定位次数比较

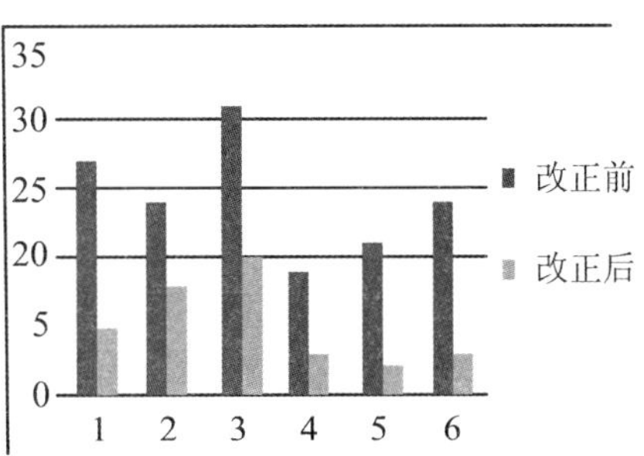

图 9.38 识别算法改进前后识别错误次数比较

为了检验本应用实例的可用性，根据自适应用户界面的评估标准[Langley 1998]，我们观察记录了五个用户接触系统一个月内的使用过程。从系统的效率、自适应行为相对于用户意图的准确度两个方面进行了初步的试验定量分析，通过用户的主观评分对系统进行了综合评估。根据用户设计表单所耗费的时间验证系统的效率。为了评估自适应行为相对于用户意图的满意度，在用户使用的过程中，系统记录每次系统产生的自适应行为以及用户对该行为的反应，如果用户撤销自动执行的自适应行为，系统将记录此次的系统自适应行为与用户意图不符。通过用户对系统主观评价的问卷调查完成了系统的可用性评估。

首先，经过一个月的使用，用户完成了 20 个表单的设计，用户完成每个表单设计的时间如图 9.39 所示。从图中可以看出，随着用户使用经验的积累，用户完成表单设计任务所需时间将会逐渐减小，最后趋向于一个比较固定的时间区域。

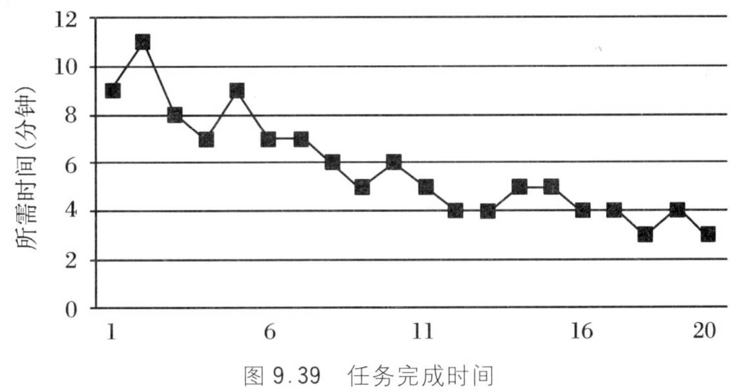

图 9.39 任务完成时间

其次，用户完成每个表单设计过程中产生预测的次数和预测不符合用户意图的次数如图 9.40 所示，从图中可以看出，随着用户使用经验的积累，自适应行为相对于用户意图的准确度也随之提高，而且比较快速地达到较高的准确度。

最后，在一个月后，对用户做了一个问卷调查，让用户对使用系统的效率、易用性、易学习性，以及自适应行为的准确度、趣味性、愉悦度、满意度进行主观评分，问卷将每一项从很差到很好分成7个等级，分数由低到高，对收回的五份调查问卷的结果的分析如图9.41所示。

通过上述试验评估，我们初步得到本节中的笔式自适应表单应用实例具有较高的可用性，从而进一步验证本节所提出的开发方法对设计和开发过程的指导效果。

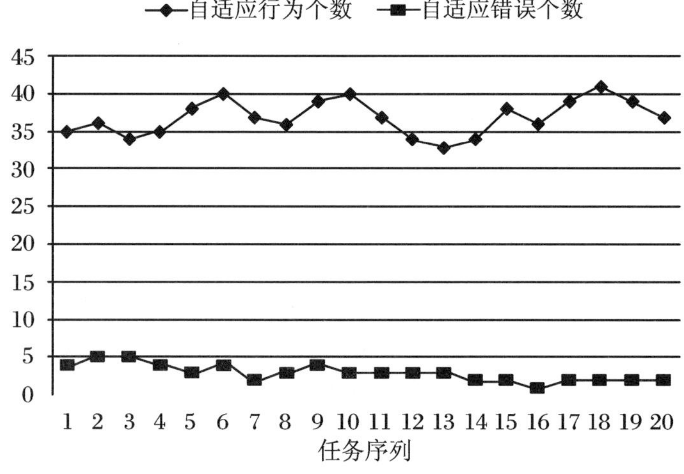

图9.40 自适应行为准确度

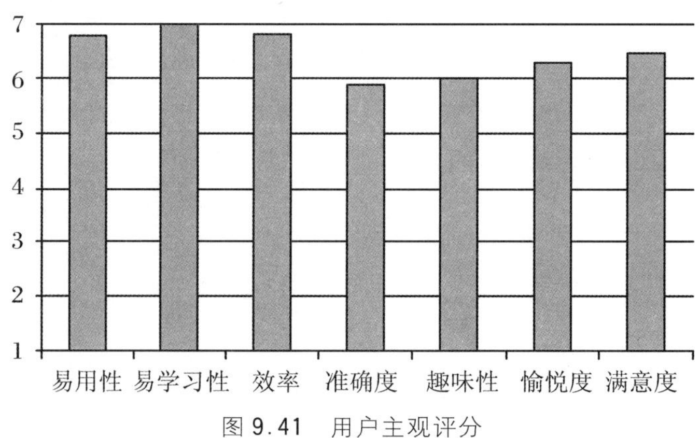

图9.41 用户主观评分

9.1.4 SketchPoint

SketchPoint是基于Penbuilder设计开发的一个原型系统[栗阳 2002]。它以非正式的笔式交互(informal pen interaction)为特征,通过隐式Ink结构化的技术对笔迹信息进行分析,进而提供给用户基于结构语义(structure semantics)的操作,从而获得了WYPIWYG(What You Perceive Is What You Get)的交互风格。SketchPoint的设计目标是支持用户以做笔记的形式进行信息捕捉,同时又可以通过做胶片的形式进行方便的交流,两者之间的关系通过SketchPoint中提供的笔记到胶片的映射来完成。

1. 研究背景

- 知识管理

知识的产生和交流对于当今这个知识社会是非常重要的,它是人类社会进步的标志。在知识形成的前期,人们所拥有的往往只是一些模糊的认识或经验,这些信息往往是不成熟、非系统化的,而且是片段性的。前期对这些信息的有效管理是整个知识管理的关键,因为最有创造性的工作多集中于这个时期。在这个时期,除了个人的思考,与他人的交流也十分重要。在较早的时期同他人进行非正式的、便捷的交流非常重要,它能帮助人们发现错误、启发思想进而完善自己的认识,思维的灵感有许多在交流中产生。知识管理大体上分为三个阶段,如图9.42所示。

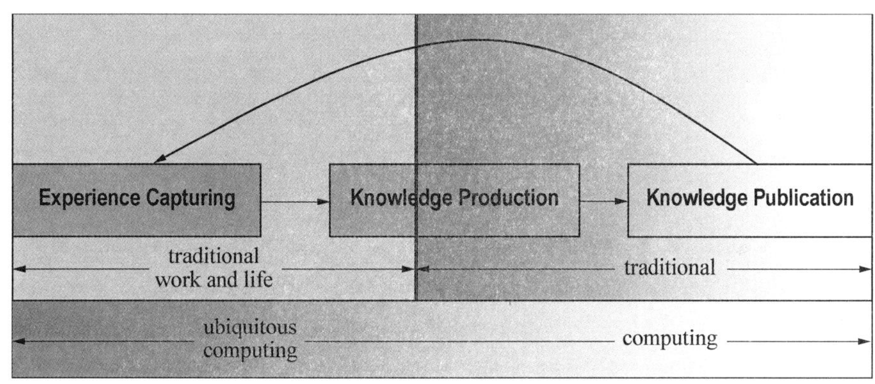

图9.42 知识管理的三个环节

开始时,人们捕捉日常生活和工作中的思想和重要的事件,这个阶段可以被称为经验捕捉阶段(experience capturing)[Abowd 2000]。做笔记是这个阶段的一个重要方式,人们通过纸和笔可以快速地捕捉信息,这些信息是日后进一步处理的基础和宝藏。基于前一阶段的信息,知识的产生(knowledge production)是指知识的大量产生,这一阶段通常和前一阶段有着模糊的边界,因为在第一个阶段也包含这一部分知识的产生。通过这两个阶段的信息产生和处理,知识通常以一种正式的和系统化的形式出现(这也是一个从量变到质变的过程)。最后是知识的发放(knowledge publication),人们把知识和其他人进行交流,这样形成了一个知识增长的闭环。

- 无处不在计算和经验捕捉

在传统的计算中,大型机帮助人们处理人们过去不能完成的大量信息,基于桌面的PC通过图形用户界面的成功,将计算带入了人们日常的办公室工作,而计算机网络的迅猛发展加速了信息的流动,它们都适用于知识的大量产生和流动。然而,知识产生早期的活动却未得到重视,人们还是处在"物理的模式",如使用传统的笔和纸张。这个工作模式和后续处理的"电子模式"有着很大的鸿沟,它阻碍了知识增长的步伐。

无处不在计算(ubiquitous computing,也称 pervasive computing)的研究[Abowd 2000,Weiser 1993]极大地推动了计算向人们日常生活进军的步伐,它把计算带到了"桌面"以外的地方。它为人们日常经验的捕捉创造了计算环境。如图9.43所示,它发展迅猛,将极大地促进计算机产业的发展。

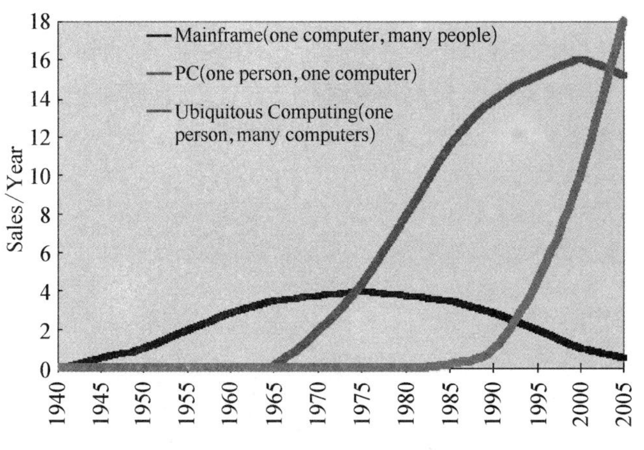

图 9.43 计算的发展趋势(引自 Mark Weiser)

从社会科学的角度出发,无处不在计算从根本上改造了计算技术以适应人的需求,使人获得真正的效率。从技术的角度讲,它追求计算的"invisible"(最好的仆人是看不见的仆人),尽可能地利用和扩展人的无意识行为,通过多种多样的服务形式、更为自然的信息获取方式,使得计算无处不在地渗透到人们的生活中。

- 笔式用户界面作为经验捕捉和交流的工具

目前,无处不在计算的研究多种多样,从穿戴式计算到电子白板,笔式用户界面将作为无处不在计算中人机界面的一个重要形态。从社会科学和认知科学的角度讲,以笔为交互设备符合人的认知习惯,它承应了社会文化的氛围，是一种自然、高效的交互方式。从技术的角度讲，笔式交互设备具有便携、可移动的特性；随着硬件技术的成熟，各种各样的笔式交互设备出现；软件技术的迅速发展和相关领域在人机交互科学中的渗透，为笔式交互界面的研究创造了良好的环境。

传统的图形用户界面将不再适于无处不在计算环境，GUI 中正式的、精确的交互风格对于经验捕捉的活动也不能胜任。

2. 系统概述

通过调查研究发现，在开会、思考、阅读资料等过程中，做笔记是这个时期进行信息捕捉的一个有效手段，纸和笔的工作方式给予了人极大的自由和自然性。作报告是一个有效的交流手段，尤其是作非正式的报告，它不需要人们投入太多的精力在胶片细节上，而在小组内部，胶片精美的外观往往是不必要的，人们需要的是更为迅速、便捷的交流。同时胶片非正式的外观，往往意味着欢迎他人的意见和修改[Hearst 1998]。

在 SketchPoint 的研究中，为了了解人们在做笔记和胶片时的体验，进而进行以人为中心的用户界面设计，首先开展了用户调查。用户调查显示，人们在做笔记的过程中，对于笔记的组织往往不是很注意；相反，人们总是使用隐式的空间关系和简洁的、自然的组织符号来组织笔记。

基于调查研究的分析，设计实现了一个进行信息捕捉和信息交流的工具 SketchPoint(图 9.44)。SketchPoint 采用了基于纸和笔的范型，使得用户能够进行自由的书写和绘画，对于书写的文字和绘制的图形，系统并不改变它们的外观，而是进行隐式的分析。

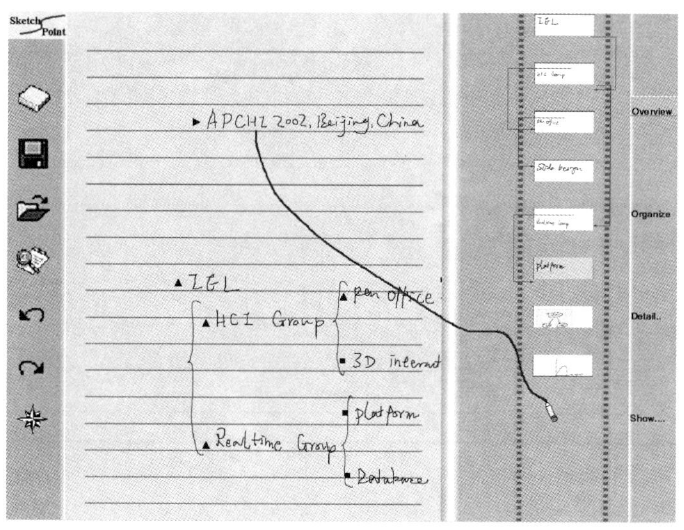

图 9.44 SketchPoint 系统

系统主要由两部分构成：Notebook(界面左部)和演示设计(界面右部)。Notebook适用于信息的捕捉，SketchPoint通过分析Ink的结构对自由的书写进行结构化，使得这些看似混乱的信息具有层次性的可操作的结构。系统允许用户通过缩放来进行导航，在缩放中，这些笔记将要被折叠或展开，从而用户可以高效地检索信息。该系统也使用了手势进行编辑，如删除等。演示设计也是另一个重要的功能，它提供了通过勾画进行胶片制作的功能，Storyboard的技术在这里得到了使用，用户通过拖动胶片的位置调整胶片的宣讲顺序。当一个胶片被拖出Storyboard，则表示该胶片要被删除。通过缩放，用户可以进入胶片制作的各个阶段，最后可以放大到演示模式进行宣讲。在宣讲中，报告者还可以对胶片进行自由批注。

SketchPoint最为重要的一个特征是，它将信息的捕捉和信息的交流平滑地连接起来。用户除了在演示设计区内创造新的胶片，也可以将左边笔记本中的信息拖入演示制作区，这些笔记信息将依照其内部结构生成一张或多张胶片同时通过超链接(hyperlink)保持从属关系。在一个协作的小组内，成员可以通过它来进行灵感的捕捉和思想的交流。该工具的出现，将加速信息的流动和知识的产生。

3. SketchPoint的体系结构

SketchPoint基于Penbuilder开发，根据笔记活动和胶片制作，SketchPoint主要由两个域构成，如图9.45所示，即Note-taking(WDomainNotetaking)和Presentation(WDomainPresentation)，两者通过Manager(WDomainManager)管理和协调。其中的虚线是笔记向演示胶片的映射。Crosser(WDomainSeparator)是两个域中间的分割条，它用于调节两个域的工作空间。Toolbar(WDomainToolbar)是指界面左边的工具条，而Slide Zoomer(WDomainSlideZoomer)指胶片制作空间中的缩放条，用以调节胶片制作的缩放级别。

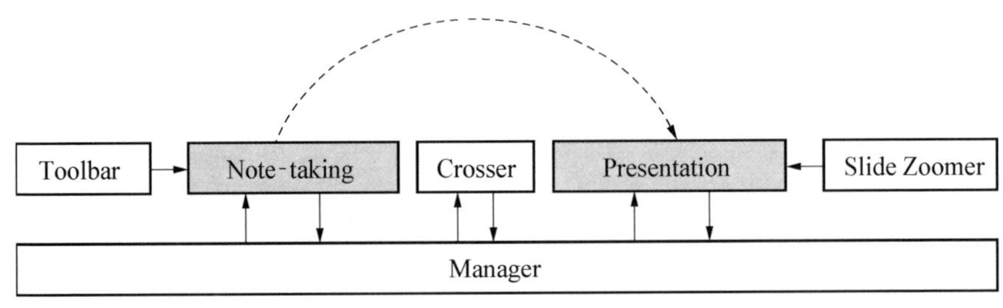

图9.45 SketchPoint的体系结构

生活经验的捕捉是知识产生的一个重要阶段，在这个时期内，人们通常积累了大量的信息和想法[Hoeben 2001]。目前的主流商业软件工具大都关注于正式的知识产生[Igarashi 2000]，例如在 Microsoft Word 中，人们可以制作具有良好格式的文档。但很显然这并不适用于知识产生的初期活动。这个时期的思想往往是突发性的、不系统的、随机的。

针对于这个阶段的特点，一些研究以人们广泛使用的白板为隐喻，开展了相关的工作。例如，Flatland 系统[Mynatt 1999]主要是针对于个人办公室中的需求设计的，用于帮助人们捕捉管理日常的想法和事件；Tivoli 系统[Moran 1998，Pedersen 1993]主要针对于多人会议的场景，用以支持人们的讨论；Knight 用来支持面向对象建模[Damm 2000]。与它们相比，SketchPoint 的设计主要是基于 Notebook 的设计隐喻，人们通过它做笔记实现信息捕捉。

许多笔式用户界面的研究都采用基于 Sketch 的方法，它已被广泛地应用在各种应用领域中，如图形用户界面的设计[Landay 2001]、Web 网站的设计[Lin 2000]以及其他诸多领域[Hearst 1998]。基于 Sketch 的交互技术降低了人们的认知负荷，它通常允许人们以自由的方式进行勾画，交互中大都采用滞后的、隐式的识别而不是显式地立即给出处理结果(这种方式通常打断了用户的思路)，一些典型的研究系统主要有[Davis 1999，Hearst 1998，Lin 2000，Pedersen 1993，Wilcox 1997，Nakagawa 1993a，Nakagawa 1993b，Moran 1997，Meyer 1996，Gwizdka 1996，Schilit 1998]。同样，SketchPoint 也采用了基于 Sketch 的技术提供给用户一种自由的交互方式。

Dynomite[Wilcox 1997]是一个便携的电子笔记本，它主要帮助人们捕捉、检索手写和声音笔记信息。它在 Ink 的结构化方面提出了基于时间和空间距离动态组织 Ink 的思想[Chiu 1998]。本节的研究继承了该算法，但与此不同的是 SketchPoint 采用了更为高级的结构语义信息来组织 Ink。

在 Shipman 的工作中[Shipman 1995]，通过广泛的调查研究总结出了一些人们组织信息的基本的、典型的方法。在此基础上，Igarashi 对两种典型的结构 cluster 和 list 进行分析[Igarashi 1995]，同时设计实现了一个用于组织卡片(card organization)的系统，该系统使用了一个 link 模型分析卡片的空间结构来形成 cluster 和 list。与这些系统相比，本节的研究主要关注笔式交互中笔记的隐式结构，它与以前研究中所关注的信息有很大的不同。因为笔记往往具有不规则的、动态可变的边界信息，笔画之间的空间关系和一组笔画之间的空间关系都需要进行分析，所以对于这些信息的结构化，需要完全不同的结构分析方法。

Palette 系统[Nelson 1999]是一个以卡片的形式帮助报告者进行演示的数字工具。主流的商用软件，例如 Microsoft PowerPoint，关注正式的精致的胶片设计，并为此提供了大量的功能。MuttiPoint[Sinha 2001]是基于 PowerPoint 的一个插件，通过使用笔、语音等输入方式，能帮助人们通过多通道的人机交互方式进行胶片制作，同时该文献给出了 MuttiPoint 的可用性(usability)分析。与它们相比，SketchPoint 关注非正式的胶片设计和演示，除此之外，为了使得知识的捕捉和交流能够流畅，SketchPoint 提供了从笔记到胶片设计的自动生成功能。另一个显著的差别是，SketchPoint 通过使用 Storyboard 设计隐喻和 Zoomable User Interface 用户界面，允许设计者勾画演示胶片的结构(即胶片中的超链接以及胶片顺序)和胶片的内容。Zoomable User Interface 和 Storyboard 是两种重要的现代交互技术，这里我们对它们进行详细介绍。

- 可缩放用户界面(Zoomable User Interface，ZUI)

可缩放用户界面隐喻[Bederson 1994] 作为一个重要的交互技术已被许多研究所采用，它可将大量的信息自然地组织在一个有限的表示操作空间中，如 DENIM 系统[Lin 2000] 使用该技术来组织 WEB 网页的设计。它为二维用户界面提供了一种新的、完全不同于 WIMP 的界面信息组织方式。它的研究中有着崭新的观点，该项目的研究人员认为，基于隐喻的方法为用户界面的研究提供了很大的帮助，然而它使得界面设计者总是利用计算来模拟这些存在的事物。尽管基于隐喻的方法在认知、文化和工程等方面有着很大的优势，但这个方法同时也束缚了设计者对于新的界面形式的探索。缩放(zooming)是 ZUI 中的主要交互技术，通过 Pad 和 Pad + + 两个原型系统体现了可缩放用户界面的思想。ZUI 中一个重要思想是语义缩放(semantics zooming)，即在不同的缩放级别上可以看到不同的语义相关的表象。ZUI 中一个重要的技术是在信息空间中自由导航，它的出现也使得人们可以摆脱传统的"滚动条"(scrollbar)技术。后来 Bederson 等相关研究人员在 Maryland 大学又设计实现了支持 ZUI 开发的工具系统 Jazz[Bederson 2000]。

SketchPoint 采用该技术将笔记组织在一个可缩放的空间中，呈现给用户一个可折叠、层次化、结构化的笔记视图，使得用户可以在笔记中迅速地漫游。同时 SketchPoint 使用 ZUI 组织胶片设计，在不同的缩放级别上提供给用户不同的表示和操作。

- Storyboard

Storyboard 是可视化设计环境中行为描述的一个有效手段。一般的可视化设计环境只能描述界面的外观(静态表象)，很难描述界面的行为(如 Visual Studio 中的资源编辑器，界面行为的描述必须通过编程和脚本)。Apple 的 HyperCard 证明了可以通过一系列界面的顺序出现描述大量的界面行为。Silk [Landay 1996a，Landay 1996b]中使用了 Storyboard 技术支持基于 Sketch 的图形用户界面设计，通过勾画界面之间的关系描述界面的动态行为(等价于一个状态转移图)，进而可以模拟界面的执行，使得设计人员获得直观的结果。该设计隐喻已在 DENIM[Lin 2000]等研究中使用。

SketchPoint 通过使用 Storyboard 技术来组织胶片的顺序(像许多多媒体制作系统一样),同时允许用户通过勾画描述胶片内容之间的超链接关系。

4. 用户调查和领域分析

为了研究人们是如何记录、组织笔记,如何制作演示胶片,首先进行了相关的用户调查。以笔记记录和胶片制作为目标领域,进行领域分析。目前,调查主要是在实验室内部展开,通过问卷、采访和样本研究,分析这些活动中的用户体验和问题所在。

- 笔记活动的调查和分析

许多被调查者都有着做笔记的习惯,他们通过做笔记来捕捉灵感、记录重要的事件、安排计划和提醒自己一些重要的事情等等。

一般来说,他们在这个过程中对于笔记的组织投入很少的精力,他们往往以快速和随意的方式记录和组织。实际上,他们总是以笔记特殊的空间关系来显示结构,而笔画总是以一簇一簇的方式存在。这些笔记簇之间的距离和缩进关系往往显示了两种典型的组织 list 和 title-content(或 -list),如图 9.46(a)所示。

除了使用隐式的空间关系外,人们也使用一组特有的符号来组织笔记,如一个大的括弧来显示一组列表(list)、一个长的水平线来显示笔记的分节、一个箭头显示笔记之间的关系或进一步的解释,如图 9.46(b)所示。隐式空间关系和组织符号是人们组织笔记的主要方式,它们需要较少的认知负担。

调查显示,在做笔记的过程中,人们通常只是捕捉信息的纲要而不是完整的信息。所有的笔记在逻辑上被组织在许多小节中,而每个小节是针对某一特殊任务或在某一特定环境下记录的。每个小节通常包含几个主题,而每一主题通常以 title-content 的结构组织,一般是在标题后紧跟着内容。对于不同的人,他们使用不同的格局(如水平的或垂直的)或不同的组织符号(如大括弧或▲)来显示这个结构。这个结构中的 content 可以是一个列表、图形、表格或任意类型的笔记。如果是一个列表,则这个列表又可以有子列表。所以,人们可以通过此方式将信息以层次化的方式有效地组织起来。基于上述观察,这里使用 CFG (Context-Free Grammar)[Lewis 1999] 形式化地描述了笔记的抽象结构,如下:

Notebook→Section · Notebook | Page

Section→Topic · Section | ε

Topic→Title · Content

Title→*strokeblock*

Content→*strokeblock* | List | ε

List→Topic · List | Topic

一个 strokeblock 是一个笔画簇,其中的每个笔画都满足一定的时空距离限

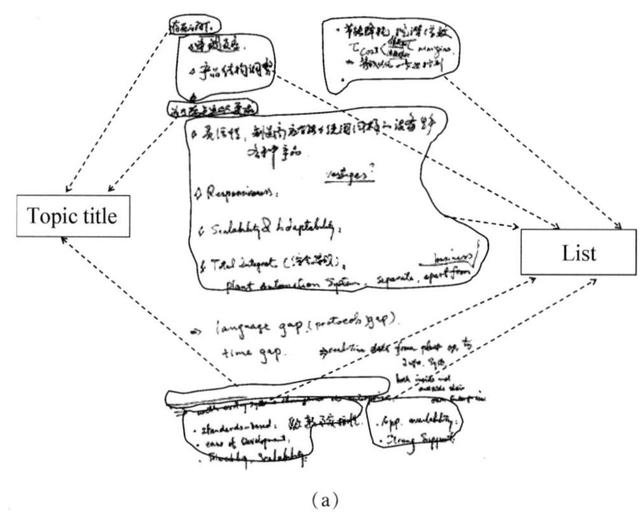

(a)

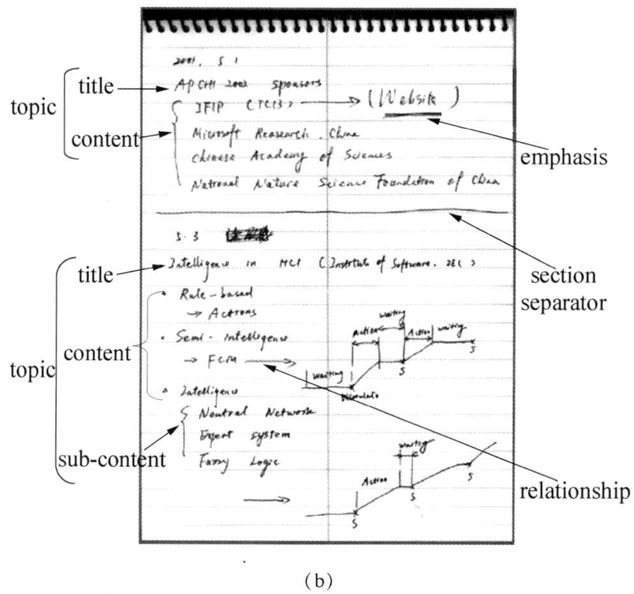

(b)

图 9.46　笔记样本分析

(a) 含簇间距离和缩进的笔记；(b) 含特殊符号的笔记

定，同时整个笔画簇满足一定的密度要求。SketchPoint 使用[Chiu 1998]中的算法来计算笔画的距离。一个 strokeblock 也可以通过标识一块区域为 stroke container 来设定，这个区域中的笔画不需要满足上述要求，这种方式主要是为那些特殊笔记所设定的。上述描述将各种类型的笔记统一在一个一致的框架内（一个倒置的树形结构），树叶是笔画，树根是笔记本。

为了将笔记组织为上述逻辑框架，本系统目前主要支持三个典型的空间格局，如图 9.47 所示，“list”结构主要使用了笔画簇左对齐的特征，而“title-list”结构和“title-content”结构使用了笔画簇的缩进关系。

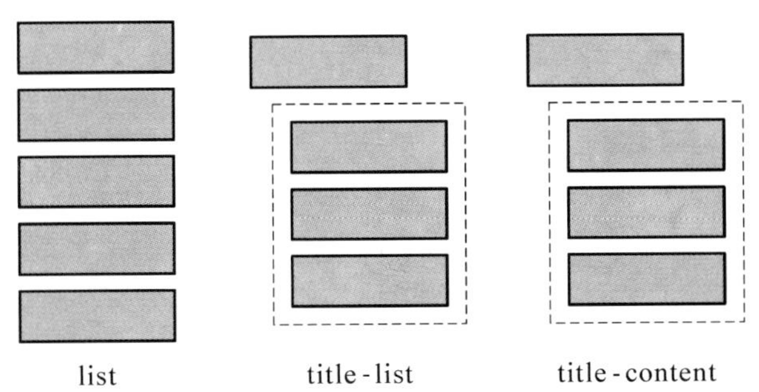

图 9.47　笔记结构的可视格局

用户调查显示，基于传统的纸笔方式的笔记记录虽然具有很大的自由性，但是信息很难维护，记录过程中，编辑是一件非常困难的事，当纸上有许多杂乱的信息时，人们往往很难找到想要的信息。同时，这些信息也不能直接用于后期的基于计算机的知识处理。

● 胶片制作的调查和分析

早期的思想交流对于知识的产生也是十分重要的，作报告(presentation)是一种非常普遍的交流方式，本研究对人们是如何准备演示材料和进行作报告的习惯进行了调查。研究表明，人们准备报告对于他们的笔记有着强的依赖关系。许多被调查者认为他们的笔记是制作报告胶片的重要资源。其中一些被调查者则向我们显示了他们依据笔记制作胶片的例子，如图 9.48 所示。

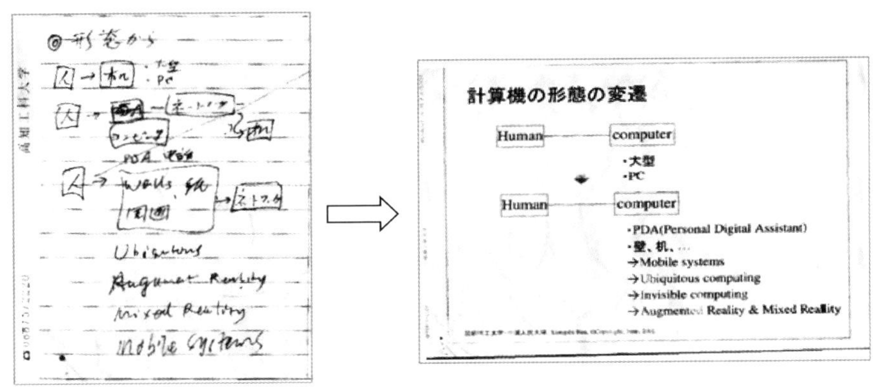

图 9.48　人们根据笔记信息制作胶片

他们通常是在笔记本中挑选需要的笔记，然后使用胶片制作工具将这些材料输入并制作。在一个内部的非正式交流中(早期的想法交流大都属于此类),最为重要的是快速、流畅地与他人进行交流,获得反馈,在较早的时期改进自己的工作,而不是制作正式的、精美的胶片。现有的胶片制作系统往往只关心胶片外观的修饰而使得用户不得不关注于许多细节问题,如字体和颜色等。SketchPoint 的目的是使得人们可以以自由勾画的方式方便地制作胶片,而不是重新实现已有商用演示制作系统(如 PowerPoint)的所有功能。

除此之外,人们通常将信息以树形的层次结构组织,例如,一个演示往往包含几个章节,每一章节可以包含子节等等。然而,胶片的设计通常是以线性为主的方式进行。传统的胶片设计系统不支持树形结构的设计,使得设计方式与人的信息组织不符合。SketchPoint 提供从树形的信息组织方式向线性的胶片组织方式自动转换的功能。

5. SketchPoint 电子笔记本

用纸和笔的方式做笔记是一个捕捉记录思想、经验和事件的便捷手段,而所形成的笔记将是日后知识产生和思考的一个重要资源。人们经常记录的笔记包括文字、图形、用于表征结构的特殊符号以及看似无意义的勾画。由于这个时期的思想往往是不成熟或不系统的,所以人们对于它们的组织付出很少的精力。这些杂乱的笔记是非常难于维护、操作和重用的。一个有效的笔记组织是对这些笔记进行操作的基础。

SketchPoint 电子笔记本(它实际上是 SketchPoint 系统的一部分,见图 9.49)主要是帮助人们进行笔记的记录和操作。该系统同时使用了隐式空间分析和基于手势的结构化方法,它使用后滞式(lazy)隐式分析的方法(传统的采

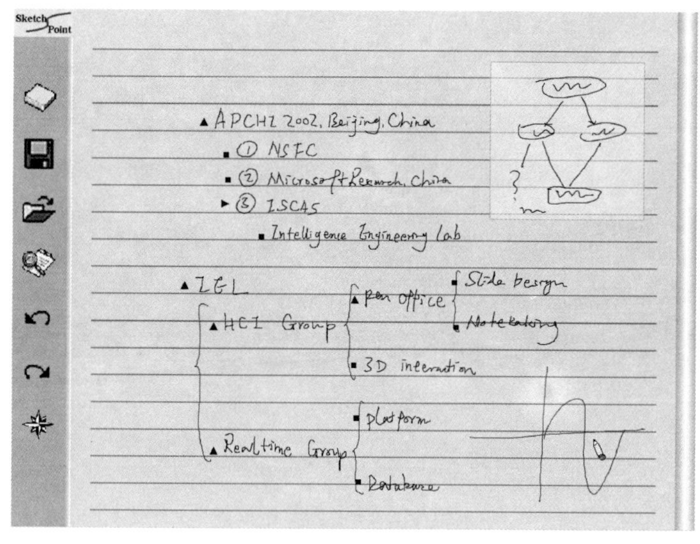

图 9.49 SketchPoint 电子笔记本

用 Immediate(立即)处理方式,极大地干扰了用户的思路)。对于结构化之后的笔记,用户可以进行基于笔记结构语义的笔迹操作,它可以给用户提供更为有效的操作。例如,人们可以以一种结构化的方式交互式地折叠和展开笔记信息,也可以更为有效地选择或删除一组相关的笔记信息。通过使用 ZUI 的交互隐喻,SketchPoint 使得用户可以在笔记中自然地漫游。

为了降低认知负担,SketchPoint 在内部分析这些自由笔记的结构,而在表面上保持这些笔记的原有外观,同时在分析过程中也给出了一些必要的提示。SketchPoint 原型系统使用隐式的、增量式的结构分析方法来降低认知负荷提高结构化的准确率。

根据对用户调查的分析,人们通常在做笔记的过程中捕捉信息的纲要而不是完整的信息。人们既使用简洁的非正式的符号来快速地组织笔记,同时又使用隐式的空间关系来显示笔记的结构。基于这些观察,设计了一种 Ink 增量式结构化算法将笔记组织为一个层次化结构。

6. 自由笔记的结构化算法

根据用户调查和结构分析的结果,设计实现了 Ink 结构化的算法来组织笔记[Li 2002a]。算法的整个流程如图 9.50 所示。第一步是将笔画以笔画簇(stroke block)的方式组织。目前 SketchPoint 原型系统使用了 Wacom Cintiq(即 PL550)——一个集 LCD 显示屏和 Tablet 笔输入于一体的交互设备。当一个笔画生成时,clustering 过程将被调用,把这个笔画组织到一个笔画簇中。碎片

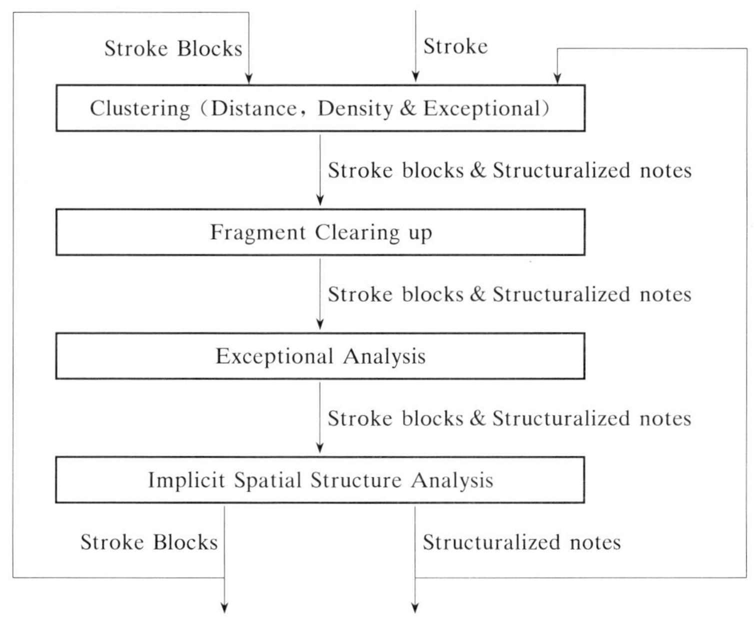

图 9.50 笔记结构化流程图

整理是将算法产生的较小的笔画簇整理到邻近的笔画簇中去。基于这些整理后的笔画簇,高级的结构分析将进行对这些笔画簇的空间分析。异常分析作为高级结构分析的第一步,它针对结构化手势的处理,这些手势包括 list-making 手势和分节手势等。最后,隐式的空间结构分析将分析这些笔画簇的距离和缩进关系等空间约束。在每次结构化之后,也许会有一些未被结构化的笔画簇,当结构化过程在下一次被激活后,这些未被处理的笔画簇将会在新的空间上下文中处理,整个结构化过程使用了增量式意图提取的思想。

- Stroke Clustering

笔画是笔式交互中的基本单位,然而,一个单独的笔画往往不能表达完整的信息。而实际上,一个笔画簇 strokeblock 却是一个有意义的信息单元。所以,Stroke Clustering 是整个笔记结构化的基础。

SketchPoint 的 Stroke Clustering 算法如下(stroke x 是被处理的笔画):

(1) Is the stroke x is an exceptional stroke (e.g., a structuralizing gesture)? If yes, create an exceptional *strokeblock* for further parsing. Then go to step 6.

(2) Is the stroke x in a stroke container (created by block-making gesture)? If yes, go to step 5.

(3) Compute the minimum distance between the stroke x and all existing *strokeblocks*.

(4) If the minimum distance is less than DIS-REQ (a constant of maximum distance of strokes in a *strokeblock*), go to step 5. If not, create a new *strokeblock* containing x and then go to step 6.

(5) Add the stroke to the according *strokeblock*.

(6) End the stroke clustering.

一个 stroke x 和一个 strokeblock Y 之间的距离定义如下:

$$\text{Distance}(x, Y) = \text{Min}(f(x, s)), \quad s \in Y$$

$$Y = \{s_i \mid 0 < i < n,\ s_i \text{ is a stroke of a } strokeblock\ Y\}$$

函数 $f(x, s)$用来计算两个 stroke 之间的距离,基于[Chiu 1998]的算法设计。一个简单的描述见图 9.51(a)。目前 SketchPoint 使用一个简单的函数来判断一个 stroke x 是否异常(有可能为手势):

$$\text{Factor} = \begin{cases} \text{width}(x) + \alpha(\text{height}(x) - M), & \text{若 height}(x) > M \\ \text{width}(x), & \text{其他} \end{cases}$$

如果“Factor”大于某一常量,我们认为这个笔画异常。函数 width(x)用来计算笔画的宽度,height(x)用来计算笔画的高度。M 是一个常量。系数 α 的值由图 9.51(b)中的函数计算,其中 L 是一个可调节因子。

也可以通过 SVM(Supporting Vector Machine)来对笔画是否异常进行判断。除此之外,一个笔画簇还需要满足密度(density)的要求。密度定义为笔画簇中所有笔画的总长和笔画簇的边界盒的面积之比:

$$\text{density} = \text{cluster\_totalLength}/\text{Box\_Area}$$

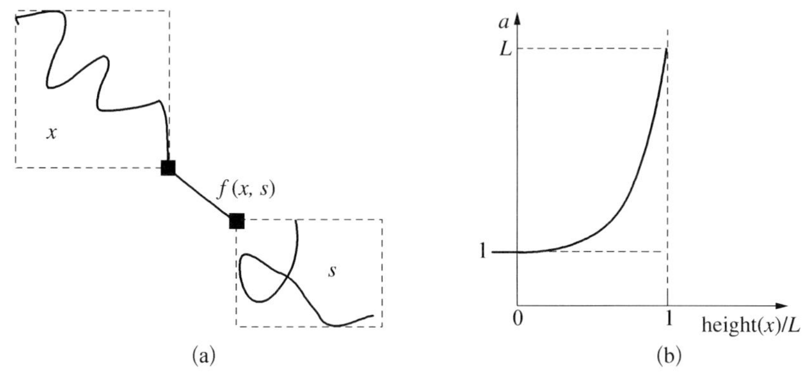

图 9.51 Stroke Clustering 函数

当加入一个笔画到一个笔画簇时,如果笔画簇的密度下降得非常快,则我们不把这个笔画归入该笔画簇。

在 Stroke Clustering 之后,该算法有时会产生一些比较小的 strokeblock。为了给高级结构分析提供一个良好的分析基础,它们应当被归入邻近的笔画簇当中,这就是碎片整理的过程,其实例如图 9.52。

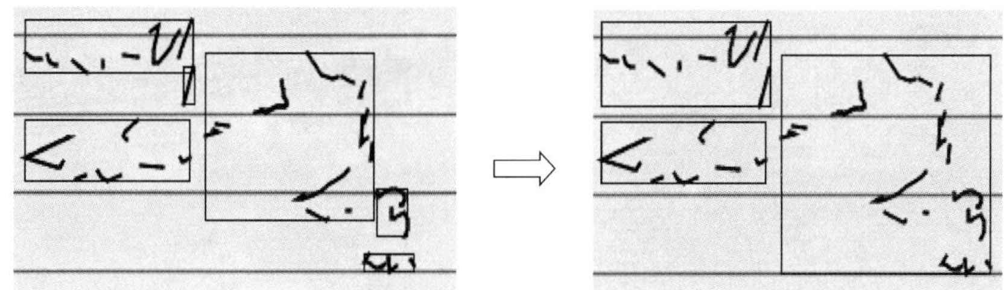

图 9.52 碎片整理示例

- 高级结构分析

在 Stroke Clustering 之后,所有的笔画被组织到相应的 strokeblock 中。尽管 stroke clustering 是在每个笔画生成之后就调用,但高级结构分析却是在必需的时候才调用(当确认有足够的信息而且用户需要的时候才调用)。例如,当用户试图操作未结构化的笔记时,这个过程将被激活。该过程的第一步是异常分析。SketchPoint 利用了人们习惯使用的特殊组织符号为手势,使得人们可以利用这些手势显式地组织笔记.例如,一个水平直线代表分节,而一个大的括弧代表一个列表。基于手势识别的异常分析不只依赖于识别的结果,而是大量地使用上下文信息。如图 9.53 所示,如果在一个大括号的右边有多于两个 strokeblock,而且满足一定的条件,SketchPoint 将认为这是一个列表结构。

在异常分析之后,所有的未被结构化的 strokeblock 将会被排序并分析。它们将被以由上向下和由左向右的方式排列。对于每一个 strokeblock,所有在它附近的 strokeblock 将被选出并进行分析。strokeblock 的距离计算函数同于笔画的距离计算函数,邻近 strokeblock 的空间分析示例如图 9.54 所示,相邻 strokeblock 的缩进关系显示了是列表还是标题。

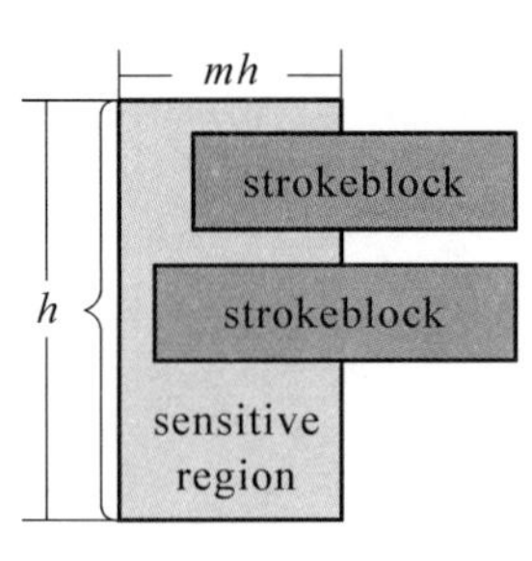

图 9.53 list-making gesture (m 是调节因子)

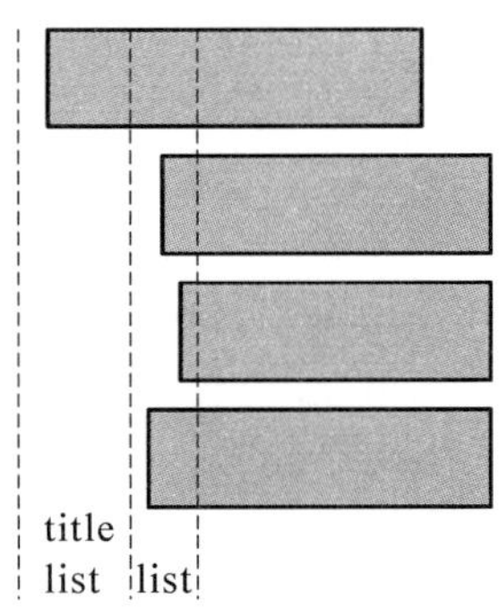

图 9.54 list 和 title-list 结构的分析

在高级结构分析之后,同时存在着结构化或未被结构化的笔记。当结构化过程下一次被调用时,那些未被结构化的 strokeblock 将会在新的上下文信息(由于用户的交互而发生了改变)中再次分析。SketchPoint 的结构化算法以一种增量式和交互式的方式对笔记进行分析,随着用户交互的进行,分析引擎不断地完善和精化分析的结果。结构化过程的示例如图 9.55 所示。

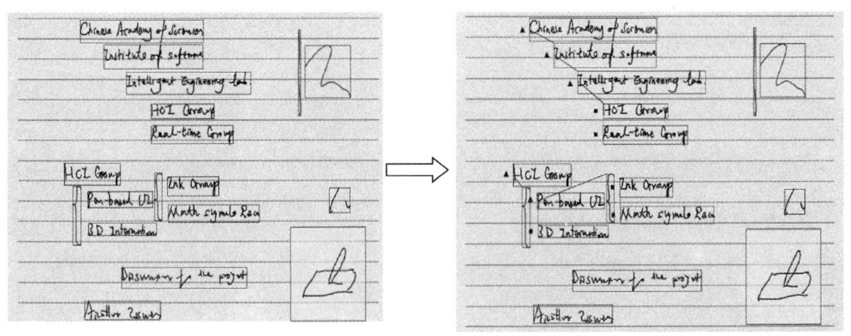

图 9.55 笔记结构分析示例(在 Debug 模式中的界面)

右图中的连接线和小的交互对象表示结构化的结果

7. 交互技术

基于上节笔记结构化技术的支持,SketchPoint 能够提供给用户更多的功能和自然的交互技术。

- 以用户为中心的交互控制

传统的交互控制是由界面开发者通过描述界面交互的各种行为,然后使用对话控制的技术在界面内部实现,这是一种以计算为中心的设计方式。对于自由笔式用户界面中的交互，在设计时很难预料用户会以何种顺序或途径进行交互，确定对话的顺序几乎是不可能的，它只会限制用户的自由，所以界面最好让用户来决定交互的顺序，即以用户为中心的交互控制。

SketchPoint 在设计时贯彻了以用户为中心的界面设计，通过调查研究，针对用户的体验进行设计，同时在交互过程中，也给予了用户绝对的主导地位。系统只是"默默"地对用户的输入进行分析，并在适当的时机给出分析结果的反馈。笔记结构化作为后台分析的一个主要组成部分，它的激活主要是基于一个假设，即如果用户决定对输入的笔记进行操作时，一般来讲是用户已经完成或部分完成了用于组织的内容（因为人们在做笔记的时候通常不会进行操作，而是尽快地将信息记录），此时，算法将给出基于当时这些信息的最好结构化。其中，判断用户是否要开始操作还是要继续输入，是通过一些上下文的交互技术实现的。

当用户没有完成的时候做分析是很容易出错的，但用户是否完成应当由用户来决定，而不是计算机规定用户必须在什么时候、什么位置完成。过去的 Online 的手写输入通过时间和输入框来约束用户都是非常不自然的，使得用户总是有一种被束缚的感觉，而且系统的容错性非常差。而 Offline 的方式，如 OCR 其实是一种批处理的方式，并没有人的参与，而且没有交互的信息，使得 Offline 的方式的准确率不理想。在 SketchPoint 的研究中，通过结合 Online 和 Offline 两种方式，形成整体 Online、局部 Offline 的交互方式。Stroke Clustering 是以一种 Online 的方式进行的，因为高级结构分析需要全局性的信息，所以当用户提供了一部分或全部信息时，以一种"准 Offline"（是因为其中还是有用户的参与，而且是在 Online 的大环境下完成的）的方式进行。

- 基于结构语义的操作

通过笔记的结构化技术，SketchPoint 将笔记组织在一个树形层次结构中，它允许用户执行基于笔记结构语义的操作，用户可以更为有效地选择和操作笔记。用户所获得的、可以操作的就是他们所感觉到的（WYPIWYG，What You Perceive Is What You Get[Saund 1994]），如一个笔画簇、一个列表，而不是一个个单独的、没有意义的笔画。例如，选择一个标题将会使得整个相关的内容被选中；而删除（随意的涂抹）一个标题将会导致所有相关内容被删除。笔记的结构维护了笔记之间的相关性，使得维护笔记间相关性的任务从由用户来完成变成了由计算机来完成，从而把人从这个需要大量认知努力的任务中解脱出来。同时，它也使得这些自由笔记具有更多的可计算性。下面是几种主要的结构语义操作方式。

■ 增量式选择

SketchPoint 使得用户可以使用轻量级的交互技术进行选择，如通过笔的点击。通过连续地点击目标可以导致选择信息的扩张，例如，选中标题后，再一次点击将会导致整个 topic 被选中。选择的扩张在 strokeblock 内主要是基于笔画的距离(如 Dynomite),而在 strokeblock 之外,选择是基于笔记的结构语义进行扩张的,即从树叶节点到树根。这样,用户可以高效地选择笔记。

■ 可折叠的笔记

用户调查表明,用户抱怨在使用记录的笔记时,很难找到想要的信息,因为同时有太多凌乱的笔记出现在纸上,用户很难搞清笔记间的关系。

基于笔记的层次结构,SketchPoint 允许用户局部地和全局地折叠和展开笔记。通过笔记的全局缩放,用户可以折叠笔记到合适的细节层次。同时通过选择缩放的中心,用户可以高效自然地在笔记本中漫游(使用了 ZUI 中的方法)。根据不同的笔记格局,这里主要有两种折叠方式,如图 9.56。所示

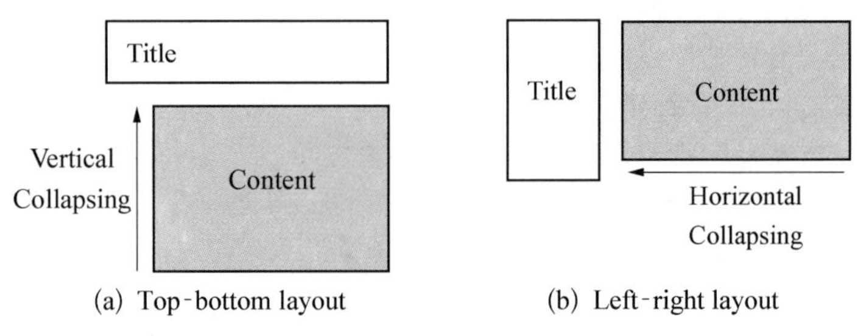

(a) Top-bottom layout　(b) Left-right layout

图 9.56 笔记的两种折叠方式

● 上下文感知的交互

SketchPoint 希望提供给用户一种无模式(modeless,系统对用户输入的理解,或系统的状态)的交互方式,至少不需要用户进行显式的模式切换。为了实现这个目标,模式识别是一个途径,但用户的输入多种多样,单纯的模式识别不能解决问题,利用上下文信息才是最为重要的,它也是有效利用(甚至不需要)模式识别技术的保障。

图 9.57 中的 Intention to manipulate 是系统对用户行为的一个"猜想",在交互中没有显式的模式切换,通过使用上下文技术(例如空间约束)使得识别局限于一个良定义的范围内,从而获得了较好的可靠性。如前所述,点击是一个非常便捷的选择和确认方法。然而,对于点击这一解释却往往和"draw a point"冲突,因此,SketchPoint 使用了一个简单的上下文技术进行判断。首先,我们假设

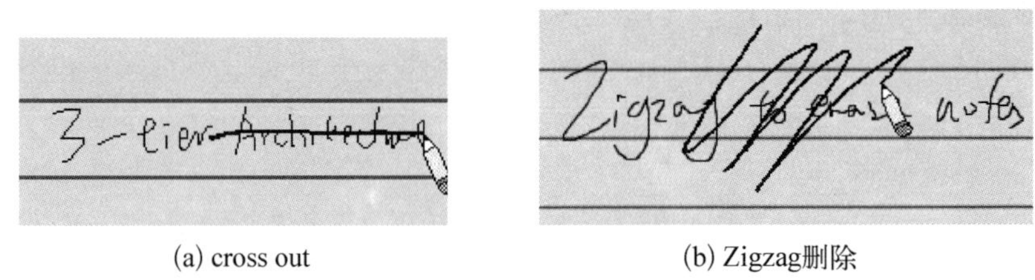
(a) cross out　(b) Zigzag删除

图 9.57 上下文相关的删除

用户在输入信息完成或部分完成的情况下才会确认或选择。因此，点击事件和相关 strokeblock 之间的时间距离是一个非常重要的信息，当它足够大时，我们可以认为是点击事件，否则认为是“draw a point”。当然，时间的使用在笔式用户界面的研究中是有争议的，因为时间是一种非视觉的信息，它的规律并不总是直观的，需要大量的实验才能获得比较好的效果。

除此之外，SketchPoint 提供了一些基本的编辑功能，如通过锯齿状的线进行涂抹删除，或使用 cross out 的方式勾画删除部分内容，如图 9.57(a)和(b)所示。分析时除了使用识别的结果，它们和周围笔记的关系也将被分析。SketchPoint 使用一个简单的事实，如果用户在空白的地方涂抹，则不是一个删除手势，而是增加新的内容。

- SketchPoint 胶片制作系统

为了使得用户在经验捕捉的时期就可以进行方便的交流，SketchPoint 允许用户通过自然的勾画进行胶片制作和宣讲，如图 9.58 所示。图中用户正在勾画一个超链接。

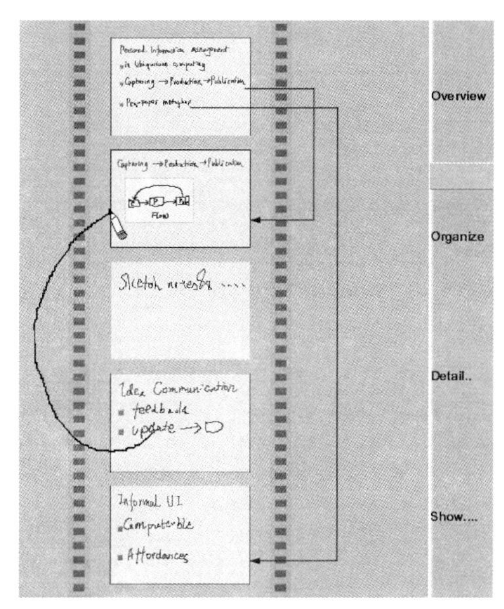

图 9.58 基于 Sketch 的胶片制作

SketchPoint 将各种胶片制作和演示的活动通过 ZUI 的方法平滑地集成在一起。整个演示制作系统分为四个模式“Overview”，“Organize”，“Detail”和“Show”。SketchPoint 使用了 storyboard 的交互技术来使得用户能够描述胶片的顺序和超链接关系。在“Overview”模式中，每个胶片的粗略图被显示（如胶片的标题），用户可以通过将一个胶片拖出 storyboard 来删除，通过将胶片拖到 storyboard 中的新位置来改变胶片的顺序，如图9.59(a)所示。当进入“Organize”模式，用户可以通过在胶片内容中画连接线来制作超链接关系，如图9.59(b)所示。在每一模式中，用户都可以通过简单的插入手势来创建新的胶片，并在“Detail”模式中添加和编辑胶片内容，如图 9.59(c)所示。用户可以圈选一个胶片作为焦点，它将成为缩放中心，以此，用户可以在诸多胶片中漫游。当用户进入“Show”模式时，焦点胶片将会被满屏显示（如有投影仪连接，则可进行真正的放映），如图9.59(d)所示。此时，用户可以进行实际的演示操作，在演示过程中，用户可以通过点击(tap)来翻页，为了进行生动的报告，也可进行勾画批注（这些批注信息将被保留）。当用户想结束演示时，可通过触发“hold”事件回到胶片制作状态。

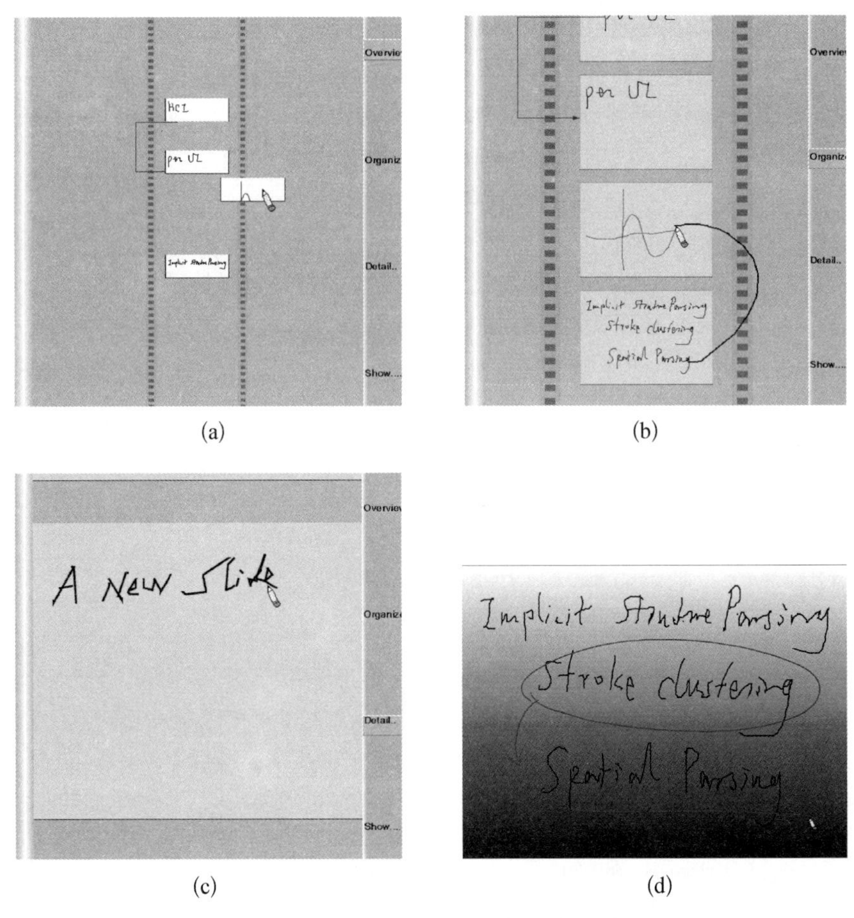

(a)　(b)　(c)　(d)

图 9.59　胶片制作的四个缩放级别

(a) Overview;(b) Organize;(c) Detail;(d) Show

- 从笔记到胶片的自动生成

通过用户调查发现,笔记是胶片制作的一个重要准备,人们往往是将平时积累的一些思想与他人进行交流。通过组织并选择相关的笔记,可以制作胶片与他人进行思想交流。在这个过程中,因为人们的思想通常不是很成熟,往往需要更多的交流和建议,所以他们不希望使用正式的制作工具,这些工具需要用户投入太多的精力在一些无关的细节上。相反,人们时常使用手写的信息进行交流,如手写的胶片和在白板上进行表述等等。

为了支持从笔记形式的经验到胶片形式的思想交流,在 SketchPoint 系统中,用户可以使用系统所提供的自动映射功能制作胶片。用户通过挑选相关的笔记,将它们拖入胶片制作工作空间,就会生成相应的胶片,如图 9.44 所示。根据这些笔记的内部结构,SketchPoint 采用逐层分解的策略将笔记转化为一组胶片。这些胶片以笔记树的先序遍历顺序排列,同时通过超链接关系保持必要的笔记结构关系。从笔记到胶片转换的递归算法如下。函数 CreateSlideFromNotes(x,y)根据笔记 x 生成胶片,这些胶片将依照笔记的结构被顺序放入 storyboard 并插入到胶片 y 之后。下面的代码给出一个将笔记分解转化为胶片的例子,相关的笔记结构如图 9.60。

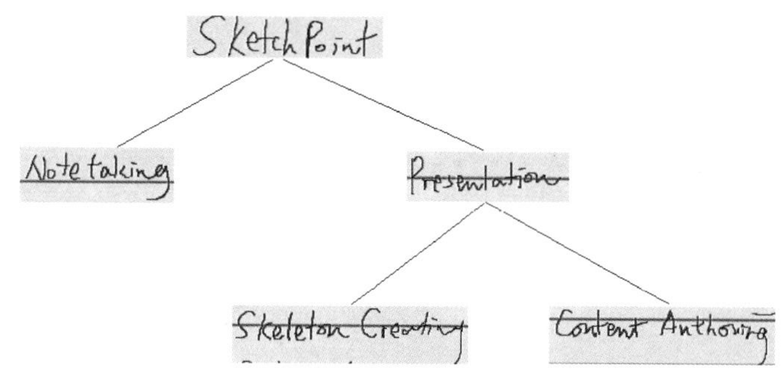

图 9.60 笔记结构的示意图

CreateSlideFromNotes 函数如下:

CreateSlideFromNotes(x, y)

(1) Build a slide s with strokeblock x and its immediate children $x_0, \cdots, x_n$, if x has n immediate children strokeblocks.

(2) Insert s into storyboard after y.

(3) Set i as n.

(4) m = CreateSlideFromNotes(x_i, s).

(5) Create hyperlink from strokeblock x_i of slide s to slide m and minus i by l.

(6) If $i \geqslant 0$, go to step 4, else go to step 6.

(7) Return s.

- 基于勾画的胶片内容制作

通过笔记到胶片的映射,可以生成胶片的整体框架,然后在每一张胶片中加入相应的内容。其中各种类型的图形是胶片中经常出现的信息,例如流程图、结构图、条形图等。图表能表达大量的信息。这里以对图(graph,包括有向图和无向图,其实许多领域的信息都可以用 graph 来表示)的处理为例,说明 SketchPoint 是如何做到对胶片内容制作进行隐式结构分析的。分析过程主要是低级的感知处理和高级的认知处理,这里给出了感知处理的算法和基于贝叶斯网络的认知处理;对于其他类型的信息,可以通过加入新的贝叶斯网络描述片断来实现,所以 SketchPoint 具有良好的扩展性。

■ 感知处理

感知处理主要包含一些对于笔画基本结构的分析,如求笔画中的折点(corner)、笔画的封闭性(closure)、笔画的共端性(cotermination)、笔画的邻近性(proximity)、包含性(containment)等。这里给出折点计算、共端性检测和封闭性检测的基本算法。折点的计算主要是分析笔画的变化，如图 9.61 所示，$\overrightarrow{p_{i-1}p_i}$到$\overrightarrow{p_ip_{i+1}}$的角度为 θ。可以通过如下公式进行计算：

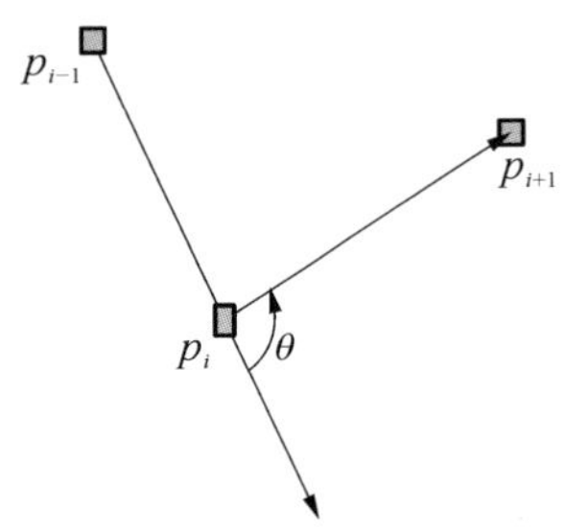

图 9.61 相邻线段的夹角

$$\cos\theta = \frac{\overrightarrow{p_{i-1}p_i}}{\| \overrightarrow{p_{i-1}p_i} \|} \cdot \frac{\overrightarrow{p_ip_{i+1}}}{\| \overrightarrow{p_ip_{i+1}} \|}$$

通过在不同的步长范围内求解 θ，再加上对局部速度极小值的判断，可以获得笔画中明显的折点。

SketchPoint 不需要用户在一笔之内完成一个图元的勾画，所以检测两个笔画的共端性，使得多个笔画构成一个有意义的图元是非常重要的一步感知处理。如图 9.62 所示，两个笔画 s_1 和 s_2 的共端性度量可以表达为一个 0 到 1 间的值，其中，$\Delta\alpha$ 为结点处端点切线矢量的夹角，w_1 和 w_2 为权值。

封闭性检测主要用于对“图”中节点的检测，SketchPoint 将封闭的图形对象作为“图”中的节点处理。检测的算法如下，图解如图 9.63。

$$\text{Closure}(s) = w_1\left(1 - \frac{\| s_s s_e \|}{\sqrt{w^2 + h^2}}\right) + w_2\left(1 - \frac{\theta}{2\pi}\right)$$

$$\text{Cotermination}(s_1, s_2) = w_1\left(1 - \frac{\| p_{s_1} p_{s_2} \|}{\sqrt{w^2 + h^2}}\right) + w_2\left(\frac{\Delta\alpha}{\pi}\right)$$

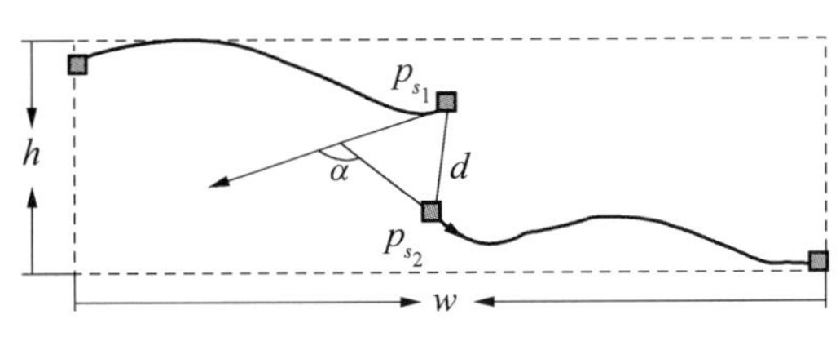

图 9.62 共端性检测

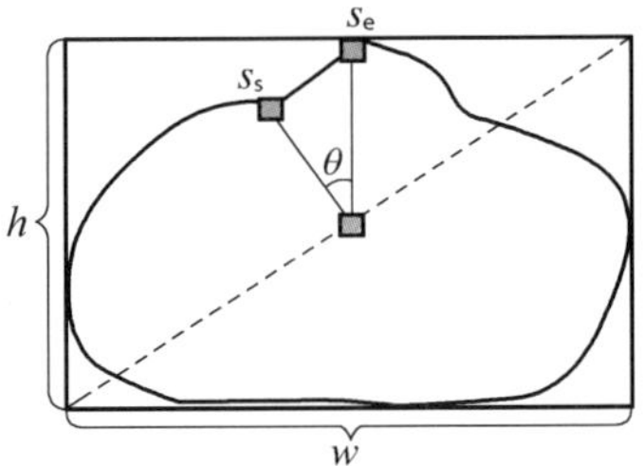

图 9.63 封闭性检测图解

■ 基于贝叶斯网络的高级认知处理

在第 6 章意图提取中，我们讨论了基于贝叶斯网络进行非确定性推理的原理，这里主要给出一个描述和推理的实例。这里以“图”(graph)为目标领域，包括有向图和无向图，主要包含图元和图元之间的连接关系(通常是线)，允许给图元和图元之间的连接线增加文字标签，如图 9.64(Drag 交互的状态转移图描述)就是一个典型的“图”。

图 9.65 中描述了关于“图”的“知识”，图 9.65(a)是关于图节点之间连接关系的描述，一个连接关系是由一条线与至少一个节点相连；图 9.65(b)描述了一

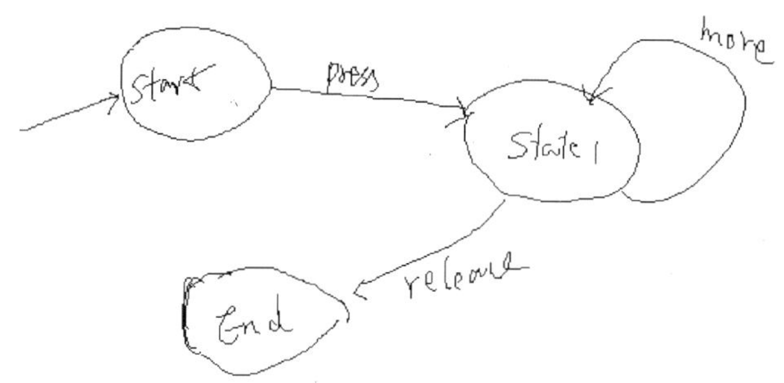

图 9.64 交互动作 Drag 的状态转移图描述

个具有标签的节点是由节点和它所包含的文字组成;图 9.65(c)是指一条有向线是由线和与它附着的箭头组成;图 9.65(d)指一个贴附了文字的线是一个标签线。

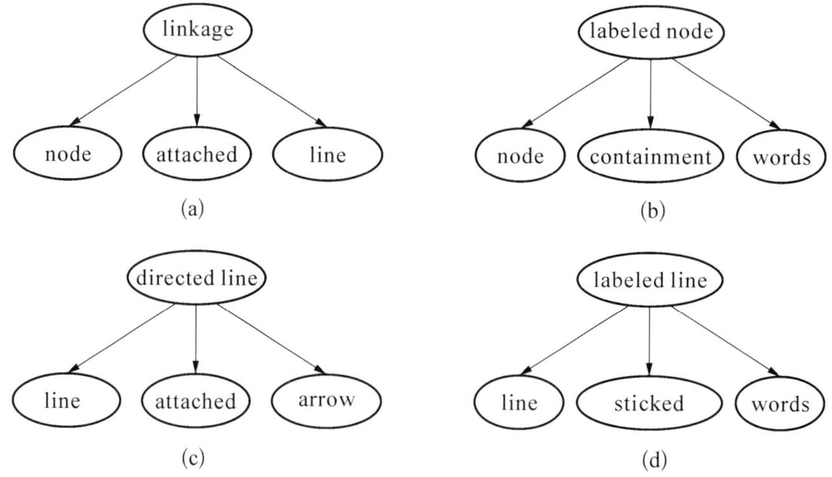

图 9.65 图的贝叶斯网络描述

(a) 图元之间的连接关系;(b) 包含文字的图元(标签);
(c) 有向线(具有箭头);(d) 有标签的线

通过图 9.65 中四个贝叶斯网络片断的描述,我们完成了对于"图"这个特殊领域的建模。常规的贝叶斯网络表达了对于客观世界的一组固定的信息,然而,在笔式交互当中,信息随着用户交互的进行是动态变化的,如用户加入或删除笔画。

为了适应动态的外界信息环境,贝叶斯网络必须进行动态的构造。根据用户的输入和上下文信息,动态地实例化相应的网络片断进行推理。

为了进行基于贝叶斯网络的推理,必须为每个节点构造条件概率表(Conditional Probability Table,CPT),同时通过将上一节中感知处理的概率值代入贝叶斯网络的 Observation 节点(如 node 节点)中进行推理。

因为贝叶斯网络对于 Observation 节点必须具有“真”或“假”的断言,所以当 Observation 节点的真假不能确定时,我们可以使用贝叶斯网络中传统的技术对这个节点加入子节点(这些子节点的真假可以断言)。例如,将封闭性度量作为 node 的一个子节点,同时构造网络中的连接关系和相关的条件概率表。

其中的条件概率表可以通过大量的对于该领域的样本分析获得,也可以支持概率表的在线收集。目前,SketchPoint 使用人工的样本分析来构造节点的条件概率表。

SketchPoint 使用了 CMU 大学开发的贝叶斯网络的推理引擎,通过加入对于特定领域的贝叶斯网络描述片断,SketchPoint 可以不做任何修改而处理多个领域的问题。所以 SketchPoint 的智能推理具有较好的扩展性。

9. 目前状况和未来工作

目前 SketchPoint 采用了简单的规则对笔画进行分类,在未来的工作中,SketchPoint 将依据更多的特征信息同时采用较好的分类方法进行分类,包括采用模式识别中更为复杂的一些分类器,如 SVM。目前 SketchPoint 主要是对笔记进行宏观的结构化,并没有基于某一特定语义进行分析和细节的处理。一些笔记的细节处理,如平滑和领域相关的约束感知(如数学、物理和工程设计等领域的特殊图文)等,将会在未来的工作中进行研究。尤其在胶片制作中,对于手写信息的交互式美化是十分重要的。目前的算法中使用了许多可调的参数,它们的设定主要是根据用户样本分析的经验值设定,要使得该系统适于不同的用户,这些参数必须动态可调,SketchPoint 将增加这些参数的在线学习机制,如通过 GA(Genetic Algorithms)的方法。

SketchPoint 作为一个原型系统目前还没有进行系统的评估测试,只是进行了实验室内部的非正式评估,该原型系统也在日本高志大学进行使用和测试,以获得广泛的用户反馈和性能评测。希望随着 SketchPoint 的日趋稳定和完善,可以进行较为全面的、正式的界面交互和功能的评估,进而进一步完善该系统。

9.2 儿童益智领域关键应用

儿童娱乐城是一款面向儿童的三维益智软件,是将信息技术与儿童益智教育学科整合的代表性的软、硬件系统[纪连恩 2006,Wang 2007]。该系统采用虚拟现实技术构建游戏环境,使用笔式交互作为操作手段在虚拟环境下提供了一个比较新颖的操作模式,让儿童在虚拟环境中跟随卡通人物感受探险的魅力。

系统使用主动探索的游戏方式进行产品的设计和开发，着重培养儿童的注意力、观察力、想象力以及思维能力。此外，儿童娱乐城提供了卡通气氛的3D界面，以生动有趣的故事、漫画、游戏、音乐和旁白的形式，引导孩子们在非常熟悉的环境中，轻松进行汉字、绘画、音乐等方面的学习或娱乐。让孩子们在游戏中不知不觉地提高认知能力和知识水平，寓教于乐，培养他们对学习的兴趣，锻炼其动手动脑的能力，启迪其创造力。下面介绍儿童娱乐城的设计目标、系统总体功能、交互场景和交互技术以及系统的推广应用等的情况。

9.2.1 儿童娱乐城的设计目标

当今的计算机技术的发展使得计算机成为儿童日常生活中的一个重要的部分[Druin 1996]，从学校的学习到放学后的玩耍，计算机技术正在改变着儿童的学习和生活的方式，而且实际上，儿童已经成为计算机技术的一个重要的消费群体[Heller 1998]。

随着儿童有越来越多的机会接触到计算机，儿童应用软件也处于越来越重要的地位，这就要求我们对儿童软件进行系统、深入的分析、研究。但遗憾的是以往的计算机硬件和软件均为成人准备，并不适合儿童使用。即使是专门为儿童开发的软件，其设计要求与思想不是由成人想象设计的，就是从成人软件的经验中照搬挪用的，很难为儿童所接受[Allison 1999]。于是，一些科研人员开始就儿童应用的各个方面做深入的研究[Wang 2007]。其关键技术涉及计算机科学、儿童心理学、认知心理学、教育学等多门学科的知识，具体内容包括计算机的特殊设计、儿童与计算机的交互心理、儿童对交互方式的理解、适合儿童的3D建模、适合儿童的编程范式、儿童与教育及游戏间的关系、男女儿童在使用计算机上的差异、合作对于儿童学习的影响、利用人机交互减轻儿童的认知负荷等等[张婕 2007]。

儿童对计算机一方面有娱乐需求，否则难以吸引他们；另一方面，益智和学习对他们来说也非常重要，这也是儿童接触计算机的主要目的。计算机技术如何在这两方面满足儿童用户的特殊需要，以及如何平衡这两方面是需要认真研究的。有些研究工作在计算机技术特别是人机交互技术应用于儿童学习环境方面开展了一定的探索。例如，文献[Hourcade 2003]重点研究了如何使用合适的交互技术和交互设备以及合理的界面设计来支持儿童的协作、创造和学习，在保持儿童能够对界面内容的体验进行有效控制的同时，屏蔽不合适的内容和表达方式。文献[Johnson 1998]研究了用于儿童的3D学习环境，指出非真实感、类似卡通的绘制在交互状态的沟通中可能是高效和令人满意的。

儿童作为一个特殊的用户群体，通常的虚拟现实系统和交互技术显得过于复杂，难以被儿童掌握和使用。为此，从用户界面的风格和所用的交互技术出发，在分析儿童认知特点的基础上，对该交互系统提出以下设计目标：

- 界面元素形象、直观，可视性好。儿童在真实环境中对事物的注意、感知、记忆和操作主要依靠对象的外观特征，因此在虚拟环境中应尽可能利用他们在日常生活中所获得的知识和体验，呈现的信息应该形象、直观，不能过于抽象，这样就要求虚拟模型尽可能采用他们熟悉的人物和场景。对儿童用户来说，用户界面的可视性更加重要，要尽量利用识别而非记忆的方式进行交互。

- 界面风格新颖、活泼，信息表现形式多样化。儿童的形象思维活跃，富有想象力，三维用户界面需要适应儿童的这种生理和心理特点，以吸引他们的注意力，增加他们的兴趣感，比如采用一些动画效果和卡通形象可以增加交互的趣味性。另外，除了视觉效果外，展现丰富的听觉效果对儿童来说也非常必要。

- 交互方式简单、易用。儿童的操作能力和对复杂情况的处理能力相对较低，长时间记忆的能力也较弱，因此，在交互设备和交互技术两方面应尽量做到简单、易用，操作中不需要做复杂的判断和决策。交互设备可以选择常用的鼠标、键盘以及数码笔等，特别是基于笔的技术不需要用户太多的操作努力。而交互技术要适合所选的交互设备，能够主动感知用户意图，合理使用语义约束以屏蔽复杂的操作细节。

- 良好的界面反馈。虚拟环境缺少真实环境中的物理规律和约束，比如重力作用和物体碰撞等效果，使用户缺乏必要的本体感受，这对儿童来说更为明显。因此需要有效的交互反馈作为弥补，也就是良好设计的反馈替代技术[Bowman 2004]，以提高他们在虚拟空间中的认知和感知能力，辅助交互过程。儿童在虚拟环境中漫游和操作时，应为其提供丰富的空间感知线索，包括视觉和听觉等多方面的反馈信息。

- 灵活、开放的界面体系结构。灵活多样的个性化用户界面更适合儿童的心理特点，可以培养他们强烈的求知欲和探索精神，这就要求三维用户界面中虚拟场景在结构和内容上能够方便地进行组织和修改，用户界面的体系结构要有足够的灵活性和开放性，其中包括界面的几何内容和交互手段两方面的可扩展能力。

9.2.2 儿童娱乐城的系统结构和功能

1. 儿童娱乐城的系统结构

在上述目标的指导下，结合儿童应用的需求，开发了儿童娱乐城益智软件。图9.66给出了儿童娱乐城的系统架构，总体上分为五个层次。第一层是基础设施层，第二层是支撑层，第三层是儿童益智乐园平台，第四层是应用层，第五层是交互层——多通道用户界面。

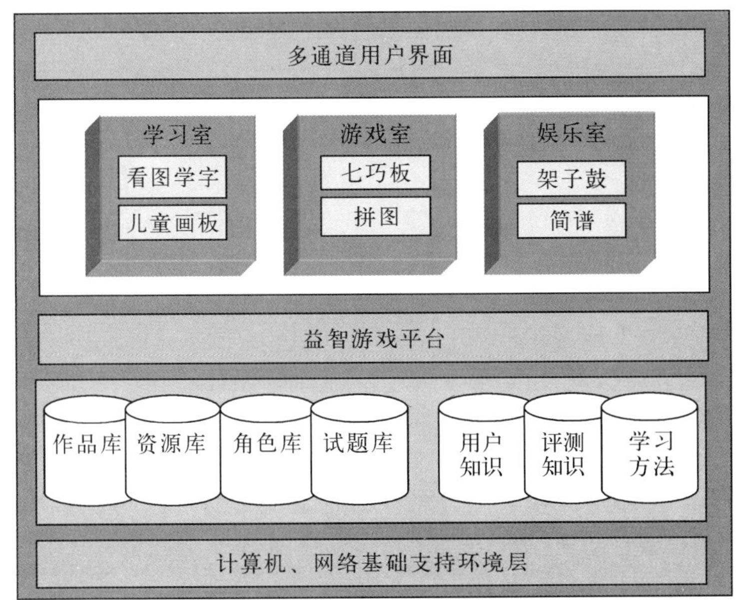

图 9.66 儿童娱乐城的总体框架

- 基础支持环境层。基础支持环境层包含计算机硬件、系统软件和基础应用软件、网络基础软硬件环境。
- 信息支撑层。系统包含了大量的数据库,如作品库、知识库、资源库、角色库、图片库等。
- 益智游戏平台。系统是在国产的 3D/2D 益智游戏软件平台上构建的,平台提供一些开发工具。
- 应用层。应用层包括各益智游戏软件,分布在学习室、娱乐室、游戏室。
- 交互层。交互层是用户与系统交流的媒介。针对儿童的特点,输入方式采用以笔和语音为主的多通道交互方式,此外,系统还通过摄像头获取外部信息。信息的呈现(输出)是多媒体模式:图像、文字、声音、动画、视频等。

2. 儿童游乐城的功能

图 9.67 是系统的总体功能结构图。系统包括环境场景和学习室、娱乐室、音乐室三个室。环境场景提供了进入每个室和打开每个游戏的接口,通过友好的界面、即时的帮助提示,极大地方便了儿童的使用;提供了一些动物角色,激发儿童进入功能室的兴趣。此外,还提供了智能的评测机制,对儿童的游戏使用情况进行评估。学习室包括儿童画板和看图识字,儿童可以在此用笔自由绘画和趣味识字等;音乐室包括简谱和架子鼓,儿童可以用笔输入简谱、播放音乐以及使用架子鼓自由演奏等;娱乐室包括智力拼图、七巧板。

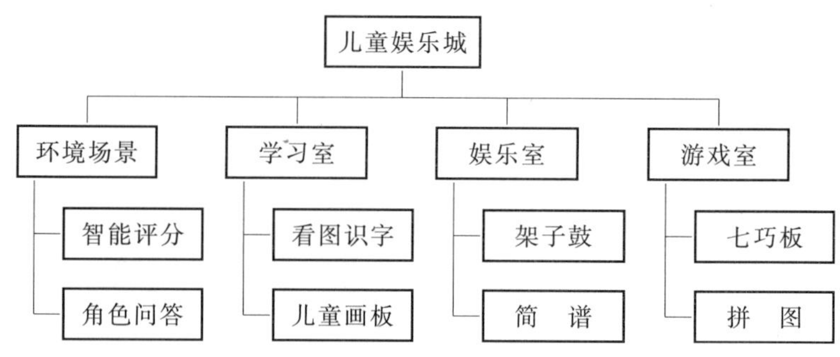

图 9.67 儿童娱乐城的总体功能

9.2.3 儿童娱乐城的交互场景和交互技术

儿童娱乐城集成了儿童教育和娱乐方面的多个软件模块，将它们以生动、活泼的方式组织在三维场景中，通过化身在场景中的漫游引导儿童进入不同的功能区，以操作或触摸实物的方式启动各种应用场景[纪连恩 2006]。

虚拟场景包括室外和室内两部分，图 9.68 是本系统中的主要室外场景画面，图 9.69～图 9.71 是各个室内场景的局部视图。室内场景主要包括三个功能区：学习室(图 9.69)、音乐室(图 9.70)和娱乐室(图 9.71)。

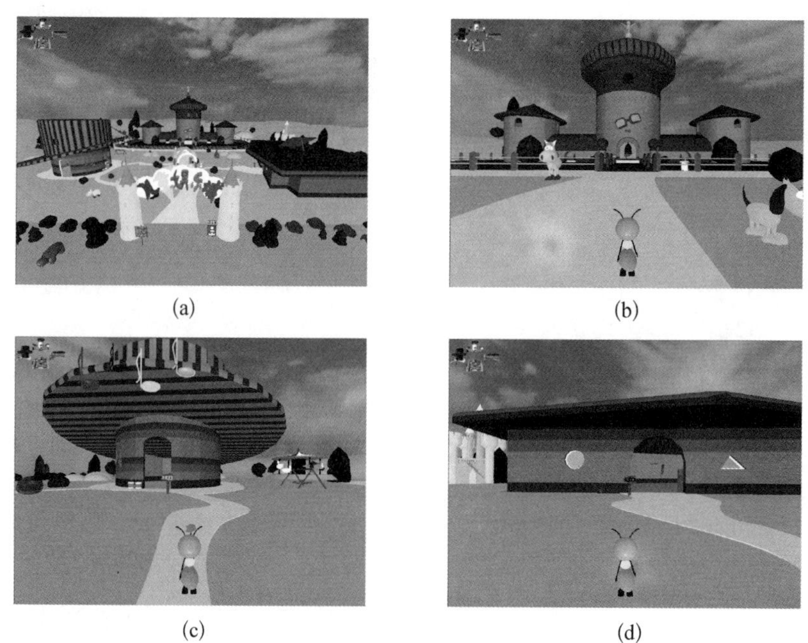

图 9.68 儿童娱乐城的主要场景画面

(a) 儿童娱乐城全景图；(b) 儿童学习室；(c) 儿童音乐室；(d) 儿童娱乐室

图 9.69 儿童学习室场景

图 9.70 儿童音乐室场景

另外，各个功能区中的儿童活动场景可以根据用户需要灵活配置和修改，还能够比较容易地增加和修改更大的功能区。

在三维交互技术方面，系统中既有室外大场景漫游，又有室内小范围精确漫游和操作，同时又要躲避各种障碍物，这些交互需求由交互场景的语义模型来描述。图 9.72 是整个虚拟环境的语义场景图的组织结构，在这个场景的不同逻辑层次上，用户可以使用不同的交互模式来完成对应的交互任务。为此，系统提供了多种交互技术来完成这些各具特点的交互任务。比如用户驱动的步行漫游、面向目标的自动导航方式、路径规划的导航、基于汽车隐喻的导航以及地图导航等。在路径查找技术方面，通过添加丰富的人工标记（如道路、路标和地图等）来提高用户在漫游过程中对环境的感知能力。在选择/操作技术方面，包括虚拟手选择/操作、指点选择/操作等技术，并利用语义对象实现了这些交互模式之间的无缝融合和平滑转换。

图 9.71 儿童娱乐室场景

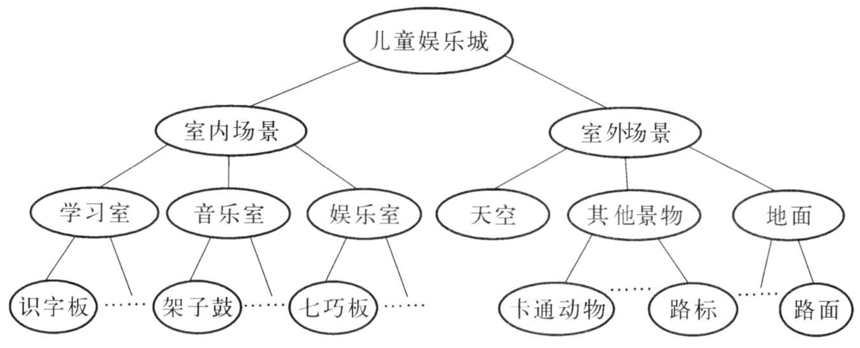

图 9.72 儿童娱乐城的语义场景图

考虑到儿童的认知和操作能力有限，通常的交互设备和交互技术过于复杂，儿童难以掌握和使用。系统通过增强场景的语义表达和处理能力，来提高交互技术的可用性，降低操作的复杂度。目前，系统主要采用桌面虚拟环境和二维输入设备（比如手写屏和笔，如图9.73所示）实现用户与虚拟对象之间的交互，借助一些自然的交互隐喻将用户的操作映射到虚拟对象上；同时使用丰富的语义反馈信息来弥补2D设备在3D交互中的不足，提高了交互过程的可视性和反馈效果。

图9.73 用手写屏和笔的交互场景

另外，由于在系统的体系结构中引入了抽象设备层和通用交互层，更为复杂的3D交互设备和显示环境也可以较容易地组合进来，而不影响上层交互任务和应用的实现。

9.2.4 儿童娱乐城的推广应用和用户反馈

1. 儿童娱乐城的推广应用

儿童娱乐城作为一套新颖的三维环境下的益智教育软件，是对虚拟现实技术的一次应用探索。它已经通过了北京软件产品质量检测检验中心的测试，得到了较好的评价。此外，还申请了相关软件著作权5项，发表了论文16篇。该系统参加了多次软件产品展示会。图9.74是科技日报2004年9月4日的特别关注专栏中对儿童娱乐城的报道。在题目为《创造未来的主流应用》的文章中指

SCIENCE AND TECHNOLOGY DAILY

科技日报

特别关注

3

创造未来的主流应用

——访中科院软件所总工戴国忠

争取实现零的突破

图9.74 科技日报报道

出儿童娱乐城软件从内容到形式均符合儿童的心理和生理特点，有利于孩子们健康成长，具有良好的应用前景。目前儿童娱乐城在中国科技馆、郑州科技馆、黑龙江科技馆等科技馆长期展出。儿童娱乐城益智软件已在中央党校幼儿园、中关村幼儿园、北大幼儿园、清华洁华幼儿园等10家幼儿园进行推广应用，得到了广大儿童的喜爱。此外，通过分析用户反馈，我们对软件进行了维护和完善，提高了软件的性能。

2. 用户反馈

在儿童娱乐城展出和试用过程中，通过发放问卷调查的形式对系统采用的交互设备和交互技术的易用性、有效性以及用户对界面的整体喜好程度等方面进行了初步评估。易用性、有效性和喜好程度的评分被分成5个等级：1是不好用、无效以及不喜欢，5是非常易用、非常有效以及非常喜欢。图9.75中分别是各个评价指标的全部样本结果。对调查过程中收到的30份有效用户评价数据进行分析，得出平均得分和标准差，并采用单一样本 T 检验的方法进行统计，得到表9.1所示的用户反馈统计表。

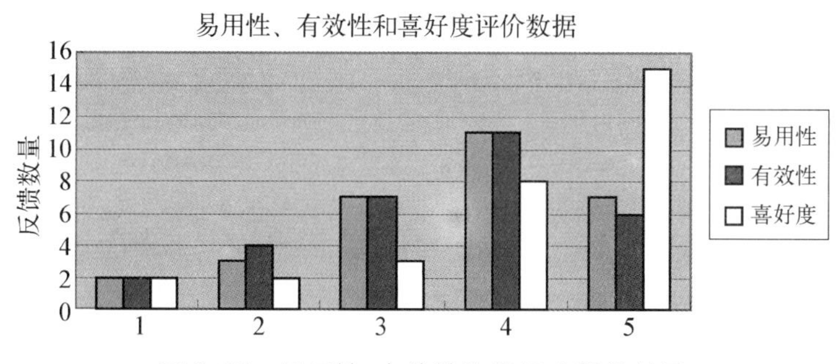

图9.75 易用性、有效性和喜好度评价结果

表9.1 用户的反馈统计表

评估指标	平均值	标准差	T 值	自由度	显著性水平
易用性	3.6	1.162 6	2.779 1	29	0.004 7
有效性	3.5	1.167 1	2.307 1	29	0.014 2
喜好程度	4.066 7	1.229 9	4.670 5	29	$<0.000\ 1$

统计结果表明，大多数儿童用户认为该系统易学、易用，操作简单、有效，得分与期望的平均值3相比具有较高的显著性水平，并且儿童用户非常一致地喜欢这种卡通风格的用户界面（$p<0.000\ 1$，达到很高的显著性水平）。目前，该系统已经在软件功能和交互界面方面得到了进一步扩展和提高。

9.3 儿童汉字学习领域关键应用

Multimedia Word 和 Drumming Stroke[吕菲 2012]是两个基于笔式交互的儿童群组学习游戏。这两个系统借鉴了传统儿童群组游戏的关键元素，能够帮助儿童更好地掌握汉字，尤其是字形和笔顺。

在人机交互研究界，如何利用计算机技术提高发展中国家教育水平和识字率，是一个普遍的研究主题[Findlater 2009, Kam 2007, Pawar 2007]。在中国，各地区之间的识字率差异非常显著，贫困地区识字率比富裕地区低得多。因此，在中国的不发达地区，很多人尤其是儿童仍然面临严重的识字问题。

本工作首先调研了儿童汉字学习面临的困难和对汉字教学的挑战；然后调研了25种中国传统游戏，分析和提取了其中的重要元素，借鉴这些元素，设计了两个应用于移动设备的、基于笔式交互的群组学习游戏 Multimedia Word 和 Drumming Stroke，评估结果显示，两个学习游戏能够激起儿童的参与热情，并鼓励儿童通过群组活动来不断提高汉字技能。

9.3.1 用户调研

1. 儿童汉字学习的问题调研

首先对儿童汉字学习面临的问题展开调研，旨在更好地理解现有的汉字教育所面临的主要挑战和常见问题。

来自两所小学的老师参与了本调研。第一所学校位于较发达的城市北京，第二所学校位于河南省西北部的新安县。我们通过问卷进行调研，包括以下问题：

- 在汉字教学过程中要求学生掌握的关键技能有哪些？
- 目前教学的难点和重点有哪些？现在通过哪些方法解决？
- 能否描述一下你所使用的主要教学方法？
- 你对现有汉字教学的教学大纲有什么评论和建议？
- 是否在课堂上利用一些工具帮助学生理解？如果是，用哪些工具？
- 现在的教科书和相关辅导资料有什么优缺点？
- 考试或随堂测验、课后题等测试中，对学生汉字学习能力考查较多的是哪些方面（如读音、识字、书写等）？采取哪些形式？
- 在各个年级，对学生汉字学习能力的要求有哪些不同？要求掌握的汉字量分别是多少？

- 在正式考试中，汉字考查部分学生的得分情况如何？
- 课后，学生使用哪些资料或工具（如玩具、软件等）来辅助汉字学习？这些资料或工具有哪些特点？

根据老师的反馈，汉字学习有三个主要的要求，即掌握汉字的发音、字形（包括笔画顺序）和使用汉字的语境。小学生需要学习的汉字有两类，一类是要求会认的字，另一类是要求会写的字。对会认的字，要求学生了解字的发音、字形和使用语境；对会写的字，要求学生掌握发音、字义，并能按正确的笔画顺序书写。

儿童汉字学习面临两个主要的困难。首先，要求会认的字数量庞大，儿童往往会忘记之前学的字符，尤其是那些由许多笔画构成的汉字。因此，如何促进汉字的记忆是一个很大的挑战。其次，当学习写汉字时，笔画顺序是非常重要的一个部分，按正确的笔顺书写汉字既能帮助儿童记忆字形也能帮助儿童书写得更加美观。然而，笔画顺序很难记忆。根据老师的反馈，许多学生在掌握正确笔顺方面都有困难。

目前，老师们使用了一些方法来解决问题。为了提高儿童对汉字的记忆，老师们会利用编儿歌或卡片等方式，帮助儿童记忆字形和发音。与此同时，教师们也会鼓励学生在课后阅读更多的资料来加强记忆。尽管这些方法可能有助于促进儿童对字形和发音的记忆，汉字教学中的两个困难仍然没有被完全解决。根据老师的反馈，目前汉字教学最大的难题可能在于如何激发学生的学习兴趣，鼓励他们进行探索。

2. 传统群组游戏调研

Kam 等人[Kam 2009]的研究发现，利用印度农村儿童的日常游戏中的元素，能使数字游戏更直观。我们以中国传统群组游戏为隐喻，探索汉字游戏的设计。我们采访了 12 名儿童，共记录了 25 种游戏（3 种室内游戏，22 种户外游戏），见表 9.2。

表 9.2 调研的 25 种中国传统游戏及其主要特征

名称	人数	团队关系	角色	歌谣	工具	技巧
跳皮筋	4～6	竞争和合作	活跃者和辅助者	有	橡皮筋	高
踢毽子	≥2	竞争	活跃者和潜伏者	有	毽子	高
翻绳	2	竞争和合作	活跃者和辅助者	无	绳	高
击鼓传花	≥4	竞争	活跃者和潜伏者	有	鼓、花	低
老鹰抓小鸡	4～10	竞争	攻击者和防御者	无	无	低
跳方格	≥2	竞争	活跃者和潜伏者	无	粉笔	高

续表

名称	人数	团队关系	角色	歌谣	工具	技巧
跳大绳	≥4	合作	活跃者和辅助者	无	绳子	高
跳马	≥3	竞争和合作	活跃者和辅助者	无	无	高
丢手绢	≥5	竞争	活跃者和潜伏者	有	手绢	低
拍手	2	合作	活跃者和辅助者	有	无	高
叉大步	2 或 4	竞争	活跃者和潜伏者	无	无	低
扔沙包	≥3	竞争	攻击者和防御者	无	沙包	高
警察抓小偷	≥3	竞争	攻击者和防御者	无	无	低
捉迷藏	≥3	竞争	攻击者和防御者	无	无	低
一二三,木头人	≥3	竞争	活跃者和潜伏者	无	无	低
打雪仗	≥2	竞争	攻击者和防御者	无	无	低
打弹子	≥2	竞争	活跃者和潜伏者	无	弹子	高
拍洋画	≥2	竞争	活跃者和潜伏者	无	画片	高
踩点	≥2	竞争	攻击者和防御者	无	无	低
过家家	≥3	合作	活跃者和辅助者	无	道具	低
斗鸡	≥2	竞争	攻击者和防御者	无	无	高
猫抓老鼠	≥5	竞争	攻击者和防御者	无	无	低
开火车	≥5	合作	活跃者和辅助者	无	无	低
猜猜我是谁	≥3	竞争	活跃者和潜伏者	无	无	低
抓子儿	≥2	竞争	活跃者和潜伏者	无	石子	高

基于对25种传统游戏的分析,我们进一步讨论了哪些元素是重要的且可能被应用于基于移动设备的学习游戏中,使这些游戏更直觉化和有吸引力。

- 团队和成员间的合作

根据我们的分析,合作是中国传统游戏至关重要的一个特征,它植根于大量的中国传统游戏中(见表9.2)。在25种游戏中,有7种游戏涉及团队与团队或队员之间的协作,例如在跳橡皮筋游戏中,一个团队中有两名或多名参与者要负责将皮筋固定在一定高度,让其他队的队员来跳皮筋。还有一些游戏甚至没有敌对方或竞争方,所有的成员必须共同合作才能将游戏进行下去,这样类型的游戏有6种:跳大绳、跳马、拍手、翻绳、过家家、开火车。在数字游戏设计中,我们将引入合作的机制,鼓励儿童通过合作来共同学习汉字字形和笔顺。

- 游戏中的歌谣

在中国游戏中,歌谣可能有助于提高游戏的直观性和参与性。在调研的25

种游戏中,有5种游戏使用了歌谣。歌谣的作用能够分为两大类。

首先,歌谣能够帮助玩家按照节奏更好地执行操作,配合身体运动。在5种有歌谣加入的游戏中,有三种是技巧性和节奏性较强的游戏(例如跳橡皮筋、踢毽子、拍手)。在这些传统游戏中踢、跳或拍的动作要用节奏、节拍来组织,歌谣使得游戏中身体的运动更自然和流畅。

其次,歌谣能够帮助确定游戏进程。在三种技巧性游戏的进程中,身体动作和歌谣是统一的。歌谣停下则意味着游戏的终止结束。在丢手绢和击鼓传花游戏中,当歌谣或鼓点结束时,就意味着游戏进入下一环节。在系统设计中,我们将引入歌谣或相应的节奏,帮助协调和组织游戏进程。

- 游戏道具和资源

手工制作的游戏工具被频繁地用于中国群组游戏中,典型的手工制作的游戏工具包括沙包、毽子、红绳和橡皮筋。与印度传统游戏不同,中国群组游戏很少使用树木和植物,这可能由于中国地理位置造成的(特别是在北方,树并不是随处可用的),在调研的游戏中,只有一个游戏(跳橡皮筋)使用树作为一个可替换的资源。另一个资源方面的重要特性是,中国传统资源游戏常常有预定义的游戏/竞技场边界。儿童经常用粉笔或石头在地上画出由线、三角形、正方形、五角形构成的边界。在25种游戏中,有5种游戏使用了预定义的边界。边界不仅能够用于限制成员的行动,也可以用作设计具有挑战性规则的附加条件。

9.3.2 系统的设计和实现

基于问题调研和对群组游戏的调研,我们设计了移动设备上的两个学习游戏。系统目标是使儿童的汉字学习更加直观和具有吸引力。我们在两个游戏中都引入了合作模式,所有的任务都需要多个玩家合作完成。游戏也利用了移动设备的多通道特性,充分使用了听觉、视觉的通道。此外,我们利用自然的笔输入方式支持儿童书写汉字,勾画草图,提供用户和手机界面间的桥梁。

在系统设计中,我们借鉴了传统游戏和传统艺术形式的游戏规则和视觉元素,帮助儿童将日常游戏的经验转移到数字游戏中,同时也便于儿童再将数字游戏的体验迁移到日常的游戏中。通过这种方式,数字学习游戏有可能将日常非数字游戏演变为一种教育体验。

1. Multimedia Word

Multimedia Word 游戏借鉴了两种流行的中国传统游戏,即翻绳游戏和猜字游戏。这个游戏将移动设备作为游戏资源,同时借用了传统游戏的游戏规则。它既可以用作两名儿童间的竞争/合作游戏,也可以用作两个团队间需要团队协作的游戏。在这个游戏中,孩子们被要求基于发音、草图、照片或其他多媒体上下文提示,写出正确的汉字。

当第一个小组的儿童按下开始按钮后，屏幕上将显示出汉字字库，儿童从字库中选择本轮游戏将要猜测的汉字。然后，第一组的儿童通过多个通道来设置汉字的“谜面”（图 9.76），例如，儿童可以通过语音通道，记录汉字的发音或其他与汉字相关的语音信息，也可以选择另外两个通道（例如，勾画一幅图片或拍摄一幅照片）来增强字的含义。

(a)

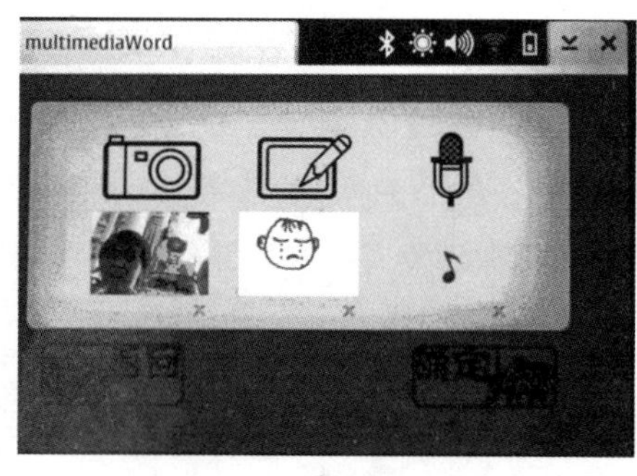

(b)

图 9.76 Multimedia Word 出谜面

(a) 第一组儿童设置谜面；(b) 设置谜面时的界面

在设置完多个通道的谜面后，第一个小组的儿童将移动设备传递给第二个小组（图 9.77）。这时，第二个小组的儿童将根据他们看到和听到的多通道线索，包括发音、草图和照片，来尝试正确地书写答案（需要写对字形和笔顺）。当本轮猜谜任务完成后，两个小组的角色进行调换。

(a)

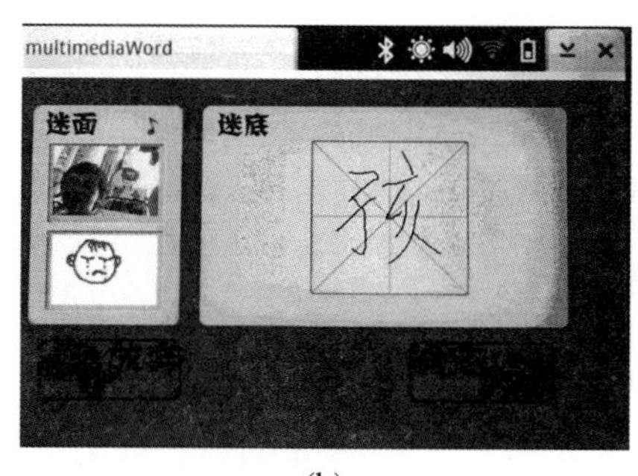

(b)

图 9.77 Multimedia Word 猜谜底

(a) 第二组儿童正在根据谜面猜汉字；(b) 第二组的界面

2. Drumming Stroke

Drumming Stroke 游戏借鉴了击鼓传花这一中国传统游戏。传统击鼓传花的游戏规则是人们围坐在一起，随着鼓声传递一朵花，当鼓声停止时，持有花朵的人表演节目。由于传统的游戏规则以竞争性为主，因此在系统设计时，我们在传统游戏规则的基础上进行了扩充和修改，强调和鼓励儿童通过共同合作来练习汉字的书写能力。

在 Drumming Stroke 游戏中，所有参与的儿童围坐成一个圆圈，将移动设备作为游戏的道具，代替传统击鼓传花游戏中的花朵进行传递。随着游戏的进行，移动设备会模拟击鼓传花游戏中的大鼓，发出逐渐急促的鼓点的声响，催促儿童一个接一个地传递移动设备，帮助协调和组织游戏进程。

与传统游戏中只是简单地传递花朵和表演节目不同，本游戏的目的是帮助儿童提高汉字书写能力。每名接到设备的儿童会在屏幕左上方看到系统要求书写的汉字，儿童需要按照正确的笔顺书写该汉字。当一名儿童正确书写完成后，再将设备传递给下一名儿童，下一名儿童将看到系统给出的新的汉字(图 9.78)。当某位儿童书写的笔画错误时，鼓声停止，他被要求更正笔画，并接受惩罚，即正确书写出给定汉字的某一个笔画。当惩罚环节完成后，鼓声重新响起，游戏继续进行。儿童能够练习汉字的书写能力(按照正确的笔顺书写汉字)。

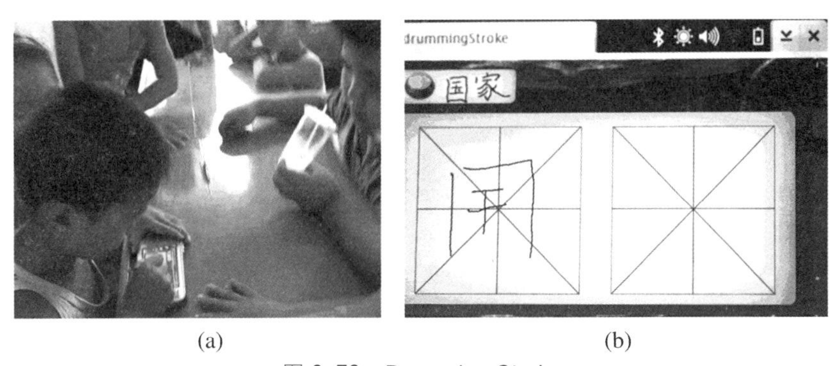

(a) (b)

图 9.78 Drumming Stroke

(a) 儿童围坐在一圈玩游戏；(b) 书写汉字界面

3. 系统实现

- 环境和软件

两个游戏使用诺基亚 N800 移动设备作为平台。诺基亚 N800 是一款智能手机，具有 800×480 像素的触摸屏，支持笔输入。它使用 OMAP2420 微处理器，速度为 400 MHz，具有 128 MB 的内存和 256 MB 的闪存。N800 使用基于 Linux 的操作系统 Maemo。我们选择诺基亚 N800 主要是因为它能够支持笔输入，我们没有利用 N800 的任何独特的功能，因此这两个游戏可以移植到其他任何支持笔输入、具有内置摄像头和语音记录/回放功能的移动设备。

两个游戏都是用 C 语言编写，并且使用了 GTK/GNOME 与 Gstreamer 库。其中，GTK/GNOME 用于创建图形用户界面，Gstreamer 库用于多媒体功能，比如访问内置摄像头和录音。

- 笔画顺序识别

正如前面所指出的，在正确书写汉字时笔画顺序扮演着非常重要的角色。

因此,为了帮助学生学习正确的笔画顺序,我们的游戏需要检测儿童输入的笔画顺序。我们设计了一个基于 $1[Wobbrock 2007]识别器的笔画顺序识别算法。

我们的算法首先从模板库中加载汉字笔画和相应的正确笔画顺序。当儿童完成汉字的一个笔画后,通过我们的识别算法将采集的笔迹信息与正确的笔画进行比对。如果一个笔画被判定为正确,儿童可以继续书写下一笔,否则他需要重新写,直到系统认可。

9.3.3 系统评估

为了探索这两个游戏的作用和效果,我们进行了一个初步的用户研究。本研究的目的不仅在于验证游戏,更是定性地了解我们设计的游戏在实际环境中(尤其是针对特定目标用户)的使用情况。

1. 材料

根据小学老师的建议,我们在小学教材中选择了 36 个独体字和 23 个合体字作为测试材料。其中,独体字是不能再分割的汉字,如"与"、"九"、"火"、"区"等;合体字是由基础部件组合构成的汉字,如"燕"、"拳"、"溪"、"鼻"等。

字库中的 36 个独体字是:"与"、"甘"、"成"、"北"、"母"、"身"、"九"、"刀"、"再"、"事"、"火"、"水"、"为"、"王"、"玉"、"万"、"年"、"世"、"山"、"出"、"女"、"片"、"去"、"里"、"齿"、"由"、"曲"、"皮"、"垂"、"凶"、"丑"、"巨"、"良"、"过"、"困"、"区"。

字库中的 23 个合体字是:"笔"、"孩"、"哭"、"扇"、"树"、"睡"、"蛙"、"芽"、"圆"、"燕"、"剪"、"柴"、"拳"、"弓"、"熊"、"脖"、"齿"、"鼻"、"梨"、"鸡"、"纸"、"旗"、"溪"。

我们收入游戏字库的这 36 个独体字和 23 个合体字,是根据我们所访谈的小学语文老师的经验选出的,其字形及笔画顺序都很难记忆,这些汉字在儿童平时的测试中也经常出错。

根据老师的建议,我们在 Drumming Stroke 游戏中使用 36 个独体字,以便使儿童更加关注字形和笔画顺序。在 Multimedia Word 中使用 23 个合体字作为字库,使儿童在关注字形和笔顺的基础上,加深对字义的理解。

2. 参与者

来自河南省新安县几所小学的九名学生参与了这项研究。他们的年龄分布从 6 岁到 10 岁(平均 7.9 岁),年级分布从一年级到三年级,其中包括五名男生和四名女生。新安县位于中国河南省西北部,70%丘陵和 20%山脉。本次实验的所有参与者都居住在较不发达的新安老城区,生活水平不高。

研究用时两天。在 Pre-test 阶段我们招募了六名儿童。在第一天的 Drumming Stroke 游戏过程中,另一名孩子被吸引并要求加入,之后又有两名儿童主动加入第二个游戏(Multimedia Word)中。在第二个游戏进行过程中,一名儿童因家中有事被父母接走。因为三名新加入儿童错过了 Pre-test,一名儿童中途退出研究,因此只有五名儿童参与了 Post-test。我们对游戏体验的访谈涉及所有参与游戏的九名儿童,包括没有参加 Post-test 的儿童。

3. 研究方法

- Pre-test

在游戏开始前,六名儿童参加了听写测试,测试内容是游戏字库的 36 个独体字和 23 个合体字。实验人员发给每名儿童带空格子的答题纸,儿童根据老师的读音在每行的第一个格子中正确地写出相应的汉字,并在接下来的格子里按顺序写出每一个笔画。听写结束后,实验人员将答题纸收回并给每名儿童的试卷打分。试卷的评判标准是,对于每一个汉字,如果字形和笔顺都正确,得一分;如果字形和笔顺仅有一个正确,得 0.5 分(一般说来,如果字形写错,笔顺也会出错,所以通常 0.5 分发生在字形正确而笔顺出错的情况)。试卷满分为 59 分,即 59 个汉字的字形和笔顺全部正确。评分结果对于所有的儿童都是保密的。

- 游戏

在对 Drumming Stroke 和 Multimedia Word 两个游戏进行简短介绍后,参与者亲身体验了三个小时。在这个过程中,我们观察和记录参与者的行为,并全程录像。七名儿童参与了 Drumming Stroke 游戏(一名新成员加入,未参加 Pre-test),八名儿童参与了 Multimedia Word 游戏(一名原有成员离开,另两名新成员加入)。每个游戏持续 80 分钟,在两个游戏间有 20 分钟的休息时间。

- Post-test

游戏环节结束后,五名参与过 Pre-test 的儿童再次参加了听写测试,听写内容和形式与 Pre-test 完全相同。试卷收回后,老师按照同样标准进行评分。

- 用户访谈

在 Post-test 之后和实验过程中,对儿童进行访谈。访谈问题主要针对他们的学校生活、在读写能力方面的困难和他们所认为的“理想”的汉字教学方法。儿童还提供了他们对游戏的反馈,并评价了在游戏中自己和伙伴的表现。

4. 用户体验

我们整理了问卷成绩、访谈结果和观察记录的手稿,进行分析和总结。尽管游戏的时间相对短暂,我们仍然从儿童的游戏过程中发现了一些有价值的结果。总体而言,儿童对这两个数字化游戏的评价是积极的,所有参与游戏的儿童都报告说,他们非常喜欢这两个游戏。儿童显示了对两个游戏的极大热情,尤其是 Multimedia Word。有三名女孩在用户研究结束后,又自发地玩 Multimedia Word 长达一个半小时,直到她们被父母叫回家。

在客观数据方面,所有参与测试的儿童在 Post-test 中对汉字字形以及笔画顺序的回忆都有显著的提高。由于缺乏一个对照组,也可能会有其他的因素导致这种提高，所以未来我们还需要长期的用户研究进行验证。值得注意的是，孩子们在进行 Post-test 时并不知道他们在 Pre-test 中的表现和出现的错误，因此游戏本身对促进儿童的汉字学习是有一定帮助的。

(1) 直觉化界面和交互

由于 Multimedia Word 和 Drumming Stroke 两个系统的设计都借鉴了传统游戏中的规则和元素，并利用了自然的笔式交互技术，因此虽然儿童的学习时间很短，但他们很快就掌握了数字游戏的规则和要领。在 Multimedia Word 游戏中，儿童显示出了对草图、照相和录音的热情。根据访谈，这些儿童以前几乎没有接触过这些交互方式，他们对这些交互方式产生了强烈的兴趣。在 Drumming Stroke 游戏中，鼓点作为背景音乐出现，鼓励儿童尽可能快和准确地书写笔画。随着鼓点的逐渐加快，会给儿童带来一种被催促的紧张感，促使他们尽快完成自己的书写，并将移动设备传递给下一名儿童。有些儿童甚至会提前计算轮到自己时要写的是哪个笔画，以便做出准备。

(2) 创造力

由于不需要学习过多的界面知识，儿童能够将注意力放在创造性活动中。在 Multimedia Word 游戏的录音阶段，儿童没有拘泥于我们预先设定的读出目标汉字的发音。他们觉得，这样会使游戏太过容易，而没有挑战性。他们使用其他声音来表达目标汉字，例如模仿幼儿的哭声以及画一个哭泣的幼儿来指示孩子的"孩"。在 Multimedia Word 游戏的画草图阶段，一个女孩画了一张床和一个在床上睡觉的孩子，来表达"睡"。这个女孩也画了窗外的月亮和天花板上的灯来强调故事发生的场景——夜景。

(3) 角色和协作

在这两个游戏中，游戏规则以及儿童在游戏中承担的角色是由系统和儿童自己共同定义的。例如，在 Drumming Stroke 游戏中，持有移动设备的儿童会自动担任起"活跃者"角色，其他儿童就会担任"辅助者"的角色；当有儿童书写的笔画出错时，鼓声停止，系统和其他儿童会共同约束担任"活跃者"角色的儿童接受"惩罚"。在 Multimedia Word 游戏中，首先持有移动设备的第一组儿童能够看到和选择字库，承担起"出谜者"的角色，并在出谜完成后将移动设备传递给第二组儿童；第二组儿童只能看到第一组儿童给出的多通道谜面，他们会在系统和第一组儿童的共同约束和辅助下承担起"猜谜者"的角色。

其次，在玩这两个数字游戏的过程中，儿童都表现出了非常强的合作性。在 Multimedia Word 游戏中，儿童自发地分成两组，并协商安排两个组玩游戏的先后顺序。在 Drumming Stroke 游戏中，当一个儿童书写笔画遇到困难时，其他的儿童会自动地帮助他，他们在桌面上书写自己认为正确的笔画，给"活跃者"提供建议。虽然传统的击鼓传花游戏属于竞争类游戏，但在数字游戏中，Drumming Stroke 赋予了儿童更多合作的可能性(图 9.79)。

(a)

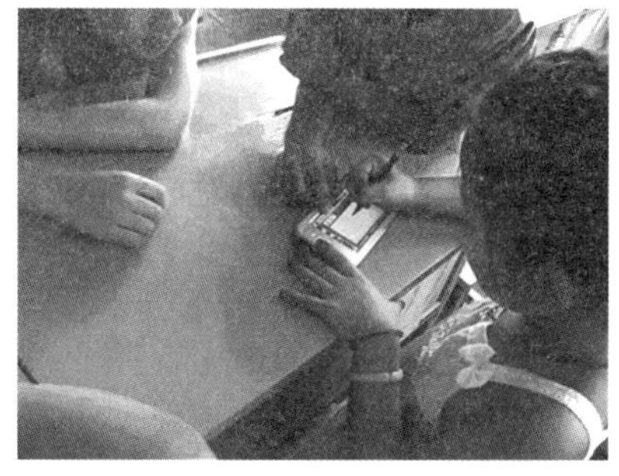
(b)

图 9.79 合作行为

(a) Multimedia Word 中的合作行为;(b) Drumming Stroke 中的合作行为

第三,我们还发现在玩这两个游戏时,儿童都有独占手机的意愿。这可能是由于在欠发达地区,与沙包或毽子这些传统游戏的工具相比,移动设备(尤其是具有手写功能的移动设备)是更加昂贵和稀有的。因此,占有这种相对昂贵的设备会给儿童自信和优越感。值得注意的是,由于系统自身和全体儿童共同限定了游戏规则和角色转换,在用户实验中,这种倾向得到了约束。总体来说,角色的转换和规则的执行都是很顺利的。

(4) 学习

表 9.3 列出了儿童 Pre-test 和 Post-test 的成绩(一名儿童由于家中有事没有参加 Post-test)。从两次测试成绩的比较可以看出,在参与这两个游戏后,每名儿童独体字和合体字的听写成绩都有提高,这也从客观上验证了游戏的有效性。

表 9.3 两次测试成绩比较

编号	游 戏 前		游 戏 后	
	Pre-test:独体字	Pre-test:合体字	Post-test:独体字	Post-test:合体字
1	33	20	34	21
2	17	11	18	12
3	21	17	N/A	N/A
4	27	14	31	15
5	18	14	21	16
6	18	11	21	12

为了深入了解儿童的学习情况,我们对儿童进行了访谈,结果显示尽管在实际测试中儿童笔画顺序的错误率较高,但是参与测试的儿童中只有三名认为他们掌握笔顺有困难,其他人则认为这不是个严重的问题。几乎所有的儿童都认为,在学习一个新的汉字时,最困难的是学会如何把这个汉字正确地写出来。

在玩游戏的过程中,儿童能够通过群组讨论和自我纠正不断提高自己的汉字知识。这两个游戏都鼓励儿童进行积极的讨论和参与,在群组参与过程中,所有的儿童都会集中精力学习和讨论每一个汉字,因此每名儿童都能受益。我们的观察也发现,经过尝试和讨论,儿童最终都能发现字库中汉字的正确写法。这种积极参与式的学习在传统的课堂中是很难见到的。与课堂上被动接受信息相比,通过这两个游戏,儿童更有意愿主动学习并探索验证自己的答案。

9.4 儿童素质教育领域关键应用

ShadowStory[吕菲 2012]是基于笔和肢体交互的儿童讲故事系统。该系统能够促进儿童的创造性、协作性和对传统文化的亲密感,同时能帮助儿童将数字游戏体验带入到日常游戏中。

随着经济的快速发展,发达城市中的一些儿童变得更加孤立和以自我为中心,缺乏合作意识。儿童日常的电子游戏只能提供简单娱乐,不能像传统游戏一样鼓励和激发创造力[Cassell 2001]。同时,随着全球化的不断渗透,许多传统文化和艺术在年轻一代中已鲜为人知,甚至濒临消失。有趣的是,许多传统艺术形式蕴含着丰富的创造和协作行为。传统艺术形式,比如京剧和皮影戏表演,融合了多种创作形式,需要艺术家们紧密合作。因此,让儿童参与这样的艺术活动很可能会提高他们的创造力和协作能力,并增强他们对传统文化的亲密感。

本工作调研儿童日常游戏中的问题,分析中国传统皮影艺术的要素,并以此为隐喻设计了基于笔和肢体交互的儿童讲故事系统 ShadowStory,最后在一所小学进行实地研究。

9.4.1 用户调研

1. 儿童日常游戏中的问题调研

我们首先在北京市一所公立小学进行了访谈,旨在深入了解儿童日常游戏的现状和存在问题。本次访谈共有两名教师和五名学生参加,其中,学生的年龄分布从7岁到8岁。两名教师都是小学二年级的班主任,其中一名具有4年教学经验,担任走读班的班主任(班级中有37名学生),另一名教师具有超过20年的教学经验,担任寄宿班的班主任(班级中有36名学生)。本次访谈的问题集中在孩子们的日常游戏、创造力、协作能力,以及他们对中国传统文化的熟悉程度。此外,我们还观察了学生在学校的课间游戏,以验证访谈得到的结论。

根据教师的经验，目前儿童的日常游戏有两个主要的问题。首先，儿童很少有机会玩具有创造性的幻想游戏。男孩最常玩的游戏的是“一二三，木头人”，这是一种简单的追逐游戏；女孩最常玩的游戏的是“编花篮”，这是一种简单的跳跃游戏。其次，儿童也缺乏协作能力。当老师教他们玩“掷沙包”游戏时，他们需要老师的帮助才能够协调团队之间的次序交替，许多儿童只会简单地模仿老师的行为（老师向哪边跑，他们就跟着向哪边跑），而不是与其他队友协作。我们对儿童课间游戏的观察证实了两名教师的结论。

这些问题的形成有三个主要的原因。首先，大部分儿童孩子的游戏时间被电子游戏主导。对儿童的访谈显示他们在家里的娱乐主要是看电视和玩电脑游戏。其次，目前较低的出生率使得儿童在家中缺少年龄相近的玩伴。最后，由于父母的高期望，儿童要参加各种课外教程，诸如音乐、艺术或外语，他们自由玩耍的时间减少了。这些因素综合起来导致儿童创造力和协作能力减退。

另外，尽管学校一直在努力推广中国传统艺术教育，但是大多数学生对传统艺术形式都不是特别熟悉。以皮影戏为例，在我们访谈的 36 名儿童中，仅有一名儿童曾经在父母的带领下近距离接触过传统皮影戏的制作和表演，其他儿童都只是在电视上看过，对皮影戏这种艺术形态知之甚少。

为了解决这些问题，我们试图开发一个以传统皮影戏为隐喻的数字化讲故事系统。系统将利用笔和肢体交互技术，鼓励儿童体验创造和协作。

2. 传统皮影戏调研

皮影戏（图 9.80(a)）是一种古老的艺术形式，距今有 2000 多年的历史，目前被已正式列为国家级非物质文化遗产。皮影戏中的角色由半透明的牛皮或驴皮雕刻而成，皮影艺人在银幕（亮子）后操纵这些角色，灯光将角色的动作投影在银幕上，结合对话、音乐和表演者的唱念，形成皮影故事。由于皮影戏这种传统艺术形式需要艺术家们在一起紧密合作，进行多种形式的创作，因此存在着丰富的创造和协作行为。我们以传统皮影戏为隐喻来源，提取其中能够吸引儿童并且适用于数字化系统的关键元素，以此为基础设计数字化系统，从而提高儿童的创造力和协作能力，并增强他们对传统文化的亲密感。

为了提取传统皮影戏中的关键元素，我们共调研了 20 部中国古典皮影，通过阅读皮影戏故事、观看皮影视频、观看媒体对皮影戏艺术家的访谈，亲自观察皮影艺人的创作过程，并向他们学习如何操纵皮影。通过调研，我们归纳了皮影艺术中的关键元素，包括设计和表演阶段、皮影的创造过程、颜色和样式、组件和操纵以及表演中的协作等因素。

- 设计和表演阶段

和其他常见的木偶艺术或戏剧艺术一样，皮影戏的生成由设计阶段和表演阶段组成。在设计阶段，皮影艺术家需要确定皮影戏剧本的故事情节，创造出皮影角色、道具和背景，并谱出音乐和歌词。传统皮影戏的剧本情节通常围绕着大多数观众所熟知的中国传统的神话或传说展开。和其他形式的中国艺术相似，皮影戏常常描绘一些著名形象，如孙悟空。

在表演阶段，皮影艺术家站在影幕后操纵皮影角色，配合叙述、对白和唱腔来讲述皮影故事。皮影、光、音乐和故事综合在一起，给观众带来了身临其境的体验。

(a)

(b)

图 9.80 传统皮影戏与 ShadowStory

(a) 中国皮影戏(Alex Yu 拍摄)；(b) 三名儿童使用 ShadowStory

- 创造皮影

皮影角色是用驴皮或牛皮做成的，这种皮革非常轻并且呈半透明，通过后置照明装置透射到银幕上。皮影创造有三个主要的步骤：首先使用钢针笔把各部件的轮廓和设计图案纹样分别描绘在皮面上，再使用一系列的刻刀镂刻出各部件内部的花纹和线条(图 9.81(a))；然后使用笔刷在各个部件上涂上明亮的颜色，使得皮影在投射到影幕时能够透出生动的色调(图 9.81(b))；最后用枢钉或线将各个部件缀结合成，从而制作出有关的皮影角色(图 9.81(c))。制作皮影需要非常高的手工工艺技能，通常需要花费一名经验丰富的皮影艺人两三天的时间。每一个制作出的皮影都是独一无二的，具有鲜明的地域特点和艺术家的独特风格。

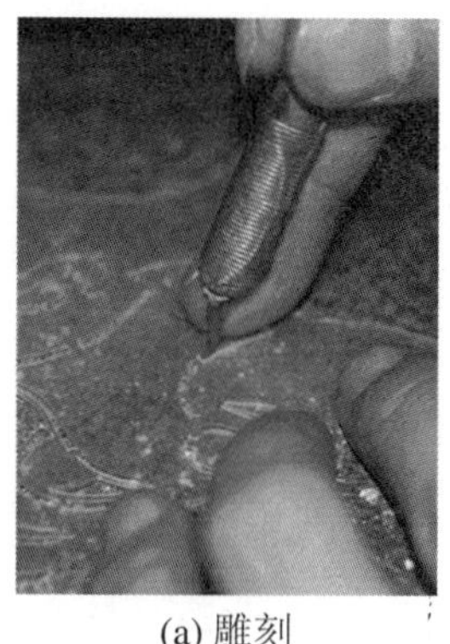

(a) 雕刻

(b) 敷彩

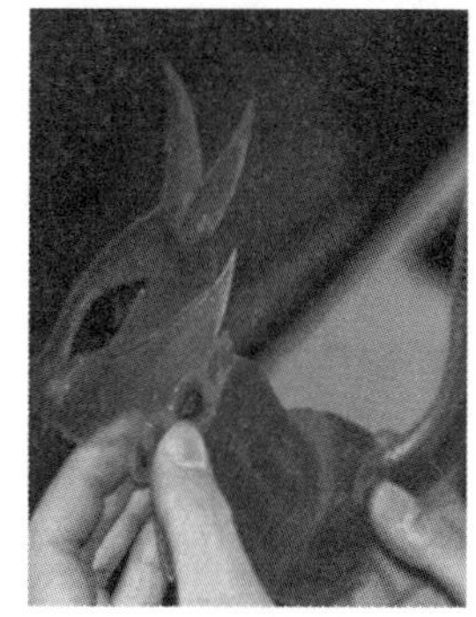

(c) 缀结

图 9.81 创造皮影

- 颜色和纹样

与京剧类似，不同的颜色用来表达不同的角色性格(图 9.82)，例如，黑色代表刚正不阿，红色代表忠勇刚烈，白色代表奸诈邪恶。同时，皮影造型上的各种图案纹样，如花朵、动物以及汉字都被用于体现皮影角色的身份和性格。

图 9.82　不同颜色和纹样的皮影造型

- 组件和操纵

一个典型的皮影一般由 11 或 12 个部件组成：头茬、上腹(身子)、下腹(或两条大腿)、两小腿、两上臂、两下臂和两只手(图 9.83(a))。

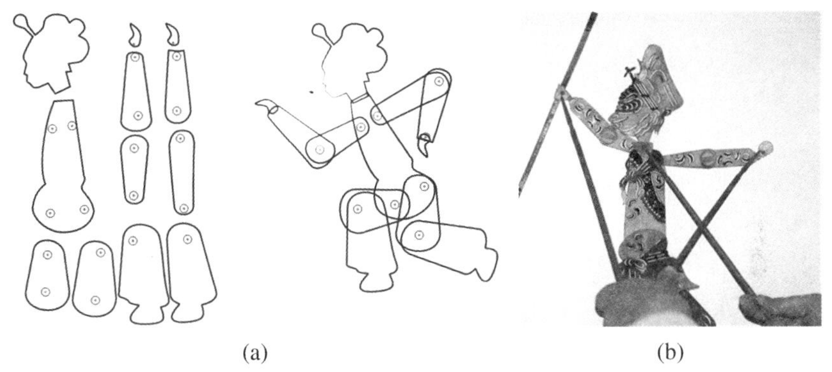

(a)　　(b)

图 9.83　皮影的组件和操纵

(a) 典型的皮影组件；(b) 用竹签操纵皮影

文戏皮影人物通常没有武打姿势与动作，因此下腹处仅装订一个袍裾上摆，直接连两条小腿。表演文场人物时，表演者通常使用三根竹签来控制皮影(图 9.83(b))。其中，一个竹签放置于皮影脖领处，称为脖签，用以支撑整个皮影，并控制角色的基本运动，例如站立、坐、行走、跳跃等。另两只称为手签，是皮影两只手上对应的操纵杆，用来控制皮影的手臂运动和手部姿势。在皮影表演时，皮影艺人一只手握脖签，另一只手握两根手签，通过操纵三根竹签，使皮影角色表演出很多动作和行为。

武戏皮影人物需要拳脚功夫的展现，所以身子直接连缀两条大腿，然后连缀小腿，皮影可做出跨大步、劈叉、屈腿等武打动作。武戏皮影通常使用三根签来操纵，有时也会用五根竹签来操纵。

- 唱腔、叙述和音乐

除了上面列出的视觉元素，唱腔、叙述和音乐也在皮影表演中发挥着重要的作用。与许多中国戏曲类似，这些声音元素不仅帮助观众理解整个故事，也为表演增添了气氛和效果，同时也给皮影角色的动作提供了节拍。

- 表演中的协作

协作是皮影戏表演中的关键。在皮影表演中，需要表演者每人控制一个或几个角色，在一起精确地配合和协同工作，尤其是当角色间发生交互行为，例如握手、拥抱、战斗等等。当皮影角色的行为比较复杂时，甚至需要几名表演者共同表演同一个角色。

9.4.2 ShadowStory 系统的设计和实现

基于上面的调研，我们设计了一个基于笔和肢体交互的儿童讲故事系统 ShadowStory（图 9.80(b)）。本系统以传统皮影戏为隐喻，同时利用笔式交互和肢体交互这两种自然的交互方式来降低皮影设计和表演的难度。借鉴传统皮影的制作和表演流程，ShadowStory 系统总体上包括两个模式："设计"模式和"表演"模式。

1. "设计"模式

在"设计"模式中，儿童可以使用平板电脑的数字笔创造三种类型的故事素材：人物角色、道具和背景。

在设计工具方面，ShadowStory 系统提供了与传统皮影制作相似的工具。儿童使用"刻刀"工具和"画笔"工具对角色进行雕刻和敷彩。系统模拟了传统皮影中的两种"刻刀"：一种刻刀模拟真实皮影制作中的钢针笔，用来雕刻皮影角色的边缘；另一种刻刀用来雕刻角色内部的图案和纹样。儿童还可以使用画笔工具在皮影上涂绘出不同颜色和厚薄的色彩。另外，系统还提供了一些"印章"工具，使儿童能够轻松地印刻一些常见的传统纹样，例如象征富贵吉祥的牡丹纹，象征万福万寿的万字纹等。

为了使人物角色在表演中实现关节运动，系统借鉴了典型皮影人物的部件组成，以此为基础提供设计模板，如图 9.84 所示。与皮影人物的结构相似，该模板包括 11 个必要组件：头部、胸部、腹部、左/右前臂、左/右上臂、左/右手和左/右小腿，以及一个可选组件：武器。当设计完成之后，儿童将人物角色保存至角色库,以便在表演时使用。这些有关节的角色在表演时能做出丰富的动作。对于道具和背景设计,系统提供了一个空的灰色底图,代表皮影艺人使用的一块皮革。与人物角色设计一样,孩子们可以用刻刀和画笔工具来创建简单道具和背景。

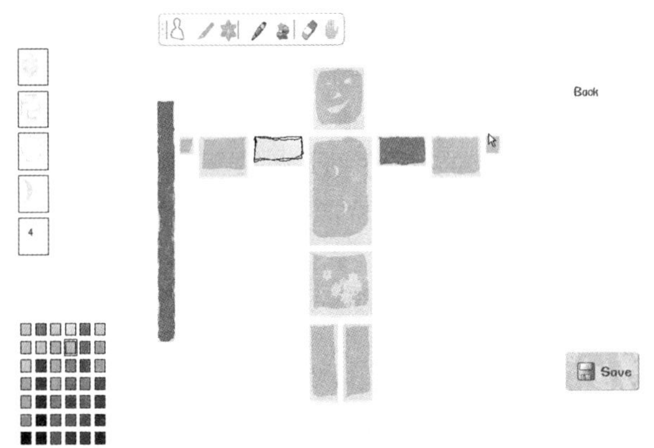

图 9.84 “设计模式”界面(创造人物角色)

除了儿童自己创造的元素,系统还提供了由传统皮影角色、道具和背景组成的素材库。这些传统的皮影形象都是中国儿童所熟知的,儿童可以直接使用这些元素,或者将这些传统形象作为创作的灵感来源。

唱曲、对白和音乐等听觉元素并没有包含在设计模式中。对于儿童而言,创造听觉元素比创造视觉元素更加困难,因此系统把听觉元素留在表演阶段,让儿童根据他们的实际需要进行创造。

2. “表演”模式

当故事需要的素材都创造好后,儿童切换到“表演”模式来表演他们的故事。儿童可以根据故事需要从角色库、道具库和背景库中选中素材,并且拖拽到舞台上。当每一个角色或道具被拖拽到舞台上时,系统会自动分配一对传感器。当背景被拖拽到舞台上时,会自动取代前一个背景。当舞台布置好之后,儿童按下“表演”按钮激活传感器,进行故事表演,如图 9.85 所示。表演的故事通过投影仪投影到大屏幕上,所有的表演者和观众都能够看到,从而使他们都沉浸在真实的皮影戏表演气氛中。

如前所述,在传统皮影表演中,需要经过长时间的学习才能够掌握用竹签控制皮影运动的技巧。为了降低学习的成本,本系统支持儿童通过肢体动作控制角色在屏幕上的运动。其中,人物角色能够根据运动状态自动生成连贯动作,例如当人物角色行走时,角色的四肢会随着行走的速度自然摆动。由于每名儿童只能控制一个人物角色或道具,几乎所有的故事都需要儿童共同协作完成。在用肢体运动操纵角色表演的同时,儿童可以讲述故事或者做出一些声音效果,来配合故事发展的剧情。

图 9.85 "表演"模式界面

3. 系统实现

ShadowStory 的硬件包括 Table PC、投影仪和 WiTilt v3.0 传感器(图 9.86(b))。传感器的尺寸是 2.20×2.81×0.73,以 50 Hz 的采样频率向 Table PC 传送俯仰角、航向角和横滚角的角度信息。

在每名儿童手持的两个传感器中,第一个传感器的俯仰角被线性映射为人物或道具角色在屏幕上的竖直位置,横滚角被线性映射为人物或道具角色在屏幕上的水平位置;第二个传感器的横滚角被线性映射为人物角色的弯腰角度或道具角色的旋转角度。

ShadowStory 的用户界面是用 Flash 开发的,传感器通信是用 C + + 实现的。

(a) (b)

图 9.86 系统硬件

(a) 儿童与设备;(b) 手持传感器(图片来自 www.sparkfun.com)

9.4.3 系统评估

1. 现场研究

我们在北京的一所公立小学进行了 7 个工作日的现场研究,研究的目的是探索儿童如何使用 ShadowStory 系统,并观察使用过程中可能会出现的有趣行为。该学校共有 4 000 余名学生,包括 3 600 余名走读生和 400 余名寄宿生。其中寄宿生在下午课和晚餐之间有一节课外活动课。

现场研究共持续 7 次,每次占用一节课外活动课,持续约 40 分钟。参与对象是 36 名小学二年级寄宿生,年龄分布在 7～9 岁的范围。在 36 名儿童中,有 14 名儿童(5 男 9 女)使用了 ShadowStory 系统。这些儿童经过自由协商,组成 4 个小组。在最后一天,4 组儿童在全班同学面前公开表演他们创造的故事。

整个实验过程共有一名老师(班主任)和三名研究人员参与。在第一天现场研究开始之前,研究人员为儿童演示了 ShadowStory 系统的使用方法和流程。每组儿童在研究人员手把手的帮助下,练习传感器动作控制,用时约 10 分钟。当儿童掌握系统操作后,研究人员和老师就不再参与他们的活动,只有当他们遇到技术困难时才介入,例如帮助儿童旋转平板电脑的屏幕。

现场研究选择教室作为场地,是因为儿童大部分时间都在教室里学习和玩耍,他们非常熟悉这个环境,这样就有可能将 ShadowStory 的数字体验转化到日常活动中。两台摄像机分别架设在平板电脑和投影屏幕旁边,记录教室里发生的所有活动。我们还通过录屏软件记录电脑上的交互行为。

在实验过程中,我们共采访了 16 名儿童,其中 10 名儿童使用过 ShadowStory 系统,另外 6 名儿童虽然自己没有参与,但观察了其他人的使用过程。这些访谈都在教室里进行,访谈内容包括儿童对系统的整体印象,故事情节的灵感来源、与观众和其他小组的互动等。

2. 用户体验

所有使用过 ShadowStory 的儿童都报告说,他们非常喜欢 ShadowStory,而没有使用 ShadowStory 的儿童则要求下次能够有机会玩。儿童认为系统提供的工具和交互方式直觉而易用,他们很快就理解了使用手持传感器的操纵机制,几分钟的练习之后都掌握了用传感器控制角色的方法。我们整理了儿童创造力、协作和对传统文化的亲密感这三个方面的体验,以及数字游戏和物理游戏之间的转化。

(1) 创造力

尽管时间较短,儿童依然创造了 6 个独特的故事。其中一些故事除了使用系统提供的传统皮影素材,还使用了新的素材。儿童一共创造了 4 个人物角色、3 个“动物”角色(其形式为道具角色)和 4 个背景。图 9.87 展示了儿童创造的两个故事,图9.88展示了儿童设计的一些新素材。表9.4总结了这些故事的特点,每个故事都有一个简单而清晰的情节主线。

(a) (b)

图9.87 儿童故事

(a)《抓兔子》;(b)《家中的一天》

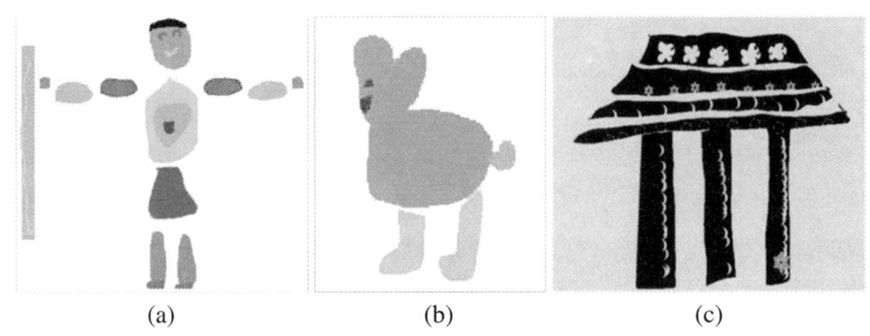

(a) (b) (c)

图9.88 儿童创造的故事元素

(a) 人物角色;(b) 动物"小兔子";(c) 背景(印有传统的图案)

表9.4 儿童创造的故事总结

故事题目	灵感来源	元素类型	表演者人数
新西游记	传统神话	传统元素	4
猪八戒的故事	传统神话	传统元素	3
捉兔子	家中宠物	传统元素+新创造元素	3
家中的一天	日常生活	传统元素+新创造元素	2
驯马	祖父母讲述的故事	传统元素	2
去蒙古	家庭旅游计划	传统元素	3

如表9.4所示,儿童们创造故事的灵感来源非常丰富。除了从传统神话中获取灵感外,家庭生活也是另一个重要的灵感来源。一个有趣的现象是,儿童常常会将这两种灵感来源混合在一起。例如在《抓兔子》故事中(图9.87(a)),兔子是按照一个孩子家中的宠物形象创造的,而故事的另两个角色则是传统神话中

的公主和哪吒，孩子们创造出一个半神话、半真实的故事。而在《家中的一天》故事中(图 9.87(b))，儿童们复制多个孙悟空形象，分别代表自己和其他伙伴，儿童们还画出一幅背景图画来代表家，共同表演孙悟空们在家中玩耍的故事。

儿童的创造性还体现在他们通过发明新的交互语言来弥补系统功能的不足。例如，在《新西游记》故事中，根据剧情需要，唐僧要躺下来假装生病，而躺下这个动作是当前系统不支持的，于是儿童们创造出了一个新的交互语言，让唐僧站在一根柱子背后，象征躺下这个动作(这种象征性动作经常在中国戏剧中出现)。系统的另一个约束是不支持在表演的过程中增加新的角色或背景，为了克服这个问题，在《去蒙古》的故事中，儿童将山脊状的屋檐当作与其形状相似的蒙古帐篷，当角色骑着一匹马走到帐篷附近时，标志着这一幕戏已经切换到了蒙古。

除了有计划的创造，我们在设计和表演两个阶段都观察到儿童的即兴创造。当角色被创造好之后，其他儿童的建议可能会改变创造者的原有设想，故事和角色设定进行彻底的改变，例如，在我们提到的《新西游记》故事中，让唐僧生病是由一名儿童临时提议的，她想让唐僧装病来迷惑一个邪恶的女妖。在儿童的幻想游戏(Fantasy play)中也能经常观察到这种的即兴表演[Sawyer 1997]。

儿童的这些行为使我们确信，创造力是儿童的固有能力，但是他们缺乏锻炼和表现的机会。ShadowStory 给儿童提供了表现丰富创造力的机会。

(2) 协作

在 ShadowStory 的表演阶段，需要多名孩子协调他们各自的角色共同表演一个连贯的故事，因此协作成为 ShadowStory 中的固有属性(图 9.89)。儿童会协作规划舞台上角色的行为(“等等我！你先朝右走。”)，并规划下一个步骤(“咱们先到天上玩，等会儿再下到地上去。”)。一些儿童会自愿承担起“导演”的角色来组织和协调所有演员。在设计阶段，协作也是必不可少的。大部分故事情节和素材通过小组讨论，这包含了每一位小组成员的贡献。

(a)

(b)

图 9.89 儿童的协作行为

(a) 设计阶段的协作；(b) 表演阶段的协作

除了上述一般性的协作行为之外，我们还将具体描述下列协作行为。

- 次序轮替(Turn-taking)

虽然在表演阶段中系统提供了多个传感器，能够支持多名儿童同时操作，但是在设计阶段，平板电脑和数字笔仅能支持一名儿童使用。因此，与使用多点触摸桌面的系统[Cao 2010]不同，ShadowStory要求儿童之间必须进行次序轮替。与我们在9.3节中初始调研的结论稍微不同，在使用ShadowStory系统创造故事元素时，孩子们能够主动地去协调他们之间的次序。我们没有观察到一名或少数几名儿童完全支配系统的现象，这与其他一些系统[Cao 2010]报道的情况相反。许多儿童会在完成特定步骤后自愿让出数字笔，例如当雕刻完轮廓后，一名儿童主动将数字笔交给另一名儿童，让她涂色。这种主动行为常发生在亲密朋友之间。

在其他情况下，次序轮替的规则需要事先明确决定，有时儿童会使用简单的规则，比如按年龄从小到大排序，“你比我们都大，你能最后吗?”；有时儿童会使用更“公平”的方法，比如当不能达成共识的时候，用“剪子包袱锤”，“手心手背”等猜拳方法来决定。当出现次序轮替上的“不公平”现象时，小组成员通常会指出并通过协商来纠正问题。需要指出的是，我们观察到这些次序轮替行为，与相关工作中对西方儿童的观察稍微不同，我们认为这是由于文化差异造成的，中国文化更强调礼仪和避免冲突，这些在儿童的早期教育中也有所体现。

- 角色分配

与其他Storytelling系统相比，ShadowStory更强调公开表演。儿童会把自己表演的角色当成自己形象的化身，因此对角色的选择赋予更多考量。个人感受是儿童选择角色最主要的原因，许多女孩会选择漂亮的女性角色或可爱的孩子或动物角色，而强大的男性角色则是男孩的首选。当角色选择发生冲突时，他们会协商备选方案(“我已经选了这个，你可以选那个女孩，她也很漂亮。”)。当一些儿童无法做出角色选择的决定时，其他成员会提出建议。

有时角色选择本身也会成为驱动情节发展的关键因素。例如，在《猪八戒的故事》中，一名男孩最初设想了一个比较简单的场景，猪八戒(自己扮演)在公园里休息。当组内其他儿童询问各自的角色时，剧情进行了发展和丰富，演化成了由所有团队成员参与的猪八戒和女妖之间的战斗。当团队中唯一的女孩拒绝扮演女巫时，情节又发生了变化，最终演化成了一场猪八戒、观音菩萨和孙悟空之间的战斗，这些角色在传统神话中都是正面人物。

通常角色分配会在表演开始前完成，但是有时也可能在表演过程中重新分配。例如，一名女孩在表演进行到一半时让出了她扮演的“哪吒”，因为另外一名女孩认为哪吒的形象非常可爱。还有些情况下，角色分配会在不同组的儿童间完成。在表演的最后一天时，因为《猪八戒的故事》中两名男孩认为进行打斗类故事男孩们一起表演更有趣，该组中原来扮演观音的女孩被组外一名男孩取代，这名女孩最终加入了另一名男孩创造的《驯马》游戏，并成为了故事中的新角色。

- 与观众互动

用户研究的最后一天，14 名使用过 ShadowStory 的儿童在全班同学和班主任老师面前进行公开表演。我们发现，表演者和观众之间也存在互动。

通过观看表演，观众常常会迸发出自己的故事灵感。一名儿童向我们口述了他看了表演后构思出的故事。更有趣的是，在台下备演的儿童会根据观众对其他故事的反馈来调整自己的表演。如果观众们认为正在表演的故事情节太简单，排在后面的表演组就会增添新的剧情来使他们自己的故事看上去不那么“简单”。

另一方面，我们发现观众的鼓励和认可能够帮助表演者建立自信，特别是那些日常被孤立的孩子。班级中的一名男孩由于爱哭，在班级团体活动中经常被其他儿童孤立。但是，由于他创造出了一个非常有趣的故事，成功地吸引了一名儿童成为他的故事伙伴，他们的表演也获得了观众的认可。当表演结束后，他逐渐开始被邀请参与其他的团体活动。

与现有的游戏相比，ShadowStory 为儿童提供了一个开放的平台，能够激励儿童自发的协作行为，从而帮助儿童发掘他们自己潜在的协作能力。

(3) 对传统文化的亲密感

正如前面提到的，在进行现场研究之前，班上仅有少数儿童熟悉传统皮影戏这一艺术形式。在现场研究开始时，我们也给儿童提供了真实的皮影，他们一开始显示了极大的兴趣，并试图去操纵这些皮影，但是他们很快发现自己无法掌握操纵皮影的方法，于是开始随意拉扯，这些皮影很快就被扯散了，儿童的兴趣也随之下降。这个现象清楚地说明了尽管传统艺术形式能够吸引儿童的兴趣，但是传统艺术较高的进入壁垒阻碍了儿童对传统文化的进一步亲近。相比之下，ShadowStory 系统既保留了传统艺术固有的吸引力，同时也引进自然的交互技术，从而消除了进入壁垒，能够鼓励儿童沉浸在皮影戏设计和表演的体验中。

通过使用 ShadowStory，儿童获得了皮影戏创造和表演过程的整体知识，并且体验了一些独特的工具和技巧，例如虚拟雕刻刀具。在表演的过程中，儿童也会受到传统皮影戏表演的影响，一个例子是一个女孩在表演《新西游记》时边唱边晃动身体，这种行为很明显是受了之前给他们观看的传统皮影表演的影响。

除了皮影戏，儿童在使用 ShadowStory 过程中也能体验到其他传统元素。其中一些元素是孩子们早已熟知并喜爱的，例如表 9.4 中的前两个故事都源自传统神话《西游记》中的孙悟空。儿童还会重新修改传统故事中的角色，使其适合儿童自己的故事情节。儿童也将自己所知的传统历史故事带进了数字故事中。例如，一名男孩的爷爷奶奶曾经给他讲述在古人利用驿马发送紧急信件的故事，他对这个故事印象深刻，所以创造了一个《驯马》的故事，讲述如何抓捕和训练野马为他发送信件。

另外，系统还提供了许多传统工具。例如，儿童特别喜欢使用“印章”工具在自己的角色上印上传统的纹样。尽管他们还不能完全了解这些纹样的象征意义，但是先形成一个初步的印象会对未来进一步的探索打下基础。另外一个例子是，一名儿童在创造背景素材时，除了使用印章工具来印纹样，还创造性地用刻刀工具雕刻出了新的纹样(图 9.88(c))。

通过这些例子，我们认为儿童并不是对传统文化不熟悉或不感兴趣。对于人机交互研究者们来说，如何设计好的交互技术激发儿童对传统文化的潜在兴趣，并提供简便的方法让儿童亲身体验传统文化将会是有意义的研究课题。ShadowStory 是朝着这个方向的一个成功的尝试。

9.5 体育训练领域关键应用

笔式科学跳水训练管理系统[戴国忠 2005，田丰 2004]是为跳水队设计制作的一套基于数字笔的训练管理系统。该系统采手写笔的输入和操作方式，能灵活方便地辅助跳水队进行人员管理、训练计划制订，以及科研人员和教练员的协作。教练员能利用该系统对运动员的训练情况进行有效跟踪，为教练员完成计划的制订提供科学的辅助决策功能。该系统的最大特点是采用纸笔式交互技术，通过模拟教练员日常的工作方式来帮助教练员使用这套系统，使教练员在日常的训练管理过程中既可以利用计算机的强大处理能力，又不需要将精力花费在如何通过鼠标和键盘来操作计算机上。目前该系统已经应用在国家跳水队的日常训练中，同时已经推广到各个省级的跳水运动队。

该系统包括三个子系统：训练管理子系统、训练跟踪子系统和人员维护子系统。训练管理子系统用于辅助教练员为队员制订训练计划、记录队员的训练成绩、对训练计划和训练质量进行分析统计、体能和训练计划的相互影响分析、心理和训练计划的相互影响分析。训练跟踪子系统由体能录入、心理录入、体能和训练计划的相互影响分析以及心理和训练计划的相互影响分析几部分构成。人员维护子系统用于维护跳水队中各组人员情况、该系统中的账户和强度动作的资料。

9.5.1 系统核心功能描述

训练计划制订：实现训练计划的书写、保存、读入、修改、打印等功能，界面如图 9.90 所示。书写形式主要以教练员为中心，采用教练员熟悉的书写形式，在技术上采用在线字符分割技术，实现多个字符同时录入，最后把数据转化为记录的格式存储在数据库中。

国家跳水队训练计划表

运动员：郭晶晶　教练员：钟少玲　日期：2003-06-16　时段：下午

弹网	陆台	陆板	一米板	三米板
402B×5 302A×3 5323D^5 5325D×5 104B^5 106B^5 204B^5	102C^5 202C^5	走板冰棍AB^5 后冰棍A×5 302C×3 304C^5 302A×3 402C^{3}B^5	403B×3 单弹101C^3 103C×3 301A×3 303C×3 走板103B×3 105C×3B×5 303B×3 302A×2 5325D×3 201A×3 203B×3 401C×3 403C^{3}B^3	单弹101B^3 走板103B×5 107B×5 305B×5 5335D×3 立定201B^5 205B×3 405B×3 双人205B^4 405B^4
动作总数:33	动作总数:10	动作总数:34	动作总数:49	动作总数:40
三米台	**五米台**	**七米台**	**十米台**	**身体素质**
倒下×5	倒下×5			

复制　删除　粘贴　保存　打印　帮助　返回

图 9.90　计划制定界面

● 动作质量录入。教练员把每天运动员的强度动作的训练情况记录下来，保存在数据库中，这里界面采用人们熟知的表格形式，支持表格的动态增加和删除，数据录入支持在线字符分割识别，界面如图 9.91 所示。

国家跳水队动作质量表

运动员：郭晶晶　教练员：钟少玲　日期：2004-02-04

动作号	高度	好	中	差	总数	成功率	失败率

删除　保存　打印　帮助　返回

图 9.91　动作质量录入界面

● 训练计划分析。对某个运动员某段时间内的计划按日、月、年三种统计方式进行统计，提供相应的统计表格和曲线表示，如图 9.92 所示。同时对历史数据进行分析，根据历史经验给教练员提供计划制订的辅助决策。

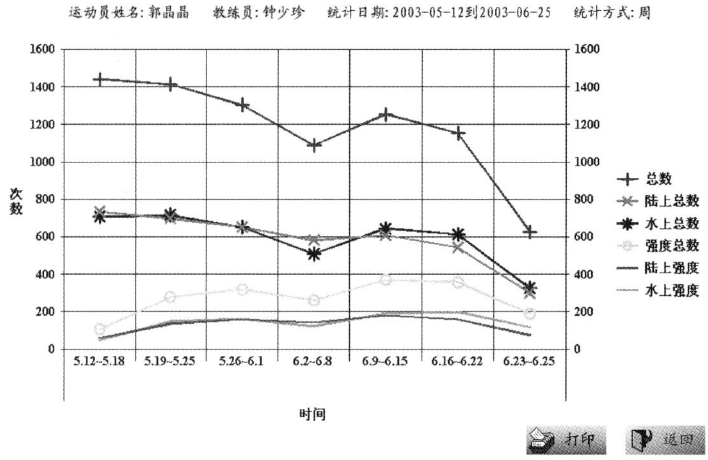

图 9.92 训练计划分析图

● 动作质量分析。主要功能是对某个运动员在某段时期内某强度动作的成功和失败情况按天、周、月进行统计，提供相应统计表格和曲线表示。

● 体能录入。主要是对日常的体能测验结果以纸笔的自然形式输入计算机，保存到数据库中，如图 9.93 所示。

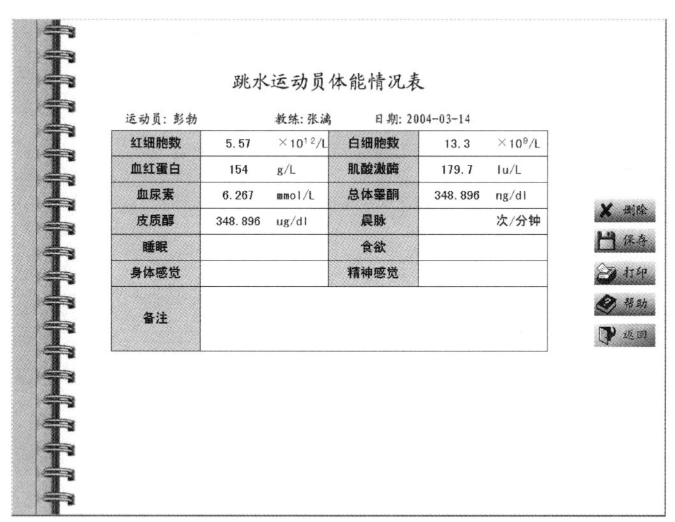

跳水运动员体能情况表

运动员：彭勃 教练：张满 日期：2004-03-14

红细胞数	5.57	$\times 10^{12}$/L	白细胞数	13.3	$\times 10^{9}$/L
血红蛋白	154	g/L	肌酸激酶	179.7	lu/L
血尿素	6.267	mmol/L	总体睾酮	348.896	ng/dl
皮质醇	348.896	ug/dl	晨脉		次/分钟
睡眠			食欲		
身体感觉			精神感觉		
备注					

图 9.93 运动员体能状况图表

● 心理录入。主要是对日常的心理测验结果以纸笔的自然形式输入计算机，保存到数据库中，如图 9.94 所示。

- 体能分析。根据体能状况测试结果分析体能对训练强度的影响。
- 心理分析。根据心理状况测试结果分析心理对训练强度的影响。

跳水运动员心理情况表

教练: 张漓　　日期: 2004-03-21

运动员姓名	精力	自尊感	情绪
彭勃	28	22	132
黄强			
罗玉通	42	47	220
吴敏霞	46	39	142
袁培琳			
劳丽诗	48	44	118
田亮			
徐翔			
秦凯			
李娜			
郭晶晶			
陈雯			
杨景辉	56	47	124
胡佳			
王天陵			

图 9.94 运动员心理状况图表

9.5.2 系统技术特色

- 自然、和谐的手写功能。根据教练员书写习惯,采用文字在线切分识别技术和上下文感知技术来保证教练员书写的自然性、准确性。图 9.95 中教练员正在书写一项计划,207C5 一次书写完毕,系统自动识别。

图 9.95 多字一次书写

- 采用教练员习惯的书写手势，容易记忆，使用快捷、方便。例如，图 9.96 中为删除手势，正在删除写错的字。

图 9.96 删除操作

- 采用分布式数据管理来保证教练员同科技管理人员间的有效、自然协作。总体框架图里描述了教练员、心理教练和体能教练、维护人员之间的工作关系。
- 训练情况的各项指标数据（训练总量、强度总量、水上强度总量、路上强度总量）统计图、训练总量和体能各指标之间关系统图、训练总量和心理测试各指标之间关系图（如图 9.97、图 9.98 所示）能够有效地帮助教练员制订合理的训练计划，也为体能教练和心理教练研究体能和心理对训练的影响以及训练强度对心理和体能的影响。

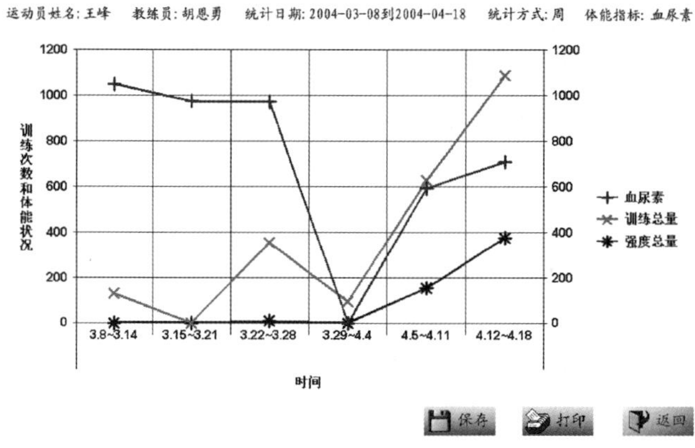

图 9.97 体能监控统计曲线

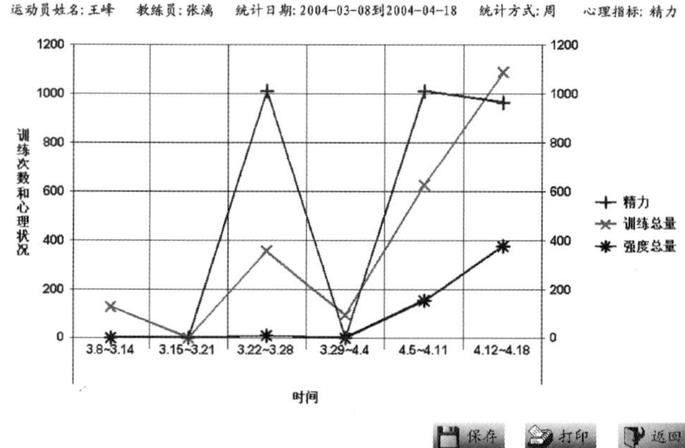

图 9.98 心理监控统计曲线

9.5.3 系统的应用和推广

在国家体育总局游泳运动管理中心、国家体育总局科学研究所的大力支持和帮助下，通过中国科学院软件所和国家跳水队的共同努力，目前该系统已经应用在国家跳水队的日常训练中。同时，在2004年3月在四川自贡举行的全国青年跳水比赛上，将该系统推广到各个地方跳水队。在系统的应用和推广过程中，中国科学院软件所多次给国家跳水队的教练员和地方跳水队的教练员进行了系统、详细的讲解和培训，取得了很好的应用效果。同时，中国科学院软件所的技术人员同国家跳水队和各个地方跳水队保持着紧密的联系，随时为各位教练员提供专业的技术支持和维护。

参 考 文 献

[戴国忠 2005] 戴国忠，田丰.笔式用户界面[J]. 中国计算机学会通讯，2005，3.

[樊银亭 2012] 樊银亭. 基于交互经验的自适应用户界面及应用研究[D]. 北京：中国科学院研究生院，2012.

[耿瑾 2004] 耿瑾，单宏浩，高秀娟，等. 自然交互研究：笔式简谱编辑器的设计与实现[J]. 计算机工程与应用，2004，40(25)：100-103.

[栗阳 2002] 栗阳. 笔式用户界面研究：理论、方法和实现[D]. 北京：中国科学院研究生院，2002.

[吕菲 2012] 吕菲. Reality-Based Interaction 交互技术及应用研究 [D].北京：中国科学院大学，2012.

[纪连恩 2006] 纪连恩. 虚拟环境下基于语义的三维交互技术研究[D]. 北京：中国科学院研究生院，2006.

[王晓春 2007] 王晓春，田丰，戴国忠. 基于笔式交互的表格制作[J]. 计算机辅助设计与图形学学报，2007.

[张婕 2007] 张婕. 基于笔和语音的多通道儿童讲故事系统[D]. 北京：中国科学院软件研究所，2007.

[Abowd 2000] ABOWD G D, MYNATT E D. Charting past, present, and future research in ubiquitous computing [J]. ACM Transactions on Computer-Human Interaction, 2000, 7(1): 29-58.

[Allison 1999] ALLISON D. Cooperative Inquiry: Developing New Technologies for Children with Children[C]//Proceedings of CHI'99. New York: ACM, 1999: 592-599.

[Bederson 1994] BEDERSON B B, HOLLAN J D. Pad++: A Zooming Graphical Interface for Exploring Alternate Interface Physics[C]//Proceedings of the ACM Symposium on User Interface Software and Technology: UIST'94, 1994: 17-26.

[Bederson 2000] BEDERSON B B, MEYER J, GOOD L. Jazz: An Extensible Zoomable User Interface Graphics Toolkit in Java [C]//Proceedings of the ACM Symposium on User Interface Software and Technology: UIST'00, 2000: 171 - 180.

[Bowman 2004] BOWMAN D, KRUIJFF E, LAVIOLA J, et al. 3D User Interfaces: Theory and Practice[M]. Boston: Addison-Wesley, 2004.

[Cao 2010]CAO X, LINDLEY S E, HELMES J, et al. Telling the Whole Story: Anticipation, Inspiration and Reputation in a Field Deployment of Telltable [C]//Proceedings of the 2010 ACM Conference on Computer Supported Cooperative Work, Savannah, Georgia, USA. New York: ACM, 2010: 251 - 260.

[Cassell 2001] CASSELL J, RYOKAI K. Making space for voice: Technologies to support childre's fantasy and storytelling [J]. Personal Ubiquitous Comput, 2001, 5(3): 169 - 190.

[Chen 2011] CHEN MINGGXUAN, REN LEI, TIAN FENG, et al. A post-WIMP user interface model for personal information management [J]. Journal of Software,2011,22(5): 1082 - 1096 (in Chinese).(陈明炫,任磊,田丰,等.一种面向个人信息管理的 Post-WIMP 用户界面模型[J].软件学报, 2011,22(5):1082 - 1096.)

[Chiu 1998] CHIU P, WILCOX L. A Dynamic Grouping Technique for Ink and Audio Notes [C]//Proceedings of the ACM Symposium on User Interface Software and Technology. UIST'98, 1998: 195 - 202.

[Damm 2000] DAMM C H, HANSEN K M, THOMSEN M. Tool Support for Cooperative Object-Oriented Design: Gesture Based Modeling on an Electronic Whiteboard [C]// Proceedings of CHI'00 Human Factors in Computing Systems. ACM, 2000: 518 - 525.

[Davis 1999] DAVIS R C, LANDAY J A, CHEN V, et al. NotePals: Lightweight Note Sharing by the Group, for the Group[C]//Proceedings of the ACM Conference on Human Factors in Computer Systems: CHI'99, 1999: 338 - 345.

[Druin 1996] DRUIN A. A place called childhood[J]. Interactions, 1996, 3(1): 17 - 22.

[Gwizdka 1996] GWIZDKA J, LOUIE J, FOX M S. EEN: A pen-based electronic notebooks for unintrusive acquisition of engineering design knowledge[J]. IEEE Proceedings of WET ICE'96, 1996: 40 - 46.

[Findlater 2009]FINDLATER L, BALAKRISHNAN R, TOYAMA K. Comparing Semiliterate and Illiterate Users' Ability to Transition from Audio + Text to Text-Only Interaction [C]// Proceedings of the 27th international Conference on Human Factors in Computing Systems, Boston, MA, USA. New York: ACM, 2009: 1751 - 1760.

[Hearst 1998] HEARST M A, GROSS M D, LANDAY J A, et al. Sketching intelligent systems [J]. IEEE Intelligent Systems, 1998, 13(3): 10 - 19.

[Heller 1998] HELLER S. The meaning of children in culture becomes a focal point for scholars [J] . The Chronicle of Higher Education, 1998: 14 - 16.

[Hoeben 2001] HOEBEN A, STAPPERS P J. Ideas: A vision of a designer's sketching-tool [C]//Proceedings of Human Factors in Computing Systems, ACM CHI '01, Interactive Video Posters, March 31 - April 5, 2001: 199 - 200.

[Hourcade 2003] HOURCADE J P. User Interface Technologies and Guidelines to Support Children's Creativity, Collaboration, and Learning [D]. Maryland: University of

Maryland, 2003.

[Huan 2004] HUAN S H, SHEORAN S K, WANG G. A review and analysis of supply chain operations reference (SCOR) model [J]. Supply Chain Management: An International Journal, 2004, 9 (1): 23 - 29.

[Igarashi 1995] IGARASHI T, MATSUOKA S, MASUI T. Adaptive Recognition of Human-Organized Implicit Structures[C]//Proceedings of Visual Languages '95, 1995: 258 - 266.

[Igarashi 2000] IGARASHI T. Supportive Interfaces for Creative Visual Thinking [C]// Collective Creativity Workshop, Nara Japan. May 7 - 8, 2000.

[Johnson 1998] JOHNSON A, ROUSSOS M, LEIGH J, et al. The NICE Project: Learning Together in a Virtual World[C]//Proc. IEEE VRAIS, 1998: 176 - 183.

[Kam 2007]KAM M, RAMACHANDRAN D, DEVANATHAN V, et al. Localized Iterative Design for Language Learning in Underdeveloped Regions: The Pace Framework [C]// Proceedings of the SIGCHI Conference on Human Factors in Computing Systems, San Jose, California, USA. New York: ACM, 2007: 1097 - 1106.

[Kam 2009]KAM M, MATHUR A, KUMAR A, et al. Designing Digital Games for Rural Children: A Study of Traditional Village Games in India [C]//Proceedings of the 27th International Conference on Human Factors in Computing Systems, Boston, MA, USA. New York: ACM, 2009: 31 - 40.

[Landay 1996a] LANDAY J A. SILK: Sketching Interfaces Like Crazy[C]//TAUBER M J, BELLOTTI V, JEFFRIES R, et al. Conference on Human Factors in Computing Systems: CHI'96. New York: ACM, 1996: 398 - 399.

[Landay 1996b] LANDAY J A, MYERS B A. Sketching storyboards to illustrate interface behaviors[C]//CHI ' 96 Conference Companion: Human Factors in Computing Systems, 1996.

[Landay 2001] LANDAY J A, MYERS B A. Sketching interfaces: Toward more human interface design[J]. IEEE Computer, 2001, 34(3): 56 - 64.

[Langley 1998] LANGLEY P, FEHLING M. The Experimental Study of Adaptive User Interfaces[R]. Technical Report 98 - 3. Palo Alto, CA: Institute for the Study of Learning and Expertise,1998

[Lewis 1999] LEWIS H R, PAPADIMITRIOU C H. Elements of the Theory of Computation [M]. Beijing: Tsinghua University Publisher, 1999.

[Li 2002a] LI Y, GUAN Z, CHEN Y, DAI G. Penbuilder: Platform for the Development of PUI(Pen-based User Interface) [C]//Proceedings of ICMI ' 00 the Third International Conference on Multimodal User Interfaces, Oct. 14 - 16, Beijing, China. Spring Science, 2002: 534 - 541.

[Lin 2000] LIN J, NEWMAN M, HONG J, et al. DENIM: Finding a Tighter Fit Between Tools and Practice for Web Site Design[C]//CHI Letters: Human Factors in Computing Systems, CHI'2000, 2000, 2(1): 510 - 517.

[Moran 1997] MORAN T P, CHIU P, VAN MELLE W. Pen-based interaction techniques for organizing material on an electronic whiteboard[C]//Proceedings of the 10th Annual ACM Symposium on User Interface Software and Technology. New York: ACM Press, 1997:

45 - 54.

[Moran 1998] MORAN T P, MELLE W V, CHIU P. Spatial Interpretation of Domain Objects Integrated into a Freeform Electronic Whiteboard[C]//Proceedings of the ACM Symposium on User Interface Software and Technology: UIST'98, 1998: 175 - 184.

[Myers 1996] MYERS B A. User interface software technology[J]. ACM Computer Survey, 1996, 28(1): 189 - 191.

[Mynatt 1999] MYNATT E D, IGARASHI T, EDWARDS W K, LAMARCA. Flatland: new dimensions in office whiteboards[C]//Proceedings of CHI'99 Human Factors in Computing Systems. New York: ACM, 1999: 346 - 353.

[Nakagawa 1993a] NAKAGAWA M, MACHII K, KATO N, et al. 1993 .Lazy Recognition as a Principle of Pen Interfaces[C]//Proceedings of the ACM INTERCHI'93 Conference on Human Factors in Computing Systems: Adjunct Proceedings, 1993: 89 - 90.

[Nakagawa 1993b] NAKAGAWA M, KATO N, MACHII K, et al. Principles of pen interface design for creative work[J]. IEEE, 1993: 718 - 721.

[Nelson 1999] NELSON L, ICHIMURA S, PEDERSEN EX, et al. Palette: A Paper Interface for Giving Presentations[C]//ALTOM M, EHRLICH K, NEWMANEDS W. Proceedings of the ACM Conference on Human Factors in Computing Systems: CHI 99, 1999: 354 - 362.

[Pawar 2007]PAWAR U S, PAL J, GUPTA R, et al. Multiple Mice for Retention Tasks in Disadvantaged Schools [C]//Proceedings of the SIGCHI Conference on Human Factors in Computing Systems, San Jose, California, USA. New York: ACM, 2007: 1581 - 1590.

[Pedersen 1993] PEDERSEN E R, McCall K, MORAN T P. Tivoli: An Electronic Whiteboard for Informal Workgroup Meetings[C]//Proceedings of the ACM INTERCHI'93 Conference on Human in Computing Systems, 1993: 391 - 398.

[Sawyer 1997]SAWYER R K. Pretend Play as Improvisation: Conversation in the Preschool Classroom [M]. Lawrence Erlbaum Associates, Inc, 1997.

[Saund 1994] SAUND E, MORAN T P. A Perceptually Supported Sketch Editor[C]// Proceedings of UIST'94, 1994: 175 - 184.

[Schilit 1998] SCHILIT B N, GOLOVCHINSKY G, PRICE M. Beyond Paper: Supporting Active Reading with Free Form Digital Ink Annotations[C]//Proceedings of CHI'98, 1998: 249 - 256.

[Shipman 1995] SHIPMAN F M, MARSHALL C C, MORAN T P. Finding and Using Implicit Structure in Human Organized Spatial Layouts of Information[C]//Proceedings of the ACM Conference on Human Factors in Computer Systems: CHI'95, 1995: 346 - 353.

[Sinha 2001] SINHA A K, SHILMAN M, SHAH N. MultiPoint: A Case Study of Multimodal Performance for Building Presentations[C]//Student Posters of ACM Conference on Human Factors in Computer Systems: CHI'01, 2001.

[Weiser 1993] WEISER M. Some computer science issues in ubiquitous computing[J]. Communications of the ACM, 1993, 36(7): 75 - 84.

[Wilcox 1997] WILCOX L D, SCHILIT B N, SAWHNEY N N. Dynomite: A Dynamically Organized Ink and Audio Notebook[C]//Proceedings of the ACM Conference on Human Factors in Computer Systems: CHI'97, 1997: 186 - 193.

[Wang 2007] WANG D L, LI J, DAI G Z. Usability Evaluation of Children Edutainment Software[C]//Lecture Notes in Computer Science: HCI2007, Beijing, China, July, 2007: 622-630.

[Wobbrock 2007]WOBBROCK J O, WILSON A D, LI Y. Gestures without Libraries, Toolkits or Training: A $1 Recognizer for User Interface Prototypes [C]//Proceedings of the 20th Annual ACM Symposium on User Interface Software and Technology, Newport, Rhode Island, USA. New York: ACM, 2007: 159-168.

第 10 章　笔式用户界面可用性研究

用户界面是人机交互的最直接接口，界面的友好程度极大地制约着用户对计算机的感觉和工作效率。高科技产品的功能复杂化和普及化更是对产品的交互界面提出了很高的要求。复杂的产品功能要求界面提供更有效的支持，而普及化则要求界面易于学习，能够满足不同用户的需求。这促使用户界面的可用性成为研究重点。20 世纪 70 年代末，研究者们提出了用户界面可用性(usability)的概念，并开始对其评估方法及其应用展开了研究。本章介绍笔式用户界面软件的可用性评估方法和实例。

10.1　用户界面可用性研究的心理学基础

10.1.1　用户界面可用性的定义

对于可用性的概念，研究者们提出了多种解释。Hartson[Hartson 1998]认为可用性包含两层含义：有用性和易用性。有用性是指产品能够实现一系列的功能。易用性是指用户与界面的交互效率、易学性以及用户的满意度。Hartson 的定义比较全面，但对这一定义的可操作性缺乏进一步的分析。Nielsen 的定义弥补了这一缺陷，他认为可用性包括以下要素：易学性，系统是否容易学习；交互效率，即用户使用具体系统完成交互任务的效率；易记性，用户搁置使用系统一段时间后是否还记得如何操作；错误率，操作错误出现频率的高低；用户满意度。Nielsen 认为产品在每个要素上都达到很好的水平才具有高效率的可用性。国际标准化组织在其 ISO9241－11标准[ISO9241－11 1997]中对可用性做了如下定义：产品在特定使用环境下为特定用户用于特定用途时所具有的有效性(effectiveness)、效率

(efficiency)和用户主观满意度(satisfaction)。

综上所述,可用性的概念包含三个方面的内容。首先,有用性和有效性,即系统能否实现一定的功能以及交互界面能否有效支持产品功能。其次是交互效率,包括交互过程的安全性、用户绩效、出错频率及严重性、易学性和易记性等因素。最后,用户对交互界面的满意度。用户界面可用性概念的提出改变了人们对交互过程的认识,使得以用户为中心的界面设计思想逐步深入人心。

10.1.2 用户模型和心理模型

用户界面是计算机系统中人与计算机之间进行信息交流的空间。为了使用户界面的设计真正符合用户的需要,设计者必须具备一个有关用户如何使用系统的用户模型;为使系统正常工作,用户也必须建立起正确的系统如何工作的心理模型。

心理模型实质上是指用户对系统及其成分的心理表达。用户根据心理模型来预测在进行交互时系统会表现出的特性。正确的心理模型可通过用户适当的学习和培训来建立,在整个系统开发中,用户培训也应是界面设计的一个重要组成部分。用户模型是指系统开发者对用户特征的理解和表达,它应包括用户的物理特征以及认知特点,正确的用户模型必须依靠心理学和工效学研究才能建立起来。不正确的用户模型和心理模型会使整个系统开发的基础变得非常薄弱。

在理想情况下,用户模型和心理模型应该是一致的(如图 10.1 所示),用户通过界面与系统相交互,应该能够按照设计师的意图去执行任务。但是,若系统映射不能明确地向用户展示设计模型,那么用户很可能无法正确理解系统,因此在使用系统时不但效率低,而且易出错。

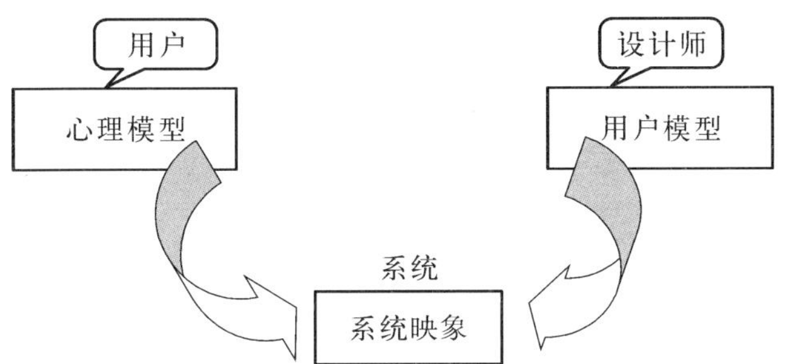

图 10.1 用户模型和心理模型的映射[Norman 1988]

10.1.3 信息处理模型

人机交互的主体包括计算机和使用计算机的用户。在人机交互系统中,计算机内部的复杂信息处理和存储系统可以认为是一个"黑箱",对于计算机用户来讲，他们对计算机的状态和运行过程的理解和操作都是通过用户界面来实现的。计算机的输出设备，包括显示器、喇叭等将系统的信息以人能够感知的方式提供给用户；同时，计算机的输入设备，包括键盘、鼠标和话筒等可以接收用户的各种操作指令并传达给计算机内部。

对于人如何接收和处理计算机的输出，然后转化为反应动作，指导计算机的下一步操作，心理学的研究在不同层次上提供了不同的理论和模型。其中人类信息加工处理模型被人们普遍接受。这种模型认为，人在进行简单的信息处理时，有感觉处理器、记忆以及动作处理器参与，感觉信息通过感觉处理器流入工作记忆，工作记忆由被激活的长时记忆块组成，最后发出动作指令给动作处理器，由动作处理器完成动作。人在处理信息时的基本操作过程正是由这种从辨认到动作的循环构成的，在这种循环过程中所发生的100毫秒以内的事件可被看作一个个单独的事件。这样，人类信息加工模型可以用来对人的行为表现进行计算性预测，如人可以读得多快、可以写得多快等等。图10.2概括地描述了人类大脑典型的信息处理模型。

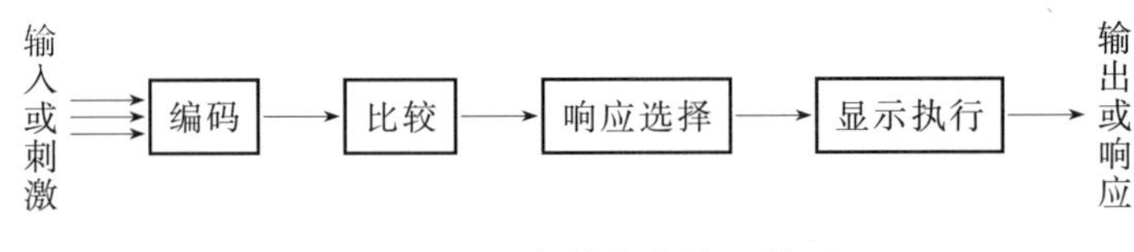

图10.2 人类的信息处理模型

10.1.4 理论模型评估方法

理论模型方法主要从系统与用户或任务之间的匹配来预测和评价界面，这种方法可以给出定量的结果。一些文献中提到的诊断型评估方法（diagnostic evaluation）指的就是理论评估方法，软件设计人员和一些界面设计的专业人员多采用这种评估方法，也有一些文献称之为“大拇指理论”（thumb theory），它具有预测性和节约性。在界面设计的前期，界面设计者不直接考察真实用户与界面的交互，而是根据各种理论模型预测用户与界面交互过程中可能出现的问题，这种方法可以缩短可用性评价的时间，降低可用性评价的费用[罗仕鉴 2002]。理论模型评估方法主要包括模型合作型评估、操作错误分析和工效学测评法。在我们常见的预测性和结论性评估模型中，应用最普遍的是CPM（Cognitive Perceptual Motor GOMS）模型、GOMS模型及其子模型击键层次（KLM）模型。这三种模型都是建立在人类信息加工模型的基础之上。KLM模型和GOMS模型就是应用人类信息加工模型，将心理过程看作一系列连续的信息加工序列阶段，前一个阶段的加工完成以后，接着是下一个阶段的加工。所有阶段的时间相加，就是整个信息加工过程的总时间，该时间可以通过对反应时的测定而获得。

至于人在信息加工过程中每一步具体需要多少时间，这些参数是由心理学家通过大量的实验测定出来，或者是先前研究积累的结果，最后形成一种类似手册的文档。计算机设计人员可以根据自己的需要去查找，用来预测自己所设计界面的效率。

1. GOMS 模型

GOMS(Goal, Operator, Method and Selection rule) 是 Card (1983)提出比较早、影响也比较大的一个认知模型，它采用目标手段分解的思想，试图将交互任务进行足够细致的分解达到合适的原子层次(称为操作步)，来准确预测交互时间等性能指标。GOMS 采用四种成分来描述用户行为：

- 目标(goal)，指用户要达到什么目的；
- 操作步(operator)，指为了实现目标而使用的认知过程和物理行为；
- 方法(method)，指完成某目标的操作步或子方法序列；
- 选择规则(Selection rule)，用于选择具体方法，适用于在有多个方法来解决同一任务时决定选择哪一个。

这四个变量对评估的结果都有影响，目标限定了用户想要实现的结果状态。如图 10.3的实验，目标是把一个句子“The cat sat on the mat.”中的两个单词 “The cat”变为黑体。顶层的目标被分成子目标，每一个目标单独分析。因此我们把这个任务分成两个子任务：选择两个单词，把选择的文本设置为黑体。操作是用户完成一个任务时最基本的行为，如移动鼠标，按鼠标键，再按键盘键。方法是完成任务的顺序如何，选中单词“The cat”的方法是把鼠标的指向点 “The”，接着再移向单词“cat”，然后松开按键。把所选的单词变为黑体的方法是按住 CONTROL 键再按“B”键。下图是选择的方法。

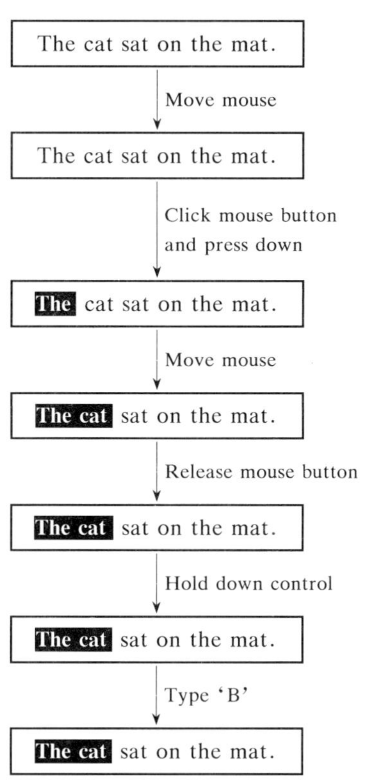

图 10.3 选词方法实验把 “The cat” 变为黑体

当有多个方法选择时，选择规则就起作用。虽然用户界面并不提供直接选择项，然而如图 10.4 所示，变黑体的方法有可选择项。这就需要用户用一个下拉菜单选择“黑体”改体命令。

GOMS 模型可以用多种方法分析任务操作的结果。如果操作规则用户知道的话，在预测任务的操作速度时，GOMS 模型就是最简单和最有效的方法。

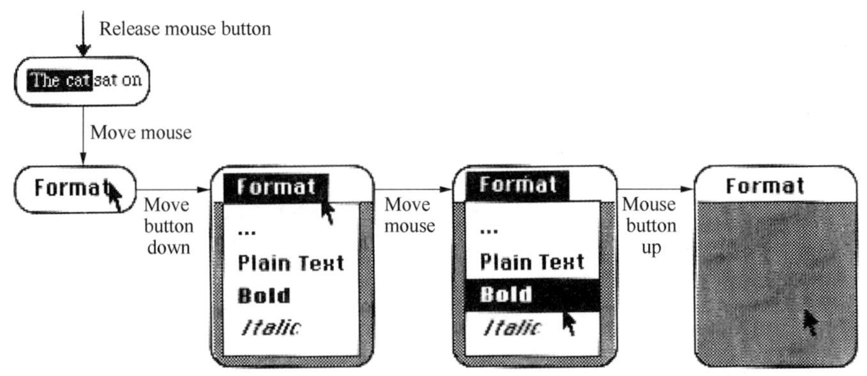

图 10.4 用下拉菜单形式改变选择的单词

使用 GOMS 可以对某一系统或者设计理念进行定量和定性分析。定量分析可以很好地预测操作时间和学习时间。当用户决定选择购买一个系统时，可以首先构建可供选择的系统的 GOMS 模型进行定量评估。权衡所得的两个时间参数，再决定购买。GOMS 还可以用来定量分析一个设计理念。在设计过程的早期使用 GOMS 模型，可以使系统及时进行改进和完善。

从定性方面来说，GOMS 可以用来设计训练程序和帮助系统。GOMS 模型详细地描述了实现一个任务所需要的知识。这样你只要告诉初学者目标是什么，可以用什么不同的方法去实现，以及如何使用每个方法（即规则选择）。对于帮助系统、用户指南和训练程序来说，这个方法非常有效。

GOMS 模型的主要优点是能够对不同的界面和系统进行分析比较，而且相对容易。近十年来，人机交互专家非常仔细地测试和检测了 GOMS 模型的预测性能，结果表明这个方法足以信任。

但是 GOMS 模型的适用范围比较有限，它只适合分析数据录入类型的计算机任务（如 Word 中的文字录入），而且也只能预测熟练用户的执行情况，无法分析出错的情形。GOMS 方法很难预测（使用方法比较灵活的）系统的任务执行情况。在大多数情况下，它无法预测用户的具体表现，因为存在许多不可预测的因素，如用户的个别差异、疲劳、精神压力、学习效应和社会因素等。如果大多数用户的操作方式是不可预测的，我们就不能使用这个方法评估系统的实际应用情况。它适合于分析简单、明确的任务。

2. KLM 模型

KLM（Keystroke-Level Model）模型[Kieras 2001]的目的主要是预测用户执行任务的速度，从而评估任务操作的状况，所以它通常用在操作方法已知的任务中。例如，它可以用来评估拨电话号码这样的任务，这种任务严格地遵循一个任务顺序（先拿起话筒，然后听到声音，接着依次按键，最后等待）；它也可以在画图软件的支持下，对自由画图进行评估。这种评估方法基本的要求是将操作任务分成单个的步骤，每个步骤操作时间可以精确到秒。每次的操作时间是从反复的试验中得出的，根据已经有的一些试验，我们可以发现这些试验得出的时间与用户信息加工模型预测得出的时间是一致的。

由于 KLM 模型可以对用户执行的情况进行量化预测，它可以比较使用不同策略完成任务的时间。量化预测的主要好处是便于比较不同的系统，以确定何种设计方案能最有效地支持特定的任务。

在开发 KLM 模型的过程中，Card 等人分析了许多关于用户执行情况的报告，得出了一组标准的估计时间，包括执行通用操作的平均时间（如按键、点击鼠标的时间）、人机交互其他过程的平均时间（如决策时间、系统响应时间等）。表10.1 列出了主要的标准时间（他们考虑到了不同的打字熟练程度）：

表 10.1 键盘操作标准时间

操作名	描述	时间（秒）
按键（K）	按单个键或按钮	0.35（平均）
	熟练打字员（55 词/分钟）	0.22
	普通打字员（40 词/分钟）	0.28
	不熟悉键盘的用户	1.20
	按“Ctrl”加“Shift”键	0.08
定位（P）	使用鼠标或者其他设备指向屏幕的某一点	1.10
定位（P1）	点击鼠标或类似设备	0.20
复位（H）	手在键盘或其他设备上的复位时间	0.40
绘图（D）	使用鼠标画线	可变，取决于线段长度
思维（M）	思维准备时间（即决策时间）	1.35
响应时间（R）	系统响应时间（只考虑造成用户等待的情形）	t

根据表 10.1 即可预测某项任务的执行时间。我们只需列出操作次序，然后累加每一项操作的预计时间，如下：

$$T_{执行时间} = T_K + T_P + T_H + T_D + T_M + T_R$$

例如，如果我们用 KLM 模型来预测用户用微软的 Word 从英文句子：“I do not like using the keystroke level model.”中删除单词“not”。整个过程如下：

（1）思维准备（M）；

（2）触及鼠标（H）；

（3）鼠标移至“not”前（P）；

（4）点击鼠标（P1）；

(5) 手指移至"Del"键(H);

(6) 按"Del"键 4 次(熟练打字员)(K)。

总时间计算如下:

$$T_{执行时间} = T_M + 2T_H + T_P + T_{P1} + 4T_K = 4.33 秒$$

使用 KLM 模型时主要的难题在于思维过程的引入。在某些情况下,思维过程是很明显的,尤其是任务涉及决策时,但在其他情况下就未必存在。另外,正如用户的打字速度可以不同,他们的思维能力也存在差别,这可能引起 0.5 秒甚至 1 分钟的误差。先选择类似的任务进行测试,把测试时间和实际执行时间进行比较有助于克服这些问题。此外,也必须确保决策方法是一致的,即在比较两种界面的时候,应对每一种界面使用相同的决策方法。

3. CPM 模型

CPM (Cognitive Perceptual Motor) 是基于人类信息加工阶段的多层次并行处理模型[Bonnie 1993]。与 KLM 和 GOMS 不同的是,CPM 认为,人类信息加工的过程是平行的。

CPM 模型由梅隆·卡内基大学的 Bonnie John 和 Wayne Gray[Bonnie 1993]提出,也称作关键路径方法。CPM-GOMS 在人为因素处理器的各个层面提供感知、认知和运动的操作功能,这些操作可以在任务的要求下进行并行操作。这个模型是在充分利用并行处理的基础上对目标和操作进行叠合处理,它可以同时执行多个活动目标。CPM-GOMS 模型在对整体系列任务执行情况的评估方面比 GOMS 其他版本更有效,因为这个模型假定用户是专家,用它进行操作处理和人工模型处理器一样快,这个处理过程伴有认知行为,基于人工模型处理器的认知理论进行操作。

10.2 用户界面可用性设计

用户界面的可用性目标指的是产品对用户来说有效、易学、高效、易记、少错和令人满意的程度,而为达到可用性目标进行的界面设计的核心是以用户为中心的设计方法(User-Centered Design, UCD)[ISO13407 1998],强调以用户为中心来进行开发,能有效评估和提高界面可用性质量,弥补了常规交互式系统开发无法保证可用性质量的不足。

用户界面可用性设计的过程含有三个关键特征,它们是:以用户为中心、特定的可用性标准、迭代设计。

10.2.1 以用户为中心的设计

“以用户为中心”的界面设计方法指的是以真实用户和用户目标作为系统开发的驱动力，而不是仅仅以技术为驱动力。设计良好的系统应该充分利用人们的技能和判断力，应同用户的工作直接相关，而且应该支持用户，而不是限制用户。可以说，以用户为中心的设计与传统的设计方法的区别在于：传统设计是以功能为中心的，而以用户为中心的设计强调的是以用户为中心，围绕着用户的需求，而且用户将参与设计的整个过程[王丹力 2005]。

用户界面设计人员应当认识到他们自己不是普通的用户。与一般的用户相比，他们对正在开发的系统有着更深入的了解。因此，对大多数用户而言不明确或造成混淆的界面，可能对那些从事界面设计工作的人员来说是非常清晰的。某些界面设计人员可以在一定程度上代表普通用户，但他们绝对不能代替实际使用产品的真正用户。因此，通过在早期关注普通用户的需要，并根据用户测试结果经常改进设计，以用户为中心的界面设计人员会提出更好的设计，而更好的设计将得到用户更好的认可。

10.2.2 特定的可用性标准

可用性标准是一个用户界面的设计指导，这个术语强调的是，在解决具体问题时，必须遵循这些原则，而且系统的设计结果应体现这些原则。

Nielsen 和他的同事们提出了 10 个主要可用性标准[Nielson 1993]：

- 系统状态的可视性。在适当的时候提供适当的反馈，以便用户随时掌握系统的运行状态。系统的反馈按形式可以分为两类，一类是非文字反馈，另一类是文字反馈。非文字反馈是指系统通过改变人机界面元素的外观或显示暂时的元素让用户知道他们行动的结果。例如，用不同的背景颜色表示选中了。文字反馈指的是系统根据用户的行动产生的文字信息，例如在文字保存后显示的存档成功的文字界面。

- 系统应与真实世界相符合。使用用户的语言，也就是使用用户熟悉的词汇、惯用语和概念，而不是面向系统的术语。在这个原则中，不仅仅是词语和概念，非语言性的信息同样重要，例如图标、工作的流程等也要符合用户在真实世界中的使用习惯。在设计中为了使用户更好地理解系统的功能，可以用“隐喻”的方法将现实世界的概念映射到界面中。在计算机操作系统中，桌面、文件、文件夹、废纸箱等概念都采用了“隐喻”的方法。

- 用户的控制权及自主权。用户有时会错误地使用系统的功能，他们需要一个清晰的紧急出口离开当前不必要的状态，支持撤销和恢复的功能。用户喜欢使用工具时运用自如的感觉,软件也不例外。他们不喜欢有被系统控制的感觉。

- 一致性和标准化。用户应该不需要考虑是否不同的用词、情况或行动代表同样的东西,界面的设计要符合相应的传统习惯。一致性包括两个方面:内部一致性和外部一致性。内部一致性指的是系统的各部分之间要保持一致,同样的信息应该使用一致的用词、外观和布局。这可以帮助用户很快地学习、记忆和熟悉系统的功能。不一致会使用户感到混乱,增加学习所需要的时间。外部的一致性是指系统应该和其他系统、传统习惯及标准保持一致。外部的一致可以借助用户已有的知识和习惯来帮助用户学习和使用一个新的系统。
- 帮助用户识别、诊断和改正错误。系统的错误信息应该使用通俗易懂的语言(不要用错误代码),精确地指出问题的所在,并且有效地建议解决方案。系统的错误信息对可用性是非常重要的。在用户得到错误信息的时候,通常代表他们遇到了麻烦,如果问题不能得到及时的解决,用户可能会停止使用。另一方面,用户通常会专心地读系统的错误信息,这也为系统提供了帮助用户学习使用系统很好的机会。
- 预防错误。比提供完善的错误信息更好的设计是从一开始就防止错误发生的设计。错误是和用户对系统的理解以及使用的熟练程度有关的。为了防止错误,应该为用户提供正确的帮助信息,帮助他们在解决问题的过程中建立对系统的正确理解。系统还应该提供明确的文字提示,或是非语言的暗示。
- 依赖识别而非记忆。使对象、动作和选项清晰可见。用户应该不需要在系统的一个部分记忆一些信息才能使用系统的一个部分。系统的说明应该在需要时容易找到,并清晰可见。根据这条原则,计算机应该把可选项显示给用户,而不应该要求用户自己记忆所有命令。菜单就是一个很好的例子,它把所有可能的命令系统地显示给用户。
- 使用的灵活性及有效性。提供一些新用户不可见的快捷键,以便有经验的用户快速执行任务。这些快捷键可以大大提高熟练用户的使用效率,让用户能够方便地启用使用频率较高的功能。好的界面设计不但要考虑到新用户的需要,也要考虑到熟练用户的需要。软件不但对新用户来说简单易学,还要对熟练用户来说快捷、高效,尤其是可以很方便地启用使用频率较高的功能。提高用户使用效率的最好办法就是提高软件自动化的程度,尽量减少用户不必要的动作。
- 最小化设计。用户界面应该美观、精练,不应该包括不相关或不常用的信息。任何多余的信息都会影响那些真正相关的信息,从而降低它们的可见性。
- 帮助及文档。提供易于检索、便于用户逐步学习的帮助信息。

这些设计及可用性原则可作为分析和评估界面可用性的启发式原则。

10.2.3 迭代设计

因为设计人员不可能一次就找出正确的界面解决方案,所以必须利用反馈来修正构思,而且需要反复若干次,这意味着设计和开发是迭代的,通常需要重复"设计—测试—评估—再设计"的过程,如果在用户测试过程中发现问题,就应该修改设计,并做进一步的测试和观察,检验修改的效果。

10.3 用户界面可用性的评估及其方法

交互系统开发的一个重要问题就是如何对交互系统的人机交互效率做出评价。用户界面使用户能进入并利用系统提供的便利和功能来执行系统的任务。它向用户提供有关系统、系统做什么以及用户能做什么和该做什么的信息。用户界面还使用户能了解系统并建立系统如何工作的概念。

因此,用户界面作为人机之间信息传递的重要载体,满足使用系统的用户的要求是很关键的。认识到"以用户为中心"设计需要的同时,进行用户界面可用性分析,对计算机应用系统的发展是极其重要的。

- 从开发过程角度来分类。从界面开发过程角度来讲,界面可用性评估可大致分为两类:一类是在界面完成之后做出的最终评价,称为总结评价(summative evaluation);另一类是在设计过程中的评价,称为阶段评价(formative evaluation)。这两类评价在系统的开发过程中都起着重要的作用,是整个界面设计的有机组成部分,其中阶段评价强调在评价中采用开放式的手段,如访谈、问卷、态度调查以及量表技术;而总结性评价则大多采用较严格的定量评价,如反应时和错误率。
- 用户调查法包括问卷调查法和访谈法。这两种方法是社会科学研究、市场研究和人机交互学中沿用已久的技术,适用于快速评估、可用性测试和实地研究,以了解事实、行为、信仰和看法。

访谈与普通对话的相似程度取决于待了解的问题和访谈的类型。访谈有四种主要类型:开放式(或非结构化)访谈、结构化访谈、半结构化采谈和集体访谈。具体采用何种访谈技术取决于评估目标、待解决的问题和选用的评估范型。例如,如果目标是大致了解用户对新设计构思(如交互设计)的反映,那么非正式的开放式访谈通常是最好的选择。但如果目标是搜集关于特定特征(如新型Web浏览器的布局)的反馈,那么,结构化的访谈调查通常更为适合,因为它的目标和问题更为具体。

调查问卷是用于收集统计数据和用户意见的常用方法，它与访谈有些相似，也是用来了解用户的满意度和遇到的问题。问卷需要认真的设计，可以是开放式的问题，也可以是封闭的问题，但必须措辞明确，避免可能的误导问题，保证所收集的数据有高的可信度。在学术论文中常见的可用性问卷包括：用户交互满意度问卷（Questionnaire for User Interaction Satisfaction，QUIS）、软件可用性测量目录（Software Usability Measurement Inventory，SUMI）和计算机系统可用性问卷（Computer System Usability Questionnaire，CSUQ）。

- 专家评审法分为启发式评估（heuristic evaluation）和认知走查法（cognitive walkthrough）[Nielson 1993]。启发式评估是由 Nielsen 和他的同事们开发的非正式可用性检查技术，使用一套相对简单、通用、有启发性的可用性原则来进行可用性评估。具体方法是，专家使用一组称为“启发式原则”的可用性规则作为指导，评定用户界面元素（如对话框、菜单、在线帮助等）是否符合这些原则。在进行启发式评估时，专家采取“角色扮演”的方法，模拟典型用户使用产品的情形，从中找出潜在的问题。参与评估的专家数目可以不同。由于启发式评估不需要用户参与，也不需要特殊设备，所以它的成本相对较低，而且较为快捷，因此也称为“经济评估法”。

走查法包括认知走查和协作走查，是从用户学习使用系统的角度来评估系统的可用性的。这种方法主要用来发现新用户使用系统时可能遇到的问题，尤其适用于没有任何用户培训的系统。走查就是逐步检查使用系统执行的过程，从中找出可用性问题。走查的重点非常明确，适合于评估系统的一小部分。

- 用户测试法（usability testing）[刘颖 2002]。可用性既然是评价用户界面质量的标准，而且是从用户的角度出发的，评价起来当然少不了用户的参与，在所有的可用性评估法中，最有效的就是用户测试法了。该方法是在测试中，让真正的用户使用软件系统，而测试人员在旁边观察、记录、测量。因此，用户测试法最能反映用户的要求和需要。根据测试的地点不同，用户测试可分为实验室测试和现场测试。实验室测试是在可用性实验室里进行的，而现场测试则是由可用性测试人员到用户的实际使用现场进行观察和测试。根据实验设计的方法不同，用户测试以可分为有控制条件的统计实验和非正式的可用性观察测试。这两种试验方法在某些情况下也可以混合使用，所以经常被笼统地称为可用性实验。可用性的实验就是在产品实际应用的环境之外，就特定的环境、条件、使用者进行测试，借以记录系统的表现，更能对特定的因果关系进行验证，得到量化的数据。

用户测试常用的方法包括实验室的实验、焦点团体讨论（focus group discussion）及发声思考（thinking aloud）。焦点团体讨论是一般市场营销研究常用的手段：邀请一群使用者（一般 5～8 人）一起就几个焦点问题进行讨论，由一位主持人掌控讨论的方向,围绕着预定的题目进行,让参与者都能畅所欲言并热烈讨论。不过若针对软件进行讨论,必须要考虑系统的规模与使用的体验,对企业的软件来说,一次的讨论绝对不够,必须要进行一系列的讨论与评价。

发声思考法是心理学研究所用的研究方法,在国外被人机交互或可用性的研究者用来评估软件的使用。发声思考法要求受测者使用指定的系统,边用边说话,说出使用之时心中想的一切,包括困难、问题、感觉等。这个方法能从每位受测者的评价过程中收集到相当大的信息,而所需邀请的受测者也不多,在国外的相关业界可说是标准的软件使用质量评价方法。

可用性的评估方法各有优缺点,要合理地应用这些方法。在各个方法的实际运用中,可以根据具体情况对方法执行上的某些细节灵活掌握。在这里一定要综合考虑评估时所处的开发阶段、各种方法所能提供的信息以及它们所需要的技能、人员、时间、设备等方面的资源;在此基础上,选择一组适合具体情况、能够互补和相互衔接的方法,使得以用户为中心的设计理念得到尽可能地充分体现。

10.4　界面评估数据获取方式

评估方法的好坏不仅依赖于所采用的评价方法,还取决于数据记录的获取方式,基本的数据获取方式有以下几种[吴刚 2004]。

10.4.1　交互活动的历史记录

用专门的软件捕捉用户的交互动作,并把与评估有关的内容记录下来,如不同交互对象的使用频率、错误发生的频率等。这些数据是在用户未受测量方法打扰的情况下产生的,可用于客观分析。这种方法有自动的时间标志。在用户与界面进行交互时,界面系统自身能够对用户输入的某些数据进行自动记录,还可以通过计时器,对用户输入进行统计以得到各个事件的发生时间和频率等。

与其他观察方法相比较,系统监控记录的数据异常精确。其次,在监控系统建立以后,收集数据和统计的过程非常可靠且自动化程度高,而且获得的数据客观公正、具体明确,为进行系统性能的评价、对比提供了客观的基础,并且不存在对用户的任何干扰。其缺点是局限性比较大,一般只能收集到用户对系统的直接操作,不可能收集到有关用户的主观性活动(例如思考)之类的信息。因此,这种方法一般与其他方法一起共同使用。

10.4.2 交互影像记录

以用户不察觉的方式用录像机记录下用户与界面交互的整个过程,包括用户的操作、界面的显示内容以及用户其他的状态,如思考过程等。事后对实验过程重放,从而直接诊断出用户的行为特征和系统的交互特性,这里包含一定的客观性数据。

该方法能提供大量丰富的数据信息,并且能够长期保持完整的人机交互记录,提供反复观察和分析的可能。其缺点是录像记录一般长达2~3个小时,分析起来非常费事。

10.4.3 直接观测记录

在用户与界面进行交互操作时,评价人员在实验用户身边进行直接观察,并进行记录。它的基本做法是邀请用户运行少量仔细选择过的系统任务,然后由评价人员对用户行为等情况进行全面观察,直接获得各类所需的数据信息。在一段适当的时间之后,再邀请用户做出一般性的评价和建议,或对一些特定的问题做出反映。

这种方法的优点是评价人员的现场记录能够比较准确地反映实际情况,不用进行事后的回忆和处理。缺点是用户在整个观察过程中身心状态不可能保持一致,可能出现疲劳期、兴奋期,从而会直接影响观察的顺利进行。这种记录形式对用户是有干扰的,可能会导致结果的偏差。

10.4.4 调查表

要求用户自述他们的所作所为以及思维活动、决定和原因,并把用户对系统的特性评价、态度和意见记录下来,这种方法的误差性、随意性很大,需要经过慎重的统计处理。

10.4.5 特征分析表

将评测专家综合处理所获得的各个信息,作为调查表的形式发给用户。这些信息是一些典型的评估指标,如有效性、可学习性等,有效性可以包括错误率、平均完成时间、使用频率等等;同时还可以加入一些功能特性,如设计的交互形式、所支持的交互设计方式和一般的交互特征等。

10.5 笔式用户界面与键盘鼠标界面的区别

键盘鼠标界面是指使用键盘和鼠标进行交互的用户界面。这种交互设备上的差异使得它和笔式用户界面有不少不同之处。

10.5.1 键盘鼠标界面的优势

键盘鼠标界面和笔式用户界面相比具有两大优势：

- 键盘鼠标输入的数据可适应计算机对结构化数据的要求，用户通过键盘鼠标方式输入计算机可识别的文字，计算机就能对这些数据进行处理，而这些处理结果会给用户带来方便。
- 在用键盘鼠标完成的输入任务中，用户所需要消耗的体力比纸笔书写要小得多。如果用户熟悉了键盘输入法，那么用键盘输入文字的时间和体力将大大小于用笔输入。

10.5.2 笔式用户界面的优势

计算机研究者们对纸笔方式和键盘鼠标方式进行比较，对纸笔方式的特点提出了各自的看法。Bulter[Butler 2001]认为，纸笔方式的特点在于其精确的控制、表达的即时性、直接操作。Meyer[Meyer 1996]认为，基于笔的计算比传统的计算在很多方面存在不同之处，如具有更高的互动性、直觉性、灵活性、分布性等。总结起来，纸笔的优势主要表现在以下几个方面。

- 获取便利。纸笔获取的便利性无疑是人们偏好使用纸笔的一个重要原因。如果一个人突然听到一个重要信息，或者想出一个重要的问题，旁边正好有一台电脑，而且正好打开着文字处理程序，他可以将这些信息和想法记录下来，但是，在实际中这种情况是不多见的。在更多的时候，人们是随手拿起一张纸和一支笔来进行记录和思考。
- 视觉优势。首先，纸张的显示精度非常高，打印纸的精度一般是600dpi，而一般显示器的精度只有72dpi，即使是WACOM公司最新研制的专门用于精确定位的液晶显示屏，显示精度也只有400dpi，与纸显示仍然有很大差距。更重要的是，纸上显示更灵活，人们可以随意翻看，并且一张纸的显示范围比较大，有利于用户一眼看到更多的信息，帮助信息的整合。此外，Chiu

等人[Chiu 1999]认为,纸笔可以提供一种自由形式的输入,可以在空间上进行任意的布局,甚至可以通过个人熟悉的笔迹来作为一种视觉线索,做笔记时尤其有用。根据联想记忆理论,人们在对信息进行编码时的一些物理线索会影响以后对信息的提取,例如在某一个教室里学习一段材料,那么如果在同一个教室里对这份材料进行考查,学习者的学习成绩会更好,这是因为物理条件起到了提示线索的作用。同样,笔迹也可以作为一种物理线索,提醒人们回忆起当时写笔记时的思维状态。

- 注意力集中。在书写方式下,一般的人不需要对如何写字加以特别的注意,可以将精力集中在思考过程本身上。而在键盘鼠标界面下,只有专业的打字员对键盘和文字处理程序中各种功能键非常熟悉,达到了自动化程度;一般用户在打字的时候通常需要分散一部分注意力在打字本身,或者是在键盘上,或者是在使用各种功能键的选择中。使用键盘输入要求用户用两个分离的工具:键盘和屏幕。两者的一致性(或者说反馈)是通过这样一种方式实现的:由一个闪动的光标来显示下一个字符的位置,用户能在适当的位置按下键盘。如果用户想将光标移到另一个位置,就需要按光标键来改变它的四个方向;鼠标的使用可以使用户定位更容易一些,但鼠标也是和屏幕分离的,也需要一个光标来代替它在屏幕上的位置,并且鼠标不能用于文字输入。笔式用户界面则结合了文字输入和定位,只需要一个数字化的显示设备,因此对用户集中注意力会有一定的影响。

- 提供自由形式的输入,也叫自由互动。研究者们认为人们之所以在很多任务上偏好纸笔,最本质的原因是纸笔可以提供自由形式的互动,这种自由形式对帮助用户的思考有很大的作用。Pedersen[Pedersen 1993]认为,在自由互动中,用户在显示设备上(例如纸、屏幕)创建材料(文字、图形),再对这些材料进行反映,从材料中看出新的联系,然后通过操作材料来尝试新的想法。在构思的初期,用户的头脑中是有一些有结构的想法,这些想法也许是部分的,没有被很好地组织,可以在互动中外化出来,并加以细化或者修改。由于自由互动提供的交互是自由的,因此不受某个特定结构的限制。传统的电脑文字编辑不是自由形式,因为在字符之间有结构,删除一个字符会影响在此字符后面的所有字符的位置。要成为自由形式,字符就需要是自由的,没有这种潜在的字符串结构,擦除某些字符不会导致其他字符的移动。而纸笔正是由于没有这样的结构限制,是一种完全的自由互动形式,因此非常适合人们进行一些捕获、组织和提炼信息方面的工作。更重要的是,自由形式的互动使草稿涂画成为可能,或者说草稿涂画是自由互动的一种主要形式。在涂画中,用户可以在任何地方建立任何新的笔画,可以不影响已有的笔画。

根据以上讨论的笔式用户界面的特点,我们可以总结出笔式用户界面的一些设计理念。

10.6 笔式用户界面可用性设计

笔式用户界面与传统的鼠标键盘界面有很大的不同,然而人们开发的笔式用户界面,往往都不恰当地把鼠标键盘界面设计理念应用到笔式用户界面设计中来。因此这些界面通常都没有发挥笔式用户界面本身的独特优势,可用性也比较差。而要提高笔式用户界面的可用性就要充分发挥"笔"的优势,利用笔的特点来设计[吴刚 2004]。

PenOffice 系统是基于 PIBG 范式设计的笔式交互系统,我们把用户界面可用性原理运用于整个系统的开发过程中。

10.6.1 用户需求分析

要设计具有高可用性的笔式交互方式,首先要对目标用户群进行分析。这些用户的需求是随后界面设计、开发的基础。在以可用性为目标的界面开发方法中,这个活动是最基本的,对于交互设计也是非常重要。

由于 PenOffice 系统是面向中小学教师的备课和授课系统,所以有必要对他们在实际备课和授课中对笔式交互系统的需求进行分析。我们通过观察北京中小学 16 节语文、数学、英语和生物课,并结合教学实况录像对任课教师使用各种教学媒体(包括黑板、电脑投影机、实物投影仪)进行备课授课的意图、感受和态度进行访谈,考查教师对笔式教学媒体的使用状况、教学需求以及态度。

对于笔式办公系统在教师备课和上课中的优势,我们对这两个过程进行分析,并结合对教师的访谈,总结出以下几点(表 10.2、表 10.3)。

表 10.2 在备课中的需求分析

任务	电脑处理方式	用笔的处理方式	备注
定位	将手从键盘移动到鼠标上,移动光标到需要的位置;或者直接点击键盘上的方向键,移动光标。在 Word 中,有些位置是光标无法达到的,有时是无法仅通过移动键来达到(有时需要配合删除键)	直接将笔移到需要的位置	定位的方便性是笔的最大优势

续表

任务	电脑处理方式	用笔的处理方式	备注
格式调整	从菜单进行调整	直接拖动文本框到相应的位置	虽然纸笔确定格式的方法简单，但是不够精确。例如要求两段的首行缩进一致，计算机可以保证这一点，但是如果自己定位就不会太准确
字体大小调整	拖黑一段文字，点击菜单，选择相应的大小	用笔点击文字，直接拉动，改变大小	
输入特殊符号：算术符、拼音符	从菜单进入特殊的输入模式，进行输入	用笔输入，计算机识别	

表 10.3 在上课中的需求分析

任务	电脑处理方式	用笔的处理方式	备注
定位指点	将手从键盘移动到鼠标上，移动光标到需要的位置	直接将笔移到需要的位置	
范围指点	用鼠标，使光标在相应的范围位置上移动	用笔移动光标	操作笔来划定范围比操作鼠标要容易，而且鼠标的光标不够显眼。
拖动	手拖动鼠标	笔拖动光标移动	同上，移动笔比移动鼠标要容易
勾画，标注，修改	需要使用键盘，而且需要转换模式，在上课时基本不会去做标注或者修改	用笔直接勾画	上课时的这种修改不需要计算机识别，只需要显示即可

在访谈中我们发现，大多数教师们对于手写笔都持比较好的看法，认为手写笔会更方便快捷，具有更多的互动性与人性化。

根据这种以用户为中心的需求分析，我们得出对 PenOffice 系统的总结和建议、任务的分析，这为后来设计具有高可用性的笔式 PenOffice 系统提供了很好的支持。

10.6.2 主界面的设计

笔式用户界面设计采用基于人们熟悉的纸笔方式。笔式交互是在类似于传统纸笔的工作环境中完成的，交互动作以勾画为主，同时也有类似于 WIMP 界面交互中的按键和点击。

采用这种界面设计思想，基于笔式用户界面的应用系统整体架构由"环境-室-工作台-文件夹-纸-框"构成，并逐层进入，给用户呈现一种符合日常工作生活习惯的使用方式。系统在文件夹之前的用户界面属于实物化界面，即界面呈现由仿物理世界的二维或三维实景构成，在这三层的实物化界面上，交互笔的主要操作是类似于鼠标的点击、选定。进入纸之后的所有操作则是在纸笔界面上进行的。而从文件页到框的用户界面属于纸笔界面，在该界面上用户完成的操作完全类似于人在传统的纸笔上进行的书写、勾画等日常活动。

PenOffice 系统分为备课系统和授课系统两部分。备课系统应用笔式用户界面，融合笔式输入和笔式操作技术，实现包括文字、图片、图形、自由勾画和其他多媒体文件的输入和编辑，学习使用过程中具有简单、直观、形象等特点；授课系统根据教学过程中的特征需求而设计，用户在教学过程中，采用电子笔在电子白板上直接操作计算机，在课件的放映过程中，直接书写、即时交互、即兴标注、自由勾画。

系统的主界面采用完全以实物作为标识的实物界面，在系统的主界面上可以看到一个书架，下面是一个书桌，就像是教师日常的办公环境。

PenOffice 系统的二级界面采用的是书本的界面隐喻，如图 10.5 所示。

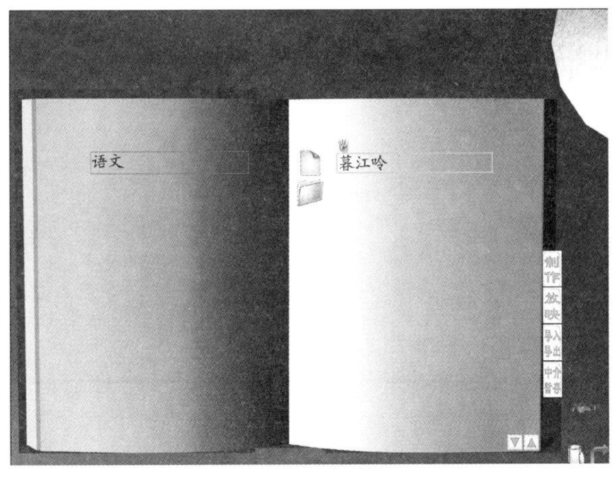

图 10.5 PenOffice 二级界面

后来的可用性测试结果证明这样的界面隐喻的应用大大提高了系统的易学性、减短了用户学习时间、降低了用户的认知负担。

10.6.3 界面元素的设计

笔式用户界面吸收了 WIMP 范式的优点,并发展出自己独具特色的界面元素。主要是四大方面:纸、框、直接反馈和上下文相关的按钮等。

根据用户需求的分析,我们设计了对应于教师备课和授课系统的 PenOffice 笔式用户界面。界面主要元素包括 Paper 和 Frame。Paper 可以看成是管理各种组件的一个容器,而 Frame 则是用来管理数据的组件。

纸(paper)是笔式用户界面最大的隐喻,也是最重要的界面元素。它在笔式用户界面中的作用如同 WIMP 范式下 Windows(视窗)在图形用户界面(GUI)中的作用。一般来说,笔式用户界面中,纸所呈现的界面外观根据其功能的不同而不同,可以就是一张写字的白纸,也可以是一张画布,同样也可以是一张胶片,甚至是一张即时贴(便条)等等。只要是实际的笔可以在上面书写勾画的物体都可以表示。用户使用输入设备电子笔在“纸”上进行书写、勾画、绘图等操作。

人们平时在用笔在纸上进行书写记录时,并没有显示得使用 Frame 的概念,这种输入的随意性让人有种“随心所欲”的感觉。但是根据认知心理学研究的人类认知原理,实际上人们在构思和输入的时候,头脑里都是有 Frame 的概念的,他们在头脑中对所要表达出来的信息都是有显示的分类,只是这种分类没有显示地表现出来,因此在设计笔式用户界面的时候有必要根据人的这种认知特点把 Frame 的概念显示化,以便于人们组织自己的思想和快速地进行纸笔信息的输入。

如前所述,在笔式用户界面中,最大的隐喻就是纸和笔。生活中使用纸笔所记录的信息有笔迹、文字、图形、图片、公式等,我们根据需求分析设定了几种主要的框。目前的 Frame 主要有文本框、文表框、自由勾画框、公式框、几何框、图片框,如图 10.6 所示,每一种框都与一种类型的数据相对应。

Frame 的主要结构和 Paper 是一致的,减少了原语分发装置和框管理模块,增加了框属性管理模块和框内特定内容管理模块。框接收到交互信息后,由原语产生装置进行分析,此装置与 Paper 的是一致的。生成交互原语后由原语解释装置进行相应的解释,原语解释装置的结构和功能同 Paper 中的一致。框属性管理模块用来管理框自身的属性,如大小、位置、背景和框颜色等。框内特定内容管理模块在不同类型的框中是不一样的,它用来管理各种类型的数据,如文本、Ink、数学公式、三角符号、图片等。这些框模拟了用户日常的操作任务中涉及的数据类型,很好地支持了用户任务操作的完成。

另外,Icon 和 Button 在笔式用户界面中,都是应用程序命令的直观表现,代表着应用程序提供的某种功能。用户通过用笔点击 Icon 和 Button，就会选择或执行应用程序。整个 PenOffice 界面利用了很多 Icon 和 Button 来向用户提供视觉和语意的信息和直观的操作反馈。

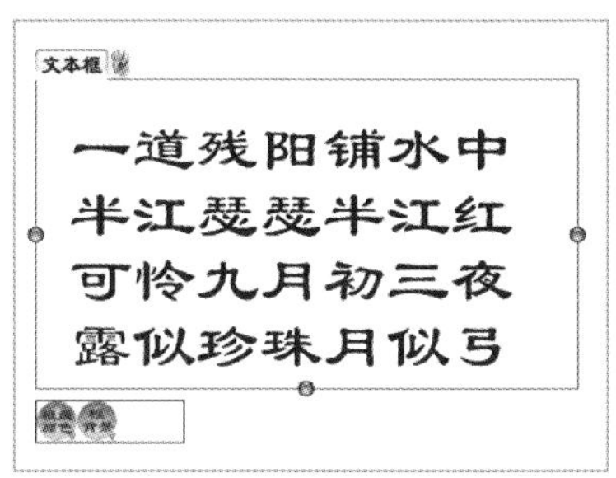

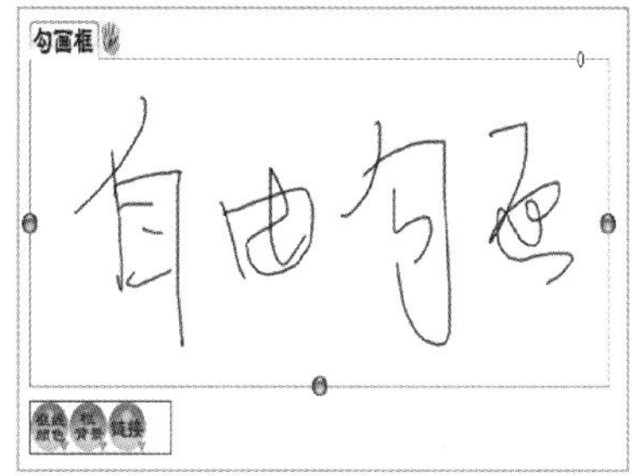

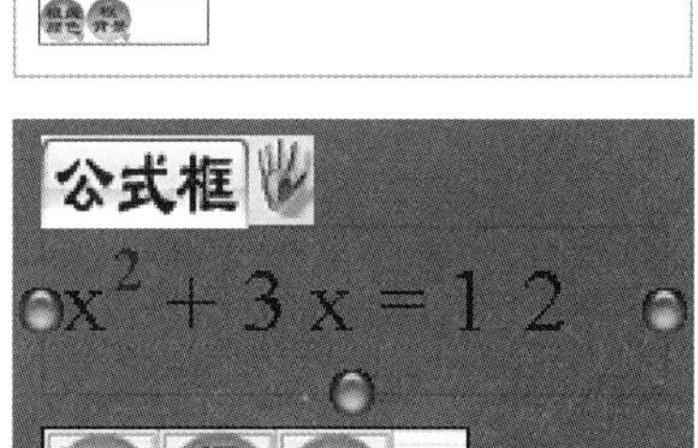

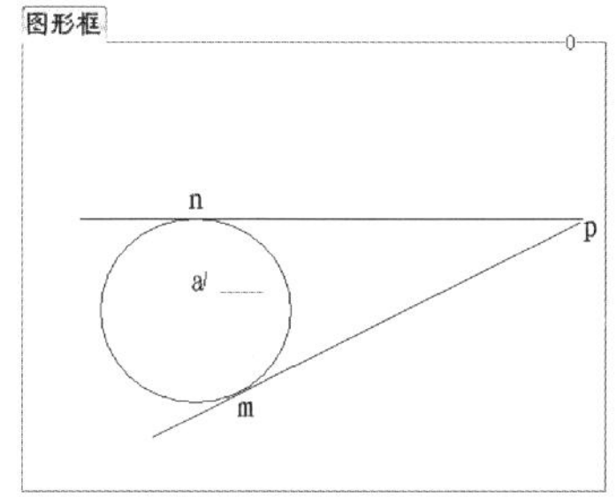

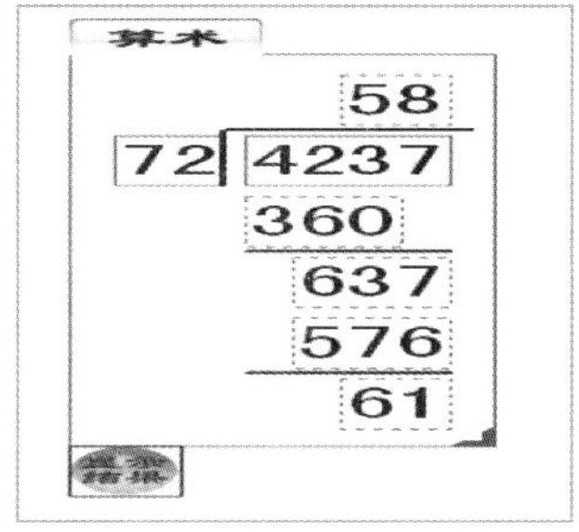

图 10.6 PenOffice 中六种基本的框

- Icon 的表现

如图 10.7 所示，Icon 选用用户日常生活中熟悉事物的真彩图表示。这种“隐喻”方法的使用使得用户只要一看到图像，就能联想到相应的事物，也就能联想到相应的功能。用户不需记忆命令，看图即可。与 Button 相比，Icon 以更直观的方式表现了应用程序的核心功能，即用户经常用到的操作。

垃圾框

文件夹

文件

打印

图 10.7 PenOffice 中的 Icon

- Button 的表现

在笔式用户界面中，大量使用上下文相关的 Hover Button。按钮采用 Hover 方式，首先对按钮本身的状态，给了用户直接的反馈；采用上下文相关的方式呈现出来，使按钮与当前的操作对象紧紧地联系起来。用户不需要记忆命令，就对当前的操作对象可以进行什么操作了如指掌。这提高了用户的使用效率和程序的表达能力。

如图 10.8 所示，每个框都有显示形式，也有几种操作状态。以文本框为例，它有激活可拖动、激活可编辑(输入文字)和不激活三种状态。当文本框处于激活状态后，在框的左上部就会出现一个框标和状态标，同时在框的下部出现上下文相关的 Button Chunk，明确地告诉用户此时可以修改框的颜色和背景。

图 10.8 文本框拖动状态时使用的 Icon 和 Button

而当文本框处于文字编辑状态时，框状态标也变为笔的样式，说明当前操作的框处于锁定状态，不能拖动，可以编辑。同时在框的下部出现上下文相关的 Edit State Button Chunk，明确地告诉用户此时可以对框内的文字进行修改字体、字色、字号、加标点等操作，如图 10.9 所示。

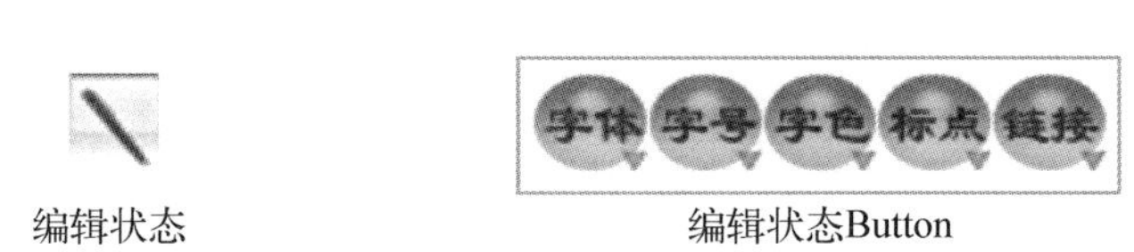

图 10.9 文本框编辑状态时使用的 Icon 和 Button

10.7 评估方法选择和实验设计

IBG 范式从设计思想上充分考虑到用户交互的自然性和易用性，在我们开发的 PenOffice 系统中已经应用了此交互范式。通过它建立了一个笔式界面软件的构造平台，并通过该平台建立了一系列的笔式交互应用：笔式电子教学系统、笔式数学公式识别系统、笔式简谱识别系统、笔式儿童益智软件等。

用户界面开发的经验表明从用户设计直接预测系统的可用性，就像从程序代码直接预测程序效率一样，是十分困难的。不借助实际测试不可能彻底理解两者之间的关系。就像在软件开发中必须通过运行程序并检查运行结果才能确定计算机程序的有效性一样，必须做可用性评估才可能接受有关系统可用性的任何结论。所以还需要对 PenOffice 进行一定的可用性评估以确定 PIBG 界面是否在实际使用中能减轻用户的认知负担、满足用户使用的要求。通过评估可以确定 PIBG 界面的效率，同时发现现有界面的问题，为软件的进一步完善提供依据。为此，我们组织了一定数量的使用者对系统进行了可用性的实际测试。通过观察他们任务完成的情况，对 PenOffice 系统的易学性、使用效率、出错率和用户满意度这几方面进行了分析。

周密策划的评估活动有着明确的目标和合适的问题。我们采用了 DECIDE [Basili 1994]框架来指导整个评估过程，以下是 DECIDE 框架的核对清单：

- 决定(decide)评估需要完成的总体目标；
- 发掘(explore)需要回答的具体问题；
- 选择(choose)用于回答具体问题的评估方法；
- 标识(identify)必须解决的实际问题，如测试用户的选择、设备及预算；
- 评估(evaluate)、解释并表示数据。

10.7.1 评估的目标

在笔式用户界面中，一个重要的研究目标是"能够为用户提供自然、高效的界面"。用户通过交互界面不仅能够有效地完成任务，同时还能够使用户在完成任务的过程中轻松和自然。自然的定义是根据用户对界面的可用性的评估来得到的。

笔式用户界面设计的目标决定了评估的目标，同时评估的目标决定了评估的过程；因此，在进行评估设计时，首先应该明确总体目标。我们评估的目标是为了检验我们设计的笔式用户界面是否达到可用性的标准，发现其存在的可用性的问题以便进行改进，从而提高其可用性。另外，我们还要通过测试来发现笔式用户界面与键盘鼠标界面相比有何优势和劣势。这些目标将影响评估方法的选择。

10.7.2 评估方法的选择

确定好了评估的目标，我们就可以根据目标来对界面进行评估方法的设计。

对于实验的设计，我们考虑到对象间的实验设计(between-subject design)和同对象的实验设计(within-subject design)这两种统计实验设计方式的选择。在对象间的实验中，把实验参加者分为两个小组，一个小组只参加 PenOffice 的测试，而另外一个小组只参加 PowerPoint 的测试。每个参与者被随机地指定到一个小组，这样每个小组成员的概率都是一样的，以减少实验的误差。这种方法的一个很大缺点就是实验参与者的背景对实验结果有很大的影响，因此产生的误差概率率比较大。因此我们采用了第二种实验方法，即同对象的实验设计。

在同对象的实验设计中，每一个参加者都要参加 PenOffice 和 PowerPoint 的测试，这样的实验设计会增加实验的灵敏度，能检验出不同实验条件下更细小的区别；这个方法的主要优点是能够消除个别差异带来的影响，而且便于比较参与者执行不同实验情形的差异。但是同对象实验有两个大的缺点，一个是遗留问题，另外一个是疲劳问题。遗留问题指的是实验参加者接受的前一个条件对参加者的后一个条件下的表现有影响。例如比较 PenOffice 和 PowerPoint 的设计，参加者在使用过某一个设计之后，会对使用第二个设计完成任务过程有所了解和期待。思维过程也会减短，这样就会影响参加者使用第二个设计时的表现。疲劳问题指的是实验参加者在使用第一个设计完成复杂任务后会有某种程度的疲劳，这会影响参加者使用第二个实验时的表现和态度。

10.7.3 评估任务的设计

在可用性评估设计过程中，评估测试人员首先要确定在测试过程中所希望评估的对象，有了明确的评估点，再根据评估目标设计评估实验。在评估实验的设计过程中，需要综合地考虑多个方面因素，如用户因素、交互因素和任务因素，有针对性地进行测试，这样才能得到可靠的测试数据来说明想要评估的问题。由于笔式用户界面中所包含的元素很多，元素和元素之间的组成也较复杂，所以我们必须首先明确了所关注的问题，才能开始进行实验设计和实际评测。在 PenOffice 系统中，用户的主要交互任务包括对框本身的操作和对框内内容的操作两种。其中对框进行操作的任务主要包括框的创建和选择，框的删除和移动，框交互状态更改、框大小更改、框线颜色更改、框背景色更改。而对内容操作的任务包括文字插入、文字选中、文字删除、文字移动、文字复制、内容替换。由于在 PenOffice 系统中最影响用户使用的是文字输入，即文本框的操作（图 10.10 是对比 PenOffice 和 PowerPoint 移动文字的效率的任务设计），因此我们主要对文本框的操作进行可用性测试。在前面描述的系统任务中用户交互界面可以分为两类：一类是提供给用户用来进行文字输入；一类是用户用来进行其他文字编辑的手势。由于 PenOffice 中用到了不少手势，所以我们还得对其手势效率进行可用性测试。我们选取了以上最具有代表性的几个任务作为我们评估相关界面可用性的任务基础，并主要通过可用性测试（usability testing）以及调查问卷（questionnaires）、访谈（interview）的方法对 PenOffice 界面进行可用性评估，根据实验测试结果数据对界面可用性进行分析，并得出结论。

在可用性测试实验过程中，我们主要比较了 PenOffice 系统和 PowerPoint 系统在制作幻灯片时这两种界面在任务效率上的差异，以及用户对界面的满意程度。我们分别用 PenOffice 和 PowerPoint 给出相同的测试任务让被试完成，然后对两个系统在完成同一个任务时所花时间进行对比。我们根据认知心理学原理将制作幻灯片任务分解成很多子任务。这些子任务是根据 GOMS 模型进行设计的，主要是考察用户在对信息框本身的操作和对内容的操作时任务的完成情况。这些任务具体如下：① 插入文本框 3 次；② 移动文本框 3 次；③ 改变文本框大小 3 次；④ 删除文本框 3 次；⑤ 插入文字 3 次；⑥ 改变框线颜色 3 次；⑦ 改变框填充色 3 次；⑧ 选中文字 3 次；⑨ 移动文字 3 次；⑩ 删除文字 3 次；

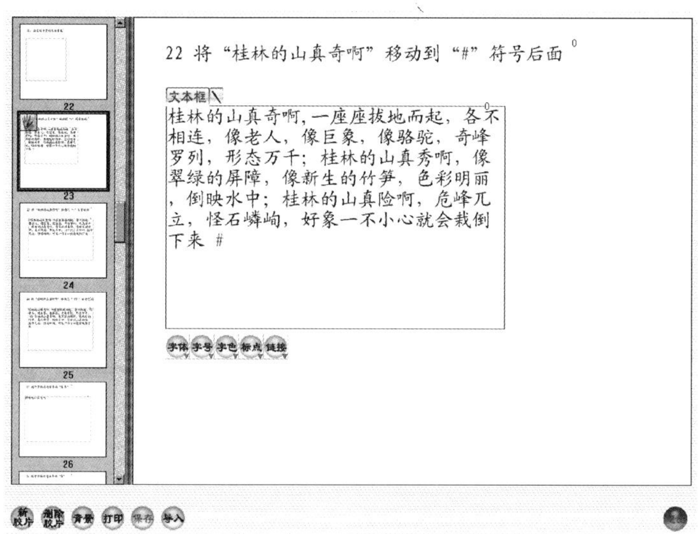

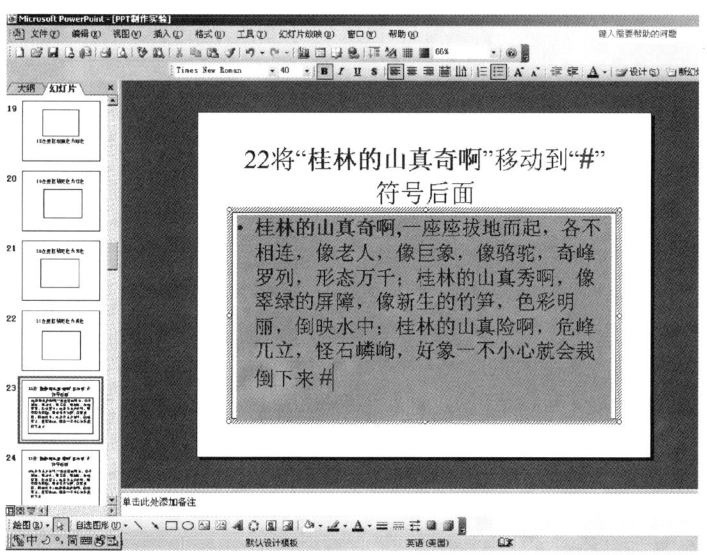

图 10.10 PenOffice 可用性测试任务

⑪ 输入空格3次;⑫ 输入回车3次;⑬ 插入新幻灯片3次;⑭ 改变字体颜色3次;⑮ 改变文字大小3次;⑯ 复制文字3次;⑰ 改变字体3次;⑱ 插入图片3次。

10.8 可用性测试过程

10.8.1 被试人员的选择

选择合适的实验参加者是可用性实验成功与否非常关键的部分。在选择被试人员时,我们尽可能地考虑到被试具有较大的代表性,他们属于被测试系统现有或者是潜在的用户。通常,可用性实验的目的在于发现可用性问题,发现所有存在的可用性问题的可能性可以用以下公式计算[Nielson 1993]:

$$P = 1 - (1 - \lambda)^n$$

其中,n 是参加者个数,λ 是一个参加者发现任何一个问题的可能性。Nielson 和 Landauer 通过对过去可用性实验的统计发现,λ 大约是31%。所以,一个有6个人参加的实验,大约会发现89%的可用性问题。

根据这些原则,我们在实验中选择了12个人作为被试。其中,6个普通用户(学生)、6个专业用户(中小学教师),他们年龄分布在20~30岁。所有的测试人员都没有过使用类似系统的经验。他们熟悉电脑,会使用 PowerPoint,平均打字速度是30字/分钟。

10.8.2 实验环境

许多实际问题与评估所用的设备有关。评估环境对于评估结果有比较大的影响。我们的实验环境是在基于笔式交互的交互计算环境,这种环境是对便携计算环境和移动计算环境的模拟。交互环境中的主要交互设备是由日本 WACOM 公司提供的带有笔感应接收器的液晶显示器和一支手写笔,硬件设备还包括一台 P4 电脑、键盘、鼠标。软件设备包括 Windows 2000 Professional 和 Microsoft Office 2003,整个系统是构架在我们自行开发的笔式开发环境平台 PenOffice 之上,其中内嵌一个计时、鼠标、键盘以及笔消息记录的钩子程序,这个钩子程序能够在被试使用 PenOffice 和 PowerPoint 完成指定测试任务时自动记录下每个子任务完成的时间;并且能够把测试过程中所有鼠标(或者笔)键盘产生的消息自动记录下来保存为一文件,以后可以打开此文件进行消息的回放,也即把被试所有操作过程进行回放,这样可以很好地统计被试的错误率。

整个实验是在北京师范大学心理学院认知心理实验室的一个专门做测试的可用性实验室内进行的。这个实验室由两个房间组成：实验室和观察室。实验室和观察室之间有一面隔音、单面透光的镜子。当实验室开着灯，而观察室灯光昏暗的时候，从实验室看过去是一面不透光的镜子，从观察室看过来则是一个普通的玻璃窗。实验参加者在实验室内的计算机上进行被测试任务的操作，实验员和其他观测人员在观察室里进行观察、记录、讨论。隔音的镜子和墙壁保证测试对象不被干扰。另外，实验室中的计算机显示器和观察室里的显示器连在同一个测试用的计算机上，测试对象和软件交互的全部细节都同时显示在这两台显示器上。

10.8.3 实验过程

在实验之前，我们首先对 12 名被试进行 5 分钟打字测试以测试他们的打字速度。然后向被试介绍了实验的目的和实验流程。接下来让他们进行 10 分钟 PenOffice 系统的学习，主要是由主试向被试介绍和演示 PenOffice 系统的操作，其中包括介绍笔的使用方法、手势使用方法。之后是让被试进行 10 分钟练习(给出一系列练习任务)，主要让被试熟悉笔的使用。接下来让被试在 40 分钟内用 PenOffice 和微软的 PowerPoint 软件完成一个同样内容的一系列胶片任务，我们在每次任务开始前打开计时和消息捕捉的钩子程序以便记录每个子任务的完成时间、用户的出错记录以及用户对错误的反应。任务的第一页都是指导语，被试看完指导语就按“Page Down”键开始正式计时，每完成一个子任务被试就再按“Page Down”键进入下一个子任务的操作。我们所记录的子任务时间是从被试按“Page Down”键开始到此任务完成的最后一个操作(比如最后一笔的抬起，或者最后一个键盘按键的抬起)。除了完成幻灯片制作时的测试对比，被试还得完成一个幻灯片播放时的测试对比。然后我们给被试三个语文课件模板，让其根据模板上的要求用 PenOffice 和 PowerPoint 各制作三个幻灯片，然后在稍后的访谈中让用户对实验过程中发生的错误进行评价，比较 PenOffice 系统和 PowerPoint 系统的完成时间和出错率。在实验的最后，他们需要回答一份有关系统满意度的问卷。

由于实验采取的是同对象的测试，为了克服这种方法的遗留问题和疲劳效应两种弱点，我们在实验中采取了顺序平衡的方法来减少顺序的影响。也就是说，让一半的参加者先对 PenOffice 进行测试，而另一半的参加者先对 PowerPoint 进行测试，这样就可以减小顺序对实验结果的影响。

另外，为了减少记录被试进行测试时每个子任务中进行思维的时间误差，我们把正式测试前所做的练习任务设计得和正式测试的任务一样。不同的是每个任务只测一次。这样被试在正式测试前就基本熟悉整个任务的操作流程，所产生的思维时间误差就大大减少了。

10.9 结 果 分 析

确定评估目标，发掘待解决的问题，选择评估范型和技术，标识实际问题和道德问题，这些都是可用性评估的重要步骤。此外，我们也需要决定应收集什么数据，如何分析和表示数据结果。

在实验过程中可收集的数据通常有两类：一类是客观可测量的数据，另一类是参加者的主观感受。客观的数据包括可用性测试过程中得出的任务完成时间、错误率，这是比较 PenOffice 和 PowerPoint 的两个最重要的指标。而参加者主观感受的测量包括通过问卷调查和访谈得出的用户对界面的满意度和系统的易学性，这些对于衡量 PenOffice 系统的可用性也是很重要的。

我们对可用性测试过程中得到的数据（图 10.11）进行了分析。下面分别从系统的易学性、效率、出错率和用户满意度这四方面对测试结果进行分析。

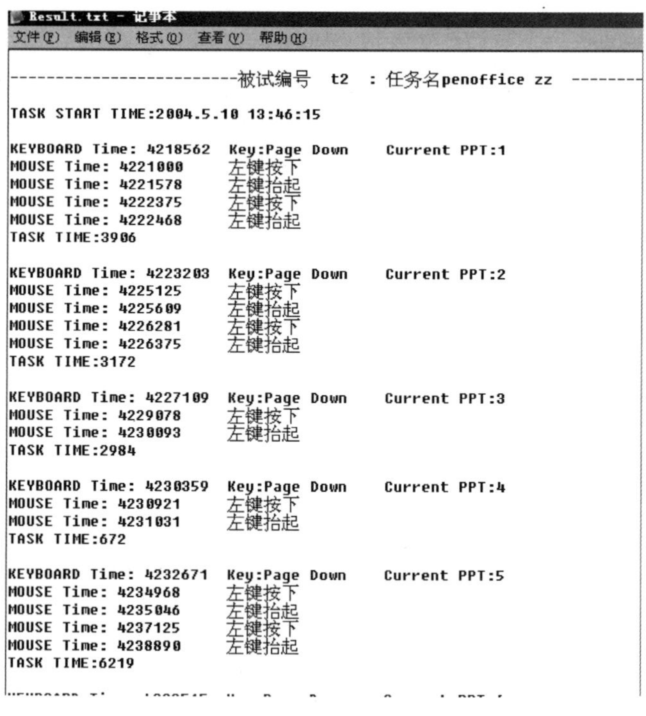


```
------------------------被试编号  t2  : 任务名penoffice zz  -------

TASK START TIME:2004.5.10 13:46:15

KEYBOARD Time: 4218562  Key:Page Down    Current PPT:1
MOUSE Time: 4221000     左键按下
MOUSE Time: 4221578     左键抬起
MOUSE Time: 4222375     左键按下
MOUSE Time: 4222468     左键抬起
TASK TIME:3906

KEYBOARD Time: 4223203  Key:Page Down    Current PPT:2
MOUSE Time: 4225125     左键按下
MOUSE Time: 4225609     左键抬起
MOUSE Time: 4226281     左键按下
MOUSE Time: 4226375     左键抬起
TASK TIME:3172

KEYBOARD Time: 4227109  Key:Page Down    Current PPT:3
MOUSE Time: 4229078     左键按下
MOUSE Time: 4230093     左键抬起
TASK TIME:2984

KEYBOARD Time: 4230359  Key:Page Down    Current PPT:4
MOUSE Time: 4230921     左键按下
MOUSE Time: 4231031     左键抬起
TASK TIME:672

KEYBOARD Time: 4232671  Key:Page Down    Current PPT:5
MOUSE Time: 4234968     左键按下
MOUSE Time: 4235046     左键抬起
MOUSE Time: 4237125     左键按下
MOUSE Time: 4238890     左键抬起
TASK TIME:6219
```

图 10.11 PenOffice 可用性测试计时文件

10.9.1 易学性

12名被试通过10分钟的讲解和演示掌握了软件的基本功能,10分钟的练习熟悉了笔的使用和各种手势的运用。在后面的问卷中,87.7%的用户认为PenOffice系统容易学习并记忆。需要说明的是,这些用户都有使用PowerPoint的经验,他们认为这些经验对他们迅速掌握此系统有帮助。

10.9.2 系统操作效率

图10.12、图10.13列出了两种界面下对文字和框进行操作时完成的平均时间的比较。

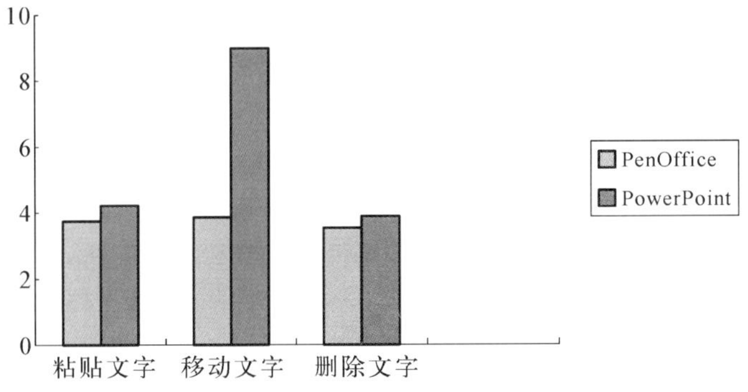

图10.12 对文字进行操作的平均时间比较

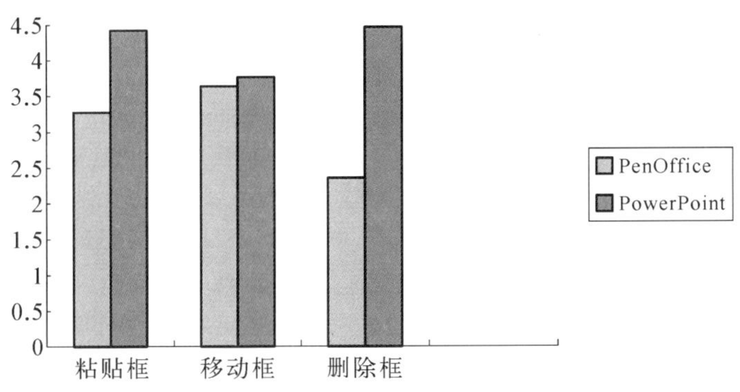

图10.13 对框进行操作的平均时间比较

从图中可以看出,无论是对文字还是对框的操作,在删除、移动、复制这三个任务上笔式用户界面所用的时间都小于WIMP界面,尤其是在文字的移动和框的删除操作上,PenOffice系统所用的时间要远远小于PowerPoint。由于在

PowerPoint 模式下,不能随意在文本框内定位,因此如果需要将文字从原来的位置移动到别的地方,往往需要按动多次空格键。而在 PIBG 范式中,文字是可以在框内任意位置定位的,使移动变得非常简单。除此之外,PenOffice 在界面操作时的效率也要高于 PowerPoint,图 10.14 显示了两种界面在对界面进行相同任务操作时所花平均时间的比较。

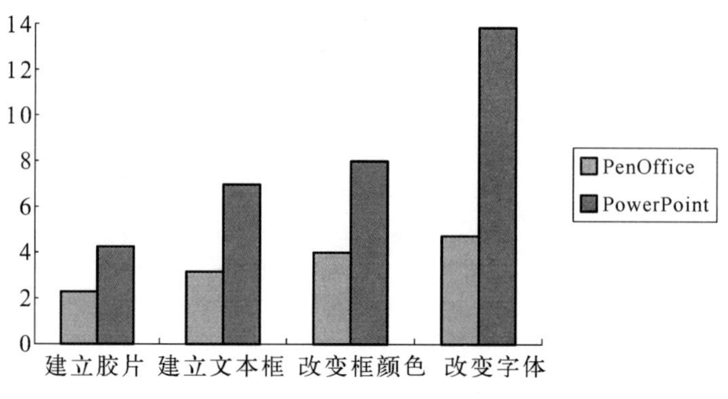

图 10.14 对界面进行操作的平均时间比较

PIBG 范式摒弃了 WIMP 范式下的菜单方式,采用 Icon + Button,以此减少用户选择命令的层次,提高任务完成的效率。我们对两种模式下六个典型任务的操作过程用 GOMS 模型进行分解,并对用户完成这些任务的时间进行测量,结果如表 10.4 所示。

表 10.4 PIBG 和 WIMP 界面操作比较

	PIBG 范式		Menu 模式	
	操作步骤	任务完成时间(秒)	操作步骤	任务完成时间(秒)
建立新胶片	PC	2.21	PCMCMPC	4.12
建立文本框	PCPMPC	3.06	PCMPMPC	7.01
改变框颜色	PCPCMPC	3.99	PCMPCMPCMPC	18.54
改变文字颜色	PCPCMPC	3.67	PCPMPCPMPC	8.01
改变字体	PCPCMPC	4.67	PCPMPCPMPC	13.9
插入图片	CPMPCPCMPC	6.46	PCPMPCMPC	7.85

注: P,指向,在屏幕上指向某一位置的时间;M,思维准备,用户需要思考下一步的动作;C,鼠标单击(根据 GOMS 模型)。

时间的计算采用 KLM 模型。从表 10.4 可以看出,在这些任务的界面呈现中,PIBG 范式与 WIMP 范式一样使用点击的动作来完成(不同的是 PIBG 用笔点击，而 WIMP 用鼠标点击）；但是 PIBG 通过强调 Icon 和 Button，放弃 Menu 的层次操作模式，从而减少了用户的操作步骤，提高了任务操作效率。从用户实际使用的情况来看，PIBG 模式下所需要的时间也远远少于菜单模式。

对于手势的效率，我们对笔式幻灯系统中采用的三种手势：插入、删除、移动，分别用于框水平和文字水平，对其任务完成的效率进行了评估，并与以鼠标为主的菜单操作模式进行比较，结果如表 10.5 所示。

表 10.5 PIBG 手势和 WIMP 操作比较

<table>
<tr><th rowspan="2" colspan="2"></th><th colspan="3">PIBG</th><th colspan="2">Menu</th></tr>
<tr><th colspan="2">操作方式</th><th>任务完成时间（秒）</th><th>操作方式</th><th>任务完成时间（秒）</th></tr>
<tr><td rowspan="3">框</td><td>复制粘贴</td><td colspan="2">笔 hold，拖动到需要的位置</td><td>3.27</td><td>鼠标右键，点击“复制”，再点击“粘贴”，移动到需要的位置</td><td>4.43</td></tr>
<tr><td>移动</td><td colspan="2">笔选中，拖动</td><td>3.63</td><td>鼠标选中，拖动</td><td>3.76</td></tr>
<tr><td>删除</td><td colspan="2">多折线</td><td>2.35</td><td>鼠标选中，右键，选择“剪切”</td><td>4.48</td></tr>
<tr><td rowspan="5">文字</td><td>复制粘贴</td><td colspan="2">选中，拖动</td><td>3.65</td><td>鼠标右键，点击“复制”，再点击“粘贴”，移动到需要的位置</td><td>4.14</td></tr>
<tr><td>移动</td><td colspan="2">选中，拖动</td><td>3.77</td><td>鼠标选中，拖动</td><td>8.92</td></tr>
<tr><td rowspan="3">删除</td><td>手势一</td><td>多折线</td><td>3.52</td><td rowspan="3">鼠标选中，点击右键，选择删除</td><td rowspan="3">3.84</td></tr>
<tr><td>手势二</td><td>勾画</td><td>3.71</td></tr>
<tr><td>手势三</td><td>圈删除</td><td>2.46</td></tr>
</table>

这两个界面的效率高低与对它们进行操作的设备有着密切的关系。我们首先从运动形式上来对鼠标和笔进行分析。

鼠标的运动主要运用小臂和腕部，运动幅度大，而笔的操作主要靠手指，运动幅度小，因此大范围的移动体现不出笔的优势。另外，由于鼠标重量大，稳定性好，因此做直线运动速度快而且准确；而笔的灵活性好，更适合做曲线运动，并且由于笔非常轻巧，适合小范围的曲线运动，因此用笔可以轻易地进行勾画，从而完成各种手势的动作。对于鼠标来说，这些勾画动作都是不可想象的。PIBG 范式正是利用了笔的这种优势，设计出一种不同于菜单模式的交互方式。

其次，从交互特征上来说，鼠标是一种视觉与动作分离的设备，用户必须在注视屏幕上的光标运动的同时判断处于视线范围之外的鼠标运动情况。这种视觉和动作的分离造成用户需要更多的注意力去协调两者的关系。而在笔式交互方式下，用户视觉和动作统一，大大地减轻了用户的认知负担。

10.9.3 出错率

PenOffice 系统测试过程中出现的错误主要集中在文字的识别、界面交互方式、手势的识别上。

从实验结果来看，PenOffice 的单个文字正确识别率为 97%，基本达到用户的需求，而连写文字正确识别率比单个文字低很多，为 85%。这是因为用户把握不好连写的时候每个字之间时间和空间间隔的控制，他们通常把在平时用纸笔输入时的经验应用到笔式用户界面中来。用户要求笔式交互系统能够快速准确地捕捉他们的书写意图，他们希望系统能够即时地对他们的输入进行识别，给予反馈以便他们不用等待就可以进行下一步的操作。但是由于当前技术的限制，笔式用户界面还不能满足用户快速准确的连写和"随心所欲"的文字输入。

界面交互方式中出现错误最多的是框状态的转换，尤其是文本框的激活、框本身操作状态和框内内容操作状态的转变过程中。用户在平常真实的纸笔操作中并没有状态的转换，而是直接用笔在纸上进行内容的输入和编辑。因此在测试文本编辑任务的时候很多被试没有先把框激活，然后再转为文本编辑状态，而是根据平常的纸笔操作经验想直接在文本框里进行内容的编辑。

手势的正确率是笔式用户界面的可用性中很重要的一个衡量指标。测试结果表明手势的平均正确率为 94%，能基本保证连贯的操作。并且被试对手势的满意度都比较高，他们认为手势使用起来更加方便快捷，而且模拟了平常的纸笔操作，易学易记。手势中主要的错误出现在文字的选中时，这个手势的正确率只有 60%。另外，空格的手势识别正确率为 70%，也比较低，而相框和文字删除的手势正确率都高达 98%。

10.9.4 用户满意度

调查问卷和用户访谈的结果表明，与 PowerPoint 比较，用户认为在光标定位、删除文字、改变字体、改变字色、删除文本框、移动文本框等任务上，PenOffice 系统的操作更容易；而在输入文字、输入标点符号、空格、回车、改变文本框大小的任务上，PowerPoint 的操作方式更容易。在选中文字的任务上，两种方式用户认为没有差异。总的来说，83.3% 的用户更偏好使用 PenOffice 系统。这是因为 PIBG 范式更符合以往在纸笔环境下形成的交互习惯，因此即使在有些时候完成效率上 PenOffice 与 PowerPoint 方式一样，用户也会觉得 PenOffice 使用起来更为自然，这还是在用户不太熟悉 PenOffice 的情况下得出的结果。

参 考 文 献

[王丹力 2005] 王丹力，华庆一，戴国忠．以用户为中心的场景设计方法研究[J]．计算机学报，2005，28(6)：1043－1047．

[吴刚 2004] 吴刚．笔式用户界面的可用性研究[D]．北京：中国科学院软件研究所，2004．

[栗阳 2002] 栗阳．笔式用户界面研究[D]．北京：中国科学院软件研究所，2002．

[董士海 1998] 董士海，王坚，戴国忠．人机交互和多通道用户界面[M]．北京：科学出版社，1998．

[罗仕鉴 2002] 罗仕鉴，朱上上，孙守迁．人机界面设计[M]．北京：机械工业出版社，2002．

[刘颖 2002] 刘颖．人机交互界面的可用性评估及方法[J]．人类工效学，2002，8(2)：35－38．

[程景云 1994] 程景云，倪亦泉，等．人机界面设计与开发工具[M]．北京：电子工业出版社，1994．

[Basili 1994] BASILI V，CALDIERA G，ROMBACH D H．The Goal Question Metric Paradigm[M]//Wiley Encyclopedia of Software Engineering，1994：528－532．

[Butler 2001] BUTLER C G，ST AMANT R．HabilisDraw DT：A Bimanual Tool-Based Direct Manipulation Drawing Environment[C]//DYKSTRA E E，TSEHELIGI M，et al．Conference on Human Factors in Computing Systems：CHI'2004．New York：ACM，2004：1301－1304．

[Card 1983] CARD S K，MORAN T P，NEWELL A．The psychology of human-computer interaction[M]．Hillsdale，NJ：Lawrence Erlbaum Associates，1983．

[Chiu 1999] CHIU P，KAPUSKAR A，REITMEIER S，et al．Notebook：Taking Notes in Meetings with Digital Video and Ink[C]//ACM Multimedia '99．Orlando：ACM，1999：77－80．

[Hartson 1998] HARTSON H R．Human-computer interaction：Interdisciplinary roots and trends[J]．Journal of Systems and Software，1998，43(2)：103－118．

[ISO13407 1998] ISO（International Organization for Standardization）．ISO13407[S]．Human-Centered Design Process for Interactive Systems，1998．

[ISO9241－11 1997] ISO（International Organization for Standardization）．ISO9241－11[S]．Guide on Usability，1997．

[John 1993] JOHN J B，GRAY W D．CPM-GOMS：An analysis method for tasks with parallel activities[C]//ASHLUND S，MULLET K，HENDERSON A，et al．Conference on Human Factors in Computing Systems：CHI'93．New York：ACM，1993：393－394．

[Kieras 2001] KIERAS D．Using the Keystroke-Level Model to Estimate Execution Times[M/OL]．University of Michigan，ftp://www．eecs．umich．edu/people/kieras/GOMS/KLM．pdf，1993．

[Meyer 1996] MEYER J．EtchaPad-Disposable Sketch Based Interfaces[C]//TAUBER M J，

BELLOTTI V, JEFFRIES R, et al. Conference on Human Factors in Computing Systems: CHI'96. New York: ACM, 1996: 196 - 196.

[Nielson 1993] NIELSON J. Usability Engineering[M]. Boston: Academic Press, 1993.

[Norman 1988] NORMAN D A. The Design of Everyday Things[M]. New York: Doubleday Publishing Group, 1988.

[Pedersen 1993] PEDERSEN E R, MCCALL K, MORAN T P, et al. Tivoli: An Electronic Whiteboard for Informal Workgroup Meetings[C]//Conference on Human in Computing Systems. Amsterdam: IOS Press, 1993: 391 - 398.

"十一五"国家重点图书

中国科学技术大学校友文库

第一辑书目

◎*Topological Theory on Graphs*(英文) 刘彦佩

◎*Advances in Mathematics and Its Applications*(英文) 李岩岩、舒其望、沙际平、左康

◎*Spectral Theory of Large Dimensional Random Matrices and Its Applications to Wireless Communications and Finance Statistics*(英文) 白志东、方兆本、梁应昶

◎*Frontiers of Biostatistics and Bioinformatics*(英文) 马双鸽、王跃东

◎*Spectroscopic Properties of Rare Earth Complex Doped in Various Artificial Polymer Structure*(英文) 张其锦

◎ *Functional Nanomaterials: A Chemistry and Engineering Perspective* (英文) 陈少伟、林文斌

◎ *One-Dimensional Nanostructres: Concepts, Applications and Perspectives* (英文) 周勇

◎*Colloids, Drops and Cells*(英文) 成正东

◎*Computational Intelligence and Its Applications*(英文) 姚新、李学龙、陶大程

◎ *Video Technology*(英文) 李卫平、李世鹏、王纯

◎*Advances in Control Systems Theory and Applications*(英文) 陶钢、孙静

◎ *Artificial Kidney: Fundamentals, Research Approaches and Advances* (英文) 高大勇、黄忠平

◎*Micro-Scale Plasticity Mechanics*(英文) 陈少华、王自强

◎ *Vision Science*(英文) 吕忠林、周逸峰、何生、何子江

◎非同余数和秩零椭圆曲线 冯克勤

◎代数无关性引论 朱尧辰

◎非传统区域 Fourier 变换与正交多项式 孙家昶

◎消息认证码 裴定一

◎完全映射及其密码学应用　吕述望、范修斌、王昭顺、徐结绿、张剑
◎摄动马尔可夫决策与哈密尔顿圈　刘克
◎近代微分几何：谱理论与等谱问题、曲率与拓扑不变量　徐森林、薛春华、胡自胜、金亚东
◎回旋加速器理论与设计　唐靖宇、魏宝文
◎北京谱仪Ⅱ·正负电子物理　郑志鹏、李卫国
◎从核弹到核电——核能中国　王喜元
◎核色动力学导论　何汉新
◎基于半导体量子点的量子计算与量子信息　王取泉、程木田、刘绍鼎、王霞、周慧君
◎高功率光纤激光器及应用　楼祺洪
◎二维状态下的聚合——单分子膜和LB膜的聚合　何平笙
◎现代科学中的化学键能及其广泛应用　罗渝然、郭庆祥、俞书勤、张先满
◎稀散金属　翟秀静、周亚光
◎SOI——纳米技术时代的高端硅基材料　林成鲁
◎稻田生态系统 CH_4 和 N_2O 排放　蔡祖聪、徐华、马静
◎松属松脂特征与化学分类　宋湛谦
◎计算电磁学要论　盛新庆
◎认知科学　史忠植
◎笔式用户界面　戴国忠、田丰
◎机器学习理论及应用　李凡长、钱旭培、谢琳、何书萍
◎自然语言处理的形式模型　冯志伟
◎计算机仿真　何江华
◎中国铅同位素考古　金正耀
◎辛数学·精细积分·随机振动及应用　林家浩、钟万勰
◎工程爆破安全　顾毅成、史雅语、金骥良
◎金属材料寿命的演变过程　吴犀甲
◎计算结构动力学　邱吉宝、向树红、张正平
◎太阳能热利用　何梓年
◎静力水准系统的最新发展及应用　何晓业
◎电子自旋共振技术在生物和医学中的应用　赵保路
◎地球电磁现象物理学　徐文耀
◎岩石物理学　陈颙、黄庭芳、刘恩儒
◎岩石断裂力学导论　李世愚、和泰名、尹祥础
◎大气科学若干前沿研究　李崇银、高登义、陈月娟、方宗义、陈嘉滨、雷孝恩